零起步学

PLC

刘振全　王汉芝　范秀鹏　等编著

化学工业出版社

·北京·

图书在版编目（CIP）数据

零起步学PLC / 刘振全等编著. —北京：化学工业出版社，2018.10（2020.5重印）
ISBN 978-7-122-32774-1

Ⅰ. ①零…　Ⅱ. ①刘…　Ⅲ. ① PLC 技术　Ⅳ. ① TM571.61

中国版本图书馆 CIP 数据核字（2018）第 174614 号

责任编辑：宋　辉　　文字编辑：陈　喆
责任校对：王素芹　　装帧设计：王晓宇

出版发行：化学工业出版社（北京市东城区青年湖南街13号　邮政编码100011）
印　　装：三河市延风印装有限公司
787mm×1092mm　1/16　印张30¼　字数819千字　2020年5月北京第1版第4次印刷

购书咨询：010-64518888　　售后服务：010-64518899
网　　址：http://www.cip.com.cn
凡购买本书，如有缺损质量问题，本社销售中心负责调换。

定　　价：128.00元

版权所有　违者必究

前言

Preface

本书以三菱 FX3U PLC 和西门子 S7-200PLC 为讲授对象，以其硬件结构、工作原理、指令系统为基础，以开关量、模拟量编程设计方法为重点，以控制系统的工程设计为最终目的，结合丰富的 PLC 应用案例和工程实例，内容上循序渐进，由浅入深全面展开，使读者夯实基础、提高水平，最终达到灵活运用。

全书共分 3 篇 15 章，第 1 篇学习 PLC 必备的电气知识，包括低压电气元件与电气控制线路的识读、电气控制线路的设计；第 2 篇是三菱 PLC 从入门到精通，包括三菱 PLC 简介、FX3U 系列 PLC 指令介绍、三菱 PLC 的控制系统设计、模拟量的控制、三菱 PLC 的通信、三菱 PLC 综合应用设计范例；第 3 篇是西门子 PLC 从入门到精通，包括西门子 PLC 基础知识、S7-200PLC 指令及应用、S7-200PLC 开关量程序设计、S7-200PLC 模拟量控制程序设计、PLC 控制系统的设计、西门子 PLC 的通信、PLC 和变频器及触摸屏的综合应用。

本书图文并茂，结合视频动画仿真讲解演示，打造多维度立体化学习资源，不仅为读者提供了一套有效的编程方法和可借鉴的、丰富的编程案例，还为初学者和工程技术人员提供了大量的实践经验，可作为零基础读者以及广大电气工程技术人员学习 PLC 技术的参考用书，也可作为高等院校、职业院校自动化类、电气类、机电一体化、电子信息类等相关专业的 PLC 教学或参考用书。

本书由刘振全、王汉芝、范秀鹏、韩相争、吴一鸣、肖紫锐、刘征编著，韩相争编写内容为 3.2 节、3.3 节、3.7.2 ~ 3.8 节、4.2 节、第 6 章、9.1 节、10.1 ~ 10.12 节、第 11 ~ 13 章。李楠、 包泽斌、杨坤、刘会哲、张亚娴、孙海霞等为本书编写提供了帮助，白瑞祥教授审阅了全部书稿并提出了宝贵建议，在此一并表示衷心的感谢。

由于编著者水平有限，书中难免有不足之处，敬请广大专家和读者批评指正。

编著者

目录

Contents

第1篇　学习 PLC 必备的电气知识

第 1 章 低压电气元件与电气控制线路的识读

第 2 章 电气控制线路的设计

第2篇　三菱 PLC 从入门到精通

第 3 章 三菱 PLC 简介

第4章

FX3U 系列 PLC 指令介绍

第5章

三菱 PLC 的控制系统设计

第6章

模拟量的控制

第7章

三菱 PLC 的通信

第 8 章

三菱 PLC 综合应用设计范例

174

第 3 篇 西门子 PLC 从入门到精通

第 9 章

西门子 S7-200 PLC 简介

204

第 10 章

S7-200 PLC 指令及应用

222

第 11 章 S7-200 PLC 开关量程序设计

第 12 章 S7-200 PLC 模拟量控制程序设计

第 13 章 PLC 控制系统的设计

第 14 章 西门子 PLC 的通信

第 15 章 PLC、变频器和触摸屏的综合应用

参考文献

第 1 篇

学习 PLC 必备的电气知识

第1章 低压电气元件与电气控制线路的识读

1.1 低压电气元件识别与使用

电器是一种能根据外界信号和要求手动或自动地接通、断开电路，以实现对电路或非电对象的切换、控制、保护、检测、变换和调节的元件或设备。

低压电气元件通常是指工作在交流电压小于1200V、直流电压小于1500V的电路中起通、断、保护、控制或调节作用的各种电气元件。常用的低压电气元件主要有刀开关、按钮、熔断器、断路器、热继电器、接触器、继电器、行程开关等，学习识别与使用这些电气元件是掌握电气控制技术的基础。

1.1.1 刀开关

刀开关又称闸刀开关，刀极数目有单极、双极和三极三种，其图形符号如图1-1所示。主要用于手动接通和切断电路或隔离电源，用在不频繁接通和分断电路的场合。

图1-1所示为瓷底胶盖刀开关。图1-2所示为瓷底胶盖刀开关结构。此种刀开关由操作手柄、熔丝、触刀、触刀座和瓷底座等部分组成，带有短路保护功能。

刀开关在安装时，手柄要向上，不得倒装或平装，避免由于重力自动下落，引起误动合闸。接线时，应将电源线接在上端，将负载线接在下端，这样断开后，刀开关的触刀与电源隔离，既便于更换熔丝，又可防止可能发生的意外事故。另外，操作刀开关时不能动作迟缓、犹豫不决，动作越慢，越容易出现电弧，影响开关使用寿命，容易出现危险。

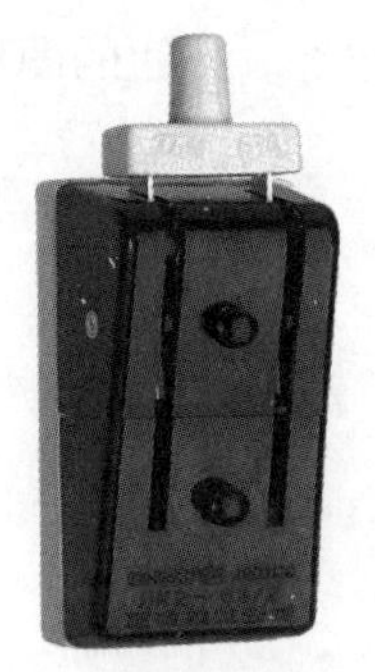

图 1-1　瓷底胶盖刀开关

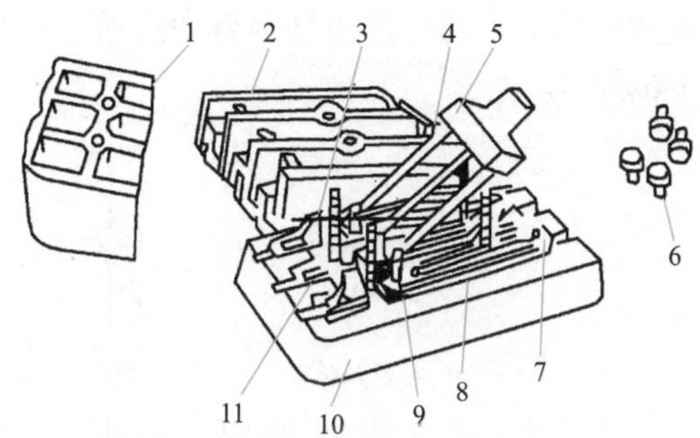

图 1-2　瓷底胶盖刀开关结构图

1—上胶盖；2—下胶盖；3—插座；4—触刀；5—瓷柄；6—胶盖紧固螺钉；7—出线座；8—熔丝；9—触刀座；10—瓷底座；11—进线座

刀开关的图形符号及文字符号如图 1-3 所示。

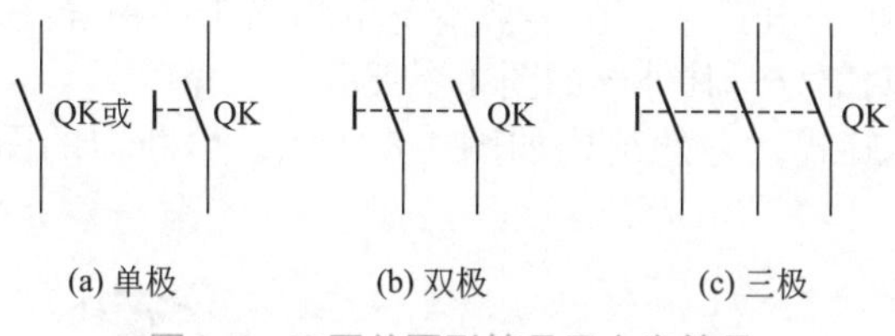

(a) 单极　(b) 双极　(c) 三极

图 1-3　刀开关图形符号及文字符号

1.1.2　按钮

按钮是一种手动且可以自动复位的主令电器，常用于控制电动机或机床控制电路的接通或断开。其外形如图 1-4 所示，按钮由按钮帽、复位弹簧、桥式触点和外壳等组成，其结构如图 1-5 所示。触点采用桥式触点，触点额定电流在 5A 以下，分常开触点和常闭触点两种。在外力作用下，常闭触点先断开，然后常开触点再闭合；复位时，常开触点先断开，然后常闭触点再闭合。

图 1-4　LA19 系列按钮外形

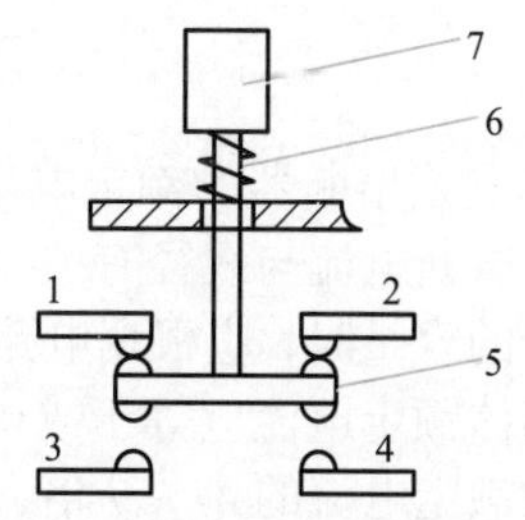

图 1-5　按钮结构示意图

1, 2—常闭触点；3, 4—常开触点；5—桥式触点；6—复位弹簧；7—按钮帽按用途和结构的不同，按钮分为启动按钮、停止按钮和复合按钮等。按钮的图形和文字符号如图 1-6 所示。

图 1-6　按钮图形、文字符号

按钮一般通过按钮帽螺钉固定在操作面板上，使用时注意螺钉一旦松动应及时拧紧，防止按钮被按入面板内，导致失控及内部短路。

1.1.3　熔断器

熔断器是一种简单而有效的保护电器，主要用于保护电源免受短路的损害。熔断器串联在被保护的电路中，在正常情况下相当于一根导线。熔断器一般分成熔体座和熔体两部分。其外形如图 1-7 所示。

常用的熔断器为螺旋式，它的结构如图 1-8 所示，熔断器的图形和文字符号如图 1-9 所示。

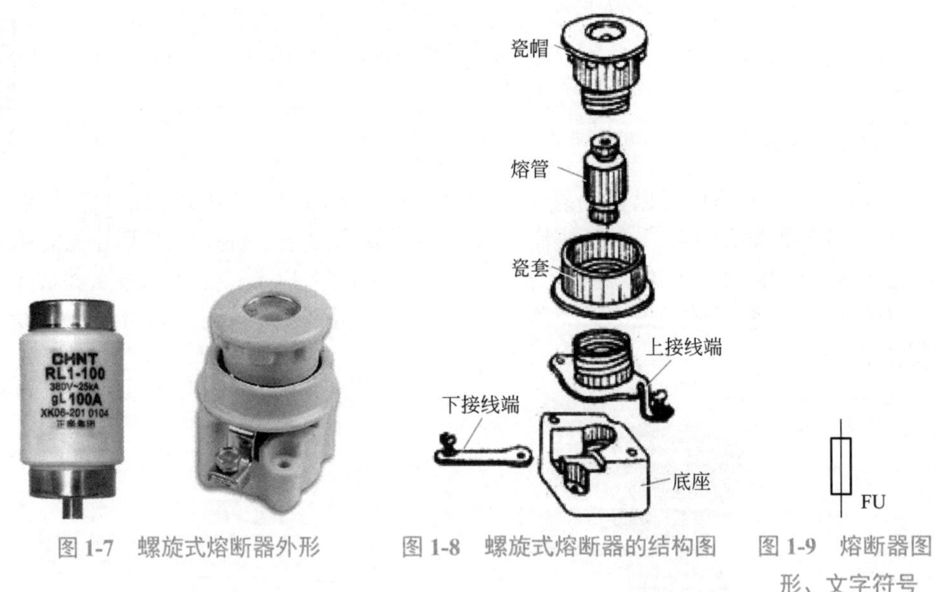

图 1-7　螺旋式熔断器外形　　图 1-8　螺旋式熔断器的结构图　　图 1-9　熔断器图形、文字符号

RL1 系列螺旋式熔断器的额定电压为 500V，额定电流为 2A、4A、6A、…、200A 等。熔丝额定电流、熔断电流与线径有关。

选择熔断器的容量时，应根据电路的工作情况而定。对于工作电流稳定的电路，如照明、电热等电路，熔体额定电流应等于或稍大于负载工作电流。在异步电动机直接启动电路中，启动电流可达到额定电流的 4 ～ 7 倍，此时熔体额定电流应是电动机额定电流的 2.5 ～ 4 倍。

熔断器发生熔断时，尤其是熔丝爆断时，切忌不加分析直接更换熔丝，或更换更大容量的熔丝，马上投入使用。熔丝的熔断主要是电路的故障导致的，应确认排除故障，才可通电继续工作。

1.1.4　低压断路器

低压断路器又称自动空气开关，在电气线路中起接通、分断和承载额定工作电流的作用，并能在线路和电动机发生过载、短路、欠电压的情况下进行可靠的保护。它的功能相当于刀开关、过电流继电器、欠电压继电器、热继电器及漏电保护器等电器部分或全部的功能总和，是低压配电网中一种重要的保护电器。其外形如图 1-10 所示。

低压断路器的结构示意如图 1-11 所示。低压断路器主要由触点、灭弧系统、各种脱扣器和操作机构等组成。脱扣器又分电磁脱扣器、热脱扣器、复式脱扣器、欠压脱扣器和分励脱扣器 5 种。

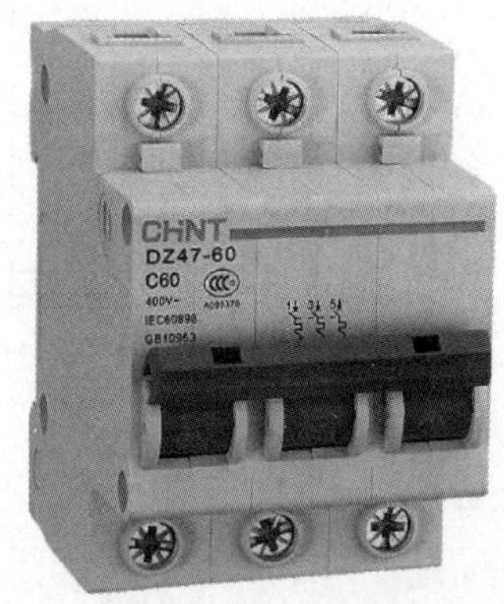

图 1-10　DZ 系列低压断路器外形

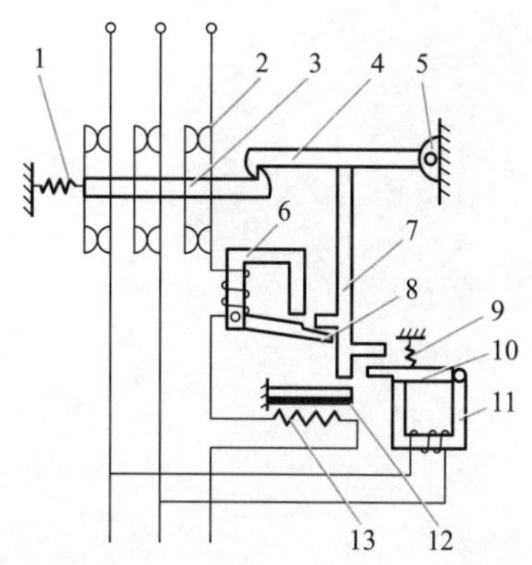

图 1-11　低压断路器结构示意图

1—弹簧；2—主触点；3—传动杆；4—锁扣；5—轴；6—电磁脱扣器；7—杠杆；8，10—衔铁；9—弹簧；11—欠压脱扣器；12—双金属片；13—发热元件

图 1-11 所示断路器处于闭合状态，3 个主触点通过传动杆与锁扣保持闭合，锁扣可绕轴 5 转动。断路器的自动分断是由电磁脱扣器 6、欠压脱扣器 11 和双金属片 12 使锁扣 4 被杠杆 7 顶开而完成的。正常工作中，各脱扣器均不动作，而当电路发生短路时，由于电流过大使衔铁 8 推动杠杆 7 向上移动，造成锁扣 4 脱扣，传动杆在弹簧 1 的作用下向左移动，使断路器断开。同样，当发生欠压或过载故障时，分别由衔铁 10 或双金属片 12 推动杠杆 7 向上移动使锁扣被杠杆顶开，实现保护作用。低压断路器的图形符号及文字符号如图 1-12 所示。

QF

图 1-12　低压断路器图形、文字符号

使用低压断路器来实现短路保护比熔断器优越，因为当三相电路短路时，很可能只有一相的熔断器熔断，造成断相运行。对于低压断路器来说，只要造成短路都会使开关跳闸，将三相电路同时切断。但其结构复杂、操作频率低、价格较高，因此适用于要求较高的场合，如电源总配电盘。

1.1.5　热继电器

电动机在运行过程中若长期负荷过大、频繁启动或者缺相运行等，都可能使电动机定子绕组的电流超过额定值，这种现象叫作过载。过载电流大，电动机绕组的温升就会超过允许值，使电动机绕组绝缘老化，缩短电动机的使用寿命，严重时甚至会使电动机绕组烧毁。因此，电动机在长期运行中，需要对其过载提供保护装置。热继电器是利用电流的热效应原理实现电动机的过载保护，图 1-13 为一种常用的热继电器外形图。

热继电器主要由热元件、双金属片和触点3部分组成。图1-14是热继电器的结构示意图。三个发热元件放在三个双金属片的周围，双金属片是由两层膨胀系数相差较大的金属碾压而成的。左边一层膨胀系数小，右边一层膨胀系数大。工作时，发热元件串联在电动机定子绕组中，电动机正常工作时，发热元件产生的热量虽然能使双金属片弯曲，但还不能使继电器动作。当电动机过载时，流过发热元件的电流增大，经过一定时间后，双金属片向左弯曲推动导板使继电器常闭动触点9断开，切断电动机的控制线路，负载停止工作。

图1-13 热继电器外形

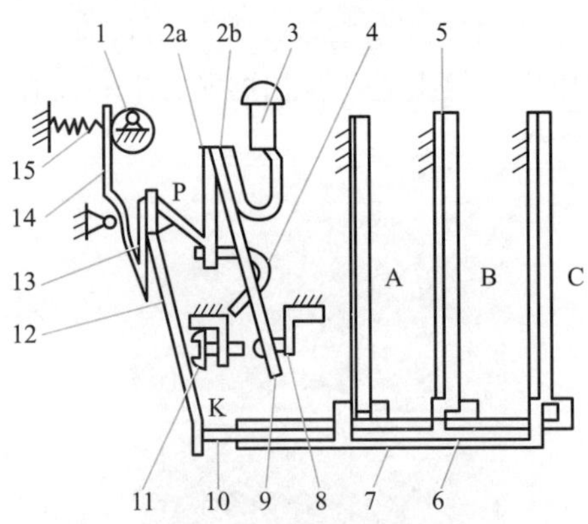

图1-14 JR16系列热继电器结构示意

1—电流调节凸轮；2a, 2b—簧片；3—手动复位按钮；4—弓簧；5—双金属片；6—外导板；7—内导板；8—常闭静触点；9—常闭动触点；10—杠杆；11—调节螺钉；12—补偿双金属片；13—推杆；14—连杆；15—压簧

由于双金属片有热惯性，因而热继电器不能做短路保护。当出现短路事故时，要求电路立即断开，而热继电器却不能马上动作。但是，热继电器的热惯性也有一定好处。例如，电动机启动或者短时过载，热继电器不会立即动作，这样就避免了电动机不必要的停车。热继电器复位时，按下复位按钮3即可。热继电器的图形符号及文字符号如图1-15所示。

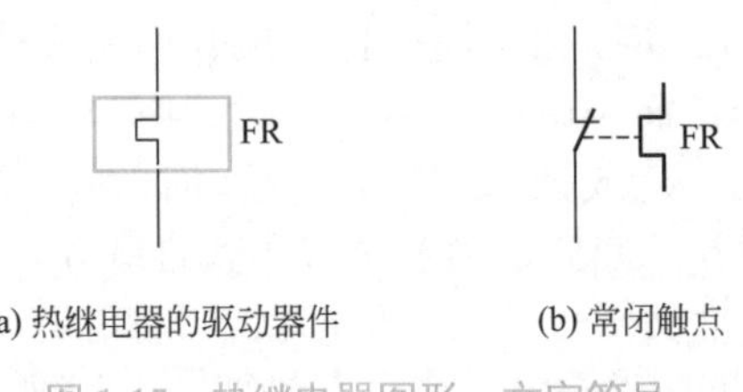

图1-15 热继电器图形、文字符号

对于重复短时工作的电动机（如起重机电动机），由于电动机不断重复升温，热继电器双金属片的温升跟不上电动机绕组的温升，电动机将得不到可靠的过载保护。因此，不宜选用双金属片热继电器，而应选用过电流继电器或能反映绕组实际温度的温度继电器来进行保护。

1.1.6 接触器

接触器是一种自动的电磁式开关。它通过电磁力作用下的吸合和反向弹簧力作用下的释放使触头闭合和分断，导致电路的接通和断开。接触器是电力拖动中最主要的控制电器之一。接触器分为直流和交流两大类，结构大致相同，这里只简单介绍交流接触器。图1-16所示为几款接触器的外形。

(a) CZ0直流接触器

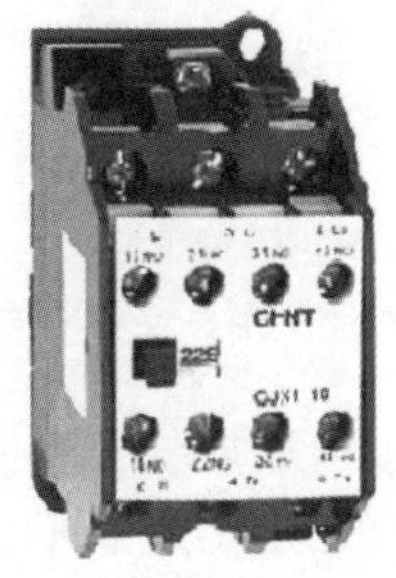

(b) CJX1系列交流接触器

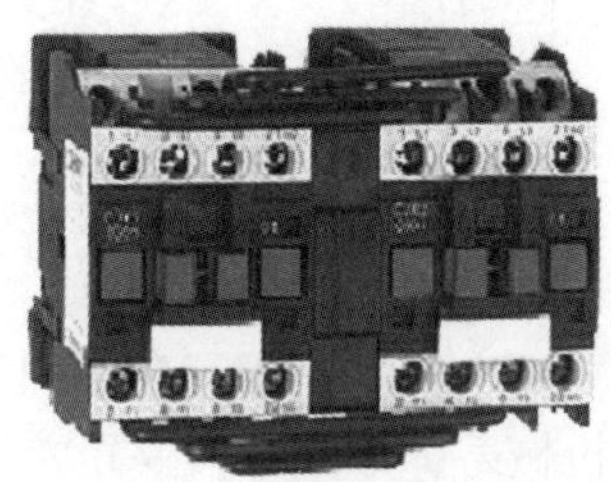

(c) CJX2 N系列可逆交流接触器

图 1-16　接触器外形

图1-17所示为交流接触器的结构示意，它分别由电磁铁、触头、灭弧状置和其他部件组成。电磁铁包括铁芯、线圈和衔铁等，其中铁芯与线圈固定不动，衔铁可以移动。触头由动触头和静触头组成，动触头和电磁系统的衔铁通过绝缘支架固定在一起。

接触器的触头有主触头和辅助触头两种。通常主触头有三对，它的接触面积较大，有灭弧装置，能通过较大的电流。主触头在电路中控制用电器的启动与停止。接触器的常态是线圈没有通电时触头的工作状态。此时，处于断开的触头称为常开触头，处于闭合的触头称常闭触头。常态时，主触头是常开的，辅助触头有常开与常闭两种形式。

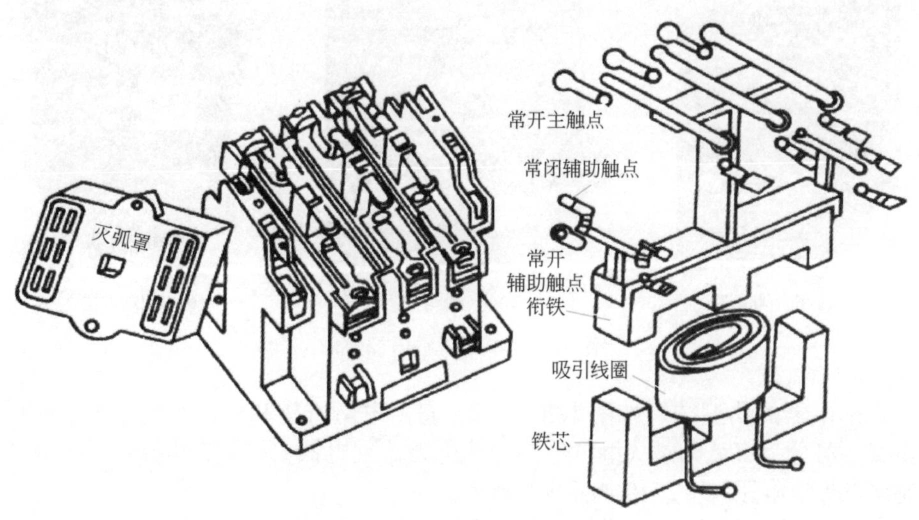

图 1-17　交流接触器结构示意图

交流接触器工作时，一般当施加在线圈上的交流电压大于线圈额定电压值的85%时，铁芯中产生的磁通对衔铁产生的电磁吸力使衔铁带动触点向下移动。触点的动作使常闭触点先断开，常开触点后闭合。当线圈中的电压值为零时，铁芯的吸力消失，衔铁在复位弹簧的拉动下向上移动，触点复位，使常开触点先断开，常闭触点后闭合。另外，当线圈中的电压值降到某一数值时，铁芯的吸力小于复位弹簧的拉力，此时，也同样使触点复位。这个功能就是接触器的欠压保护功能。

交、直流接触器的图形符号及文字符号如图1-18所示。

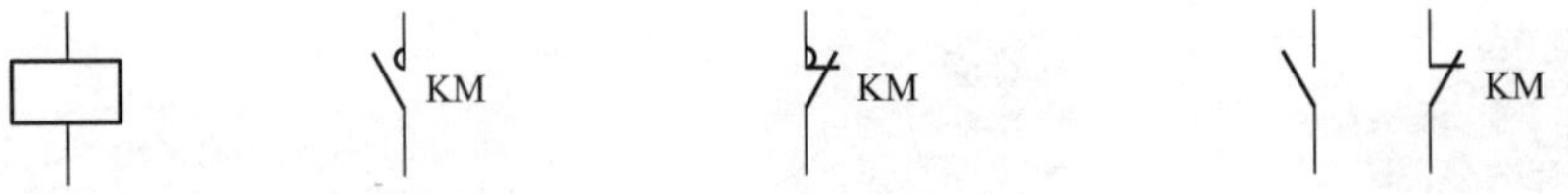

KM　KM　KM

线圈　常开主触点　常闭主触点　常开、常闭辅助触点

图 1-18　接触器图形、文字符号

接触器的电气寿命用其在不同使用条件下无需修理或更换零件的负载操作次数来表示。接触器的机械寿命用其在需要正常维修或更换机械零件前，包括更换触点所能承受的无载操作循环次数来表示。

1.1.7　电磁式继电器

继电器是根据某种输入信号的变化接通或断开控制电路，实现自动控制和保护电力装置的自动电器。

在低压控制系统中采用的继电器大部分是电磁式继电器，电磁式继电器的结构及工作原理与接触器基本相同。主要区别在于：继电器是用于切换小电流电路的控制电路和保护电路，而接触器是用来控制大电流电路；继电器没有灭弧装置，也无主触点和辅助触点之分等。图 1-19 为几种常用电磁式继电器的外形图。

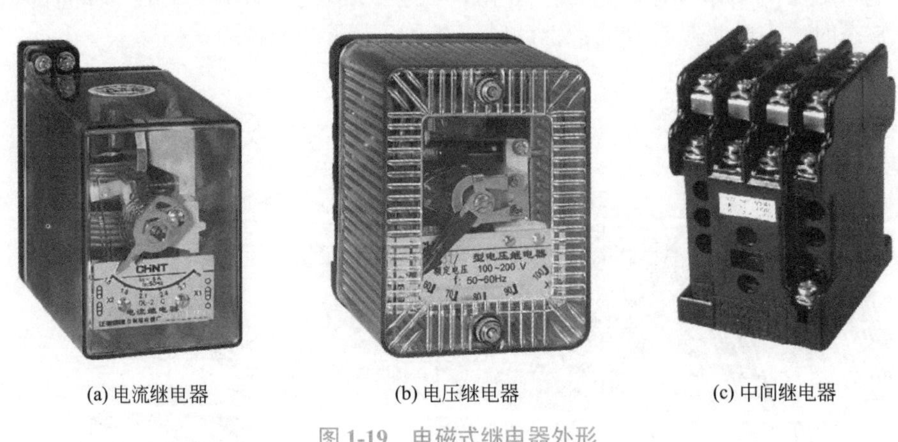

(a) 电流继电器　(b) 电压继电器　(c) 中间继电器

图 1-19　电磁式继电器外形

电磁式继电器的典型结构如图 1-20 所示，它由电磁机构和触点系统组成。按吸引线圈电流的类型，可分为直流电磁式继电器和交流电磁式继电器。按其在电路中的连接方式，可分为电流继电器、电压继电器和中间继电器等。

① 电流继电器。电流继电器的线圈与被测电路串联，以反映电路电流的变化，其线圈匝数少，导线粗，线圈阻抗小。电流继电器除用于电流型保护的场合外，还经常用于按电流原则控制的场合。电流继电器有欠电流继电器和过电流继电器两种。

② 电压继电器。电压继电器反映的是电压信号。使用时，电压继电器的线圈并联在被测电路中，线圈的匝数多、导线细、阻抗大。继电器根据所接线路电压值的变化，处于吸合或释放状态。根据动作电压值不同，电压继电器可分为欠电压继电器和过电压继电器两种。

③ 中间继电器。中间继电器实质上是电压继电器，只是触点对数多，触点容量较大，其额定电流为 5 ～ 10A。当其他继电器的触点对数或触点容量不够时，可以借助中间继电器来扩展它们的触点数或触点容量，起到信号中继作用。

中间继电器体积小，动作灵敏度高，并在 10A 以下电路中可代替接触器起控制作用。

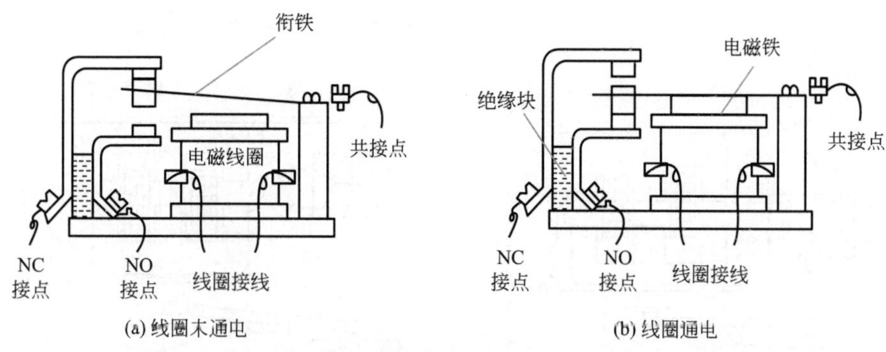

(a) 线圈未通电　　(b) 线圈通电

图 1-20 电磁式继电器结构示意图

电磁式继电器的图形符号及文字符号如图 1-21 所示，电流继电器的文字符号为 KI，电压继电器的文字符号为 KV，中间继电器的文字符号为 KA。

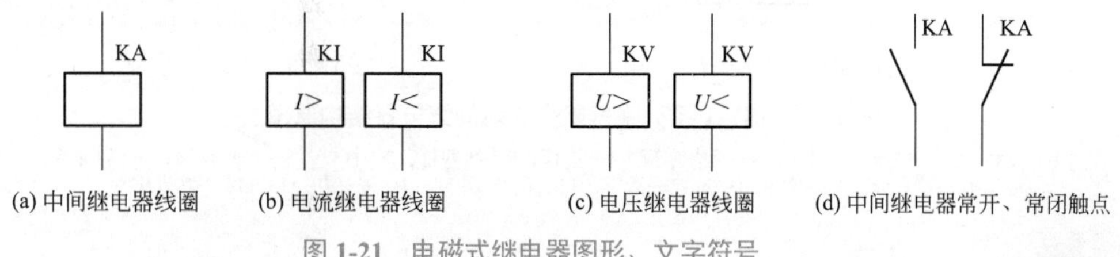

(a) 中间继电器线圈　(b) 电流继电器线圈　(c) 电压继电器线圈　(d) 中间继电器常开、常闭触点

图 1-21 电磁式继电器图形、文字符号

1.1.8 时间继电器

时间继电器是利用某种原理实现触点延时动作的自动电器，经常用于以时间控制原则进行控制的场合。其种类主要有空气阻尼式、电磁阻尼式、电子式和电动式。

空气阻尼式时间继电器是利用空气阻尼原理获得延时的，其结构由电磁系统、延时机构和触点三部分组成。电磁机构为双正直动式，触点系统用 LX5 型微动开关，延时机构采用气囊式阻尼器。图 1-22 为 JS7 系列空气阻尼式时间继电器外形图。

图 1-22 JS7 系列空气阻尼式时间继电器外形

空气阻尼式时间继电器的电磁机构可以是直流的，也可以是交流的；既有通电延时型，也有断电延时型。只要改变电磁机构的安装方向，便可实现不同的延时方式：当衔铁位于铁芯和延时机构之间时为通电延时，线圈通电后需要延迟一定的时间，其触点才会动作。当线圈断电后，触点马上动作，其结构如图 1-23（a）所示。当铁芯位于衔铁和延时机构之间时为断电延时，线圈通电后，其触点马上动作。当线圈断电后需要延迟一定的时间，触点才发生动作，其结构如图 1-23（b）所示。

时间继电器的图形符号及文字符号如图 1-24 所示。

选用时间继电器除考虑延时方式外，还要根据使用场合、工作环境选择时间继电器的类型。如电源电压波动大的场合可选空气阻尼式或电动式时间继电器，电源频率不稳定的场合不宜选用电动式时间继电器，环境温度变化大的场合不宜选用空气阻尼式和电子式时间继电器。

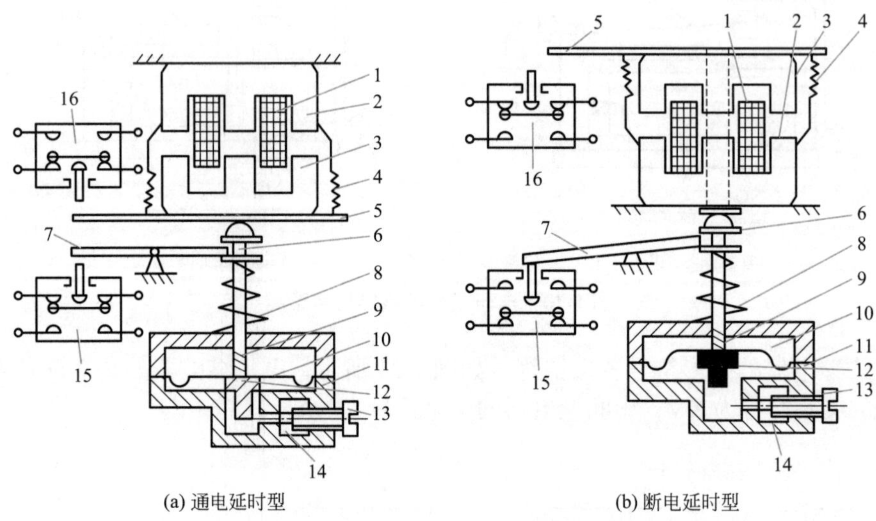

图 1-23 JS7-A 系列空气阻尼式时间继电器结构原理图

1—线圈；2—铁芯；3—衔铁；4—反力弹簧；5—推板；6—活塞杆；7—杠杆；8—塔形弹簧；9—弱弹簧；10—橡皮膜；11—空气室壁；12—活塞；13—调节螺钉；14—进气孔；15，16—微动开关

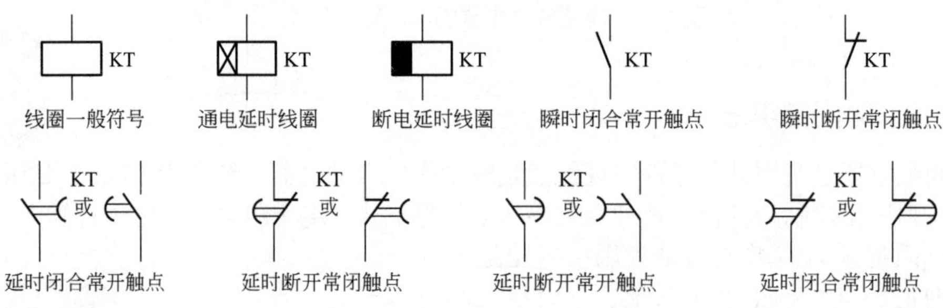

图 1-24 时间继电器图形、文字符号

1.1.9 速度继电器

速度继电器是用来反映转速与转向变化的继电器。它可以按照被控电动机转速的大小使控制电路接通或断开。速度继电器通常与接触器配合，实现对电动机的反接制动。图 1-25 为速度继电器的结构示意图。

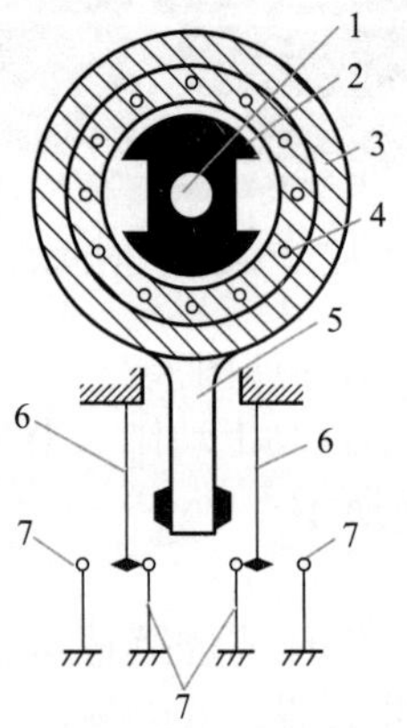

图 1-25 JY1 型速度继电器结构示意

1—转轴；2—转子；3—定子；4—绕组；5—胶木摆杆；6—动触点；7—静触点

速度继电器的转轴和电动机的轴通过联轴器相连，当电动机转动时，速度继电器的转子随之转动，其定子绕组便切割磁感线，产生感应电流，此电流与转子磁场作用产生转矩。电动机转速越快，转矩越大。电动机转速大于某一值时，速度继电器定子转到一定角度使摆杆推动常闭触点动作；当电动机转速低于某一值或停转时，定子产生的转矩会减小或消失，触点在弹簧的作用下复位。

速度继电器有两组触点（每组各有一对常开触点和常闭触点），可分别控制电动机正、反转的反接制动。速度继电器的图形符号及文字符号如图 1-26 所示。

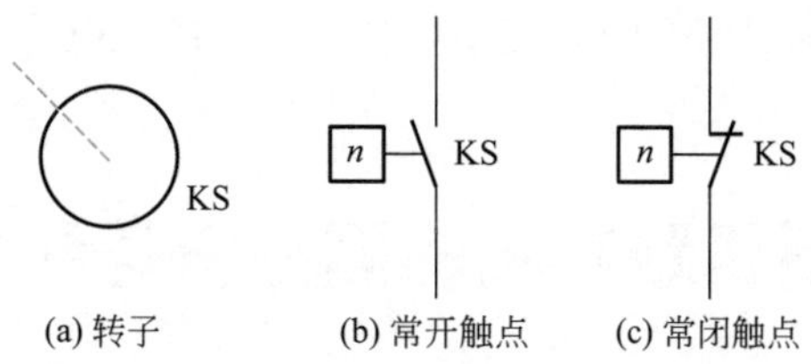

(a) 转子　(b) 常开触点　(c) 常闭触点

图 1-26　速度继电器图形、文字符号

速度继电器主要根据电动机的额定转速来选择。使用时，速度继电器的转轴应与电动机同轴连接；安装接线时，正反向的触点不能接错，否则不能起到反接制动时接通和断开反向电源的作用。

1.1.10　行程开关

行程开关是一种利用生产机械的某些运动部件的碰撞来发出控制指令的主令电器，用于控制生产机械的运动方向、行程大小和位置保护等。当行程开关用于位置保护时，又称限位开关，其工作原理类似于按钮。

行程开关的种类很多，常用的行程开关有按钮式、单轮旋转式、双轮旋转式行程开关，它们的外形如图 1-27 所示。

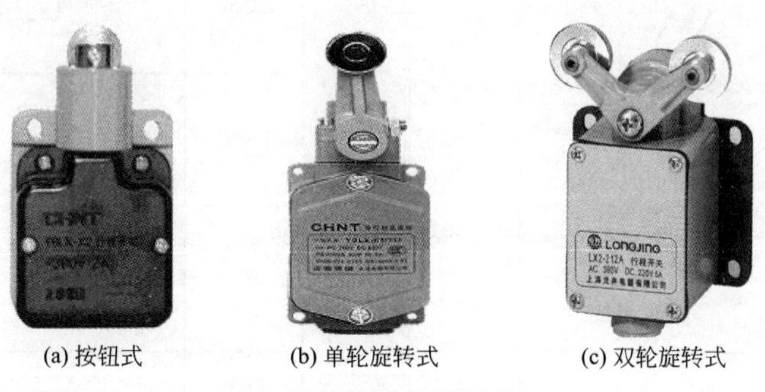

(a) 按钮式　(b) 单轮旋转式　(c) 双轮旋转式

图 1-27　行程开关外形

各种系列的行程开关的基本结构大体相同，都是由操作头、触点系统和外壳组成的，其结构如图 1-28 所示。当压下顶杆到一定距离时，会带动触头动作，使常闭触点断开、常开触点闭合。反之，当外力除去后，顶杆在弹簧作用下复位，带动常闭触点闭合、常开触点断开。

行程开关的图形符号及文字符号如图 1-29 所示。

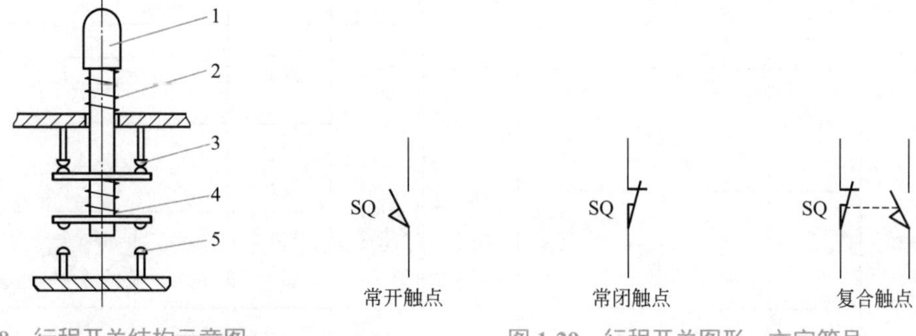

图 1-28　行程开关结构示意图

1—顶杆；2—弹簧；3—常闭触点；4—触点弹簧；5—常开触点

图 1-29　行程开关图形、文字符号

行程开关在选用时，应根据不同的使用场合，满足额定电压、额定电流、复位方式和触点数量等方面的要求。

1.2 电气控制线路常用的图形符号和文字符号

电气控制线路是将各种有触点的按钮、继电器、接触器等低压控制电器用导线按一定的要求和方法连接起来，并能实现某种功能。具体功能是：实现对电力拖动系统的启动、调速、反转和制动等运行性能的控制；实现对拖动系统的保护；满足生产工艺的要求；实现生产过程自动化。

电气控制线路图是工程技术的通用语言，为了便于交流与沟通，在绘制电气线路图时，电气元件的图形、文字符号必须符合国家标准。表 1-1 ～表 1-3 列出了三部分常用的电气图形符号和基本文字符号，实际使用时如需要更详细的资料，可查阅有关国家标准。

表 1-1　常用电气图形符号和基本文字符号

名　称		新标准	
		图形符号	文字符号
一般三相电源开关		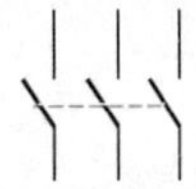	QK
低压断路器		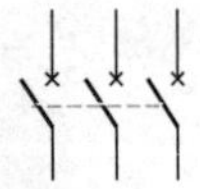	QF
位置开关	常开触点		SQ
	常闭触点		
	复合触点	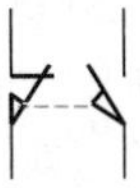	
熔断器			FU
按钮	启动	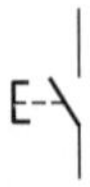	SB
	停止		
	复合		

名称		新标准	
		图形符号	文字符号
接触器	线圈	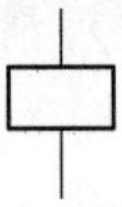	KM
	主触头		
	常开辅助触头		
	常闭辅助触头		
速度继电器	常开触头	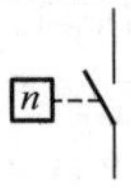	KS
	常闭触头	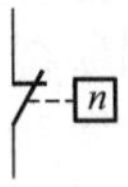	
时间继电器	线圈	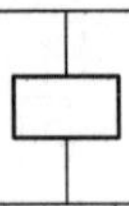	KT
	常开延时闭合触头	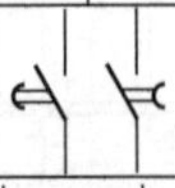	
	常闭延时打开触头	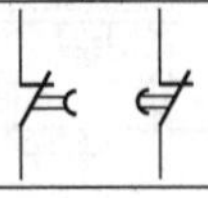	
	常闭延时闭合触头	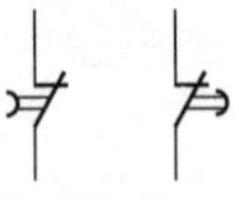	

续表

名称		新标准 图形符号	新标准 文字符号	名称	新标准 图形符号	新标准 文字符号
时间继电器	常开延时打开触头		KT	照明灯		EL
热继电器	热元件		FR	信号灯		HL
	常闭触点					
继电器	中间继电器线圈		KA	电阻器		R
	欠电压继电器线圈	$U\leqslant$	KV			
	过电流继电器线圈	$I\geqslant$	KI	接插器		X
	常开触头		相应继电器符号	电磁铁		YA
	常闭触头			电磁吸盘		YH
	欠电流继电器线圈	$I\leqslant$	KI	串励直流电动机	M	M
转换开关			SA	并励直流电动机	M	
制动电磁铁			YB	他励直流电动机	M	
电磁离合器			YC			
电位器			RP	复励直流电动机	M	
桥式整流装置			VC	直流发电机	G	G
				三相笼型异步电动机	M 3~	M

表 1-2　电气技术中常用基本文字符号

基本文字符号		项目种类	设备、装置、元器件举例
单字母	双字母		
A	AT	组件部分	抽屉柜
B	BP BQ BT BV	非电量到电量变换器或电量到非电量变换器	压力变换器 位置变换器 温度变换器 速度变换器
F	FU FV	保护器件	熔断器 限压保护器
H	HA HL	信号器件	声响指示器 指示灯
K	KA KM KP KR KT	继电器 接触器	瞬时接触继电器 交流继电器 接触器 中间继电器 极化继电器 簧片继电器 时间继电器
P	PA PJ PS PV PT	测量设备 试验设备	电流表 电度表 记录仪表 电压表 时钟、操作时间表
Q	QF QM QS	开关器件	断路器 电动机保护开关 隔离开关
R	RP RT RV	电阻器	电位器 热敏电阻器 压敏电阻器
S	SA SB SP SQ ST	控制、记忆、信号电路的开关器件选择器	控制开关 按钮开关 压力传感器 位置传感器 温度传感器
T	TA TC TM TV	变压器	电流互感器 电源变压器 电力变压器 电压互感器
X	XP XS XT	端子、插头、插座	插头 插座 端子板
Y	YA YV YB	电气操作的机械器件	电磁铁 电磁阀 电磁离合器

表 1-3　电气技术中常用辅助文字符号

序号	文字符号	名称	序号	文字符号	名称
1	A	电流	13	BW	向后
2	A	模拟	14	CW	顺时针
3	AC	交流	15	CCW	逆时针
4	A、AUT	自动	16	D	延时（延迟）
5	ACC	加速	17	D	差动
6	ADD	附加	18	D	数字
7	ADJ	可调	19	D	降
8	AUX	辅助	20	DC	直流
9	ASY	异步	21	DEC	减
10	B、BRK	制动	22	E	接地
11	BK	黑	23	F	快速
12	BL	蓝	24	FB	反馈

续表

序号	文字符号	名称	序号	文字符号	名称
25	FW	正、向前	46	PU	不接地保护
26	GN	绿	47	R	右
27	H	高	48	R	反
28	IN	输入	49	RD	红
29	INC	增	50	R、RST	复位
30	IND	感应	51	RES	备用
31	L	左	52	RUN	运转
32	L	限制	53	S	信号
33	L	低	54	ST	启动
34	M	主	55	S、SET	置位、定位
35	M	中	56	STE	步进
36	M	中间线	57	STP	停止
37	M、MAN	手动	58	SYN	同步
38	N	中性线	59	T	温度
39	OFF	断开	60	T	时间
40	ON	闭合	61	TE	无噪声（防干扰）接地
41	OUT	输出	62	V	真空
42	P	压力	63	V	速度
43	P	保护	64	V	电压
44	PE	保护接地	65	WH	白
45	PEN	保护接地与中性线公用	66	YE	黄

1.3　三相笼型异步电动机自动启停电路

1.3.1　点动启动控制

（1）电路

电动葫芦的起重电动机控制、车床拖板箱快速移动的电动机控制等，常常需要采用点动控制线路。其控制要求是：按下按钮，电动机就转动；松开按钮，电动机就停转，所以叫作点动控制线路。其接触器点动控制线路如图 1-30 所示。

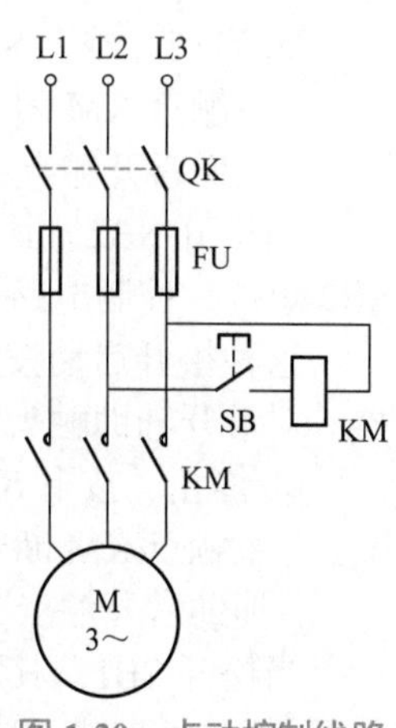

图 1-30　点动控制线路

图 1-30 所示的电气线路可分为主电路和辅助电路两部分，一部分为动力电路，是由三相电源 L1、L2 和 L3 经熔断器 FU 和接触器的三

对主触头 KM 到三相异步电动机的电路，又称主电路；另一部分为控制电路，是由按钮 SB 和接触器线圈 KM 组成的，又称辅助电路。电路中，熔断器在线路中起短路保护作用。

（2）工作原理

① 准备工作　合上刀开关 QK。

② 启动与运行　按下 SB→线圈 KM 得电→三对主触头 KM 闭合（电源与负载接通）→电动机 M 启动、运行。

③ 停止　松开 SB→线圈 KM 失电→三对主触头 KM 断开（电源与负载断开）→电动机 M 停转。

1.3.2 长动（连续）控制

（1）电路

在点动控制线路中，电动机运行时操作人员的手必须始终按下按钮，否则电动机就要停转。若要求电动机长时间连续运转，采用点动控制是不适宜的。此时可采用如图 1-31 所示的接触器自锁控制线路，也称为长动控制电路，即启保停电路。这种线路的主电路与图 1-30 所示的点动控制线路相同，不再重述。但在控制电路中增加一个常闭停止按钮 SB1，在常开启动按钮 SB2 的两端，并联了接触器的一对常开辅助触头 KM。

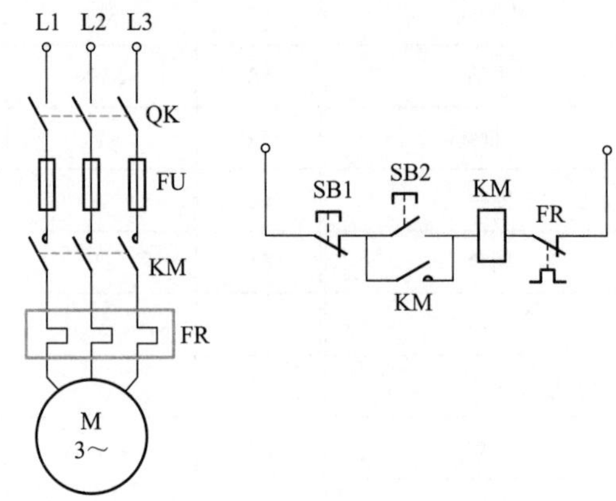

图 1-31　连续运行控制线路

（2）工作原理

① 准备　使用时先合上刀开关 QK。

② 启动　按下 SB2 使其常开触头闭合→线圈 KM 得电→

{ 主触点 KM 闭合→电动机接通电源启动
  辅助常开触点 KM 闭合→实现自锁

当松开 SB2，其常开触头恢复分断后，因为接触器的常开辅助触头 KM 仍然闭合，将 SB2 短接，控制电路仍保持接通状态，所以接触器线圈 KM 继续得电，电动机能持续运转。

这种松开启动按钮后接触器能够自己保持得电的作用叫作自锁，与启动按钮并联的接触器一对常开辅助触头叫作自锁触头。

③ 停止　按下 SB1 使其常闭触头立即分断→线圈 KM 失电→

{ 主触点 KM 断开→电动机断开电源停转
  辅助常开触点 KM 断开→解除自锁

当松开 SB1，其常闭触头恢复闭合后，因接触器的自锁触头 KM 在切断控制电路时已经分断，停止了自锁，这时接触器线圈 KM 不可能得电。要使电动机重新运行，必须进行重新启动。

（3）保护功能

① 短路保护：短路时熔断器 FU 的熔体熔断，切断电路，起短路保护的作用。

② 过载保护：采用热继电器 FR。由于热继电器的热惯性比较大，电动机启动时，虽然启动电流很大，但由于启动时间短，积蓄的热量不足以使热继电器发生动作。当电动机长期过载时，发热元件的热量积蓄过多，此时，热继电器发生动作，使它的常闭触点断开，从而断开控制电路。

③ 欠电压与失电压保护：是依靠接触器 KM 的自锁环节来实现的。当电源电压低到一定程度或失电压时，接触器电磁铁的吸力将减弱或消失，接触器的触头将恢复常态，电动机停转，采用这种接触器自锁控制线路，由于自锁触头与主触头在欠压或失压时同时断开，即使供电恢复正常，控制电路也不能接通，电动机不会自行启动。例如，在机床上，当电动机欠电压或失电压停转时，机床的运动部件停止运行，此时车削刀具被卡在工件上，若没有自锁保护，一旦恢复正常供电，电动机自行启动，将会造成设备损坏和人身伤害事故。有自锁保护时，电动机则不会自行启动，此时，操作人员可以从容地将卡住的刀具退出，重新启动机床。

1.3.3　点动与长动（连续）控制

在生产实践中，有的生产机械需要点动控制，有的生产机械既需要点动控制，又需要长动（连续）控制。图 1-32 示出了几种既能实现点动又能实现长动（连续）的控制线路。

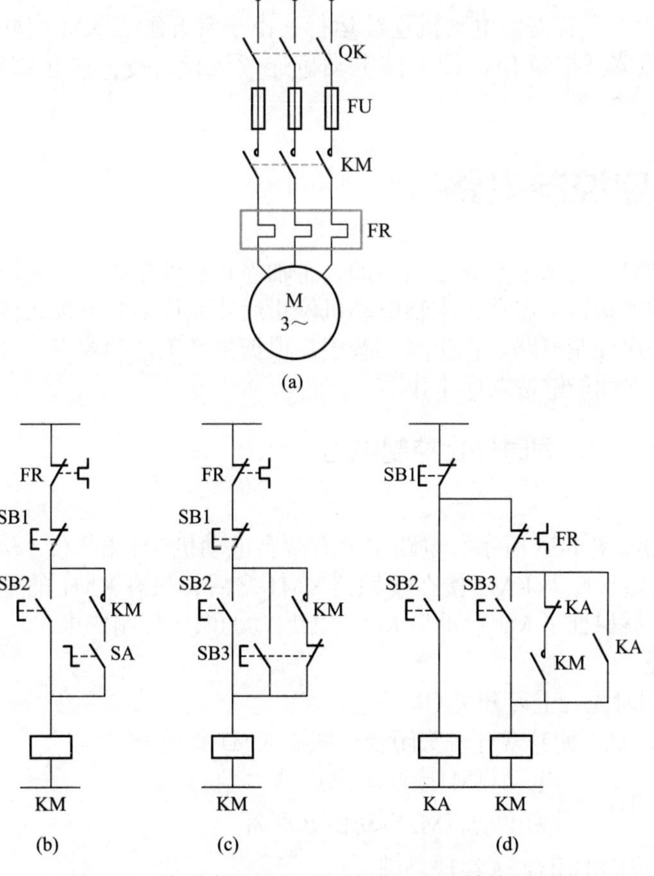

图 1-32　实现点动和长动（连续）的几种控制线路

几种控制线路的主电路如图 1-32（a）所示。

（1）带手动开关的点长动（连续）控制线路

如图 1-32（b）所示是带手动开关 SA 的点动控制线路。

① 点动　当需要点动时，断开开关 SA，辅助常开触点 KM 线路被断开，相当于将自锁环节破坏，由按钮 SB2 来进行点动控制。

② 长动（连续）　当需要连续工作时合上开关 SA，将接触器 KM 的自锁触点接入，即可实现连续控制。

（2）复合按钮SB3来实现点长动（连续）控制

如图 1-32（c）所示是增加了一个复合按钮 SB3 来实现点动控制的电路。

① 点动　按下按钮 SB3，SB3 的常闭触点先断开自锁电路，再闭合常开触点，电动机 M 启动运行，当松开按钮 SB3 时，其常开触点先断开，电动机停止运行，常闭触点再闭合，电动机保持停止状态。

② 长动（连续）　若需要电动机连续运行，由于常开触点 KM 串联 SB3 的常闭触点构成自锁环节，因此按下按钮 SB2 即可使电动机连续运行，按下停止按钮 SB1 电动机停止运行。

（3）利用中间继电器实现点长动（连续）控制

图 1-32（d）所示是利用中间继电器实现点动的控制线路。

① 点动　按下按钮 SB2，线圈 KA 得电，常闭触点 KA 断开，辅助常开触点 KM 线路被断开，相当于将自锁环节破坏。常开触点 KA 闭合，电动机 M 启动运行，当松开按钮 SB2 时，电动机停止运行。

② 长动（连续）　若需要电动机连续运行，由于常开触点 KM 串联 KA 的常闭触点构成自锁环节，因此按下按钮 SB3 即可使电动机连续运行，按下停止按钮 SB1 电动机停止运行。

1.4　顺序控制电路

车床主轴转动时，要求油泵先给润滑油，主轴停止后油泵方可停止润滑，即要求油泵电动机先启动、主轴电动机后启动，主轴电动机停止后才允许油泵电动机停止，实现这种控制功能的电路就是顺序控制电路。在生产实践中，根据生产工艺的要求，经常要求各种运动部件之间或生产机械之间能够按顺序工作。

1.4.1　顺序启动、同时停止控制电路

（1）电路

电气控制线路如图 1-33 所示。电路中含有两台电动机 M1 和 M2，从主电路来看，电动机 M2 主电路的交流接触器 KM2 接在接触器 KM1 之后，只有 KM1 的主触点闭合后，KM2 才可能闭合，这样就保证了 M1 启动后 M2 才能启动的顺序控制要求。

（2）工作原理

① 准备　使用时先合上刀开关 QK。

② 启动　按下 SB1 使其常开触头闭合→线圈 KM1 得电→

- 主触点KM1闭合 →
  - 电动机M1接通电源启动
  - 为电动机M2启动做好准备
- 辅助常开触点KM1闭合 → 实现自锁

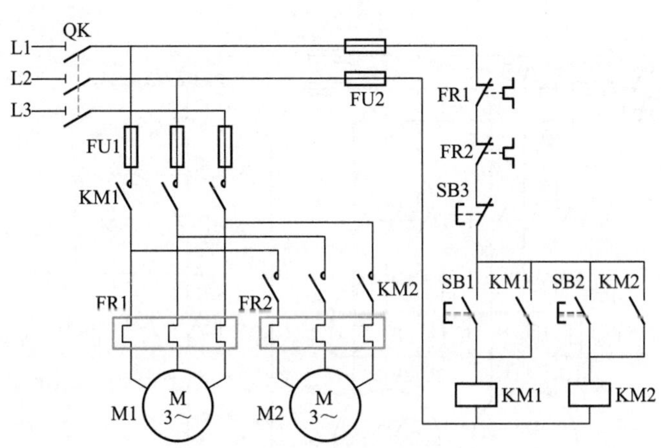

图 1-33　主电路实现顺序控制电路图

按下 SB2 使其常开触头闭合→线圈 KM2 得电→

主触点KM2闭合 → 电动机M2接通电源启动
辅助常开触点KM2闭合 → 实现自锁

值得注意的是：如果先按下 SB2，由于常开主触点 KM1 的断开的，因此电动机 M2 不能启动。

③ 停止　按下 SB3 使其常闭触头断开→

线圈 KM1 失电→主触点 KM1 断开→电动机 M1 断开电源停转

线圈 KM2 失电→主触点 KM2 断开→电动机 M2 断开电源停转

1.4.2　顺序启动、逆序停止控制电路

（1）电路

电气控制线路如图 1-34 所示。电路中含有两台电动机 M1 和 M2，电动机 M2 的控制电路先与接触器常开触点 KM1 串接，这样就保证了 M1 启动后 M2 才能启动；而 KM2 的常开触点与 SB1 并联，这样就保证了只有电动机 M2 停车后 M1 才能停车的顺序控制要求。

（2）工作原理

① 准备　使用时先合上刀开关 QK。

② 启动　按下 SB2 使其常开触头闭合→线圈 KM1 得电→

主触点KM1闭合 → 电动机M1接通电源启动
辅助常开触点KM1闭合 → 实现自锁
辅助常开触点KM1闭合 → 为M2启动做好准备 → 实现顺序启动

按下 SB4 使其常开触头闭合→线圈 KM2 得电→

主触点KM2闭合 → 电动机M2接通电源启动
辅助常开触点KM2闭合 → 实现自锁
辅助常开触点KM2闭合 → 使停止按钮SB1失去作用 → 实现逆序停止

值得注意的是：如果先按下 SB4，由于常开主触点 KM1 是断开的，因此电动机 M2 不能启动。

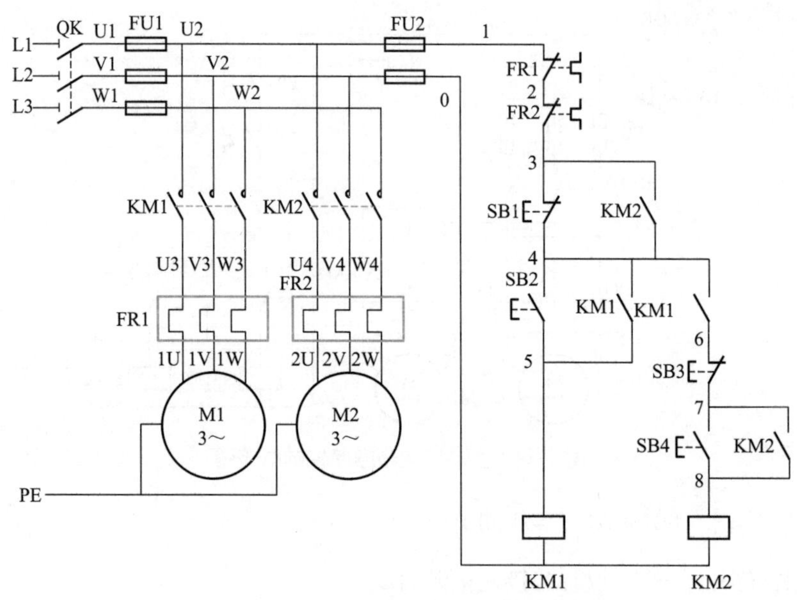

图 1-34 顺序启动、逆序停止控制电路图

③ 停止 按下 SB3 使其常闭触头断开→线圈 KM2 失电→

主触点KM2断开 → 电动机M2断开电源停止
辅助常开触点KM2断开 → 解除自锁
辅助常开触点KM2断开 → 使停止按钮SB1起作用

按下 SB1 使其常闭触头断开→线圈 KM1 失电→

主触点KM1断开 → 电动机M1断开电源停止
辅助常开触点KM1断开 → 解除自锁
辅助常开触点KM1断开 → 断开M2控制电路，为顺序启动功能做准备

值得注意的是：如果先按下 SB1，由于常开触点 KM2 是闭合的，无法断开控制线路，故电动机不能停止运行。

1.5 多地控制电路

有些生产设备为了操作方便，需要在两地或多地控制一台电动机，例如普通铣床的控制电路，就是一种多地控制电路。这种能在两地或多地控制一台电动机的控制方式，称为电动机的多地控制。在实际应用中，大多为两地控制。

1.5.1 两地控制

（1）电路

如图 1-35 所示为两地控制的具有过载保护的控制电路。其中 SB12、SB11 为安装在甲地的启动按钮和停止按钮；SB22、SB21 为安装在乙地的启动按钮和停止按钮。线路的特点是：两地的启动按钮 SB12、SB22 要并联接在一起；停止按钮 SB11、SB21 要串联接在一起。这样就可以分别在甲、乙两地启动和停止同一台电动机，达到操作方便的目的。对三地或多地控制，只要把各地的启动按钮并接、停止按钮串接就可以实现。

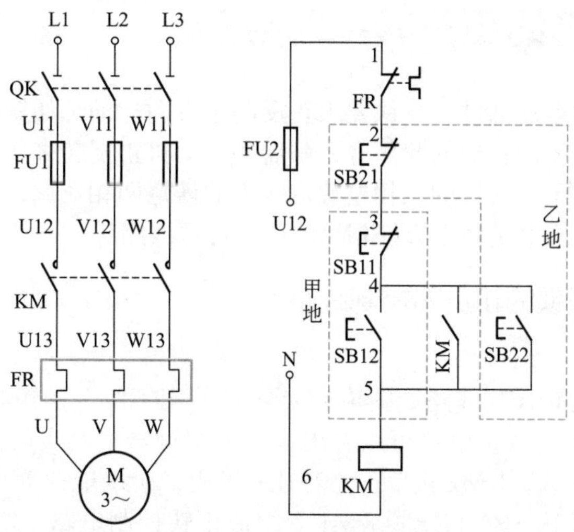

图 1-35　两地控制电路图

（2）两地控制线路的工作原理

① 准备　使用时先合上刀开关 QK。

② 启动　按下 SB12 使其常开触头闭合→线圈 KM 得电→

主触点KM闭合→电动机接通电源启动
辅助常开触点KM闭合→实现自锁

按下 SB22 使其常开触头闭合→线圈 KM 得电→

主触点KM闭合→电动机接通电源启动
辅助常开触点KM闭合→实现自锁

③ 停止　按下 SB11 使其常闭触头立即分断→线圈 KM 失电→

主触点KM断开→电动机 断开电源停转
辅助常开触点KM断开 → 解除自锁

按下 SB21 使其常闭触头立即分断→线圈 KM 失电→

主触点KM断开→电动机断开电源停转
辅助常开触点KM断开→自锁解除

由此可以看出，甲地启动按钮 SB12 和乙地启动按钮 SB22 具有相同的功能，都可以单独启动电动机，同埋甲地停车按钮 SB11 和乙地停车按钮 SB21 都可以单独停止电动机，只是安装地点不同，因此可以实现甲乙两地控制。

1.5.2　三地控制

三地控制线路如图 1-36 所示。把一个启动按钮和一个停止按钮组成一组，并把三组启动、停止按钮分别设置三地，即能实现三地控制。

由两地控制和三地控制的原理，可以

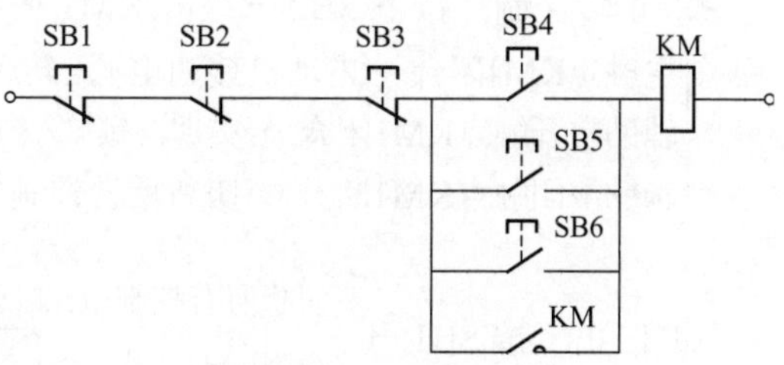

图 1-36　三地控制线路

推广到多地控制。多地控制的原则是：启动按钮应并联连接，停止按钮串联连接。

1.6 电动机的正反转控制电路

大多数生产机械的运动部件，往往要求正反两个方向运动。如铣床主轴正转和反转、起重机的提升或下降、磨床砂轮架的起落等，都需要电动机正反转来实现。由三相异步电动机转动原理可知，若将接至电动机的三相电源进线中的任意两相对调，即可使电动机反转，所以可逆运行控制线路实质上是两个方向相反的单向运行线路。

1.6.1 接触器联锁的正反转控制线路

（1）电路

接触器联锁的正反转控制线路如图 1-37 所示，使用了两个接触器 KM1、KM2，分别控制电动机的正转和反转。从主电路可以看出，两个接触器主触头所接通的电源相序不同，KM1 按 L1—L2—L3 接线；KM2 按 L3—L2—L1 接线，所以能改变电动机的转向。相应地有两个控制电路，由按钮 SB2 和线圈 KM1 等组成正转控制电路，由按钮 SB3 和线圈 KM2 组成反转控制电路。

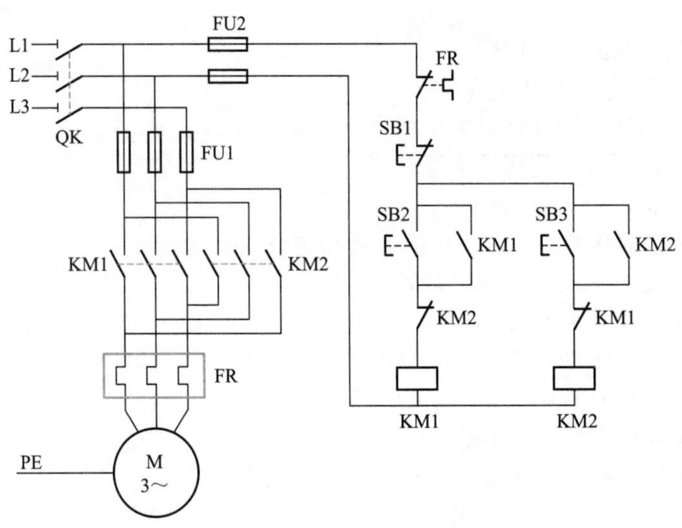

图 1-37 接触器联锁的正反转控制线路

（2）工作原理

① 准备 使用时先合上刀开关 QK。

② 正转控制 按下 SB2 →线圈 KM1 得电→

- 主触点KM1闭合→电动机接通电源正转启动
- 辅助常开触点KM1闭合→实现自锁
- 辅助常闭触点KM1断开→切断反转控制电路，使线圈KM2不能得电，实现互锁

③ 停止 按 SB1 → {切断所有控制电路；线圈KM1失电} →

- 主触点KM1断开→电动机断开电源停转
- 辅助常开触点KM1断开→解除自锁
- 辅助常闭触点KM1闭合→为接通反转控制电路做准备

④ 反转控制 按 SB3 →线圈 KM2 得电→

主触点KM2闭合→电动机接通电源反转启动
辅助常开触点KM2闭合→实现自锁
辅助常闭触点KM2断开→切断正转控制电路，使线圈KM1不能得电，实现互锁

从上面分析可以看到，当正转控制电路工作时，反转控制电路中串接的常闭辅助触头 KM1 是断开的，使接触器 KM2 不能得电。同样，在反转控制电路工作时，正转控制电路中串接的常闭辅助触头 KM2 是断开的，使接触器 KM1 不能得电。也就是说，正转控制电路与反转控制电路不能同时得电，主触头 KM1 和 KM2 不能同时闭合，否则将造成电源两相短路事故。只有接触器 KM1 失电复位后，接触器 KM2 才能得电；同样，只有接触器 KM2 失电复位后，接触器 KM1 才能得电。这种相互制约的作用称为联锁（或互锁），所有的常闭辅助触头称为联锁触头（或互锁触头）。由于联锁双方是接触器，因此把这种控制方式叫作接触器联锁。

1.6.2 接触器双重联锁的正反转控制线路

接触器联锁的正反转控制线路只能实现“正 - 停 - 反”或者“反 - 停 - 正”控制，即电动机在正转或反转时必须按下停止按钮后，再反向或正向启动。在生产实际中，为了提高劳动生产率，减少辅助工时，往往要求直接实现正反转的变换控制。因此除采用接触器联锁外，还利用复合按钮组成“正 - 反 - 停”的互锁控制。复合按钮的常闭触点同样起到互锁的作用，这种互锁称为“机械互锁”或“机械联锁”，因此，这种控制线路也称为接触器双重联锁的正反转控制线路。

（1）电路

图 1-38 所示为双重联锁的正反转控制线路。它采用复合按钮，将正转启动按钮 SB2 的常闭触头串接在反转控制电路中，同样将反转控制电路中的启动按钮 SB3 的常闭触头串接在正转控制电路中。图 1-38 中所示虚线相连的为同一按钮的另外一对触头。这样便可以保证正、反转两条控制电路不会同时被接通。

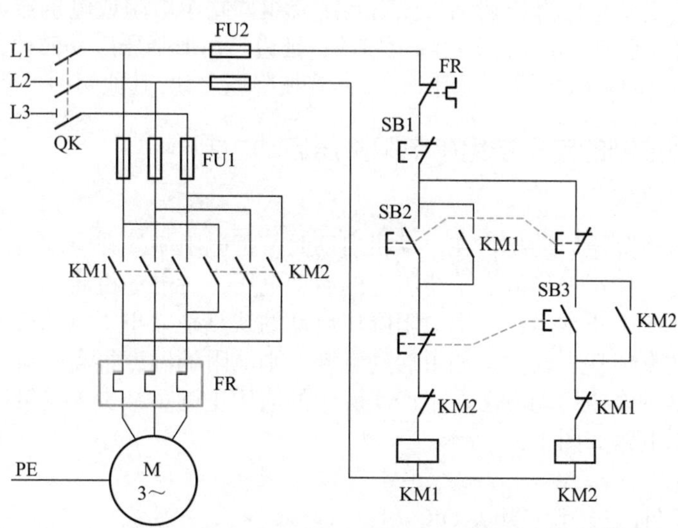

图 1-38 接触器双重联锁的正反转控制线路

（2）控制原理

① 准备 使用时先合上刀开关 QK。

② 正转控制 按下 SB2 → SB2 常闭触头先行断开→确保接触器线圈 KM2 为失电状态。

然后，SB2 常开触头闭合→线圈 KM1 得电→

$\begin{cases}\text{主触点KM1闭合→电动机接通电源正转启动}\\\text{辅助常开触点KM1闭合→实现自锁}\\\text{辅助常闭触点KM1断开→切断反转控制电路，使线圈KM2不能得电，实现互锁}\end{cases}$

③ 反转控制

按下 SB3 → SB3 常闭触头先行断开→接触器线圈 KM1 失电释放，电动机停转。

然后，SB3 常开触头闭合→线圈 KM2 得电→

$\begin{cases}\text{主触点KM2闭合→电动机接通电源反转启动}\\\text{辅助常开触点KM2闭合→实现自锁}\\\text{辅助常闭触点KM2断开→切断正转控制电路，使线圈KM1不能得电，实现互锁}\end{cases}$

④ 停止　按 SB1 →切断所有控制线路，电动机停转。

在这个线路中，在需要改变电动机运转方向时，就不必按 SB1 停止按钮了，直接操作正反转按钮即能实现电动机正反转的改变。该线路既有接触器常闭触点的“电气互锁”，又有复合按钮常闭触点的“机械互锁”，即具有双重互锁。该线路操作方便，安全可靠，故应用广泛。

1.7　三相笼型异步电动机降压启动控制电路

三相笼型异步电动机全压启动控制线路简单、经济、操作方便。但对于容量较大的笼型异步电动机来说，由于启动电流大，会引起较大的电网压降，因此一般采用降压启动的方法，以限制启动电流。所谓降压启动，是借助启动设备将电源电压适当降低后加在定子绕组上进行启动，待电动机转速升高到接近稳定时，再使电压恢复到额定值，转入正常运行。降压启动虽可以减小启动电流，但也降低了启动转矩，因此降压启动适用于空载或轻载启动。

三相笼型异步电动机的降压启动方法有定子绕组回路串电阻或电抗器降压启动、定子绕组串自耦变压器降压启动、Y-△变换降压启动、延边三角形降压启动四种方法，这里重点介绍定子绕组回路串电阻或电抗器降压启动、Y-△变换降压启动，其他两种大家可参考相关资料。

1.7.1　手动控制的定子绕组串电阻降压启动控制

（1）电路

定子回路串电阻降压启动是指在电动机启动时，把电阻串接在电动机定子绕组与电源之间，通过电阻的分压作用来降低定子绕组上的启动电压，待电动机启动后，再将电阻短接，使电动机在额定电压下正常运行。串电阻降压启动的缺点是减小了电动机的启动转矩，同时启动时在电阻上功率消耗也较大，如果启动频繁，则电阻的温度很高，对于精密的机床会产生一定影响，故这种降压启动方法在生产实际中的应用正逐步减少。接触器控制定子绕组串电阻降压启动控制电路如图 1-39 所示。

（2）工作原理

① 准备　使用时先合上刀开关 QK。

② 降压启动　按下 SB2 使其常开触头闭合→ KM1 线圈得电→

$\begin{cases}\text{主触点KM1闭合→电动机接通电源降压启动}\\\text{辅助常开触点KM1闭合→实现自锁}\end{cases}$

③ 全压运行　待笼型电动机启动好后，按下按钮 SB3 → KM2 线圈得电→

主触点KM2闭合→电动机接通电源全压启动
辅助常开触点KM2闭合→实现自锁
辅助常闭触点KM2断开→线圈KM1失电→ 主触点KM1断开→切除串联的电阻；辅助常开触点KM1断开→解除自锁

④ 停止　按停止按钮 SB1 →整个控制电路失电→ KM2（或 KM1）主触点和辅助触点分断→电动机 M 失电停转。

从电路的工作原理看，串路待电动机启动后，再通过手动控制将电阻短接，使电动机在额定电压下正常运行。

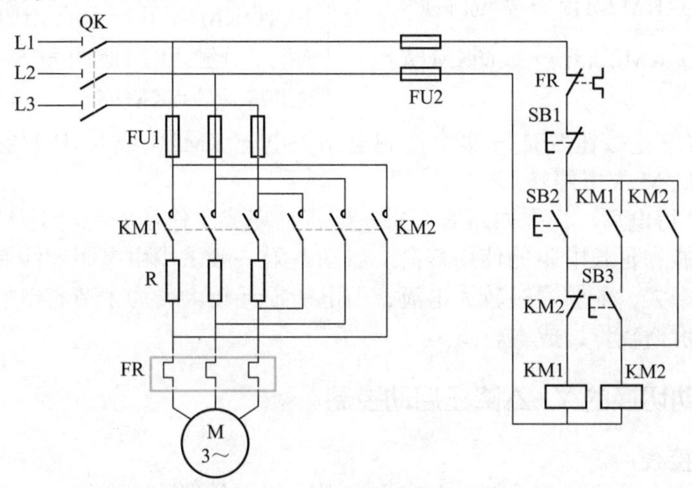

图 1-39　串电阻降压启动控制电路

1.7.2　时间继电器控制串电阻降压启动电路

（1）电路

时间继电器控制串电阻降压启动电路如图 1-40 所示。首先，电动机串电阻启动，待延时一定时间后，启动过程结束，自动切换为全压运行。

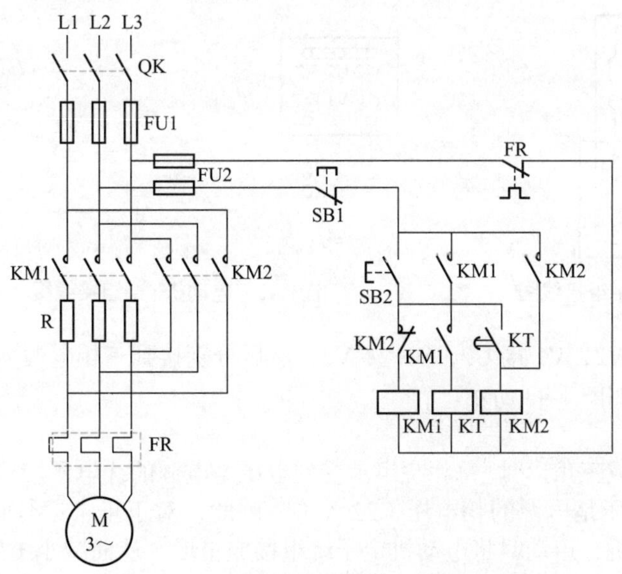

图 1-40　时间继电器控制串电阻降压启动电路

（2）工作原理

① 准备　使用时先合上刀开关 QK。

② 降压启动　按下 SB2 使其常开触头闭合→ KM1 线圈得电→

- 主触点KM1闭合 → 电动机接通电源降压启动
- 辅助常开触点KM1闭合 → 实现自锁
- 辅助常开触点KM1闭合 → 线圈KT得电，开始计时

KT 计时时间到→常开触点 KT 闭合→线圈 KM2 得电→

- 主触点KM2闭合 → 电动机接通电源全压运行
- 辅助常开触点KM2闭合 → 实现自锁
- 辅助常闭触点KM2断开 → 线圈KM1失电 →
  - 主触点KM1断开 → 切除电阻
  - 辅助常开触点KM1断开 → 解除自锁
  - 辅助常开触点KM1断开 → 线圈KT失电

③ 停止　按停止按钮 SB1 →整个控制电路失电→ KM2（或 KM1）主触点和辅助常开触点分断→电动机 M 失电停转。

接触器 KM2 得电后，将主回路 R 短接，即将已完成工作任务的电阻从控制线路中切除，其优点是节省电能和延长电阻的使用寿命。启动电阻一般采用由电阻丝绕制的板式电阻或铸铁电阻，电阻功率大，能够通过较大电流，但电能损耗较大，为了节省电能，可采用电抗器代替电阻，但其价格较贵，成本较高。

1.7.3　手动切换的 Y-△降压启动控制

（1）电动机接线

三相交流异步电动机的定子绕组共有六个引线端，分别固定在接线盒内的接线柱上，各相绕组的始端分别用 U1、V1、W1 表示，末端用 U2、V2、W2 表示。定子绕组的始末端在机座接线盒内的排列次序如图 1-41 所示。

定子绕组有星形和三角形两种接法。若将 U2、V2、W2 接在一起，U1、V1、W1 分别接到 A、B、C 三相电源上，则电动机为星形接法，实际接线与原理接线如图 1-42 所示。

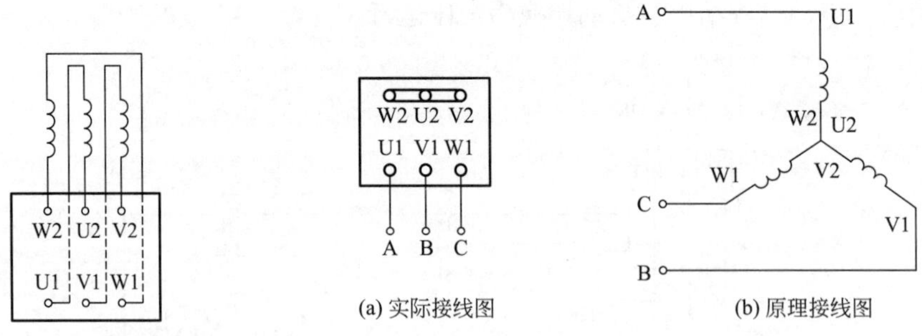

图 1-41　电动机绕组接线图　　图 1-42　电动机Y绕组接线图

如果将 U1 接 W2，V1 接 U2，W1 接 V2，然后分别接到三相电源 A、B、C 上，电动机就是三角形接法，如图 1-43 所示。

（2）电路

电动机绕组接成三角形时，每相绕组承受的电压是电源的线电压（380V），而接成星形时，每相绕组承受的电压是电源的相电压（220V）。因此，对于正常运行时定子绕组接成三角形的笼型异步电动机，启动时将电动机定子绕组接成星形，从而减小了启动电流。待启动后

按预先整定的时间换接成三角形接法，使电动机在额定电压下正常运行。采用Y-△降压启动，其启动转矩也相应下降为原来三角形接法的 1/3，转矩特性差，因而本线路适用于轻载启动的场合。

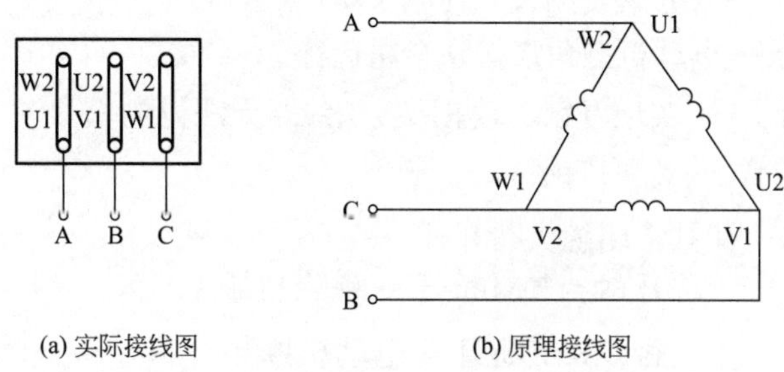

(a) 实际接线图　(b) 原理接线图

图 1-43 电动机△绕组接线图

从主电路上看，当常开触点 KM1 闭合时，电动机为星形接法；而如果闭合 KM2，电动机则为三角形接法。

Y-△降压启动控制线路如图 1-44 所示。

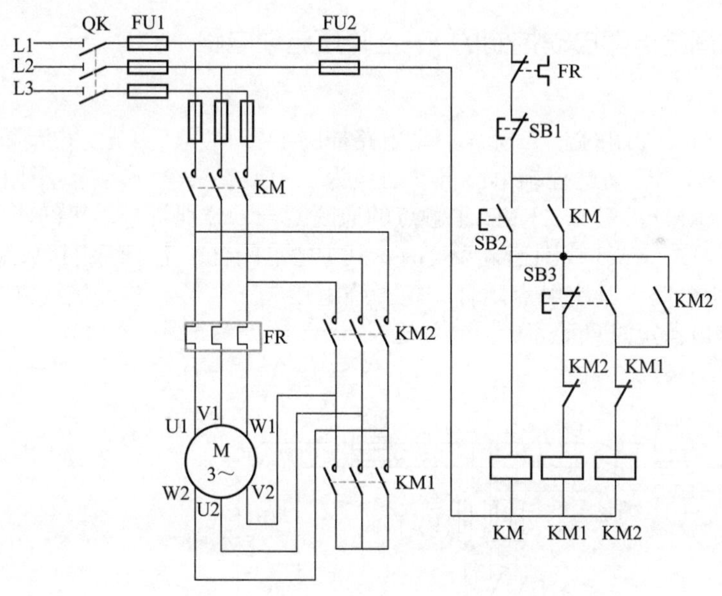

图 1-44 Y-△降压启动控制线路

（3）工作原理

① 准备　使用时先合上刀开关 QK。

② 星形连接降压启动　按下 SB2 使其常开触头闭合→

线圈KM得电→ { 常开触点KM闭合 → 实现自锁；主触点KM闭合 → 为电动机接通电做好准备 }

线圈KM1得电→ { 主触点KM1闭合 → 电动机星形接法启动；常闭触点KM1断开 → 实现互锁，防止线圈KM2得电 }

③ 三角形连接全压运行

按下 SB3 使其常闭触头断开→线圈 KM1 失电→

{主触点 KM1断开 → 电动机取消星形接法
常闭触点KM1闭合 → 解除互锁}

SB3 常闭触头断开后常开触头闭合→线圈 KM2 得电→

{主触点KM2闭合 → 电动机三角形接法全压运行
常闭触点KM2断开 → 实现互锁，使星形接法线路无法得电
常开触点KM2闭合 → 实现自锁}

④ 停止　按下 SB1 使其常闭触头断开→

{线圈KM失电 → {常开触点KM断开→解除自锁
主触点KM断开→电动机断电}
线圈KM2失电 → {主触点KM2断开→电动机解除三角形接法
常闭触点KM2闭合→解除互锁
常开触点KM2断开→解除自锁}}

从电路的工作原理看，电路待电动机星形接法启动后，再通过手动控制将电动机变成三角形接法，使电动机在三角形接法下全压运行。

1.7.4 时间继电器自动控制的 Y-△降压启动电路

（1）电路

时间继电器自动控制的Y-△降压启动电路如图 1-45 所示。首先，电动机星形接法启动，待延时一定时间后，启动过程结束，自动切换为三角形接法全压运行。图 1-45 中所示主电路由 3 只接触器 KM1、KM2、KM3 主触点的通断配合，分别将电动机的定子绕组接成星形或三角形。当 KM1、KM3 线圈通电吸合时，其主触点闭合，定子绕组接成星形；当 KM1、KM2 线圈通电吸合时，其主触点闭合，定子绕组接成三角形。两种接线方式的切换由控制电路中的时间继电器定时自动完成。

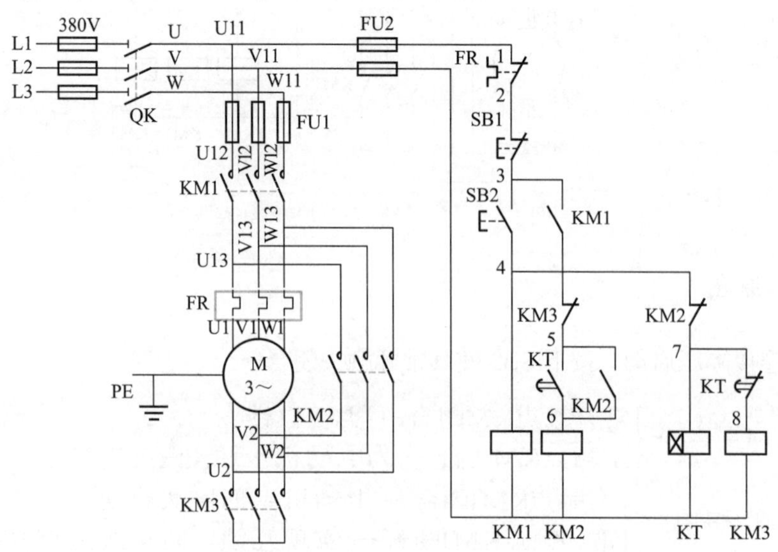

图 1-45　时间继电器自动控制的Y-△降压启动电路原理图

（2）工作原理

① 准备　使用时先合上刀开关 QK。

② 星形连接降压启动，三角形连接全压运行　按下 SB2 使其常开触头闭合→

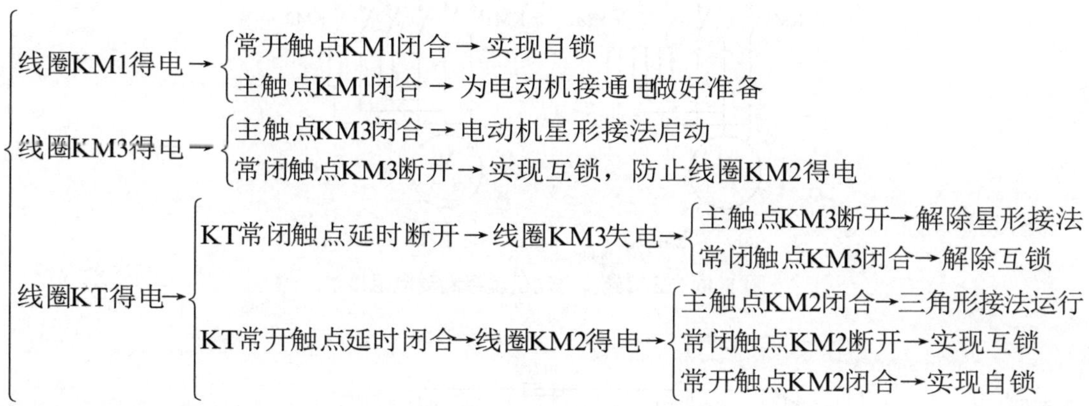

③ 停止　按下 SB1 使其常闭触头断开

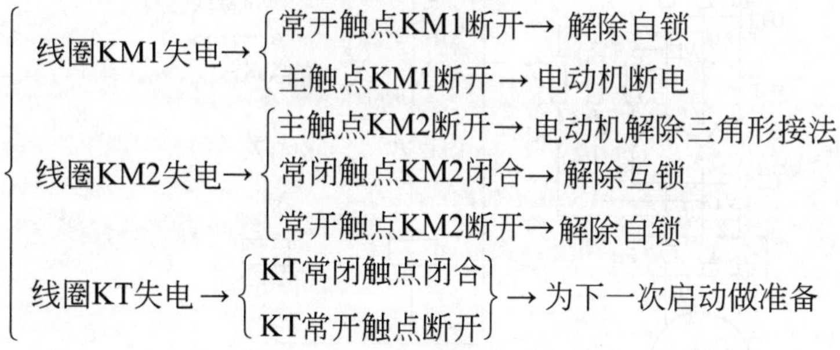

1.8　三相异步电动机反接制动控制

三相笼型异步电动机切断电源后，由于惯性，总要经过一段时间才能完全停止。为缩短时间，提高生产效率和加工精度，要求生产机械能迅速准确地停车。采取一定措施使三相笼型异步电动机在切断电源后迅速准确地停车的过程，称为三相笼型异步电动机的制动。

其中，反接制动是一种常用的电气制动方法。

反接制动是利用改变电动机电源相序，使定子绕组产生的旋转磁场与转了旋转方向相反，因而产生制动力矩的一种制动方法。应当注意的是，当电动机转速接近零时，必须立即断开电源，否则电动机将反向旋转。

另外，由于反接制动电流较大，制动时需在定子回路中串入电阻以限制制动电流。反接制动电阻的接法分对称电阻和不对称电阻两种，如图 1-46 所示。

（1）电路

反接制动原理图如图 1-47 所示，反接制动电阻的接法采用对称电阻接法，正常运转时主触点 KM1 闭合，制动时主触点 KM2 闭合，采用速度继电器，当制动到转速小于 120r/min 时，自动将反接电源切除，防止电动机反向启动。

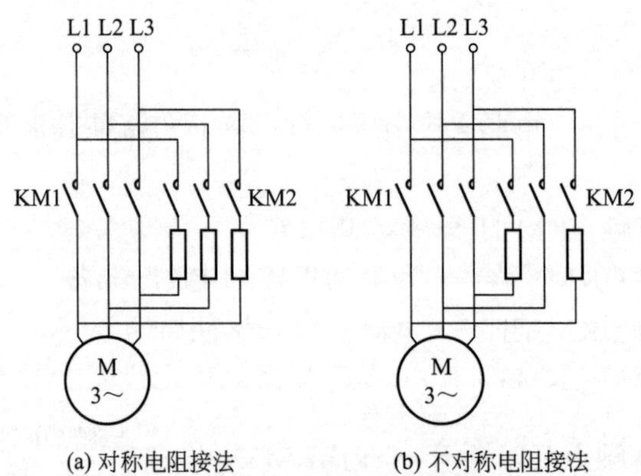

(a) 对称电阻接法　　(b) 不对称电阻接法

图 1-46　三相异步电动机反接制动电阻接法

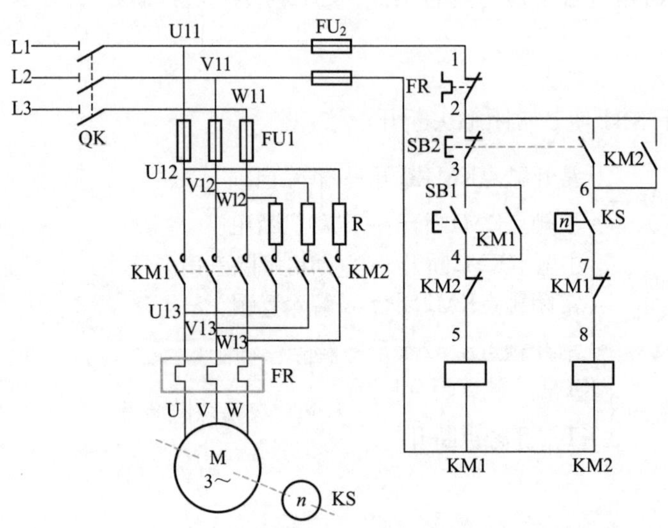

图 1-47　反接制动原理图

（2）工作原理

① 准备　使用时先合上刀开关 QK。

② 单向启动　按下 SB1 使其常开触头闭合→线圈 KM1 得电→

- 辅助常开触点KM1闭合→实现自锁
- 辅助常闭触点KM1断开→实现互锁
- 主触点KM1闭合→电动机接通电源启动 —速度大于120r/min→ 速度继电器KS常开触点闭合（为制动做准备）

③ 反接制动　按下 SB2 →

- 常闭触头SB2断开→线圈KM1失电→
  - 辅助常开触点KM1断开→解除自锁
  - 辅助常闭触点KM1闭合→解除互锁
  - 主触点KM1断开→电动机电源断开
- 常开触头SB2闭合；由于惯性，KS触点闭合 →线圈KM2得电→
  - 辅助常开触点KM2闭合→实现自锁
  - 辅助常闭触点KM2断开→实现互锁
  - 主触点KM2闭合→电动机串电阻反接制动

电动机制动时 $\xrightarrow[\text{120r/min}]{\text{速度小于}}$ 速度继电器 KS 常开触点断开→线圈 KM2 失电→

{辅助常开触点KM2断开→解除自锁
辅助常闭触点KM2闭合→解除互锁
主触点KM2断开→电动机电源断开，制动结束

这种方法适用于要求制动迅速、制动不频繁（如各种机床的主轴制动）的场合。

1.9 三相交流异步电动机的行程控制

根据生产机械的运动部件的位置或行程进行控制称为行程控制。生产机械的某个运动部件，如机床的工作台，需要在一定的范围内往复循环运动，以便连续加工。这种情况要求拖动运动部件的电动机必须能自动地实现正、反转控制。

（1）电路

行程开关控制的电动机正、反转自动循环控制线路如图 1-48 所示。利用行程开关可以实现电动机正、反转循环。为了使电动机的正、反转控制与工作台的左右运动相配合，在控制线路中设置了四个位置开关 SQ1、SQ2、SQ3 和 SQ4，并把它们安装在工作台需限位的地方。其中 SQ1、SQ2 被用来自动换接电动机正、反转控制电路，实现工作台的自动往返行程控制；SQ3、SQ4 被用来做终端保护，以防止 SQ1、SQ2 失灵，工作台越过限定位置而造成事故。在工作台边的 T 形槽中装有两块挡铁，挡铁 1 只能和 SQ1、SQ3 相碰撞，挡铁 2 只能和 SQ2、SQ4 相碰撞。当工作台运动到所限位置时，挡铁碰撞位置开关，使其触头动作，自动换接电动机正、反转控制电路，通过机械传动机构使工作台自动往返运动。工作台行程可通过移动挡铁位置来调节，拉开两块挡铁间的距离，行程就短，反之则长。

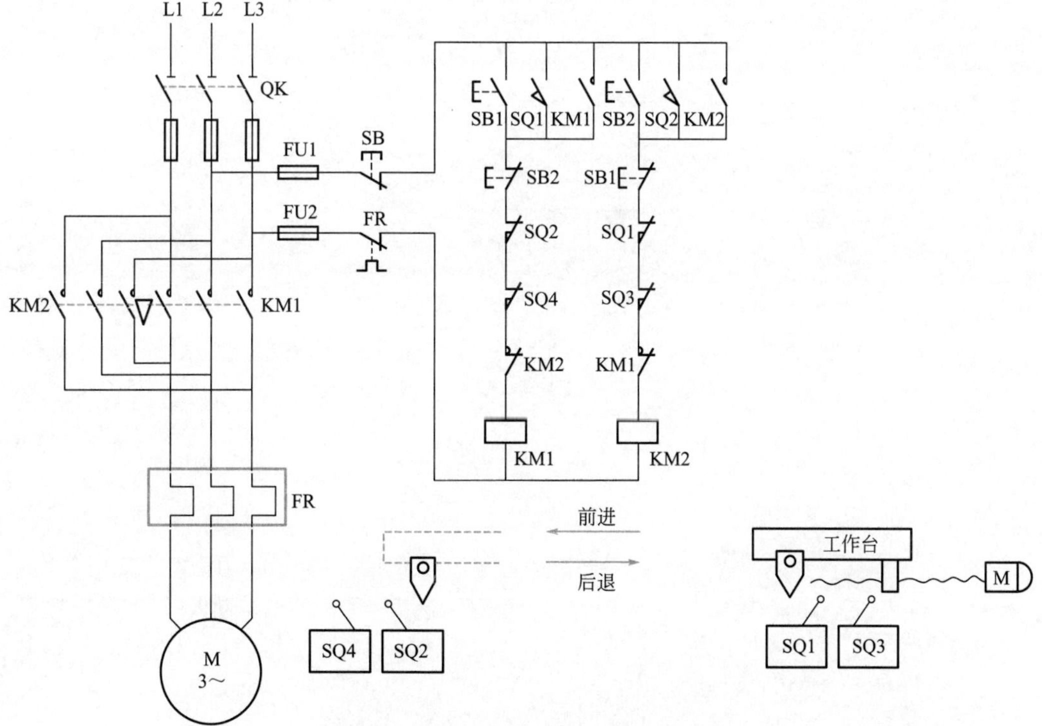

图 1-48 行程开关控制的三相交流异步电动机自动往返运动

(2) 工作原理

① 准备　使用时先合上刀开关 QK。

② 启动　按下前进启动按钮 SB1 →线圈 KM1 得电→

- 主触点KM1闭合 → 电动机接通电源正转启动
- 辅助常开触点KM1闭合 → 实现自锁
- 辅助常闭触点KM1断开 → 切断反转控制电路，使线圈KM2不能得电，实现互锁

电动机 M 正转→带动工作台前进→当工作台运行到 SQ2 位置时→撞块压下 SQ2 →

- 常闭触点SQ2断开→线圈KM1失电→
  - 主触点KM1断开 → 电动机断开电源
  - 辅助常开触点KM1断开 → 解除自锁
  - 辅助常闭触点KM1闭合 → 解除互锁
- 常开触点SQ2闭合→线圈KM2得电→
  - 主触点KM2闭合 → 电动机反转，拖动工作台后退
  - 辅助常开触点KM2闭合 → 实现自锁
  - 辅助常闭触点KM2断开 → 实现互锁

当撞块又压下 SQ1 时→ KM2 断电→ KM1 又得电动作→电动机 M 正转→带动工作台前进，如此循环往复。

③ 停止　按下停车按钮 SB，KM1 或 KM2 接触器断电释放，电动机停止转动，工作台停止。SQ3、SQ4 为极限位置保护的限位开关，不管 SQ3 和 SQ4 哪个被压下，都能使相应的线圈失电，致使电动机停转，这样就可以防止 SQ1 或 SQ2 失灵时，工作台超出运动的允许位置而产生事故。

第2章 电气控制线路的设计

2.1 电气控制线路的设计方法

电气控制线路的设计方法通常有两种：一般设计法和逻辑设计法。一般设计法是根据生产工艺的控制要求，利用各种典型的控制环节，直接设计控制线路。这种设计方法又称经验设计法。逻辑设计法是利用逻辑代数这一数学工具来设计电气控制线路的，同时也可以用于线路的简化。

2.1.1 电气控制线路的一般设计法

一般设计法的特点是没有固定的设计模式，灵活性很大，对于具有一定工作经验的设计人员来说，容易掌握，因此在电气设计中被普遍采用。但用经验设计方法初步设计出来的控制线路可能有多种，也可能有一些不完善的地方，需要多次反复的修改、试验，才能使线路符合设计要求。采用一般法设计控制线路时，应注意以下几个问题。

（1）保证控制线路工作的安全和可靠性

电气元件要正确连接，线圈和触点连接不正确，会使控制线路发生误动作，有时会造成严重的事故。

① 线圈的连接　在交流控制线路中，不能串联接入两个线圈，如图 2-1 所示。串联两个线圈可能使线圈的外加电压小于其额定电压，或者由于电压分配不均造成有的线圈上的电压过大，烧毁线圈。因此两个电器需要同时动作时，线圈应并联连接。

② 触点的连接　同一电器的常开触点和常闭触点位置不能靠得太近，如果采用如图 2-2

（a）所示的接法，由于常开触点和常闭触点电位不相等，当触点断开产生电弧时，很可能在两触点之间形成飞弧而引起电源短路。为避免以上情况发生，正确的连接方式如图 2-2（b）所示。

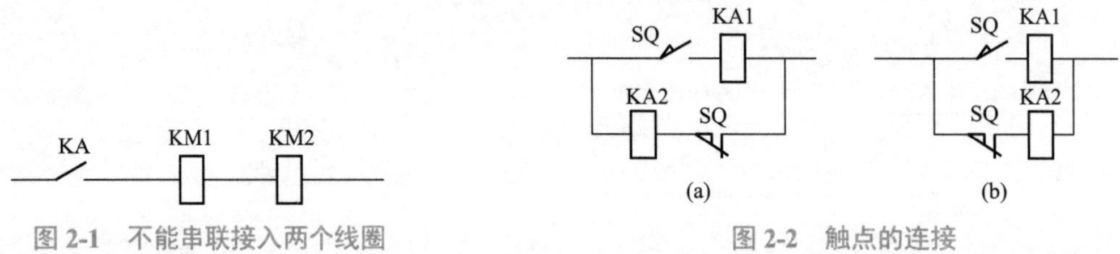

图 2-1　不能串联接入两个线圈　　图 2-2　触点的连接

③ 线路中应尽量减少多个电气元件依次动作后才能接通另一个电气元件的情况　在图 2-3（a）中，接通线圈 KA3 需要经过 KA、KA1、KA2 三对常开触点，工作不可靠，故应改为图 2-3（b）所示接法。

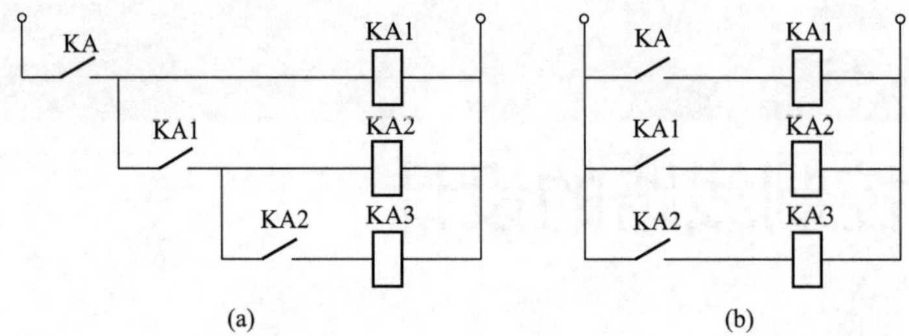

图 2-3　减少多个电气元件依次动作后才能接通另一个电气元件的情况

④ 应考虑电气触点的接通和分断能力　若电气触点的容量不够，可在线路中增加中间继电器或增加线路中触点数目。要提高接通能力，可用多触点并联连接，要提高分断能力可用多触点串联连接。

⑤ 应考虑电气元件触点“竞争”问题　同一继电器的常开触点和常闭触点有“先断后合”型和“先合后断”型。

通电时常闭触点先断开、常开触点后闭合，断开时常开触点先断开、常闭触点后闭合，属于“先断后合”型。

通电时常开触点先闭合、常闭触点后断开，断电时常闭触点先闭合、常开触点后断开，属于“先合后断”型。

如果触点先后发生“竞争”的话，电路工作则不可靠。触点“竞争”线路如图 2-4 所示。若继电器 KA 采用“先合后断”型，则自锁环节起作用；如果 KA 采用“先断后合”型，则自锁环节不起作用。

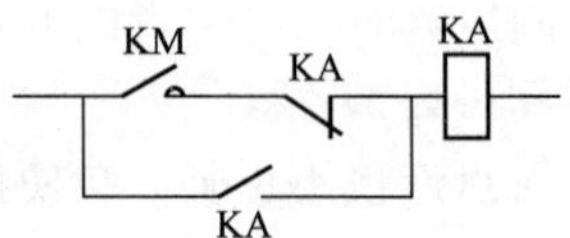

图 2-4　触点“竞争”线路

（2）控制线路力求简单、经济

① 尽量减少触点的数目。合理安排电气元件触点的位置，也可减少导线的根数和缩短

导线的长度。一般情况下，启动按钮和停止按钮放置在操作台上，而接触器放置在电器柜内。从按钮到接触器要经过较远的距离，减少导线的根数和缩短导线的长度一般采用如图 2-5（b）所示的接法，而不采用如图 2-5（a）所示的接法。

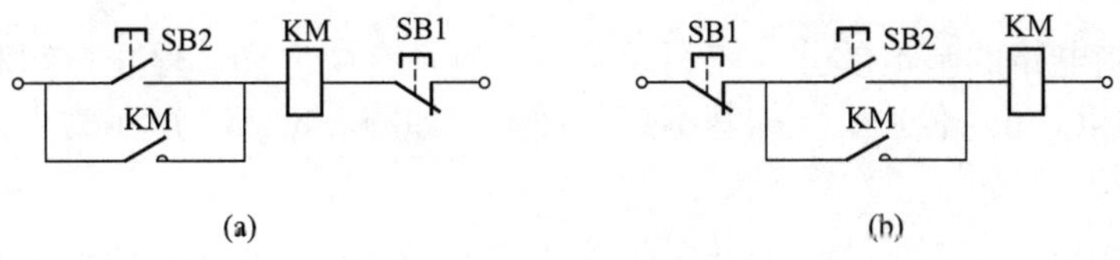

图 2-5 减少导线连接

② 为延长电气元件的使用寿命和节约电能，控制线路在工作时，除必要的电气元件外，应避免长期通电。

（3）防止寄生电路

控制线路在工作中出现意外接通的电路称寄生电路。寄生电路会破坏线路的正常工作，造成误动作。图 2-6 所示是一个只具有过载保护和指示灯的可逆电动机的控制线路，电动机正转时如果过载，则热继电器 FR 动作时会出现寄生电路，如图中虚线所示，使接触器 KM1 不能及时断电，延长了过载的时间，起不到应有的保护作用。

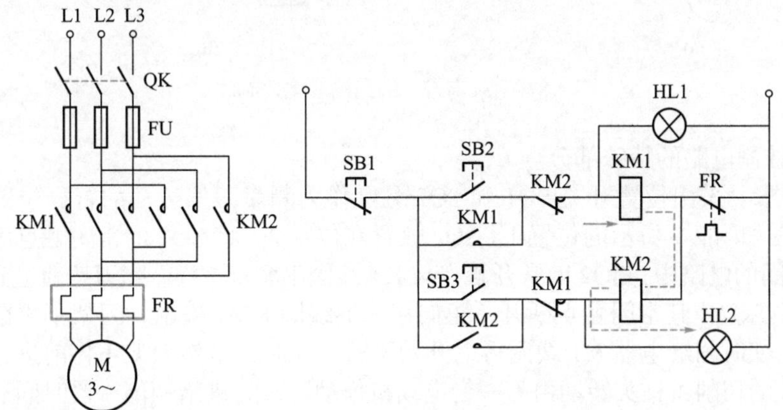

图 2-6 寄生电路

（4）设计举例

① 控制要求 机床切削加工时，刀架的自动循环工作过程如图 2-7 所示。

刀架由位置 1 移动到位置 2 时不再进给，钻头在位置 2 处对工件进行无进给切削，切削一段时间后，刀架自动退回位置 1，实现自动循环。

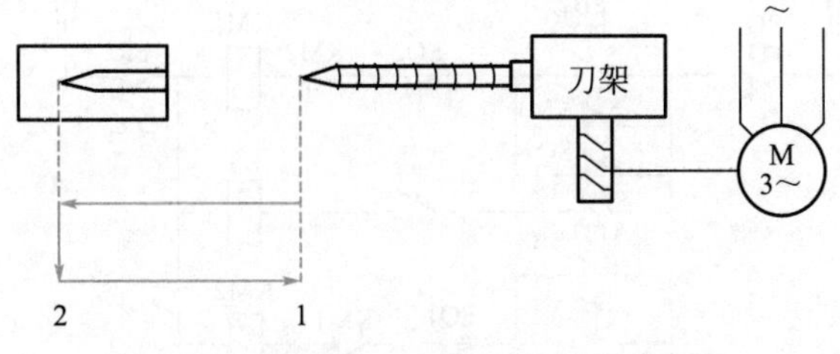

图 2-7 刀架的自动循环工作过程示意图

② 电气控制线路的设计

a．设计主电路。因要求刀架自动循环，故电动机需要能实现正转和反转，故采用两个接触器，通过不同接触器接通，用以改变电源相序，实现正反转。主电路设计如图 2-8（a）所示。

b．确定控制电路的基本部分。控制线路中，应具有由启动、停止按钮和正反向接触器组成的控制电动机“正 - 停 - 反”的基本控制环节。如图 2-8（b）所示为刀架前进、后退的基本控制线路。

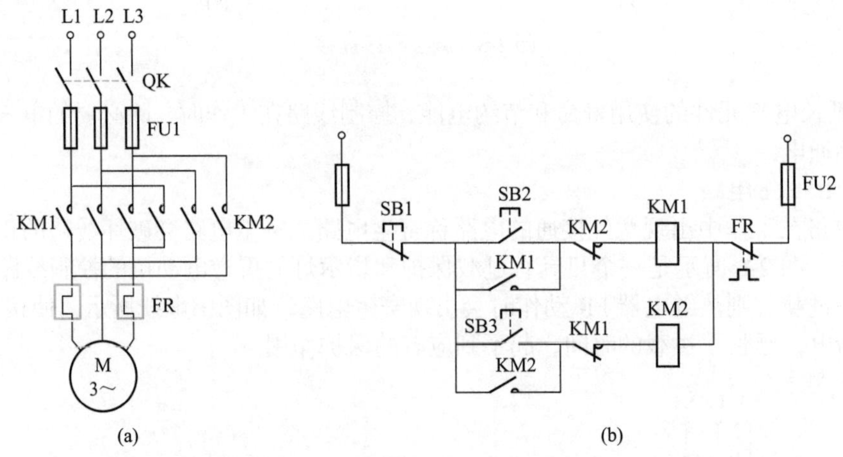

图 2-8　刀架前进、后退的基本控制线路

c．设计控制电路的特殊部分。

• 工艺要求。采用位置开关 SQ1 和 SQ2 分别作为测量刀架运动的行程位置的元件，其中 SQ1 放置在如图 2-7 所示的位置 1，SQ2 放置在位置 2。将 SQ2 的常闭触点串接于正向接触器 KM1 线圈的电路中，SQ2 的常开触点与 KT 线圈串联。这样，当刀架前进到位置 2 时，压动位置开关 SQ2，其常闭触点断开，正向接触器线圈 KM1 失电，刀架不再前进；SQ2 常开触点闭合，使时间继电器 KT 线圈得电开始延时，此时，虽然刀架不再前进，但钻头继续转动进行工件的切削（钻头转动由另一台电动机拖动），无进给切削一段时间后，时间继电器的常开触点 KT 闭合，反向接触器线圈 KM2 得电，刀架后退，退回到位置 1 时，压动位置开关 SQ1。同样，SQ1 的常闭触点串接于反向接触器 KM2 线圈电路中，SQ1 的常开触点与正向启动按钮 SB2 并联连接，压动位置开关 SQ1 时，其常闭触点断开，反向接触器线圈 KM2 失电，刀架不再后退；SQ1 常开触点闭合，正向接触器线圈 KM1 得电，则刀架又自动向前，实现刀架的自动循环工作。其控制线路如图 2-9 所示。

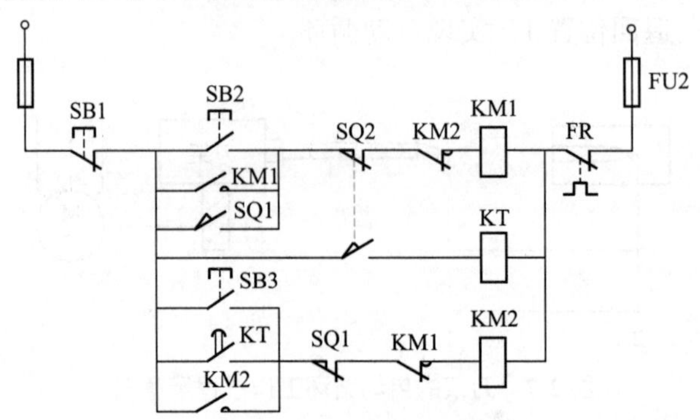

图 2-9　无进给切削控制线路

• 保护环节。该线路采用熔断器 FU 做短路保护，热继电器 FR 做过载保护。

2.1.2　电气控制线路的逻辑设计法

（1）电气控制线路逻辑设计中的有关规定

逻辑设计法是把电气控制线路中的接触器、继电器等电气元件线圈的通电和断电、触点的闭合和断开看成是逻辑变量，规定线圈的通电状态为“1”态，线圈的断电状态为“0”态；触点的闭合状态为“1”态，触点的断开状态为“0”态。根据工艺要求写出逻辑函数式，并对逻辑函数式进行化简，再由化简的逻辑函数式画出相应的电气原理图，最后再进一步检查、完善，以期得到既满足工艺要求又经济合理、安全可靠的最佳设计线路。

（2）逻辑运算法则

用逻辑来表示控制元件的状态，实质上是以触头的状态作为逻辑变量，通过简单的“逻辑与”“逻辑或”“逻辑非”等基本运算，得出其运算结果，此结果表明电气控制线路的结构。

① 逻辑与　如图 2-10 所示为常开触点 KA1、KA2 串联的逻辑与电路，当常开触点 KA1 与 KA2 同时闭合时，即 KA1=1、KA2=1，则接触器 KM 通电，即 KM=1；当常开触点 KA1 或 KA2 不闭合，即 KA1=0 或 KA2=0，则 KM 断电，即 KM=0。图 2-10 可用逻辑“与”关系式表示：

$$KM=KA1\times KA2 \tag{2-1}$$

② 逻辑或　图 2-11 所示为常开触点 KA1 与 KA2 并联的逻辑或电路，当常开触点 KA1 与 KA2 任一闭合或都闭合（即 KA1=1、KA2=0；KA1=0、KA2=1；或 KA1=KA2=1）时，则 KM 通电，即 KM=1；当 KA1、KA2 均不闭合时，KM=0。图 2-11 可用逻辑或关系式表示：

$$KM=KA1+KA2 \tag{2-2}$$

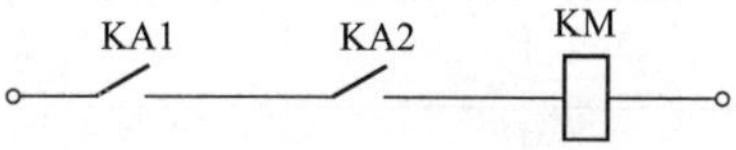

图 2-10　逻辑与电路

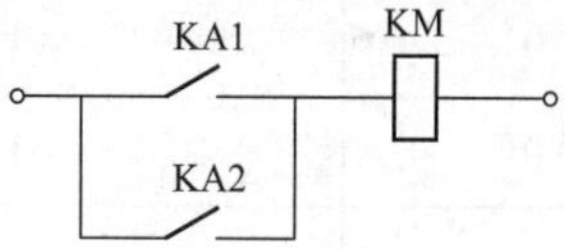

图 2-11　逻辑或电路

③ 逻辑非　图 2-12 所示为常闭触点 $\overline{KA}$ 与接触器线圈 KM 串联的逻辑非电路。当继电器线圈通电（即 KA=1）时，常闭触点 $\overline{KA}$ 断开（即 $\overline{KA}$=0）、则 KM=0；当 KA 断电（即 KA=0）时，常闭触点 $\overline{KA}$ 闭合（即 $\overline{KA}$=1），则 KM=1。

图 2-12 可用逻辑非关系式表示为：

$$KM=\overline{KA} \tag{2-3}$$

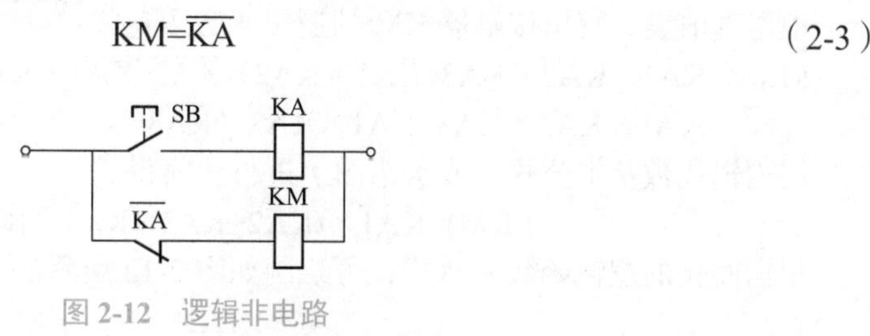

图 2-12　逻辑非电路

有时也称 KA 对 KM 是“非控制”。

对于多个逻辑变量，以上与、或、非逻辑运算也同样适用。

（3）逻辑代数式的化简

对逻辑代数式的化简，就是对继电接触器线路的化简，但是在实际组成线路时，有些具体因素必须考虑：

① 触点电流分断能力比触点的额定电流约大 10 倍，所以在简化后要注意触点是否有此分断能力；

② 在多用些触点能使线路的逻辑功能更加明确并且有多余触点的情况下，不必强求化简来节省触点。

（4）组合逻辑电路设计

组合逻辑电路对于任何信号都没有记忆功能，没有反馈电路（如自锁电路），控制线路的设计比较简单。一般按照以下步骤进行：

① 根据逻辑关系列出真值表；

② 根据真值表列出逻辑表达式；

③ 化简逻辑表达式；

④ 根据简化的逻辑函数表达式绘制电气控制线路。

例如：利用三个继电器 KA1、KA2、KA3 控制一台电动机，当有一个或两个继电器动作时电动机才能运转，而在其他条件下都不运转，试设计其控制线路。

电动机的运转由接触器 KM 控制，根据题目的要求，设继电器动作时为 1、不动作为 0，电动机转动为 1、停转为 0，列出真值表，如表 2-1 所示。

表 2-1 接触器 KM 通电状态的真值表

KA1	KA2	KA3	KM
0	0	0	0
0	0	1	1
0	1	0	1
0	1	1	1
1	0	0	1
1	0	1	1
1	1	0	1
1	1	1	0

根据真值表，写出接触器 KM 的逻辑函数表达式：

$$f(\mathrm{KM})=\overline{\mathrm{KA1}}\times\overline{\mathrm{KA2}}\times\mathrm{KA3}+\overline{\mathrm{KA1}}\times\mathrm{KA2}\times\overline{\mathrm{KA3}}+\overline{\mathrm{KA1}}\times\mathrm{KA2}\times\mathrm{KA3}+\mathrm{KA1}\times\overline{\mathrm{KA2}}\times\overline{\mathrm{KA3}}+\mathrm{KA1}\times\overline{\mathrm{KA2}}\times\mathrm{KA3}+\mathrm{KA1}\times\mathrm{KA2}\times\overline{\mathrm{KA3}}$$

用逻辑代数基本公式（或卡诺图）进行化简得：

$$f(\mathrm{KM})=\overline{\mathrm{KA1}}\times(\mathrm{KA2}+\mathrm{KA3})+\mathrm{KA1}\times(\overline{\mathrm{KA2}}+\overline{\mathrm{KA3}})$$

根据简化的逻辑函数表达式，可绘制如图 2-13 所示的电气控制线路。

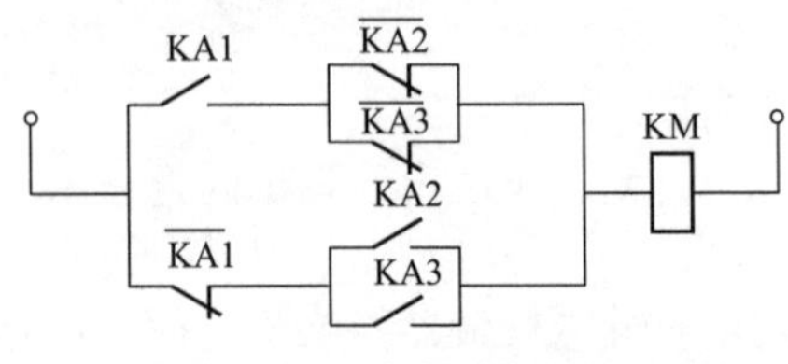

图 2-13 电气控制线路

2.2　三相交流异步电动机基本控制电路的装接

2.2.1　电气控制识图基本知识

（1）电工用图的分类及其作用

在电气控制系统中，首先是由配电器将电能分配给不同的用电设备，再由控制电器使电动机按设定的规律运转，实现由电能到机械能的转换，满足不同生产机械的要求。在电工领域，安装、维修都要用到电气控制原理图和施工图。

电气控制原理图是用国家统一规定的图形符号、文字符号和线条来表明各个电器的连接关系和电路工作原理的示意图，如图 2-14 所示。它是分析电气控制原理、绘制及识读电气控制接线图和电气元件位置图的主要依据，主要包括电气控制线路中所包含的电气元件、设备、线路的组成及连接关系。

施工图又包括电气元件布置图和电气接线图。

电气元件布置图是根据电气元件在控制板上的实际安装位置，采用简化的外形符号（如方形等）而绘制的一种简图，如图 2-15 所示，主要用于电气元件的布置和安装，包括项目代号、端子号、导线号、导线类型、导线截面等。

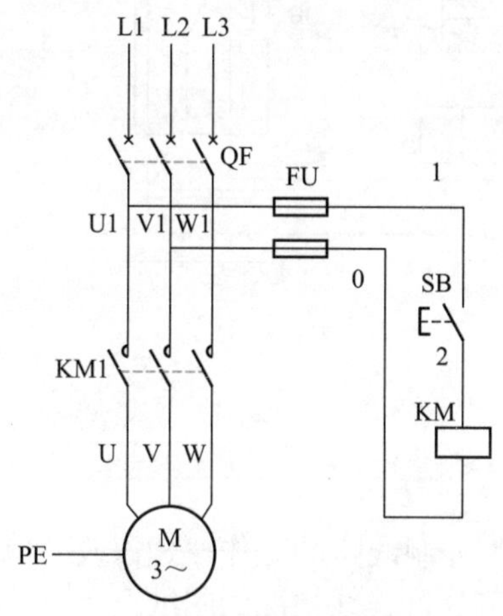

图 2-14　电气控制原理图

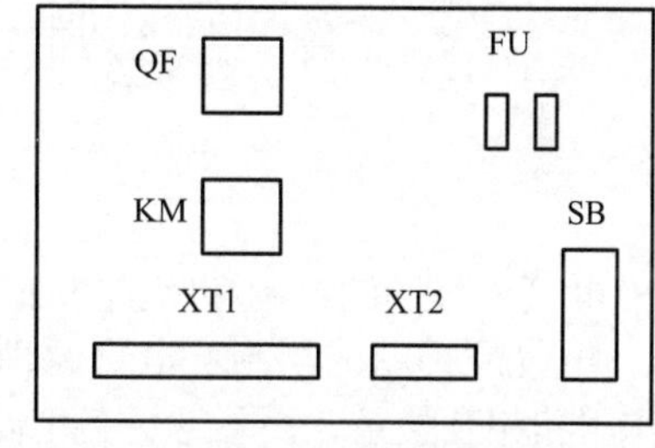

图 2-15　平面布置图

电气接线图是用来表明电气设备或线路连接关系的简图，如图 2-16 所示，它是安装接线、线路检查和线路维修的主要依据，主要包括电气线路中所含元器件及其排列位置、各元器件之间的接线关系。

（2）读图的方法和步骤

电路和电气设备的设计、安装、调试与维修都要有相应的电气线路图作为依据或参考。电气线路图是根据国家标准的图形符号和文字符号，按照规定的画法绘制出的图纸。

① 电气线路图中常用的图形符号和文字符号

要识读电气线路图，必须首先明确电气线路图中常用的图形符号和文字符号所代表的含义，这是看懂电气线路图的前提和基础。

a. 基本文字符号。基本文字符号又分单字母文字符号和双字母文字符号两种。

单字母符号是按拉丁字母顺序将各种电气设备、装置和元器件划分为 23 类，每一大类电器用一个专用单字母符号表示，如“K”表示继电器、接触器类，“R”表示电阻器类。双字母符号由一个表示种类的单字母符号与另一个字母组成，组合形式为单字母符号在前、另一个字母在后，如“F”表示保护器件类，“FU”表示熔断器，“FR”表示热继电器。

b. 辅助文字符号。辅助文字符号用来表示电气设备、装置、元器件及线路的功能、状态和特征，如“DC”表示直流，“AC”表示交流。

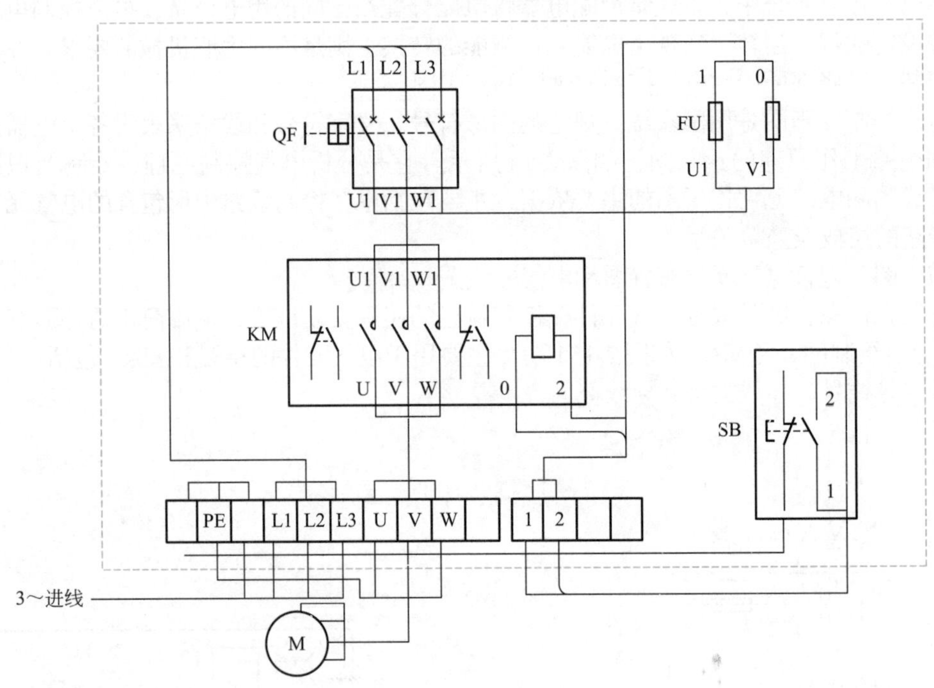

图 2-16 接线图

② 电气原理图的绘制和阅读方法

a. 电气原理图的绘制。电气原理图是用于描述电气控制线路的工作原理以及各电气元件的作用和相互关系，而不考虑各电路元件实际的位置和实际连线情况的图纸。

绘制和阅读电气原理图，一般遵循下面的规则。

• 原理图一般由主电路、控制电路和辅助电路三部分组成。

主电路就是从电源到电动机绕组的大电流通过的路径。

控制电路是指控制主电路工作状态的电路。

辅助电路包括照明电路、信号电路及保护电路等。信号电路是指显示主电路工作状态的电路；照明电路是指实现机械设备局部照明的电路；保护电路是指实现对电动机的各种保护的电路。

控制电路和辅助电路一般由继电器的线圈和触点、接触器的线圈和触点、按钮、照明灯、信号灯、控制变压器等电气元件组成。这些电路通过的电流都较小。一般主电路用粗实线表示，画在左边（或上部），电源电路画成水平线，三相交流电源相序 L1、L2、L3 由上而下依次排列画出，经电源开关后用 U、V、W 或 U、V、W 后加数字标志。中线 N 和保护地线 PE 画在相线之下，直流电源则正端在上、负端在下地画出；辅助电路用细实线表示，画在右边（或下部）。

• 原理图中，所有的电气元件都采用国家标准规定的图形符号和文字符号来表示。属于同一电器的线圈和触点，都要用同一文字符号表示。当使用相同类型的电器时，可在文字符号后加注阿拉伯数字序号来区分，例如两个接触器用 KM1、KM2 表示，或用 KMF、KMR 表示。

• 原理图中，同一电器的不同部件常常不绘在一起，而是绘在它们各自完成作用的地方。例如接触器的主触点通常绘在主电路中，而吸引线圈和辅助触点则绘在控制电路中，但它们都用 KM 表示。

• 原理图中，所有电器的触点都按没有通电或没有外力作用时的常态绘出。如继电器、接触器的触点，按线圈未通电时的状态画；按钮、行程开关的触点按不受外力作用时的状态画等。

• 原理图中，在表达清楚的前提下，尽量减少线条，尽量避免交叉线的出现。两线需要交叉连接时需用黑色实心圆点表示，两线交叉不连接时需用空心圆圈表示。

• 原理图中，无论是主电路还是辅助电路，各电气元件一般应按动作顺序从上到下、从左到右依次排列，可水平或垂直布置。

b. 电气原理图的阅读方法。在阅读电气原理图以前，必须对控制对象有所了解，尤其对于机、液（或气）、电配合得比较密切的生产机械，单凭电气线路图往往不能完全看懂其控制原理，只有了解了有关的机械传动和液（气）压传动后，才能搞清全部控制过程。

阅读电气原理图的步骤：一般先看主电路，再看控制电路，最后看信号及照明等辅助电路。先看主电路有几台电动机，各有什么特点，例如是否有正、反转，采用什么方法启动，有无制动等；看控制电路时，一般从主电路的接触器入手，按动作的先后次序（通常自上而下）一个一个分析，搞清楚它们的动作条件和作用。控制电路一般都由一些基本环节组成，阅读时可把它们分解出来，便于分析。此外还要看有哪些保护环节。

2.2.2 基本控制线路的装接步骤和工艺要求

（1）电气控制线路的安装工艺及要求

① 安装前应检查各元件是否良好。

② 安装元件不能超出规定范围。

③ 导线连接可用单股线（硬线）或多股线（软线）连接。用单股线连接时，要求连线横平竖直，沿安装板走线，尽量少出现交叉线，拐角处应为直角。布线要美观、整洁、便于检查。用多股线连接时，安装板上应搭配有行线槽，所有连线沿线槽内走线。

④ 导线线头裸露部分不能超过 2mm。

⑤ 每个接线柱不允许超过两根导线，导线与元件连接要接触良好，以减小接触电阻。

⑥ 导线与元件连接处有螺纹的，导线线头要沿顺时针方向绕线。

（2）安装电气控制线路的方法和步骤

安装电动机控制线路时，必须按照有关技术文件执行。电动机控制线路安装步骤和方法如下。

① 阅读原理图。明确原理图中各种元器件的名称、符号、作用，理清电路图的工作原理及其控制过程。

② 选择元器件。根据电路原理图选择组件并进行检验，包括组件的型号、容量、尺寸、规格、数量等。

③ 配齐需要的工具、仪表和合适的导线。按控制电路的要求配齐工具、仪表，按照控制对象选择合适的导线，包括类型、颜色、截面积等。电路 U、V、W 三相分别用黄色、绿色、红色导线，中性线（N）用黑色导线，保护接地线（PE）必须采用黄绿双色导线。

④ 安装电气控制线路。根据电路原理图、接线图和平面布置图，对所选组件（包括接

线端子）进行安装接线。要注意组件上的相关触点的选择，区分常开、常闭、主触点、辅助触点。控制板的尺寸应根据电器的安排情况决定。导线线号的标志应与原理图和接线图相符合。在每一根连接导线的线头上必须套上标有线号的套管，位置应接近端子处。

⑤ 连接电动机及保护接地线、电源线及控制电路板外部连接线。

⑥ 线路静电检测。

⑦ 通电试车。

⑧ 结果评价。

（3）电气控制线路安装时的注意事项

① 不触摸带电部件，严格遵守“先接线后通电，先接电路部分后接电源部分；先接主电路，后接控制电路，再接其他电路；先断电源后拆线”的操作程序。

② 接线时，必须先接负载端，后接电源端；先接接地端，后接三相电源相线。

③ 发现异常现象（如发响、发热、焦臭），应立即切断电源，寻找故障所在。

④ 注意仪器设备的规格、量程和操作程序，做到不了解性能和用法时不随意使用设备。

（4）通电前检查

控制线路安装好后，在接电前应进行如下项目的检查。

① 各个元件的代号、标记是否与原理图上的一致和齐全？

② 各种安全保护措施是否可靠？

③ 控制电路是否满足原理图所要求的各种功能？

④ 各个电气元件安装是否正确和牢靠？

⑤ 各个接线端子是否连接牢固？

⑥ 布线是否符合要求、整齐？

⑦ 各个按钮、信号灯罩和各种电路绝缘导线的颜色是否符合要求？

⑧ 电动机的安装是否符合要求？

⑨ 保护电路导线连接是否正确、牢固可靠？

⑩ 检查电气线路的绝缘电阻是否符合要求？

（5）空载例行试验

通电前应检查所接电源是否符合要求。通电后应先点动，然后验证电气设备的各个部分的工作是否正确和操作顺序是否正常。特别要注意验证急停器件的动作是否正确。验证时，如有异常情况，必须立即切断电源查明原因。

（6）负载形式试验

在正常负载下连续运行，验证电气设备所有部分运行的正确性，特别要验证电源中断和恢复时是否会危及人身安全、损坏设备。同时要验证全部器件的温升不得超过规定的允许温升和在有载情况下验证急停器件是否仍然安全有效。

2.2.3 三相交流异步电动机连续控制线路的装接

（1）使用的主要工具、仪表及器材

① 电气元件　元件明细见表 2-2。

表 2-2　元件明细表

代号	名称	推荐型号	推荐规格	数量
M	三相交流异步电动机	Y112M-4	4kW、380V、三角形接法、8.8A、1440r/min	1
QS	组合开关	HZ10-25/3	三相、额定电流 25A	1

续表

代号	名称	推荐型号	推荐规格	数量
FU1	螺旋式熔断器	RL1-60/25	380V、60A、配熔体额定电流 25A	3
FU2	螺旋式熔断器	RL1-15/2	380V、1.5A、配熔体额定电流 2A	2
KM	交流接触器	CJ10-20	20A、线圈电压 380V	1
FR	热继电器	JR16-20/3	三极、20A、整定电流 8.8A	1
SB	按钮	LA10-3H	保护式、500V、5A、按钮数 3、复合按钮	1
XT1	端子排	JX2-1015	10A、15 节、380V	1
XT2	端子排	JX2-1010	10A、10 节、380V	1

② 工具　测电笔、螺丝刀（螺钉旋具）、尖嘴钳、斜口钳、剥线钳、电工刀等。

③ 仪表　ZC7（500V）型兆欧表、DT-9700 型钳形电流表、MF500 型万用表（或数字式万用表 DT980）。

④ 器材

a．控制板一块（600mm×500mm×20mm）。

b．导线规格：主电路采用 BV1.5mm^2（红色、绿色、黄色）；控制电路采用 BV 1mm^2（黑色）；按钮线采用 BVR 0.75mm^2（红色）；接地线采用 BVR 1.5mm^2（黄绿双色）。导线数量根据实际情况确定。

c．紧固体和编码套管按实际需要准备，简单线路可不用编码套管。

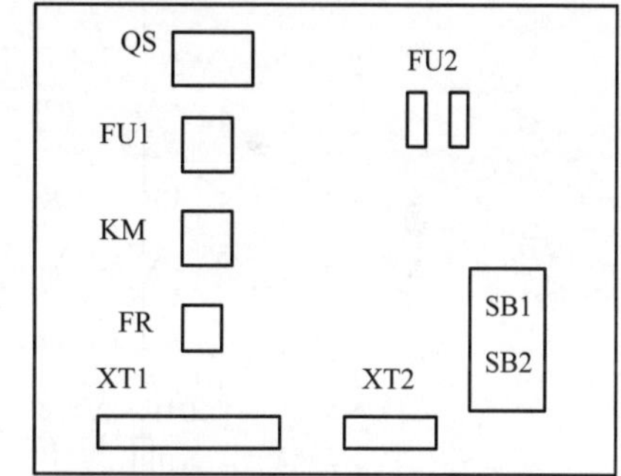

图 2-17　连续控制元器件平面布置图

（2）项目实施步骤及工艺要求

① 读懂过载保护连续正转控制线路电路图，明确线路所用元件及作用。

② 按表 2-2 配置所用电气元件并检验型号及性能。

③ 在控制板上按布置图（图 2-17）安装电气元件，并标注上醒目的文字符号。

④ 按接线图（图 2-18 和图 2-19）进行板前明线布线和套编码套管。

⑤ 检查控制板布线的正确性。

⑥ 安装电动机。

⑦ 连接电动机和按钮金属外壳的保护接地线。

⑧ 连接电源、电动机等控制板外部的导线。

⑨ 自检。

a．用查线号法分别对主电路和控制电路进行常规检查，按控制原理图和接线图逐一查对线号有无错接、漏接。按电路原理图或电气接线图从电源端开始，逐段核对接线及接线端子处连接是否正确，有无漏接、错接之处。检查导线接点是否符合要求，压接是否牢固。

b．用万用表分别对主电路和控制电路进行通路、断路检查。

• 主电路检查。断开控制电路，分别测 U11、V11、W11 任意两端电阻应为∞。将万用表调至 R×1 挡，并调零，按下交流接触器的触点架，测量 U11、V11、W11 任意两端电阻，此电阻便是电动机两相绕组的串联直流电阻值，此时的电阻如果为零，则可能是出现了短路现象。应排除故障，再进行下一步检查。

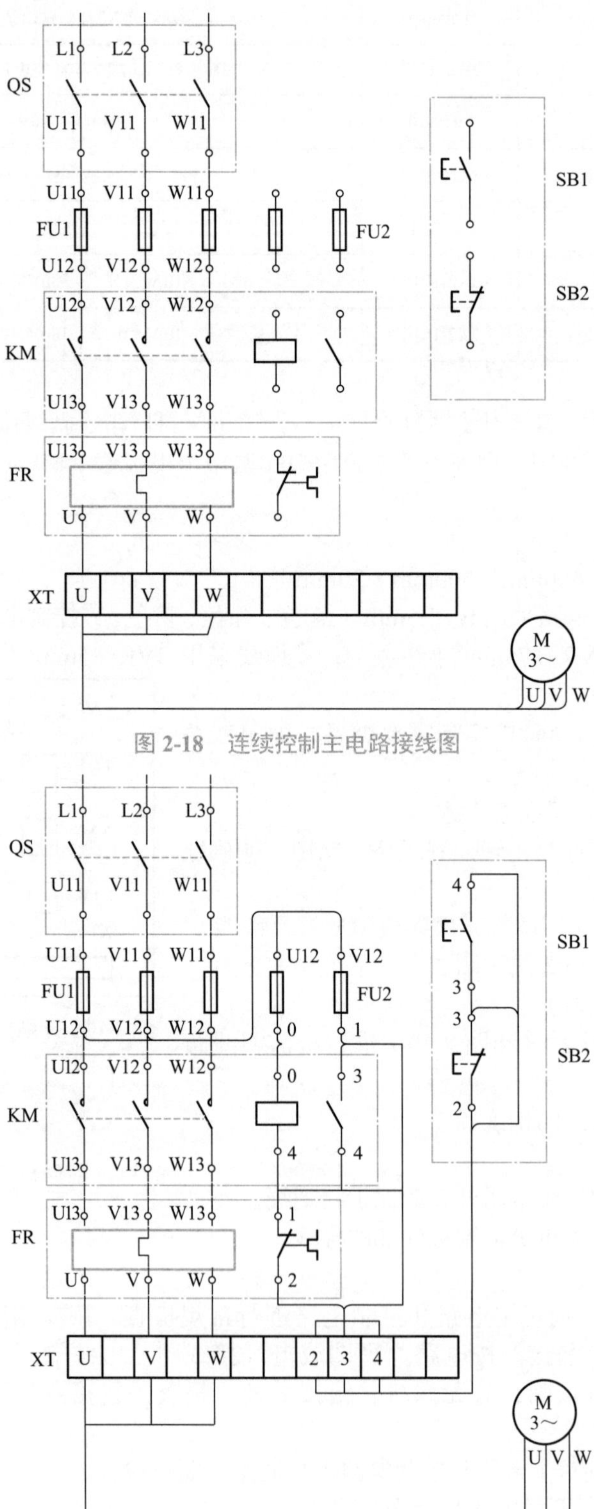

图 2-18 连续控制主电路接线图

图 2-19 连续控制电路接线图

• 控制电路检查。将表笔跨接在控制电路两端，测得阻值为∞，说明启动、停止控制回路安装正确；按下 SB2 或按下接触器 KM 触点架，测得接触器 KM 线圈电阻值，说明自锁控制安装正确（将万用表调至 $R\times10$ 挡或 $R\times100$ 挡，调零）。

c．检查电动机和按钮外壳的接地保护。

d．检查过载保护。检查热继电器的额定电流值是否与被保护的电动机额定电流相符，若不符，则调整旋钮的刻度值，使热继电器的额定电流值与电动机额定电流相符；检查常闭触点是否动作，其机构是否正常可靠；检查复位按钮是否灵活。

⑩ 通电试车。

a．电源测试。合上电源开关 QS，用测电笔测 FU1、三相电源。

b．控制电路试运行。断开电源开关 QS，断开电动机接线。然后，合上开关 QS，按下按钮 SB1，接触器主触点立即吸合，松开 SB1，接触器主触点仍保持吸合。按下 SB2，接触器触点立即复位。

c．带电动机试运行。断开电源开关 QS，接上电动机接线。再合上开关 QS，按下按钮 SB1，电动机运转；按下 SB2，电动机停转。

（3）常见故障及维修

三相交流异步电动机具有过载保护的接触器自锁正转控制线路常见故障及维修方法见表 2-3。

表 2-3　三相交流异步电动机具有过载保护的接触器自锁正转控制线路常见故障及维修方法

常见故障	故障原因	维修方法
电动机不启动	①熔断器熔体熔断 ②自锁触点和启动按钮串联 ③交流接触器不动作 ④热继电器未复位	①查明原因排除后更换熔体 ②改为并联 ③检查线圈或控制回路 ④手动复位
发出嗡嗡声，缺相	动、静触头接触不良	对动静触头进行修复
跳闸	①电动机绕阻烧毁 ②线路或端子板绝缘击穿	①更换电动机 ②查清故障点排除
电动机不停车	①触头烧损粘连 ②停止按钮接点粘连	①拆开修复 ②更换按钮
电动机时通时断	①自锁触点错接成常闭触点 ②触点接触不良	①改为常开 ②检查触点接触情况
只能点动	①自锁触点未接上 ②并接到停止按钮上	①检查自锁触点 ②并接到启动按钮两侧

第2篇

三菱 PLC 从入门到精通

第3章 三菱PLC简介

3.1 PLC基本概念

可编程控制器（programmable logic controller），简称PLC。它是20世纪60年代末在继电器技术和计算机技术基础上发展起来的一种新型的工业控制设备。它以微处理器为核心，集自动化技术、计算机技术和通信技术于一体，目前被广泛应用于工业控制的各个领域。

因为PLC一直处于发展之中，所以尚未对其下最后的定义。国际电工委员会（IEC）于1982年11月、1985年1月、1987年2月相继颁布了可编程控制器标准草案的第一、第二、第三稿。在第三稿中对可编程控制器作了如下定义："可编程控制器是一种数字运算操作的电子系统，专为在工业环境下应用而设计。它采用了可编程序的存储器，用来在其内部存储和执行逻辑运算、顺序控制、定时、计数和算术运算等操作命令，并通过数字式和模拟式的输入和输出，控制各种类型的机械或生产过程。可编程控制器及外围设备，都按易于工业系统联成一个整体、易于扩充其功能的设计原则设计。"

从上述的PLC的定义不难看出，主要强调了如下几点。

① 强调了可编程控制器是一种计算机，并且是一台"专为在工业环境下应用而设计"的计算机，因此它必须具有较高的抗干扰能力和广泛适用的能力。

② 强调了可编程控制器采用了"面向用户的指令"通过程序的编写可以完成逻辑运算、定时、计数等顺序逻辑控制，而且还有数字量和模拟量的输入、输出能力，因此要求PLC必须具有丰富的指令和强大的功能。

③ 强调PLC可以通过程序的编写来控制生产机械和生产过程，并强调改变程序可以改

变其控制功能，因此它必须具有可编程性和程序修改的灵活性。

④ 强调 PLC 不仅具有逻辑控制功能，还有与其他计算机和通信联网的功能，因此 PLC 必须与工业控制系统联为一体，成为工业自动化的重要组成部分。

3.2 PLC 的组成

3.2.1 PLC 的硬件组成

PLC 的硬件组成如图 3-1 所示。从图中不难发现，PLC 的硬件由 CPU 单元、存储器单元、输入输出接口模块、电源、通信接口及扩展接口等组成。

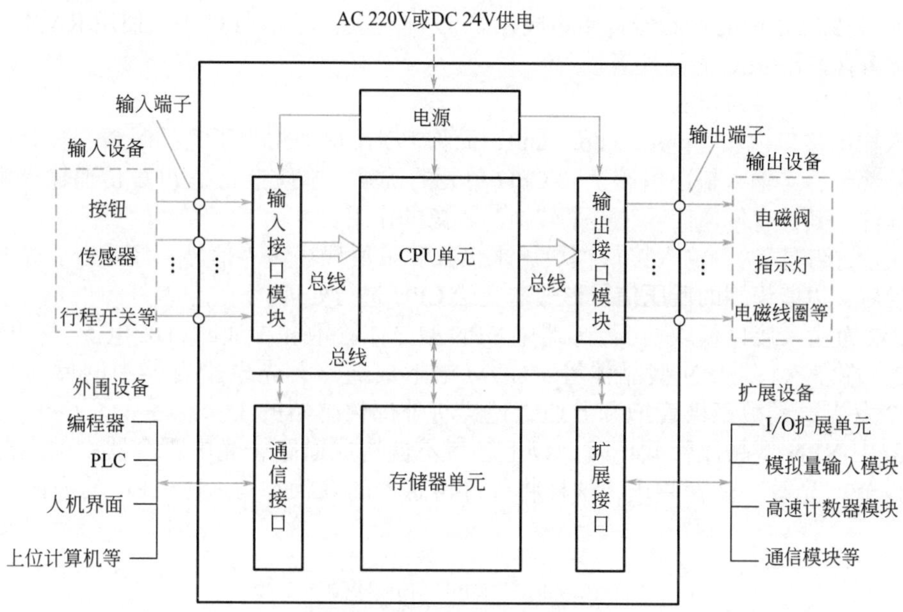

图 3-1　PLC 的硬件组成

（1）CPU 单元

CPU 又称中央处理器，是 PLC 的控制核心，相当于人的大脑和心脏。它不断地采集输入电路的信息，执行用户程序，刷新系统输出，以实现现场各个设备的控制。CPU 由运算器和控制器两部分组成。运算器是完成逻辑、算术等运算的部件；控制器是用来统一指挥和控制 PLC 工作的部件。

通常 PLC 采用的 CPU 有三种形式，分别为通用微处埋器、单片机芯片和位片式微处理器。一般说来，小型 PLC 多采用 8 位通用微处理器或单片机芯片作为 CPU，它具有价格低、普及通用性好等优点。中型 PLC 多数采用 16 位微处理器或单片机作为 CPU，其具有集成度高、运算速度快、可靠性高等优点。大型 PLC 多采用位片微处理器作为 CPU，其具有灵活性强、速度快、效率高等优点。

目前一些生产厂家（如德国西门子公司）在生产 PLC 时，采用冗余技术（即采用双 CPU 或三 CPU）工作，使 PLC 平均无故障工作时间达几十万小时以上。

（2）存储器单元

PLC 的存储器由只读存储器（ROM）、随机存储器（RAM）和可电擦除写存储器（EEPROM）

三部分组成。其功能是存储系统程序、用户程序及中间工作数据。

只读存储器（ROM）用来存储系统程序，是一种非易失性存储器。在 PLC 出厂时，厂家已将系统程序固化在 ROM 中，通常用户不能改变。

随机存储器（RAM）用来存储用户程序和中间运算数据，它是一种高密度、低功耗、低价格的半导体存储器。其不足在于数据存储具有易失性，往往配有锂电池作为备用电源。当关断 PLC 的外接电源时，由锂电池为随机存储器（RAM）供电，这样可以防止数据丢失。锂电池的使用寿命与环境温度有关，通常可以用 5 ～ 10 年，在经常带负载的情况下，能用 2 ～ 5 年。当锂电池电压过低时，PLC 指示灯会放出欠电压信号，提醒用户更换锂电池。

可电擦除写存储器（EEPROM）兼有 ROM 非易失性和 RAM 随机存取的优点，用来存取用户程序和需要长期保存的重要数据。

目前多数 PLC 中的存储器直接集成在 CPU 内；也有部分 PLC 仍然使用 RAM 存储用户程序。读者在使用 PLC 时请注意。

（3）输入输出接口模块

输入输出接口模块（input output unit，简称 I/O 模块）相当于人的眼睛、耳朵和四肢，是联系外部设备（输入输出电路）和 CPU 单元的桥梁，本质上就是 PLC 传递输入输出信号的接口部件。其具有传递信号、电平转换与隔离的作用。

① 输入接口模块　输入接口模块用来接收和采集现场输入信号，经滤波、光电隔离、电平转换后，以能识别的低压信号形式送交给 CPU 进行处理。

图 3-2 为输入接口模块，当传感器中 NPN 型晶体管饱和导通时，DC 电源、光电耦合器、电阻 R2、端子 X1、NPN 型晶体管、COM 端形成通路，光电耦合器中的反向并联二极管有一个发光，光敏三极管饱和导通，这样将外部传感器的 1 状态写入了 CPU 的内部；当传感器中 NPN 型晶体管截止时，以上各者不能构成通路，光电耦合器中的反向并联二极管不发光，光敏三极管截止，这样将外部传感器的 0 状态写入了 CPU 的内部。

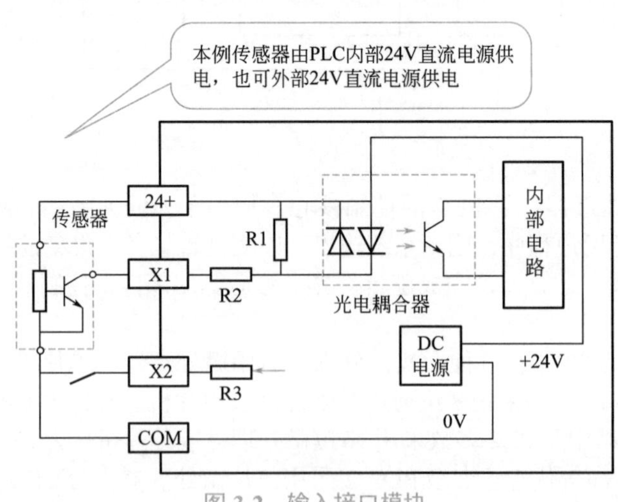

图 3-2　输入接口模块

② 输出接口模块　根据驱动负载元件的不同，可以将输出接口模块分为：继电器输出接口模块、晶体管输出接口模块、双向晶闸管输出接口电路。

• 继电器输出接口模块如图 3-3 所示。该输出接口模块通过驱动继电器线圈来控制常开触点的通断，从而实现对负载的控制。通常继电器输出型可以驱动交流负载与直流负载，驱动能力一般每一个输出点在2A左右。它具有使用电压范围广、导通压降小、承受瞬时过电压和过电流能力强的优点，但动作速度较慢，寿命相对无触点器件来说较短，工作频率较低，一般适用于输出量变化不频繁和频率较低的场合。

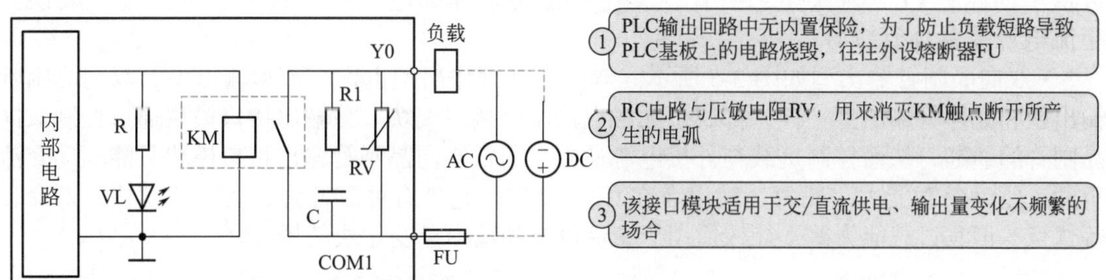

图3-3 继电器输出接口模块

继电器输出接口模块的工作原理：当内部电路的状态为1时，继电器KM的线圈得电，常开触点闭合，负载得电，同时输出指示灯VL点亮，表示该路有输出；当内部电路的状态为0时，继电器KM的线圈失电，常开触点断开，负载断电，同时输出指示灯VL熄灭，表示该路无输出；其中与触点并联的RC电路和压敏电阻RV用来消除触点断开产生的电弧。

• 晶体管输出接口模块如图3-4所示。晶体管输出型也称直流输出型，属于无触点输出型模块，因输出接口模块的输出电路采用晶体管而得名，其输出方式一般为集电极输出型。该输出接口模块通过控制晶体管的通断，从而控制负载与外接电源通断。一般说来，晶体管输出接口模块只能驱动直流负载，驱动负载能力每一输出点在0.5A左右。它具有可靠性强、执行速度快、寿命长等优点，但其过载能力差，往往适用于直流供电和输出量变化较快的场合。

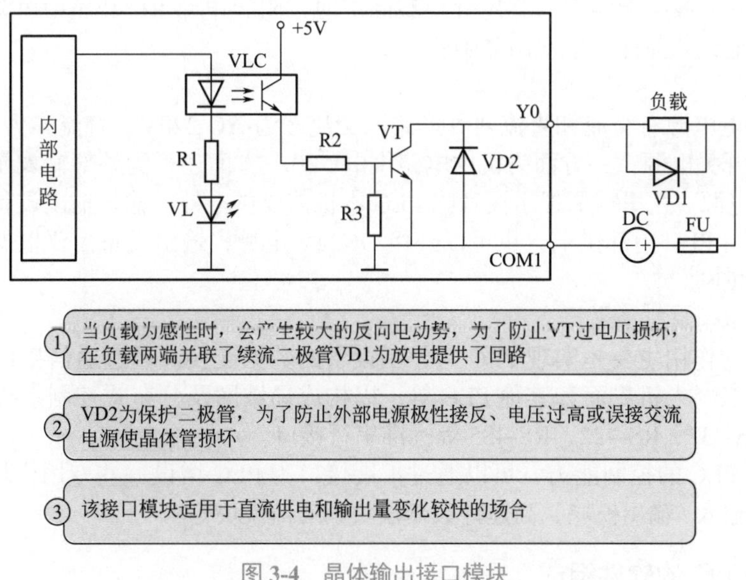

图3-4 晶体输出接口模块

晶体管输出接口模块的工作原理：当内部电路的状态为1时，光电耦合器VLC导通，使得大功率晶体管 VT 饱和导通，负载得电，同时输出指示灯 VL 点亮，表示该路有输出；当内部电路的状态为 0 时，光电耦合器 VLC 不导通，使得大功率晶体管 VT 截止，负载断电，同时输出指示灯 VL 熄灭，表示该路无输出；当负载为感性时，会产生较大的反向电动势，为了防止 VT 过电压损坏，在负载两端并联了续流二极管 VD1 为放电提供了回路；VD2 为保护二极管，其作用是防止外部电源极性接反、电压过高或误接交流电源使晶体管损坏。

• 双向晶闸管输出型如图 3-5 所示。双向晶闸管输出型也称交流型输出型，双向晶闸管输出型和晶体管输出型一样，都属于无触点输出型接口模块。该输出接口模块通过控制双向晶闸管的通断，从而控制负载与外接电源通断。通常双向晶闸管输出接口模块只能驱动交流负载，驱动负载能力一般每一输出点在 0.3A 左右，它具有可靠性强、反应速度快、寿命长等优点，但其过载能力差，往往适用于交流供电和输出量变化快的场合。

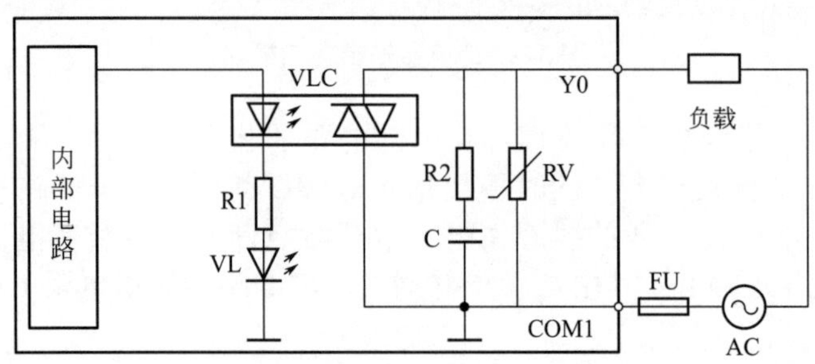

图 3-5 双向晶闸管输出接口电路

双向晶闸管输出接口模块的工作原理：当内部电路的状态为 1 时，光电耦合器 VLC 中的发光二极管导通发光，相当于给双向晶闸管一个触发信号，双向晶闸管导通，负载得电，同时输出指示灯 VL 点亮，表示该路有输出；当内部电路的状态为 0 时，光电耦合器 VLC 中的发光二极管不发光，双向晶闸管无触发信号，双向晶闸管不导通，负载失电，输出指示灯 VL 不亮，表示该路无输出；当感性负载断电时，阻容电路 RC 和压敏电阻 RV 会吸收电感释放的磁场能，从而保护了双向晶闸管。

（4）电源

PLC 的供电电源有交流和直流两种形式。交流多为 AC 220V，直流多为 DC 24V。PLC 内部一般都有开关电源，一方面为机内电路供电，另一方面还可为外部输入元件及扩展模块提供 DC 24V 电源。这里需要提示读者除 PLC 本机需要供电外，输入输出设备也需要供电：输入设备可以由 PLC 内部供电，也可以外接 DC24V 电源；输出设备需要根据其需求选择合适的直流负载供电。

（5）通信接口及扩展接口

通信接口的作用主要是实现 PLC 与外围设备的数据交换。通过通信接口，PLC 可连接编程器、上位机、人机界面和其他 PLC 等，以构成局域网及分布式控制系统。PLC 的通信接口一般为 RS-232、RS-422、RS-485 等标准串行接口。

为了提升 PLC 的控制能力，可以通过扩展接口为 PLC 增设一些专用模块，如 I/O 扩展模块、模拟量输入 / 输出模块、高速计数器模块和通信模块等。

3.2.2 PLC 的软件组成

PLC 控制系统除需要硬件外，还需软件的支持，两者缺一不可，共同构成了 PLC 的控制系统。PLC 的软件通常由系统程序和用户程序两部分组成，如图 3-6 所示。

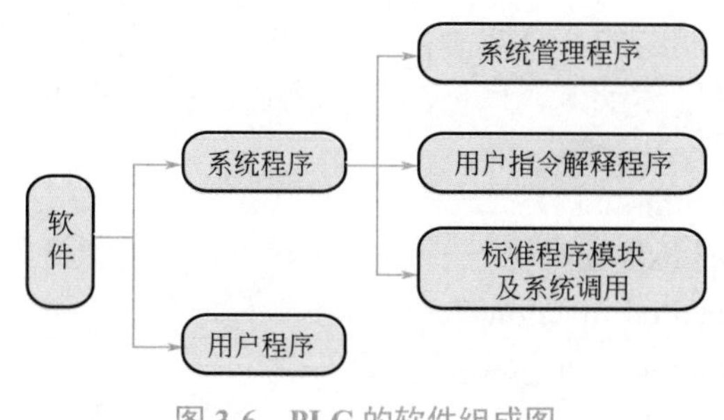

图 3-6 PLC 的软件组成图

（1）系统程序

系统软件在产品出厂时，由厂家固化在只读存储器（ROM）中，通常用户不能改变。系统软件的功能是控制 PLC 的运行，通常由系统管理程序、用户指令解释程序、标准程序模块及系统调用三部分构成。

① 系统管理程序 系统管理程序是系统软件中最重要、最核心的部分，它主管控制 PLC 的运行，使整个 PLC 有条不紊地工作。其作用可以概括为三个方面。

• 运行管理：时间分配的运行管理即控制 PLC 输入、输出、运行、自检及通信的时序。

• 存储空间的分配管理：主要进行存储空间的管理即生成用户环境，由它规定各种参数、程序的存放地址，将用户使用的数据参数存储地址转化为实际的数据格式及物理存放地址等，它将有限的资源变为用户可直接使用的很方便的元件。例如它们可将有限个 CTC 扩展为上百个用户时钟和计数器，通过这部分程序，用户看到的就不是实际机器存储地址和 CTC 的地址了，而是按照用户数据结构排列的元件空间和程序存储空间。

• 系统自检程序：它包括各种系统出错检验、用户程序语法检验、句法检验、警戒时钟运行等。

② 用户指令解释程序 用户指令解释程序的主要任务是将用户编程使用的 PLC 语言（如梯形图语言）变为机器能懂的机器语言程序，用户指令解释程序是联系高级程序语言和机器码的桥梁。众所周知，任何计算机最终执行的都是机器语言指令，但用机器语言编程却是非常复杂的事情。PLC 可用梯形图语言编程，把使用者直观易懂的梯形图变成机器语言，这就是解释程序的任务。解释程序将梯形图逐条翻译成相应的机器语言指令，再由 CPU 执行这些指令。

③ 标准程序模块及系统调用 标准程序模块和系统程序调用由许多独立的程序组成，各程序块具有不同的功能，有些完成输入、输出处理，有些完成特殊运算等。

（2）用户程序

用户程序也称用户软件，所谓的用户程序是指用户利用 PLC 厂家的编程语言根据工业现场的控制要求编写出来的程序。它通常存储在用户存储器（即可电擦写存储器 EEPROM）中，用户可根据控制的实际需要，对原有的用户程序进行相应的修改、增加或删除。用户程序包括开关量逻辑控制程序、模拟量控制程序、PID 闭环控制程序和操作站系统应用程序等。

在 PLC 的应用中，最重要的是利用 PLC 的编程语言来编写用户程序，以实现对工业现场的控制。PLC 的编程语言种类繁多，常用的有梯形图语言、指令表语言、顺序功能图语言等。对于这些编程语言，我们将在下一节详细介绍。

3.3 PLC 编程语言

利用 PLC 厂家的编程语言来编写用户程序是 PLC 在工业现场控制中最重要的环节之一，用户程序的设计主要面向的是企业电气技术人员，因此对于用户程序的编写语言来说，应采用面对控制过程和控制问题的“自然语言”，1994 年 5 月国际电工委员会（IEC）公布了 IEC61131-3《PLC 编程语言标准》，该标准具体阐述、说明了 PLC 的句法、语义和 5 种编程语言，具体情况如下：

① 梯形图（ladder diagram，LD）；

② 指令表（instruction list，IL）；

③ 顺序功能图（sequential function chart，SFC）；

④ 功能块图（function block diagram，FBD）；

⑤ 结构文本（structured text，ST）。

在该标准中，梯形图（LD）和功能块图（FBD）为图形语言；指令表（IL）和结构文本（ST）为文字语言；顺序功能图（SFC）是一种结构块控制程序流程图。

3.3.1 梯形图

梯形图是 PLC 编程中使用最多的编程语言之一，它是在继电器控制电路的基础上演变出来的，因此分析梯形图的方法和分析继电器控制电路的方法非常相似。对于熟悉继电器控制系统的电气技术人员来说，学习梯形图不用花费太多的时间。

（1）梯形图的基本编程要素

梯形图通常由触点、线圈、功能框三个基本编程要素构成。为了进一步了解梯形图，需要弄清以下几个基本概念。

① 能流　在梯形图中，为了分析各个元器件的输入输出关系而引入的一种假想的电流，我们称之为能流。通常认为能流是按从左到右的方向流动的，不能倒流，这一流向与执行用户程序的逻辑运算关系一致。在图 3-7 中，在 X0 闭合的前提下，能流有 4 条路径，现以其中的两条为例给予说明：一条为触点 X0、X1 和线圈 Y0 构成的电路；另一条为触点 Y0、X1 和 Y0 构成的电路。

② 母线　梯形图中两侧垂直的公共线，称为母线。母线可分为左母线和右母线。通常左母线不可省，右母线可省，能流可以看成由左母线流向右母线，如图 3-7 所示。

③ 触点　触点表示逻辑输入条件。触点闭合表示有能流流过，触点断开表示无能流流过。常用的有常开触点和常闭触点 2 种，如图 3-7 所示。

④ 线圈　线圈表示逻辑输出结果。若有能流流过线圈，则线圈吸合，否则断开。

⑤ 功能框　功能框代表某种特定的功能。能流通过功能框时，则执行功能框的功能，功能框代表的功能有多种如：数据传递、移位、数据运算等。

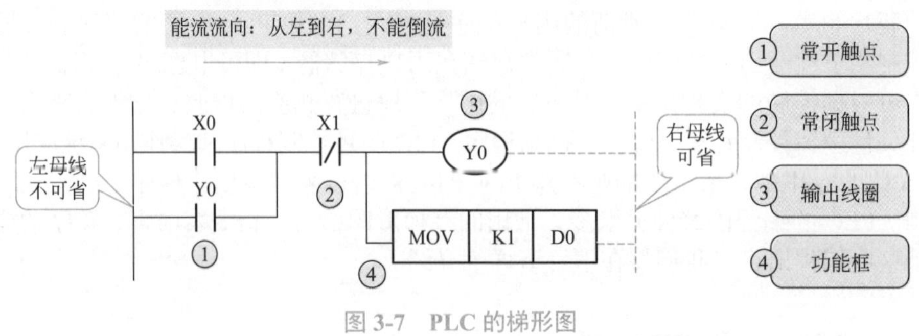

图 3-7　PLC 的梯形图

（2）梯形图的特点

① 梯形图与继电器原理图相呼应，形象直观，易学易懂。

② 梯形图可以有多个网络，每个网络只写一条语言，在一个网络中可以有一个或多个

梯级，如图 3-8 所示。

③ 每行起于左母线，然后为触点的连接，最后终止于线圈 / 功能框或右母线。

④ 能流不是实际的电流，是为了方便对梯形图的理解假想出来的电流，能流方向从左向右，不能倒流。

⑤ 在梯形图中每个编程元素应按一定的规律加标字母和数字，例：X0、M100 等。

⑥ 梯形图中的触点、线圈仅为软件上的触点和线圈，不是硬件上（实际）的触点和线圈，因此在驱动控制设备时需要接入实际的触点和线圈。

⑦ 在梯形图中，同一编号的触点可用多次，同一编号的线圈不能用多次，否则会出现双线圈（同一编号的线圈出现的次数大于等于 2）问题。

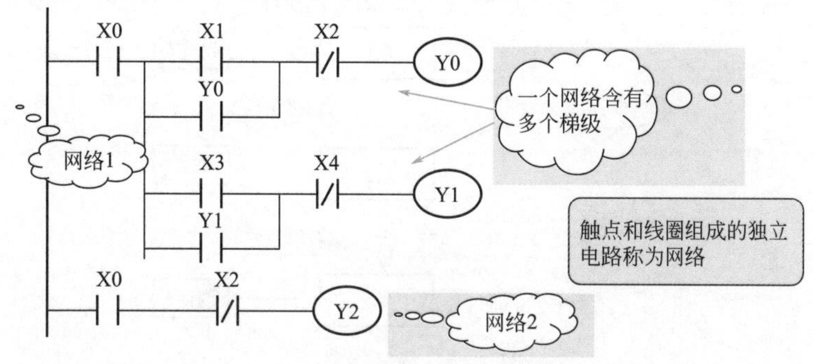

图 3-8　梯形图的特点

（3）梯形图的书写规律

① 写输入时：要左重右轻，上重下轻。

② 写输出时：要上轻下重。

3.3.2　指令表

指令表是一种类似于微机汇编语言的文本语言，由操作码和操作数构成。其中操作码表示操作功能；操作数表示指定的存储器的地址，操作数可能有一个或多个，有时也可能没有操作数，如图 3-9 所示。

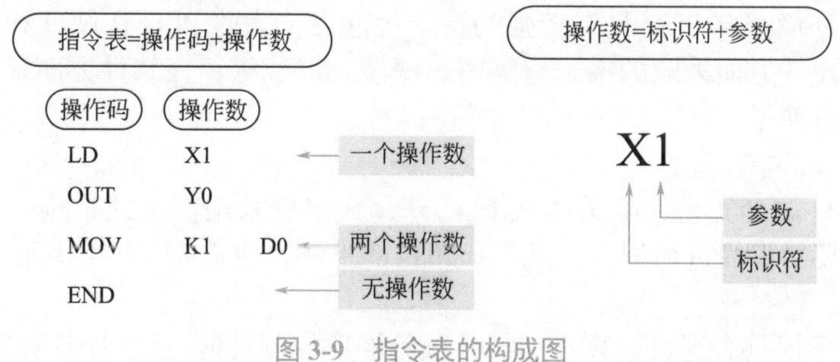

图 3-9　指令表的构成图

指令表可供经验丰富的编程员使用，有时可以实现梯形图所不能实现的功能。

3.3.3　顺序功能图

顺序功能图是一种图形语言，它具有条理清晰、思路明确、直观易懂等优点，适用于开关量顺序控制程序的编写。顺序功能图主要由步、有向连线、转换条件和动作等要素组成，如图 3-10 所示。在编写顺序程序时，往往根据输出量的状态将一个完整的控制过程划分为若干个阶段，每个阶段就称为步，步与步之间有转换条件，且步与步之间有不同的动作。当上一步被执行时，满足转换条件立即跳到下一步，同时上一步停止。在编写顺序控制程序时，往往先画出顺序功能图，然后再根据顺序功能图画出梯形图，经过这一过程后使程序的编写大大简化。

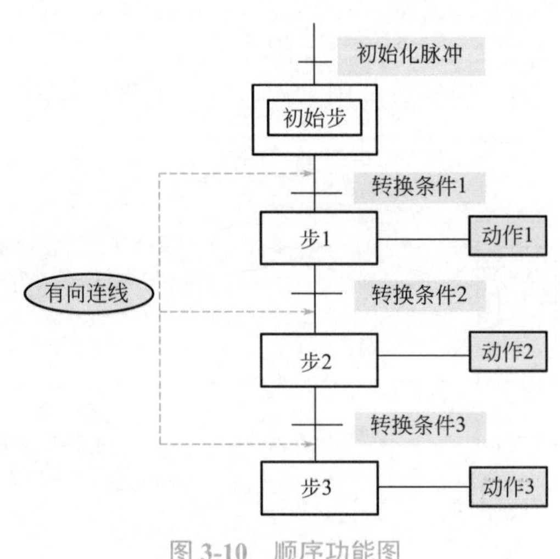

图 3-10　顺序功能图

3.4　PLC 的特点、应用领域

3.4.1　PLC 的特点

（1）可靠性高、抗干扰能力强

传统的继电器控制系统硬件元件和连接导线较多，因此极易发生触点接触不良、导线虚接等故障。PLC 采用软件编程取代了大量硬件元件，因此降低了故障的发生率，可靠性大大提高。

复杂的工业环境需要 PLC 具有较强的抗干扰能力，为此 PLC 在硬件和软件上都采取了相应的措施，在硬件方面采取的措施有隔离、滤波、屏蔽等；在软件方面采取的措施有自诊断、设置看门狗时钟等。

（2）通用性强、适应面广

PLC 产品硬件配套齐全，除整体式 PLC 外，大多数采用模块式结构，用户可根据生产工艺要求选择需要的模块进行组合，既适应单机的控制，也适应工厂自动化控制。

（3）功能强、性价比高

现代的PLC不仅具有逻辑运算、定时、计数等顺序控制功能，而且还具有数据处理和传送、算术运算、远程 I/O、通信等功能。

随着新型器件的不断涌现，PLC 在性能大幅度提高的同时，价格也在不断地下降，因此取代继电器控制系统是必然的趋势。

（4）编程简单、易于掌握

梯形图是PLC使用最多的编程语言，它是在继电器控制系统电路图的基础上演变出来的，因此两者在原理上十分相似，加之梯形图非常直观形象，对于熟悉继电器电路图的电气技术人员来说，花上几天的时间就可以熟悉梯形图语言，并能用于用户程序的编写。

（5）系统设计、安装、调试工作量小

PLC 的梯形图程序一般用顺序控制设计法来设计，这种编程方法很有规律可循、易于掌握。对于复杂的控制系统来说，设计梯形图程序花费的时间要比设计相同功能的继电器控制系统电路图花费的时间少得多。

对于安装来说，PLC 采用软件编程来取代继电器控制系统中的大量硬件元件，使控制柜的安装和布线工作量大大降低。PLC 的用户程序可在实验室调试，输入信号用小开关模拟，输出信号的状态可通过 PLC 上的发光二极管（LED）观察，如果发现输出有误，可通过发光二极管（LED）和编程软件提供的信息及时改正，大大地降低了现场调试的时间。

（6）维修方便、工作量小

PLC 的故障率很低，加之又具有完善的自诊断和显示功能。一旦 PLC 本身或外部输入或输出设备发生故障，可以根据 PLC 的发光二极管（LED）或编程软件提供的信息有针对性地查明故障，并且能迅速排除；也可采用更换模块的方法，既不耽误生产又可以省出维修的时间，这种方法实际中用得很多。

（7）体积小、重量轻、能耗低

PLC 是集成化很高的产品，是强、弱电的综合体，其结构紧凑、体积小、重量轻、能耗小，加之抗干扰能力强，是机电一体化的理想控制设备。

3.4.2　PLC 的主要功能及应用领域

由于微处理器芯片及有关元件价格的大幅度下降，加之 PLC 功能大大增强，性价比不断提高，使得 PLC 的应用领域越来越广，主要表现如下。

（1）数字量逻辑控制

数字量逻辑控制是 PLC 通过对与、或、非等指令的设置，来代替传统的继电器控制系统实现组合逻辑控制和顺序逻辑控制。数字量逻辑控制既可用于单机控制，又可用于自动化生产线控制。目前，其应用领域已深入到各个行业，甚至深入到了家庭中。

（2）过程控制

PLC 可以接受温度、压力、流量、液压等连续变化的模拟量，通过模拟量 I/O 模块实现模拟量（analog）和数字量（digital）之间的模数转换（A/D）和数模转换（D/A），并对被控模拟量实行闭环 PID（比例 - 积分 - 微分）控制；过程控制被广泛地用于冶金、化工、机械、建材、电力等多个领域。

（3）运动控制

PLC 使用专用的运动控制模块和灵活的应用指令，可实现圆周运动控制和直线运动控制，目前被广泛应用于各种机械、机床和电梯等场合。

（4）数据处理

现代的 PLC 具有数字运算（包括矩形运算、函数运算、逻辑运算、浮点运算等）、数据传送、转换、排列、查表和位操作等功能，可完成数据的采集和处理，目前在造纸、冶金、食品、无人控制等行业有应用。

（5）通信联网

PLC 的通信是指：PLC 与 PLC 之间、PLC 与上位机之间以及 PLC 与智能模块之间的通信。一般来说，PLC 与计算机之间可通过 RS-485 或 RS-422 接口连接。PLC、计算机及智能设备用双绞线、同轴电缆连成网络，已实现信号的交换，这样一来就构成了“集中管理，分散控制”的分布式控制系统。

需要指出的是，并不是所有的 PLC 都具有以上全部功能，有的小型机仅具有上述部分功能，但价格相对比较便宜。

3.5 FX 系列 PLC 型号与硬件配置

3.5.1 FX 系列 PLC 概述

三菱 FX 系列 PLC 是在 F1/F2 系列 PLC 基础上发展起来的小型产品，以其结构紧凑、性能优越等特点，广受用户好评。FX 系列 PLC 有 5 种基本类型，具体如下。

① 三菱 FX1S 系列适用于较小的安装空间，它能满足低成本的用户在有限的 I/O 范围内实现功能强大的控制。FX1S 最多可提供 30 个 I/O 点，并可以进行通信扩展，广泛运用于各种小型机械设备上。

② FX1N 系列是一款功能较强普及型 PLC。其基本单元 I/O 点数有 14/24/40/60，可扩展到 128 点；8K 步存储容量，并且可以连接多种扩展模块、特殊功能模块；具有通信和数据链接功能。

③ FX2N 系列是三菱公司推出的第 2 代产品，它是 FX 家族较先进的系列。它具有高速处理等功能，可提供大量满足单个需要的特殊功能模块，为工业自动化提供了很强的控制能力和很大的灵活性。

④ FX3U 系列是 FX 系列第 3 代高性能 PLC，在 FX2N 的基础上开发升级而来，更适应不断发展和更新的市场需要，增加了各种强大的功能，性能和速度大大提高。FX3U 系列 PLC 处理速度业内领先，达到了 0.065μs/ 指令，内置了高达 64K 步的大容量 RAM 存储器，大幅增加了内部软元件的数量。晶体管输出型的主机内置 3 轴最高 100kHz 的定位功能，增加了新的定位指令，从而使得定位控制功能更加强大，使用更为方便。

⑤ FX3G 系列是三菱电机推出的第 3 代微型 PLC，在 FX1N 的基础上升级开发而来。FX3G 系列 PLC 拥有 3 轴定位功能，多条定位指令，设置简便，是搭建伺服 / 步进等小型定位系统的首选机型。FX3G 系列 PLC 主机自带两路高速通信接口，内置 32K 存储器；可设置两级密码，每级 16 字符，增强了密码保护功能。标准模式时基本指令处理速度可达 0.21μs/ 指令，可实现浮点数运算。

本书中将为读者介绍 FX3U 系列的 PLC 供读者学习。

3.5.2 FX3UPLC 的一般性能指标

在使用 FX 系列 PLC 前，需仔细阅读一般性能指标，只有这样设计出来的系统才能安全、可靠地工作。具体性能指标如下。

运算控制方式：重复执行保存的程序的方式（专用 LSI），有中断功能。

输入输出控制方式：批次处理方式（执行 END 指令时），有输入输出刷新指令、脉冲捕捉功能。

① 程序语言：继电器符号方式 + 步进梯形图方式（可以用 SFC 表现）。

② 程序存储器：

a．最大内存容量：64000 步（通过参数的设定，还可以设定为 2K/4K/8K/16K/32K），可以通过参数进行设定，在程序内存中编写注释、文件寄存器。

• 注释：最大 6350 点（50 点 /500 步）。

• 文件寄存器：最大 7000 点（500 点 /500 步）。

b．内置存储器容量 / 型号：64000 步 /RAM 存储器（使用内置锂电池进行备份）。

• 电池寿命：约 5 年。

• 有密码保护功能（使用关键字功能）。

c．存储器盒（选件）：快闪存储器（存储器盒的型号名称不同，各自的最大内存容量也不同）。

• FX3U-FLROM-64L：64000 步（有程序传送功能）。

• FX3U-FLROM-64：64000 步（无程序传送功能）。

• FX3U-FLROM-16：16000 步（无程序传送功能）。

允许写入次数：1 万次。

③ RUN 中写入功能：有（可编程控制器运行过程中可以更改程序）。

④ 实时时钟：内置时钟功能。

⑤ 基本指令：

a．高于 Ver.2.30：

• 顺控指令 29 个。

• 步进梯形图指令 2 个。

b．低于 Ver.2.30：

• 顺控指令 27 个。

• 步进梯形图指令 2 个。

运算处理速度：0.065μs/ 指令。

⑥ 应用指令：218 种，497 个。运算处理速度为 0.42 ～几百 μs/ 指令。

⑦ I/O 点数：最大 I/O 点数为 384 点。

⑧ 辅助继电器：

a．一般型：M0 ～ M499，共 500 点。

b．保持型：M500 ～ M7679，共 7180 点。

c．特殊用：M8000 ～ M8511，共 512 点。

⑨ 状态元件：

a．初始状态：S0 ～ S9，共 10 点。

b．一般状态：S10 ～ S499，共 490 点。

c．保持区域：S500 ～ 4095，共 3596 点。

⑩ 定时器：

a．100ms：T0 ～ T199，T250 ～ T255，共 206 点。

b．10ms：T200 ～ T245，共 46 点。

c．1ms：T246 ～ T249，T256 ～ T511，共 260 点。

⑪ 计数器：

a．16 位通用：C0 ～ C99，共 100 点（加计数）。

b．16 位保持：C100 ～ C199，共 100 点（加计数）。

c．32 位通用：C200 ～ C219，共 20 点（加减计数）。

d．32 位保持：C220 ～ C234，共 15 点（加减计数）。

e．32 位高速：C235 ～ C255，可使用 8 点（加减计数）。

⑫ 数据寄存器：

a．16 位通用：D0 ～ D199，共 200 点。

b．16 位保持：D200 ～ D7999，共 7800 点。

c．文件寄存器：D1000 ～ D7999。

d．区域参数设定，最大 7000 点。

e. 16 位特殊：D8000 ～ D8511，共 512 点。

f. 16 位变址：V0 ～ V7，Z0 ～ Z7，共 16 点。

⑬ 指针：跳转用，P0 ～ P4095，共 4096 点。

⑭ 嵌套：主控用，N0 ～ N7，共 8 点。

⑮ 常数：

a. 十进制：16 位，-32768 ～ +32767；32 位，-2147483648 ～ +2147483647。

b. 十六进制：16 位，0 ～ FFFF；32 位，0 ～ FFFFFFFF。

⑯ 高速计数与脉冲输出：FX3U 可利用基本单元上的高速 I/O 点，实现内置高速计数与脉冲输出功能。高速计数输入可接收最高 100kHz 的脉冲计数输入信号，高速脉冲输出可以输出 3 轴（通道）独立 100kHz 高速脉冲。有的型号的计数模块可以达到更高的频率，最高可以达到 1MHz。

⑰ 通信与网络功能：FX3U 系列 PLC 除了有 RS-232/RS-422/RS-485 通信接口外，还增加了 USB 通信功能（需选配内置 USB 接口扩展板 FX3U-USB-BD），PLC 可以同时进行 3 个通信端口的通信。

3.6 连接要求

3.6.1 漏型输入连接

对于 AC100/240V 交流供电的 PLC，PLC 的 DC24V 传感器电源输出端“24V”可作为开关量的驱动电源使用，即：可以直接将 PLC 的开关量输入公共端“S/S”与传感器电源输出端“24V”连接；开关量输入信号的另一端则在外部统一汇总后，连接到 PLC 的传感器电源“0V”端上。对于 DC24V 直流供电的 PLC，传感器电源输出端“24V”一般不可以使用，因此，输入公共端“S/S”应与外部电源的“DC24V”端连接，输入信号的另一端在外部统一汇总后连接到外部电源的“0V”端上，如图 3-11 所示。

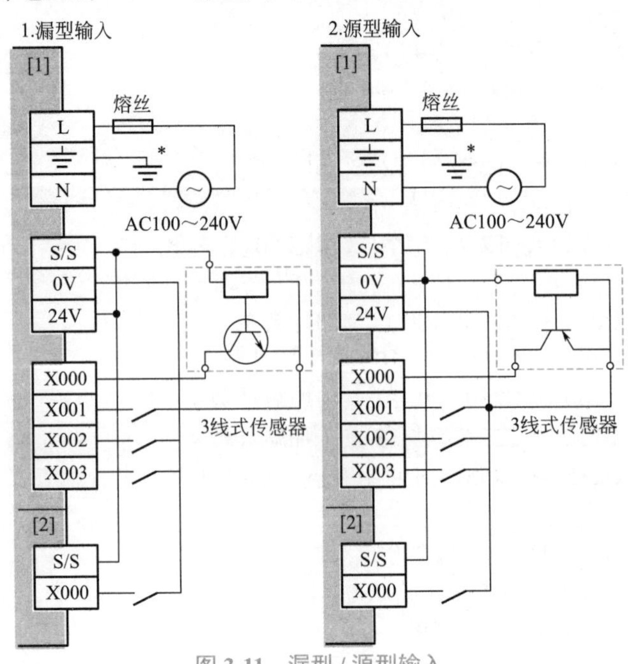

图 3-11 漏型 / 源型输入

3.6.2　源型输入连接

对于 AC100/240V 交流供电的 PLC，传感器电源输入端“24V”同样可以直接作为输入驱动电源，即：输入端信号的电源端可以统一汇总后直接连接到 PLC 的传感器电源输出端“24V”上，如图 3-11 所示，而输入公共端“S/S”则与 PLC 传感器电源的“0V”端连接。对于 DC24V 直流供电的 PLC，传感器电源输出端“24V”同样不可作为输入驱动电源，输入公共端“S/S”应与外部电源的“0V”端连接，输入信号的电源端再统一汇总后连接到外部电源的“24V”端上。

3.6.3　晶体管源型输出连接

FX3U 系列 PLC 有继电器输出、晶闸管输出、晶体管输出三种输出方式，其中晶体管输出可以分为源型输出和漏型输出两种类型，晶体管源型输出是 FX3U 系列新增的规格，输出连接的要求如图 3-12 所示，用于负载驱动的 DC4V 电源必须由外部提供，输出驱动能力为 0.5A/1 点、0.8A/4 点公共或 1.6A/8 点公共。

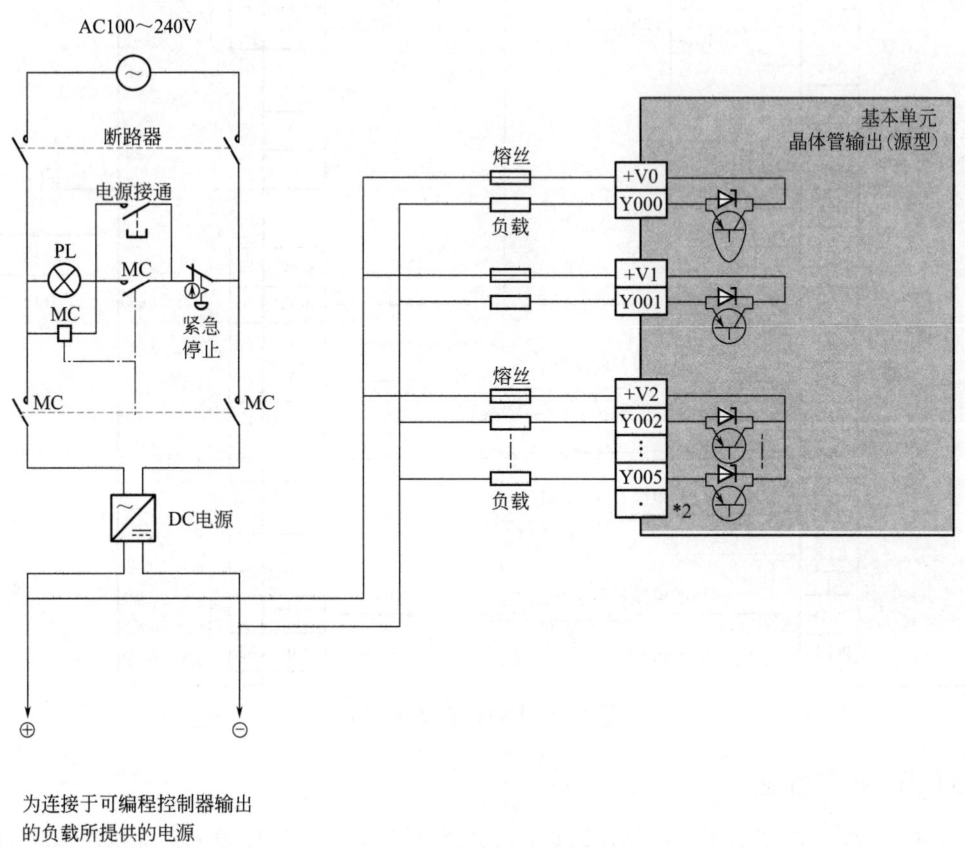

图 3-12　晶体管源型输出示意图

3.6.4　连接端布置

FX3U PLC 的连接端如图 3-13 所示。

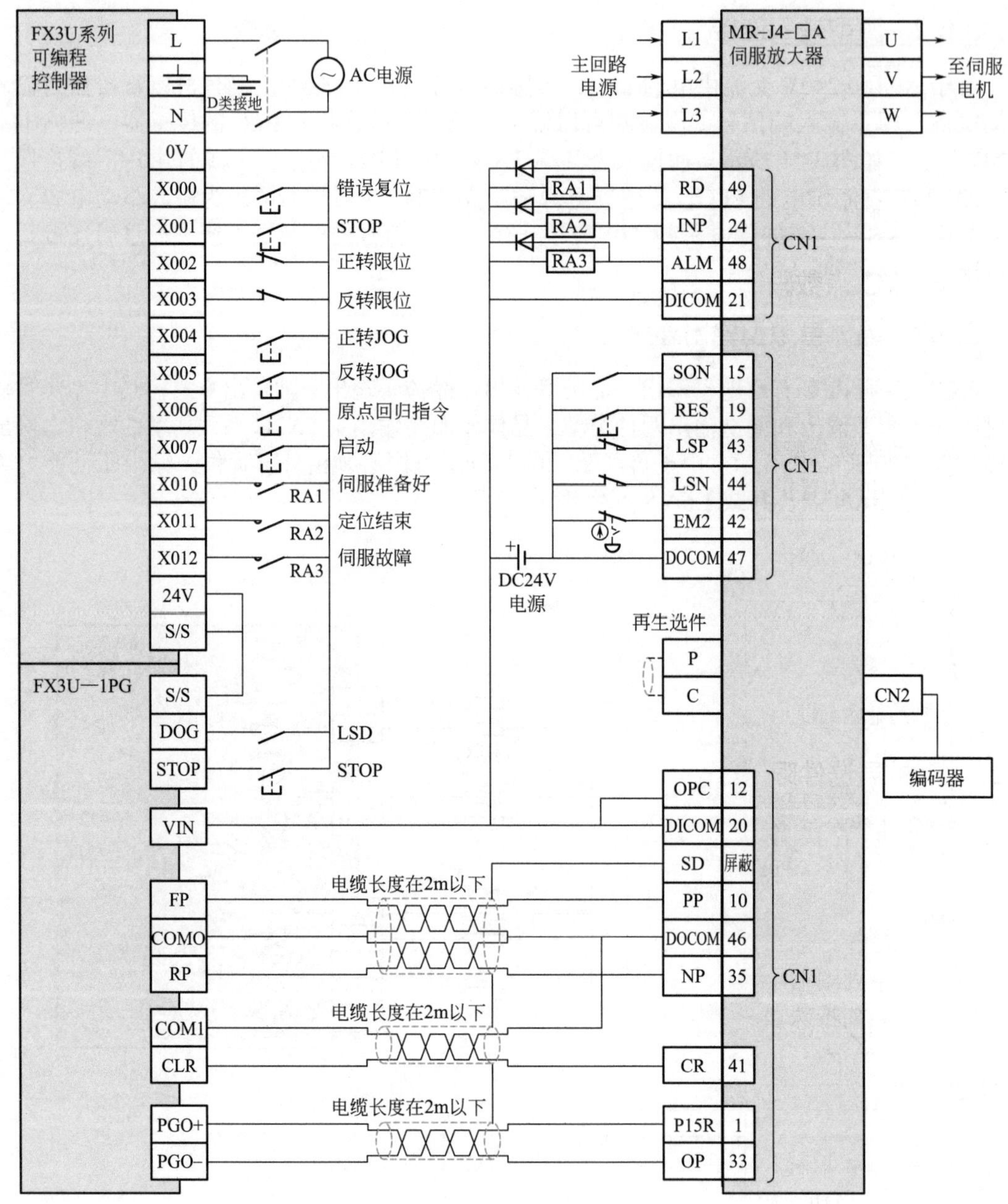

图 3-13　FX3U 连接端布置

3.6.5　扩展性能

FX3U 系列 PLC 超出了可以使用以前的 FX2N 系列的全部扩展单元，除扩展模块与图书功能模块外，还有 FX3U 系列专用的内置扩展板与通信接口模块；也可以通过通信扩展模块实现与工业触摸屏的连接，实现人机交互功能（HMI），见表 3-1。

表 3-1　扩展性能

项目	内容
性能扩展	操作显示单元、存储盒

续表

项目	内容
I/O 扩展	I/O 扩展单元、I/O 扩展模块
通信扩展	内置通信扩展模块、通信扩展模块、通信适配器
功能扩展	特殊功能模块、网络定位模块、模拟量 I/O 扩展模块、高速计数模块

3.6.6　I/O 点数限制

（1）本地 I/O 点数

FX3U 主机控制与 CC-Link/LT 主站模块链接的本地 I/O 点有如下限制：

① 最大输入点与最大输出点不能超过 248 点，本地 I/O 点总数不能超过 256 点，I/O 地址由 PLC 自动连续分配；

②PLC 使用的内置扩展板、网络扩展模块、特殊功能模块所占用的 I/O 点均应计入 I/O 点总数；

③ 基本单元与扩展选件的 I/O 点以 8 点为单位计算，不足 8 点的空余输入应作为已使用的 I/O 点计入 I/O 点总数。

（2）远程 I/O 点

FX3U 的远程 I/O 通过 CC-Link 主站模块连接，I/O 点有如下限制：

① 通过 CC-Link 主站模块链接 I/O 点不能超过 224 点；

② FX3U 本地 I/O 点与远程 I/O 点之和不能超过 384 点。

3.6.7　扩展选件限制

FX3U 的功能扩展选件安装有如下限制：

（1）安装总数

① FX3U 系列内置扩展板：只能选择一块。

② I/O 扩展单元与 I/O 扩展模块安装：自由安装，但受 I/O 点总数与电源容量限制。

③ FX3U 系列图书功能模块安装：总数不能超过 10 只。

④ FX2N 系列特殊功能模块安装：总数不能超过 8 只。

（2）特定模块的安装数量

① 高速输入模块（FX3U-4HSX-ADP）安装：最大不能超过 2 只。

② 高速脉冲输出模块（FX3U-2HSY-ADP）安装：最大不能超过 2 只。

③ 转角检测扩展模块（FX2N-1RM-E-SET）安装：最大不超过 3 只。

④ AS-i 主站模块：整个 PLC 上只能使用 1 只。

⑤ 其他特殊功能模块与网络模块安装：整个 PLC 上安装的总数不能超过 8 只。

（3）扩展选件安装位置

① FX2N-1RM-E-SET 转角检测扩展模块；

② FX0N-3A 模拟量 I/O 扩展模块；

③ FX2N-2AD 模拟量输入扩展模块；

④ FX2N-2DA 模拟量输出模块扩展；

⑤ FX3U-4HSX-ADP 高速输入模块；

⑥ FX3U-2HSY-ADP 高速脉冲输出模块。

（4）扩展距离

近距离安装：外置扩展选件的近距离紧邻安装可直接使用扩展选件所附带的标准扩展电

缆，此电缆的长度为 55mm，可用于近距离连接。

远距离安装：外置扩展选件的远距离安装需要选配延长电缆，而且一个 FX1N 只能使用 1 根延长电缆延长一次。延长电缆有 300mm 与 650mm 两种规格，扩展模块的延长需要配套 FX2N-CNV-BC 接口适配器。

3.6.8　网络主站

当 FX3U 作为 PLC 主站构成分布 PLC 系统或 PLC 网络系统时，对网络主站扩展模块安装限制如下。

① FX3U 不能同时作为 CC-Link 网络与 AS-i 网络的主站，即：不能同时选配 FX2N-16CCL-M 与 FX2N-32ASI-M 主站模块。

② AS-i 主站模块只能使用 1 只。

当 FX3U 作为网络主站时，它对链接的远程 I/O 模块（I/O 从站）和远程设备（PLC、变频器等）的数量、最大传输距离有一定的限制：当 FX3U 作为网络从站接入其他 PLC 网络系统时，链接的 FX3U 数量与最大传输距离等均与网络主站有关。

3.6.9　电源容量

PLC 基本单元、扩展单元所提供的 DC24/5V 电源容量必须大于全部扩展选件的 DC24/5V 实际消耗。不同规格的基本单元与扩展单元可以提供的 DC4/5V 电源容量分别如下。

（1）DC4V 供给

FX3U-16M/FX3U-32M 基本单元：可提供 400mA。

FX3U-48M/FX3U-64M/FX3U-80M/FX3U-128M 基本单元：可提供 600mA。

FX2n-32E 扩展单元：每一单元可以提供 250mA。

FX2n-48E 扩展单元：可提供 460mA。

PLC 的 DC24V 电源与用于传感器的 DC4V 输出电源（“24V”/“COM” 端）共用，扩展模块使用后，外部输出容量需要相应地减小。

（2）DC5V 供给

FX3U 基本单元：可提供 500mA。

FX2n-32E/FX2n-48E 扩展单元：每一单元可提供 690mA。

3.7　PLC 编程软件的使用

GX Developer 是三菱公司设计的在 Windows 环境下使用的 PLC 编程软件，适用于 Q、QnA、AnS、FX 等全部机型，可支持梯形图、指令表和顺序功能图等语言设计程序，可进行程序在线更改、监控及调试等。

该软件功能强大，应用广泛，操作简单；编程时，可使用鼠标操作，可键盘操作，可联机编程，也可脱机编程；能方便地实现程序的上传、下载及网络监控；可对以太网、CC-Link 等网络进行参数设定。

3.7.1　GX Developer 编程软件安装

（1）安装条件

操作系统：Windows98 或 Windows2000 或 WindowsXP。

计算机配置：内存需要 512MB 以上，以及 100MB 空余的硬盘。

（2）软件安装

GX Developer 软件安装包括三部分：运行环境安装、编程环境安装和仿真软件安装。

① 运行环境安装 打开 GX Developer 中文软件包，找到 EnvMEL 文件夹，打开此文件夹找到 SETUP 图标，双击该图标，弹出“欢迎”界面，如图 3-14 所示；单击“下一个”按钮，弹出“信息”界面，如图 3-15 所示；单击“下一个”按钮，弹出“设置完成”界面，如图 3-16 所示；单击“结束”按钮，运行环境包安装完成。

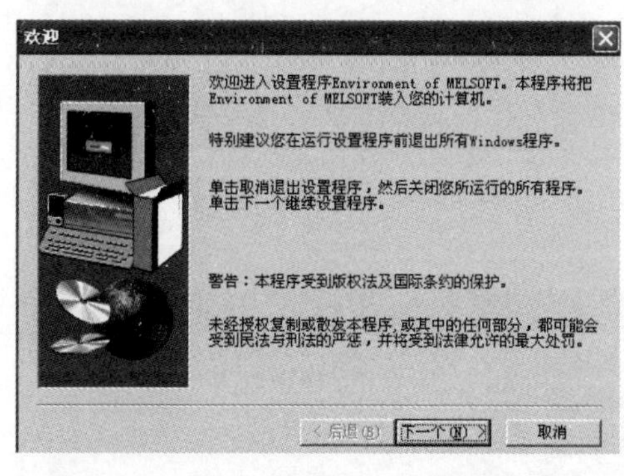

图 3-14 “欢迎”界面

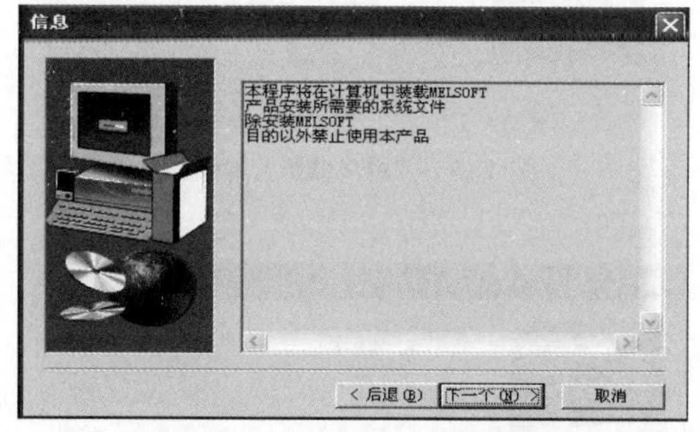

图 3-15 “信息”界面

② 编程环境安装 打开 GX Developer 中文软件包，找到 SETUP 图标，双击该图标，弹出“欢迎”界面，如图 3-17 所示；单击“下一个”按钮，弹出“用户信息”界面，如图 3-18 所示，在“姓名”和“公司”处可以填写操作者和公司的名称，也可默认；单击“下一个”按钮，弹出“注册确认”界面，如图 3-19 所示；单击“是”按钮，弹出“输入产品序列号”界面，如图 3-20 所示，输入产品序列号；单击“下一个”按钮，弹出第一个“选择部件”界面，如图 3-21 所示，切记勾选“监视专用 GX Developer”；单击“下一个”按钮，弹出第二个“选择部件”界面，如图 3-22 所示，勾选两项；单击“下一个”按钮，弹出“选择目标位置”界面，如图 3-23 所示，若您的 C 盘不够大，可点击“浏览”指定希望安装的目录，再单击“下一个”按钮；最后点击“结束”按钮，编程环境安装完成。

③ 仿真软件安装 仿真软件的安装与编程软件的安装非常相似，读者按照安装向导一步步地往下进行就可以了。

需要指出，仿真软件 GX Simulator 需依附编程软件 GX Developer，它自己本身不能独立运行。

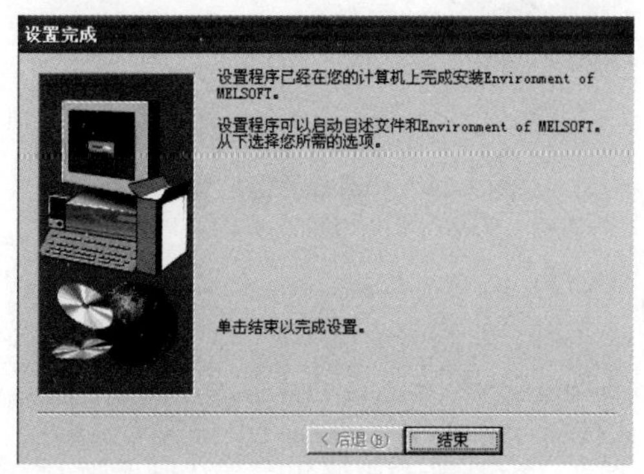

图 3-16 “设置完成”界面

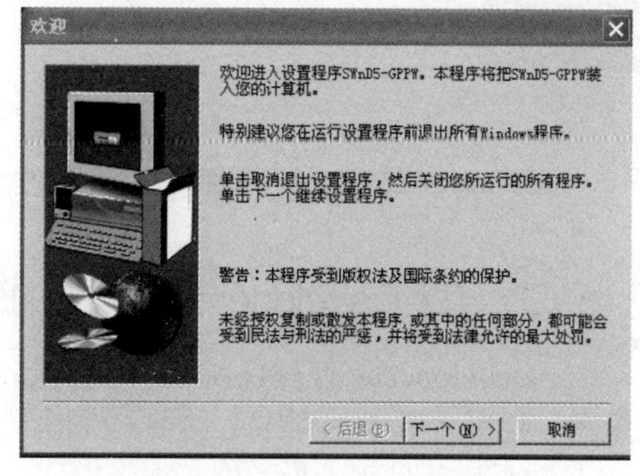

图 3-17 “欢迎”界面

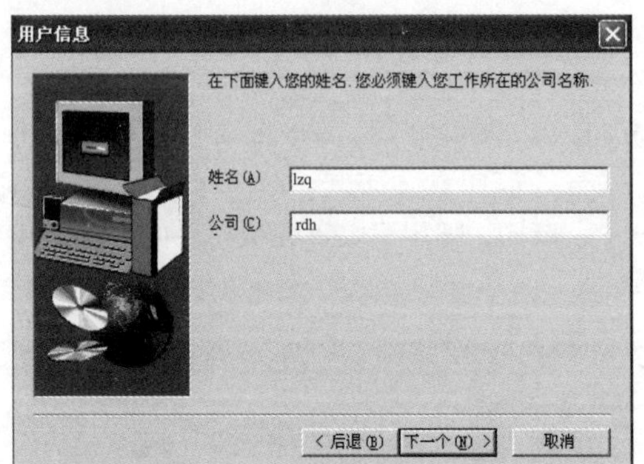

图 3-18 “用户信息”界面

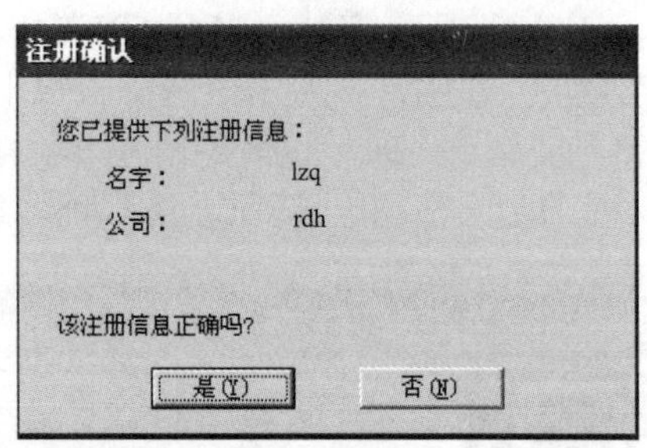

图 3-19 “注册确认”界面

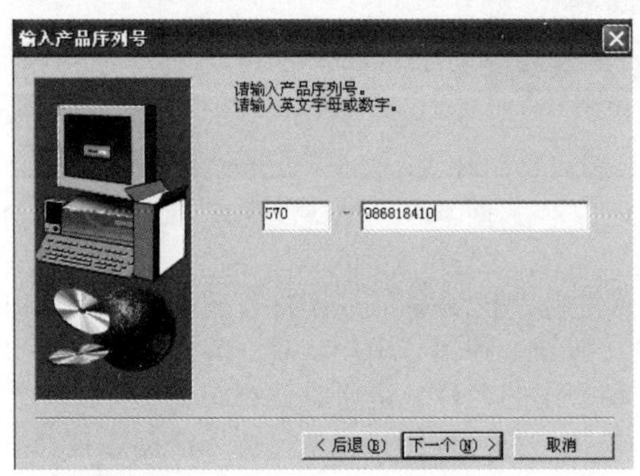

图 3-20 “输入产品序列号”界面

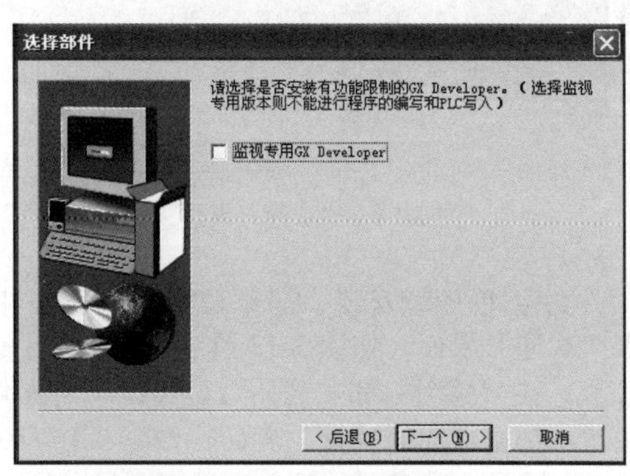

图 3-21 “选择部件”界面（一）

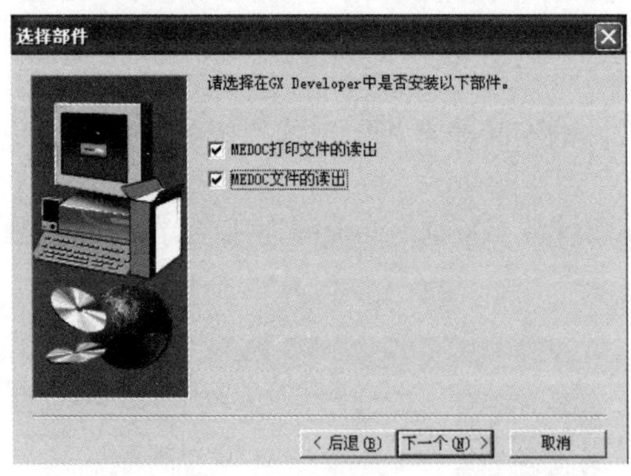

图 3-22 “选择部件”界面（二）

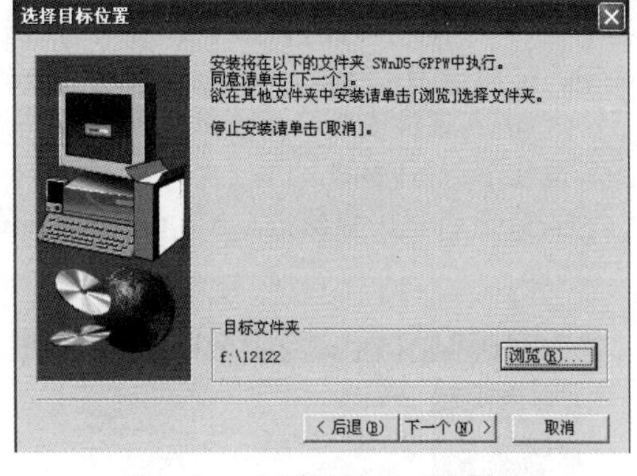

图 3-23 “选择目标位置”界面

3.7.2 GX Developer 编程软件的使用

GX Developer 编程软件的操作界面如图 3-24 所示。该操作界面主要包括：状态栏、主菜单、标准工具条、程序工具条、梯形图输入快捷键工具条等。

① 状态栏：显示工程名称、编辑模式、程序步数、PLC 类型以及当前操作状态等。

② 主菜单：包含工程、编辑、查找 / 替换、交换显示、在线等 10 个菜单。

③ 标准工具条：由工程菜单、编辑菜单、查找 / 替换菜单、在线菜单、工具菜单中

的常用功能组成，如图3-25所示，例如工程新建、工程保持、复制、软元件查找、PLC写入等。

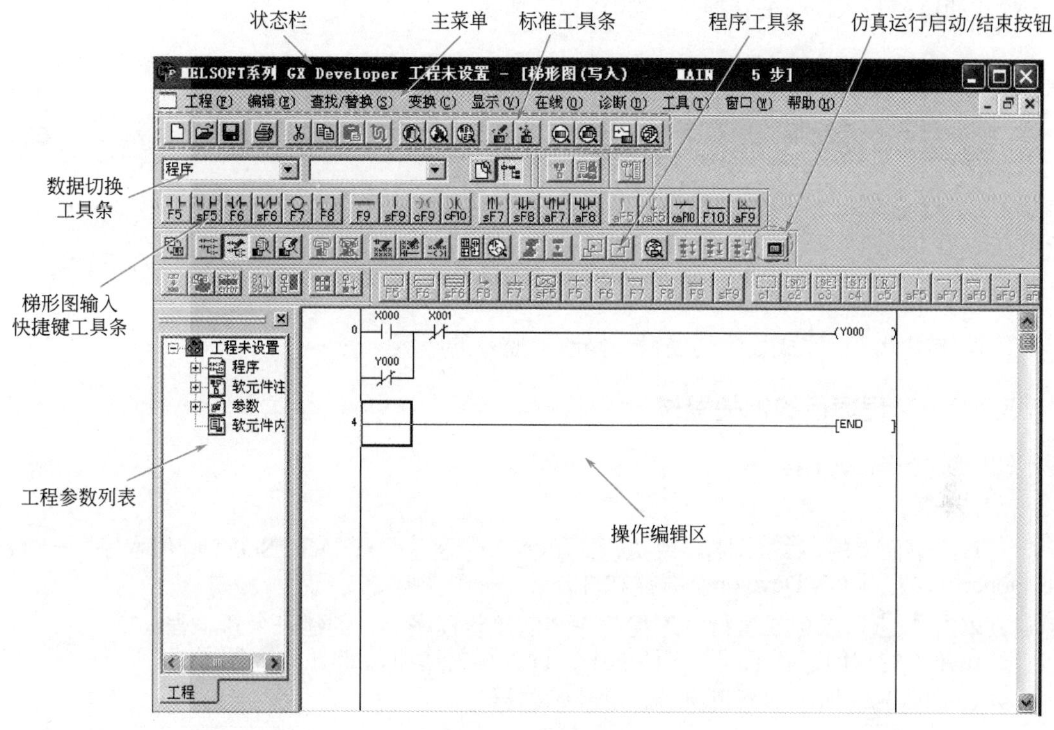

图3-24　操作界面

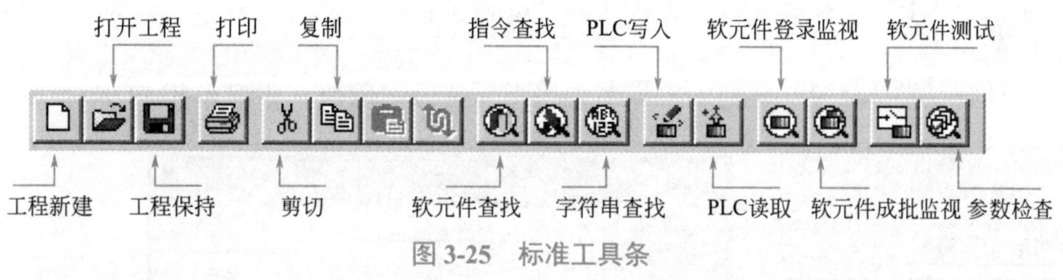

图3-25　标准工具条

④ 数据切换工具条：可在程序、注释、参数、软元件内存这四项中切换。

⑤ 梯形图输入快捷键工具条：包含梯形图编辑时，所需的常开触点、常闭触点、线圈、应用指令等内容，如图3-26所示。

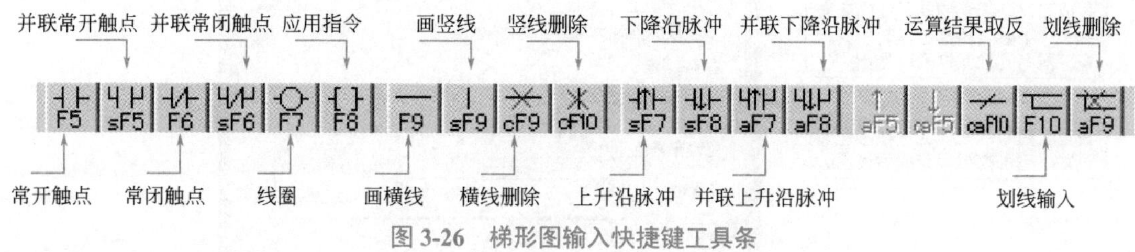

图3-26　梯形图输入快捷键工具条

⑥ 工程参数列表：显示程序、软元件注释、参数、软元件内存等，可实现这些数据

的设置。

⑦ 程序工具条：可实现梯形图模式、指令表模式转换；可实现写入模式、读出模式、监控模式和监控写入模式的转换等，如图 3-27 所示。

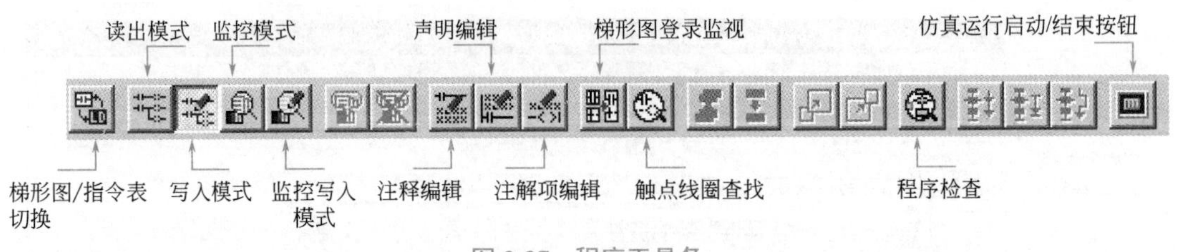

图 3-27 程序工具条

⑧ 操作编辑区：完成程序的编辑、修改、监控的区域。

3.7.3 工程项目的相关操作

（1）创建一个新工程

操作步骤：

① 双击桌面上的"图标"图标，或执行"开始"→"程序"→"MELSOFT 应用程序"→"GX Developer"，打开 GX Developer 编程软件；

② 单击"图标"图标或执行"工程"→"创建新程序"，创建一个新工程；

③ 在弹出的"创建新工程"对话框中，设置相关选项，如图 3-28 所示；

④ 显示图 3-29 所示的编辑窗口，可开始编程。

（2）保持工程

操作步骤：

① 单击"图标"图标或执行"工程"→"保持工程"，弹出"另存工程为"对话框，如图 3-30 所示；

② 选择驱动器 / 路径，并输入工程名，单击"保持"按钮，如图 3-30 所示。

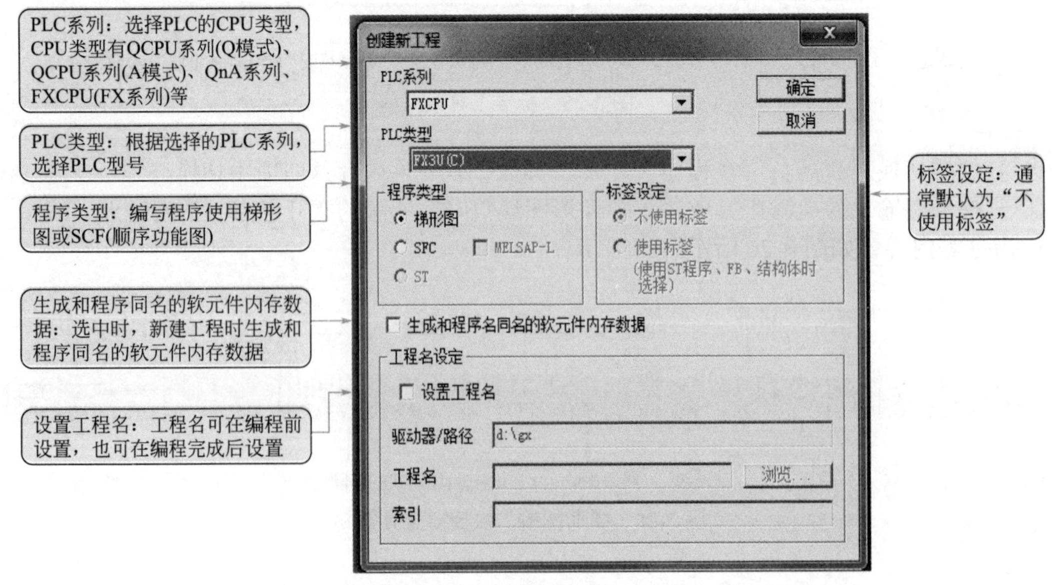

图 3-28 "创建新工程"对话框

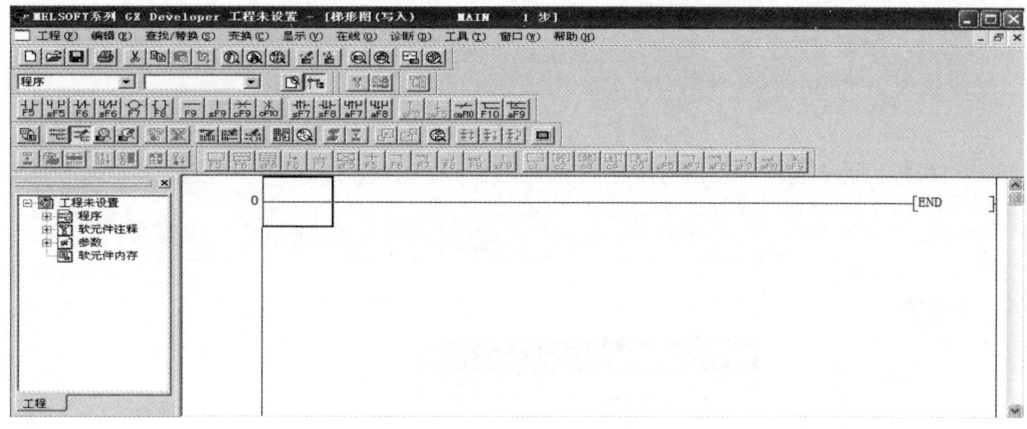

图 3-29 创建工程编辑窗口

（3）打开工程

打开工程就是读取已保持的工程文件。操作步骤：单击“ ”图标或执行“工程”→“打开工程”，弹出“打开工程”对话框，如图 3-31 所示，选择工程驱动器 / 路径和工程名，单击“打开”按钮，被选工程便可被打开。

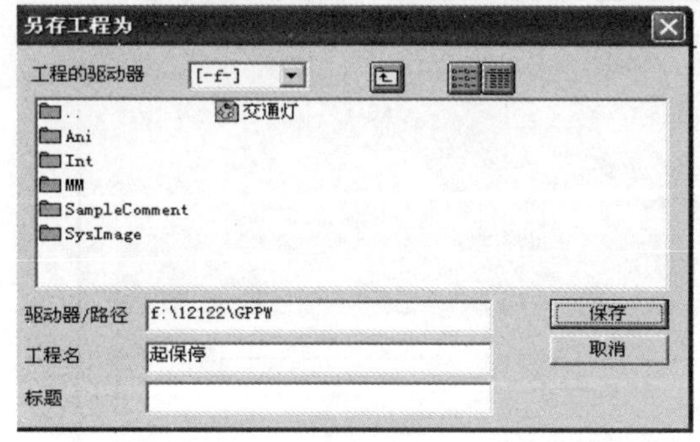

图 3-30 “另存工程为”对话框

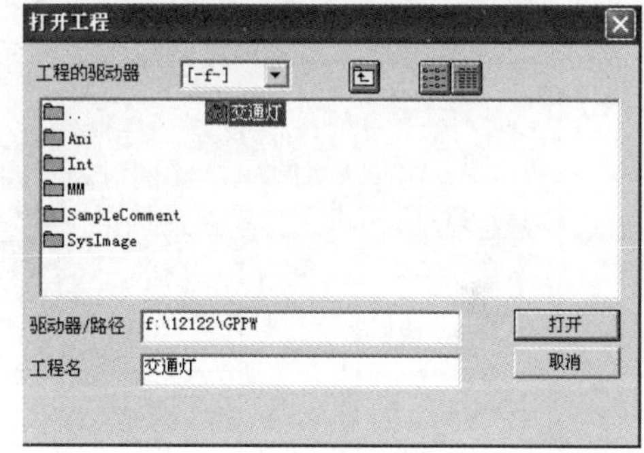

图 3-31 “打开工程”窗口

（4）关闭工程

操作步骤：执行“工程”→“关闭工程”，弹出“关闭工程”对话框，单击“是”按钮则退出工程，单击“否”按钮则返回编辑窗口。

（5）删除工程

删除工程就是将已保持的程序删除。操作步骤：执行“工程”→“删除工程”，弹出“关闭工程”对话框，单击“删除”按钮，会删除工程；单击“取消”按钮，不执行删除操作。

3.7.4 程序编辑

（1）程序输入

程序输入常用方法有两种，具体如下。

① 直接从梯形图输入快捷键工具条中输入 例如输入常开触点 X1：从梯形图输入快捷键工具条中，单击“F5”按钮，弹出“梯形图输入”对话框，输入“X1”，单击“确定”按钮，常开触点 X1 出现在相应位置，如图 3-32 所示。但常开触点为灰色。

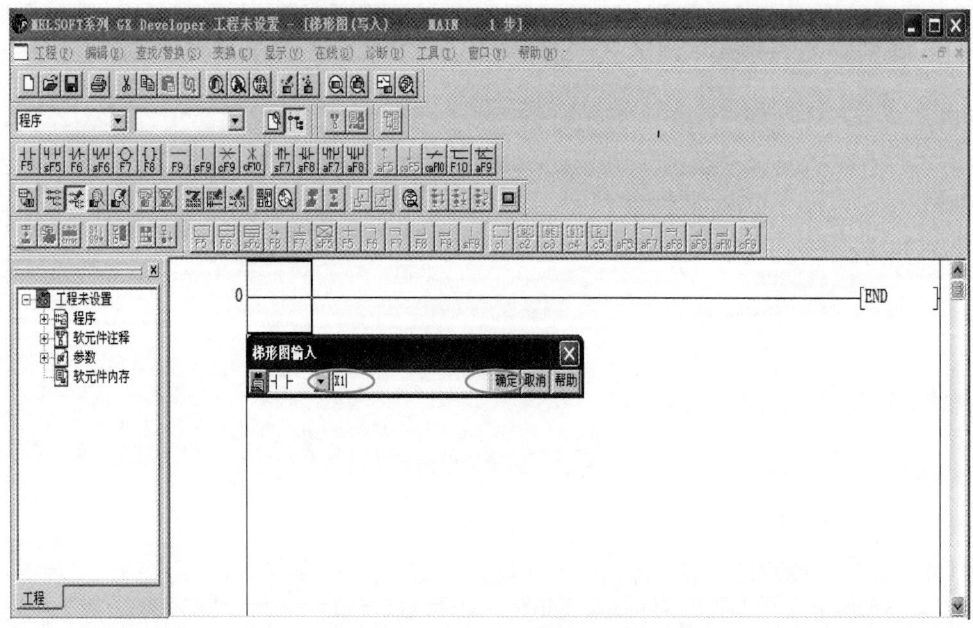

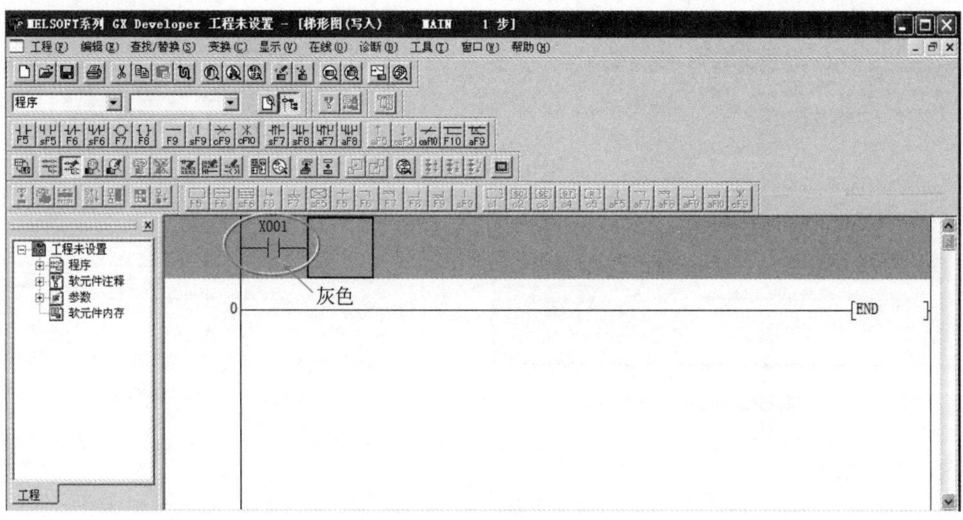

图 3-32 梯形图输入

② 用键盘上的快捷键输入 软元件与快捷键对应关系如图 3-33 所示。例如输入常开触点 X1：单击“F5”按钮，弹出“梯形图输入”对话框，输入“X1”，单击“确定”按钮，常开触点 X1 出现在相应位置，与图 3-32 一致。

F5 sF5 F6 sF6 F7 F8 F9 sF9 cF9 cF10 sF7 sF8 aF7 aF8 aF5 caF5 caF10 F10 aF9

单键：
F5代表常开触点，F6代表常闭触点，F7代表线圈，F8代表应用指令。
组合键：
Shift+单键：sF5代表常开触点并联，sF6代表常闭触点并联。Ctrl+单键：cF9代表横线删除。
Alt+单键：aF7代表上升沿脉冲并联。Ctrl+Alt+单键：caF10代表运算结果取反。
有些对应关系没有给出，读者可根据上述所讲自行推理。

图 3-33 软元件与快捷键的对应关系

③ 连线输入与删除　在梯形图输入快捷键工具条中，F9 是输入水平线功能键，sF9 是输入垂直线功能键；cF9 是删除水平线功能键，cF10 是删除垂直线功能键。

④ 举例　输入图 3-34 所示梯形图程序；基本步骤和最后结果如图 3-35 所示。

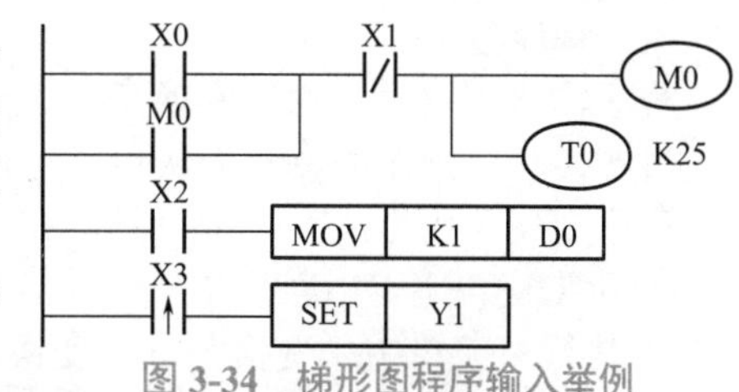

图 3-34　梯形图程序输入举例

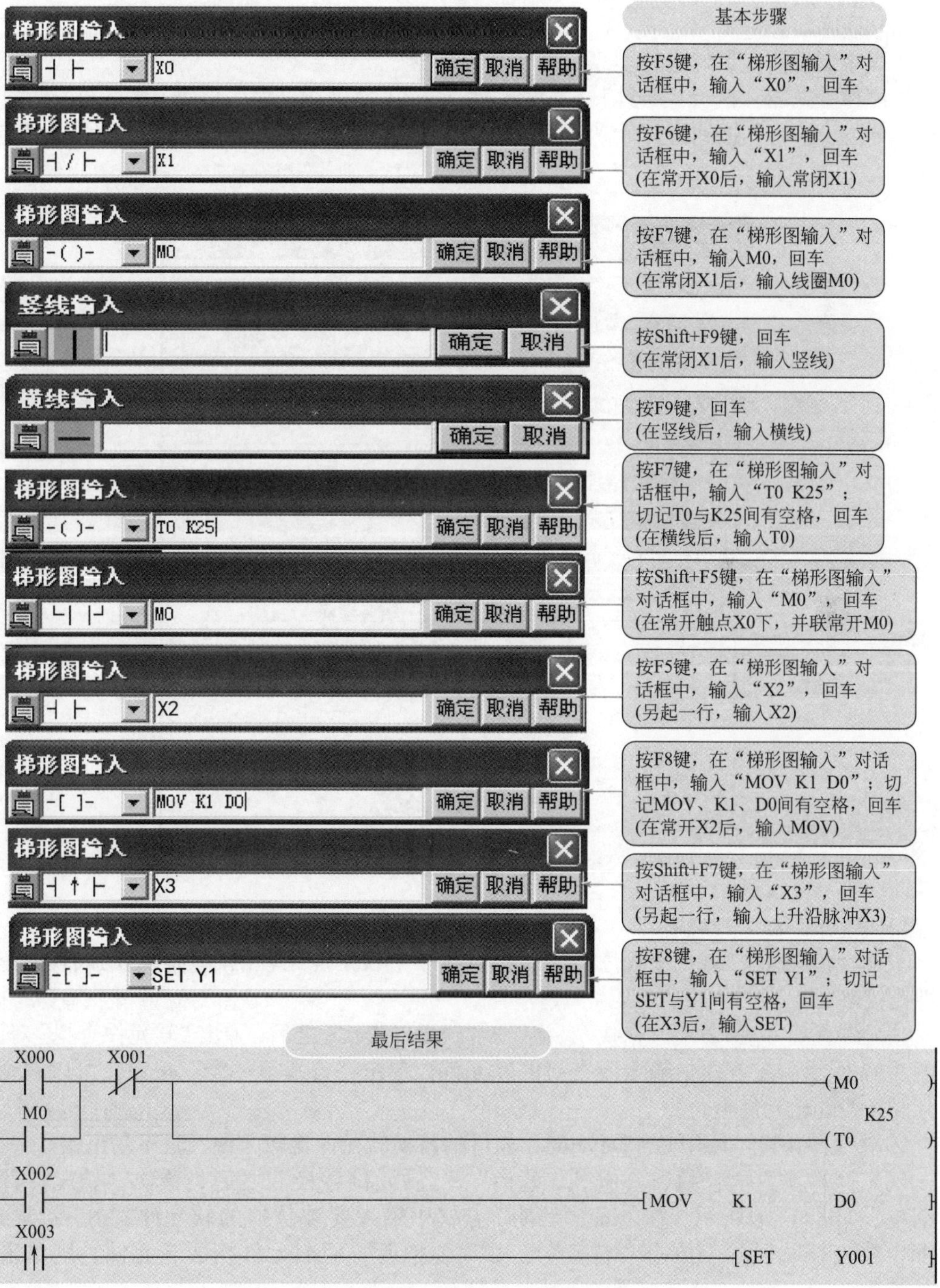

基本步骤

梯形图输入　┤├　X0　确定　取消　帮助

按F5键，在“梯形图输入”对话框中，输入“X0”，回车

梯形图输入　┤/├　X1　确定　取消　帮助

按F6键，在“梯形图输入”对话框中，输入“X1”，回车（在常开X0后，输入常闭X1）

梯形图输入　-( )-　M0　确定　取消　帮助

按F7键，在“梯形图输入”对话框中，输入M0，回车（在常闭X1后，输入线圈M0）

竖线输入　|　确定　取消

按Shift+F9键，回车（在常闭X1后，输入竖线）

横线输入　—　确定　取消

按F9键，回车（在竖线后，输入横线）

梯形图输入　-( )-　T0 K25　确定　取消　帮助

按F7键，在“梯形图输入”对话框中，输入“T0 K25”；切记T0与K25间有空格，回车（在横线后，输入T0）

梯形图输入　└┤├┘　M0　确定　取消　帮助

按Shift+F5键，在“梯形图输入”对话框中，输入“M0”，回车（在常开触点X0下，并联常开M0）

梯形图输入　┤├　X2　确定　取消　帮助

按F5键，在“梯形图输入”对话框中，输入“X2”，回车（另起一行，输入X2）

梯形图输入　-[ ]-　MOV K1 D0　确定　取消　帮助

按F8键，在“梯形图输入”对话框中，输入“MOV K1 D0”；切记MOV、K1、D0间有空格，回车（在常开X2后，输入MOV）

梯形图输入　┤↑├　X3　确定　取消　帮助

按Shift+F7键，在“梯形图输入”对话框中，输入“X3”，回车（另起一行，输入上升沿脉冲X3）

梯形图输入　-[ ]-　SET Y1　确定　取消　帮助

按F8键，在“梯形图输入”对话框中，输入“SET Y1”；切记SET与Y1间有空格，回车（在X3后，输入SET）

最后结果

X000　X001　(M0)

M0　K25　(T0)

X002　[MOV　K1　D0]

X003　[SET　Y001]

图 3-35　软件中的梯形图程序

（2）程序变换

程序输入完成后，程序变换是必不可少的，否则程序既不能保持也不能下载。当程序没有经过变换时，操作编辑器为灰色；经过变换后，操作编辑器为白色。

程序变换常用方法有三种，具体如下：

① 单击键盘上 F4 键；

② 执行主菜单中“变换”→“变换”；

③ 单击程序工具条中的[图标]键。

（3）程序检查

在程序下载前，最好进行程序检查，以防止程序出错。

程序检查方法：执行“工具”→“程序检查”之后，弹出“程序检查”对话框，如图 3-36 所示，单击“执行”按钮，开始执行程序检查，若无错误，则在界面中会显示“没有错误”字样。

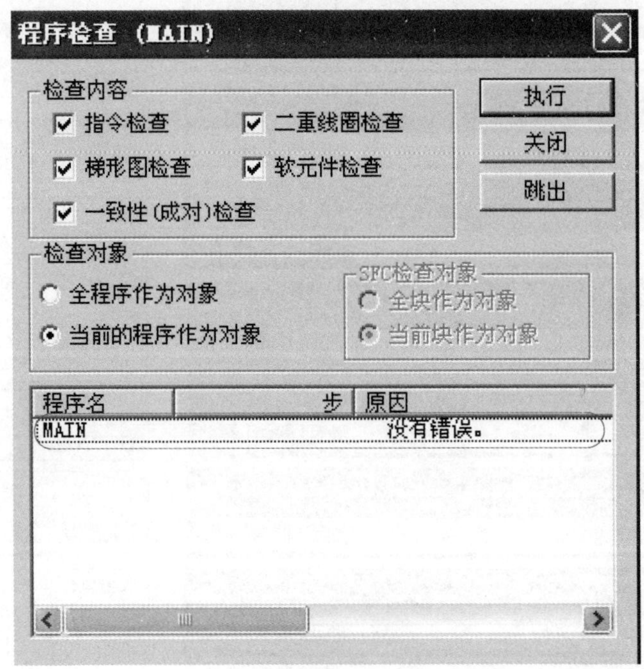

图 3-36 程序检查

（4）软元件查找与替换

① 软元件查找　若一个程序比较长，查找一个软元件比较困难，则使用该软件查找软元件比较方便。

软元件查找方法：执行“查找 / 替换”→“软元件查找”之后，弹出“软元件查找”对话框，如图 3-37 所示，在方框中输入要查找的软元件，单击“查找下一个”按钮，可以看到光标移到要查找的软元件上。

② 软元件替换　使用 GX Developer 软件的替换软元件比较方便，且不易出错。

软元件替换方法：执行“查找 / 替换”→“软元件替换”之后，弹出“软元件替换”对话框，如图 3-38 所示，在“旧软元件”方框中输入要被替换的软元件，在“新软元件”方框中输入新软元件，单击“替换”；如果要把所有的旧元件换成新元件，则单击“全部替换”。

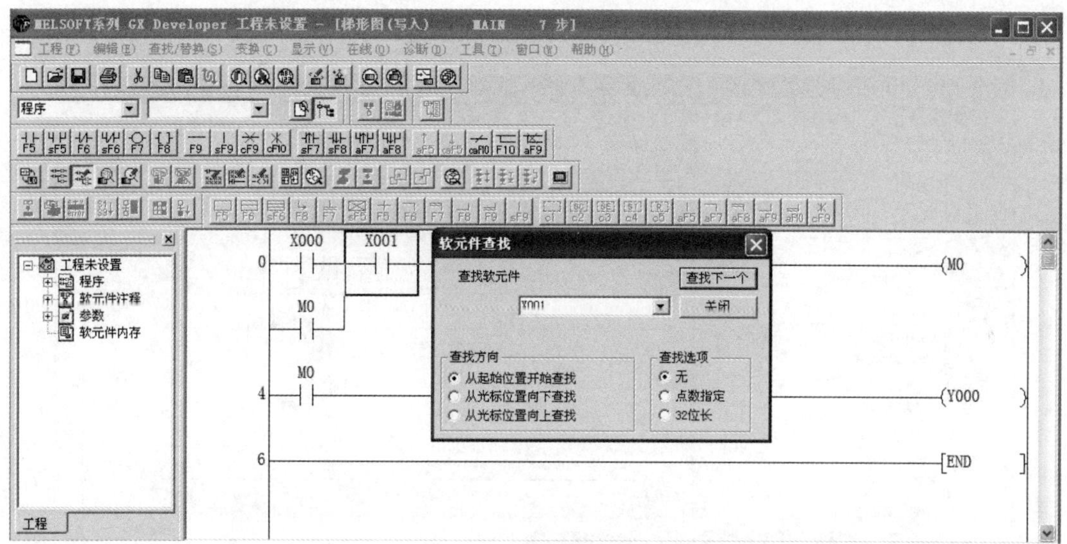

图 3-37 软元件查找

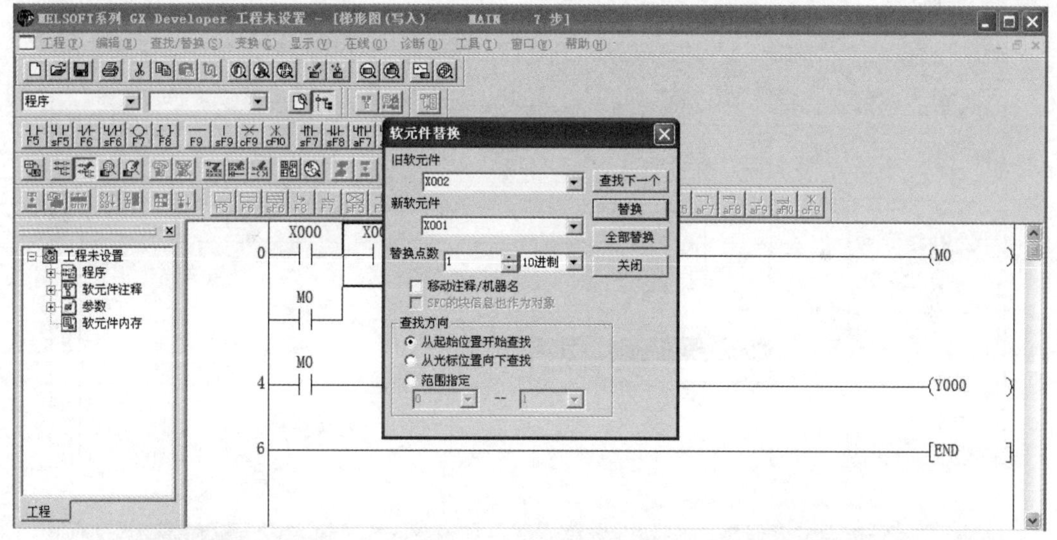

图 3-38 软元件替换

3.7.5 程序描述

一个程序，特别是较长的程序，如果要被别人看懂，做好程序描述是必要的。程序描述包括三个方面，分别是注释、声明和注解。

（1）注释

注释通常是对软元件的功能进行描述，描述时最多能输入 32 个字符。

① 方法一：执行“编辑”→“文档生成”→“注释编辑”后，双击要注释的软元件，弹出“注释输入”对话框，输入要注释的内容，单击“确定”。例：注释 X0，如图 3-39 所示。

② 方法二：双击程序参数列表中的“软元件注释”，再双击 COMMENT，弹出注释编辑窗口，在列表“注释”选项，注释需要注释的软元件，单击“显示”；双击程序参数列表中的“程序”，再双击 MAIN，显示出梯形图编辑窗口。执行“显示”→“注释显示”，这时

在梯形图编辑窗口中可以显示出注释的内容。例：注释 X1，如图 3-40 所示。

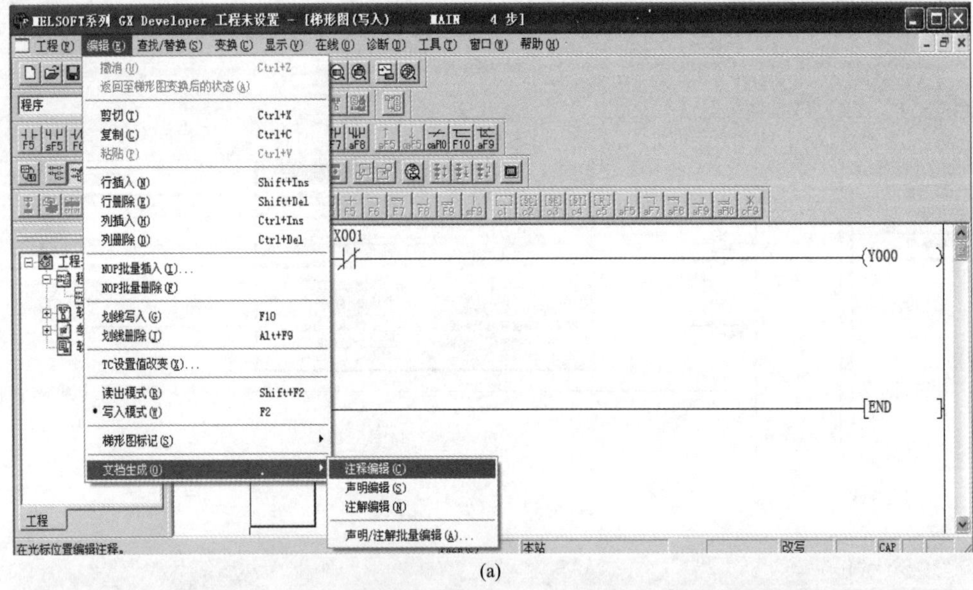

(a)

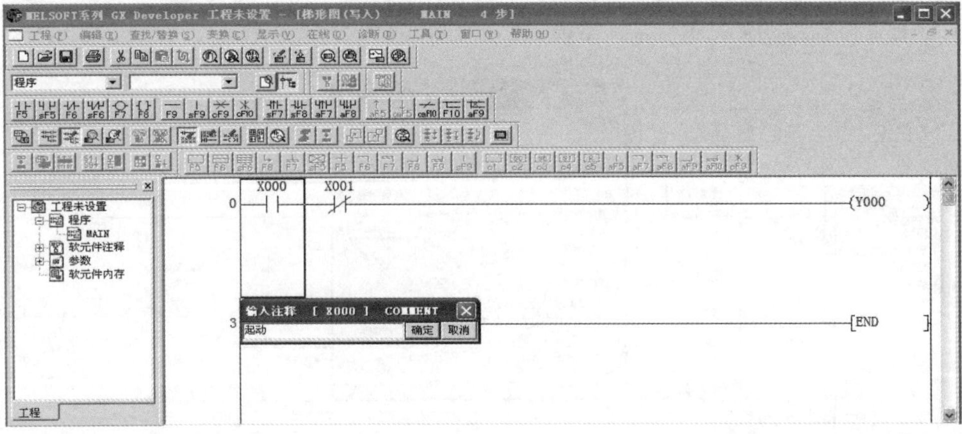

(b)

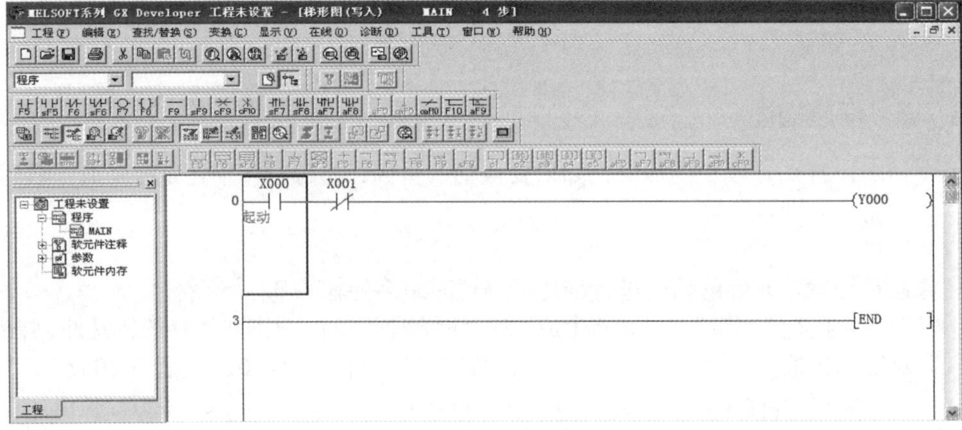

(c)

图 3-39 注释 X0

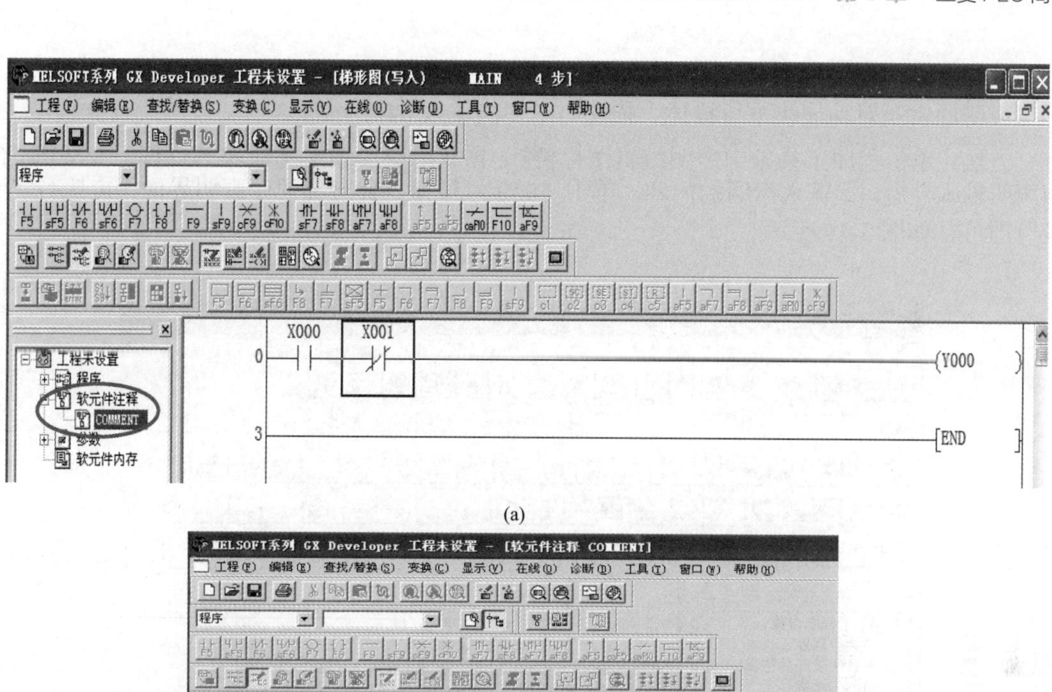

(a)

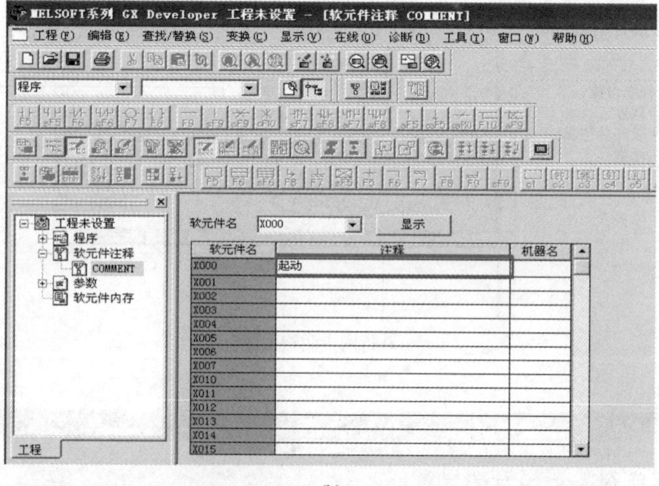

(b)

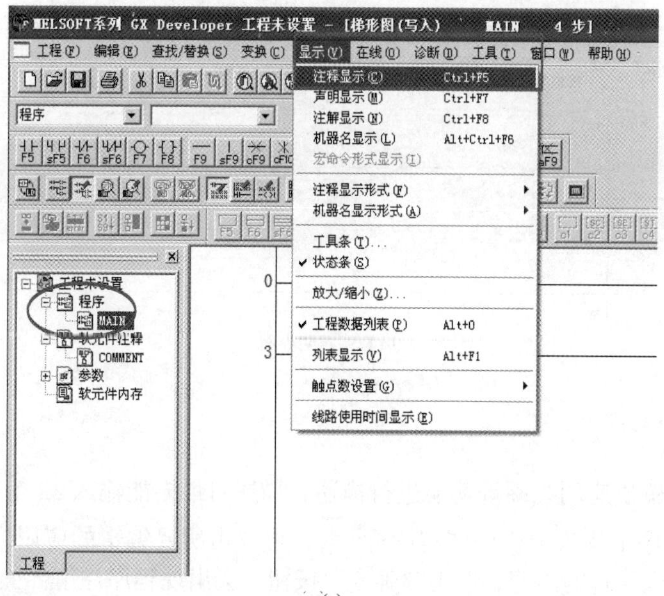

(c)

图 3-40　注释 X1

（2）声明

声明通常是对功能块进行描述，描述时最多能输入 64 个字符。

方法：单击程序工具条中声明编辑图标，再双击所要编辑功能块的行首，会出现“行间声明输入”窗口，输入声明的内容，单击“确定”按钮，会出现程序声明界面，再执行“变换”即可，如图 3-41 所示。

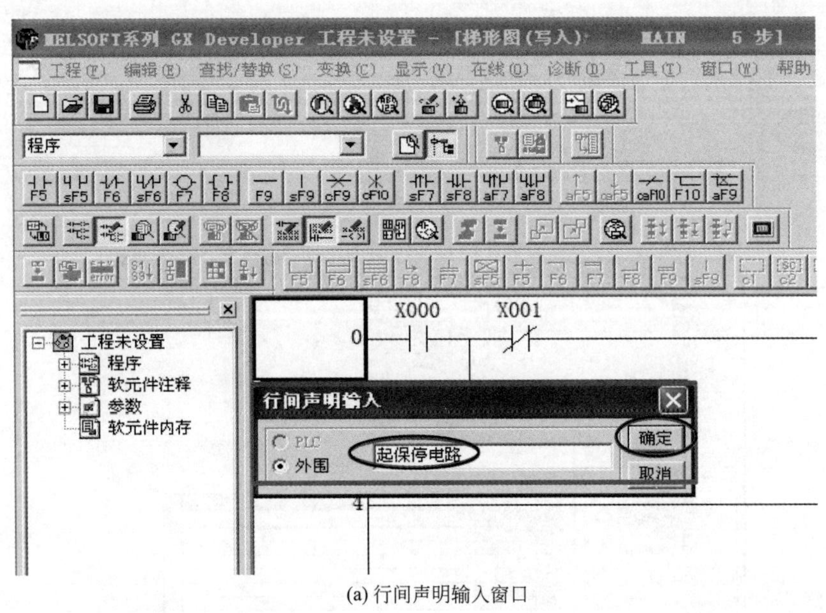

(a) 行间声明输入窗口

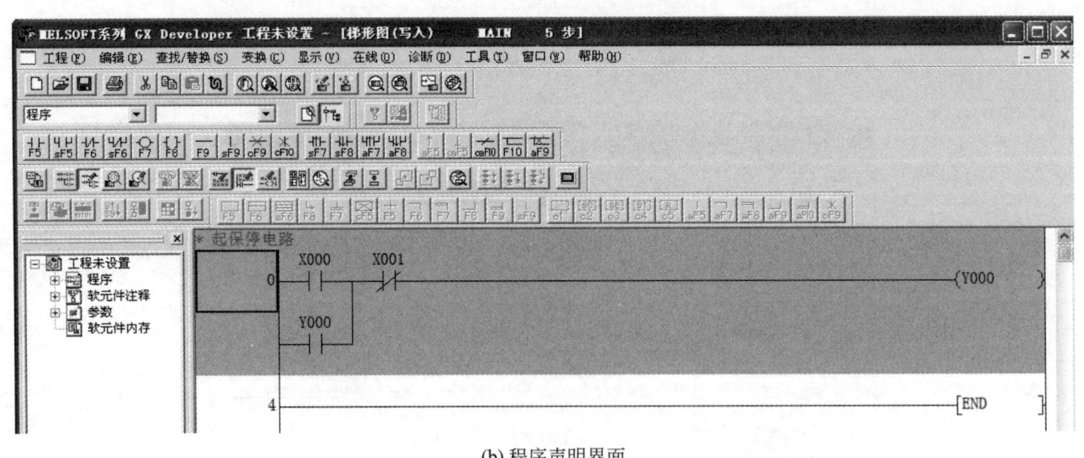

(b) 程序声明界面

图 3-41　声明

（3）注解

注解通常是对输出应用线圈等功能进行描述，描述时最多能输入 32 个字符。

方法：单击程序工具条中程序注解图标，再双击所要编辑的应用指令，会出现“输入注解”窗口，输入注解的内容，单击“确定”按钮，会出现程序注解界面，再执行“变换”即可，如图 3-42 所示。

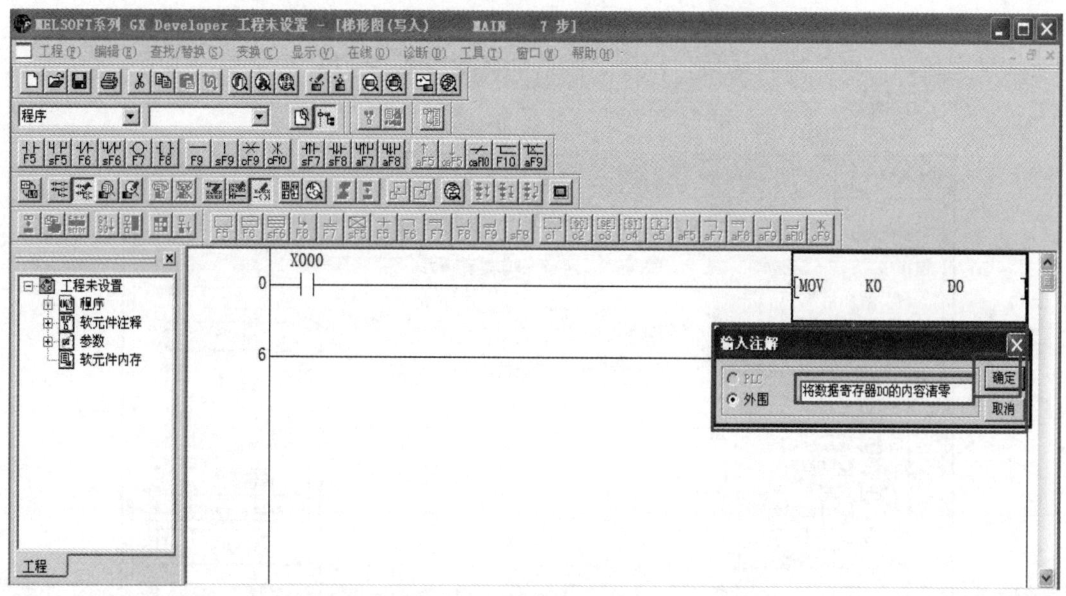

(a) 输入注解窗口

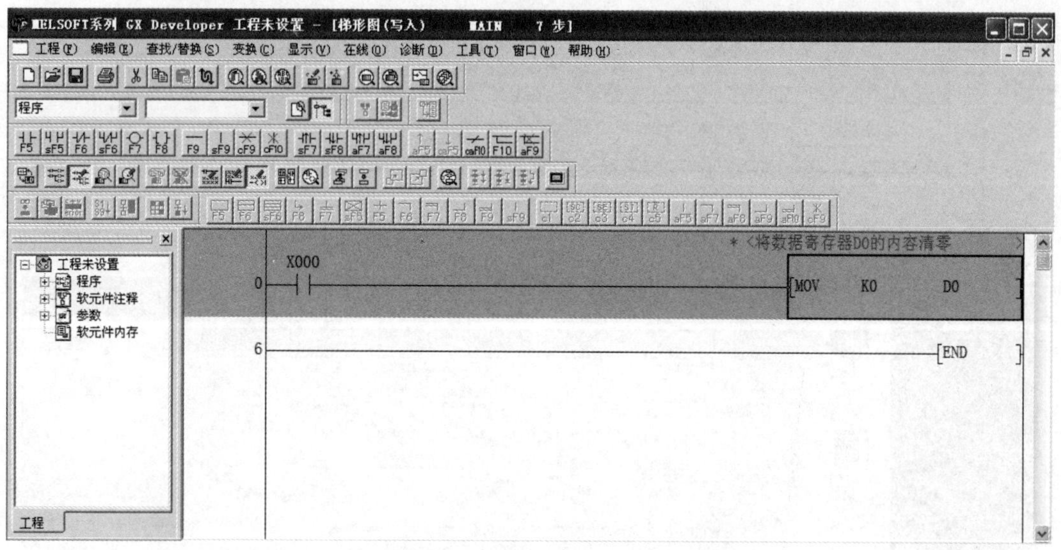

(b) 程序注解界面

图 3-42 注解

3.7.6 程序传送、监控和调试

(1) 下载

执行"在线"→"PLC写入"，软件会弹出如图3-43所示的界面，勾选图中左侧三项，单击"传输设置"按钮，弹出"传输设置"界面，如图3-44所示；有多种下载方案，这里选择"串行"下载，会弹出"PC I/F串口详细设置"窗口，可设置详细参数，选择完毕后，单击"确定"按钮。

返回图3-43所示界面，单击"执行"按钮，弹出询问"是否执行PLC写入？"对话框，如图 3-45 所示，单击“是”按钮，弹出询问“是否停止 PLC 运行”对话框，如图 3-46 所示，单击“是”按钮，PLC 停止运行，程序、参数和注释开始向 PLC 中下载，下载完毕后，最后单击“是”按钮。

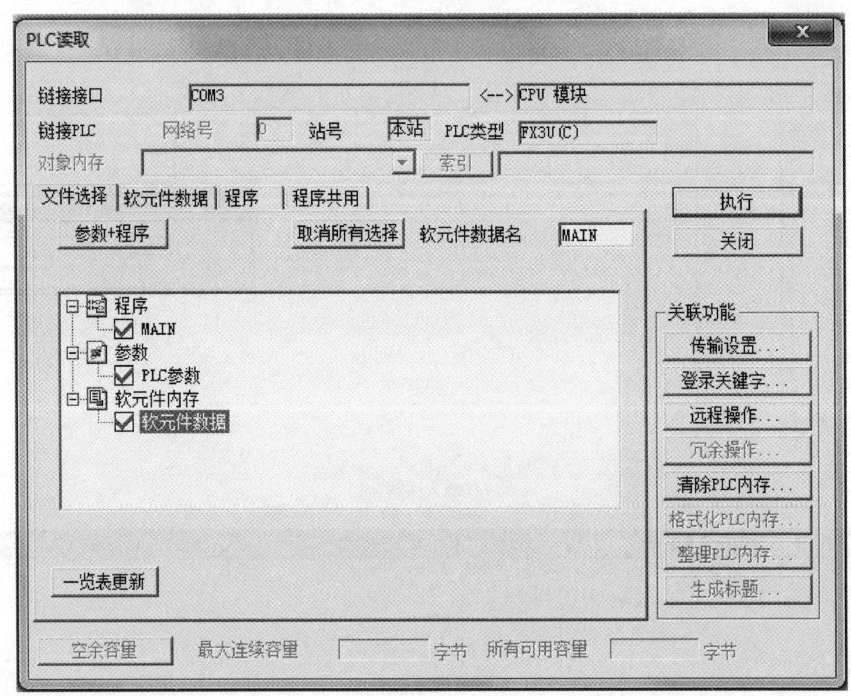

图 3-43　PLC 写入

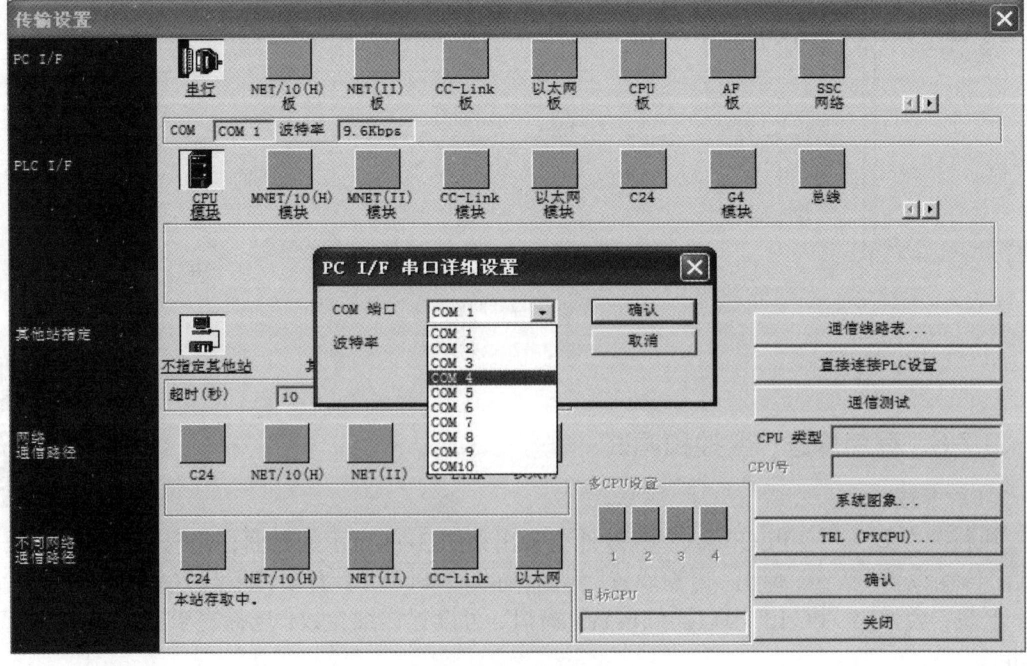

图 3-44　传输设置

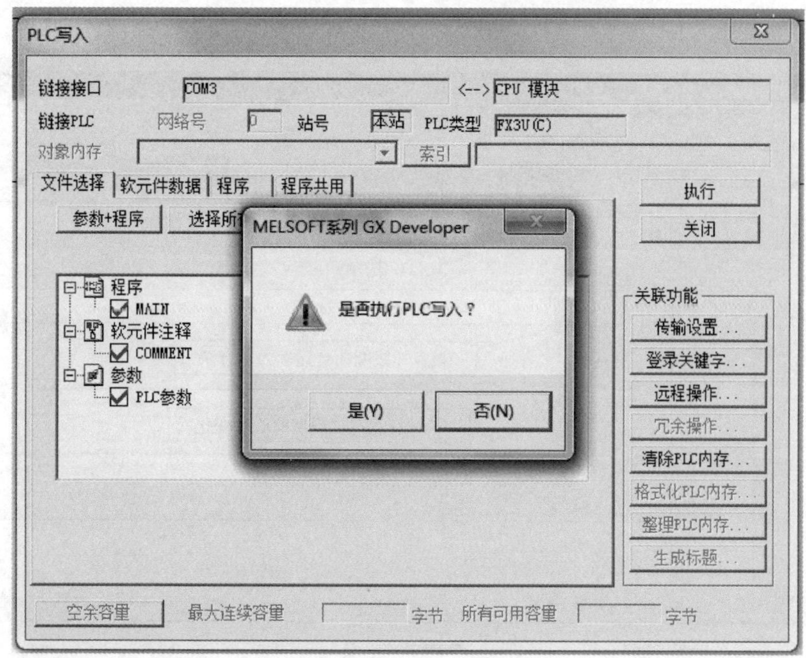

图 3-45　是否执行 PLC 写入

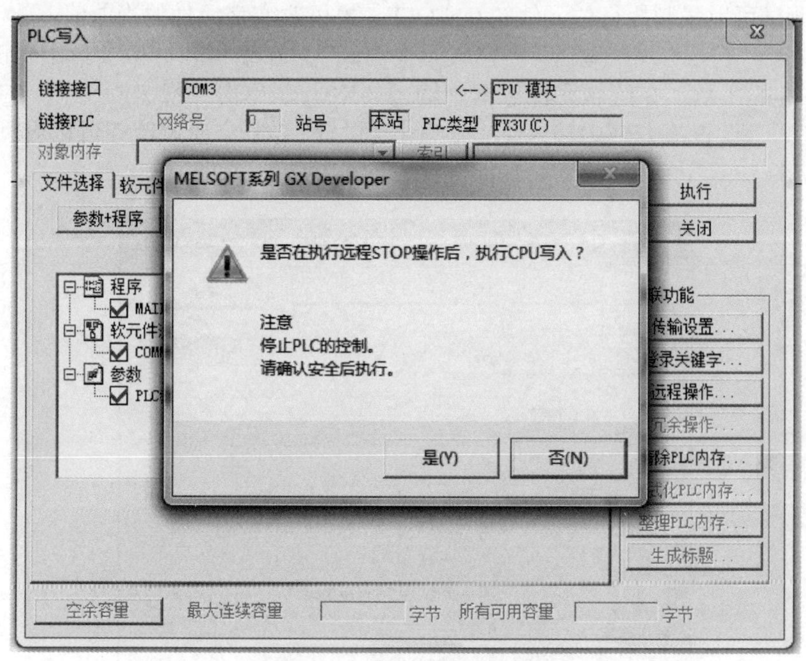

图 3-46　是否停止 PLC 运行

（2）监视

监视是通过计算机界面实时监控 PLC 程序的执行情况。

方法：执行“在线”→“监视”→“监视模式”，在编程软件中会弹出监视状态窗口，监控开始，如图 3-47 所示。在图中，所有的闭合触点和线圈均显示为蓝色方块；监控状态下，可以实时显示字中存储数值的变化。执行“在线”→“监视”→“监视停止”，监控停止。

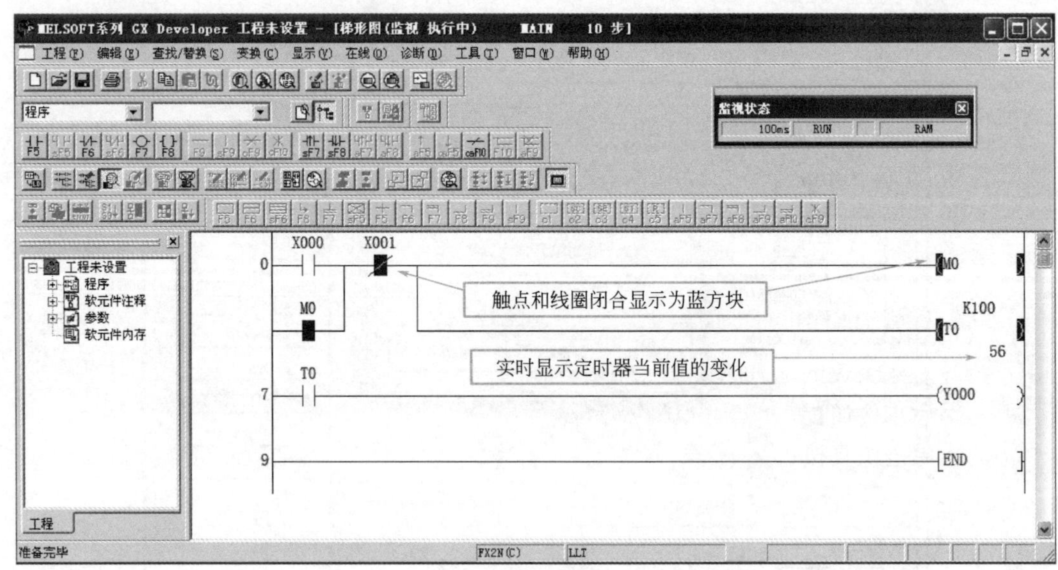

图 3-47 监视

（3）软元件测试

软元件测试可以强制执行位元件的 ON/OFF，也可改变字元件的当前值。

方法：执行“在线”→“调试”→“软元件测试”，在编程软件中会弹出“软元件测试”界面，如图 3-48 所示。在位软元件方框中输入“X0”，单击“强制 ON”；在字软元件方框中输入“T0”，设置值方框中输入“5”，单击“设置”按钮。通过监控可以看到，X0 闭合，T0 当前值为 5。

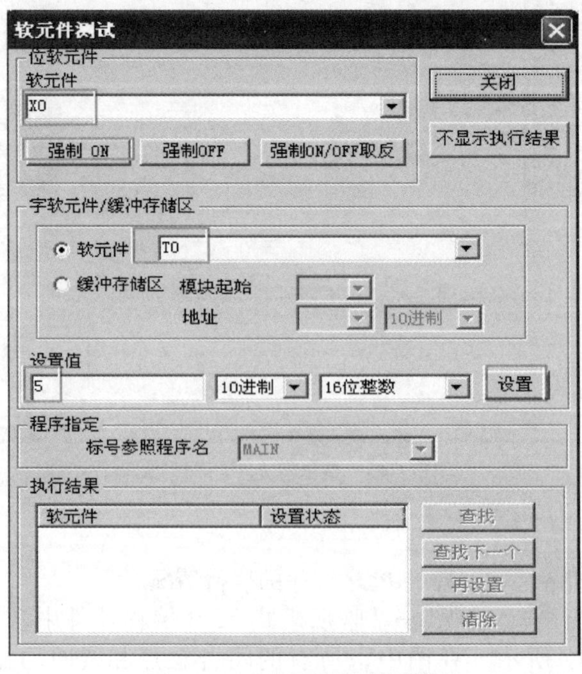

图 3-48 “软元件测试”界面

3.8　GX Simulator 仿真软件使用

3.8.1　GX Simulator 仿真软件简介

GX Simulator 是三菱公司设计的一款不错的仿真软件，该仿真软件可以模拟 PLC 运行和测试程序。GX Simulator 仿真软件不能脱离 GX Developer 编程软件而单独使用，若 GX Developer 编程软件中已安装 GX Simulator 仿真软件，则工具栏中“仿真按钮”亮，否则显示为灰色。

3.8.2　GX Simulator 仿真软件的启动与停止

① 打开 GX Developer 编程软件，新建或打开一个程序。

② 单击仿真按钮，启动梯形图逻辑测试操作，界面如图 3-49 所示。

③ 再次单击仿真按钮，梯形图逻辑测试结束，GX Simulator 仿真软件退出运行。

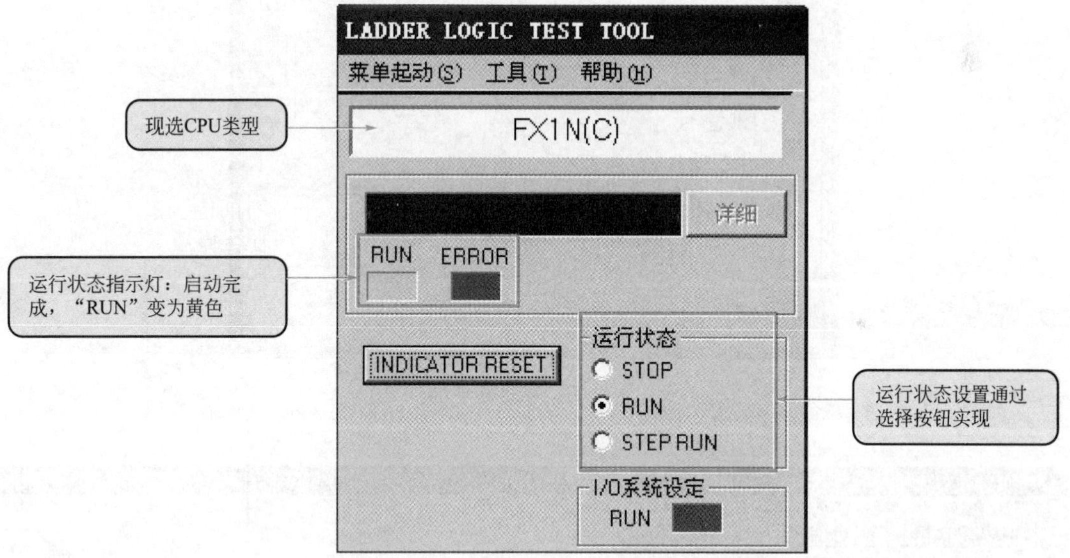

图 3-49　梯形图逻辑测试操作界面

3.9　GX Developer 编程软件使用综合举例

以图 3-50 为例，建立一个完整工程项目。

X000　K100 (T0)
[SET　Y000]
T0　[RST　Y000]

图 3-50　编程软件使用举例

（1）创建一个新工程

① 双击桌面上的图标，打开 GX Developer 编程软件。

② 单击图标，创建一个新工程。

③ 在弹出的图 3-51 所示的“创建新工程”对话框中，“PLC 系列”项选择“FXCPU”，“PLC 类型”项选“FX3U（C）”，“程序类型”项选择“梯形图”，其余项默认，单击“确定”，一个新工程创建完毕，新工程编辑窗口如图 3-52 所示。

需要指出，对于 PLC 系列、PLC 类型的选择，使用者应根据自己的实际使用情况来确定。

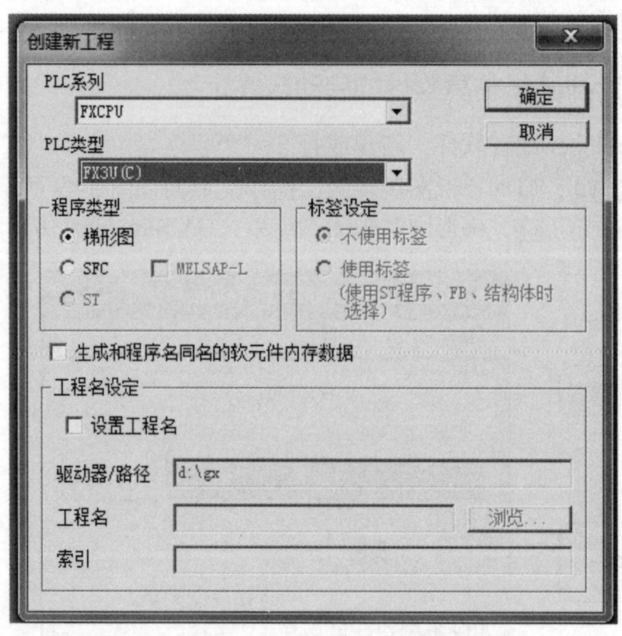

图 3-51　创建新工程

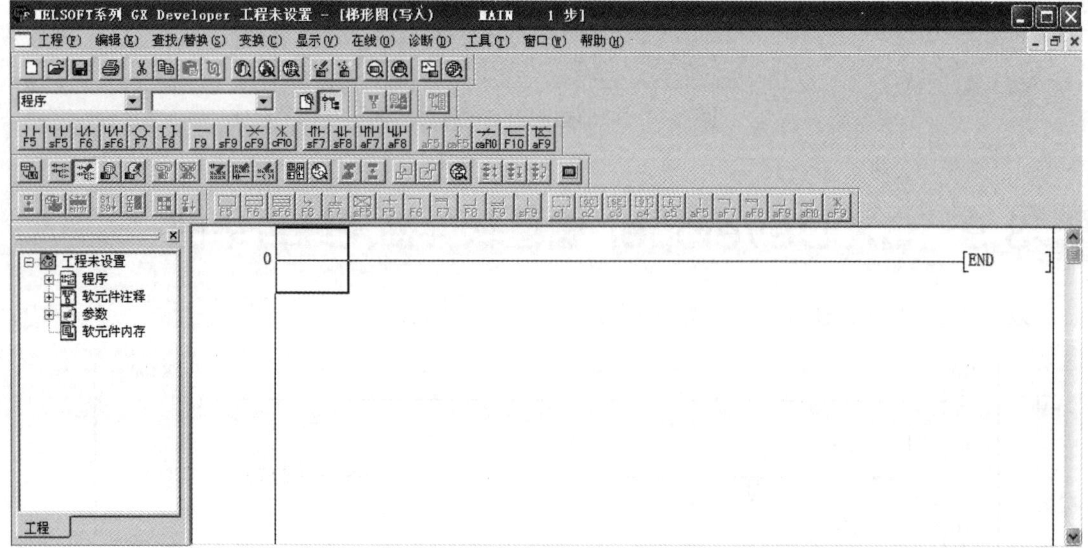

图 3-52　新工程编辑窗口

（2）程序输入

程序输入的基本步骤与最终结果如图 3-53 所示。

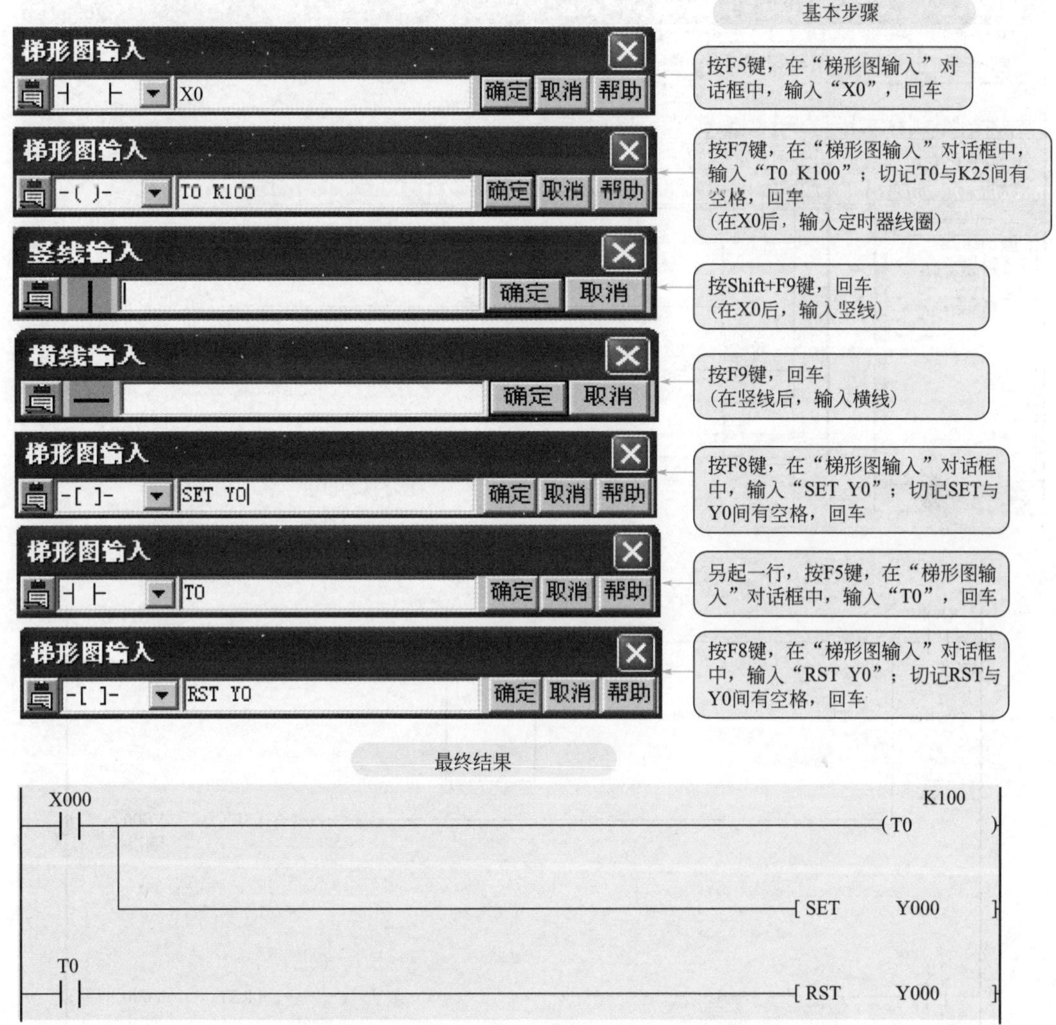

图 3-53　程序输入的基本步骤与最终结果

（3）程序变换

程序输入完成后，程序区为灰色，最终结果如图 3-53 所示。按 F4 键进行程序变换，程序变换后，程序区为白色，如图 3-54 所示。

（4）注释

为了增加程序的可读性，本例对程序进行了注释。执行“编辑”→“文档生成”→“注释编辑”后，双击要注释的软元件，弹出“注释输入”对话框，输入要注释的内容，单击“确定”，如图 3-55 所示。

（5）仿真、调试和监视

单击仿真按钮，启动梯形图逻辑测试 1 操作；再执行“在线”→“调试”→“软元件测试”，在编程软件中会弹出软元件测试界面，如图 3-56 所示。在位软元件方框中输入“X0”，单击“强制 ON”；再执行“在线”→“监视”→“监视模式”，在编程软件中会弹出监视状态窗口，监控开始，如图 3-57 所示。通过监控可以看到，X0 闭合，T0、Y0 线圈得电，T0 当前值增加，10s 后，Y0 线圈被复位。

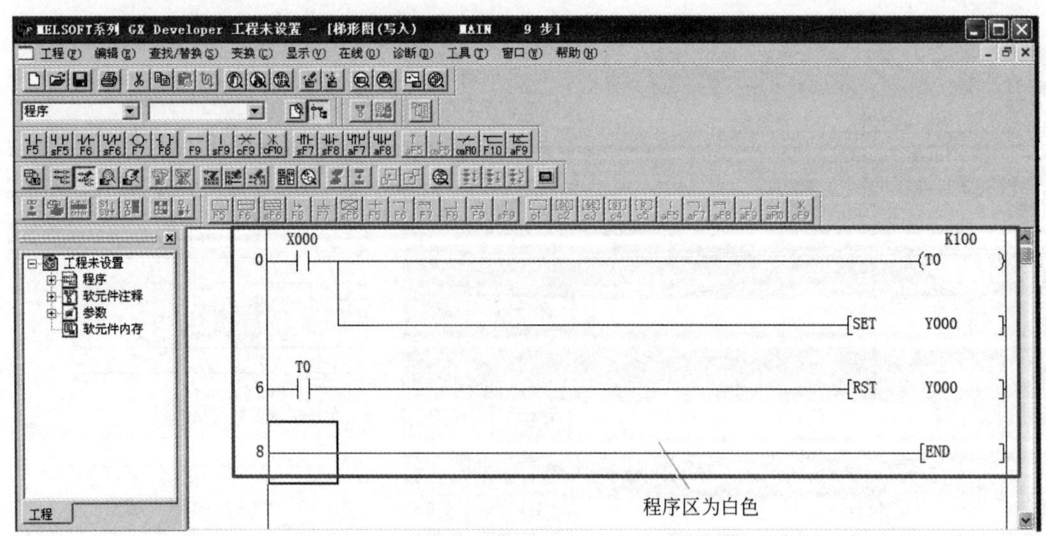

图 3-54 程序变换

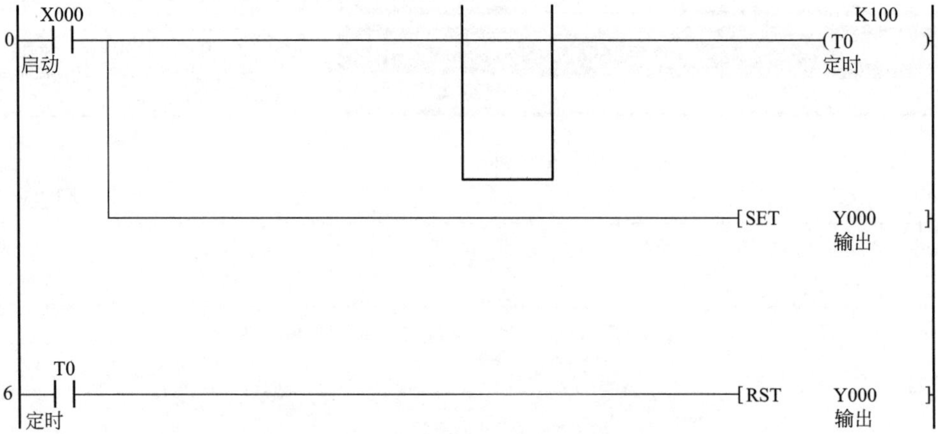

X000
K100
0
启动
(T0
定时
[SET Y000
输出
T0
6
定时
[RST Y000
输出

图 3-55 程序注释

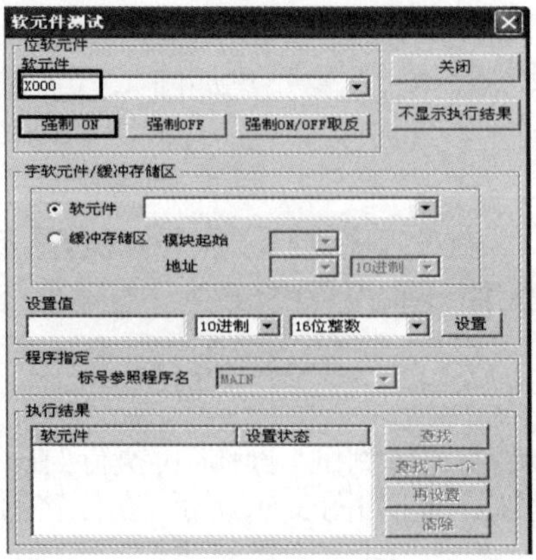

软元件测试
位软元件
软元件
X000
关闭
强制 ON
强制OFF
强制ON/OFF取反
不显示执行结果
字软元件/缓冲存储区
软元件
缓冲存储区 模块起始
地址
10进制
设置值
10进制
16位整数
设置
程序指定
标号参照程序名 MAIN
执行结果
软元件 设置状态
查找
查找下一个
再设置
清除

图 3-56 程序调试

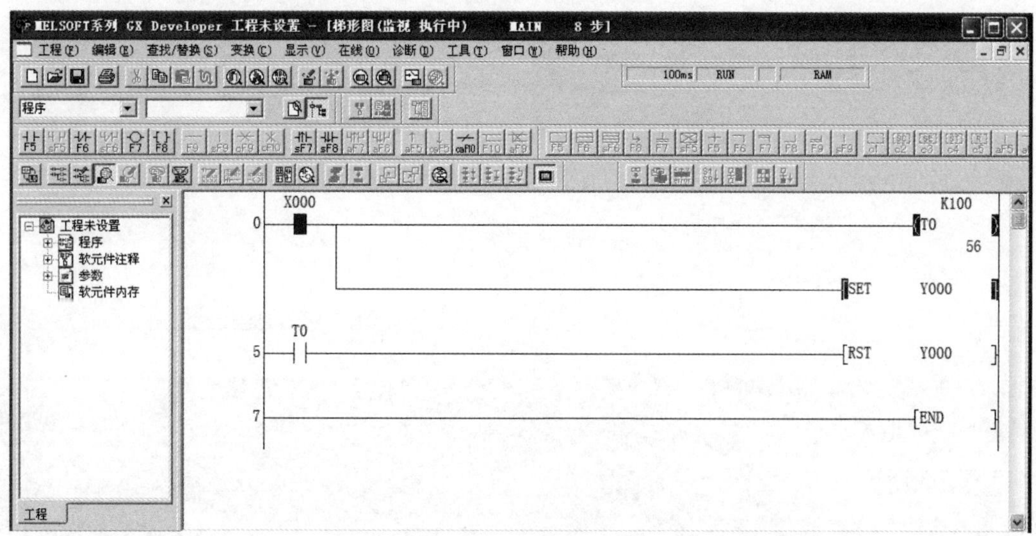

图 3-57　程序监控

需要指出，本例可不用软件仿真和调试，可将程序直接下载到 PLC 上，联机调试，具体下载过程这里不再赘述。

第4章 FX3U 系列 PLC 指令介绍

4.1 FX3U 系列 PLC 基本指令

4.1.1 输入指令与输出指令

输入指令与输出指令的格式及功能说明如表 4-1 所示。

表 4-1 输入指令与输出指令的格式及功能说明

指令名称	梯形图表达方式	指令表表达方式	功能	操作元件
常开触点的取用指令	<位地址>	LD< 位地址 >	用于逻辑运算的开始，表示常开触点与左母线相连	X、Y、M、S、T、C
常闭触点的取用指令	<位地址>	LDI< 位地址 >	用于逻辑运算的开始，表示常闭触点与左母线相连	X、Y、M、S、T、C
线圈输出指令	<位地址>	OUT< 位地址 >	用于线圈的驱动	Y、M、S、T、C

指令使用说明：

① LD 和 LDI 指令用于将常开和常闭触点接到左母线上；

② LD 和 LDI 在电路块分支起点处也可以使用；

③ OUT 指令是对输出继电器、辅助继电器、状态继电器、定时器、计数器的线圈驱动指令，不能用于驱动输入继电器，因为输入继电器的状态是由输入信号决定的；

④ OUT 指令可作多次并联使用；

⑤ 定时器的计时线圈或计数器的计数线圈，使用 OUT 指令后，必须设定值（常数 *K* 或指定数据寄存器的地址号）。

4.1.2　触点串联指令

触点串联指令的格式及功能说明如表 4-2 所示。

表 4-2　触点串联指令的格式及功能说明

指令名称	梯形图表达方式	指令表表达方式	功能	操作元件
常开触点串联指令	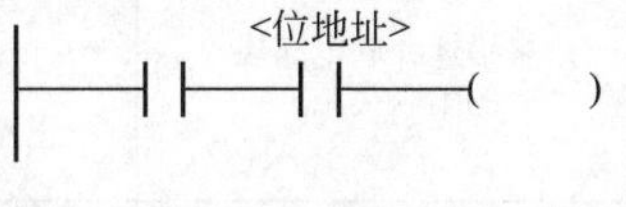 <位地址>	AND< 位地址 >	用于单个常开触点的串联	X、Y、M、S、T、C
常闭触点串联指令	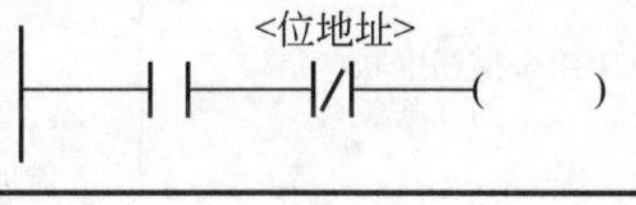 <位地址>	ANI< 位地址 >	用于单个常闭触点的串联	X、Y、M、S、T、C

指令说明：

① AND、ANI 指令可进行 1 个触点的串联连接。串联触点的数量不受限制，可以连续使用。

② 当继电器的常开触点或常闭触点与其他继电器的触点组成的电路块串联时，也使用 AND 指令或 ANI 指令。

4.1.3　触点并联指令

触点并联指令的格式及功能说明如表 4-3 所示。

表 4-3　触点并联指令的格式及功能说明

指令名称	梯形图表达方式	指令表表达方式	功能	操作元件
常开触点并联指令	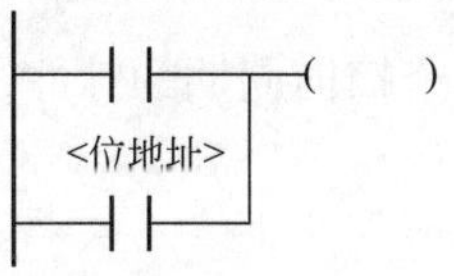 <位地址>	OR< 位地址 >	用于单个常开触点的并联	X、Y、M、S、T、C
常闭触点并联指令	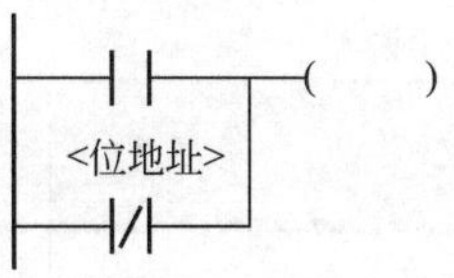 <位地址>	ORI< 位地址 >	用于单个常闭触点的并联	X、Y、M、S、T、C

指令说明：

① OR、ORI 指令用作 1 个触点的并联连接指令；

② OR、ORI 指令可以连续使用，并且不受使用次数的限制；

③ OR、ORI 指令是从该指令的步开始，与前面的 LD、LDI 指令步进行并联连接；

④ 当继电器的常开触点或常闭触点与其他继电器的触点组成的混联电路块并联时，也可以用这两个指令。

4.1.4 电路块串联指令与并联指令

电路块：就是由几个触点按一定的方式连接的梯形图。由两个或两个以上的触点串联而成的电路块，称为串联电路块；由两个或两个以上的触点并联连接而成的电路块，称为并联电路块；触点的混联就称为混联电路块。

电路块串联指令与并联指令的格式及功能说明如表 4-4 所示。

表 4-4 电路块串联指令与并联指令的格式及功能说明

指令名称	梯形图表达方式	指令表表达方式	功能	操作元件
电路块串联指令	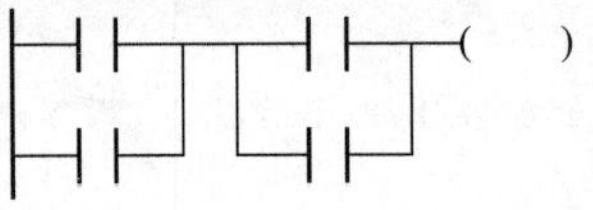 ( )	ANB	用来描述并联电路块的串联关系	无
电路块并联指令	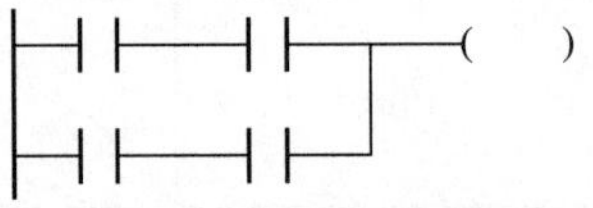 ( )	ORB	用来描述串联电路块的并联关系	无

指令说明：

① ORB、ANB 无操作软元件；

② 2 个以上的触点串联连接的电路称为串联电路块；

③ 将串联电路并联连接时，分支开始用 LD、LDI 指令，分支结束用 ORB 指令；

④ ORB、ANB 指令是无操作元件的独立指令，它们只描述电路的串、并联关系；

⑤ 有多个串联电路时，若对每个电路块使用 ORB 指令，则串联电路没有限制；

⑥ 若多个并联电路块按顺序和前面的电路串联连接时，则 ANB 指令的使用次数没有限制；

⑦ 使用 ORB、ANB 指令编程时，也可以采取 ORB、ANB 指令连续使用的方法，但只能连续使用不超过 8 次。

4.1.5 脉冲触点指令

脉冲触点指令是利用边沿触发信号产生一个宽度为一个扫描周期的脉冲，用以驱动输出线圈。

脉冲触点指令的格式及功能说明如表 4-5 所示。

表 4-5 脉冲触点指令的格式及功能说明

指令名称	梯形图表达方式	指令表表达方式	功能	操作元件
脉冲上升沿触点取指令	 <位地址> ( )	LDP< 位地址 >	用于脉冲上升沿触点与左母线相连	X、Y、M、S、T、C

续表

指令名称	梯形图表达方式	指令表表达方式	功能	操作元件
脉冲下降沿触点取指令	<位地址>	LDF< 位地址 >	用于脉冲下降沿触点与左母线相连	X、Y、M、S、T、C
脉冲上升沿触点与指令	<位地址>	ANDP< 位地址 >	用于脉冲上升沿触点与上一个触点串联	X、Y、M、S、T、C
脉冲下降沿触点与指令	<位地址>	ANDF< 位地址 >	用于脉冲下降沿触点与上一个触点串联	X、Y、M、S、T、C
脉冲上升沿触点或指令	<位地址>	ORP< 位地址 >	用于脉冲上升沿触点与上一个触点并联	X、Y、M、S、T、C
脉冲下降沿触点或指令	<位地址>	ORF< 位地址 >	用于脉冲下降沿触点与上一个触点并联	X、Y、M、S、T、C

指令使用注意事项：
LDP：上升沿检测运算开始（检测到信号的上升沿时闭合一个扫描周期）；
LDF：下降沿检测运算开始（检测到信号的下降沿时闭合一个扫描周期）；
ANDP：上升沿检测串联连接（检测到位软元件上升沿信号时闭合一个扫描周期）；
ANDF：下降沿检测串联连接（检测到位软元件下降沿信号时闭合一个扫描周期）；
ORP：脉冲上升沿检测并联连接（检测到位软元件上升沿信号时闭合一个扫描周期）；
ORF：脉冲下降沿检测并联连接（检测到位软元件下降沿信号时闭合一个扫描周期）。

4.1.6　置位与复位指令

置位与复位指令的格式及功能说明如表 4-6 所示。

表 4-6　置位与复位指令的格式及功能说明

指令名称	梯形图表达方式	指令表表达方式	功能	操作元件
置位指令	SET Y、S、M	SET< 位地址 >	对操作元件进行置 1，并保持其动作	S、Y、M
复位指令	RST Y、S、M、D、V、Z、T、C	RST< 位地址 >	对操作元件进行清零，并取消其动作保持	Y、M、S、T、C、D、V、Z

SET 指令称为置 1 指令：功能为驱动线圈输出、使动作保持，具有自锁功能。

RST 指令称为复 0 指令：功能为清除保持的动作以及寄存器的清零。

指令说明：

① 用 SET 指令使软元件接通后，必须要用 RST 指令才能使其断开；

② 如果两者对同一软元件操作的执行条件同时满足，则复 0 优先；

③ 对数据寄存器 D、变址寄存器 V 和 Z 的内容清零时，也可使用 RST 指令。

4.1.7 脉冲输出指令

脉冲输出指令主要作为信号变化的检测，即从断开到接通的上升沿和从接通到断开的下降沿信号的检测，如果条件满足，则被驱动的软元件产生一个扫描周期的脉冲信号。

PLS 指令：上升沿脉冲输出指令，当检测到逻辑关系的结果为上升沿信号时，驱动的操作软元件产生一个脉冲宽度为一个扫描周期的脉冲信号。

PLF 指令：下降沿脉冲输出指令，当检测到逻辑关系的结果为下降沿信号时，驱动的操作软元件产生一个脉冲宽度为一个扫描周期的脉冲信号。

脉冲输出指令的格式及功能说明如表 4-7 所示。

表 4-7 脉冲输出指令的格式及功能说明

指令名称	梯形图表达方式	指令表表达方式	功能	操作元件
上升沿脉冲输出指令	PLS Y、M	PLS< 位地址 >	当检测到输入信号上升沿时，操作元件会有一个扫描周期的脉冲输出	Y、M
下降沿脉冲输出指令	PLF Y、M	PLF< 位地址 >	当检测到输入信号下降沿时，操作元件会有一个扫描周期的脉冲输出	Y、M

指令说明：

① PLS 指令驱动的软元件只在逻辑输入结果由 OFF 到 ON 时动作一个扫描周期；

② PLF 指令驱动的软元件只在逻辑输入结果由 ON 到 OFF 时动作一个扫描周期；

③ 特殊辅助继电器不能作为 PLS、PLF 的操作软元件。

4.1.8 取反、空操作与结束指令

取反、空操作与结束指令的格式及功能说明如表 4-8 所示。

表 4-8 取反、空操作与结束指令的格式及功能说明

指令名称	梯形图表达方式	指令表表达方式	功能	操作元件
取反指令	( )	INV	将该指令以前的运算结果取反	无
空操作指令		NOP	不执行任何操作	无
程序结束指令	END	END	用于程序的结束或调试	无

指令说明：

① 编写 INV 取反指令需要前面有输入量，INV 指令不能直接与母线相连接，也不能与 OR、ORI、ORP、ORF 单独并联使用；

② INV 指令可以多次使用，只是结果只有两个，要么通、要么断；

③ INV 指令只对其前的逻辑关系取反；

④ 在将程序全部清除时，存储器内指令全部成为 NOP 指令；

⑤ 若将已经写入的指令换成 NOP 指令，则电路会发生变化；

⑥ 可编程序控制器反复进行输入处理、程序执行、输出处理，若在程序的最后写入 END 指令，则 END 以后的其余程序步不再执行，而直接进行输出处理；

⑦ 在程序中没 END 指令时，可编程序控制器处理完其全部的程序步；

⑧ 在调试期间，在各程序段插入 END 指令，可依次调试各程序段程序的动作功能，确认后再删除各 END 指令；

⑨ 可编程序控制器在 RUN 开始时首次执行是从 END 指令开始；

⑩ 执行 END 指令时，也刷新监视定时器，检测扫描周期是否过长。

4.1.9　堆栈指令

堆栈指令的格式及功能说明如表 4-9 所示。

表 4-9　堆栈指令的格式及功能说明

指令名称	梯形图表达方式	指令表表达方式		功能	操作元件
堆栈指令	MPS MRD MPP	入栈指令	MPS	将触点运算结果存取栈顶，同时让堆栈原有数据顺序下移一层	无
		读栈指令	MRD	仅读出栈顶数据，堆栈中其他层数据不变	
		出栈指令	MPP	将栈顶的数据取出，同时让堆栈每层数据顺序上移一层	

指令说明：

① MPS、MRD、MPP 无操作软元件；

② MPS、MPP 指令可以重复使用，但是连续使用不能超过 11 次，且两者必须成对使用缺一不可，MRD 指令有时可以不用；

③ MRD 指令可多次使用，但在打印等方面有 24 行限制；

④ 最终输出电路以 MPP 代替 MRD 指令，读出存储并复位清零；

⑤ MPS、MRD、MPP 指令之后若有单个常开或常闭触点串联，则应该使用 AND 或 ANI 指令；

⑥ MPS、MRD、MPP 指令之后若有触点组成的电路块串联，则应该使用 ANB 指令；

⑦ MPS、MRD、MPP 指令之后若无触点串联，直接驱动线圈，则应该使用 OUT 指令；

⑧ 指令使用可以有多层堆栈。

4.1.10　主控指令

在编程过程中，常常会遇到多个线圈受一个或多个触点控制，如果在每个线圈的控制电路中都串联同样的触点，将会占用很多存储单元，使用主控指令就可以解决此问题。

主控指令的格式及功能说明如表 4-10 所示。

表 4-10 主控指令的格式及功能说明

指令名称	梯形图表达方式	指令表表达方式	功能	操作元件
主控指令	MC N 操作元件	MC N<操作元件位地址>	主控区的开始	Y、M（特殊M除外）
主控复位指令	MCR N 嵌套层数N范围：N0～N7	MCR N	主控区结束	

指令说明：

① MC 指令的操作软元件 Y、M；

② 主控指令（MC）后，母线（LD、LDI）临时移到主控触点后，MCR 为将临时母线返回原母线的位置的指令；

③ MC 指令的操作元件可以是继电器 Y 或辅助继电器 M（特殊继电器除外）；

④ MC 指令后，必须用 MCR 指令使临时左母线返回原来位置；

⑤ MC/MCR 指令可以嵌套使用，即 MC 指令内可以再使用 MC 指令，但是必须使嵌套级编号从 N0 到 N7 按顺序增加，顺序不能颠倒；而主控返回则嵌套级标号必须从大到小，即按 N7 到 N0 的顺序返回，不能颠倒，最后一定是 MCR N0 指令。

4.1.11 MEP、MEF 指令

MEP、MEF 指令是使运算结果脉冲化的指令，不需要指定软元件编号。MEP 指令仅在该指令左边触点电路的逻辑运算结果从 OFF → ON 的一个扫描周期，有能流流过它。MEF 指令仅在该指令左边触点电路的逻辑运算结果从 ON → OFF 的一个扫描周期，有能流流过它。

MEP 与 MEF 指令的格式及功能说明如表 4-11 所示。

表 4-11 MEP 与 MEF 指令的格式及功能说明

指令名称	梯形图表达方式	指令表表达方式	功能	操作元件
MEP	↑ ( )	MEP<位地址>	上升沿时导通	无
MEF	↓ ( )	MEF<位地址>	下降沿时导通	无

4.2 FX3U 系列 PLC 应用指令

前面介绍了基本指令，FX3U 系列 PLC 还有许多应用指令。应用指令的出现大大拓宽了

PLC 的应用范围，也给用户编制程序带来了方便。

应用指令主要可分为程序流程类指令、传送与比较类指令、四则逻辑运算指令、循环与移位指令、数据处理类指令、方便指令、外部设备 I/O 指令、时钟运算指令等。本章仅介绍常用的应用指令，其余指令读者可自行参考三菱公司 FX3U 系列微型可编程控制器编程手册。

4.2.1　应用指令的格式

（1）助记符与操作数

FX3U 系列 PLC 采用计算机通用的助记符形式来表示应用指令。一般用英文单词或单词缩写表示助记符，如指令助记符 BMOV（block move）是数据块传送指令。

有的应用指令没有操作数，但大多数应用指令有 1 ～ 4 个操作数。对这些操作数的说明如下：

操作数可以分为源操作数、目标操作数和其他操作数。

源操作数：当指令执行后不改变其内容的操作数，用［S］表示。

目标操作数：当指令执行后改变其内容的操作数，用［D］表示。

其他操作数：用来表示常数或对源操作数和目标操作数作补充说明，用 m、n 表示。

位元件是指只有通断两种状态的元件，如输入继电器 X、输出继电器 Y、辅助继电器 M、状态继电器 S。

字元件是指处理数据的元件，如定时器和计数器的设定值寄存器、定时器和计数器的当前值寄存器、数据寄存器 D。

位元件组合也可以组成字元件，组合是由 4 个连续的位元件组成的，形式用 KnP 表示，其中 P 为位元件的首地址，n 为组数，n=1 ～ 8。例 K2M0 表示由 M0 ～ M7 组成的两个位元件组，其中 M0 为位元件首地址，n=2。

需要指出，源操作数、目标操作数和其他操作数不唯一时，分别用［S1］、［S2］，［D1］、［D2］，m_1、m_2 或 n_1、n_2 表示。若要使用变址功能，则用［S·］和［D·］表示。

功能号是应用指令的代码，每条应用指令都有自己固定的功能号。需要特别注意，FX3U 系列 PLC 的功能号为 FNC0 ～ FNC295。

（2）数据长度与指令执行形式

① 数据长度　应用指令按处理数据长度分为 16 位指令和 32 位指令，其中 16 位指令前无“D”，32 位指令助记符前加“D”，如图 4-1 所示。

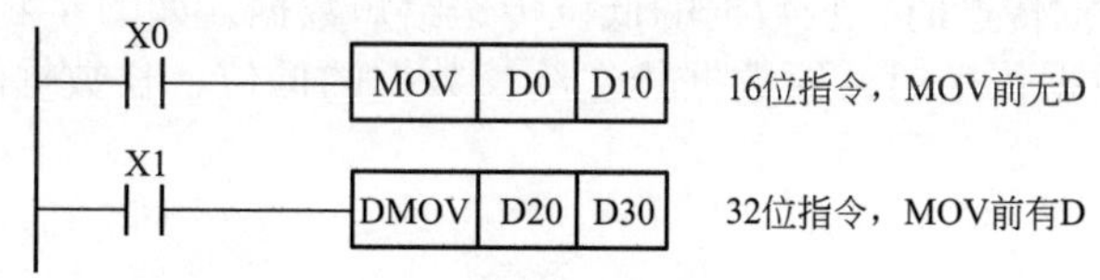

图 4-1　16 位 /32 位指令举例

a．16 位数据结构。16 位数据结构如图 4-2（a）所示，16 位的数据内容为二进制数，其中最高位为符号位，其余为数据位。符号位的作用是指明数据的正、负，符号位为 0，表示正数；符号位为 1，表示负数。

b．32 位数据结构。32 位数据结构如图 4-2（b）所示，32 位的数据内容为二进制数，其中最高位为符号位，其余为数据位。符号位的作用是指明数据的正、负，符号位为 0，表示正数；符号位为 1，表示负数。

c．案例解析。在图 4-1 中，当 X0 闭合，MOV 指令执行，将数据寄存器 D0 中的 16 位数据传送到数据寄存器 D10 中；当 X1 闭合，DMOV 指令执行，将数据寄存器 D21、D20 中的数据传送到数据寄存器 D31、D30 中。

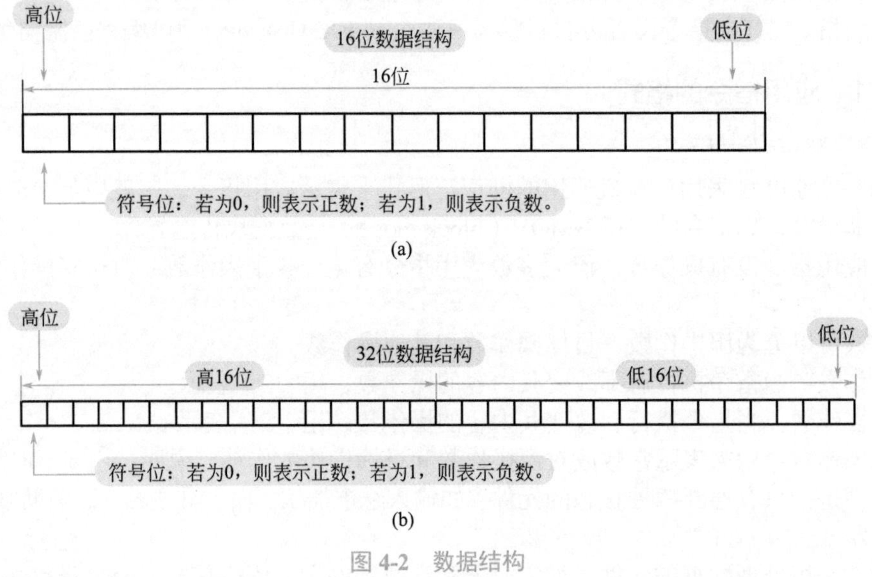

图 4-2 数据结构

② 指令执行形式　应用指令执行形式有两种，分别为连续执行型和脉冲执行型，如图 4-3 所示。图 4-3（a）所示为连续执行型，当 X0 闭合后，MOV 指令每个扫描周期都被执行；图 4-3（b）所示为脉冲执行型，仅在 X1 由 OFF 变为 ON 的瞬间 MOVP 指令执行。

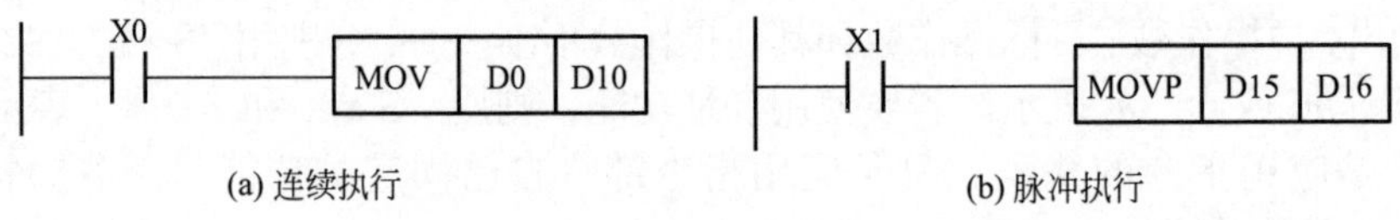

(a) 连续执行　(b) 脉冲执行

图 4-3 应用指令执行形式

（3）数据传送的一般规律

不同长度数据之间传送时，遵循以下规律：

① 长数据向短数据传送时，长数据的低位传送给短数据，如图 4-4（a）所示；

② 短数据向长数据传送时，短数据传送给长数据的低位，长数据的高位自动为零，如图 4-4（b）所示。

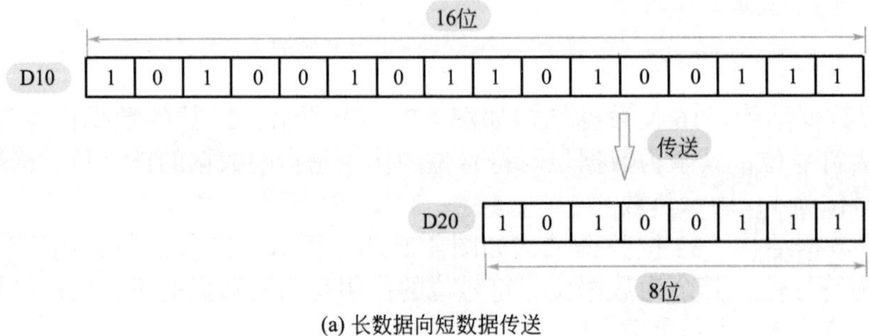

(a) 长数据向短数据传送

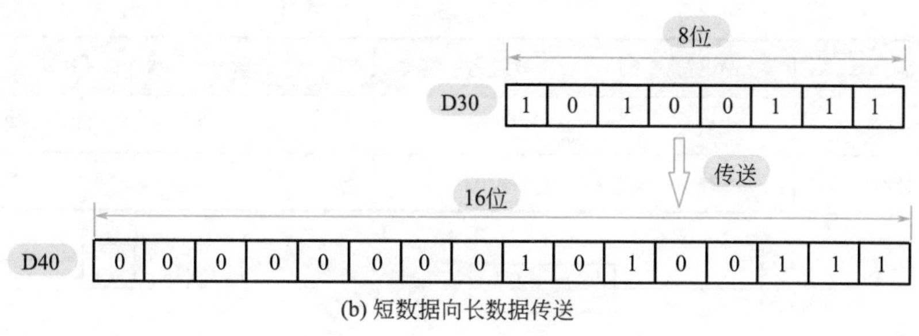

(b) 短数据向长数据传送

图 4-4 数据传送规律

4.2.2 程序流指令

程序流指令主要用于程序结构及流程的控制，它包括条件跳转指令、子程序调用/返回指令、中断指令、主程序结束指令、监控定时器指令和循环开始/结束指令等。

（1）条件跳转指令

条件跳转指令用于跳过顺序程序中的某一部分，使其不再执行，这样可以缩短扫描时间。条件跳转指令的执行方式有两种：脉冲执行方式和连续执行方式。

条件跳转指令的指令格式如表4-12所示。

表 4-12 条件跳转指令的指令格式

指令名称	助记符	功能号	操作数
条件跳转指令	CJ	FNC00	目标操作数［D·］
			P0 ～ P63

使用条件跳转指令时应注意：

① 同一指针只能出现一次，若出现两次及以上，程序会出错；

② 多条跳转指令可以使用同一指针；

③ P63是END步指针，在程序中不能使用；

④ 设Y、M、S被OUT、SET、RST指令驱动，跳转期间即使驱动Y、M、S的电路状态改变了，它们仍保持跳转前的状态；

⑤ 定时器、计数器如果被跳转指令跳过，则在跳转期间它们的当前值会被冻结；若在跳步开始时定时器和计数器都在工作，则在跳转期间定时器和计数器将停止定时、计数，当跳转条件不满足后继续工作；

⑥ T192 ～ T199和高速计数器C235 ～ C255如在驱动后跳转，则继续工作，输出触点也会动作。

（2）子程序调用指令

子程序是为了一些特定控制要求而编制的相对独立的程序。为了区别主程序，在程序编排时，往往主程序在前、子程序在后，主程序与子程序之间用主程序结束指令（FEND）隔开。程序结构如图4-5所示。

子程序指令有两条，分别为子程序调用指令和子程序返回指令。指令格式如表4-13所示。

表 4-13　子程序指令的指令格式

指令名称	助记符	功能号	操作数［D］
子程序调用指令	CALL	FNC01	指针范围：P0 ～ P62
子程序返回指令	SRET	FNC02	无

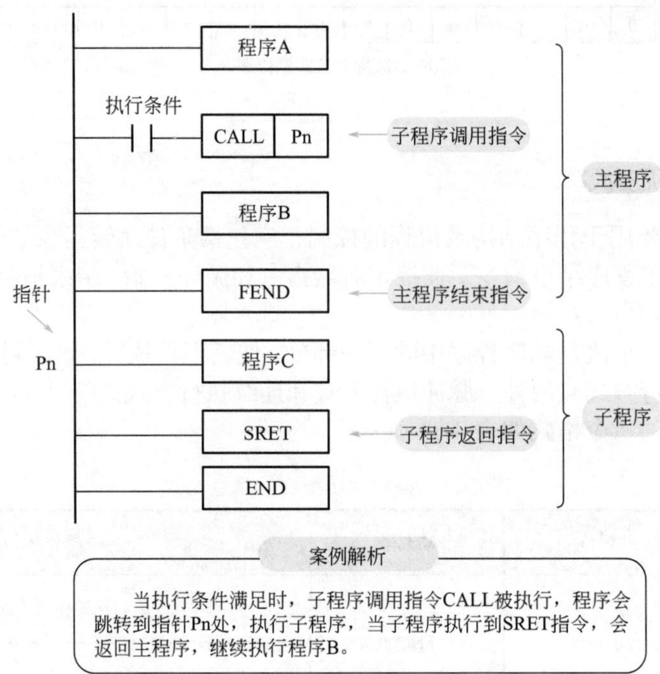

图 4-5　调用子程序结构

使用子程序调用指令时应注意：

① 子程序需放在主程序结束指令 FEND 之后；

② 子程序调用指令 CALL 与子程序返回指令 SRET 成对出现，子程序以 CALL 指令开始，以 SRET 指令结束；

③ 子程序可多次调用，也可嵌套，嵌套最多不超过 5 层；

④ 子程序调用指令 CALL 和跳转指令 CJ 不能用同一指针；

⑤ 子程序中需要专用定时器，范围为 T192 ～ T199 和 T246 ～ T249。

（3）中断指令

中断是指终止当前正在运行的程序，转而执行为立即响应的信号而编制的中断服务程序，执行完毕后返回原先被终止的程序并继续运行。中断指针用来指明某一中断程序的入口，中断指针情况如图 4-6 所示。

中断指令有中断返回指令、允许中断指令和禁止中断指令 3 条。中断指令的指令格式如表 4-14 所示。

表 4-14　中断指令的指令格式

指令名称	助记符	功能号	操作数［D］
中断返回指令	IRET	FNC03	无

续表

指令名称	助记符	功能号	操作数［D］
允许中断指令	EI	FNC04	无
禁止中断指令	DI	FNC05	无

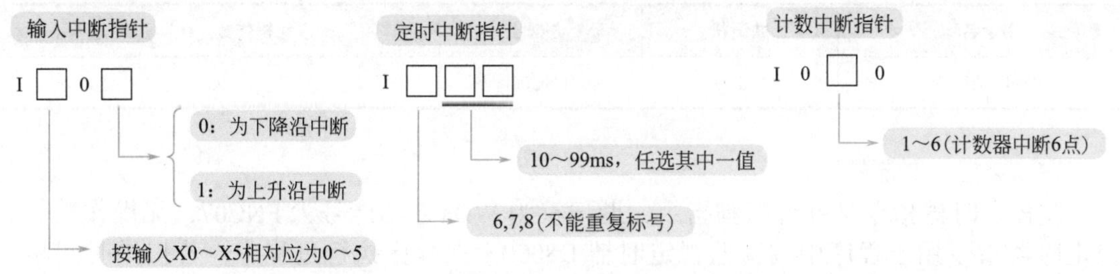

输入中断：用于接收特定的输入地址号的输入信号

定时中断：当需要时每隔一定时间就反复执行某段程序，可定时中断

计数中断：计数器中断根据高速计数器当前值与计数设定值的关系来确定是否执行相应的中断服务程序

图 4-6　中断指令

① 中断返回指令 IRET：用于从中断子程序返回到主程序。

② 允许中断指令 EI：使用 EI 指令可以使可编程序由禁止中断状态变为允许中断状态。

③ 禁止中断指令 DI：使用 DI 指令可以使可编程序由允许中断状态变为禁止中断状态。

可编程序通常处于禁止中断状态，指令 EI 和 DI 之间或指令 EI 和 FEND 之间为中断允许区域，当程序执行到此区域时，若中断条件满足，CPU 将停止执行当前的程序，转而执行相应的中断程序，当执行到中断程序 IRET 指令时，PLC 将返回原中断点，继续执行原来的程序。具体程序结构如图 4-7 所示。

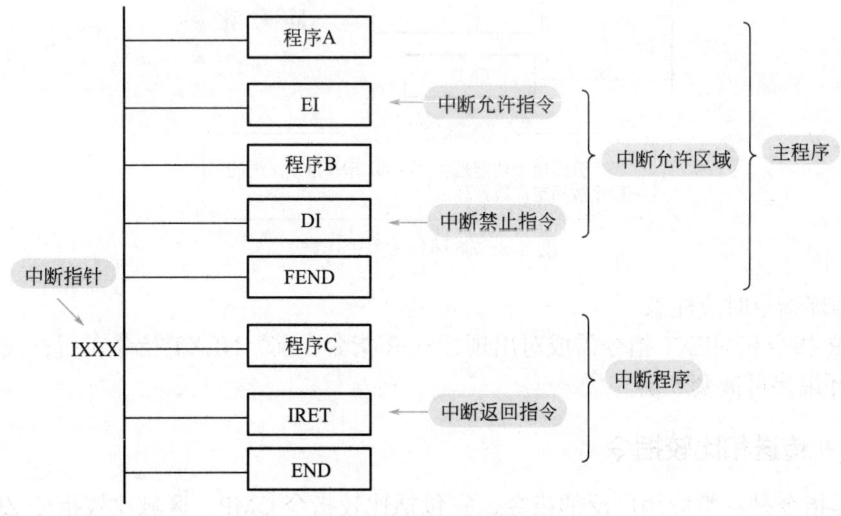

图 4-7　中断程序结构

（4）主程序结束指令

主程序结束指令表示主程序的结束、子程序的开始，执行到 FEND 指令 PLC 进行输入、输出处理，监控定时器刷新，完成后返回第 0 步。子程序和中断程序应放在 FEND 指令之后。主程序指令格式如表 4-15 所示。

表 4-15　主程序指令格式

指令名称	助记符	功能号	操作数［D］
主程序结束指令	FEND	FNC06	无

（5）监控定时器指令

监控定时器指令又称看门狗指令，助记符为 WDT，功能号为 FNC07，无操作数。监控定时器指令用于程序中刷新监视定时器 D8000。在程序执行过程中，若扫描时间超过 200ms，则 PLC 将停止运行。这种情况下，使用监控定时器指令可以刷新监控定时器，使程序执行到 END 或 FEND。

（6）循环指令

循环指令有两条，分别为 FOR 和 NEXT 指令，FOR 指令表示循环的起点，NEXT 表示循环的结束。循环指令的功能是将 FOR 和 NEXT 指令之间的程序按指定次数循环运行。

循环指令的指令格式如表 4-16 所示。程序结构如图 4-8 所示。

表 4-16　循环指令的指令格式

指令名称	助记符	功能号	操作数［S］
循环开始指令	FOR	FNC08	K、H、KnX、KnY、KnS、KnM、T、C、D、V、Z
循环结束指令	NEXT	FNC09	无

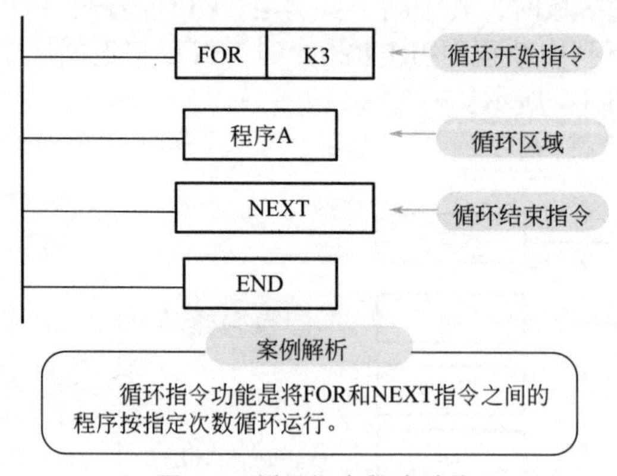

图 4-8　循环指令程序结构

使用循环指令时应注意：

① FOR 指令和 NEXT 指令需成对出现，FOR 指令在前，NEXT 指令在后；

② 循环最多可嵌套 5 层。

4.2.3　传送和比较指令

比较类指令是一类应用广泛的指令，它包括比较指令 CMP、区域比较指令 ZCP 和触点式比较指令。

（1）比较类指令

① 比较指令

a．指令格式及应用举例：比较指令的指令格式及应用举例如图 4-9 所示。

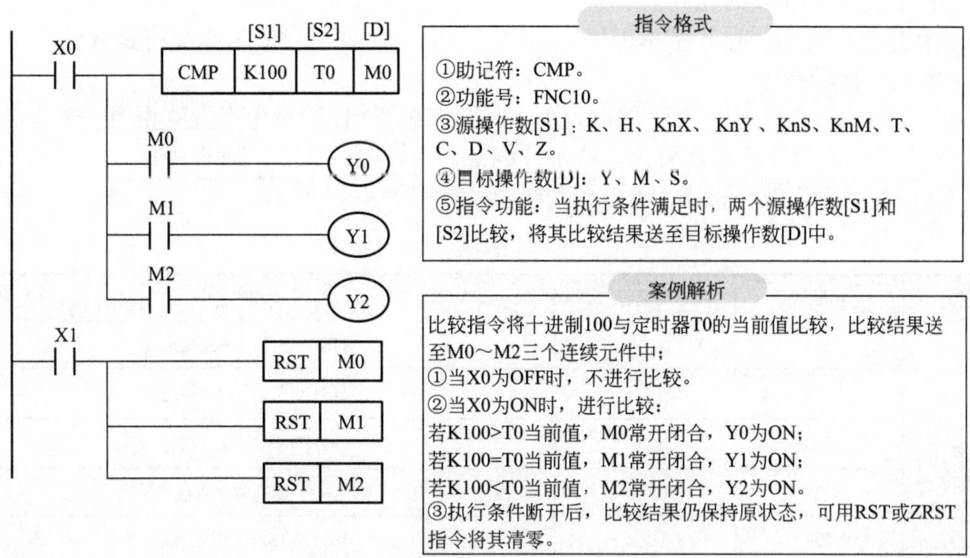

X0
[S1] [S2] [D]
CMP K100 T0 M0
M0
Y0
M1
Y1
M2
Y2
X1
RST M0
RST M1
RST M2
指令格式
①助记符：CMP。
②功能号：FNC10。
③源操作数[S1]：K、H、KnX、KnY、KnS、KnM、T、C、D、V、Z。
④目标操作数[D]：Y、M、S。
⑤指令功能：当执行条件满足时，两个源操作数[S1]和[S2]比较，将其比较结果送至目标操作数[D]中。
案例解析
比较指令将十进制100与定时器T0的当前值比较，比较结果送至M0～M2三个连续元件中：
①当X0为OFF时，不进行比较。
②当X0为ON时，进行比较：
若K100>T0当前值，M0常开闭合，Y0为ON；
若K100=T0当前值，M1常开闭合，Y1为ON；
若K100<T0当前值，M2常开闭合，Y2为ON。
③执行条件断开后，比较结果仍保持原状态，可用RST或ZRST指令将其清零。

图 4-9 比较指令的指令格式及应用

b．使用说明：

• 指令执行有连续和脉冲两种；

• 数据长度可 16 位，可 32 位；

• 目标操作数 [D] 为位元件 Y、M、S，三个元件号一定要连续，如图 4-9 中所示 M0 ～ M2 就是 3 个连续的元件；

• 执行条件断开后，比较结果仍保持原状态，可用 RST 或 ZRST 指令将其清零。

② 区域比较指令

a．指令格式及应用举例：区域比较指令的指令格式及应用举例如图 4-10 所示。

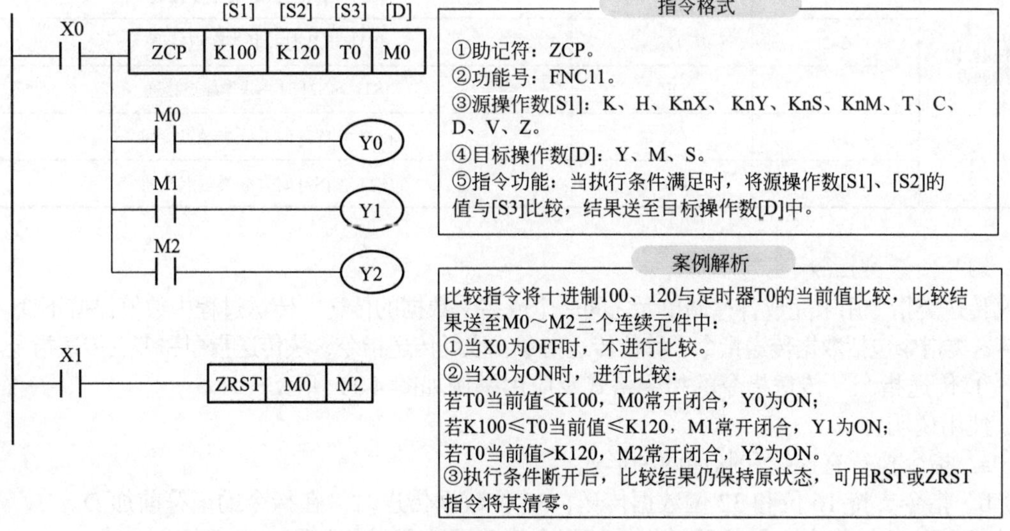

X0
[S1] [S2] [S3] [D]
ZCP K100 K120 T0 M0
M0
Y0
M1
Y1
M2
Y2
X1
ZRST M0 M2
指令格式
①助记符：ZCP。
②功能号：FNC11。
③源操作数[S1]：K、H、KnX、KnY、KnS、KnM、T、C、D、V、Z。
④目标操作数[D]：Y、M、S。
⑤指令功能：当执行条件满足时，将源操作数[S1]、[S2]的值与[S3]比较，结果送至目标操作数[D]中。
案例解析
比较指令将十进制100、120与定时器T0的当前值比较，比较结果送至M0～M2三个连续元件中：
①当X0为OFF时，不进行比较。
②当X0为ON时，进行比较：
若T0当前值<K100，M0常开闭合，Y0为ON；
若K100≤T0当前值≤K120，M1常开闭合，Y1为ON；
若T0当前值>K120，M2常开闭合，Y2为ON。
③执行条件断开后，比较结果仍保持原状态，可用RST或ZRST指令将其清零。

图 4-10 区域比较指令的指令格式及应用

b．使用说明：指令执行有连续和脉冲两种。

• 数据长度可 16 位，可 32 位；

• 目标操作数 [D] 为位元件 Y、M、S，三个元件号一定要连续，如图 4-10 中所示 M0 ～ M2 就是 3 个连续的元件；

• 执行条件断开后，比较结果仍保持原状态，可用 RST 或 ZRST 指令将其清零。

③ 触点式比较指令

触点式比较指令与上述介绍的比较指令不同，触点式比较指令本身就相当一个普通的触点，而触点的通断与比较条件有关，若条件成立，则导通；反之，则断开。

触点式比较指令可以装载、串联和并联，具体如表 4-17 所示。

表 4-17　触点式比较指令的用法

类型	功能号	助记符	导通条件
装载类比较触点	224	LD=	[S1]=[S2] 时触点接通
	225	LD>	[S1]>[S2] 时触点接通
	226	LD<	[S1]<[S2] 时触点接通
	228	LD<>	[S1]<>[S2] 时触点接通
	229	LD ≦	[S1] ≦ [S2] 时触点接通
	230	LD ≧	[S1] ≧ [S2] 时触点接通
串联类比较触点	232	AND=	[S1]=[S2] 时串联类触点接通
	233	AND>	[S1]>[S2] 时串联类触点接通
	234	AND<	[S1]<[S2] 时串联类触点接通
	236	AND<>	[S1]<>[S2] 时串联类触点接通
	237	AND ≦	[S1] ≦ [S2] 时串联类触点接通
	238	AND ≧	[S1] ≧ [S2] 时串联类触点接通
并联类比较触点	240	OR=	[S1]=[S2] 时并联类触点接通
	241	OR>	[S1]>[S2] 时并联类触点接通
	242	OR<	[S1]<[S2] 时并联类触点接通
	244	OR<>	[S1]<>[S2] 时并联类触点接通
	245	OR ≦	[S1] ≦ [S2] 时并联类触点接通
	246	OR ≧	[S1] ≧ [S2] 时并联类触点接通

（2）传送类指令

传送类指令用来完成各存储单元之间一个或多个数据的传送，传送过程中数值保持不变。数据传送类指令包括数据传送指令、移位传送指令、取反传送指令、块传送指令和多点传送指令。

① 传送指令　传送指令的指令格式及应用举例如图 4-11 所示。

使用说明：

a．指令执行有连续和脉冲两种形式；

b．指令支持 16 位和 32 位数据传送，32 位数据传送时，在指令助记符前加 D。

② 移位传送指令　移位传送指令的指令格式及应用举例如图 4-12 所示。

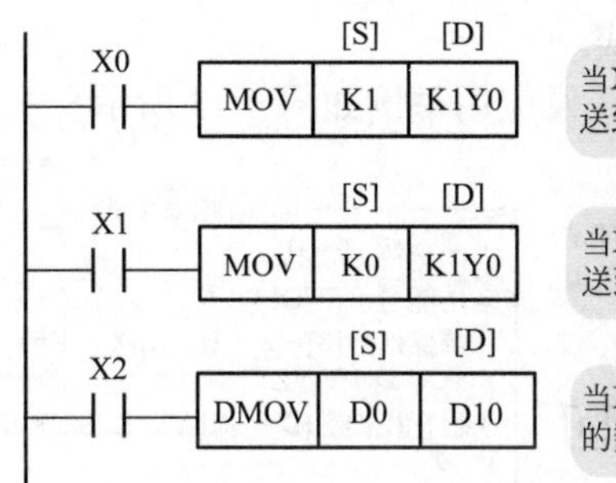

当X0为ON时，MOV指令执行，将常数1送到Y0～Y3中。本例是置1的典型应用

当X1为ON时，MOV指令执行，将常数0送到Y0～Y3中。本例是复0的典型应用

当X2为ON时，DMOV指令执行，将D1、D0中的数据送到D11、D10中。本例为32位数据传递

指令格式

①助记符：MOV。
②功能号：FNC12。
③源操作数[S]：K、H、KnX、KnY、KnS、KnM、T、C、D、V、Z。
④目标操作数[D]： KnY 、KnS、KnM、T、C、D、V、Z。
⑤指令功能：当执行条件满足时，将源操作数[S]的内容传送至指定的目标操作数[D]中，在传送过程中数据内容保持不变。

图 4-11 传送指令的指令格式及应用

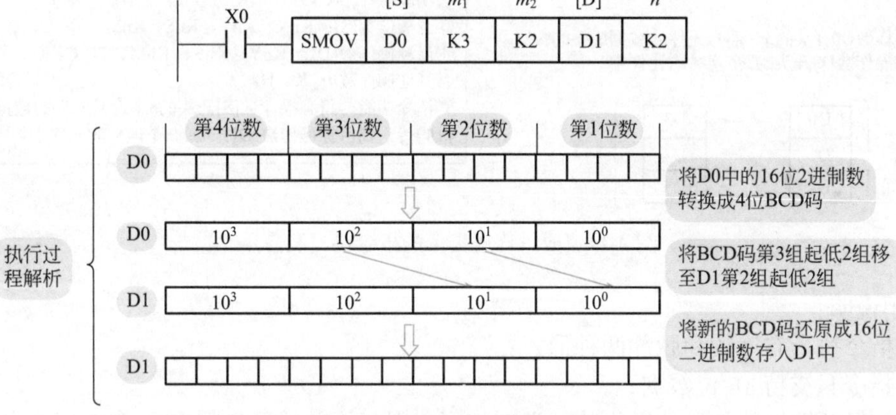

指令格式

①助记符：SMOV。
②功能号：FNC13。
③源操作数[S]：KnX、KnY 、KnS、KnM、T、C、D、V、Z。
④目标操作数[D]： KnY 、KnS、KnM、T、C、D、V、Z。
⑤指令功能：将源操作数[S]中的16位2进制自动转换成4组BCD码，然后再将这4组BCD码中的第m_1组起的低m_2组传送到目标操作数[D]的第n组开始的m_2组中，传送后的目标操作数[D]的BCD码自动转换成2进制数。

案例解析

将源操作数D0中的16位2进制自动转换成4组BCD码，然后再将这4组BCD码中的第3组起的低3组传送到目标操作数D1的第2组开始的低2组中，传送后的目标操作数D1的BCD码自动转换成2进制数。

图 4-12 移位传送指令的指令格式及应用

使用说明：指令执行有连续和脉冲两种形式。

③ 取反传送指令　取反传送指令的指令格式及应用举例如图 4-13 所示。

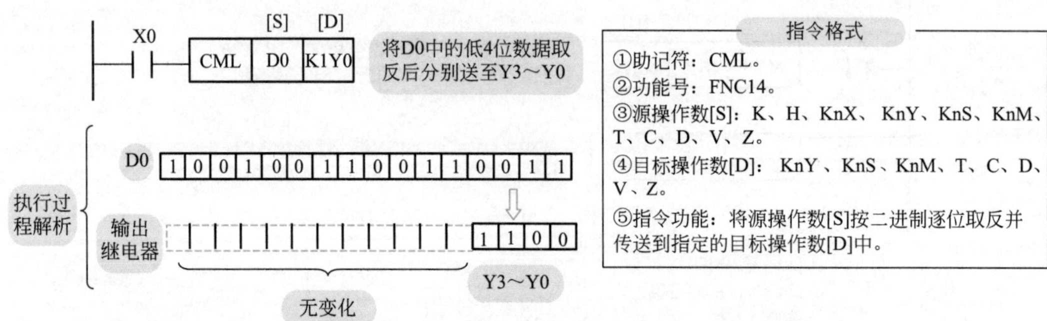

图 4-13　取反传送指令的指令格式及应用

使用说明：指令执行有连续和脉冲两种形式。

④ 成批传送指令　成批传送指令的指令格式及应用举例如图 4-14 所示。

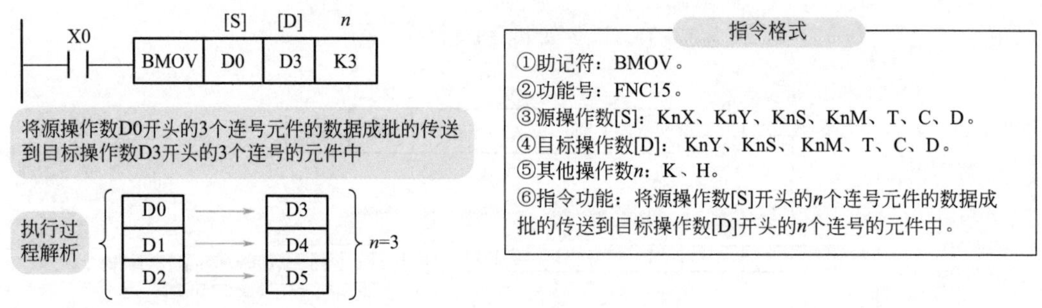

图 4-14　成批传送指令的指令格式及应用

使用说明：

a．指令执行有连续和脉冲两种形式；

b．指令只支持 16 位数据；

c．如果源操作数与目标操作数的类型相同，则当传送编号范围有重叠时也同样能传送；

d．带有位指定的元件，源操作数与目标操作数的指定位数必须相同，例如：K2M0 → K2Y0，n 需取 2，即 X0 ～ X7 的数据传给 Y0 ～ Y7。

e．M8024=ON，传送反向。

⑤ 多点传送指令　多点传送指令的指令格式及应用举例如图 4-15 所示。

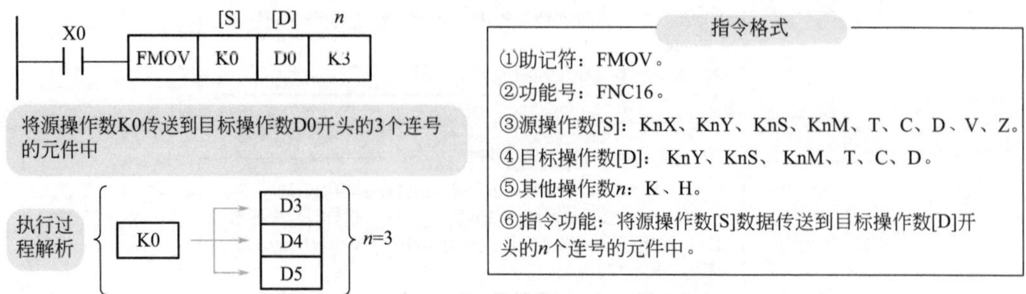

图 4-15　多点传送指令的指令格式及应用

使用说明：

a．指令执行有连续和脉冲两种形式；

b．指令有清零功能。

⑥ 数据交换指令　数据交换指令的指令格式及应用举例如图 4-16 所示。

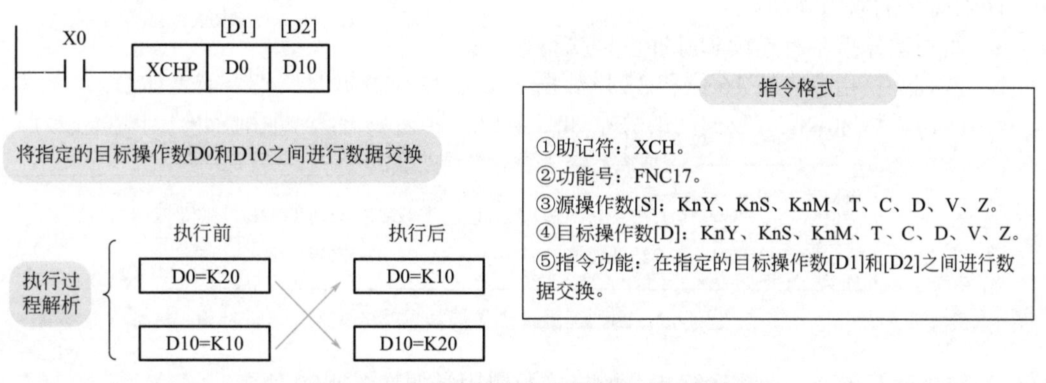

图 4-16　数据交换指令的指令格式及应用

⑦ 数据变换指令　数据变换指令包括 BCD 码变换指令和二进制变换指令。

⑧ BCD 码变换指令　BCD 码变换指令的指令格式及应用举例如图 4-17 所示。

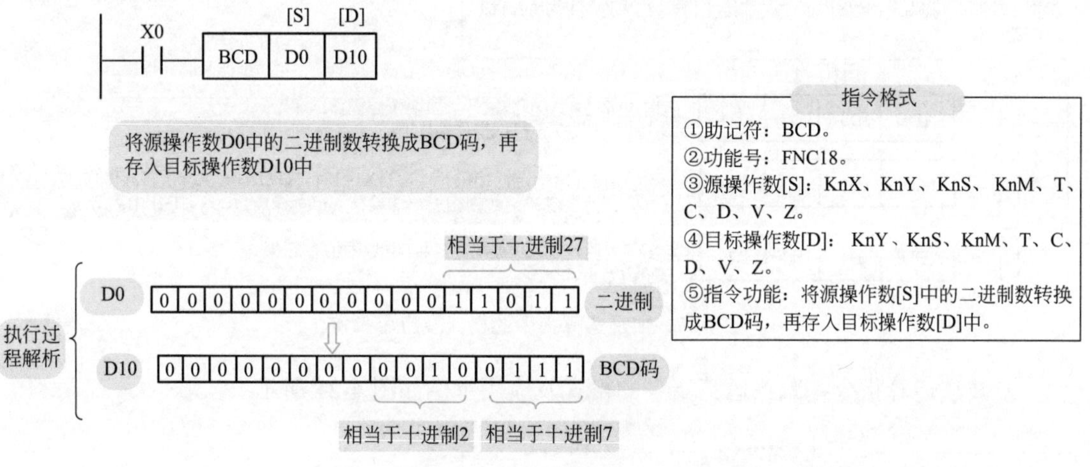

图 4-17　BCD 码变换指令的指令格式及应用

⑨ BIN 变换指令　BIN 码变换指令的指令格式及应用举例如图 4-18 所示。

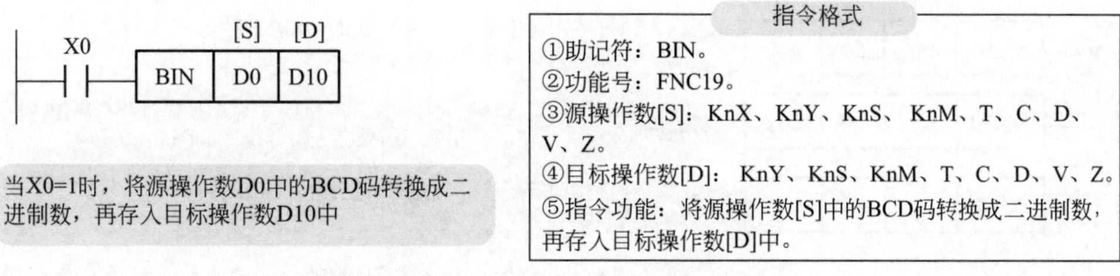

图 4-18　BIN 码变换指令的指令格式及应用

4.2.4 四则逻辑运算指令

PLC普遍具有较强的运算功能，其中算术运算指令是实现运算的主体，它包括四则运算指令和加1/减1指令。

（1）四则运算指令

四则运算的通用规则：

a. 四则运算指令有连续和脉冲两种执行形式；

b. 四则运算指令支持16位和32位数据，执行32位数据时，指令前需加D；

c. 四则运算标志位与数据间的关系如图4-19所示。

四则运算标志位与数据间的关系

0标志位M8020：运算结果为0，则标志位M8020置1。
借位标志位M8022：运算结果小于−32768(16位运算)或−2147483648(32位)，则借位标志位M8022置1。
进位标志位M8021：运算结果超过32767(16位运算)或2147483647(32位)，则借位标志位M8021置1。

图4-19 四则运算标志位与数据间的关系

① 加法运算指令 加法运算指令的格式及应用举例如图4-20所示。

指令格式

①助记符：ADD。
②功能号：FNC20。
③源操作数[S]：K、H、KnX、KnY、KnS、KnM、T、C、D、V、Z。
④目标操作数[D]：KnY、KnS、KnM、T、C、D、V、Z。
⑤指令功能：将源操作数[S]中的二进制数相加，结果送至指定的目标操作数。

[S1] [S2] [D]
X0
ADD D0 D2 D4
当X0=1时，ADD被执行，将两个源操作D0和D2相加，结果存入目标操作数D4中
X1
DADD D6 D8 D10
32位运算通常指定低16位元件，当X1=1时，DADD被执行，将源操作D7、D6和D9、D8组成32位数据相加，结果存入目标操作数D11、D10中
X2
ADDP D1 K1 D12
当X2=1时，ADDP被执行，将D1数据加1，结果仍存放在D12中

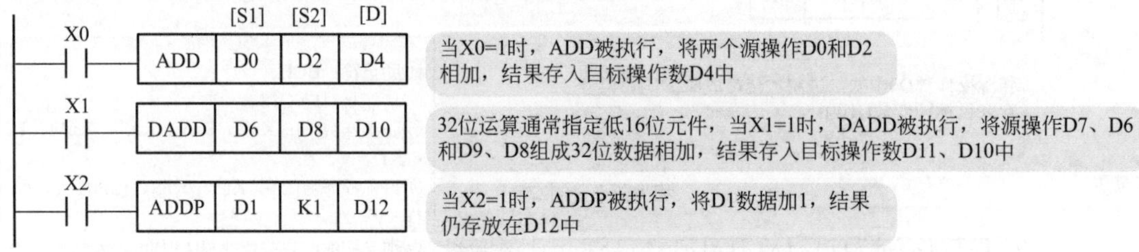

图4-20 加法运算指令的格式及应用举例

② 减法运算指令 减法运算指令的格式及应用举例如图4-21所示。

指令格式

①助记符：SUB。
②功能号：FNN21。
③源操作数[S]：K、H、KnX、KnY、KnS、KnM、T、C、D、V、Z。
④目标操作数[D]：KnY、KnS、KnM、T、C、D、V、Z。
⑤指令功能：将源操作数[S]中的二进制数相减，结果送至指定的目标操作数。

[S1] [S2] [D]
X0
SUB D0 D2 D4
当X0=1时，SUB被执行，将两个源操作D0和D2相减，结果存入目标操作数D4中
X1
DSUB D6 D8 D10
32位运算通常指定低16位元件，当X1=1时，DSUB被执行，将源操作D7、D6和D9、D8组成32位数据相减，结果存入目标操作数D11、D10中
X2
SUBP D1 K1 D12
当X2=1时，SUBP被执行，将D1数据减1，结果仍存放在D12中

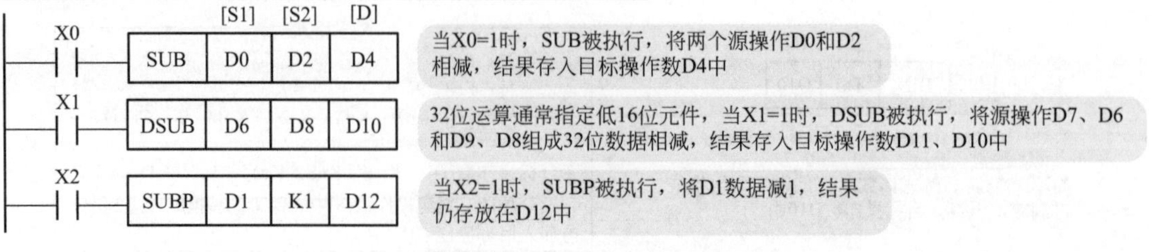

图4-21 减法运算指令的格式及应用举例

③ 乘法运算指令　乘法运算指令的格式及应用举例如图 4-22 所示。

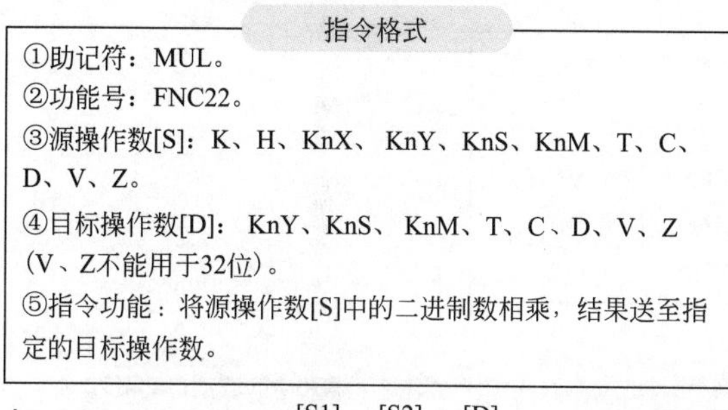
指令格式

①助记符：MUL。
②功能号：FNC22。
③源操作数[S]：K、H、KnX、KnY、KnS、KnM、T、C、D、V、Z。
④目标操作数[D]：KnY、KnS、KnM、T、C、D、V、Z（V、Z不能用于32位）。
⑤指令功能：将源操作数[S]中的二进制数相乘，结果送至指定的目标操作数。

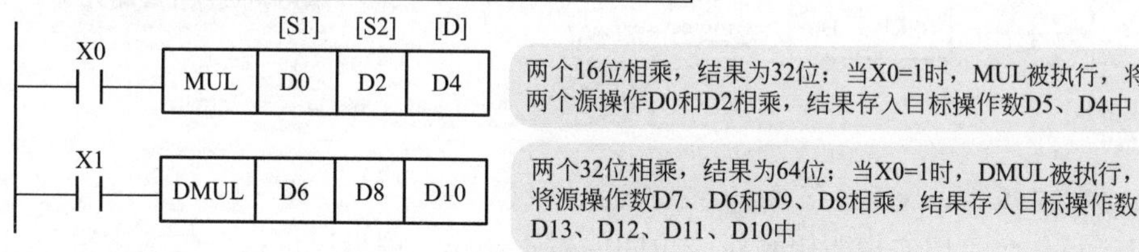

DMUL D6 D8 D10

图 4-22　乘法运算指令的格式及应用举例

④ 除法运算指令　除法运算指令的格式及应用举例如图 4-23 所示。

指令格式

①助记符：DIV。
②功能号：FNC23。
③源操作数[S]：K、H、KnX、KnY、KnS、KnM、T、C、D、V、Z。
④目标操作数[D]：KnY、KnS、KnM、T、C、D、V、Z（V、Z不能用于32位）。
⑤指令功能：将源操作数[S]中的二进制数相除，商送至指定的目标操作数[D]，余数送至[D]的下一个元件。

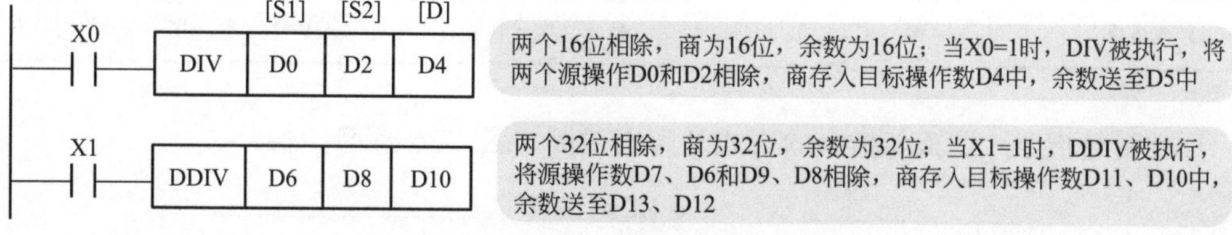

[S1] [S2] [D]
MUL D0 D2 D4
X0
DIV D0 D2 D4
两个16位相除，商为16位，余数为16位：当X0=1时，DIV被执行，将两个源操作D0和D2相除，商存入目标操作数D4中，余数送至D5中
X1
DDIV D6 D8 D10
两个32位相除，商为32位，余数为32位；当X1=1时，DDIV被执行，将源操作数D7、D6和D9、D8相除，商存入目标操作数D11、D10中，余数送至D13、D12

图 4-23　除法运算指令的格式及应用举例

⑤ 加 1 指令　加 1 指令的格式及应用举例如图 4-24 所示。

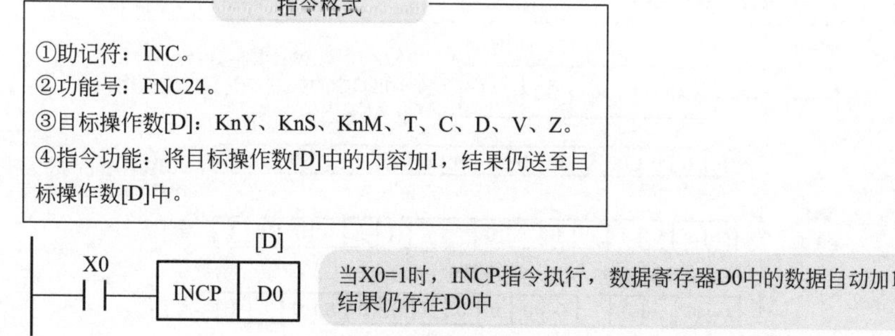
指令格式

①助记符：INC。
②功能号：FNC24。
③目标操作数[D]：KnY、KnS、KnM、T、C、D、V、Z。
④指令功能：将目标操作数[D]中的内容加1，结果仍送至目标操作数[D]中。

当X0=1时，INCP指令执行，数据寄存器D0中的数据自动加1，结果仍存在D0中

图 4-24　加 1 指令的格式及应用举例

⑥ 减 1 指令　减 1 指令的格式及应用举例如图 4-25 所示。

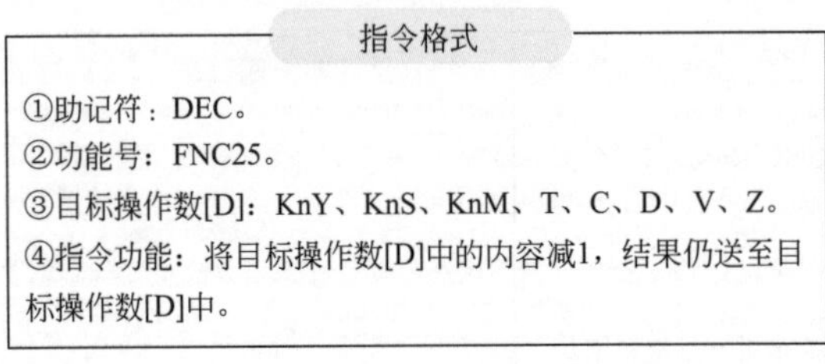
指令格式
①助记符：DEC。
②功能号：FNC25。
③目标操作数[D]：KnY、KnS、KnM、T、C、D、V、Z。
④指令功能：将目标操作数[D]中的内容减1，结果仍送至目标操作数[D]中。

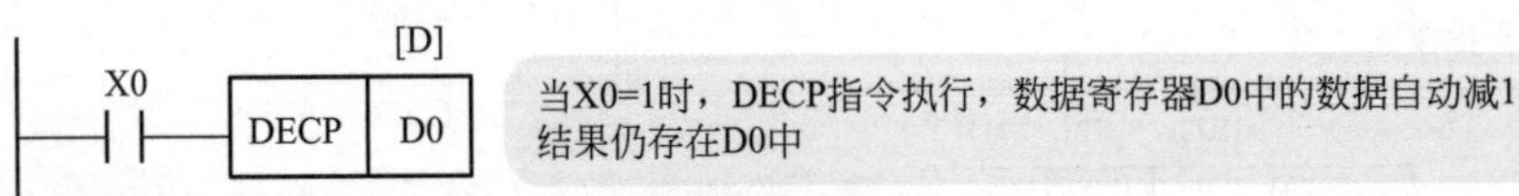
[D]
X0
DECP
D0
当X0=1时，DECP指令执行，数据寄存器D0中的数据自动减1，结果仍存在D0中

图 4-25　减 1 指令的格式及应用举例

（2）逻辑运算指令

逻辑运算指令可以实现逻辑数对应位间的逻辑操作。逻辑运算指令包括逻辑与指令、逻辑或指令、逻辑异或指令和求补指令。

逻辑运算的通用规则：

a．逻辑运算指令有连续和脉冲两种执行形式；

b．四则运算指令支持 16 位和 32 位数据；

c．逻辑运算指令在运算时按位执行逻辑运算，逻辑运算关系如表 4-18 所示。

表 4-18　逻辑运算关系

逻辑运算形式	运算关系				运算口诀
逻辑与运算	1 ∧ 1=1	1 ∧ 0=0	0 ∧ 1=0	0 ∧ 0=0	有 0 为 0，全 1 出 1
逻辑或运算	1 ∨ 1=1	1 ∨ 0=1	0 ∨ 1=1	0 ∨ 0=0	有 1 为 1，全 0 出 0
逻辑异或运算	1 ⊕ 1=0	1 ⊕ 0=1	0 ⊕ 1=1	0 ⊕ 0=0	相同为 0，相异出 1

① 逻辑与指令　逻辑与指令的格式及应用举例如图 4-26 所示。

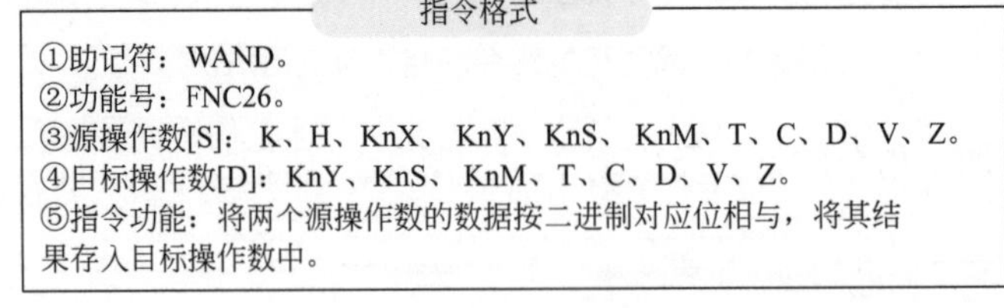
指令格式
①助记符：WAND。
②功能号：FNC26。
③源操作数[S]：K、H、KnX、KnY、KnS、KnM、T、C、D、V、Z。
④目标操作数[D]：KnY、KnS、KnM、T、C、D、V、Z。
⑤指令功能：将两个源操作数的数据按二进制对应位相与，将其结果存入目标操作数中。

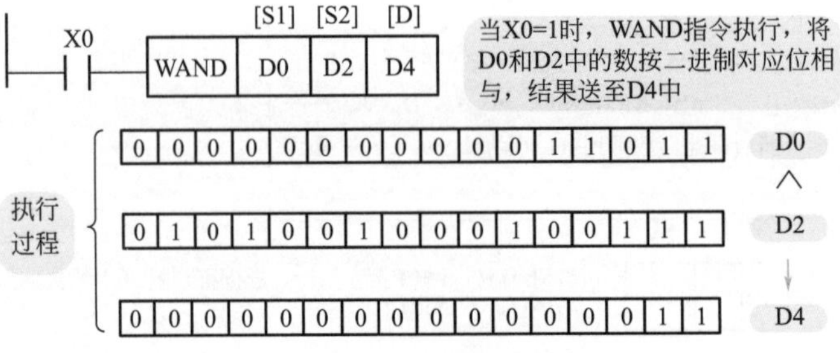
[S1] [S2] [D]
X0
WAND D0 D2 D4
当X0=1时，WAND指令执行，将D0和D2中的数按二进制对应位相与，结果送至D4中
执行过程
0 0 0 0 0 0 0 0 0 0 0 1 1 0 1 1 D0
∧
0 1 0 1 0 0 1 0 0 0 1 0 0 1 1 1 D2
0 0 0 0 0 0 0 0 0 0 0 0 0 0 1 1 D4

图 4-26　逻辑与指令的格式及应用举例

② 逻辑或指令　逻辑或指令的格式及应用举例如图 4-27 所示。

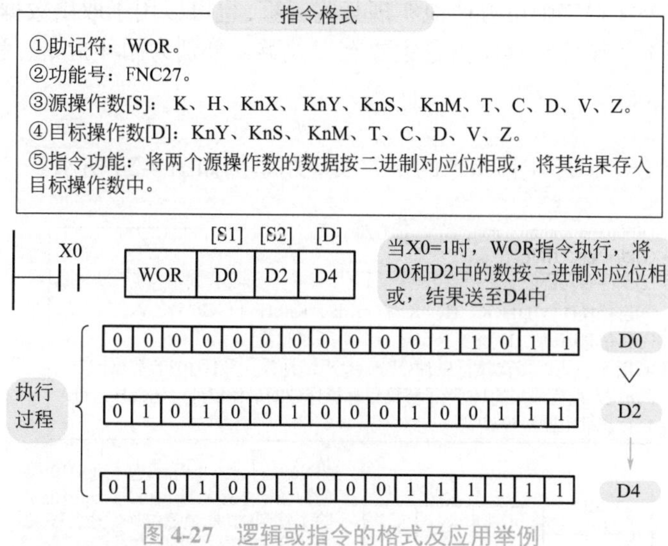
指令格式
①助记符：WOR。
②功能号：FNC27。
③源操作数[S]：K、H、KnX、KnY、KnS、KnM、T、C、D、V、Z。
④目标操作数[D]：KnY、KnS、KnM、T、C、D、V、Z。
⑤指令功能：将两个源操作数的数据按二进制对应位相或，将其结果存入目标操作数中。
X0
WOR
[S1]
D0
[S2]
D2
[D]
D4
当X0=1时，WOR指令执行，将D0和D2中的数按二进制对应位相或，结果送至D4中
执行过程
0 0 0 0 0 0 0 0 0 0 0 1 1 0 1 1
D0
∨
0 1 0 1 0 0 1 0 0 0 1 0 0 1 1 1
D2
0 1 0 1 0 0 1 0 0 0 1 1 1 1 1 1
D4
图 4-27　逻辑或指令的格式及应用举例

③ 逻辑异或指令　逻辑异或指令的格式及应用举例如图 4-28 所示。

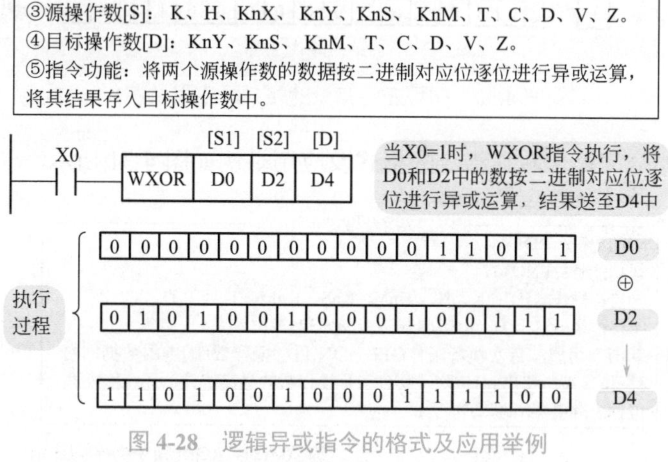
指令格式
①助记符：WXOR。
②功能号：FNC28。
③源操作数[S]：K、H、KnX、KnY、KnS、KnM、T、C、D、V、Z。
④目标操作数[D]：KnY、KnS、KnM、T、C、D、V、Z。
⑤指令功能：将两个源操作数的数据按二进制对应位逐位进行异或运算，将其结果存入目标操作数中。
X0
WXOR
[S1]
D0
[S2]
D2
[D]
D4
当X0=1时，WXOR指令执行，将D0和D2中的数按二进制对应位逐位进行异或运算，结果送至D4中
执行过程
0 0 0 0 0 0 0 0 0 0 0 1 1 0 1 1
D0
⊕
0 1 0 1 0 0 1 0 0 0 1 0 0 1 1 1
D2
1 1 0 1 0 0 1 0 0 0 1 1 1 1 0 0
D4
图 4-28　逻辑异或指令的格式及应用举例

④ 求补指令　求补指令的格式及应用举例如图 4-29 所示。

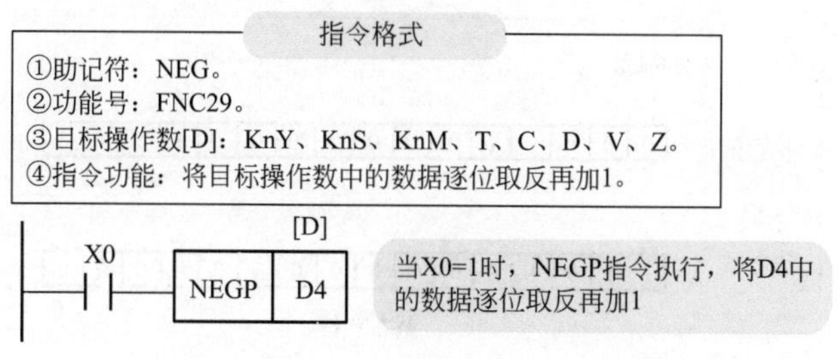
指令格式
①助记符：NEG。
②功能号：FNC29。
③目标操作数[D]：KnY、KnS、KnM、T、C、D、V、Z。
④指令功能：将目标操作数中的数据逐位取反再加1。
X0
NEGP
[D]
D4
当X0=1时，NEGP指令执行，将D4中的数据逐位取反再加1
图 4-29　求补指令的格式及应用举例

4.2.5 循环与移位指令

循环与移位指令在程序中可方便地实现某些运算，也可以用于取出数据中的有效位数字，还可用在顺序控制中。循环与移位指令主要有三大类，分别为循环指令、移位指令和移位写入 / 读出指令。

（1）循环指令

① 循环左移指令　循环左移指令的格式及应用举例如图 4-30 所示。

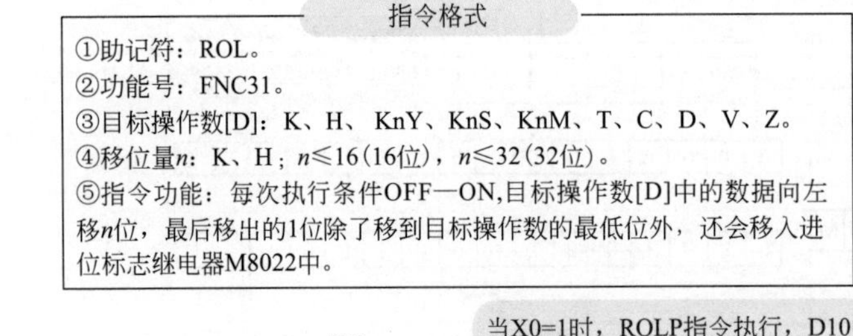

指令格式

①助记符：ROL。
②功能号：FNC31。
③目标操作数[D]：K、H、 KnY、KnS、KnM、T、C、D、V、Z。
④移位量*n*：K、H；*n*≤16(16位)，*n*≤32(32位)。
⑤指令功能：每次执行条件OFF—ON,目标操作数[D]中的数据向左移*n*位，最后移出的1位除了移到目标操作数的最低位外，还会移入进位标志继电器M8022中。

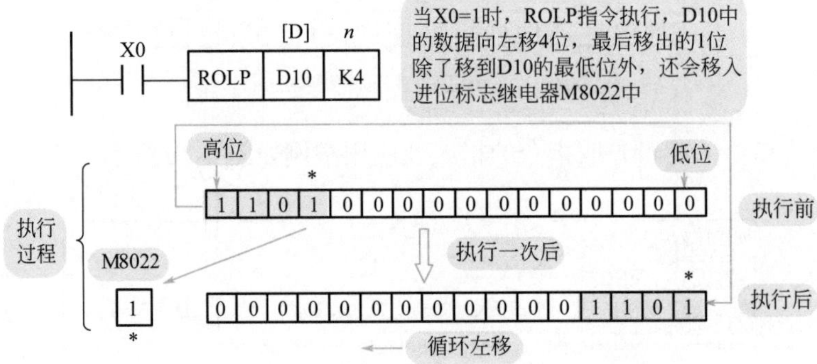

图 4-30　循环左移指令的格式及应用举例

② 循环右移指令　循环右移指令的格式及应用举例如图 4-31 所示。

指令格式

①助记符：ROR。
②功能号：FNC30。
③目标操作数[D]：K、H、 KnY、KnS、KnM、T、C、D、V、Z。
④移位量*n*：K、H；*n*≤16(16位)，*n*≤32(32位)。
⑤指令功能：每次执行条件OFF—ON,目标操作数[D]中的数据向右移*n*位，最后移出的1位除了移到目标操作数的最高位外，还会移入进位标志继电器M8022中。

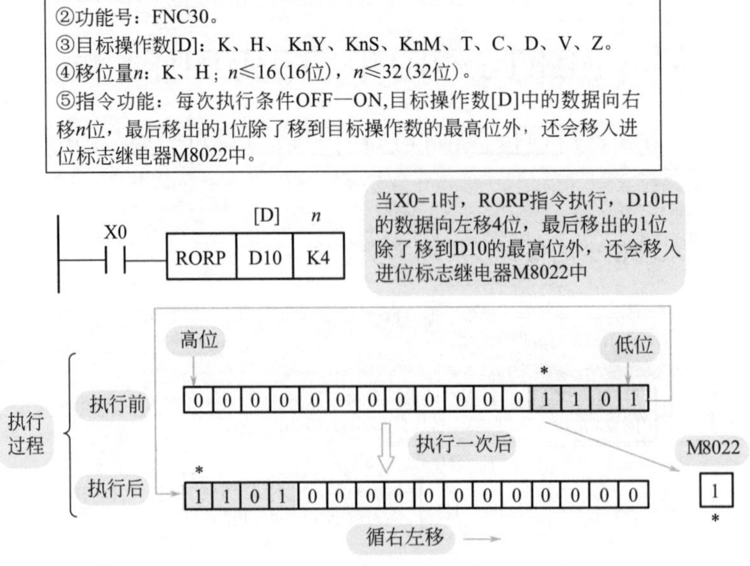

图 4-31　循环右移指令的格式及应用举例

（2）位左移与位右移指令

① 位左移指令　位左移指令的格式及应用举例如图 4-32 所示。

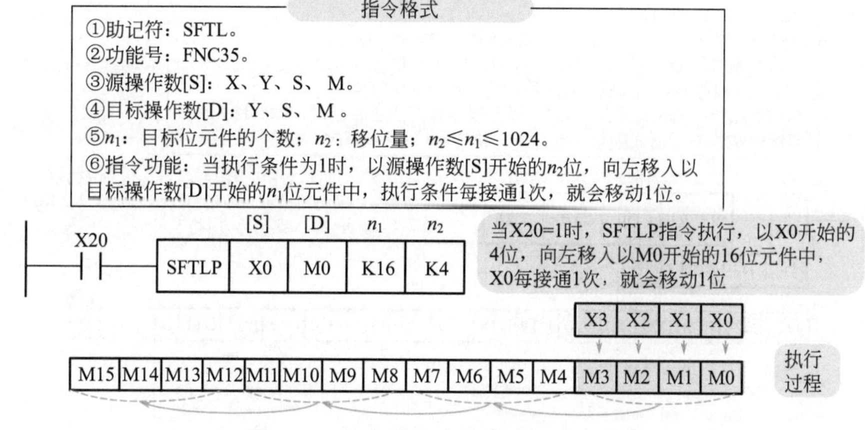

图 4-32　位左移指令的格式及应用举例

② 位右移指令　位右移指令的格式及应用举例如图 4-33 所示。

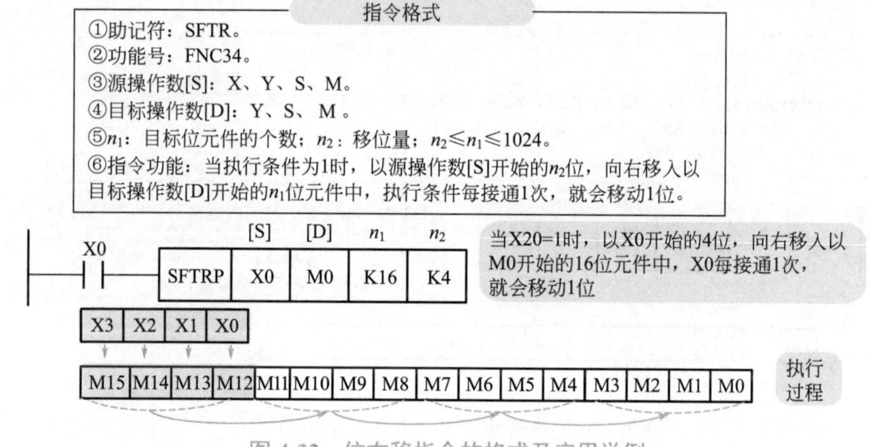

图 4-33　位右移指令的格式及应用举例

（3）字左移与字右移指令

① 字左移指令　字左移指令的格式及应用举例如图 4-34 所示。

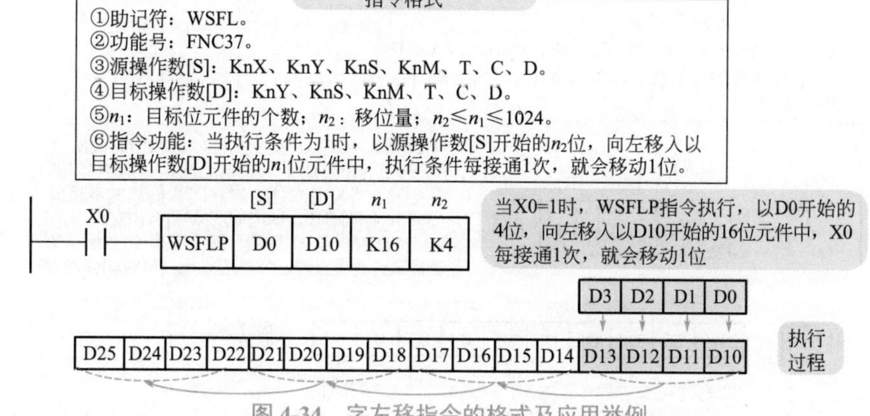

图 4-34　字左移指令的格式及应用举例

② 字右移指令　字右移指令的格式及应用举例如图 4-35 所示。

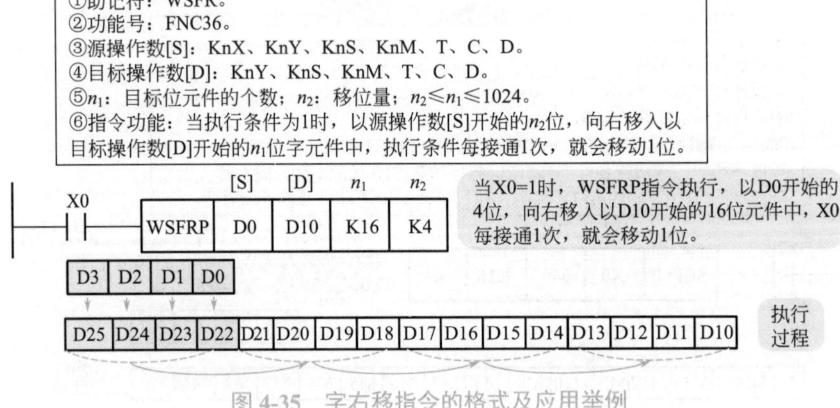

图 4-35　字右移指令的格式及应用举例

（4）先进先出写指令与先进先出读指令

① 先进先出（FIFO）写（SFWR）指令　先进先出（FIFO）写（SFWR）指令的格式及应用举例如图 4-36 所示。

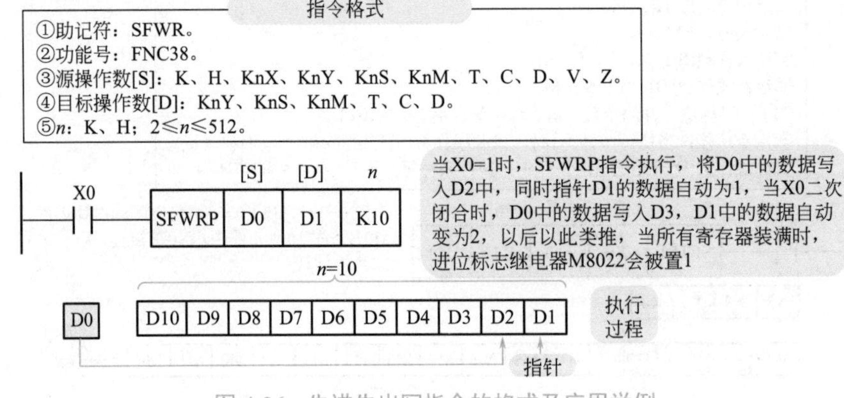

图 4-36　先进先出写指令的格式及应用举例

② 先进先出（FIFO）读（SFRD）指令　先进先出（FIFO）读（SFRD）指令的格式及应用举例如图 4-37 所示。

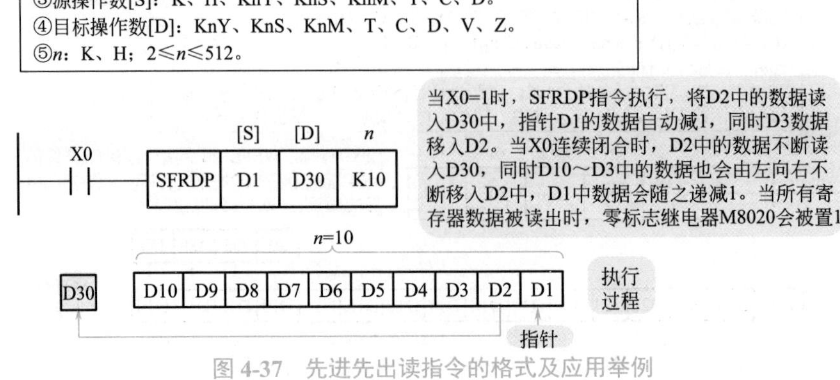

图 4-37　先进先出读指令的格式及应用举例

4.2.6 数据处理指令

数据处理指令包含成批复位指令、译码指令、编码指令等。

（1）成批复位指令

成批复位指令的格式及应用举例如图 4-38 所示。

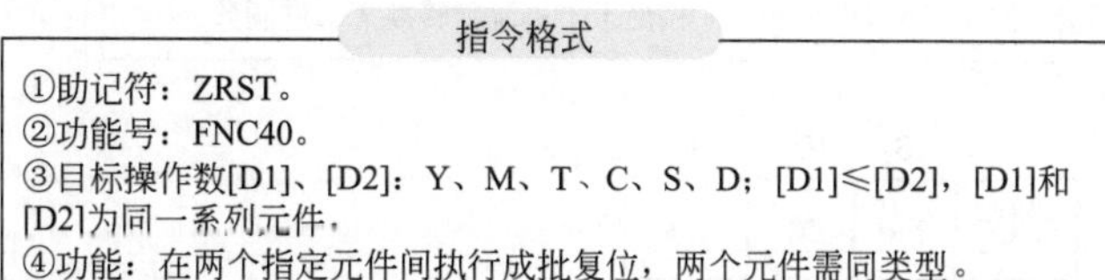

指令格式

①助记符：ZRST。
②功能号：FNC40。
③目标操作数[D1]、[D2]：Y、M、T、C、S、D；[D1]≤[D2]，[D1]和[D2]为同一系列元件。
④功能：在两个指定元件间执行成批复位，两个元件需同类型。

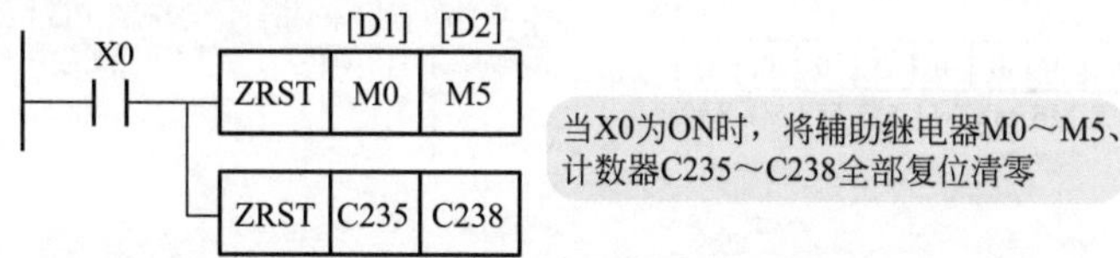

注意：
①[D1]、[D2]指定的应为同类元件；
②[D1]指定的元件号应小于等于[D2]，指定元件号如[D1]大于[D2]，则只复位[D1]指定的1点；
③虽然ZRST是16位指令，[D1]、[D2]也可同时指定32位计数器。

图 4-38　成批复位指令的格式及应用举例

（2）译码指令

译码指令的格式及应用举例如图 4-39 所示。

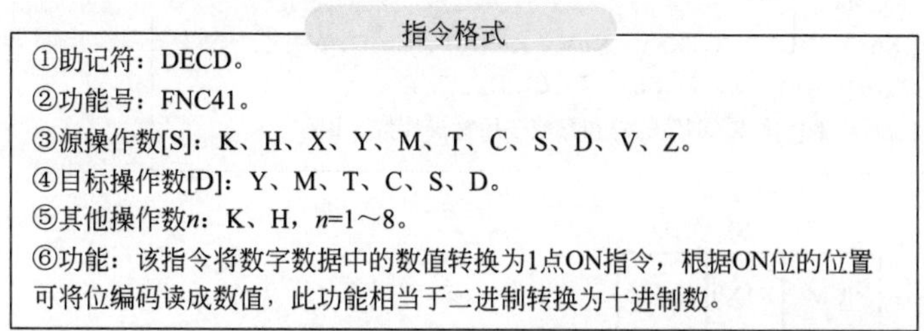

指令格式

①助记符：DECD。
②功能号：FNC41。
③源操作数[S]：K、H、X、Y、M、T、C、S、D、V、Z。
④目标操作数[D]：Y、M、T、C、S、D。
⑤其他操作数n：K、H，n=1～8。
⑥功能：该指令将数字数据中的数值转换为1点ON指令，根据ON位的位置可将位编码读成数值，此功能相当于二进制转换为十进制数。

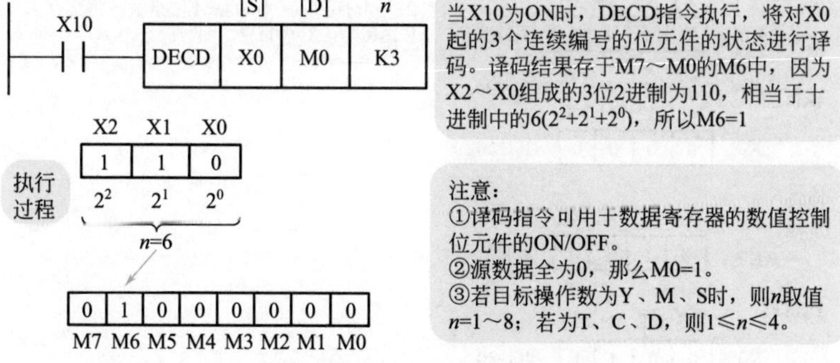

图 4-39　译码指令的格式及应用举例

（3）编码指令

编码指令的格式及应用举例如图 4-40 所示。

指令格式

①助记符：ENCO。
②功能号：FNC42。
③源操作数[S]：X、Y、M、T、C、S、D、V、Z。
④目标操作数[D]：T、C、D、V、Z。
⑤其他操作数n：K、H，n=1～8。
⑥功能：编码指令恰与译码指令相反，相当于十进制数转换为二进制数。

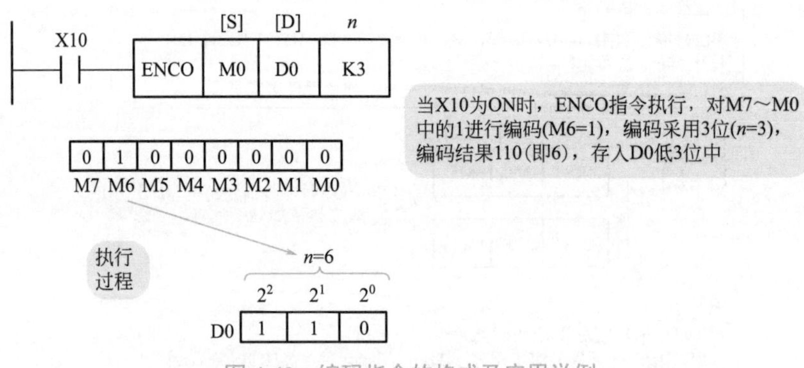

图 4-40 编码指令的格式及应用举例

（4）求置ON位总数指令

求置 ON 位总数指令的格式及应用举例如图 4-41 所示。

指令格式

①助记符：SUM。
②功能号：FNC43。
③源操作数[S]：K、H、KnX、KnY、KnM、KnS、T、C、D、V、Z。
④目标操作数[D]：KnY、KnM、KnS、T、C、D、V、Z。
⑤功能：将源操作数[S]的置ON位的总和存放在目标操作数[D]中。

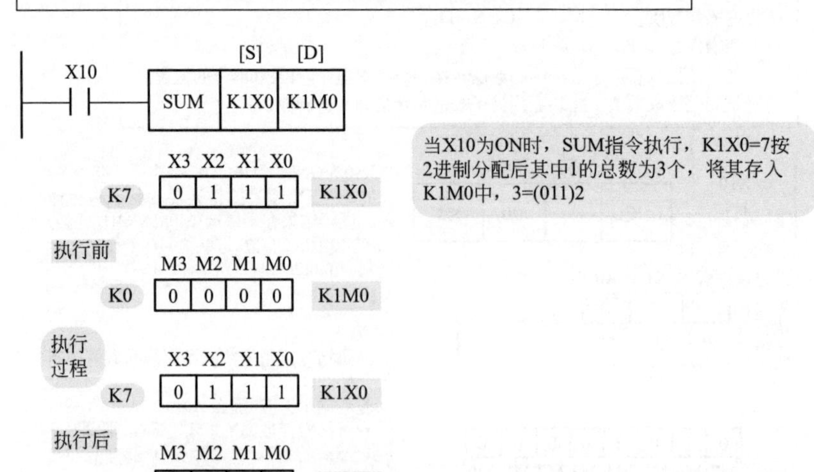

图 4-41 求置 ON 位总数指令的格式及应用举例

（5）ON判别指令

ON 判别指令的格式及应用举例如图 4-42 所示。

指令格式

①助记符：BON。
②功能号：FNC44。
③源操作数[S]：K、H、KnX、KnY、KnM、KnS、T、C、D、V、Z。
④目标操作数[D]：Y、S、M。
⑤其他操作数：K、H；*n*=0～15(16位操作)，*n*=0～32(32位操作)。

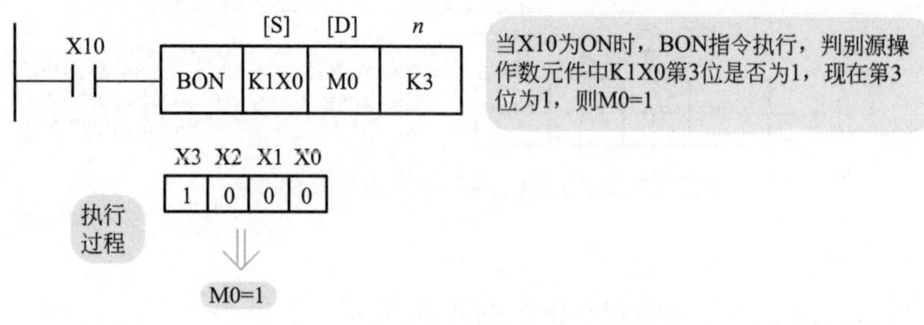

图 4-42　ON 判别指令的格式及应用举例

(6) 平均值指令

平均值指令的格式及应用举例如图 4-43 所示。

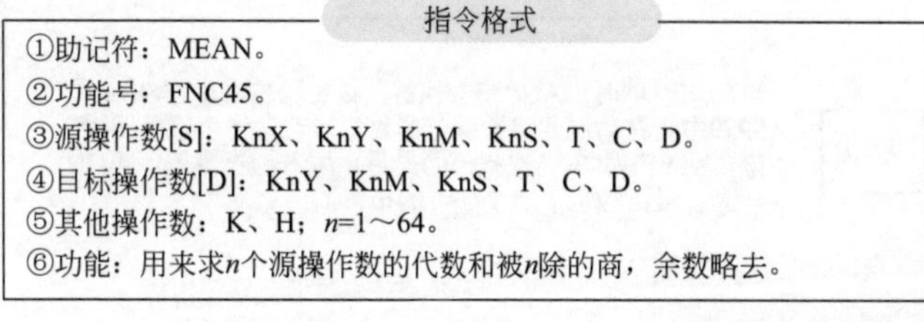

指令格式

①助记符：MEAN。
②功能号：FNC45。
③源操作数[S]：KnX、KnY、KnM、KnS、T、C、D。
④目标操作数[D]：KnY、KnM、KnS、T、C、D。
⑤其他操作数：K、H；*n*=1～64。
⑥功能：用来求*n*个源操作数的代数和被*n*除的商，余数略去。

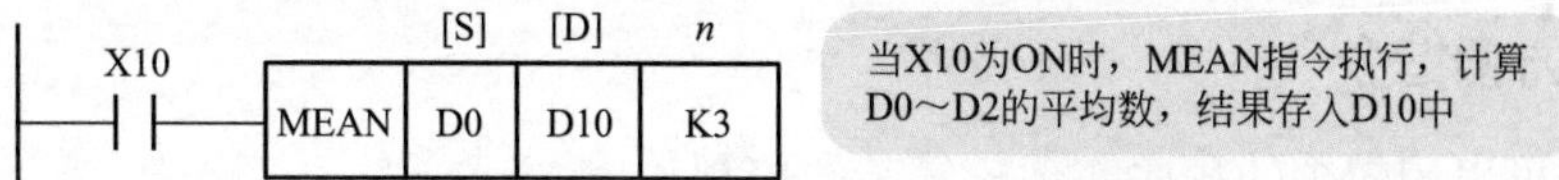

图 4-43　平均值指令的格式及应用举例

(7) 求平方根指令

求平方根指令的格式及应用举例如图 4-44 所示。

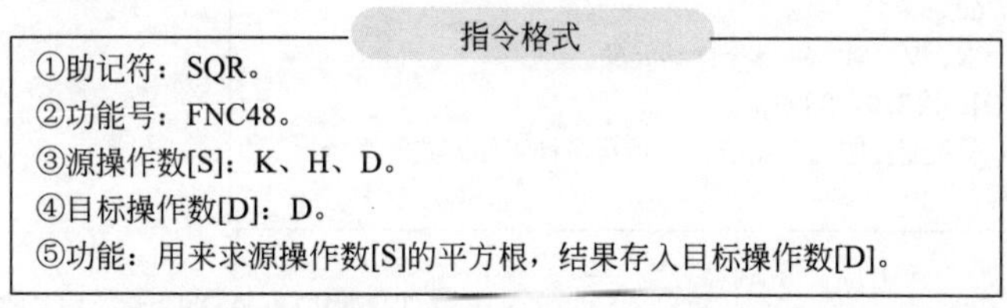

指令格式

①助记符：SQR。
②功能号：FNC48。
③源操作数[S]：K、H、D。
④目标操作数[D]：D。
⑤功能：用来求源操作数[S]的平方根，结果存入目标操作数[D]。

图 4-44　求平方根指令的格式及应用举例

(8) 报警置位指令

报警置位指令的格式及应用举例如图 4-45 所示。

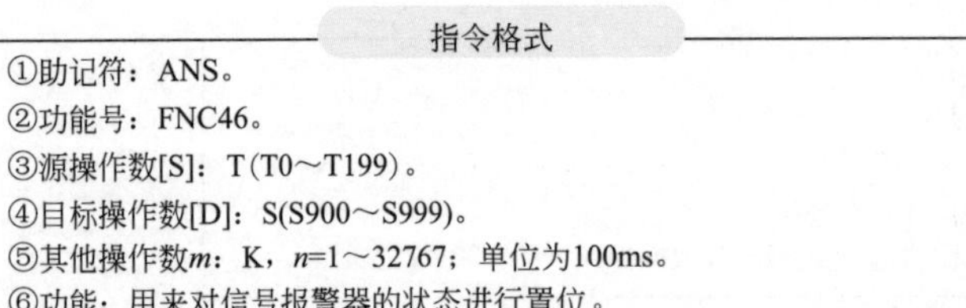
指令格式

①助记符：ANS。
②功能号：FNC46。
③源操作数[S]：T(T0～T199)。
④目标操作数[D]：S(S900～S999)。
⑤其他操作数*m*：K，*n*=1～32767；单位为100ms。
⑥功能：用来对信号报警器的状态进行置位。

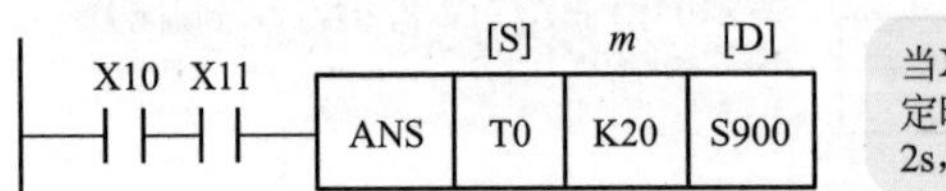

当X10、X11均为ON时，ANS驱动T0开始定时2s(*m*=20)；若X10、X11闭合时间超过2s，则ANS驱动报警状态继电器S900置位

图 4-45　报警置位指令的格式及应用举例

（9）报警复位指令

报警复位指令的指令格式及应用举例如图 4-46 所示。

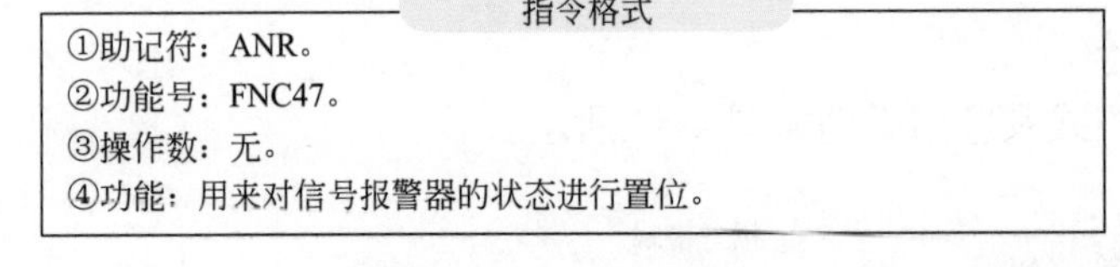
指令格式

①助记符：ANR。
②功能号：FNC47。
③操作数：无。
④功能：用来对信号报警器的状态进行置位。

X10　ANR

当X10为ON时，ANR指令执行，信号报警继电器S900～S999中正在动作的报警继电器复位；若有多个报警器置位，则X10为ON一次复位的是最小编号的报警器，再ON一次，复位的是下一个编号的报警器

图 4-46　报警复位指令的格式及应用举例

4.2.7　方便指令

方便指令可以用较少的程序实现较复杂的控制。

（1）初始状态指令

初始状态指令的格式及应用举例如图 4-47 所示。

指令格式

①助记符：IST。
②功能号：FNC60。
③源操作数[S]：X、Y、M、S，8个连续元件。
④目标操作数[D]：S(S20～S899)。
⑤功能：与STL指令配合应用，用于自动设置多种工作方式的系统的顺序控制编程。

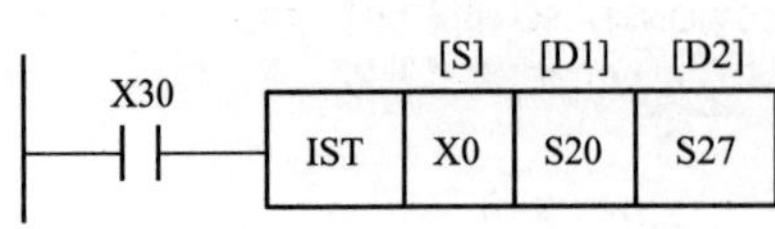

当X30为ON时，IST指令执行，将X0为起始编号的8个连续元件进行功能定义，S20为自动操作的最小编号状态继电器，S27为自动操作的最大编号状态继电器。
功能定义如下：
①X0手动；②X1回原点；③X2单步；④X3单周；⑤X4连续运行；⑥X5回原点启动；⑦X6自动启动；⑧X7停止。
注意：
IST指令只能使用一次，它放在程序开始地方，STL指令放在其后

图 4-47　初始状态指令的格式及应用举例

（2）数据查找指令

数据查找指令的格式及应用举例如图 4-48 所示。

指令格式

①助记符：SER。
②功能号：FNC61。
③源操作数[S1]：KnX、KnY、KnM、KnS、T、C、D。
④源操作数[S2]：K、H、KnX、KnY、KnM、KnS、T、C、D、V、Z。
⑤目标操作数[D]：KnY、KnM、KnS、T、C、D。
⑥功能：当执行条件满足时，SER指令执行，从源操作数[S1]为首编号的*n*个元件中查找与[S2]相等的数据，查找结果存在目标操作数[D]为首的*n*个连续元件中。

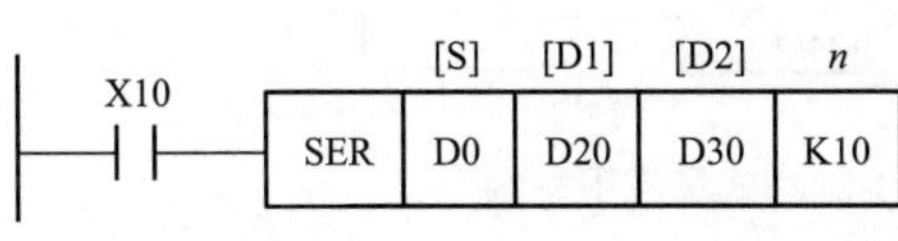

当X10为ON时，SER指令执行，在D0为首的10个连续元件中查找与D20相等的数据，查找结果放在以D30为首的5个连续元件中。
从D30起的连续5个元件含义为：
D30：储存数据相同元件的个数；D31、D32：储存第一个和最后一个数据相同元件的位置；D33：存放最小数据元件的位置；D34：存储最大数据元件的位置

图 4-48　数据查找指令的格式及应用举例

（3）示教定时器指令

示教定时器指令的格式及应用举例如图 4-49 所示。

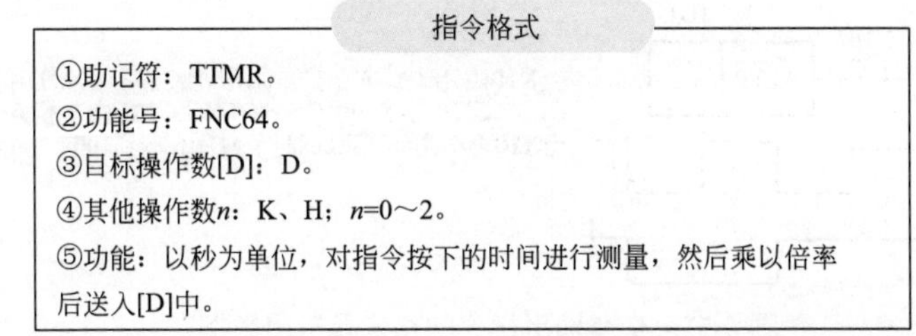

指令格式

①助记符：TTMR。
②功能号：FNC64。
③目标操作数[D]：D。
④其他操作数*n*：K、H；*n*=0～2。
⑤功能：以秒为单位，对指令按下的时间进行测量，然后乘以倍率后送入[D]中。

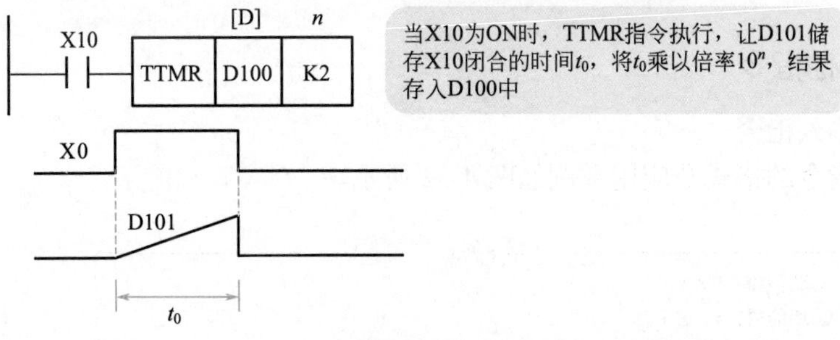

图 4-49　示教定时器指令的格式及应用举例

（4）特殊定时器指令

特殊定时器指令的格式及应用举例如图 4-50 所示。

指令格式

①助记符：STMR。
②功能号：FNC65。
③源操作数[S]：T(T0～T199)。
④其他操作数n：K、H；n=1～32767。
⑤目标操作数[D]：Y、M、S；4个连续编号。
⑥功能：用于产生延时断开定时、单脉冲定时和闪动定时。

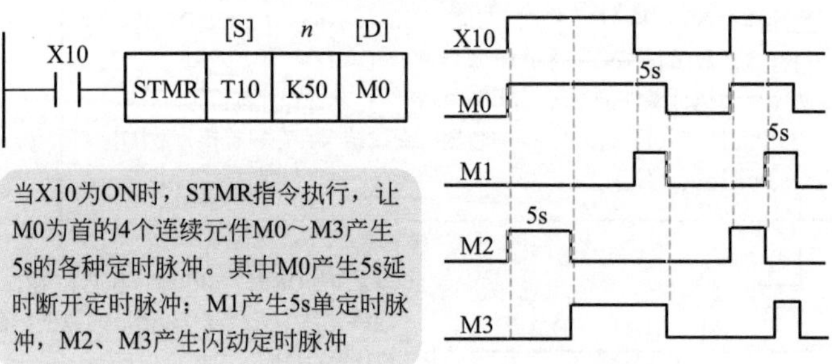
[S]
n
[D]
X10
STMR
T10
K50
M0
X10
M0
M1
M2
M3
5s
当X10为ON时，STMR指令执行，让M0为首的4个连续元件M0～M3产生5s的各种定时脉冲。其中M0产生5s延时断开定时脉冲；M1产生5s单定时脉冲，M2、M3产生闪动定时脉冲

图 4-50　特殊定时器指令的格式及应用举例

（5）交替输出指令

交替输出指令的格式及应用举例如图 4-51 所示。

指令格式

①助记符：ALT。
②功能号：FNC66。
③目标操作数[D]：Y、M、S。
④功能：产生交替输出脉冲。

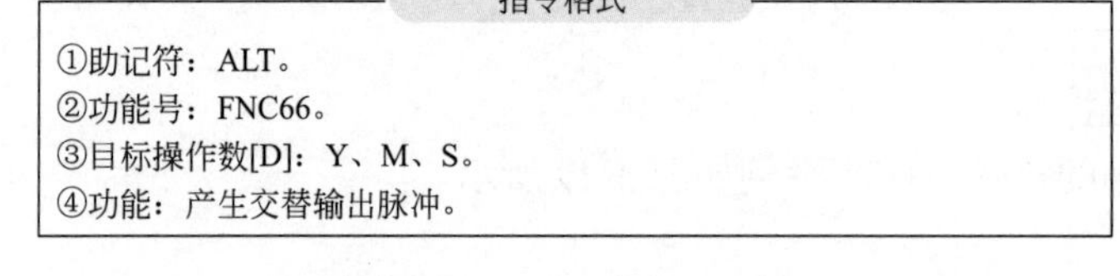

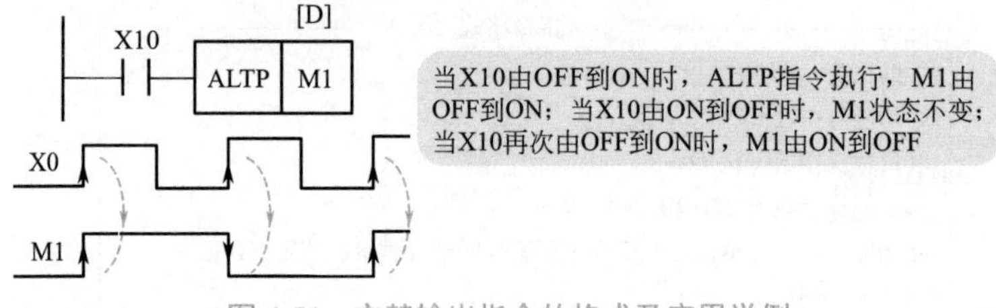
[D]
X10
ALTP
M1
当X10由OFF到ON时，ALTP指令执行，M1由OFF到ON；当X10由ON到OFF时，M1状态不变；当X10再次由OFF到ON时，M1由ON到OFF
X0
M1

图 4-51　交替输出指令的格式及应用举例

4.2.8　其他指令

（1）10 键输入指令

10 键输入指令的格式及应用举例如图 4-52 所示。

指令格式

①助记符：TKY。
②功能号：FNC70。
③源操作数[S]：X、Y、M、S；10个连续元件。
④目标操作数[D1]：KnY、KnM、KnS、T、C、D、V、Z。
⑤目标操作数[D2]：X、Y、M、S；11个连续元件。
⑥功能：将[S]为起始编号的10个端子输入数据输入[D1]中，同时将[D2]起始地址的10个相应位元件置位。

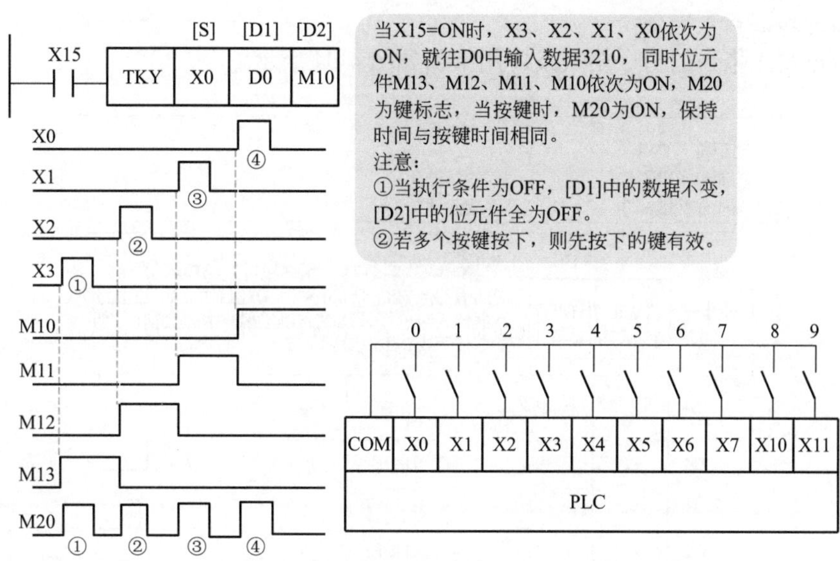

图 4-52　10 键输入指令的格式及应用举例

（2）七段译码指令

七段译码指令的格式及应用举例如图 4-53 所示。

指令格式

①助记符：SEGD。
②功能号：FNC73。
③源操作数[S]：K、H、KnY、KnM、KnS、T、C、D、V、Z。
④目标操作数[D]：KnY、KnM、KnS、T、C、D、V、Z。
⑤功能：将源操作数[S]中的低4位转换成7段显示格式数据，再保存到目标操作数[D]中，源操作数中的高位数不变。

[S]　[D]
X10
SEGD　D0　K2Y0

当X10=ON时，将源操作数D0中的低4位转换成7段显示格式数据，再保存到目标操作数Y0～Y7中，源操作数中的高位数不变

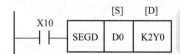

[S]	段显示	[D] B0	B1	B2	B3	B4	B5	B6		[S]	段显示	[D] B0	B1	B2	B3	B4	B5	B6
0		1	1	1	1	1	1	0		8		1	1	1	1	1	1	1
1		0	1	1	0	0	0	0		9		1	1	1	0	0	1	1
2		1	1	0	1	1	0	1	B0	A		1	1	1	0	1	1	1
3		1	1	1	1	0	0	1	B5 B6 B1 B4 B2	B		0	0	1	1	1	1	1
4		0	1	1	0	0	1	1	B3	C		1	0	0	1	1	1	0
5		1	0	1	1	0	1	1		D		0	1	1	1	1	0	1
6		1	0	1	1	1	1	1		E		1	0	0	1	1	1	1
7		1	1	1	0	0	0	0		F		1	0	0	0	1	1	1

图 4-53　七段译码指令的格式及应用举例

（3）时钟数据写入指令

时钟数据写入指令的指令格式及应用举例如图 4-54 所示。

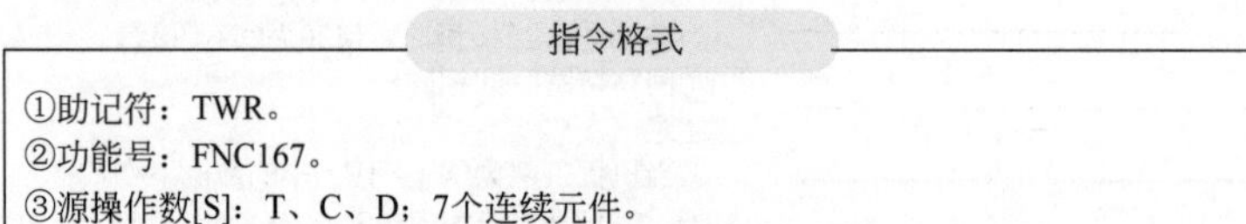

指令格式
①助记符：TWR。
②功能号：FNC167。
③源操作数[S]：T、C、D；7个连续元件。

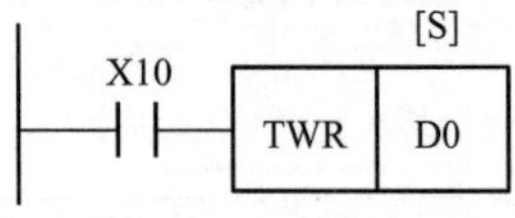

当X10=ON时，TWR指令执行，将D0～D6中的时间值写入D8018～D8013、D8019中。将D0中的数据作为年值写入D8018中，将D6中的数据作为星期值写入D8019中

[S]	项目	时钟数据		元件	项目
D0	年	0～99	→	D8018	年
D1	月	1～12	→	D8017	月
D2	日	1～31	→	D8016	日
D3	时	0～23	→	D8015	时
D4	分	0～59	→	D8014	分
D5	秒	0～59	→	D8013	秒
D6	星期	0～6	→	D8019	星期

图 4-54　时钟数据写入指令的指令格式及应用举例

（4）时钟数据读出指令

时钟数据读出指令的格式及应用举例如图 4-55 所示。

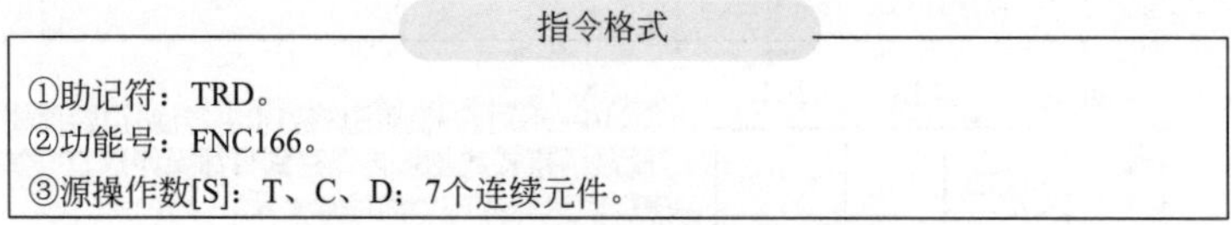

指令格式
①助记符：TRD。
②功能号：FNC166。
③源操作数[S]：T、C、D；7个连续元件。

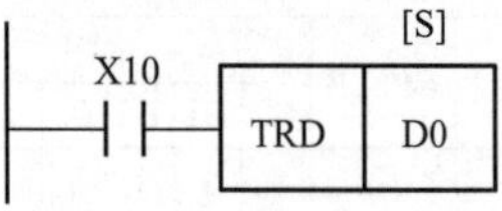

当X10=ON时，TRD指令执行，将D8018～D8013、D8019中的时间值读入D0～D6中。将D8018中的数据作为年值写入D0中，将D8019中的数据作为星期值写入D6中

[S]	项目	时钟数据		元件	项目
D8018	年	0～99	→	D0	年
D8017	月	1～12	→	D1	月
D8016	日	1～31	→	D2	日
D8015	时	0～23	→	D3	时
D8014	分	0～59	→	D4	分
D8013	秒	0～59	→	D5	秒
D8019	星期	0～6	→	D6	星期

图 4-55　时钟数据读出指令的格式及应用举例

第5章 三菱 PLC 的控制系统设计

PLC 是整个电气控制系统的核心，实现对生产过程的控制。PLC 特有的扫描周期工作方式的软件和相应的配套硬件组成一个完整的应用系统。PLC 的执行速度和应用系统的使用寿命与软件的设计方案密切相关，直接影响控制系统的系统性能。本章节就结合 PLC 自身的一些特点来进行控制系统的设计。

5.1 PLC 控制系统的设计概述

5.1.1 PLC 控制系统设计的基本原则

① 尽可能地实现控制要求。设计前应该充分了解被控对象的控制要求，这是实现 PLC 控制性能的前提，也是设计的首要原则。这就要求设计人员首先进行现场调查研究，与现场的机械设计人员进行交流探讨，明确控制任务和要求；其次收集现场的实用资料，查阅先进的设计技术资料；最后与现场的工程技术人员和工程管理人员确定控制方案，着力解决设计中的重点问题和疑难问题。

② 保证控制系统的可靠、安全。工业过程控制要求长期安全可靠运行，并且在非正常情况下也能够正常运行，这就要求设计者在系统设计、元器件选型、软件编程方面能够全面地考虑工况，保证系统的平稳运行。

③ 力求操作简单、经济实用和维修方便。企业投入新的控制系统首先是追求产品质量和数量，其次是能够降低成本，这样才能够带来更大的经济效益和社会效益。这就要求系统操作简单、降低人工成本，维护方便、降低使用成本。

④ 选择 PLC 时，要考虑生产和工艺改进所需的裕量。在设计时，要考虑到企业扩大生产规模、控制系统的发展完善等需要，在输入、输出模块、I/O 端子数等方面留有裕量，满足以后的持续改进。

5.1.2 PLC 控制系统设计的基本内容

① 选择合适的用户输入设备、输出设备以及输出设备驱动的控制对象。
② 分配 I/O，设计电气接线图，考虑安全措施。
③ 选择适合系统的 PLC。
④ 设计程序。
⑤ 调试程序，包括模拟调试和联机调试。
⑥ 设计控制柜，编写系统交付使用的技术文件：说明书、电气图、电气元件明细表等。
⑦ 验收、交付使用。

5.1.3 PLC 控制系统设计的一般步骤

① 分析生产工艺过程。
② 根据控制要求确定所需的用户输入、输出设备，分配 I/O。
③ 选择 PLC。
④ 设计 PLC 接线图以及电气施工图。
⑤ 进行程序设计和控制柜接线施工。

5.1.4 PLC 程序设计的步骤

① 对于复杂的控制系统，最好绘制编程流程图，相当于设计思路。

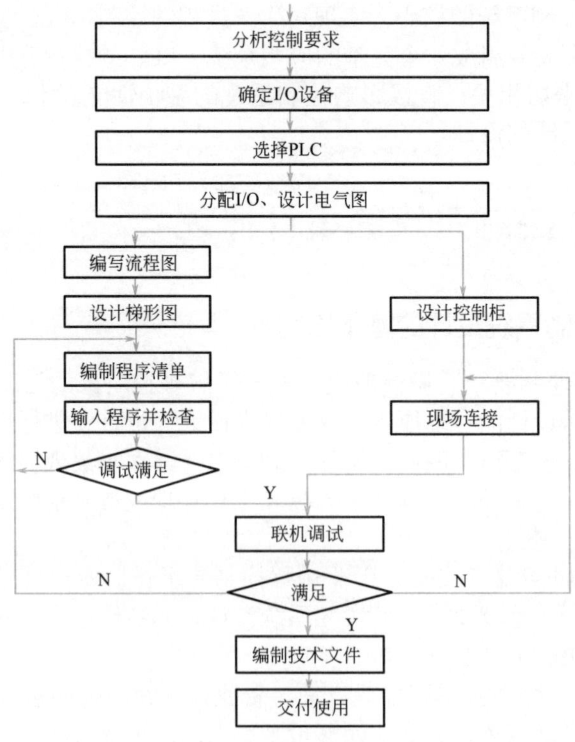

图 5-1 设计步骤框图

② 设计梯形图。

③ 程序输入 PLC 模拟调试，修改，直到满足要求为止。

④ 现场施工完毕后进行联机调试，直至可靠地满足控制要求。

⑤ 编写技术文件。

⑥ 交付使用。

图 5-1 为设计步骤框图。

5.1.5 PLC 控制系统设计步骤

（1）系统设计与方案制订

① 分析需要控制的设备或系统，先根据主要的控制功能大致确定一个初步的控制方案，然后再完善细节。PLC 最主要的目的是控制外部系统，这个系统可能是单个机器、机群或一个生产过程。

② 将所有的输入输出控制列表，需要监控、显示的部分等功能全部列出，与现场工程技术人员、工程管理者共同确立一个控制系统整体方案。

（2）I/O 赋值（分配输入输出）

将需要控制的设备或系统的输入、输出信号进行赋值，与 PLC 的输入编号相对应。选择合适的 PLC 机型，根据需要考虑是否需要扩展。同时为了保证设备的生产和技术发展的需求一般要保留 10% 的裕量，根据工程的需要还要考虑到存储容量、质量执行速度和执行精度的要求，尽量选择大品牌的产品。

（3）设计控制原理图

① 设计出较完整的控制草图。

② 通过分配的 I/O 端子与各输入输出执行元件对应，编写控制程序。

③ 在达到控制目的的前提下尽量简化程序。

（4）程序写入 PLC、安装硬件

将程序写入可编程控制器，有条件的情况下进行一下仿真测试，这样可以在不受外界条件影响的情况下找出一些错误，更好地保证程序的质量。根据总体的控制要求进行安装硬件电路、布线、调试。

（5）编辑、调试、修改程序

将编辑好的程序下载到 PLC 中去，进行联机调试。调试时可以将各个控制系统分成功能块插入结束符，进行逐块调试，最后进行联机调试。调试过程中如果有什么不合适的地方及时进行程序和硬件的调整。调试完成后书写产品使用说明书等相应的技术文件，为后续现场操作提供技术指导。

（6）监视运行情况

在监视方式下，监视控制程序的每个动作是否正确，如不正确返回步骤（5）。如果正确备份程序，则应添加必要的注释，为后期维护和调整减少工作量。

5.2 PLC 的系统控制程序设计方法

PLC 的控制作用是靠执行用户程序实现的，因此须将控制要求用程序的形式表现出来。程序编制就是通过特定的语言将控制要求描述出来的过程。梯形图程序设计是 PLC 应用中最关键的问题。PLC 用户程序是用户根据被控对象工艺过程的控制要求和现场信号，利用 PLC 厂家提供的程序编制语言编写的应用程序。

程序设计方法有很多，包括经验设计法、逻辑设计法、移植设计法、顺序控制设计法等，本章节就通过梯形图的形式进行讲解。

5.2.1 经验设计法

在发展初期，沿用了设计继电器电路图的方法来设计梯形图程序，即在已有的典型梯形图的基础上，根据被控对象对控制的要求，不断地修改和完善梯形图。有时需要多次反复地调试和修改梯形图，不断地增加中间编程元件和触点，最后才得到一个较为满意的结果。这种设计方法没有规律可循，设计所用时间和设计质量与设计者的经验有很大关系，经验设计法用于简单的梯形图设计。

经验设计法的设计步骤如下。

① 准确了解系统的控制要求，合理确定输入、输出端子。

② 根据输入、输出关系，表达出程序的关键点。关键点的表达往往通过一些典型的环节，如启保停电路、互锁电路、延时电路等。需要强调的是，这些典型电路是掌握经验设计法的基础，请读者务必牢记。

③ 在完成关键点的基础上，针对系统的最终输出进行梯形图程序的编制，即初步绘出草图。

④ 检查完善梯形图程序。在草图的基础上，按梯形图的编制原则检查梯形图，补充遗漏功能，更改错误、合理优化，从而达到最佳的控制要求。

例 5.1 红绿黄蓝 4 只小灯循环点亮控制

（1）控制要求

按下启动按钮 SB1，4 只小灯以“红→绿→黄→蓝”的模式每隔 3s 循环点亮；按下停止按钮，4 只小灯全部熄灭。

（2）元件说明

① 明确控制要求，确定 I/O 端子，如表 5-1 所示。

表 5-1 小灯循环点亮控制 I/O 分配

PLC 软元件	控制说明
X0	启动按钮
X1	停止按钮
Y0	红灯
Y1	绿灯
Y2	黄灯
Y3	蓝灯

② 确定关键点，针对最终输出设计梯形图程序并完善。由小灯的工作过程可知，该控制属于简单控制，因此首先构造启保停电路，又由于小灯每隔 3s 循环点亮，因此想到用 4 个定时器控制 4 盏小灯。4 盏小灯循环点亮控制梯形图，如图 5-2 所示。

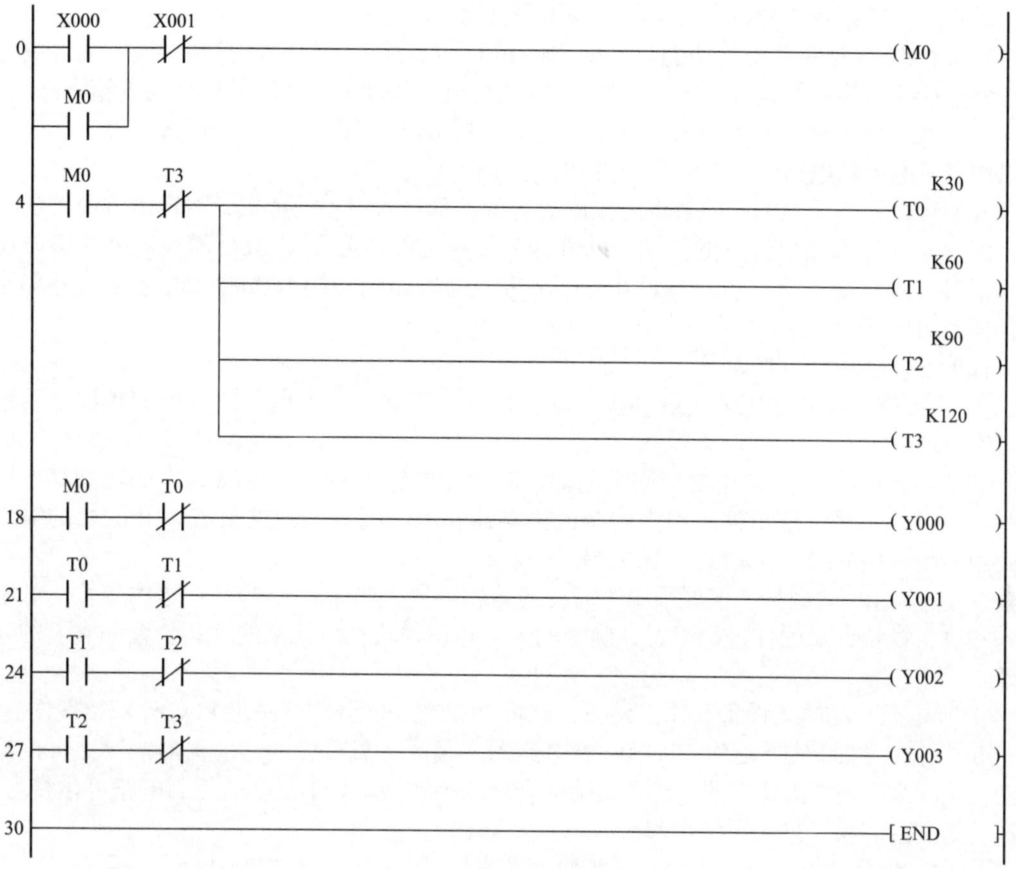

```
0   X000  X001                         (M0)
    M0
4   M0    T3                      K30  (T0)
                                  K60  (T1)
                                  K90  (T2)
                                  K120 (T3)
18  M0    T0                           (Y000)
21  T0    T1                           (Y001)
24  T1    T2                           (Y002)
27  T2    T3                           (Y003)
30                                     [END]
```

图 5-2　控制程序

程序说明

① 常开触点 X0 闭合线圈 M0 得电自锁，M0 常开触点闭合，T0、T1、T2 开始计时，Y0 开始得电，红灯亮起。

② 当 T0 定时时间到，T0 常闭触点断开，线圈 Y0 断电，红灯灭；T0 常开触点闭合，线圈 Y1 得电，绿灯亮。

③ 当 T1 定时时间到，T1 常闭触点断开，线圈 Y1 断电，绿灯灭；T1 常开触点闭合，线圈 Y2 得电，黄灯亮。

④ 当 T2 定时时间到，T2 常闭触点断开，线圈 Y2 断电，黄灯灭；T2 常开触点闭合，线圈 Y3 得电，蓝灯亮。

⑤ 当 T3 定时时间到，T3 常闭触点断开，线圈 Y3 断电，蓝灯灭；T0、T1、T2、T3 断电，又开始重新计时。

5.2.2　移植设计法

PLC 控制取代继电器控制已是大势所趋，如果用 PLC 改造继电器控制系统，根据原有的继电器电路图来设计梯形图显然是一条捷径。这是由于原有的继电器控制系统经过长期的使用和考验，已经被证明能完成系统要求的控制功能，而继电器电路图又与梯形图有很多相似之处，因此可以将继电器电路图经过适当的“翻译”，从而设计出具有相同功能的 PLC

梯形图程序，所以将这种设计方法称为移植设计法。

在分析PLC控制系统的功能时，可以将PLC想象成一个继电器控制系统中的控制箱。PLC外部接线图描述的是这个控制箱的外部接线，PLC的梯形图程序是这个控制箱内部的“线路图”，PLC输入继电器和输出继电器是这个控制箱与外部联系的“中间继电器”，这样就可以用分析继电器电路图的方法来分析PLC控制系统。

我们可以将输入继电器的触点想象成对应的外部输入设备的触点，将输出继电器的线圈想象成对应的外部输出设备的线圈。外部输出设备的线圈除了受PLC的控制外，可能还会受外部触点的控制。用上述的思想就可以将继电器电路图转换为功能相同的PLC外部接线图和梯形图。

移植设计法设计步骤如下。

① 了解被控设备的工艺过程和机械动作情况，根据继电器电路图分析和掌握控制系统的工作原理。

② 确定继电器电路图中的中间继电器、时间继电器等各器件与PLC中的辅助继电器和定时器的对应关系。继电器电路中的交流接触器和电磁阀等执行机构如果用PLC的输出位来控制，则它们的线圈在PLC的输出端。

③ 选择PLC的型号，根据系统所需要的功能和规模选择CPU模块、电源模块、数字量输入和输出模块，对硬件进行组态，确定输入、输出模块在机架中的安装位置和它们的起始地址。

④ 确定系统的输入设备和输出设备，进行PLC的I/O分配，画出PLC外部接线图。

⑤ 根据上述的对应关系，将继电器电路图“翻译”成对应的“准梯形图”，再根据梯形图的编程规则将“准梯形图”转换成结构合理的梯形图。对于复杂的控制电路可化整为零，先进行局部的转换，最后再综合起来。

⑥ 对转换后的梯形图一定要仔细校对、认真调试，以保证其控制功能与原图相符。

继电器电路符号与梯形图电路符号对应情况如表5-2所示。

表5-2 继电器电路符号与梯形图电路符号对应表

梯形图电路			继电器电路	
元件	符号	常用地址	元件	符号
常开触点	─┤├─	X、Y、M、T、C	按钮、接触器、时间继电器、中间继电器的常开触点	[symbol]
常闭触点	─┤/├─	X、Y、M、T、C	按钮、接触器、时间继电器、中间继电器的常闭触点	[symbol]
线圈	──(　)	Y、M	接触器、中间继电器线圈	[symbol]
定时器	K_ ──(T0)	T	时间继电器	[symbol]

例 5.2　三相异步电动机星三角降压启动控制

（1）控制要求

设计一个三相异步电动机星 - 三角降压启动控制程序，要求合上电源开关，按下启动按钮 SB2 后，电机以星形连接启动，开始转动 5s 后，KM3 断电，星形启动结束。为了有效防止电弧短路，要延时 300ms 后，KM2 接触器线圈得电，电动机按照三角形连接转动。

（2）元件说明

元件说明见表 5-3。

表 5-3　元件说明

PLC 软元件	控制说明
X0	停止按钮 SB1，按下时，X0 状态为由 On → Off;
X1	起动按钮 SB2，按下时，X0 状态由 Off → On;
X2	接触器 1 动合触点，闭合时，X2 状态由 Off → On;
X3	接触器 2 动合触点，闭合时，X3 状态由 Off → On;
Y0	主交流接触器 KM1
Y1	三角形连接接触器 KM2
Y2	星形连接接触器 KM3

（3）绘制外部接线图

星三角启动电路图如图 5-3 所示，外部接线图如图 5-4 所示。

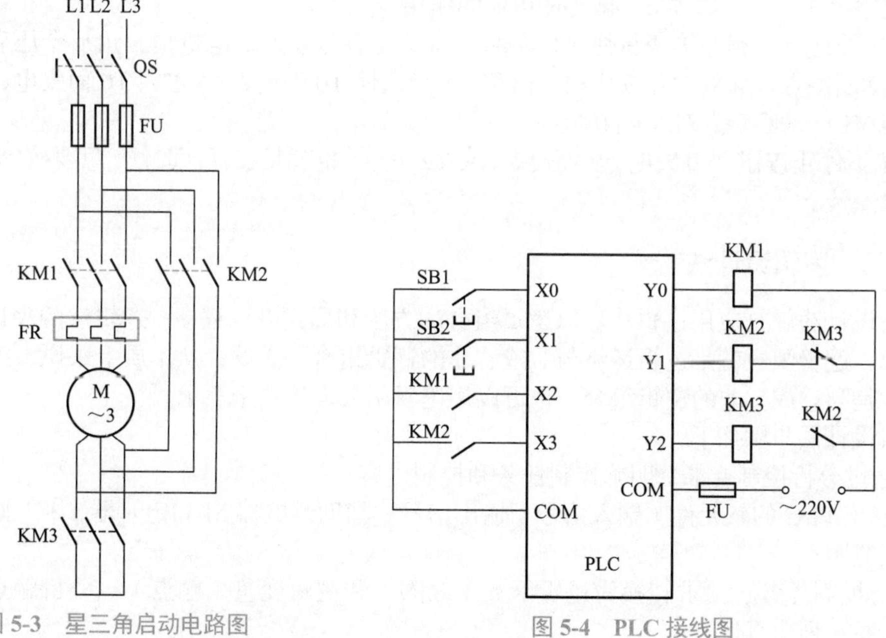

图 5-3　星三角启动电路图

图 5-4　PLC 接线图

（4）控制程序

见图 5-5。

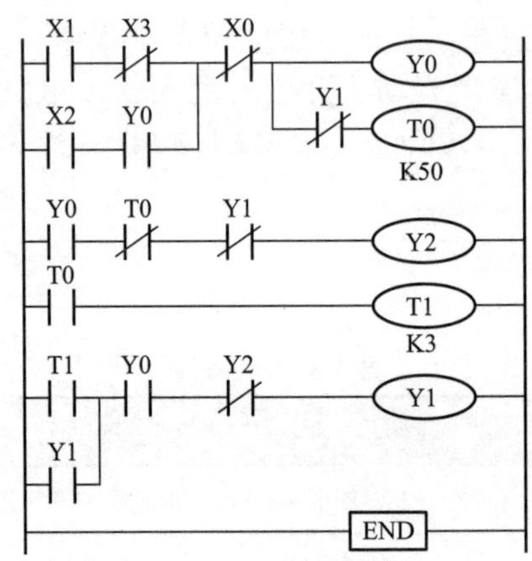

图 5-5 星三角降压启动控制程序

程序说明

① 按下启动按钮后，Y0 导通，KM1 主触点动作，这时如 KM1 无故障，则其动合触点闭合，X2 的动合触点闭合，与 Y0 的动合触点串联，对 Y0 形成自锁。同时，定时器 T0 开始计时，计时 5s。

② Y0 导通，其动合触点闭合，程序第 2 行中，后面的两个动断触点处于闭合状态，从而使 Y2 导通，接触器 KM3 主触点闭合，电机星形启动。当 T0 计时 5s 后，使 Y2 断开，即星形启动结束。该行中的 Y1 动断触点起互锁作用，保证若已进入三角形全压启动时，接触器 KM3 呈断开状态。

③ T0 定时到的同时，也就是星形启动结束后，为防止电弧短路，需要延时接通 KM2，因此，程序第 3 行的定时器 T1 起延时 0.3s 的作用。

④ T1 导通后，程序第 4 行使 Y1 导通，KM2 主触点动作，电机呈三角形全压启动。这里的 Y2 动断触点也起到软互锁作用。由于 Y1 导通使 T0 失电，T1 也因 T0 而失电，因此，程序中用 Y1 的动断触点对 Y1 自锁。

⑤ 按下停止按钮，Y0 失电，从而使 Y1 或 Y2 失电，也就是在任何时候，只要按停止按钮，电机都将停转。

5.2.3 逻辑设计法

逻辑设计法就是应用逻辑代数以逻辑组合的方法和形式设计程序。逻辑法的理论基础是逻辑函数，逻辑函数就是逻辑运算与、或、非的逻辑组合。因此，从本质上来说，PLC 梯形图程序就是与、或、非的逻辑组合，也可以用逻辑函数表达式来表示。

逻辑设计法步骤如下：

① 通过分析控制要求，明确控制任务和控制内容；

② 确定 PLC 的软元件（输入信号、输出信号、辅助继电器 M 和定时器 T），画出 PLC 的外部接线图；

③ 将控制任务、要求转换为逻辑函数（线圈）和逻辑变量（触点），分析触点与线圈的逻辑关系，列出真值表；

④ 写出逻辑函数表达式；

⑤ 根据逻辑函数表达式画出梯形图；

⑥ 优化梯形图。

例 5.3　风机的运行监控

（1）控制要求

在一个小型煤矿的通风口，由 4 台电动机驱动 4 台风机运转。为了保证矿井内部的氧气浓度和瓦斯浓度在正常的范围内，设计过程中要求至少 3 台电动机同时运行。因此用绿、黄、红三色的指示灯对电动机的运行状态进行指示，保证安全状态。当三台以上的电动机运行时，表示通风系统通风良好；当两台电动机运行时，表示通风状况不佳，需要处理；当少于一台电动机运转时，需要疏散人员和排除故障。其 PLC 接线情况如图 5-6 所示。

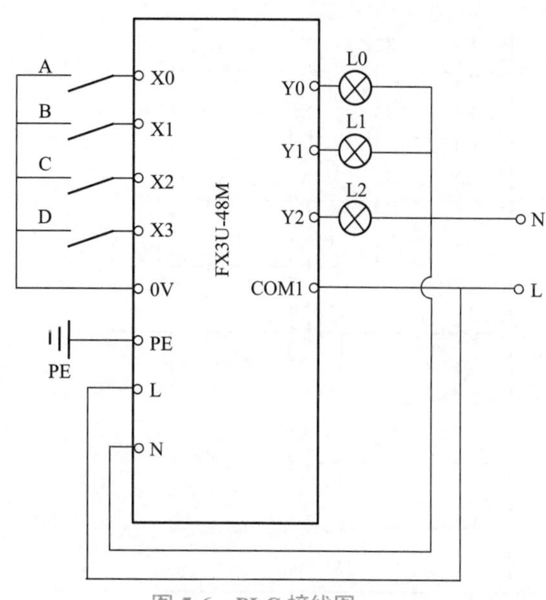

图 5-6　PLC 接线图

（2）元件说明

元件说明如表 5-4 所示。

表 5-4　元件说明

PLC 软元件	控制说明
X0	A 电动机运行状态检测传感器
X1	B 电动机运行状态检测传感器
X2	C 电动机运行状态检测传感器
X3	D 电动机运行状态检测传感器
Y0	绿灯
Y1	黄灯
Y2	红灯

控制程序如图 5-7 所示。

图 5-7

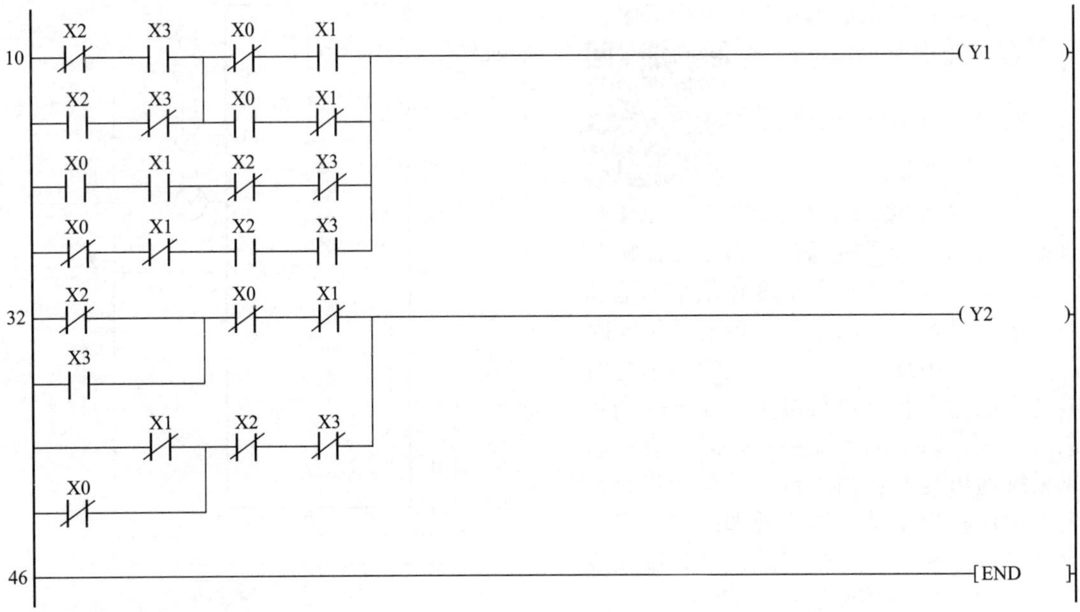

图 5-7　控制程序

程序说明

因为采用逻辑设计法，所以这个程序设计的程序说明就用逻辑表达式来说明。

用“0”表示风机停止和指示灯灭，用“1”表示风机运行和指示灯亮，红灯亮也是用“1”来表示。

① 绿灯亮　这种情况下的工作状态如表 5-5 所示。

表 5-5　绿灯亮真值表

A	B	C	D	L_1
1	1	1	0	1
1	1	0	1	1
1	0	1	1	1
0	1	1	1	1
1	1	1	1	1

由表 5-5 可以得 L_1 的逻辑函数：

$$L_1=AB\overline{C}D+ABC\overline{D}+A\overline{B}CD+\overline{A}BCD+ABCD$$

化简得到：

$$L_1=AB(C+D)+CD(A+B)$$

根据逻辑函数画出梯形图，得到图 5-7 中的 Y0 梯形图。

② 黄灯亮　这种情况下的工作状态如表 5-6 所示。

表 5-6　黄灯亮真值表

A	B	C	D	L_2
1	1	0	0	1

续表

A	B	C	D	L_2
1	0	1	0	1
1	0	0	1	1
0	1	1	0	1
0	0	1	1	1
0	1	0	1	1

由表 5-6 可以得 L_2 的逻辑函数：

$$L_2=AB\overline{C}\,\overline{D}+A\overline{B}C\overline{D}+A\overline{B}\,\overline{C}D+\overline{A}BC\overline{D}+\overline{A}B\overline{C}D+\overline{A}\,\overline{B}CD$$

化简得到：

$$L_2=(\overline{A}B+A\overline{B})(\overline{C}D+C\overline{D})+AB\overline{C}\,\overline{D}+\overline{A}\,\overline{B}CD$$

根据逻辑函数画出梯形图，得到图 5-7 中的 Y1 梯形图。

③ 红灯亮　该种情况下的工作状态如表 5-7 所示。

表 5-7　红灯亮真值表

A	B	C	D	L_3
1	0	0	0	1
0	1	0	0	1
0	0	1	0	1
0	0	0	1	1
0	0	0	0	1

由表 5-7 可得逻辑方程如下：

$$L_1=A\overline{B}\,\overline{C}\,\overline{D}+\overline{A}B\overline{C}\,\overline{D}+\overline{A}\,\overline{B}C\overline{D}+\overline{A}\,\overline{B}\,\overline{C}D+\overline{A}\,\overline{B}\,\overline{C}\,\overline{D}$$

化简后得：

$$L_1=\overline{A}\,\overline{B}(\overline{C}+\overline{D})+\overline{C}\,\overline{D}(\overline{A}+\overline{B})$$

根据逻辑函数画出梯形图，得到图 5-7 中的 Y2 梯形图。逻辑设计法由于难度不大，在数字电路中有设计逻辑函数，此处不再赘述。

5.3　顺序功能图设计法

（1）顺序功能图的组成要素

顺序功能图是一种图形语言，用来编制顺序控制程序。在 PLC 编程语言标准中，顺序功能图被确定为 PLC 位居首位的编程语言。在编写程序的时候，往往根据控制系统的工艺过程，先画出顺序功能图，然后再根据顺序功能图写出梯形图。顺序功能图主要由步、有向连线、转换、转换条件和动作这 5 大要素组成，如图 5-8 所示。它的三大要素是步、转换和转换条件。

① 步：将系统的一个工作周期划分为若干个顺序相连的阶段，这些阶段称为步。用编程元件 S 或 M 来代表各步。

② 有向线段和转换：将两相邻步隔开，步活动状态的进展是由转换来完成的。

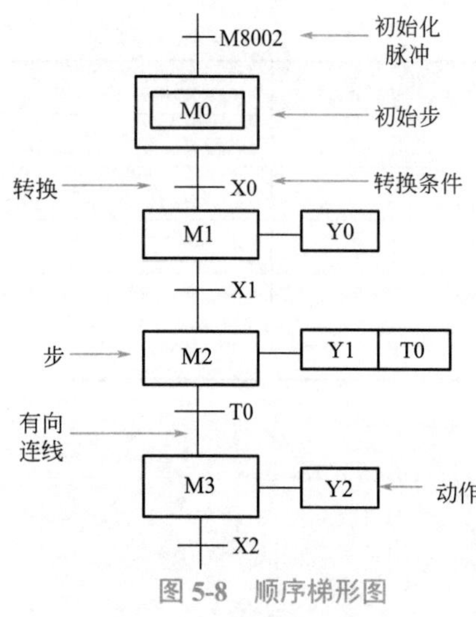

图 5-8 顺序梯形图

③ 转换条件：控制系统从前一步进入下一步的条件。

④ 初始步对应于控制系统的初始状态，是系统运行的起点。一个控制系统至少有一个初始步，初始步用双线框表示。一般用 M0 表示。在顺序功能图中，步的活动状态是由转换的实现来完成的。

（2）梯形图中转换实现的基本原则

① 转换实现的基本条件

在顺序功能图中，步的活动状态的进展是由转换的实现来完成的。转换的实现必须同时满足两个条件：转换的所有前级步都为活动步、相应的转换条件得到满足。以上两个条件缺一不可，若转换的前级步或后续步不止一个时，转换的实现称为同时实现，为了强调同时实现，有向连线的水平部分用双线表示。

② 转换实现完成的操作

使所有由有向连线与相应转换符号连接的后续步都变为活动步；使所有由有向连线与相应转换符号连接的前级步都变为不活动步。

（3）绘制顺序功能图时的注意事项

① 步与步不能直接相连，必须用转移分开。

② 转换与转换不能直接相连，必须用步分开。

③ 步与转换、转换与步之间的连线采用有向线段，画功能图的顺序一般是从上向下或从左到右，正常顺序时可以省略箭头，否则必须加箭头。

④ 一个功能图至少应有一个初始步。

⑤ 在单系列中，只有当某一步的前级步是活动步时，该步才有可能变成活动步。必须用初始化脉冲 M8002 常开触点作为转换条件，将初始步转化为活动步。

例 5.4 机械手搬运工件

（1）控制要求

① 机械手位于初始位置（压合 SQ2、SQ4）时，按下启动按钮 SB，下降电磁阀 YV1 得电，机械手下降直至压合 SQ1 为止。

② 夹紧电磁阀 YV2 得电，同时启动定时器，2.3s 后工件夹紧。

③ 上升电磁阀 YV3 得电，机械手抓起工件上升，直至压合 SQ2 为止。

④ 机械手右移电磁阀 YV4 得电，机械手右移直至压合 SQ3。

⑤ YV1 得电，机械手下降直至压合 SQ1。

⑥ 夹紧电磁阀 YV2 失电，放工件到 B 台，2s 后认定已放松。

⑦ YV3 得电，机械手上升，直至压合 SQ2。

⑧ 机械手向左电磁阀 YV5 得电，机械手左移，直至压合 SQ4，机械手回到原点，完成一个循环，如图 5-9 所示。

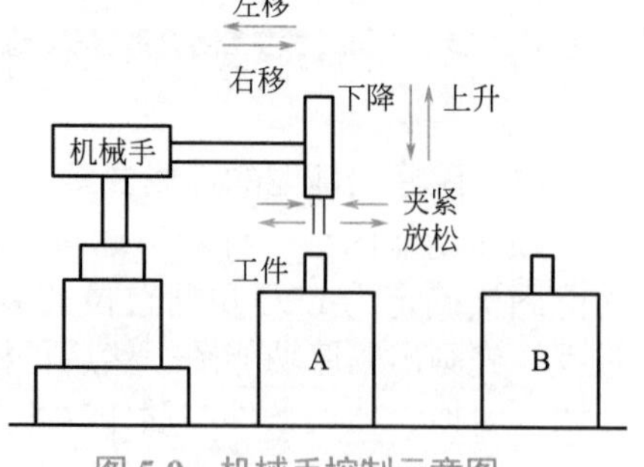

图 5-9 机械手控制示意图

（2）根据控制要求，画出顺序功能图

如图 5-10 所示，控制过程为单一顺序过程。

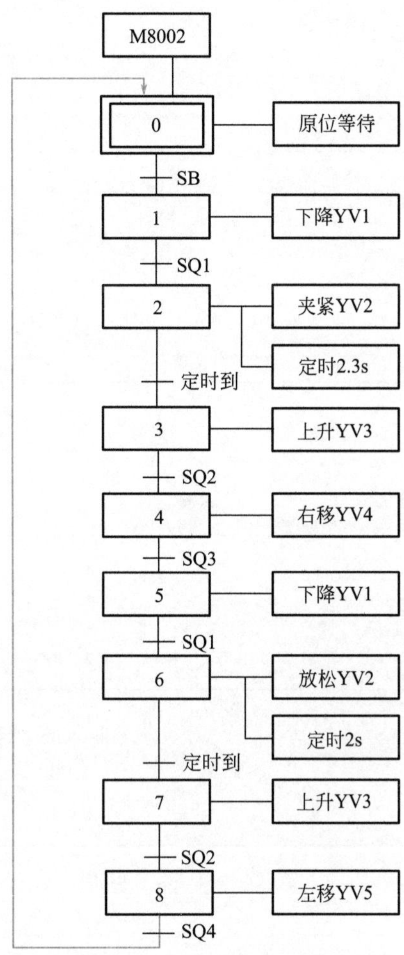

图 5-10　机械手控制顺序功能图

进行 I/O 分配，如表 5-8 所示。根据输入 5 点、输出 5 点，选择 S7 CPU222 AC/DC/ 继电器型。

表 5-8　机械手控制的 I/O 分配

输入		输出		辅助继电器及定时器	
启动开关 SB	X0	下降电磁阀 YV1	Y1	初始步辅助继电器	M0
下限开关 SQ1	X1	夹紧电磁阀 YV2	Y2	第 1 步辅助继电器	M10
上限开关 SQ2	X2	上升电磁阀 YV3	Y3	第 2 步辅助继电器	M11
右限开关 SQ3	X3	右移电磁阀 YV4	Y4	第 3 步辅助继电器	M12
左限开关 SQ4	X4	左移电磁阀 YV5	Y5	第 4 步辅助继电器	M13
				第 5 步辅助继电器	M14
				第 6 步辅助继电器	M15
				第 7 步辅助继电器	M16
				第 8 步辅助继电器	M17
				定时器	T0
				定时器	T1

（3）根据顺序功能图，画出梯形图

如图 5-11 所示。

```
0   M17  X004  M10(NC)  ——(M0)
    M8002
    M0

6   M0   X000  M11(NC)  ——(M10)
    M10

11  M10  X001  M12(NC)  ——(M11)
    M11

16  M11  T0    M13(NC)  ——(M12)
    M12

21  M12  X002  M14(NC)  ——(M13)
    M13

26  M13  X003  M15(NC)  ——(M14)
    M14

31  M14  X001  M16(NC)  ——(M15)
    M15

36  M15  T1    M17(NC)  ——(M16)
    M16

41  M16  X002  M0(NC)   ——(M17)
    M17

46  M11                 ——(T0  K23)
```

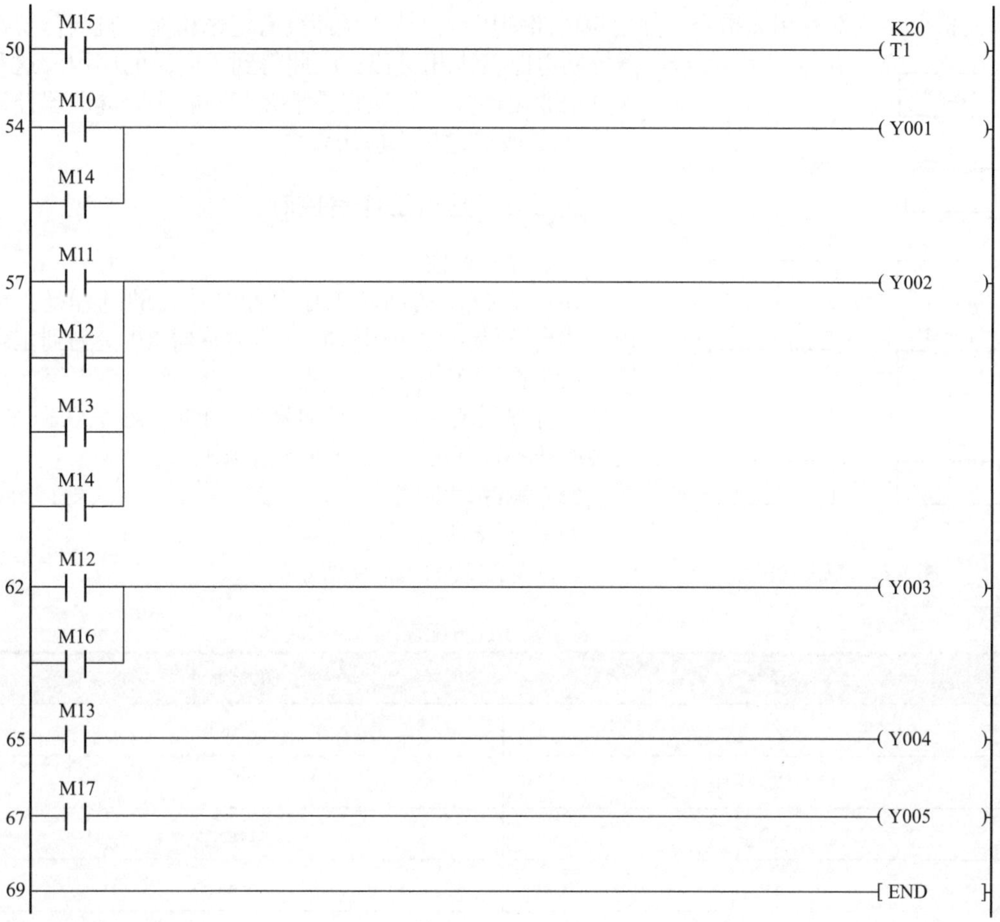

```
50  M15 ─┤ ├──────────────────────────( T1  K20 )
54  M10 ─┤ ├─┬────────────────────────( Y001 )
    M14 ─┤ ├─┘
57  M11 ─┤ ├─┬────────────────────────( Y002 )
    M12 ─┤ ├─┤
    M13 ─┤ ├─┤
    M14 ─┤ ├─┘
62  M12 ─┤ ├─┬────────────────────────( Y003 )
    M16 ─┤ ├─┘
65  M13 ─┤ ├──────────────────────────( Y004 )
67  M17 ─┤ ├──────────────────────────( Y005 )
69  ──────────────────────────────────[ END ]
```

图 5-11　机械手控制梯形图程序

程序说明

① M8002 上电或者是第八步辅助继电器 M17 得电时，同时右移限位开关 X004 得电时，初始步辅助继电器开关 M0 得电。

② 初始步辅助继电器 M0 得电，同时启动开关 X0 得电时，第一步辅助继电器 M10 得电，同理辅助继电器 M11 ～ M17 得电。

③ M11、M15 得电，定时器 T0、T1 得电，定时器开始定时。

④ 辅助继电器 M10 或 M14 得电，下降电磁阀 Y1 得电动作，同理 Y2-Y5 动作。

5.4　启保停电路编程法

启保停电路编程法，其中间编程元件为辅助继电器 M，在梯形图中，为了实现当前级步为活动步且满足转换条件成立时，才进行步的转换，总是将代表前级步的辅助继电器的常开触点与对应的转换条件触点串联，作为激活后续步辅助继电器的启动条件；后续步被激活时，对应的前级步停止，所以用代表后续步的辅助继电器的常闭触点与前级步的电路串联作为停止条件。

启保停电路仅仅使用与触点和线圈有关的指令，无需编程元件做中间环节，各种型号

PLC 的指令系统都有相关指令，加上该电路利用自保持，从而具有记忆功能，且与传统继电器控制电路基本相类似，因此得到了广泛的应用。这种编程方法通用性强，编程容易掌握，一般在原继电器控制系统的 PLC 改造过程中应用较多。

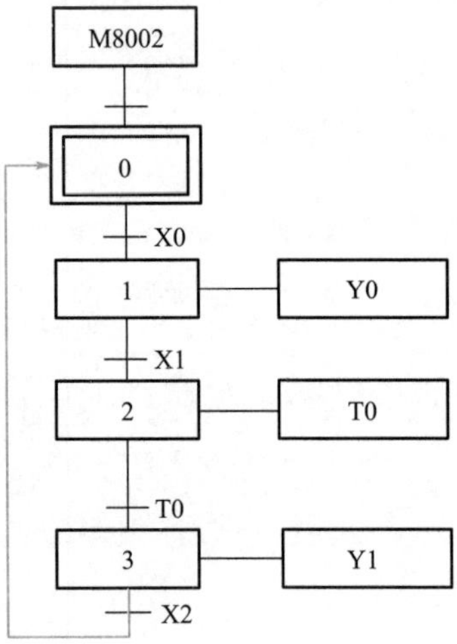

M8002
0
X0
1 Y0
X1
2 T0
T0
3 Y1
X2

图 5-12　顺序功能图

例 5.5　回转工作台控制

（1）控制要求

某 PLC 控制的回转工作台控制钻孔的过程是：当回转工作台不转且钻头回转时，若传感器 X0 检测到工件到位，钻头向下工进 Y0，当钻到一定深度，钻头套筒压到下接近行程开关 X1 时，计时器 T0 计时，4s 后快退 Y1 到上接近开关行程 X2 时，就回到了原位。

（2）顺序功能图

如图 5-12 所示。

I/O 分配表如表 5-9 所示。

表 5-9　I/O 分配表

软元件	控制说明
X0	传感器
X1	行程开关
X2	行程开关
Y0	钻头下行
Y1	钻头上行
T0	定时器定时时间 4s

（3）控制程序

如图 5-13 所示。

0 X000 X001 Y000
Y000
4 X001 T0 K40
8 T0 X002 Y001
Y001
12 END

图 5-13　控制程序

程序说明

① 当传感器 X0 得电时，钻头下行。
② 当行程开关 X1 得电时，定时器开始定时 4s。
③ 定时时间到，钻头上行回到原位。

5.5　置位复位指令编程法

置位复位指令编程法，其中间编程元件为辅助继电器 M，或者是不做步进状态软元件的状态继电器 S，在前级步为活动步且满足转换条件的情况下，后续步被置位，同时前级步被复位。

需要说明，置位复位指令也称以转换为中心的编程法，其中有一个转换就对应有一个置位复位电路块，有多少个转换就有多少个这样电路块。

例 5.6　泳池过滤系统

(1) 控制说明

这是一个泳池的过滤系统，每 4h 水阀换向以清理堵塞物。工件 4h 过滤池水后，停止水泵工作，延时 5s，使它转速慢下来，5s 后，改变水阀的运转方向，重启水泵清理堵塞，运转 15min 后，停止水泵工作，延时 5s 后，改变水阀运转方向，一个工作周期完成。如图 5-14 所示。

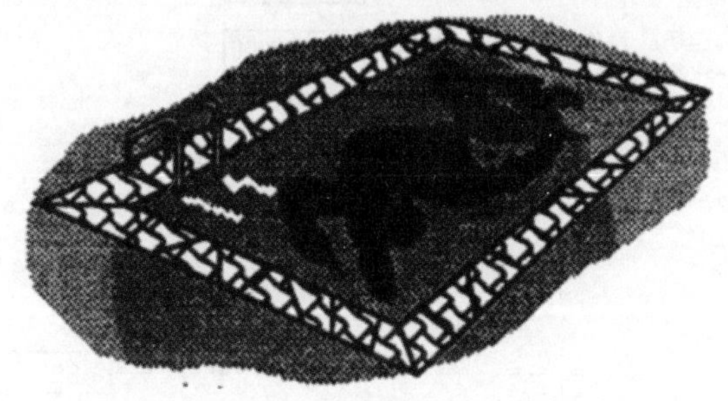

图 5-14　泳池过滤示意图

(2) I/O 分配表

如表 5-10 所示。

表 5-10　I/O 分配表

PLC 软元件	控制说明
M8014	一分钟脉冲
Y0	启动泵
Y1	正常运转阀门设置
Y2	反向运转阀门设置
C000	1 分钟脉冲计数 =4 小时
T0	泵方向时间 =15 分钟
T1	泵电机设定时间
T2	

（3）顺序功能图

如图 5-15 所示。

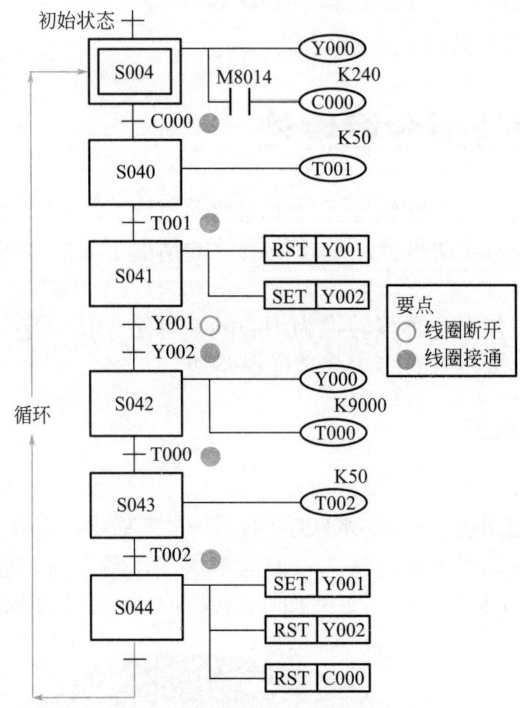

图 5-15　顺序功能图示意图

（4）程序梯形图

如图 5-16 所示。

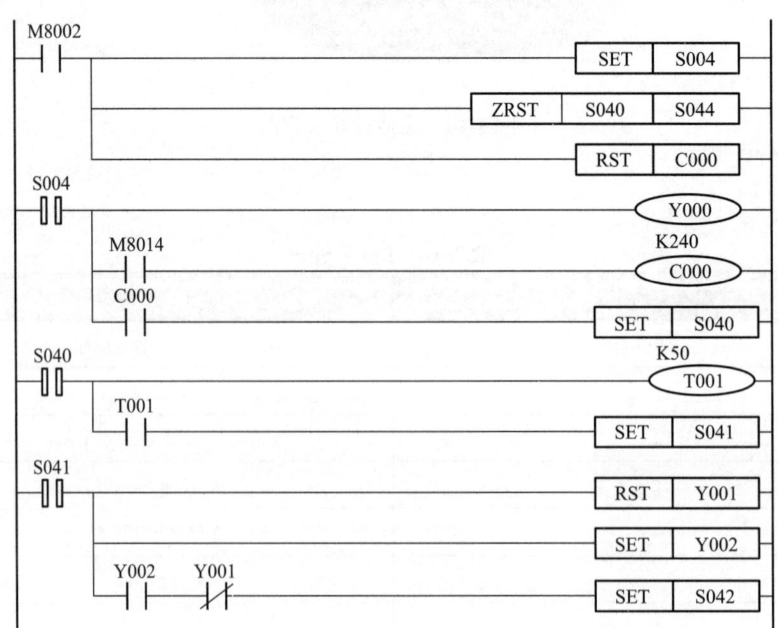

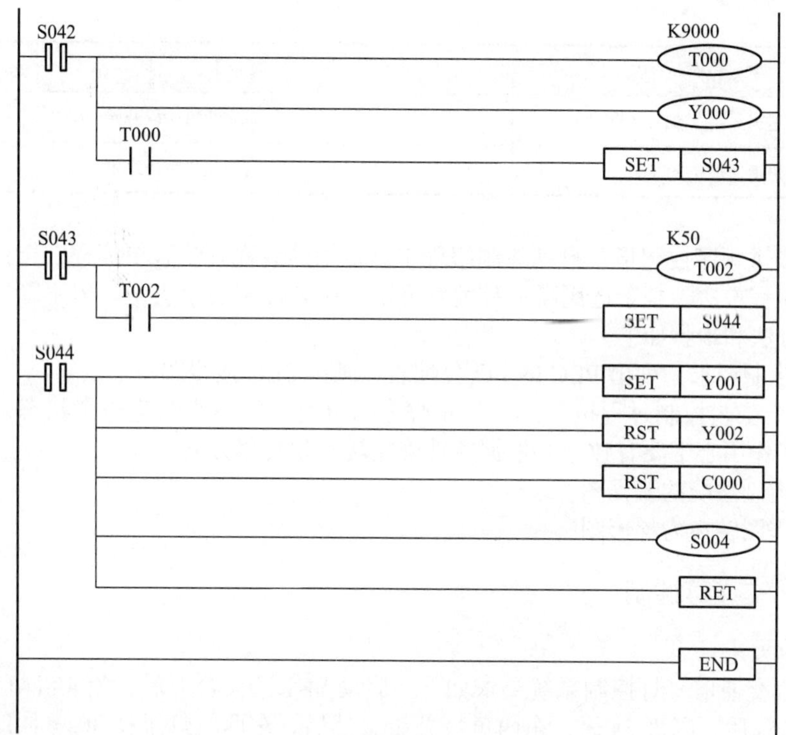

图 5-16　程序梯形图

程序说明

① M8002 是运行监控常开触点，在 PLC 正常运行时是断开的，在运行开始的第一个周期会接通一次，用来初始化状态继电器，M8002 导通，S004 开始置位为 1，S040 ～ S044 初始化，计数其 C000 初始化。

② 状态继电器 S004 导通，水泵开启运转，1min 脉冲开始计数 240 次，正好是 4h 的时间，并置位下一个状态继电器 S040。

③ S040 计时 5s 后置位 S041，S041 导通后正向运转阀门关闭，反向运转阀门导通，并置位下一个状态继电器 S042。

④ S042 导通，启动泵，并开始计时 15min，计时时间到置位下一状态继电器 S043。

⑤ S043 导通后，计时 5s，置位 S044，正向运转阀门导通，反向运转阀门关闭，复位计数器，跳转到 S004 状态继电器，一个周期完成。

5.6　步进指令编程法

三菱 FX 系列 PLC 有一套专门编程法，即步进指令编程法。步进指令编程法通过两条指令实现，这两条指令是步进开始指令 STL 和步进返回指令 RET。

步进指令不能与辅助继电器 M 联用，只能和状态继电器 S 联用才能实现步进功能。其中 S0 ～ S9 用于初始步；S10 ～ S19 用于返回原点。因此顺序功能图中除初始步、回原点步外，其他编号应在 S20 ～ S499 中选择。

步进指令格式如表 5-11 所示。

表 5-11 步进指令格式

名　称	功　能
步进开始指令 STL	标志步进阶段开始
步进返回指令 RET	标志步进阶段结束

PLC 在步进顺序控制指令自动控制编程中，常用的编程方法有单流程、选择性流程和并行性流程的编程方法，至于选用哪一种编程方法由工艺控制要求决定。但不管采用哪一种方法编程，其方法和步骤如下。

① 根据控制要求，列出 PLC 的 I/O 分配表，画出 PLC 接线图。

② 将整个工艺控制过程按工作先后步骤进行分解，每一步对应一个状态，每一个状态的动作要求和作用心中要有数，并根据条件确定转移和转移方向。

③ 画出控制系统的流程图。

④ 将流程图转换为梯形图。

例 5.7　交通灯控制

（1）控制要求

十字路口交通信号灯控制系统要求如下：启动 SB1 开关合上后，南北红灯亮 30s，同时东西绿灯亮 25s 后，闪烁 3s 灭，东西黄灯亮 2s，然后，东西红灯维持 30s，同时南北绿灯亮 25s 后，闪烁 3s 灭，南北黄灯亮 2s。如此循环。按 SB2，系统停止运行。要求用步进顺控指令编程。

（2）编程过程

先将工作要求整理成如表 5-12 所示，理清思路。

表 5-12 信号灯控制的具体要求

东西	信号	绿灯亮	绿灯闪烁	黄灯亮	红灯亮		
	时间	25s	3s	2s	30s		
南北	信号	红灯亮			绿灯亮	绿灯闪烁	黄灯亮
	时间	30s			25s	3s	2s

观察表 5-12 可以发现，该线路实际为东西、南北二路并列运行的照明线路，如东西路绿灯亮 25s 后，转为闪烁 3s，又切换为黄灯亮 2s，紧接着红灯亮 30s。而南北的红灯先亮 30s，转为绿灯亮 25s，又转为绿灯闪烁 3s，最后黄灯亮 2s，二路灯在总时间上刚好吻合，它适合采用并行性分支流程的编程方法。确定了编程方法，后面的编程思路就可围绕它展开。

① 列出 I/O 分配表（表 5-13）、画出 PLC 接线图。

表 5-13 I/O 分配表

输　入			输　出		
元件代号	作用	输入继电器	元件代号	作用	输出继电器
SB1	启动按钮	X0	HL1	东西绿灯	Y0
SB2	停止按钮	X1	HL2	东西黄灯	Y1

续表

输入			输出		
元件代号	作用	输入继电器	元件代号	作用	输出继电器
			HL3	东西红灯	Y2
			HL4	南北红灯	Y3
			HL5	南北绿灯	Y4
			HL6	南北黄灯	Y5

PLC外部接线图如图5-17所示。

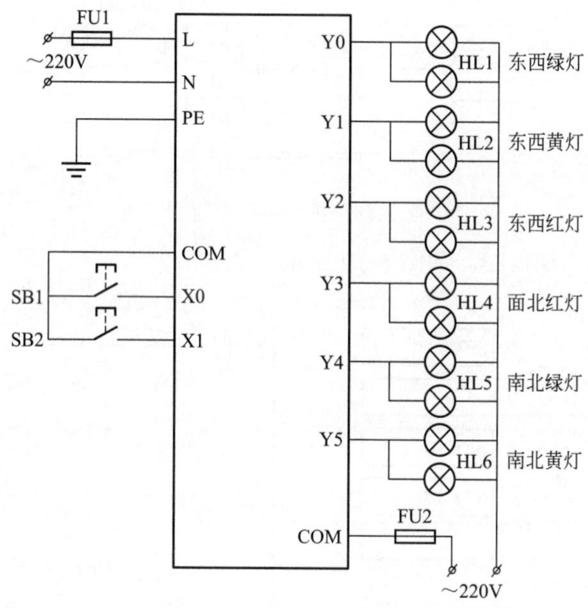

图5-17 PLC外部接线图

② 将整个工艺控制流程按工作先后步骤进行分解，每一步对应一个状态。每一个状态的动作要求和作用要心中有数，并确定转移条件和转移方向。

按步进顺控编程要求，每一个顺序流程图至少应有一个初始状态，故将S0设为初始状态。初始状态一般是处于等待启动命令（或停止复位）时用，其后往往是启动按钮，所以无法实现自动循环，为此应增设循环起始S10状态。同时将二路并列运行从这里进行分支。第一分支：东西路，用状态S20，该状态动作为绿灯亮25S（Y0），转移条件为定时器T0；用状态S21控制绿灯闪烁3s（Y0），转移条件为T1，设状态S22为黄灯亮2s（Y1），转移条件为T2，设状态S23为红灯亮30s（Y2），转移条件为T3，使状态S24进入等待汇合。第二分支：南北路用状态S30，该状态动作为红灯亮30s（Y3），转移条件为定时器T4；用状态S31控制绿灯亮25s（Y4），转移条件为T5，设状态S32为绿灯闪烁3s（Y4），转移条件为T6，设状态S33为黄灯亮2s（Y5），转移条件为T7，使状态S34进入等待汇合。状态S24、S34汇合后转移S10进入循环。

③ 按上述思路，画出控制系统的流程图如图5-18所示。

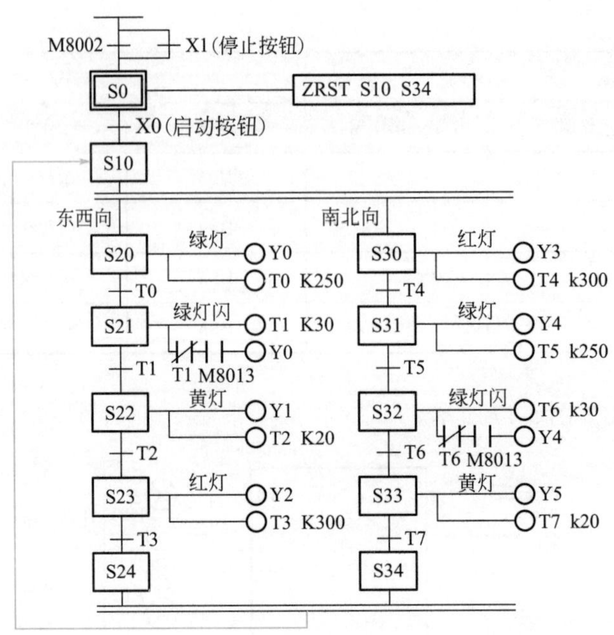

图 5-18 控制系统流程图

④将流程图转换为梯形图，如图 5-19 所示。

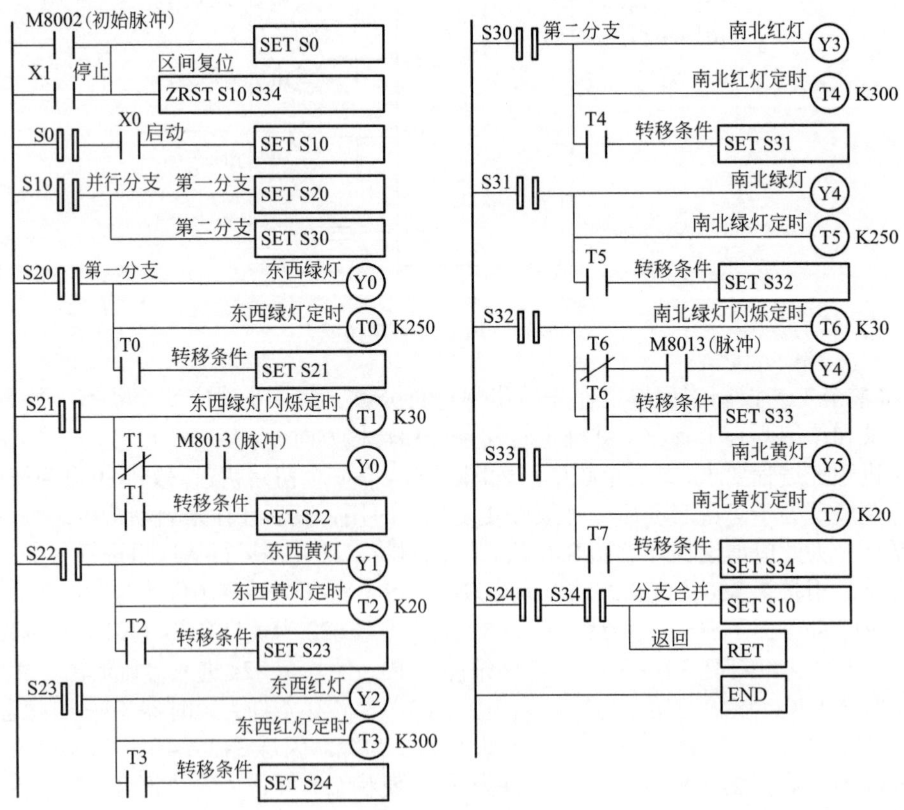

图 5-19 梯形图

程序段中说明已经很详细不再赘述。

第6章 模拟量的控制

6.1 模拟量控制基础知识

6.1.1 模拟量控制简介

在工业控制中，某些输入量（温度、压力、液位和流量等）是连续变化的模拟量信号，某些被控对象也需用模拟信号控制，因此要求 PLC 有处理模拟信号的能力。

PLC 模拟量处理通常有两方面内容：① PLC 将模拟量转换成数字量（A/D 转换）；② PLC 将数字量转换为模拟量（D/A 转换）。

6.1.2 模拟量处理过程

模拟量处理过程如图 6-1 所示。有些被控设备由数字量控制，有些被控设备由模拟量控制，因此图中给了输出的两个去向，即执行机构 1 和执行机构 2。

6.1.3 模块扩展连接

FX 系列 PLC 有一系列的特殊功能模块，如模拟量输入模块、模拟量输出模块、高速计数器模块和定位控制模块等。特殊功能模块通过自带的扁平电缆与基本单元相连，每个 PLC 最多能连接 8 个特殊功能模块，每个特殊功能模块都有自己确定的编号，编号原则：靠近基本单元的为 0 号，依次往下排，直到 7 号，即编号范围为 0 ～ 7。具体如图 6-2 所示。

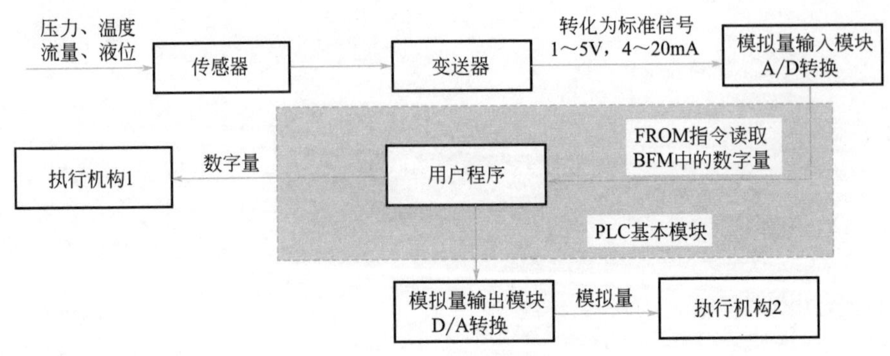

图 6-1　模拟量处理过程

需要说明的是数字量 I/O 扩展模块不占编号，读者需注意。

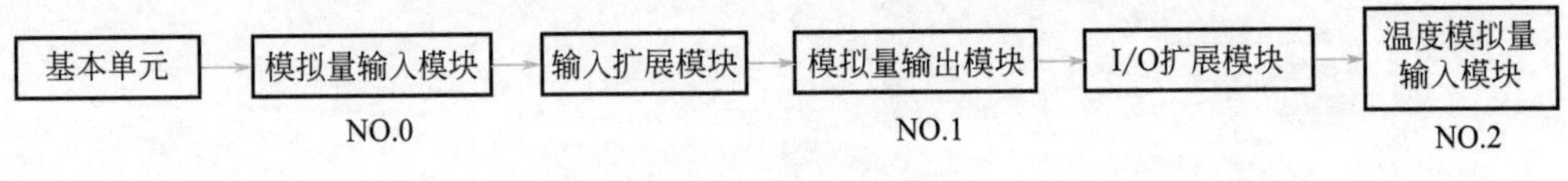

图 6-2　模块扩展连接

6.1.4　PLC 与特殊功能模块间的读写操作

FX3U 系列 PLC 与特殊功能模块间的数据传输和参数设置都是通过 FROM/TO 指令实现的。

（1）FROM 指令

FROM 指令用于读取特殊功能模块 BFM 中的数据。指令格式如图 6-3 所示。

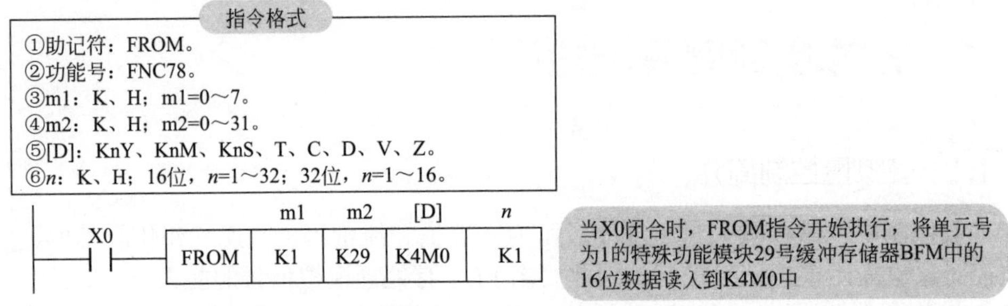

图 6-3　FROM 指令格式

（2）TO 指令

TO 指令用于 PLC 基本单元将数据写入特殊功能模块中缓冲存储器 BFM 中。指令格式及举例如图 6-4 所示。

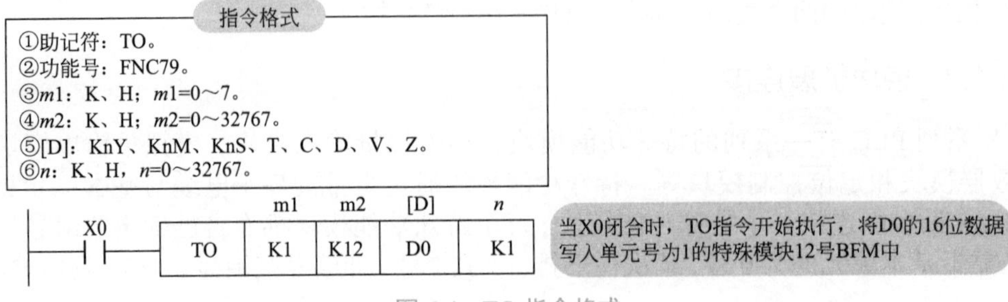

图 6-4　TO 指令格式

6.2 模拟量输入模块

这里介绍 FX3U-4AD 模拟量输入模块。FX3U-4AD 模拟量输入模块用于将 4 路模拟量输入转换成数字量，并将这个值输入到 BFM 中。

（1）FX3U-4AD 模拟量输入模块技术指标

FX3U-4AD 模拟量输入模块技术指标如表 6-1 所示。

（2）FX3U-4AD 模拟量输入模块接线

FX3U-4AD 模拟量输入模块接线如图 6-5 所示。FX3U-4AD 有 4 路模拟量输入，输入可为电压信号，也可为电流信号，但接线方式不同。信号输入设备与模块之间最好用屏蔽双绞线连接，为了减少外界干扰可在 V+ 与 V−/I− 端间并联 1 个 0.1 ～ 0.47μF 的电容。

表 6-1 FX3U-4AD 模拟量输入模块技术指标

项　目	说　明
模拟电路	24V DC±10%，55mA（源于主单元的外部电源）
数字电路	5V DC，30mA（源于主单元的内部电源）

项目	电压输入	电流输入
	电压或电流输入的选择基于您对输入端子的选择，一次可同时使用 4 个输入点	
模拟输入范围	DC −10 ～ 10V（输入阻抗：200kΩ） 注意：如果输入电压超过 ±15V，则单元会被损坏	DC −20 ～ 20mA（输入阻抗：250Ω） 注意：如果输入电流超过 ±32V，单元会被损坏
数字输出	12 位的转换结果以 16 位二进制补码方式存储 最大值：+2047，最小值：−2048	
分辨率	5mV（10V 默认范围：1/2000）	20μA（20mA 默认范围：1/1000）
总体精度	±1%（对于 −10 ～ 10V 的范围）	±1%（对于 −20 ～ 20mA 的范围）
转换速度	15ms/ 通道（常速），6ms/ 通道（高速）	

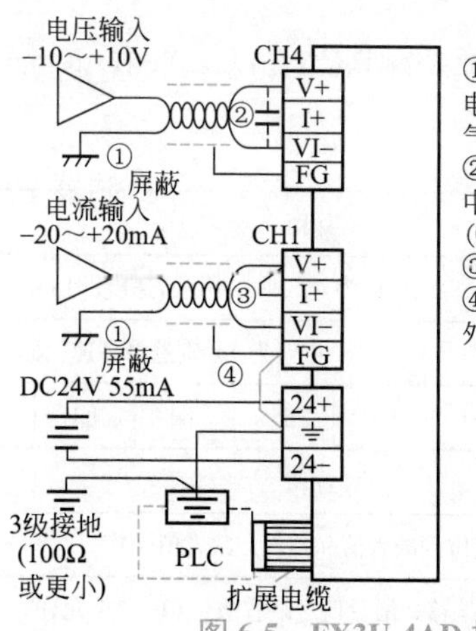

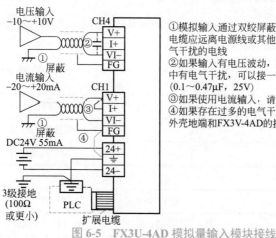

图 6-5 FX3U-4AD 模拟量输入模块接线

（3）FX3U-4AD 模拟量输入模块输入特性

FX3U-4AD 模拟量输入模块输入特性如图 6-6 所示。

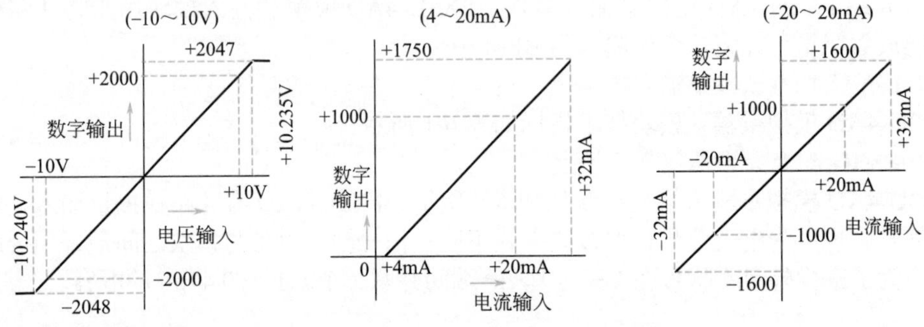

图 6-6 FX3U-4AD 模拟量输入模块输入特性

（4）缓冲存储器分配

FX3U-4AD 模块共有 32 个缓冲存储器，具体如表 6-2 所示。

表 6-2 FX3U-4AD 缓冲存储器分配

<table>
<tr><th>BFM</th><th colspan="9">内　容</th></tr>
<tr><td>*#0</td><td colspan="9">通道初始化，缺省值 =H0000</td></tr>
<tr><td>*#1</td><td>通道 1</td><td colspan="8" rowspan="4">包含采样数（1 ～ 4096），用于得到平均结果，缺省值设为 8（正常速度），高速操作可选择 1</td></tr>
<tr><td>*#2</td><td>通道 2</td></tr>
<tr><td>*#3</td><td>通道 3</td></tr>
<tr><td>*#4</td><td>通道 4</td></tr>
<tr><td>#5</td><td>通道 1</td><td colspan="8" rowspan="4">这些缓冲区包含采样数的平均输入值，这些采样数是分别输入在 #1 ～ #4 缓冲区中的通道数据</td></tr>
<tr><td>#6</td><td>通道 2</td></tr>
<tr><td>#7</td><td>通道 3</td></tr>
<tr><td>#8</td><td>通道 4</td></tr>
<tr><td>#9</td><td>通道 1</td><td colspan="8" rowspan="4">这些缓冲区包含每个输入通道读入的当前值</td></tr>
<tr><td>#10</td><td>通道 2</td></tr>
<tr><td>#11</td><td>通道 3</td></tr>
<tr><td>#12</td><td>通道 4</td></tr>
<tr><td>#13、#14</td><td colspan="9">保留</td></tr>
<tr><td rowspan="2">#15</td><td rowspan="2">选择 A/D 转换速度，参见注 2</td><td colspan="8">如设为 0，则选择正常速度：15ms/ 通道（缺省）</td></tr>
<tr><td colspan="8">如设为 1，则选择高速：6ms/ 通道</td></tr>
<tr><td>BFM</td><td></td><td>b7</td><td>b6</td><td>b5</td><td>b4</td><td>b3</td><td>b2</td><td>b1</td><td>b0</td></tr>
<tr><td>#16 ～ #19</td><td colspan="9">保留</td></tr>
<tr><td>*#20</td><td colspan="9">复位到缺省值和预设，缺省值 =0</td></tr>
<tr><td>*#21</td><td colspan="9">禁止调整偏移，增益值、缺省值 =（0，1）允许</td></tr>
<tr><td>*#22</td><td>偏移，增益调整</td><td>G4</td><td>O4</td><td>G3</td><td>O3</td><td>G2</td><td>O2</td><td>G1</td><td>O1</td></tr>
</table>

续表

BFM	内 容
*#23	偏移值 缺省值 =0
*#24	增益值 缺省值 =5000
#25 ～ #28	保留
#29	错误状态
#30	识别码 K2010
#31	禁用

注：1. 不带 * 号的缓冲存储器的数据可以使用 FROM 指令读入 PLC。

2. 在从模块特殊功能模块读出数据之前，确保这些设置已经送入模拟特殊功能模块中。否则，将使用模块里面以前保存的数据。

3. 偏移：当数字输出为 0 时的模拟输入值。

4. 增益：当数字输出为 +1000 时的模拟输入值。

① BFM #0：用于 AD 模块 4 个通道的初始化。通道的初始化由 4 位 16 进制数 H □□□□控制。H □□□□的含义如图 6-7 所示。

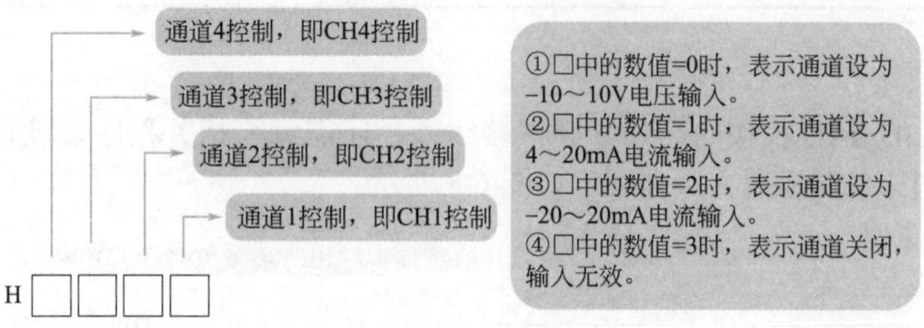
通道4控制，即CH4控制
通道3控制，即CH3控制
通道2控制，即CH2控制
通道1控制，即CH1控制
H□□□□
①□中的数值=0时，表示通道设为-10～10V电压输入。
②□中的数值=1时，表示通道设为4～20mA电流输入。
③□中的数值=2时，表示通道设为-20～20mA电流输入。
④□中的数值=3时，表示通道关闭，输入无效。

图 6-7 H □□□□的含义

② BFM #1 ～ #4：BFM #1 ～ #4 分别用于设置 #1 ～ #4 通道的平均采样次数。以 BFM #4 为例，BFM #4 的采样次数设为 2，#4 通道对输入的模拟量转换两次得平均值，存入 BFM #8 中。采样次数越多，得到的平均值时间就越长。

③ BFM #5 ～ #8：BFM #5 ～ #8 分别用于存储 #1 ～ #4 通道的数字量平均值。

④ BFM #9 ～ #12：BFM #9 ～ #12 分别用于存储 #1 ～ #4 通道在当前扫描周期转换来的数字量。

⑤ BFM #15：BFM #15 用于设置所有通道的 A/D 转换速度。当 BFM #15=0 时，转换速度为普通速度 15ms/ 通道；当 BFM #15=1 时，转换速度为高速 6ms/ 通道。

⑥ BFM #20：当 BFM #20 中写入 1 时，所有参数恢复到出厂设置值。

⑦ BFM #21：BFM #21 用来禁止 / 允许偏移值和增益的调整。当 BFM #21 的 b1=1、b0=0 时，禁止调整偏移值和增益；当 b1=0、b0=1 时，允许调整。

⑧ BFM #22：BFM #22 使用低 8 位来指定增益和偏移调整的通道。低 8 位标记为 G4 O4 G3O3G2O2G1O1；当 G □位为 1 时，则 CH □通道增益值可调整；当 O □位为 1 时，则 CH □通道偏移量可调整。

⑨ BFM #23：BFM #23 用来存放偏移值，该值可由 TO 指令写入。

⑩ BFM #24：BFM #24 用来存放增益值，该值可由 TO 指令写入。

⑪ BFM #29：BFM #29 以位状态来反映模块错误信息；BFM #29 各位错误含义如表 6-3 所示。

⑫ BFM #30：BFM #30 用来存放 FX3U-4AD 模块的 ID 号，ID 号为 2010，PLC 通过读取 BFM #30 的值来判断模块是否为 FX3U-4AD 模块。

表 6-3　BFM#29 各位错误含义

BFM #29 的位设备	开 ON	关 OFF
b0：错误	b1 ～ b4 中任何一个为 ON 如果 b2 到 b4 中任何一个为 ON，所有通道的 A/D 转换停止	无错误
b1：偏移 / 增益错误	在 EEPROM 中的偏移 / 增益数据不正常或者调整错误	增益 / 偏移数据正常
b2：电源故障	24V DC 电源故障	电源正常
b3：硬件错误	A/D 转换器或其他硬件故障	硬件正常
b10：数字范围错误	数字输出值小于 -2048 或大于 +2047	数字输出值正常
b11：平均采样错误	平均采样数不小于 4097，或者不大于 0（使用缺省值 8）	平均正常 （在 1 ～ 4096 之间）
b12：偏移 / 增益调整禁止	禁止 BFM #21 的（b1，b0）设为（1，0）	允许 BFM #21 的（b1，b0）设为（1，0）

（5）应用程序

在使用 FX3U-4AD 模块时，除了硬件接线外，还需编写相关程序来设置模块的工作参数和读取转换过来的数字量。具体程序如图 6-8 所示。

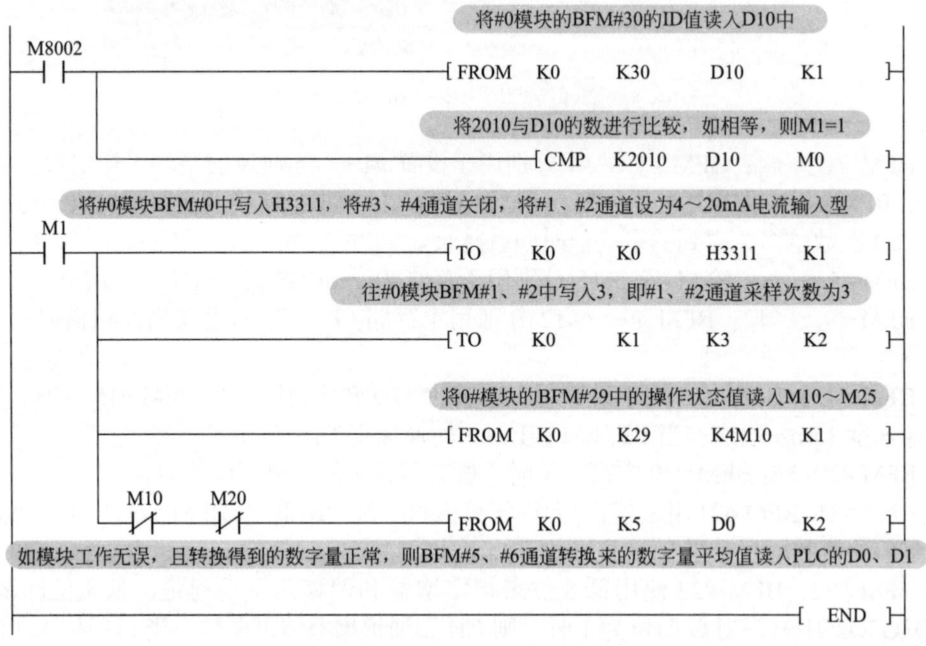

图 6-8　FX3U-4AD 模块程序举例

FX3U-4AD 模块模拟量程序的编程思路：①用 FROM 指令读取 BFM#30 的数值；②用比较指令进行判断，若判断结果成立，则继续执行；③利用 TO 指令指定通道信号输入类型；④利用 TO 指令指定通道采样次数；⑤利用 FROM 指令判断操作状态正确与否；⑥将相应通道的转换结果读入到数据寄存器 D 中。

6.3 模拟量输出模块

这里介绍 FX3U-4DA 模拟量输出模块。FX3U-4DA 模拟量输出模块的功能是把 PLC 中的数字量转换成模拟量，将数字量转换成 4 点模拟输出，以便控制现场设备。FX3U-4DA 模拟量输出模块需外接电源，其电源由基本单元提供。

（1）FX3U-4DA 模拟量输出模块技术指标

FX3U-4DA 模拟量输出模块技术指标如表 6-4 所示。

表 6-4　FX3U-4DA 模拟量输出模块技术指标

项　目	电压输出	电流输出
模拟输出范围	DC −10 ～ 10V（外部负载阻抗：2kΩ ～ 1MΩ）	DC 0 ～ 20mA（外部负载阻抗：500Ω）
数字输入	16 位，二进制，有符号［数值有效位：11 位和一个符号位（1 位）］	
分辨率	5mV（10V×1/2000）	20μA（20mA×1/1000）
总体精度	±1%（对于 +10V 的全范围）	±1%（对于 +20mA 的全范围）
转换速度	4 个通道 2.1ms（改变使用的通道数不会改变转换速度）	
隔离	模拟和数字电路之间用光电耦合器隔离，DC/DC 转换器用来隔离电源和 FX2N 主单元，模拟通道之间没有隔离	
外部电源	24V DC±10% 200mA	
占用 I/O 点数目	占用 FX2N 扩展总线 8 点 I/O（输入输出许可）	

（2）FX3U-4DA 模拟量输出模块接线

FX3U-4DA 模拟量输出模块接线如图 6-9 所示。FX3U-4DA 有 4 路模拟量输出，输出可为电压信号，也可为电流信号。现场输出设备与模块之间最好用屏蔽双绞线连接，为了减少外界干扰可在电压输出端增加 1 个 0.1 ～ 0.47μF 的电容。

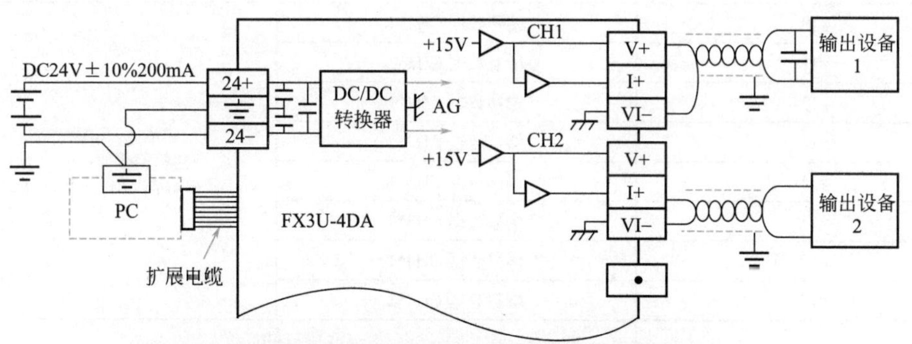

① 对于模拟量输出需使用双绞线屏蔽电缆，输出电缆的负载端单端接地

② FX3U-4DA输出模块需外接DC24V电源供电，通常基本模块提供

③ FX3U-4DA电压输出端短路，可使模块烧毁

④ 图中画的仅是两路输出，其余两路与它们相同

图 6-9　FX3U-4DA 模拟量输出模块接线

（3）FX3U-4DA 模拟量输出模块输出特性

FX3U-4DA 模拟量输出模块输出特性如图 6-10 所示。

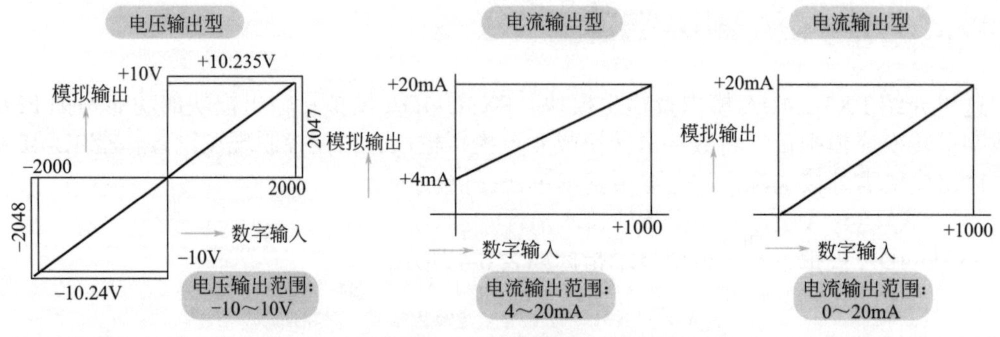

图 6-10　FX3U-4DA 模拟量输出模块输出特性

（4）缓冲存储器分配

FX3U-4DA 模块共有 32 个缓冲存储器，具体如表 6-5 所示。

表 6-5　FX3U-4DA 缓冲存储器分配

<table>
<tr><th></th><th colspan="2">内　容</th></tr>
<tr><td>#0E</td><td colspan="2">输出模式选择，出厂设置 H0000</td></tr>
<tr><td>#1</td><td colspan="2" rowspan="4"></td></tr>
<tr><td>#2</td></tr>
<tr><td>#3</td></tr>
<tr><td>#4</td></tr>
<tr><td>#5E</td><td colspan="2">数据保持模式，出厂设置 H0000</td></tr>
<tr><td>#6，#7</td><td colspan="2">保留</td></tr>
<tr><td>BFM</td><td colspan="2">说明</td></tr>
<tr><td>#8（E）</td><td colspan="2">CH1、CH2 的偏移 / 增益设定命令，初始值 H0000</td></tr>
<tr><td>#9（E）</td><td colspan="2">CH3、CH4 的偏移 / 增益设定命令，初始值 H0000</td></tr>
<tr><td>#10</td><td>偏移数据 CH1*1</td><td rowspan="8">单位：mV 或 μA
初始偏移值：0　　输出
初始增益值：+5000 模式 0</td></tr>
<tr><td>#11</td><td>增益数据 CH1*2</td></tr>
<tr><td>#12</td><td>偏移数据 CH2*1</td></tr>
<tr><td>#13</td><td>增益数据 CH2*2</td></tr>
<tr><td>#14</td><td>偏移数据 CH3*1</td></tr>
<tr><td>#15</td><td>增益数据 CH3*2</td></tr>
<tr><td>#16</td><td>偏移数据 CH4*1</td></tr>
<tr><td>#17</td><td>增益数据 CH4*2</td></tr>
<tr><td>#18、# 19</td><td colspan="2">保留</td></tr>
<tr><td>#20（E）</td><td colspan="2">初始化，初始值 =0</td></tr>
<tr><td>#21E</td><td colspan="2">禁止调整 I/O 特性（初始值：1）</td></tr>
<tr><td>#22 ～ #28</td><td colspan="2">保留</td></tr>
<tr><td>#29</td><td colspan="2">错误状态</td></tr>
<tr><td>#30</td><td colspan="2">K3020 识别码</td></tr>
<tr><td>#31</td><td colspan="2">保留</td></tr>
</table>

① BFM #0：用于4个通道模拟量输出形式的设置。通道的设置由4位16进制数H□□□□控制。H□□□□的含义如图6-11所示。

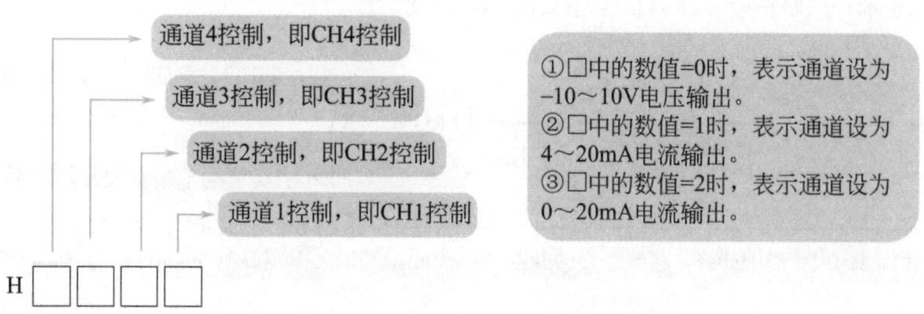
通道4控制，即CH4控制
通道3控制，即CH3控制
通道2控制，即CH2控制
通道1控制，即CH1控制
H□□□□
①□中的数值=0时，表示通道设为-10～10V电压输出。
②□中的数值=1时，表示通道设为4～20mA电流输出。
③□中的数值=2时，表示通道设为0～20mA电流输出。

图6-11 H□□□□的含义

② BFM #1～#4：BFM #1～#4分别用于存储4个通道的待转换数字量。这些BFM中的数据由PLC用TO指令写入。

③ BFM #5：BFM #5分别用于4个通道由RUN转为STOP时数据保持模式的设置。设置形式依然采用十六进制形式，当某位为0时，RUN模式下对应通道最后输出值将被保持输出；当某位为1时，对应通道最后输出值为偏移量。例如：BFM #5=H0001，通道1为偏移值；其余三个通道保持为RUN模式下的最后输出值不变。

④ BFM #8～#9：BFM #8～#9分别用于允许/禁止调整偏移量/增益设置。BFM #8针对的是通道1、2；BFM #9针对的是通道3、4。

⑤ BFM #10～#17：可以设置偏移量和增益值。注意BFM #10～#17的偏移量和增益值改变时，BFM #8～#9的相应值也需做相应调整，否则BFM #10～#17的偏移量和增益值设置无效。

⑥ BFM #20：用于初始化所有的BFM。当BFM #20=1时，所有的BFM中的值都恢复到出厂设置值。

⑦ BFM #21：用来禁止/允许偏移值和增益的调整。当BFM #21=1时，允许调整偏移值和增益；当BFM #21=2时，禁止调整偏移值和增益。

⑧ BFM #29：BFM #29以位状态来反映模块错误信息。BFM #29各位错误含义如表6-6所示。

⑨ BFM #30：BFM #30用来存放FX3U-4DA模块的ID号，ID号为3020，PLC通过读取BFM #30的值来判断模块是否为FX3U-4DA模块。

表6-6 BFM#29各位错误含义

位	名字	位设为“1”（打开）时的状态	位设为“0”（关闭）时的状态
b0	错误	b1～b4任何一位为ON	错误无错
b1	O/G错误	EEPROM中的偏移/增益数据不正常或者发生设置错误	偏移/增益数据正常
b2	电源错误	24V DC电源故障	电源正常
b3	硬件错误	D/A转换器故障或者其他硬件故障	没有硬件缺陷
b10	范围错误	数字输入或模拟输出值超出指定范围	输入或输出值在规定范围内
b12	G/O调整禁止状态	BFM #21没有设为“1”	可调整状态（BFM#21=1）

注：b4～b9、b11、b13～b15未定义。

（5）应用程序

在使用 FX3U-4DA 模块时，除了硬件接线外，还需编写相关程序来设置模块的工作参数和读取转换过来的数字量。具体程序如图 6-12 所示。

```
                                  将#1模块的BFM#30的ID值读入D10中
 M8002
──┤ ├──┬──────────────────[FROM   K1     K30     D10     K1   ]
       │                   将3020与D10的数进行比较，如相等，则M21=1
       └──────────────────[ CMP   K3020   D10     M20         ]
 将#1模块BFM#0中写入H0011，将#1、#2通道设为4～20mA电流输出，将#3、#4通道设为-10～10V电压输出
 M21
──┤ ├──┬──────────────────[TO     K1     K0      H11     K1   ]
       │ 将PLC的D11～D14中的数据分别写入1#模块的BFM#1～BFM#4，让模块将模块将这些数据转换成模拟量
       ├──────────────────[TO     K1     K1      D11     K4   ]
       │                   将1#模块的#BFM29中的操作状态值读入M10～M25
       └──────────────────[FROM   K1     K29     K4M10   K1   ]
              如模块工作无误，且输入数字量或输出模拟量未超出范围，则M10、M20闭合，M30得电
 M10     M20
──┤/├────┤/├─────────────────────────────────────────( M30 )
──────────────────────────────────────────────────────[ END ]
```

图 6-12 FX3U-4DA 模块程序举例

6.4 模拟量模块应用案例

6.4.1 控制要求

某厂有三台空压机，为了增加压缩气体的储存量，现增加一个大的储气罐，因此需对原有三台空压机进行改造，气路连接效果如图 6-13 所示。具体控制要求如下：

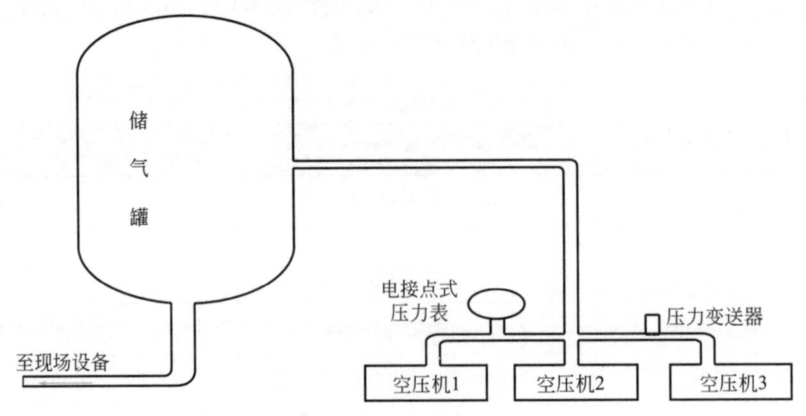

图 6-13 空压机改造效果

① 气压低于 0.4MPa 时，三台空压机工作；

② 气压高于 0.8MPa 时，三台空压机停止工作；

③ 三台空压机要求分时启动；

④ 一旦出现故障，要求立即报警，报警分为高高报警和低低报警，高高报警时，要求三台空压机立即断电停止。

6.4.2 设计过程

（1）设计方案

本项目采用三菱 FX3U-16MR 基本模块 +FX3U-4AD 模拟量输入模块进行控制；现场压力测量由压力变送器完成；报警电路采用电接点式压力表+蜂鸣器。

（2）硬件设计

本项目硬件设计包括以下几部分：

① 三台空压机主电路设计；

② FX3U-16MR+FX3U-4AD 供电和控制设计；

③ 报警电路设计；

④ 端子排布。

以上各部分的相应图纸如图 6-14 ～图 6-17 所示。

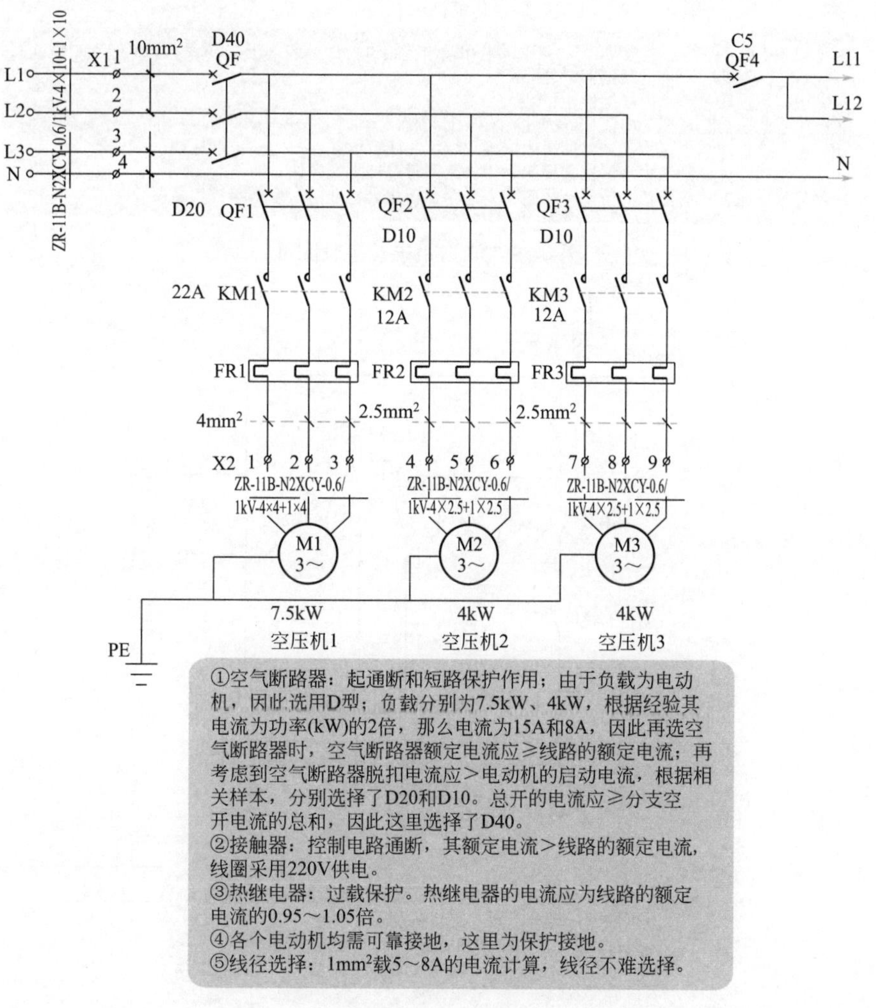

图 6-14 主电路设计图纸

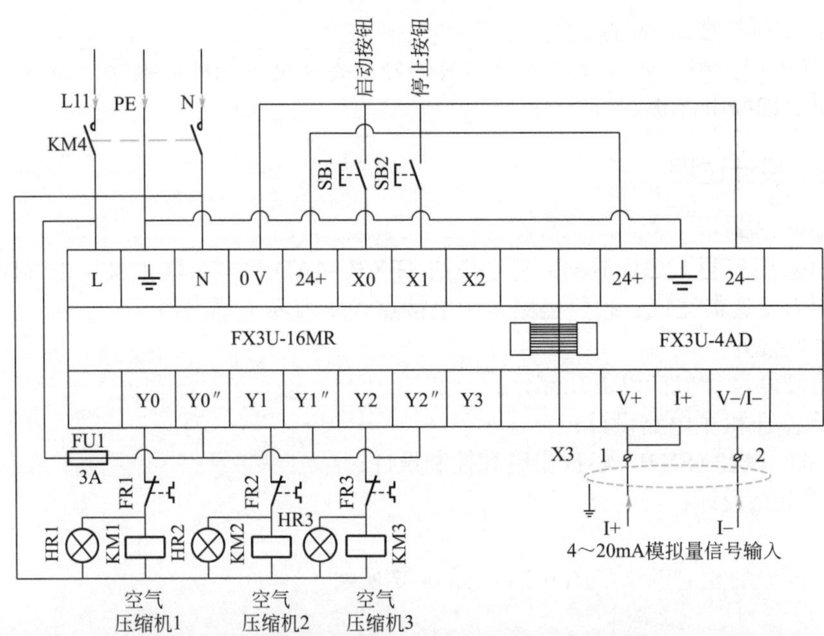

① 在主电路图中QF4是对FX3U-16MR供电和输出电路进行保护的，根据FX系列PLC样本的建议，这里选择了C5，C即C型断路器，5即5A；
② 模拟量模块由基本模块给供电；
③ 由于此压力变送器为电流型，因此将V+、I+短接；
④ 压力变送器与模拟量模块之间采用屏蔽双绞线，注意屏蔽层一定要单端接地；
⑤ 如干扰严重，则压力变送器与模拟量模块之间考虑加隔离模块；
⑥ 如现场压力传感器，则需配上相应的变送器，转化为标准信号后再给模拟量模块。

图 6-15　PLC 供电及控制图纸

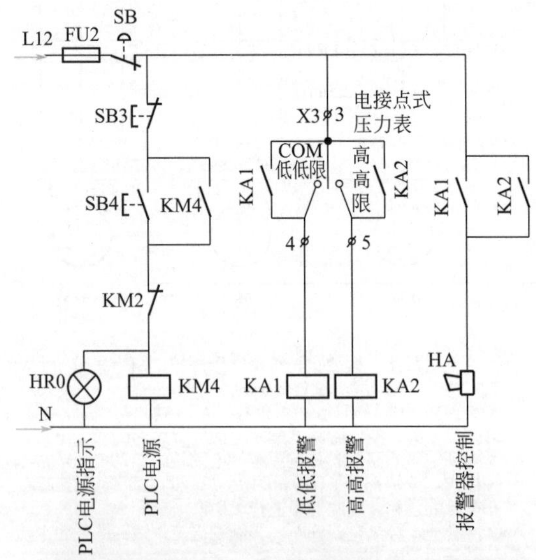

①这里采用启保停电路，一方面对PLC供电和控制部分进行控制；另一方面方便高高报警时断电。
②电接点式压力表高高报警时，3～5触点闭合，KA2得电，KA2常开触点闭合，HA报警；KA2常闭触点闭合，PLC及其控制部分断电；低低报警时，仅报警不断电。

图 6-16　报警电路图纸

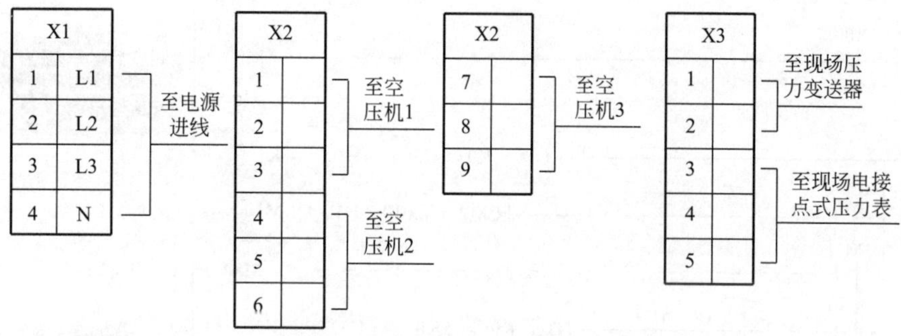

图 6-17　端子排布

（3）程序设计

① 明确控制要求后确定 I/O 端子，如表 6-7 所示。

表 6-7　空压机改造 I/O 分配表

输入量与输出量	备注
X0	启动按钮
X1	停止按钮
Y0	空压机 1
Y1	空压机 2
Y2	空压机 3

② 空压机梯形图设计思路如图 6-18 所示。

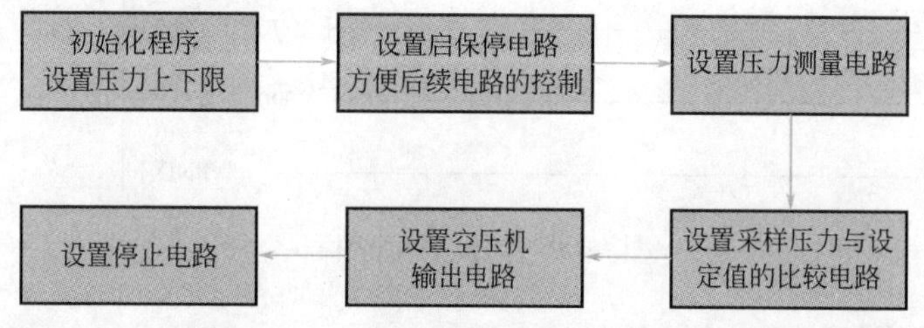

图 6-18　空压机梯形图程序设计思路

③ 空压机梯形图程序如图 6-19 所示。

压力变送器压力范围为0～1MPa，输出标准信号为4~20mA，数字量对应范围为0～1000，那么0.4MPa、0.8MPa对应的数字量为400、800

```
M8002
─┤ ├──┬──────────────[MOV   K400   D5  ]   初始化，设置
      └──────────────[MOV   K800   D6  ]   压力的上下限
X001
─┤↑├──┬──────────────[ZRST  Y000   Y002]   设置停止电路，
      └──────────────[ZRST  M30    M32 ]   可复位Y0～Y2
                                            及M30～M32
```

图 6-19

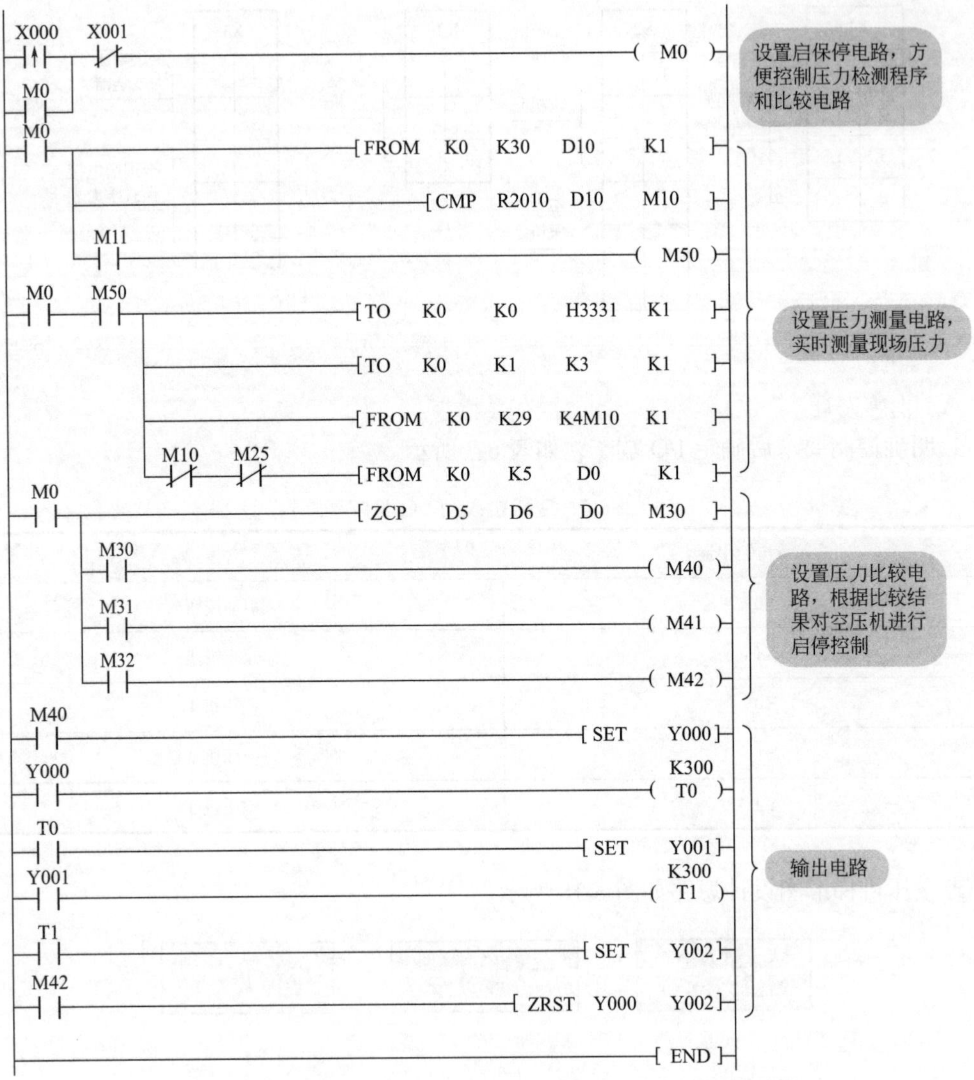

```
X000  X001
--|↑|--|/|----------------------------------( M0 )    设置启保停电路，方便控制压力检测程序和比较电路
 M0
--| |--
 M0
--| |--+-----------------[FROM  K0   K30   D10   K1 ]
       +-----------------[CMP   R2010  D10   M10   ]
       |  M11
       +--| |-------------------------------( M50 )
 M0     M50
--| |---| |--+-----------[TO    K0   K0    H3331 K1 ]   设置压力测量电路，实时测量现场压力
             +-----------[TO    K0   K1    K3    K1 ]
             +-----------[FROM  K0   K29   K4M10 K1 ]
             |  M10   M25
             +--|/|---|/|-[FROM  K0   K5    D0    K1 ]
 M0
--| |--+-----------------[ZCP   D5   D6    D0    M30]
       |  M30
       +--| |-------------------------------( M40 )    设置压力比较电路，根据比较结果对空压机进行启停控制
       |  M31
       +--| |-------------------------------( M41 )
       |  M32
       +--| |-------------------------------( M42 )
 M40
--| |--------------------------------[SET       Y000]
 Y000                                            K300
--| |---------------------------------------( T0  )
 T0
--| |--------------------------------[SET       Y001]   输出电路
 Y001                                            K300
--| |---------------------------------------( T1  )
 T1
--| |--------------------------------[SET       Y002]
 M42
--| |--------------------------[ZRST  Y000      Y002]
---------------------------------------------[ END ]
```

图 6-19　空压机梯形图程序

④ 空压机梯形图程序解：

PLC 上电运行，M8002 触点接通一个扫描周期，进行压力上限和下限的设置，上限值设置为 800，下限值设置为 400。

按下启动按钮，X0 接通，M0 得电并自锁，其常开触点闭合，先执行 FROM 指令，将 #0 模块 BFM#30 的 ID 值读入 D10，然后执行 CMP 指令，将 D10 的数值与 2010 进行比较，若两者相等，则表明为 FX3U-4AD 模块，则辅助继电器 M11 得电，其常开点闭合。接下来执行 TO 和 FROM 指令，第一个 TO 指令往 #0 模块 BFM#0 中写入 H3331，CH1 通道设置为 4 ～ 20mA 输入，其余三个通道关闭；第二个 TO 指令往 #0 模块 BFM#1 中写入 K3，CH1 通道平均采样数设置为 3；第一个 FROM 指令执行，将 #0 模块 BFM#29 中的操作状态值读入 M10 ～ M25，若模块工作无误且转换得到的数字量范围正常，则 M10、M25 常闭触点处于闭合状态；第二个 FROM 指令执行，将 #0 模块 BFM#5 的数字量平均值读入 D0。

接下来执行 ZCP 指令，若压力采样值小于 400，则 M30 为 1，线圈 M40 闭合，Y0 置位且 T0 定时，30s 后，Y1 置位且 T1 定时；30s 后，Y2 置位，三个空压机依次启动。若压力采样值大于 800，则执行 ZRST 指令，Y0 ～ Y2 复位，三个空压机均停止工作。

6.5 模拟量输入模块与 PID 控制应用案例

6.5.1 温度模拟量输入模块

温度模拟量输入模块是一种将温度传感器送来的反映温度高低的模拟量转换成数字量的模块。FX 系列 PLC 中常见的温度模拟量输入模块有 FX3U-4AD-PT 和 FX3U-4AD-TC。前者的温度检测元件为 PT100 热电阻，后者的温度检测元件为热电偶。本书将以温度模拟量输入模块 FX3U-4AD-PT 为例进行讲解。

温度模拟量输入模块 FX3U-4AD-PT 有 4 路温度模拟量输入通道，可以同时将 4 路反映温度高低的模拟量转化为数字量，并存入 BFM 中。PLC 可利用 FROM 指令读取相应 BFM 中的数字量。

（1）FX3U-4AD-PT 温度模拟量输入模块技术指标

FX3U-4AD-PT 温度模拟量输入模块技术指标如表 6-8 所示。

表 6-8　FX3U-4AD-PT 温度模拟量输入模块技术指标

项目	摄氏度	华氏度
	通过读取适当的缓冲区，可以得到℃和℉两种可读数据	
模拟输入信号	箔温度 PT100 传感器（100Ω），3 线，4 通道（CH1、CH2、CH3、CH4）	
传感器电流	1mA 传感器：100Ω PT100	
补偿范围	-100 ～ +600	-148 ～ +1112
数字输出	-1000 ～ 6000	-1480 ～ +11120
	12 位转换 11 数据位 +1 符号位	
最小可测温度	0.2 ～ 0.3℃	0.36 ～ 0.54 ℉
总精度	全范围的 ±1%（补偿范围）	
转换速度	4 通道 15ms	

（2）FX3U-4AD-PT 温度模拟量输入模块接线

FX3U-4AD-PT 温度模拟量输入模块接线如图 6-20 所示。

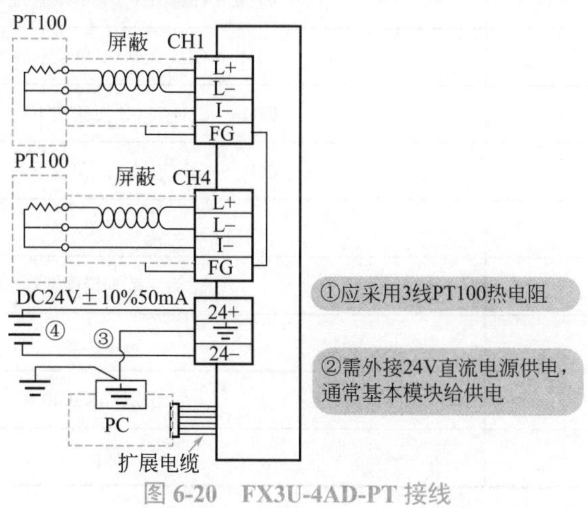

图 6-20　FX3U-4AD-PT 接线

（3）FX3U-4AD-PT 温度模拟量输入模块输入特性

FX3U-4AD-PT 温度模拟量输入模块输入特性如图 6-21 所示。

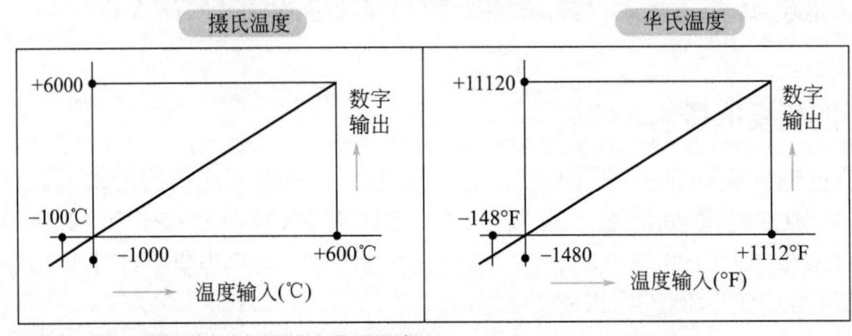

图 6-21　FX3U-4AD-PT 温度模拟量输入模块输入特性

（4）缓冲存储器分配

FX3U-4AD-PT 温度模拟量输入模块各个 BFM 功能如表 6-9 所示。

① BFM #1 ～ #4：BFM #1 ～ #4 分别用于设置 #1 ～ #4 通道的平均采样次数。以 BFM #4 举例，BFM #4 的采样次数设为 2，#4 通道对输入的模拟量转换 2 次得平均值，存入 BFM #8 中。采样次数越多，得到的平均值时间就越长。

② BFM #5 ～ #8：分别用于存储 #1 ～ #4 通道的摄氏温度数字量平均值。

③ BFM #9 ～ #12：分别用于存储 #1 ～ #4 通道在当前扫描周期转换来的摄氏温度数字量。

④ BFM #13 ～ #16：分别用于存储 #1 ～ #4 通道的华氏温度数字量平均值。

⑤ BFM #17 ～ #20：分别用于存储 #1 ～ #4 通道在当前扫描周期转换来的华氏温度数字量。

⑥ BFM #28：以位状态来反映 #1 ～ #4 通道的数字量范围是否在允许范围内，位的含义如表 6-10 所示。

表 6-9　FX3U-4AD-PT 温度模拟量输入模块 BFM 功能

BFM	内容
#1 ～ #4	将被平均的 CH1 ～ CH4 的平均温度可读值（1 ～ 4096）缺省值 =8
#5 ～ #8	CH1 ～ CH4 在 0.1℃单位下的平均温度
#9 ～ #12	CH1 ～ CH4 在 0.1℃单位下的当前温度
#13 ～ #16	CH1 ～ CH4 在 0.1 ℉单位下的平均温度
#17 ～ #20	CH1 ～ CH4 在 0.1 ℉单位下的当前温度
#21 ～ #27	保留
#28	数字范围错误锁存
#29	错误状态
#30	识别号 K2040
#31	保留

表 6-10 BFM#28 模块位的含义

b15 ~ b8	b7	b6	b5	b4	b3	b2	b1	b0
未用	高	低	高	低	高	低	高	低
	CH4		CH3		CH2		CH1	

注：1. 低：当温度测量值下降并低于最低可测量温度极限时，锁存 ON。

2. 高：当测量温度升高并高过最高温度极限，或者热电偶断开时，打开 ON。

⑦ BFM #29：以位状态来反映模块错误信息。BFM #29 各位错误含义如表 6 11 所示。

表 6-11 BFM#29 各位错误含义

BFM#29 的位设备	开	关
b0：错误	如果 b1 ~ b3 中任何一个为 ON，则出错通道的 A/D 转换停止	无错误
b1：保留	保留	保留
b2：电源故障	24V DC 电源故障	电源正常
b3：硬件错误	A/D 转换器或其他硬件故障	硬件正常
b4 ~ b9：保留	保留	保留
b10：数字范围错误	数字输出 / 模拟输入值超出指定范围	数字输出值正常
b11：平均错误	所选平均结果的数值超出可用范围。参考 BFM#1 ~ #4	平均正常（在 1 ~ 4096 之间）
b12 ~ b15：保留	保留	保留

⑧ BFM #30：用来存放 FX3U-4AD-PT 模块的 ID 号，ID 号为 2040，PLC 通过读取 BFM #30 的值来判断模块是否为 FX3U-4AD-PT 模块。

（5）应用程序

在使用 FX3U-4AD-PT 模块时，除了硬件接线外，还需编写相关程序来设置模块的工作参数和读取转换过来的数字量。具体程序如图 6-22 所示。

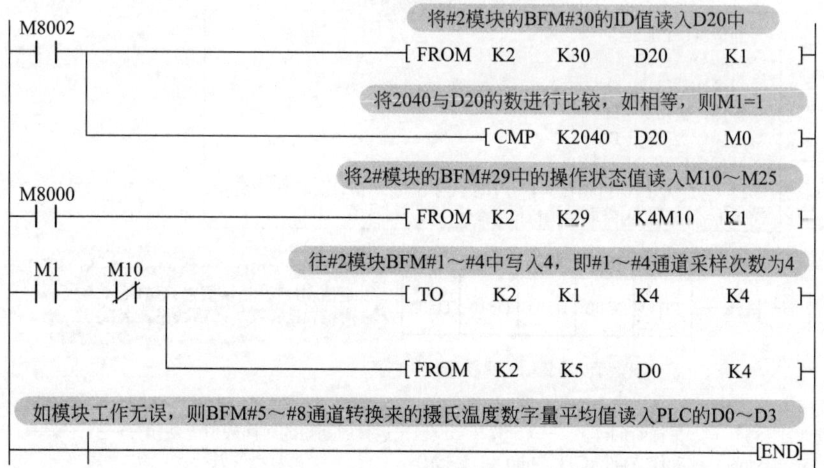

图 6-22 FX3U-4AD-PT 模块应用程序

6.5.2 PID控制

（1）PID控制简介

PID控制又称比例积分微分控制，它属于闭环控制。下面将以炉温控制系统为例，对PID控制进行分析。

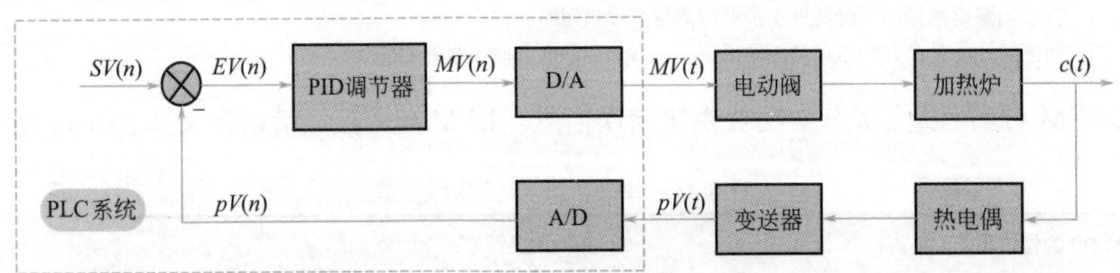

图6-23 炉温控制系统示意图

图6-23为炉温控制系统的示意图。在炉温控制系统中，热电偶为温度检测元件，其信号传至变送器转换为标准电压或电流信号，标准信号再送至A/D模块；经A/D转换后的数字量与CPU设定值比较，两者的差值进行PID运算，将运算结果送给D/A模块；D/A模块输出相应的电压或电流信号对电动阀进行控制，从而实现了温度的闭环控制。

图6-23中所示$SV(n)$为给定量，$pV(n)$为反馈量，此反馈量A/D已经转换为数字量了；$MV(t)$为控制输出量；令$\Delta X=SV(n)-pV(n)$，如果$\Delta X>0$，表明反馈量小于给定量，则控制器输出量$MV(t)$将增大，使电动阀开度变大，进入加热炉的天然气流量增大，进而炉温上升；如果$\Delta X<0$，表明反馈量大于给定量，则控制器输出量$MV(t)$将减小，使电动阀开度变小，进入加热炉的天然气流量变小，进而炉温降低；如果$\Delta X=0$，表明反馈量等于给定量，则控制器输出量$MV(t)$不变，电动阀开度不变，进入加热炉的天然气流量不变，进而炉温不变。

PID控制包括比例控制、积分控制和微分控制。比例控制将偏差信号按比例放大，提高控制灵敏度；积分控制对偏差信号进行积分处理，缓解比例放大量过大引起的超调和振荡；微分控制是对偏差信号进行微分处理，提高控制的迅速性。

（2）PID指令

PID指令的指令格式及应用举例如图6-24所示。

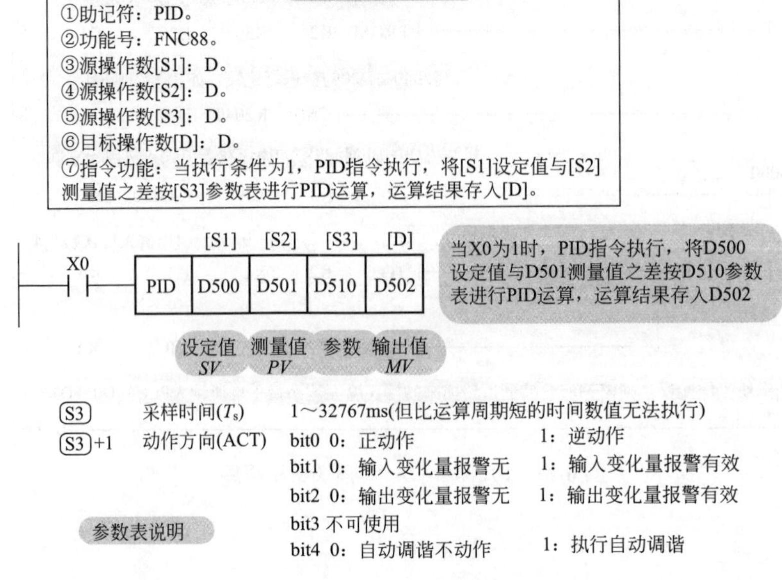

bit5 0：输出值上下限设定无　1：输出值上下限设定有效
bit6～ bit15：不可使用
另外，请不要使bit5和bit2同时处于ON

S3 +2　输入滤波常数(α)　0～99%　0时没有输入滤波
S3 +3　比例增益(K_P)　1%～32767%
S3 +4　积分时间(T_I)　(0～32767)×100ms　0时作为∞处理(无积分)
S3 +5　微分增益(K_D)　0～100%　0时无积分增益
S3 +6　微分时间(T_D)　(0～32767)×10ms　0时无微分处理
S3 +7 ～ S3 +19　PID运算的内部处理占用
S3 +20　输入变化量(增侧)报警设定值 0～32767(S3 +1<ACT>的bit1=1时有效)
S3 +21　输入变化量(减侧)报警设定值 0～32767(S3 +1<ACT>的bit1=1时有效)
S3 +22　输出变化量(增侧)报警设定值 0～32767(S3 +1<ACT>的bit2=1，bit5=0时有效)
另外，输出上限设定值-32768～32767(S3 +1<ACT>的bit2=0，bit5=1时有效)
S3 +23　输出变化量(减侧)报警设定值　0～32767(S3 +1<ACT>的bit2=1，bit5=0时有效)
另外，输出下限设定值-32768～32767　S3 +1<ACT>的bit2=0，bit5=1时有效)
S3 +24　报警输出　bit0输入变化量(增侧)溢出
bit1输入变化量(减侧)溢出
bit2输出变化量(增侧)溢出
bit3输出变化量(减侧)溢出
(S3 +1<ACT>的bit1=1或bit2=1时有效)

图 6-24　PID 指令及举例

第7章 三菱PLC的通信

7.1 PLC通信简介

7.1.1 PLC通信的分类

PLC通信可分为PLC与外部设备（外设）的通信和PLC与系统设备的通信两类。

PLC与外设的通信包括PLC与计算机间的通信、PLC与通用外设间的通信2类，前者多用于PLC编程、监控、调试，后者指PLC与打印机、条形码阅读器、文本操作单元的通信。而PLC与系统设备的通信，是指PLC与控制系统内部的远程I/O单元、PLC与其他控制装置间的通信，即PLC网络控制系统的通信。

（1）串行通信与并行通信

① 串行通信　通信中构成1个字或字节的多位二进制数据是1位1位地被传送。串行通信的特点是传输速度慢、传输线数量少（最少需2根双绞线）、传输距离远。PLC的RS-232或RS-485通信就是串行通信的典型例子。

② 并行通信　通信中同时传送构成1个字或字节的多位二进制数。并行通信的特点是传送速度快、传输线数量多（除了8根或16根数据线和1公共线外，还需通信双方联络的控制线）、传输距离近。PLC的基本单元和特殊模块之间的数据传送就是典型的并行通信。

（2）异步通信和同步通信

① 异步通信　异步通信中数据是一帧一帧传送的。异步通信的字符信息格式为1个起始位、7～8个数据位、1个奇偶校验位和停止位。

在传送时，通信双方需对采用的信息格式和数据的传输速度作相同的约定，接受方检测到停止位和起始位之间的下降沿后，将它作为接收的起始点，在每位中点接收信息。这样传送不至于出现由于错位而带来的收发不一致的现象。PLC 一般采用异步通信。

② 同步通信　同步通信将许多字符组成一个信息组进行传输，但是需要在每组信息开始处加上 1 个同步字符。同步字符用来通知接收方来接收数据，它是必须有的。同步通信收发双方必须完全同步。

（3）单工通信、全双工通信和半双工通信

① 单工通信　指信息只能保持同一方向传输，不能反向传输，如图 7-1（a）所示。

② 全双工通信　指信息可以沿两个方向传输，A、B 两方都可以同时一方面发送数据，另一方面接收数据，如图 7-1（b）所示。

③ 半双工通信　指信息可以沿两个方向传输，但同一时刻只限于一个方向传输，即同一时刻 A 方发送 B 方接收或 B 方发送 A 方接收。

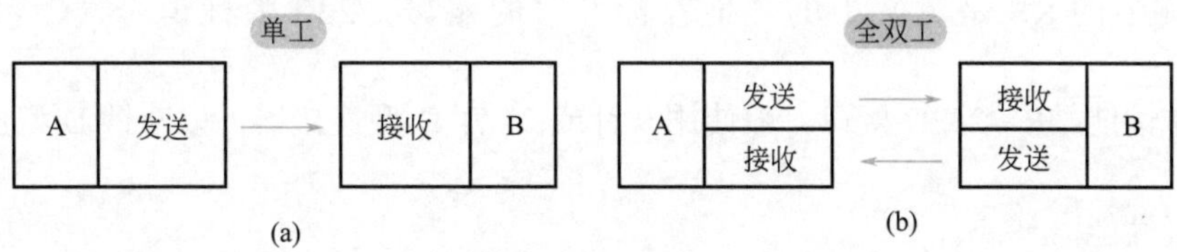

图 7-1　通信方式

7.1.2　通信传输介质

通信传输介质一般有 3 种，分别为双绞线、同轴电缆和光纤，如图 7-2 所示。

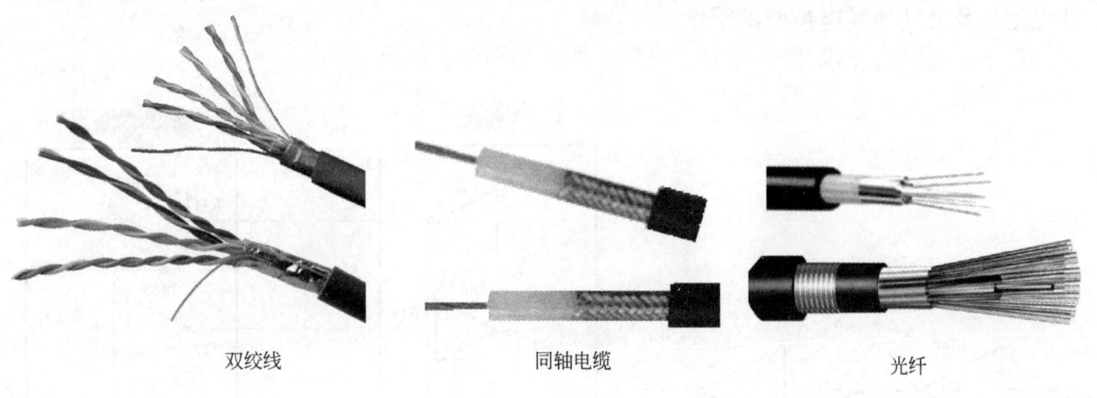

图 7-2　传输介质

（1）双绞线

双绞线是由一对相互绝缘的导线按照一定的规律互相缠绕在一起而制成的一种传输介质。两根线扭绞在一起其目的是为了减小电磁干扰。实际使用时，多对双绞线一起包在一个绝缘电缆套管里，典型的双绞线有一对的、四对的。

双绞线按有无屏蔽层可分为非屏蔽双绞线和屏蔽双绞线，屏蔽层可以减小电磁干扰。双绞线具有成本低、重量轻、易弯曲、易安装等特点。RS-232 和 RS-485 多采用双绞线进行通信。

（2）同轴电缆

同轴电缆有 4 层，由外向内依次是护套、外导体（屏蔽层）、绝缘介质和内导体。同轴电缆从用途上分可分为基带同轴电缆和宽带同轴电缆。基带同轴电缆特性阻抗为 50Ω，适用于计算机网络连接，宽带同轴电缆特性阻抗为 75Ω，常用于有线电视传输。

（3）光纤

光纤是由石英玻璃经特殊工艺拉制而成的。按工艺的不同可将光纤分为单模光纤和多模光纤。单模光纤直径为 8 ～ 9μm，多模光纤直径为 62.5μm。单模光纤光信号没反射、衰减小、传输距离远；多模光纤光信号多次反射、衰减大、传输距离近。

7.1.3 串行通信接口标准

串行通信接口标准有 3 种，分别为 RS-232C 串行接口标准、RS-422 串行接口标准和 RS-485 串行接口标准。

（1）**RS-232C** 串行接口标准

1969 年，美国电子工业协会 EIA 推荐了一种串行接口标准，即 RS-232C 串行接口标准。其中的 RS 是英文中的“推荐标准”的缩写，232 为标识号，C 表示标准修改的次数。

① 机械性能　RS-232C 接口一般使用 9 针或 25 针 D 型连接器，以 9 针 D 型连接器最为常见。

② 电气性能

a．采用负逻辑，用 -5 ～ -15V 表示逻辑“1”，用 5 ～ 15V 表示逻辑“0”；

b．只能进行一对一通信。

c．最大通信距离为 15m，最大传输速率为 20Kbit/s；

d．通信采用全双工方式；

e．接口电路采用单端驱动 - 单端接收电路，如图 7-3 所示，需要说明的是，此电路易受外界信号及公共地线电位差的干扰；

f．两个设备通信距离较近时，只需 3 线。如图 7-4 所示。

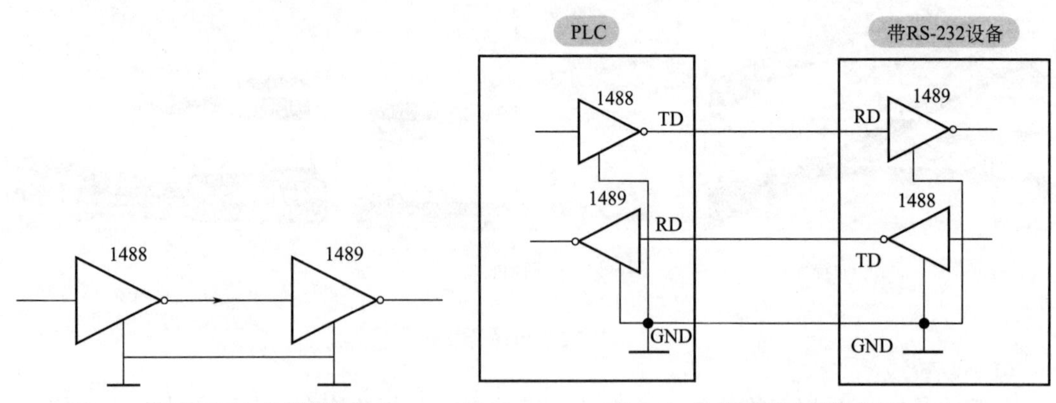

图 7-3　单端驱动 - 单端接收电路　　图 7-4　近距离通信接线示意

（2）**RS-422** 串行接口标准

由于 RS-232C 接口传输速率、传输距离和抗干扰能力等受限，美国电子工业协会 EIA 又推出了一种新的串行接口标准，即 RS-422 串行接口标准。

其特点如下：

① RS-422 接口采用平衡驱动、差分接收电路，提高抗干扰能力；

② RS-422 接口通信采用全双工方式；

③ 传输速率为 100kbit/s 时，最大通信距离为 1200m；

④ RS-422 通信接线如图 7-5 所示。

（3）RS-485 串行接口标准

RS-485 是 RS-422 的变形，其只有一对平衡差分信号线，不能同时发送和接收信号；RS-485 通信采用半双工方式；RS-485 通信接口和双绞线可以组成串行通信网络，构成分布式系统，在一条总线上最多可以接 32 个站，如图 7-6 所示。

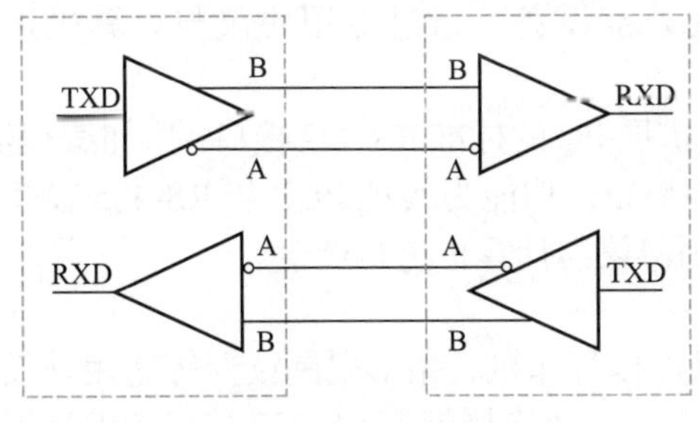

图 7-5　RS-422 通信接线

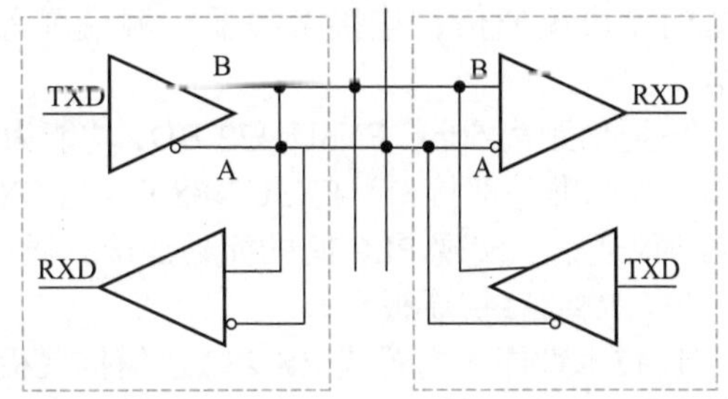

图 7-6　RS-485 通信接线

7.1.4　通信的连接形式与协议

（1）通信连接形式

外部设备与 PLC 间的通信连接形式分为 1-1 连接、*n*-1 连接、1-*n* 连接、*m*-*n* 连接几种，其结构简述如下。

① 1-1 连接　1-1 连接是一台外设与一台 PLC 进行的连接，数据发送与接收在一台 PLC 与 1 台外设间进行，因此，需要使用 MELSEC 专用通信协议并编制 PLC 通信程序。

② 1-*n* 连接　1-*n* 连接是一台外设同时与多台 PLC 的连接，外设需要同时对多台 PLC 进行数据传送，无固定的通信目标。

③ *n*-1 连接　*n*-1 连接是多台外设同时与一台 PLC 进行的连接，数据发送与接收在固定的对象间进行，因此，需要使用 MELSEC 专用通信程序。

④ *m*-*n* 连接　*m*-*n* 连接是多台外设同时与多台 PLC 进行的连接。多台外设可以同时与多台 PLC 进行数据传送，外设与 PLC 之间无固定的通信对象。

（2）通信协议

通信协议是通信双方的数据格式、同步方式、传输速率、纠错方式、控制字符等约定。严格地说，任何通信均需要通信协议，但是在部分情况下仅需要进行简单的设定，故被称为“协议通信”。

① 无协议通信　无协议通信仅需要对数据格式、传输速率、起始 / 停止码进行简单的设定，通信可直接用 PLC 的应用指令进行，不需要安装专用的通信软件，可以用于打印机、条形码阅读机设备的 ASCII 字符收发等。

② 专用协议通信　专用协议通信需要在外设上安装 PLC 通信软件。专用协议通信可以直接用外部设备进行 PLC 的编程、调试与控制，通过工具软件，外设可自动创建通信程序，通信不需要进行 PLC 的编程。

③ 双向协议通信　双向协议通信是使用不同数据格式的通信双方所进行的通信。通信一般只能采用 1-1 连接，并需要特殊的 PLC 应用指令进行数据格式的转换。双向协议通信需要进行数据和校验，并使用 ACK、NAK 等应答信号。

7.1.5 通信扩展板的性能与连接

（1）通信扩展板功能

FX系列PLC中，串口通信接口通常以内置扩展板的形式直接安装于PLC的基本单元上，每台PLC允许任意安装1块。FX3U系列PLC还可以安装外置式通信接口功能扩展板，扩展功能如下所示。

① 通信距离15m：FX3U-232-BD与FX3U-232-ADP，功能为实现PLC与RS-232C设备的无协议通信；连接编程器、触摸屏等标准外部设备；通过专用协议与计算机进行通信。

② 通信距离50m：FX3U-422-BD，功能为实现扩展PC的标准RS-422接口；增加编程器、触摸屏等标准外部接口。FX3U-485-BD与FX-485-ADP，功能为实现PLC与RS-485设备进行无协议通信、实现PLC间的简易链接、通过专用协议与计算机进行通信。

（2）RS-232扩展板

① 技术性能　内置式RS-232通信扩展板可以连接打印机、条形码阅读器等通用外设，进行无协议数据通信，或与计算机进行专用协议通信，或者连接带有RS-232接口的编程器、触摸屏等PLC附加设备。主要技术性能如表7-1所示。

表7-1　232BD主要技术性能一览

项　目	参　数
接口标准	RS-232C标准
最大传输距离	15m
连接器	9芯D-SUB型
模块指示	RXD、TXD发光二极管
通信方式	半双工、全双工通信
通信协议	无协议通信、编程器通信、专用协议通信
接口电路	无隔离
电源消耗	DC5V/60mA，PLC基本单元供给

② 连接要求　232BD通信扩展板的9芯连接器引脚、信号与RS-232标准接口基本相同，但不需要CS、RI信号。

（3）RS-422通信扩展板

① 技术性能　内置式RS-422通信扩展板可以连接编程器、触摸屏等PLC标准设备，每台PLC只能安装1块422BD通信扩展板，扩展板的主要技术性能如表7-2所示。

表7-2　422BD主要技术性能一览

项　目	参　数
接口标准	RS-422
最大传输距离	50m
连接器	8芯MINI-DIN型
模块指示	无

续表

项　目	参　数
通信方式	半双工通信
通信协议	编程协议通信
接口电路	无隔离
电源消耗	DC5V/60mA，来自 PLC 基本单元

② 连接要求　422BD 通信扩展板一般通过标准电缆与 PLC 编程器连接，不需要外部进行接线与编程，使用时根据需求选择，这里不做详细说明。使用 422BD 通信扩展板时，在 PLC 上不需要设定任何参数（PLC 的通信格式设定特殊数据寄存其 D120 的值“0”）。PLC 程序中也不可使用 RS、VRRD、VRSC 等指令。

（4）RS-485 通信扩展板

① 技术性能　内置式 RS-485 可以通过 RS-485/RS-232 接口转换器与带有 RS232 接口的通用外部设备连接，进行无协议数据通信；与外设进行专用协议的数据通信；进行外设与 PLC 的 1-*n*、*m*-*n* 连接；进行 PLC 的网络连接。

每台 PLC 只能安装一块 485BD 通信扩展板。485BD 主要技术性能如表 7-3 所示。

表 7-3　485BD 主要技术性能一览

项　目	参　数
接口标准	RS422/RS485 标准
最大传输距离	50m
连接器	8 芯 MINI-DIN 型
模块指示	SD、RD 指示灯
通信方式	半双工通信、全双工通信
通信协议	专用协议通信
接口电路	无隔离
电源消耗	DC5V/60mA，来自 PLC 基本单元

② 连接要求　485BD 通信扩展板采用接线端方式与外部连接，信号名称含义以及信号的连接要求与标准 RS-485 完全相同。

7.1.6　通信扩展板的编程

（1）指令格式

FX 系列的 PLC 串行、异步、无协议双向通信可应用指令 RS（FNC80）进行编程，指令的格式如图 7-7 所示。

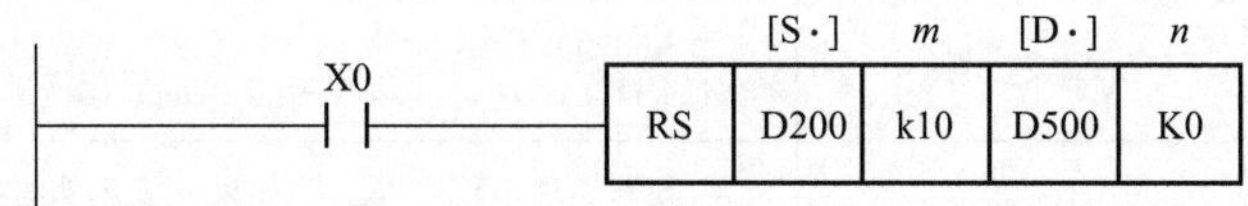

图 7-7　RS 指令的编程格式

[S·]：数据寄存器 D；发送数据时指定源数据在 PLC 中的起始地址。

m：常数 K/H；发送数据时定义需要传送的数据长度，允许范围为 0 ～ 4096；接收数据时应设定为 0。

[D·]：数据寄存器 D；存储接收数据的存储器起始地址。

n：常数 K/H；接收数据时定义接收数据的长度，允许范围为 0 ～ 4096；数据发送时应设定为 0。

32 位操作指令：不允许。

边沿执行指令：不允许。

数据的通信格式需要通过 PLC 的特殊数据寄存器 D8120 进行设定。

（2）传送格式设定

在 RS 指令进行异步通信时，特殊数据寄存器 D8120 以二进制位的形式设定数据通信格式，对应的含义如下：

Bit0：数据长度设定；“0”为 7 位，“1”为 8 位。

Bit2/Bit1：奇偶校验设定；“00”为无校验，“01”为奇校验，“11”为偶校验。

Bit3：停止位设定；“0”为 1 位，“1”为 2 位。

Bit7 ～ bit4: 传输速率；设定值 0011 ～ 1001 对应 300bit/s、600bit/s、1200bit/s、2400bit/s、4800bit/s、9600bit/s、19200bit/s。

Bit8: 起始符设定；“0”为无起始符，“1”为起始符由 D8124 设定，初始值为 02H（STX）。

Bit9: 终止符设定；“0”为无终止符，“1”为终止符由 D8125 设定，初始值为 03H（ETX）。

Bit11/Bit10：通信模式选择。

00：模式 1，不使用控制信号的 RS-232 接口通信。

01：模式 2，使用控制信号的普通 RS-232 通信模式（单独发送与接收）。

10：模式 3，RS-232 互锁模式通信。

11：模式 4，RS232、RS-485Modem 器通信。

在不使用 RS 指令通信时，本 2 位设定“00”为 RS-485 通信、“01”为 RS-232C 通信。

Bit12：不使用。

Bit13：“1”为附加和校验码，“0”为无和校验码，RS 指令通信必须设定“0”。

Bit14：“0”为无协议通信，“1”为专用协议通信协议，RS 指令通信时必须设定“0”。

Bit15：“0”为通信方式 1，“1”为通信方式 4，RS 指令通信时必须设定“0”。

（3）特殊辅助继电器与数据寄存器

在 RS 通信编程中需要使用的特殊辅助继电器与内部数据寄存器如表 7-4 所示。

表 7-4　通信用特殊辅助继电器与内部数据寄存器

地址	信号名称	作　用
M8121	发送等待	当 PLC 处于发送等待状态时，M8121 为 1
M8122	发送请求	当 PLC 处于接收等待、接收完成状态时，利用脉冲上升沿对 M8122 进行置位，开始发送数据，发送完成后自动复位
M8123	接收完成	当 PLC 完成数据接收时，M8123 自动成为 1；如果需要再次传送，在接收完成后应通过 PLC 对 M8123 进行复位
M8124	载波检测	当 Modem 工作正常时，PLC 接收来自 Modem 的 CD 信号后，M8124 自动成为 1，可以进行正常的数据传送
M8129	超时判断	当数据传送出现中断后，如果在规定的时间里不能重新开始接收，则 M8129 自动成为 1，复位需要由 PLC 程序进行

续表

地址	信号名称	作　用
M8161	数据格式	0 ：16 位数据；1 ：8 位数据
D8120	通信格式	0 ：16 位数据；1 ：8 位数据
D8121	站号设定	网络连接时的从站地址设定
D8122	剩余数据	RS-232C 尚未传送的剩余数据
D8123	接收数据	RS-232C 已经接收的数据
D8124	起始符	8 位起始符设定
D8125	终止符	8 位终止符设定
D8129	超时检测	超时判断时间设定，单位为 10ms

7.2 FX3U 通信指令

7.2.1 串行同步通信指令

串行同步通信指令 RS2（FNC84）是 FX3U 系列 PLC 的新增功能，指令不能用于 FX1N/FX2N 系列 PLC。

RS2 指令的编程格式如图 7-8 所示。

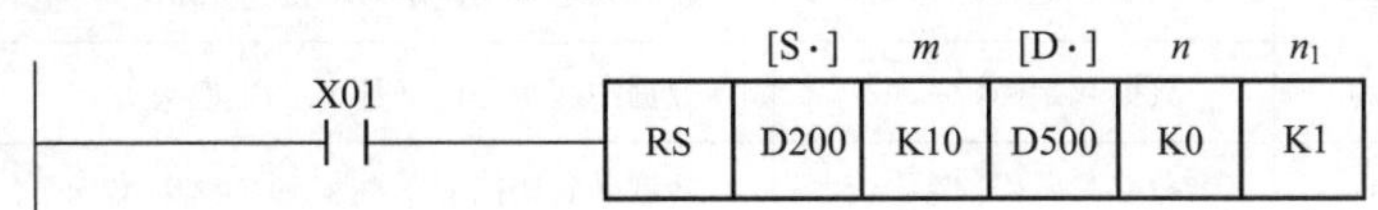

图 7-8　串行同步通信指令格式

指令允许作用的操作数格式与作用如下：

[S •]：数据寄存器 D；发送数据时指定源数据在 PLC 中的起始地址。

m：常数 K/H；发送数据时定义需要传送的数据长度，允许范围为 0 ～ 4096；接收数据时应设定为“0”。

[D •]：数据寄存器 D；存储接收数据的存储器起始地址。

n：常数 K/H；接收数据时定义接收数据的长度，允许范围为 0 ～ 4096；数据发送时应设定为“0”。

n_1：常数 K/H；通信接口选择 1 或 2（使用 FX3u-232-ADP 或 FX3u-485-ADP）。

32 位操作指令：不允许。

边沿指令：不允许。

通信接口 1 与 2 的通信格式可分别通过 PLC 的特殊寄存器 D8400、D8420 设定。

7.2.2 特殊辅助继电器与内部数据寄存器

串口同步通信可以进行多字符传送，每帧需要有数据起始 / 结束标记与 CRC 校验等附加数据，因此，用 RS2 指令进行通信编程时需要使用特殊辅助继电器与内部数据寄存器指定，如表 7-5 所示。

表 7-5　通信用特殊辅助继电器与内部数据寄存器技术指标一览

地址		信号名称	作　用
接口 1	接口 2		
M8401	M8421	发送等待	当 PLC 处于发送等待状态时为 1
M8402	M8422	发送请求	当 PLC 处于接收等待、接受完成状态时，利用脉冲上升沿置位，开始发送数据；发送完成后自动复位
M8403	M8423	接收完成	当 PLC 完成数据接收后自动成为 1；如果需要再次传送，则在接收完成后应通过 PLC 程序对其复位
M8404	M8424	载波检测	当 Modem 工作正常时，PLC 接收到来自 Modem 的 CD 信号后自动成为 1，PLC 可以进行正常的数据传送
M8409	M8429	超时判断	当数据传送出现中断后，如果在规定的时间里（D8409/D8429 设定）不能重新开始接收，则自动成为 1；状态的复位需要由 PLC 程序进行
M8063	M8438	通信出错	当串行通信出错时为 1
D8400	D8420	数据格式	0 ：16 位数据；1 ：8 位数据
D8402	D8422	剩余数据	尚未传送的剩余数据
D8403	D8423	接收数据	已经接收的数据
D8405	D8425	通信参数	显示通信参数
D8409	D8429	超时检测	超时判定时间设定，单位为 10ms
D8410	D8430	数据起始标记 1、2	数据的起始标记字符 1、2（抱头 1、2）
D8411	D8431	数据起始标记 3、4	数据的起始标记字符 3、4（抱头 3、4）
D8412	D8432	数据结束标记 1、2	数据的结束标记字符 1、2（抱尾 1、2）
D8413	D8433	数据结束标记 3、4	数据结束的标记字符 3、4（抱尾 3、4）
D8414	D8434	CRC 校验的接收数据	进行 CRC 校验的接收数据
D8415	D8435	CRC 校验码（接收）	接收数据的 CRC 校验码计算结果
D8416	D8436	CRC 校验码（发送）	发送数据的 CRC 校验码计算结果
D8063	D8438	通信出错代码	显示当前的通信出错代码
D8419	D8439	通信模式显示	显示当前的通信模式设定

除通信帧的格式以及数据校验方式的区别外，RS2 与 RS 指令的编程方法类似，在此不再进行说明。CRC 校验可用下述的应用指令 CRC 直接计算得到。

对于多字符传送的串行同步通信，一般采用“循环冗余校验”方式对数据进行校验；CRC 校验码需要用生成多项式进行计算，由于计算复杂，故需要专用编程指令。

CRC 校验码生成指令是 FX3U 系列 PLC 的新增功能，指令不能用于 FX1N/FX2N 系列 PLC。编程格式如图 7-9 所示。

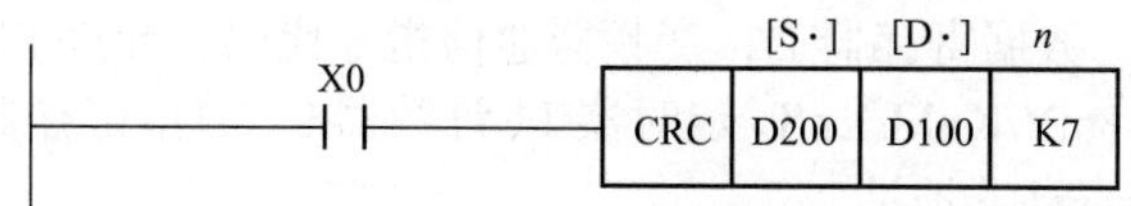

图 7-9　CRC 指令的编程格式

指令允许使用的操作数格式与作用如下。

[S •]：复合操作数 KnX/KnY/KnM/KnS、定时器 T、计数器 C、数据寄存器 D、变址寄存器 V/Z，进行 CRC 校验的数据起始地址。

[D •]：复合操作数 KnX/KnY/KnM/KnS、定时器 T、计数器 C、数据寄存器 D、变址寄存器 V/Z，进行 CRC 校验的数据寄存地址。

n：常数 K/H，校验数据的长度，允许范围为 1 ～ 256。

32 位操作指令：不允许。

边沿执行指令：允许（加后缀“P”）。

需要校验的数据格式（字长）需要通过辅助继电器 M8161 实现选择。当 M8161=0 时，定义校验数据长度为 16 位，校验数据的高、低字节都需要进行 CRC 运算，校验数据长度（字节数）应设定为实际数据长度的 2 倍；当 M8161=1 时，CRC 运算只对低字节进行，高字节自动忽略，校验数据长度（字节数）应与实际数据长度（字）相等。

7.2.3　变频器的通信控制

（1）变频器状态独处指令

FR-500/FR-700 系列变频器的工作状态可以用指令 IVCK 读到 PLC 中，指令的编程格式如图 7-10 所示。

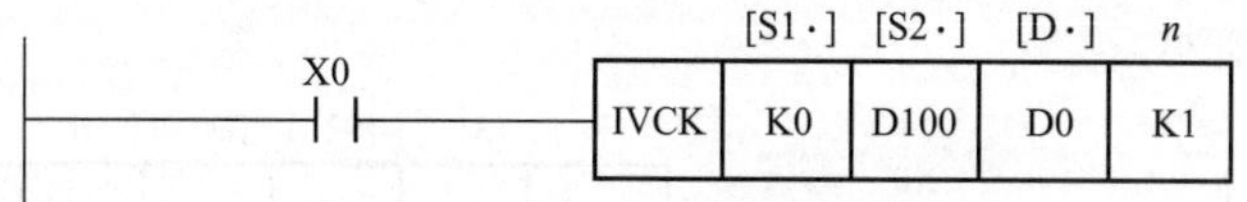

图 7-10　IVCK 指令的编程格式

[S1 •]：常数 K/H、数据寄存器 D，设定变频器从站地址，允许 0 ～ 31。

[S2 •]：常数 K/H、数据寄存器 D，变频器通信指令代码，允许 6D ～ 7F。

[D •]：复合操作数 KnY/KnM/KnS、定时器 T、计数器 C、数据寄存器 D、变址寄存器 V/Z，存储变频器状态的数据寄存器地址。

n：常数 K/H，通信接口选择 1 或者 2。

32 位操作指令：不允许。

边沿执行指令：不允许。

（2）变频器运行控制指令

FR-500/FR-700 系列变频器的运行控制命令可以用 PLC 的指令 IVDR 写入到变频器中，指令编程格式如图 7-11 所示。

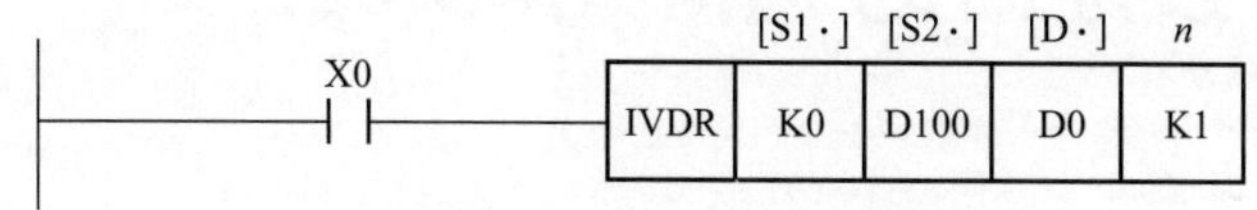

图 7-11　IVDR 指令的编程格式

[S1 •]：常数 K/H、数据寄存器 D，设定变频器从站地址，允许 0 ～ 31。

[S2 •]：常数 K/H、数据寄存器 D，变频器通信指令代码，允许 ED ～ FF。

[D •]: 复合操作数 KnY/KnM/KnS、定时器 T、计数器 C、数据寄存器 D、变址寄存器 V/Z，存储变频器状态的数据寄存器地址。

n：常数 K/H，通信接口选择 1 或者 2。

32 位操作指令：不允许。

边沿执行指令：不允许。

（3）变频器参数读出指令

FR-500/FR-700 系列变频器的参数可以用指令 IVRD 读出到 PLC 中，指令的编程格式如图 7-12 所示。

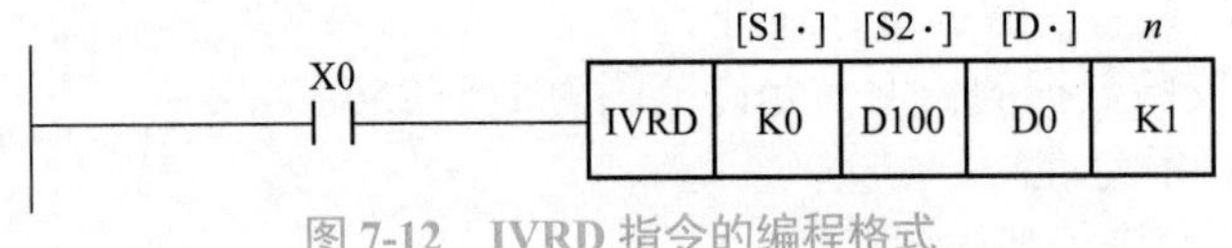

图 7-12　IVRD 指令的编程格式

[S1 •]：常数 K/H、数据寄存器 D，设定变频器从站地址，允许 0 ～ 31。

[S2 •]：常数 K/H、数据寄存器 D，变频器通信指令代码，允许 00 ～ 63。

[D •]: 复合操作数 KnY/KnM/KnS、定时器 T、计数器 C、数据寄存器 D、变址寄存器 V/Z，存储变频器状态的数据寄存器地址。

n：常数 K/H，通信接口选择 1 或者 2。

32 位操作指令：不允许。

边沿执行指令：不允许。

（4）变频器参数写入指令

FR-500/FR-700 系列变频器的多个参数可以用指令 IVWR 从 PLC 写入变频器中，指令的编程格式如图 7-13 所示。

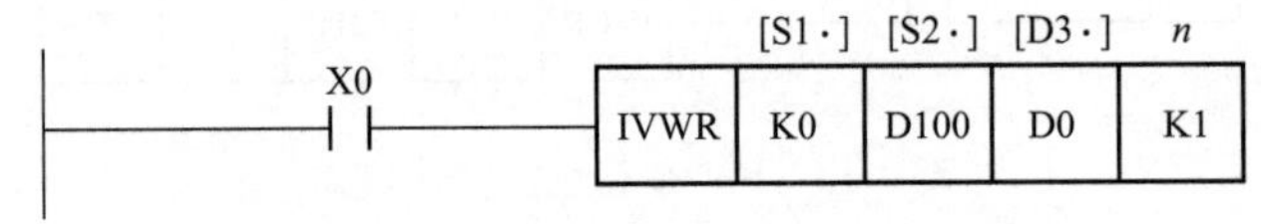

图 7-13　IVWR 指令的编程格式

[S1 •]：常数 K/H、数据寄存器 D，设定变频器从站地址，允许 0 ～ 31。

[S2 •]：常数 K/H、数据寄存器 D，变频器通信指令代码，允许 80 ～ E3。

[D •]: 复合操作数 KnY/KnM/KnS、定时器 T、计数器 C、数据寄存器 D、变址寄存器 V/Z，存储变频器状态的数据寄存器地址。

n：常数 K/H，通信接口选择 1 或者 2。

32 位操作指令：不允许。

边沿执行指令：不允许。

7.3　FX 系列 PLC 通信应用实例

7.3.1　实例一

（1）控制要求

控制系统要求实现：PLC1 的启动按钮 X1 和停止按钮 X0 控制 PLC2 上的指示灯 Y1

的亮灭，PLC2 的启动按钮 X3 和停止按钮 X2 控制 PLC1 上的指示灯 Y0 的亮灭。

（2）案例实施

两台 FX 系列的 PLC 之间需要交换数据时，可以采用并联连接通信，把其中一台 PLC 作为主站，另一台作为从站，这种方式为经典的 1-1 通信方式，通过 PLC 上配置的 RS-485 接口进行通信。PLC 连接示意图如 7-14 所示，主从站程序如图 7-15 所示。

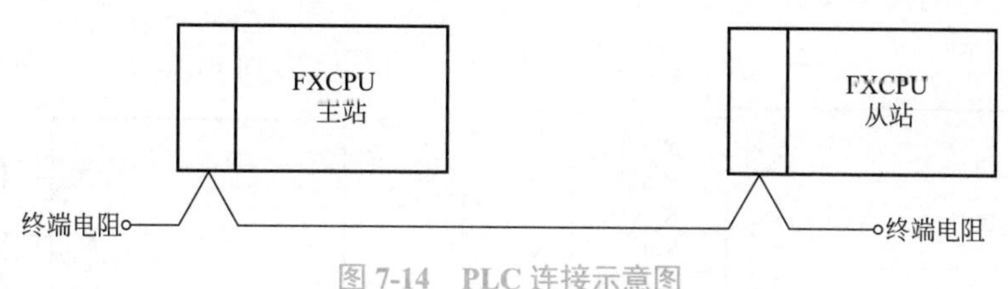

图 7-14　PLC 连接示意图

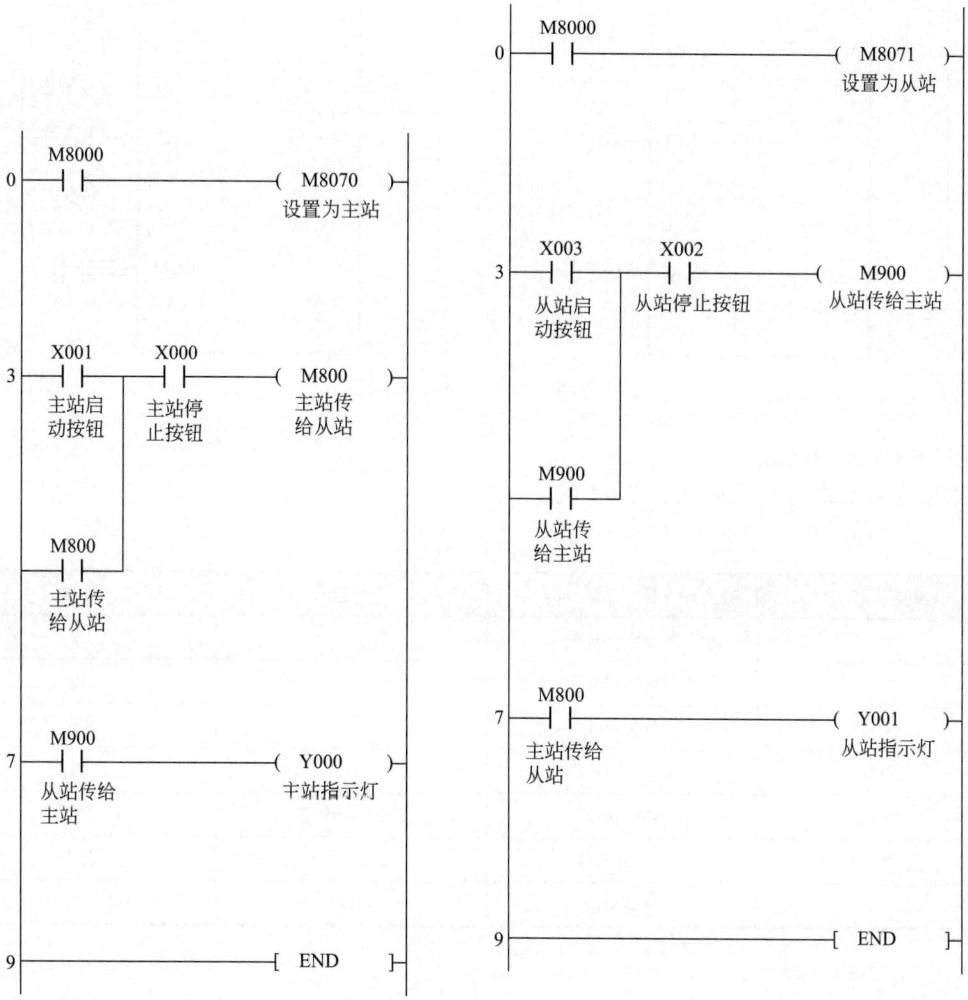

图 7-15　主从站程序设计图（左边为主站）

7.3.2 实例二

（1）控制要求

两台 PLC 进行通信，将 PLC1 设为主站，PLC2 设为从站，主站的开关 X0 到 X7 控制从站的 Y0 到 Y7 以及主站 Y0 到 Y7 相应灯的亮灭。先按下从站的 X10，再按下主站的 X10，延时一段时间后从站的 Y10 对应的灯点亮。

（2）做出 I/O 的接口设计

如图 7-16 所示。

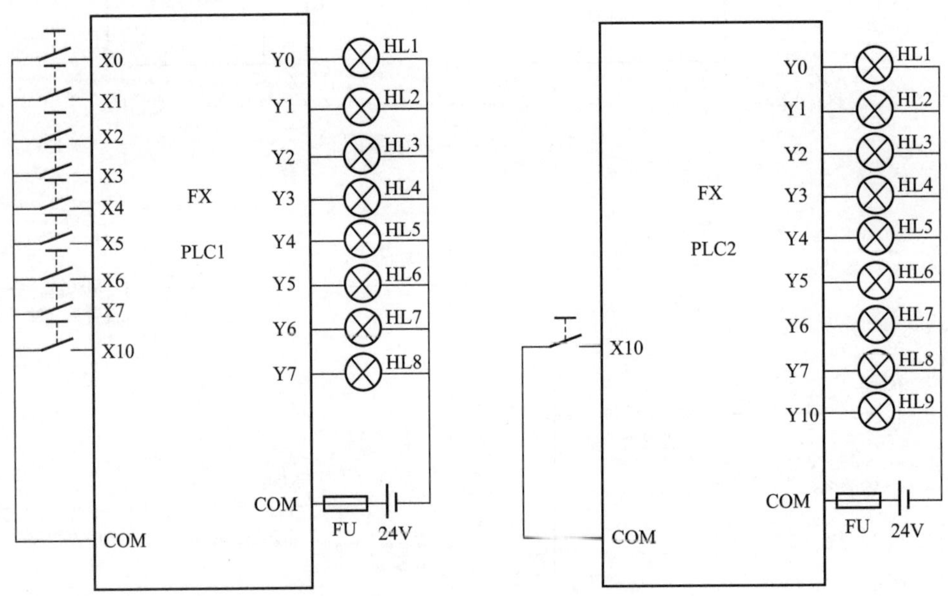

图 7-16　PLC 的 I/O 接线图

（3）确定材料明细

根据任务要求材料清单如表 7-6 所示。

表 7-6　材料明细

序　号	器件名称	型号	数量
1	PLC 组合标配		2
2	组合按钮开关		10
3	连接导线		若干
4	指示灯		17
5	通信接口	FX3U-485BD	2
6	屏蔽双绞线		若干
7	终端电阻	110Ω	2

（4）PLC 程序图

两台 PLC 进行通信，将其中一个设置为主站，另一个设置为从站。设计程序图时，先将其中一个设置为主站模式，再把要传送的数据写入共享寄存器即可，程序图如图 7-17 及图 7-18 所示。

```
     M8000
0  ──┤ ├──┬──────────────────────( M8070 )──  设置为主站
          │
          ├──────────────[ MOV  K2X000  K2M800 ]──  将主站X0～X7的输入信号置入网络中
          │
          ├──────────[ ADD  D0    D2    D490 ]──  相加数送入网络中(D490)
          │
          └──────────────[ MOV  K2M900  K2Y000 ]──  读取从站输入信息，从本站Y0～Y7输出
     X010                              D500
20 ──┤ ├─────────────────────────( T0   )──  用从站D500数据定时

24 ──────────────────────────────[ END  ]──
```

图 7-17　主站梯形图

```
     M8000
0  ──┤ ├──┬──────────────────────( M8071 )──  设为从站
          │
          ├──────────────[ MOV  K2M800  K2Y000 ]──  将主站信息送到本站Y0～Y7中
          │
          ├──────────[ CMP   D490  K100   M10 ]──
          │   T0
          ├──┤ ├─────────────────────( Y010 )──
          │
          └──────────────[ MOV   K2Y0  K2M900 ]──  将Y0～Y7信息送入(M900)网络中
     X010
24 ──┤ ├──┬──────────────[ MOV   K200   D10  ]──
          │
          └──────────────[ MOV   D10    D500 ]──  将D10数据送入(D500)网络中

35 ──────────────────────────────[ END  ]──
```

图 7-18　从站梯形图

第8章 三菱PLC综合应用设计范例

8.1 两个滑台顺序控制

控制要求

如图8-1所示，现有两个滑台A和B，初始状态A在左边，限位开关SQ1受压，滑台B在右边，限位开关SQ3受压。当按下启动按钮时，滑台A右行，碰到限位开关SQ2停止并进行能耗制动5s。之后滑台B左行，碰到限位开关SQ4停止并进行能耗制动5s，停止100s，两个滑台同时返回原位碰到限位开关停止并进行能耗制动5s停止。

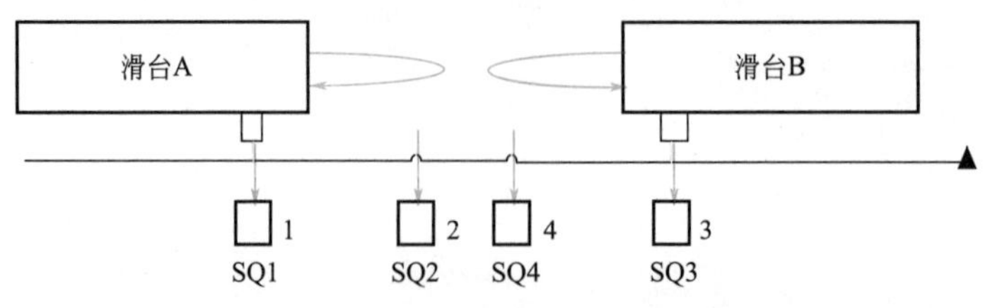

图8-1 两个滑台顺序控制示意图

元件说明

元件说明见表8-1。

表 8-1　两个滑台顺序控制元件说明

PLC 软元件	控制说明
X0	停止按钮，按下时，X0 的状态由 OFF → ON
X1	启动按钮，按下时，X1 的状态由 OFF → ON
X2	限位开关 1，SQ1
X3	限位开关 2，SQ2
X4	限位开关 3，SQ3
X5	限位开关 4，SQ4
Y0	滑台 A 右行
Y1	滑台 A 左行
Y2	滑台 A 能耗制动
Y3	滑台 B 左行
Y4	滑台 B 右行
Y5	滑台 B 能耗制动

控制程序

控制程序如图 8-2 所示。

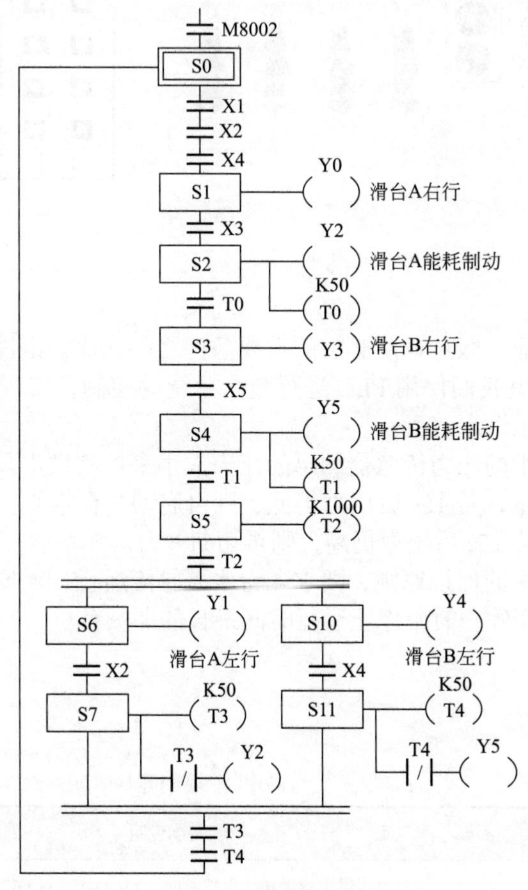

图 8-2　控制程序

程序说明

① PLC 运行时初始化脉冲 M8002 使初始状态步 S0 置位，两个滑台在初始位置，限位开关 X2、X4 接点断开。

② 按下启动按钮 X1，S1 置位，Y0 得电，滑台 A 右行，X2 接点断开，碰到限位开关 X3 时，S2 置位，Y0 失电，Y2 得电，滑台 A 进行能耗制动，5s 后 S3 置位，Y2 失电，Y3 得电，滑台 B 左行，X4 接点断开，碰到限位开关 X5 时，S4 置位，Y3 失电，Y5 得电，滑台 B 进行能耗制动，5s 后 S5 置位，Y5 失电。100s 后 S6 和 S10 同时置位。

③ S6 置位，Y1 得电，滑台 A 左行，X3 接点断开，滑台 A 回到原位碰到限位开关 X2。S7 置位，Y2 得电 5s 后失电，滑台 A 能耗制动 5s 停止。

④ S10 置位，Y4 得电，滑台 B 右行，X5 接点断开，滑台 B 回到原位碰到限位开关 X4。S11 置位，Y5 得电 5s 后失电，滑台 B 能耗制动 5s 停止。

⑤ 两个滑台都制动结束时，T3、T4 接点闭合，S7、S11 复位，S0 置位，转移到初始状态步，全工程完成。

8.2 恒压供水的 PLC 控制

范例示意如图 8-3 所示。

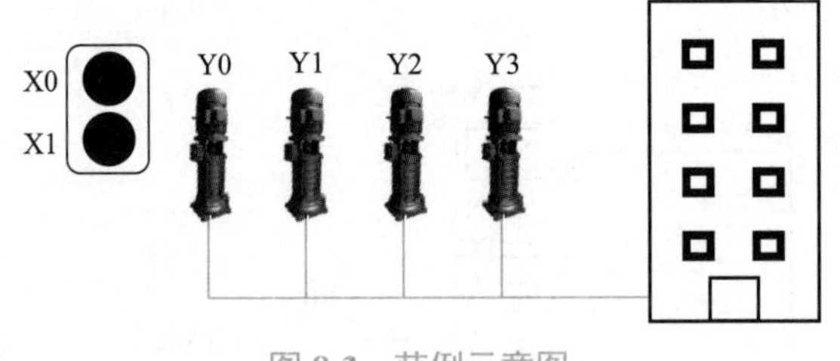

图 8-3 范例示意图

控制要求

恒压供水是某些工业、服务业所必需的重要条件之一，比如钢铁冷却、供热、灌溉、洗浴、游泳设施等等。这里我们使用 PLC 进行整个系统的控制，实现根据压力上、下限变化由 4 台供水泵来保证恒压供水的目标。

首先，由供水管道中的压力传感器测出的压力大小来控制供水泵的启停。当供水压力小于标准时，启动一台水泵，若 15s 后压力仍低，则再启动一台水泵；若供水压力高于标准，则自行切断一台水泵，若 15s 后压力仍高，则再切断一台。

另外，考虑到电动机的保护原则，要求 4 台水泵轮流运行，需要启动水泵时，启动已停止时间最长的那一台，而停止时则停止运行时间最长的那一台。

元件说明

元件说明见表 8-2。

表 8-2 恒压供水的 PLC 控制元件说明

PLC 软元件	控制说明
X0	恒压供水启动按钮，按下时，X0 的状态有 OFF → ON

续表

PLC 软元件	控制说明
X1	恒压供水关闭按钮，按下时，X1 的状态由 OFF → ON
X2	压力下限传感器，压力到达下限时，X2 的状态由 OFF → ON
X3	压力上限传感器，压力到达上限时，X3 的状态由 OFF → ON
M0 ~ M5	内部辅助继电器
Y0	1 号供水泵接触器
Y1	2 号供水泵接触器
Y2	3 号供水泵接触器
Y3	4 号供水泵接触器
T0	计时 15s 定时器，时基为 100ms 的定时器
T1	计时 30s 定时器，时基为 100ms 的定时器
T2	计时 45s 定时器，时基为 100ms 的定时器
T3	计时 15s 定时器，时基为 100ms 的定时器
T4	计时 30s 定时器，时基为 100ms 的定时器
T5	计时 45s 定时器，时基为 100ms 的定时器

控制程序

控制程序如图 8-4 所示。

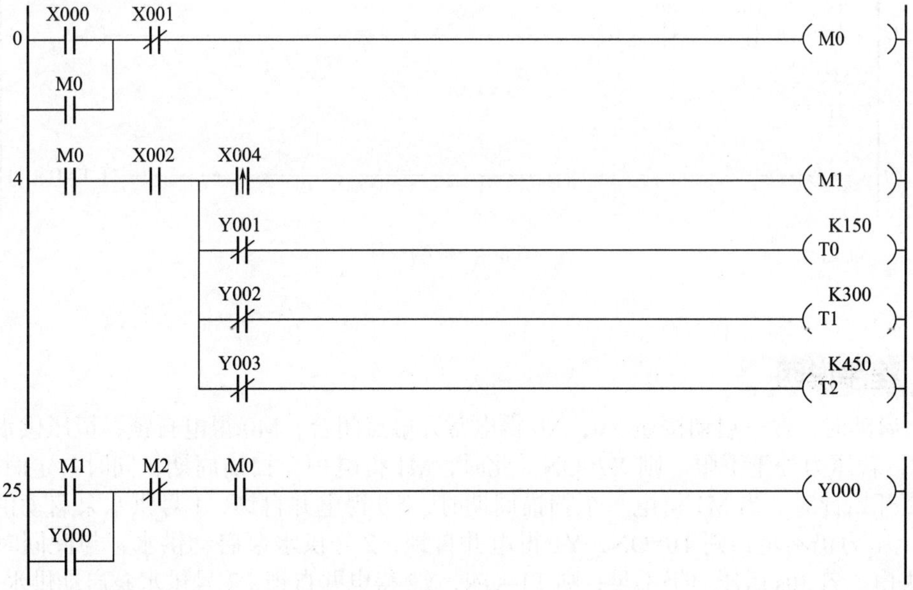

图 8-4

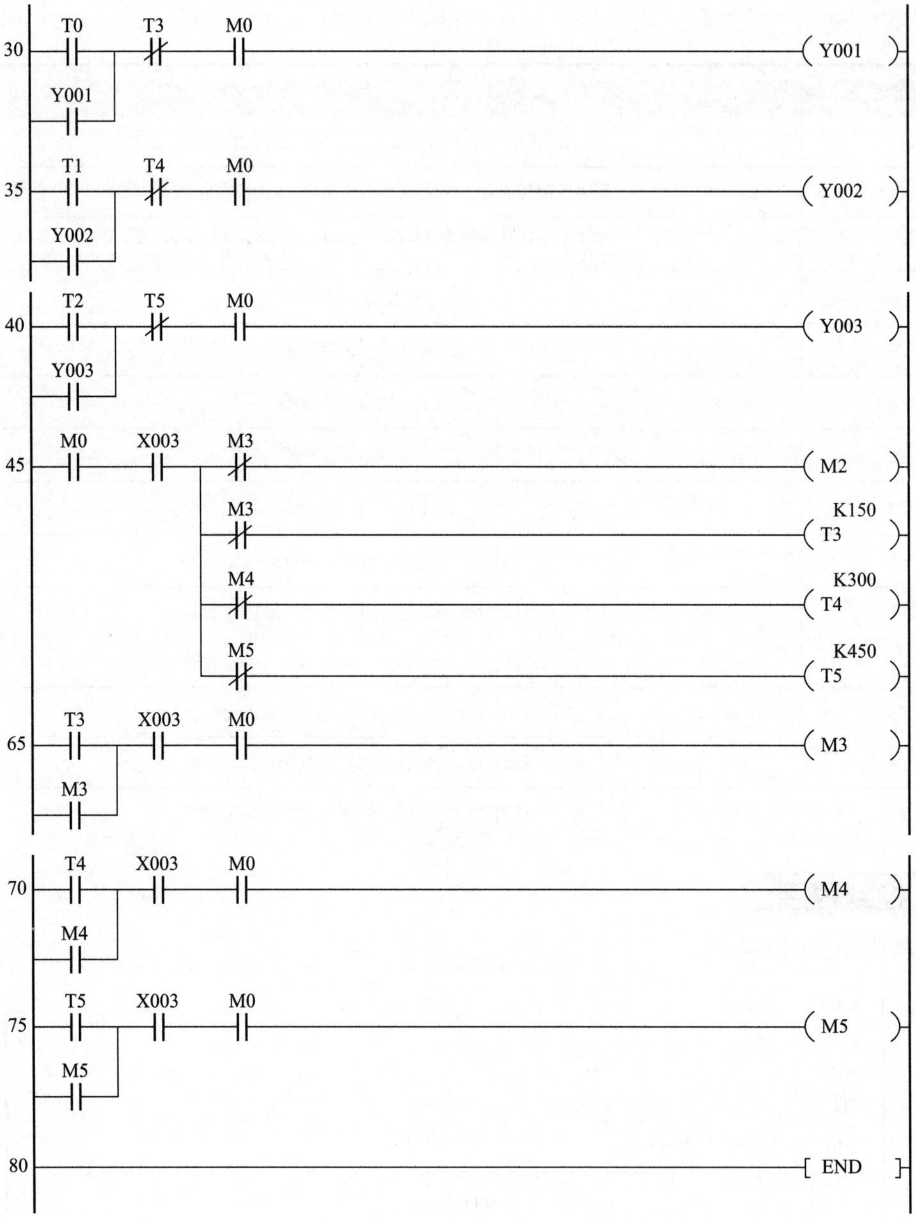

```
30  T0  T3  M0        (Y001)
    Y001
35  T1  T4  M0        (Y002)
    Y002
40  T2  T5  M0        (Y003)
    Y003
45  M0  X003  M3      (M2)
              M3      (T3 K150)
              M4      (T4 K300)
              M5      (T5 K450)
65  T3  X003  M0      (M3)
    M3
70  T4  X003  M0      (M4)
    M4
75  T5  X003  M0      (M5)
    M5
80                    [END]
```

图 8-4 控制程序

程序说明

① 启动时，按下启动按钮 X0，X0 得电常开触点闭合，M0 得电自锁，恒压供水设施通电启动，若压力处于下限，则 X2=ON，此时，M1 得电一个扫描周期，同时，定时器 T0、T1、T2 开始计时。当 M1 得电一个扫描周期时，Y0 得电并自锁，1 号供水泵启动供水。若 15s 后，压力仍不足，则 T0=ON，Y1 得电并自锁，2 号供水泵启动供水，与此同时，定时器 T0 失电。若 30s 后压力仍不足，则 T1=ON，Y2 得电并自锁，3 号供水泵启动供水，同时，定时器 T1 失电。若 45s 后压力仍不足，则 T2=ON，Y3 得电并自锁，4 号供水泵启动供水，同时，定时器 T2 失电。

② 若启动某个供水泵压力满足要求，则 X2=OFF，定时器 T0、T1、T2 不再计时，进而不必再启动下一个进水泵。

③ 停止时，若水压到达压力上限，则压力上限传感器 X3 得电，X3 得电常开触点闭合，M2 得电常闭触点断开，此时，Y0 失电，1 号供水泵停止运行，定时器 T3、T4、T5 得电，开始计时。若 15s 后压力仍在上限，则 T3=ON，Y1 失电，2 号供水泵停止运行，M3 得电并自锁，使得 M2、T3 失电。若 30s 后压力仍在上限，则 T4=ON，Y2 失电，3 号供水泵停止运行，M4=ON，使得 T4 失电。若 45s 后压力仍在上限，则 T5=ON，Y3 失电，4 号供水泵停止运行，M5=ON，使得 T5 失电。

④ 若关停某个供水泵后压力满足要求，则 X3=OFF，定时器 T3、T4、T5 不再计时，进而不必再关闭下一个进水泵。

⑤ 如果需要彻底关闭恒压供水，则需按下停止按钮 X1，X1 得电常闭触点断开，M0 失电，恒压供水停止。

8.3　自动售货机的 PLC 控制

图 8-5 为自动售货机示意图。

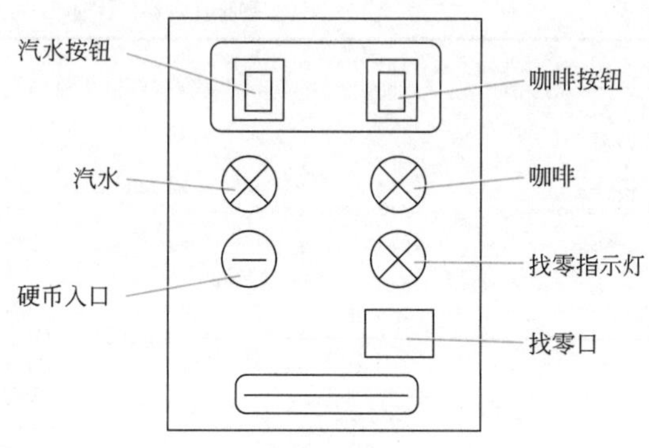

图 8-5　自动售货机示意图

控制要求

① 此售货机可投入 1 元、5 元或 10 元硬币。

② 当投入的硬币总值超过 12 元时，汽水按钮指示灯亮；当投入的硬币总值超过 15 元时，汽水及咖啡按钮指示灯都亮。

③ 当汽水按钮灯亮时，按汽水按钮，则汽水排出 7s 后自动停止，这段时间内，汽水指示灯闪动。

④ 当咖啡按钮灯亮时，按咖啡按钮，则咖啡排出 7s 后自动停止，这段时间内，咖啡指示灯闪动。

⑤ 若汽水或咖啡排出后还有一部分余额，则找零指示灯亮，按下找零按钮，自动退出多余的钱，找零指示灯灭掉。

元件说明

元件说明见表 8-3。

表 8-3 自动售货机的 PLC 控制元件说明

PLC 软元件	控制说明
X0	1 元币感应器
X1	5 元币感应器
X2	10 元币感应器
X3	汽水按钮
X4	咖啡按钮
X5	找钱按钮
Y0	汽水指示灯
Y1	咖啡指示灯
Y2	找钱指示灯
Y3	汽水阀门
Y4	咖啡阀门
T1	汽水计时器，计时 7s
T2	咖啡计时器，计时 7s

控制程序

梯形图程序如图 8-6 所示。

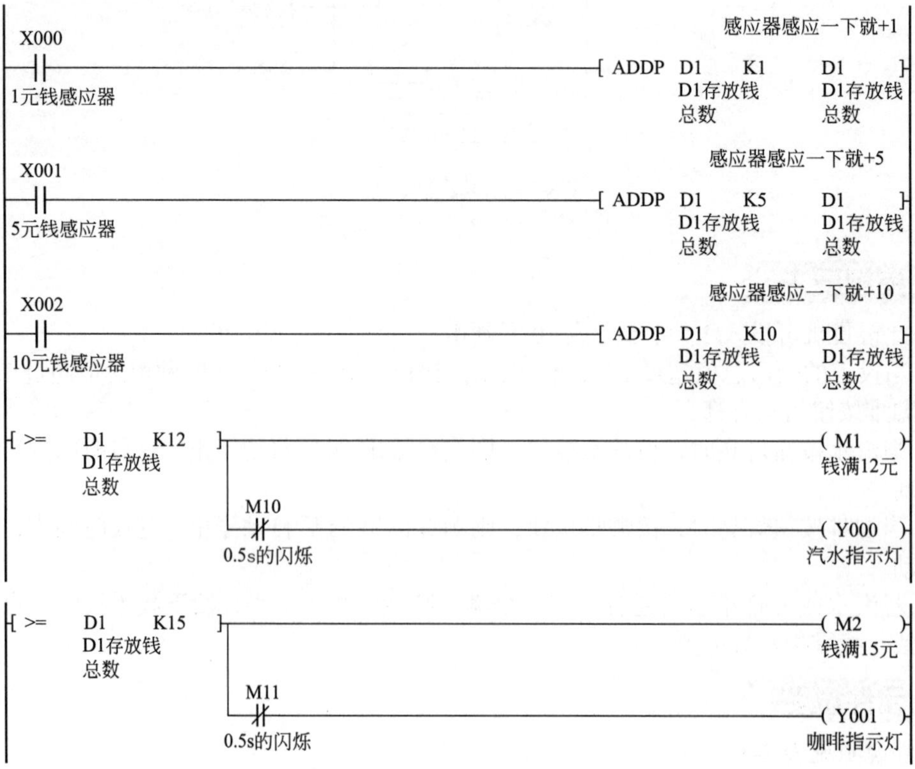

感应器感应一下就+1
X000
1元钱感应器
[ADDP D1 K1 D1]
D1存放钱总数 D1存放钱总数

感应器感应一下就+5
X001
5元钱感应器
[ADDP D1 K5 D1]
D1存放钱总数 D1存放钱总数

感应器感应一下就+10
X002
10元钱感应器
[ADDP D1 K10 D1]
D1存放钱总数 D1存放钱总数

[>= D1 K12] (M1)
D1存放钱总数 钱满12元
M10
0.5s的闪烁 (Y000)
汽水指示灯

[>= D1 K15] (M2)
D1存放钱总数 钱满15元
M11
0.5s的闪烁 (Y001)
咖啡指示灯

```
  M1        X003      T1
--| |-------| |--+----|/|----+------------------------------------( Y003 )
 钱满12元    汽水  |   汽水阀    |                                    汽水阀门
            按钮  |   门打开    |
                 |   记时7s    |
  Y003           |            |  M8013
--| |------------+            +---| |-----------------------------( M10 )
 汽水阀门                      |   闪烁                              0.5s的闪烁
                              |                                     K70
                              +-----------------------------------( T1 )
                                                                  汽水阀门
                                                                  打开记时
                                                                  7s

  M2        X004      T2
--| |-------| |--+----|/|----+------------------------------------( Y004 )
 钱满15元    咖啡  |   咖啡阀    |                                    咖啡阀门
            按钮  |   门打开    |
                 |   记时7s    |
  Y004           |            |  M8013
--| |------------+            +---| |-----------------------------( M11 )
 咖啡阀门                      |   闪烁                              0.5s的闪烁
                              |                                     K70
                              +-----------------------------------( T2 )
                                                                  咖啡阀门
                                                                  打开记时
                                                                  7s

  Y003
--|↓|-----------------------------------------[ SUBP  D1      K12    D1     ]
 汽水阀门                                               D1存放钱        D1存放钱
                                                       总数            总数

  Y004
--|↓|-----------------------------------------[ SUBP  D1      K15    D1     ]
 咖啡阀门                                               D1存放钱        D1存放钱
                                                       总数            总数

  Y003
--|↓|--+--[ >    D1    K0  ]---------------------------------------( Y002 )
  汽水  |                                                          找零指示灯
  阀门  |
  Y004  |
--|↓|--+
  咖啡  |
  阀门  |
  Y002  |
--| |--+
 找零指示灯

  Y002      X005
--| |-------| |-------------------------------------[ MOV   K0     D1     ]
  找零       找零                                                  D1存放钱
 指示灯      按钮                                                  总数

---------------------------------------------------------------[ END ]
```

图 8-6　控制程序

程序说明

当 X0 感应器感应到 1 元的币时，D1 存钱总数加 1；当 X1 感应器感应到 5 元的币时，D1 存钱总数加 5；当 X2 感应器感应到 10 元的币时，D1 存钱总数加 10。

当存进去的钱数超过 12 元时，汽水的指示灯亮并闪烁 0.5s，当存进去的钱数超过 15 元时，汽水和咖啡的指示灯亮并闪烁 0.5s。

满 12 元并且按下，汽水按钮，汽水阀门打开，并计时 7s，7s 后阀门关闭；满 15 元并且按下咖啡按钮，咖啡阀门打开，并计时 7s，7s 后阀门关闭。

Y003 汽水阀门下降沿，存入总钱数减去 12，并将数据存入 D1 中，当大于 12 时，找零指示灯亮，当找零按钮按下时，会退回剩下的钱数，找零指示灯灭。

Y004 咖啡阀门下降沿，存入总钱数减去 15，并将数据存入 D1 中，当大于 15 时，找零指示灯亮，当找零按钮按下时，会退回剩下的钱数，找零指示灯灭。

8.4 花样喷泉的 PLC 控制

范例示意如图 8-7 所示。

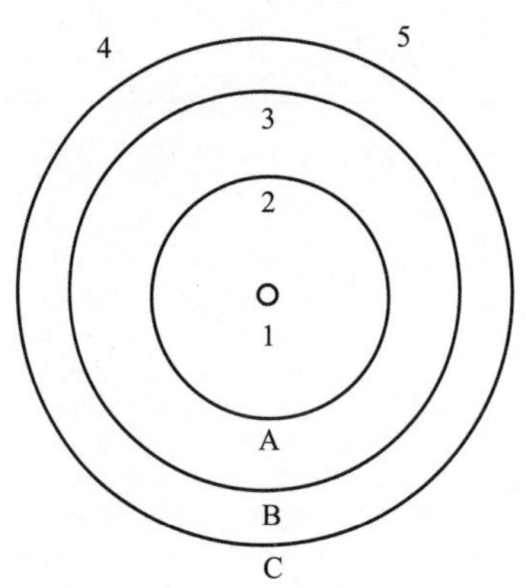

图 8-7 范例示意图

控制要求

花样喷泉平面图如图 8-7 所示。喷泉由 5 种不同的水柱组成。其中，1 表示大水柱所在的位置，其水量较大，喷射高度较高；2 表示中水柱所在的位置，由 6 个中水柱均匀分布在圆周 A 的轨迹上，其水量比大水柱的水量小，其喷射高度比大水柱低；3 表示小水柱所在的位置，由 50 个小水柱均匀分布在圆周 B 的轨迹上，其水柱较细，其喷射高度比中水柱略低；4 和 5 表示花朵式和旋转式喷泉所在的位置，各由 16 个喷头组成，均匀分布在圆周 C 的轨迹上，其水量和压力均较弱。图中的 1 ～ 5 分别为各水柱相对应的起衬托作用的映灯。

整个过程分为 8 段，每段 1min，且自动转换，全过程为 8min。其喷泉水柱的动作顺序为：启动 1 → 2 → 1+3+4 → 2+5 → 1+2 → 2+3+4 → 2+4 → 1+2+3+4+5 → 1 周而复始。在各水柱喷泉喷射的同时，其相应的编号映灯也亮起。直到按下停止按钮，水柱喷泉、映灯才停止工作。

元件说明

元件说明见表 8-4。

表 8-4　花样喷泉的 PLC 控制元件说明

PLC 软元件	控制说明
X0	启动按钮，按下时，X0 状态由 OFF → ON
X1	停止按钮，按下时，X1 状态由 OFF → ON
Y0	大水柱接触器
Y1	中水柱接触器
Y2	小水柱接触器
Y3	花朵式喷泉接触器
Y4	旋转式喷泉接触器
Y5	大水柱映灯
Y6	中水柱映灯
Y7	小水柱映灯
Y10	花朵式喷泉映灯
Y11	旋转式喷泉映灯

控制程序

控制程序如图 8-8 所示。

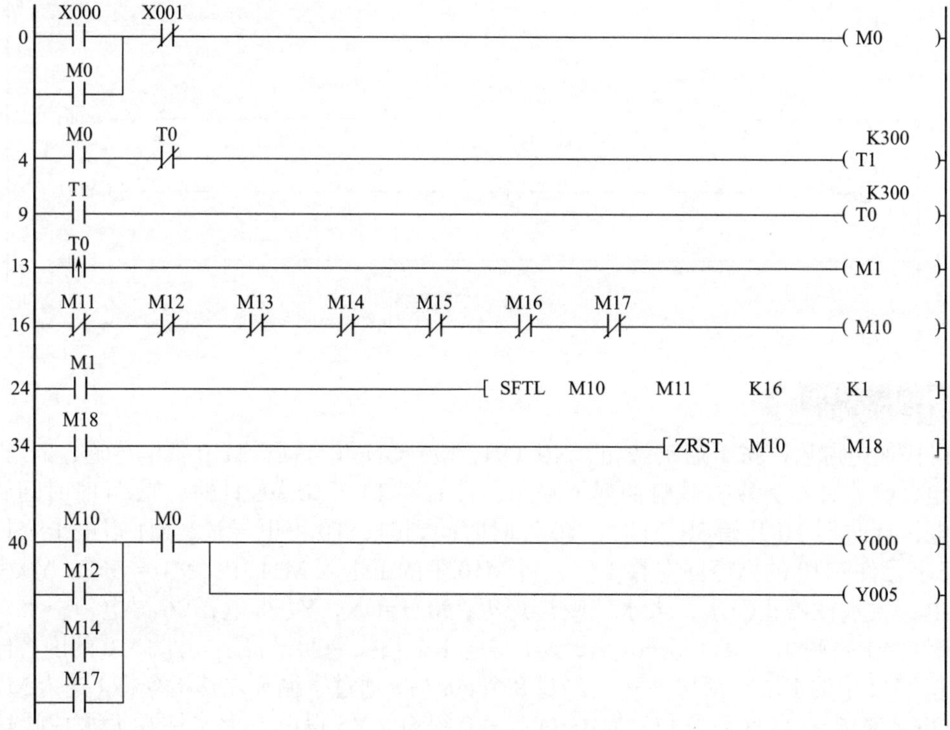

```
0   X000（常开）并联 M0（常开）—— X001（常闭） ——————————————( M0 )
4   M0（常开）—— T0（常闭） ————————————————————————( T1  K300 )
9   T1（常开） ——————————————————————————————————( T0  K300 )
13  T0（上升沿脉冲） ————————————————————————————( M1 )
16  M11（常闭）—M12（常闭）—M13（常闭）—M14（常闭）—M15（常闭）—M16（常闭）—M17（常闭）——( M10 )
24  M1（常开） ——————————————————[ SFTL  M10  M11  K16  K1 ]
34  M18（常开） ———————————————————————[ ZRST  M10  M18 ]
40  M10/M12/M14/M17（常开，并联）—— M0（常开） ——————————( Y000 )
                                                  └——————( Y005 )
```

图 8-8

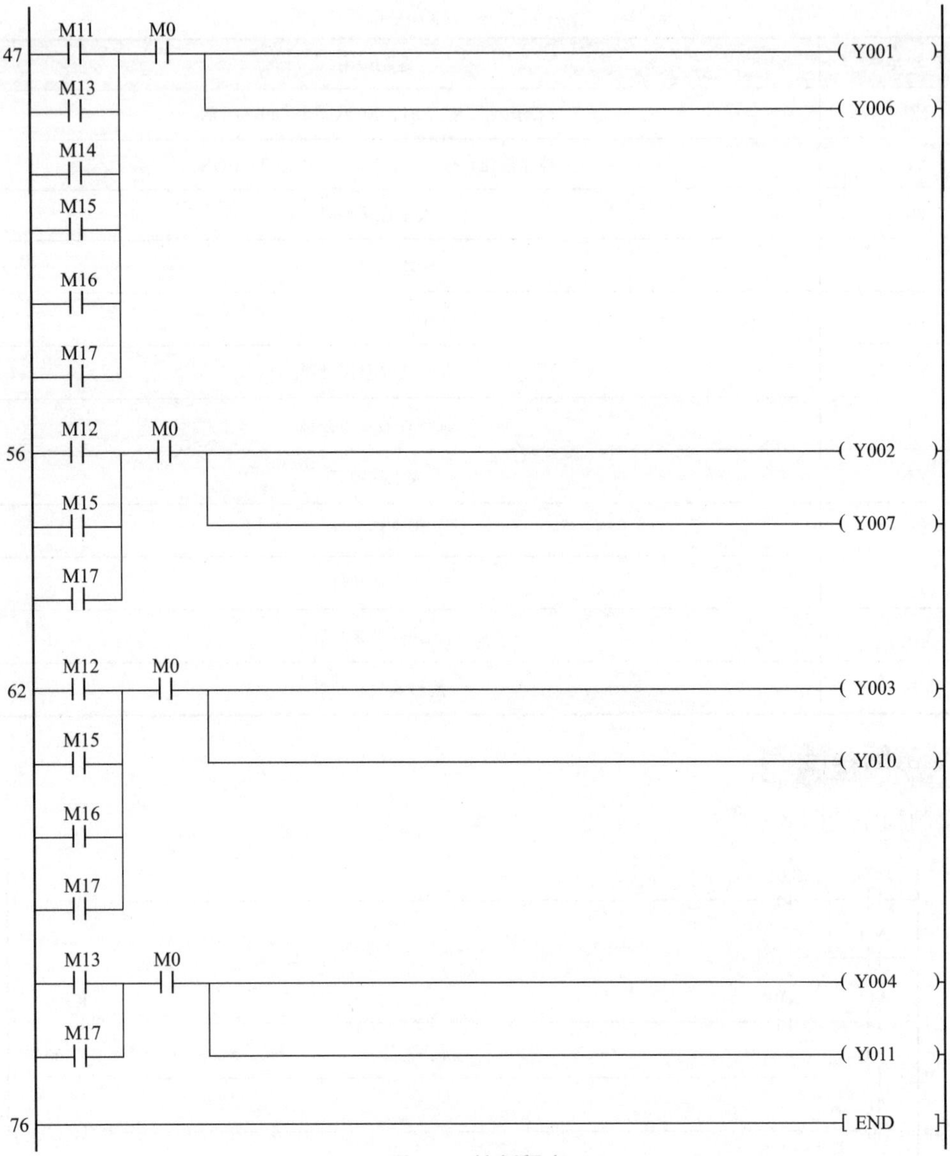

```
47  M11 ── M0 ──┬── ( Y001 )
    M13         └── ( Y006 )
    M14
    M15
    M16
    M17

56  M12 ── M0 ──┬── ( Y002 )
    M15         └── ( Y007 )
    M17

62  M12 ── M0 ──┬── ( Y003 )
    M15         └── ( Y010 )
    M16
    M17

    M13 ── M0 ──┬── ( Y004 )
    M17         └── ( Y011 )

76  ──────────────── [ END ]
```

图 8-8 控制程序

程序说明

① 接通电源后，按下启动按钮，X0=ON，M0=ON 并自锁，M10 得电导通，Y0 得电，Y5 得电，大水柱在大水柱映灯照射下喷出，计时器 T1 开始 30s 计时，T1 计时时间到时，T1 得电，计时器 T0 开始 30s 计时，T0 计时时间到时，T0 得电导通，M1 得电 1 个扫描周期，将字元件 M10 的内容向左移 1 位，将 M10 中的 1 送入 M11 中，M10=OFF，Y0 失电，Y5 失电，大水柱停止喷水，大水柱映灯熄灭；M11=ON，Y1 得电，Y6 得电，中水柱在中水柱映灯照射下喷出，又经过 60s 后，M1 得电 1 个扫描周期，将字元件 M10 的内容向左移 1 位，将 M11 中的 1 送入 M12 中……经过 8 个 60s 后，通过字循环左移指令将 1 送入 M18 中，M18=ON，M10 ～ M18 被复位，M10=ON，Y0 得电，Y5 得电，大水柱在大水柱映灯照射下喷出，如此不断循环。

② 按下停止按钮，X1=ON，喷泉停止循环。

8.5 四层电梯控制

控制要求

采用 PLC 构成四层简易电梯电气控制系统。电梯的上、下行由一台电动机拖动，电动机正转（Y17）为电梯上升，反转（Y3）为下降。一层有上升呼叫按钮 X0 和指示灯 Y0，二层有上升呼叫按钮 X1 和指示灯 Y1 以及下降呼叫按钮 X4 和指示灯 Y4，三层有上升呼叫按钮 X2 和指示灯 Y2 以及下降呼叫按钮 X5 和指示灯 Y5，四层有下降呼叫按钮 X6 和指示灯 Y6。一至四层有到位行程开关 X21、X22、X23、X24，电梯开门和关门分别通过电磁铁 YA1(Y15) 和 YA2(Y16) 控制，开门、关门到位由行程开关 ST1(X26)、ST2(X27) 检测。

元件说明

元件说明见表 8-5。

表 8-5　四层电梯控制元件说明

<table>
<tr><th>软元件</th><th>功能</th><th colspan="3">1 楼</th><th colspan="3">2 楼</th><th colspan="3">3 楼</th><th colspan="3">4 楼</th></tr>
<tr><td rowspan="5">X
输入
继电器</td><td>上呼按钮</td><td colspan="3">X0</td><td colspan="3">X1</td><td colspan="3">X2</td><td colspan="3"></td></tr>
<tr><td>下呼按钮</td><td colspan="3"></td><td colspan="3">X4</td><td colspan="3">X5</td><td colspan="3">X6</td></tr>
<tr><td>内选层按钮</td><td colspan="3">X10</td><td colspan="3">X11</td><td colspan="3">X12</td><td colspan="3">X13</td></tr>
<tr><td>限位开关</td><td colspan="3">X21</td><td colspan="3">X22</td><td colspan="3">X23</td><td colspan="3">X24</td></tr>
<tr><td>其他</td><td colspan="3">X15
开门按钮</td><td colspan="3">X16
关门按钮</td><td colspan="3">X26
开门限位开关</td><td colspan="3">X27
关门限位开关</td></tr>
<tr><td rowspan="4">Y
输出
继电器</td><td>上呼信号灯</td><td colspan="3">Y0</td><td colspan="3">Y1</td><td colspan="3">Y2</td><td colspan="3"></td></tr>
<tr><td>下呼信号灯</td><td colspan="3"></td><td colspan="3">Y4</td><td colspan="3">Y5</td><td colspan="3">Y6</td></tr>
<tr><td>电动机控制</td><td colspan="2">Y15
开门</td><td colspan="2">Y16
关门</td><td colspan="2">Y17
上行</td><td colspan="2">Y3
下行</td><td colspan="2">Y7
低速上行</td><td colspan="2">Y14
低速下行</td></tr>
<tr><td>数码管显示</td><td colspan="12">Y20 ~ Y27</td></tr>
<tr><td rowspan="8">M
辅助
继电器</td><td>上呼信号</td><td colspan="3">M0</td><td colspan="3">M1</td><td colspan="3">M2</td><td colspan="3"></td></tr>
<tr><td>下呼信号</td><td colspan="3"></td><td colspan="3">M4</td><td colspan="3">M5</td><td colspan="3">M6</td></tr>
<tr><td>内选信号</td><td colspan="3">M10</td><td colspan="3">M11</td><td colspan="3">M12</td><td colspan="3">M13</td></tr>
<tr><td>上或内选信号</td><td colspan="3">M20</td><td colspan="3">M21</td><td colspan="3">M22</td><td colspan="3"></td></tr>
<tr><td>下或内选信号</td><td colspan="3"></td><td colspan="3">M41</td><td colspan="3">M42</td><td colspan="3">M43</td></tr>
<tr><td>上或下或内选信号</td><td colspan="3">M31</td><td colspan="3">M32</td><td colspan="3">M33</td><td colspan="3">M34</td></tr>
<tr><td>当前层记忆</td><td colspan="3">M51</td><td colspan="3">M52</td><td colspan="3">M53</td><td colspan="3">M54</td></tr>
<tr><td>其他</td><td colspan="4">M100
上行判别</td><td colspan="4">M101
下行判别</td><td colspan="4">M102
停止信号</td></tr>
<tr><td>T
定时器</td><td>其他</td><td colspan="6">T0
延时关门</td><td colspan="6">T1
低速时间</td></tr>
</table>

控制程序

控制程序如图 8-9 所示。

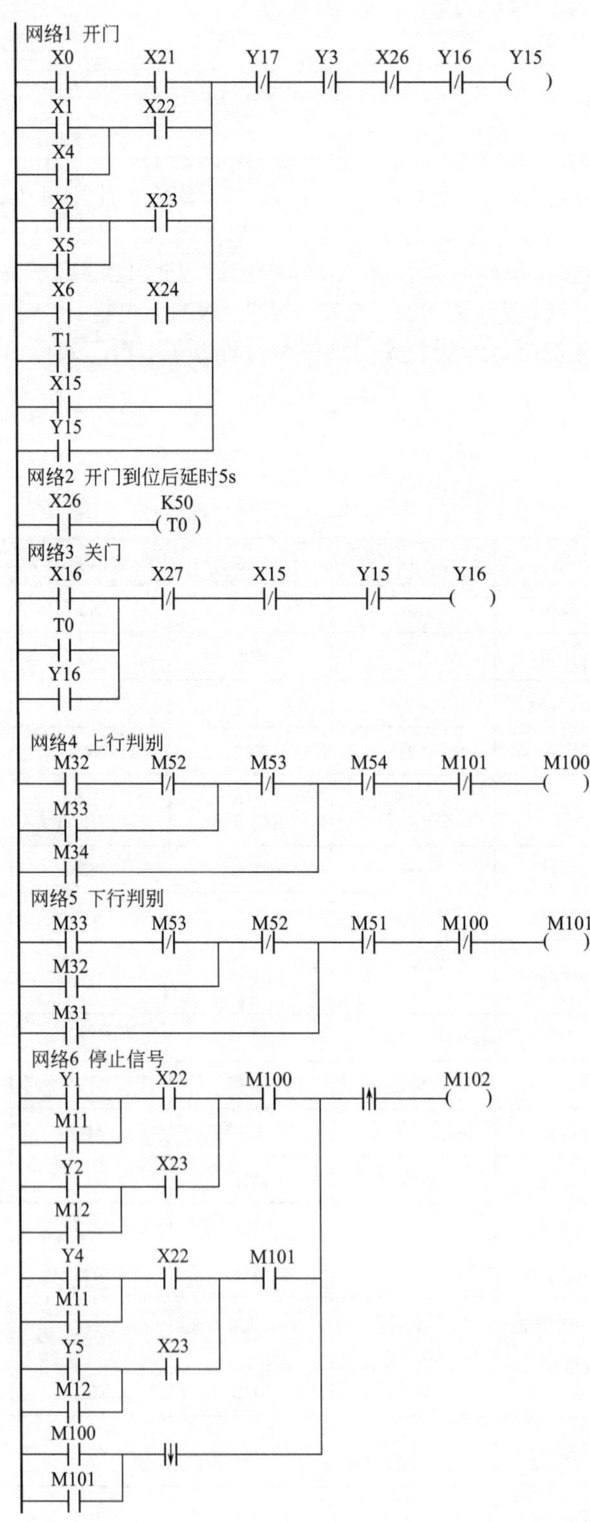

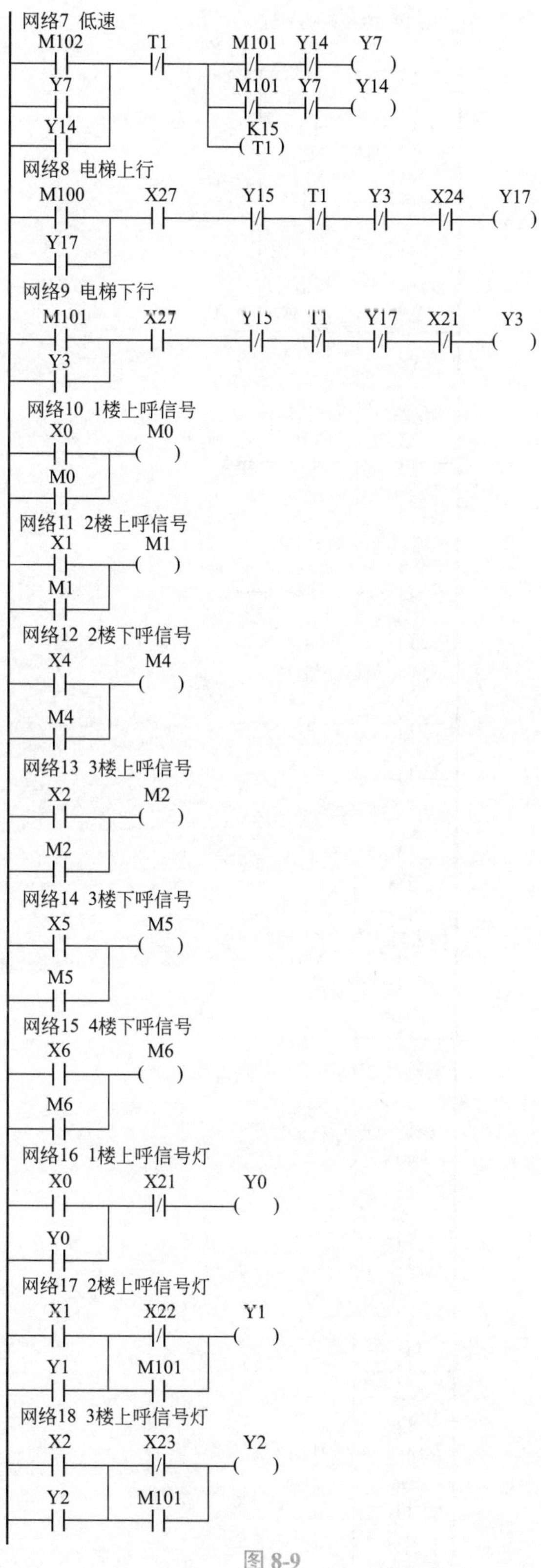
网络7 低速
M102
T1
M101
Y14
Y7
Y7
M101
Y7
Y14
Y14
K15
T1
网络8 电梯上行
M100
X27
Y15
T1
Y3
X24
Y17
Y17
网络9 电梯下行
M101
X27
Y15
T1
Y17
X21
Y3
Y3
网络10 1楼上呼信号
X0
M0
M0
网络11 2楼上呼信号
X1
M1
M1
网络12 2楼下呼信号
X4
M4
M4
网络13 3楼上呼信号
X2
M2
M2
网络14 3楼下呼信号
X5
M5
M5
网络15 4楼下呼信号
X6
M6
M6
网络16 1楼上呼信号灯
X0
X21
Y0
Y0
网络17 2楼上呼信号灯
X1
X22
Y1
Y1
M101
网络18 3楼上呼信号灯
X2
X23
Y2
Y2
M101
图 8-9

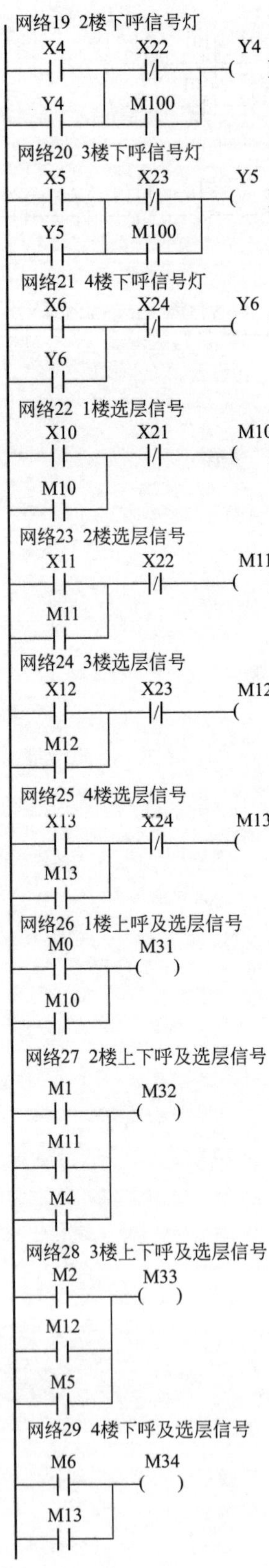
网络19 2楼下呼信号灯
X4
X22
Y4
Y4
M100
网络20 3楼下呼信号灯
X5
X23
Y5
Y5
M100
网络21 4楼下呼信号灯
X6
X24
Y6
Y6
网络22 1楼选层信号
X10
X21
M10
M10
网络23 2楼选层信号
X11
X22
M11
M11
网络24 3楼选层信号
X12
X23
M12
M12
网络25 4楼选层信号
X13
X24
M13
M13
网络26 1楼上呼及选层信号
M0
M31
M10
网络27 2楼上下呼及选层信号
M1
M32
M11
M4
网络28 3楼上下呼及选层信号
M2
M33
M12
M5
网络29 4楼下呼及选层信号
M6
M34
M13

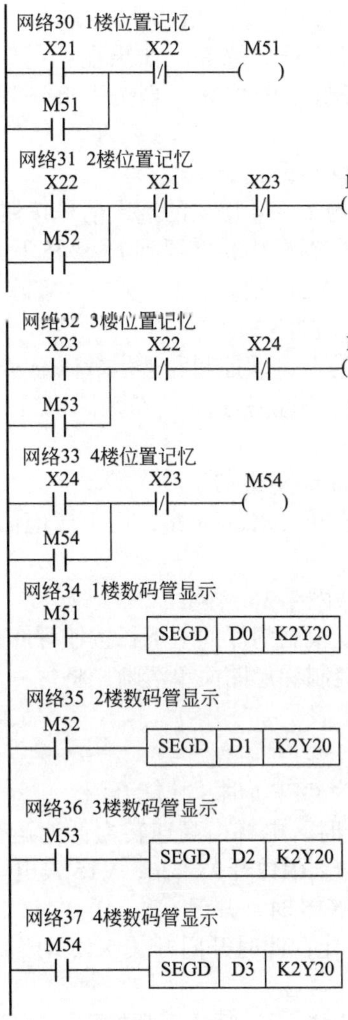

网络30 1楼位置记忆
X21 X22 M51
M51
网络31 2楼位置记忆
X22 X21 X23 M52
M52
网络32 3楼位置记忆
X23 X22 X24 M53
M53
网络33 4楼位置记忆
X24 X23 M54
M54
网络34 1楼数码管显示
M51 SEGD D0 K2Y20
网络35 2楼数码管显示
M52 SEGD D1 K2Y20
网络36 3楼数码管显示
M53 SEGD D2 K2Y20
网络37 4楼数码管显示
M54 SEGD D3 K2Y20

图 8-9　控制程序

程序说明

（1）门厅上行呼叫信号（网络 16 ～网络 18）

乘客在 1 ～ 3 楼时，用按钮发出上行信号控制电梯运行到乘客所在楼层。X0 ～ X2 输入继电器分别为 1 ～ 3 楼层的上行按钮，输出继电器 Y0 ～ Y2 分别控制 1 ～ 3 楼层的上行信号灯。若 1 楼乘客按下上行按钮 X0 时，Y0 得电自锁，1 楼上行信号灯亮，当电梯运行到 1 楼时，1 楼限位开关 X21 动作，其上行信号灯 Y0 灭。2 楼和 3 楼的上行呼叫信号控制原理与 1 楼基本相同。M101 为下行标志，下行时 M101 为 ON，上行时为 OFF，在上行过程中电梯上行到该层时，该楼层的上行信号灯熄灭。如果在下行时到达该层，由于 M101 为 ON，M101 常开接点闭合，该楼层上行信号灯不能熄灭。

（2）门厅下行呼叫信号（网络 19 ～网络 21）

乘客在 2 ～ 4 楼时，乘客按下下行按钮控制电梯运行到所在楼层。X4 ～ X6 输入继电器分别为 2 ～ 4 楼的下行按钮，输出继电器 Y4 ～ Y6 分别控制 2 ～ 4 楼层的下行信号灯。若 4 楼乘客按下下行按钮 X6，Y6 得电自锁，4 楼下行信号灯亮，当电梯运行到 4 楼时，4 楼限位开关 X24 动作，其下行信号灯灭。2 楼和 3 楼下行呼叫信号控制原理与

4 楼基本相同。M100 为上行标志，上行时 M100 为 ON，下行时为 OFF，在下行过程中电梯下行到该层时，该楼层下行信号灯熄灭。如果在上行时，由于 M100 为 ON，M100 常开接点闭合，该楼层下行信号灯不能熄灭。当按下上下呼按钮时，相应的辅助继电器 M0 ～ M6 得电自锁。

（3）轿厢内选层信号（网络 22 ～网络 25）

X10 ～ X13 输入继电器分别为 1 ～ 4 楼层的选层信号按钮，辅助继电器 M10 ～ M13 分别为 1 ～ 4 楼层的选层记忆信号。若轿厢内乘客要到 1 楼，按下 X10 选层按钮，M10 得电自锁，当电梯到达 1 楼时，1 楼限位开关 X21 动作，M10 失电，解除 1 楼的选层记忆信号。

（4）楼层位置信号（网络 30 ～网络 33）

楼层位置记忆信号用于电梯的上、下控制和楼层数码显示。当电梯到达 1 楼时，1 楼限位开关 X21 动作，M51 得电自锁。当轿厢离开 1 楼时，M51 仍得电，当电梯到达 2 楼时，碰到限位开关 X22，M51 失电。

（5）七段数码管显示（网络 34 ～网络 37）

当轿厢在 1 楼时，1 楼的限位开关 X21 动作，使 1 楼记忆继电器 M51 得电，利用 SEG 指令显示数字 1，表示轿厢在 1 楼。

（6）楼层呼叫选层综合信号（网络 26 ～网络 29）

在电梯控制中，电梯的运行是根据门厅的上下行按钮呼叫信号和轿厢内选层按钮呼叫信号来控制的。为了使上下行判别控制梯形图简单清晰，将每一层的门厅上下呼信号和轿厢内选层呼叫信号用一个辅助继电器来表示。

（7）开门控制（网络 1）

电梯只有在停止（Y17、Y3 为 OFF）时，才能开门。

① 当电梯行驶到某楼层停止时，电梯由高速转为低速运行 T1 时间时，T1 接点闭合，Y15 得电自锁并开门。门打开后碰到限位开关 X26，Y15 失电。

② 在轿厢中，按下开门按钮 X15 时，开门。

③ 在关门过程中若有人被夹住，此时开门开关 X15 动作，断开关门线圈 Y16，Y15 得电自锁。

④ 轿厢停在某一层时，在门厅按下上呼或下呼按钮，开门。例如，轿厢停在 2 楼时，2 楼限位开关 X22 为 ON，按下 X1 或 X4，电梯开门。

（8）关门控制（网络 2 ～网络 3）

当门打开时，开门限位开关 X26 为 ON，T0 得电延时 5s，T0 常开接点闭合 Y16 得电自锁。按下关门按钮 X16，Y16 得电自锁。关门到位时，关门限位开关 X27 为 ON，Y16 失电，关门停止。

（9）停止信号（网络 6）

电梯在上行过程中，只接收上行呼叫信号和轿厢内选层信号，当有上行呼叫信号和轿厢内选层信号时，M100 为 ON，若 2 楼有人按上呼按钮，则 Y1 得电并自锁，当电梯到达 2 楼时，2 楼限位开关 X22 动作，M102 发出一个停止脉冲。当电梯上行到最高层 4 楼时，M100 由 1 变为 0，M100 下降沿接点接通一个扫描周期，使 M102 发出一个停止脉冲。下行过程停止信号与上行原理相同。

（10）升降控制（网络 7 ～网络 9）

当上行信号 M100 为 ON 时，门关闭后，关门限位开关 X27 常开接点闭合，Y17 得电，电梯上行。当某层有上行或轿厢选层信号时，M102 发出停止脉冲，接通 Y7，升降电动机低速运行，定时器延时 1.5s，断开 Y7、Y17，电梯停止。

若轿厢在某层停止，楼上没有上行或轿厢选层信号，则 M100 为 OFF，但 Y17 自锁，此时停止脉冲 M102 接通 Y7，升降电动机低速运行。定时器延时 1.5s，断开 Y7、Y17，电梯停止。

8.6 机械手及其控制

图 8-10 是一台工件传送的气动机械手的动作示意图。机械手的作用是将工件从 A 点传递到 B 点。气动机械手的升降和左右移行分别由两个具有双线圈的两位电磁阀驱动气缸来完成，其中上升与下降对应电磁阀的线圈分别为 YV1 与 YV2，左行、右行对应电磁阀的线圈分别为 YV3 与 YV4。一旦电磁阀线圈通电，就一直保持现有的动作，直到相对的另一线圈通电为止。气动机械手的夹紧、松开的动作由只有一个线圈的两位电磁阀驱动的气缸完成，线圈 YV5 断电夹住工件，线圈 YV5 通电松开工件，以防止停电时的工件跌落。机械手的工作臂都设有上、下限位和左、右限位的位置开关 SQ1、SQ2 和 SQ3、SQ4，夹持装置不带限位开关，它通过一定的延时来表示其夹持动作的完成。机械手在最上面、最左边且除松开的电磁线圈 YV5 通电外其他线圈全部断电的状态为机械手的原位。

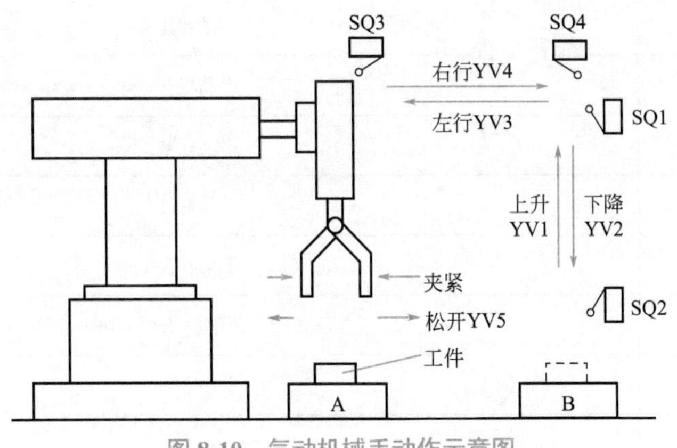

图 8-10　气动机械手动作示意图

机械手具有手动、单步、单周期、连续和回原位五种工作方式，用开关 SA 进行选择。手动工作时，用各操作按钮（SB5、SB6、SB7、SB8、SB9、SB10、SB11）来点动执行相应的各动作；单步工作时，每按一次启动按钮 SB3，向前执行一步动作；单周期工作时，机械手在原位，按下启动按钮 SB3，自动地执行一个工作周期的动作，最后返回原位（如果在动作过程中按下停止按钮 SB4，机械手停在该工序上，再按下启动按钮 SB3，则又从该工序继续工作，最后停在原位）；连续工作时，机械手在原位，按下启动按钮（SB3），机械手就连续重复进行工作（如果按下停止按钮 SB4，则机械手运行到原位后停止）；回原位工作时，按下回原位按钮 SB11，机械手自动回到原位状态，操作面板如图 8-11 所示。

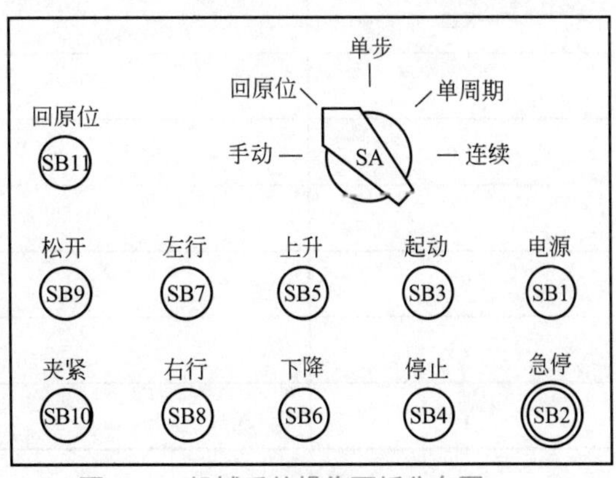

图 8-11　机械手的操作面板分布图

（1）元件说明

元件说明如表 8-6 所示。

表 8-6　元件说明

PLC 软元件	控制说明
X0	手动方式
X1	回原点方式
X2	单步方式
X3	单周期方式
X4	连续方式
X5	回原点
X6	手动启动
X7	手动停止
X10	手动松开
X11	手动夹紧
X12	手动左行
X13	手动右行
X14	手动上升
X15	手动下降
X16	急停按钮
X20	机械手下定位
X21	机械手上定位
X22	机械手左定位
X23	机械手右定位
Y0	机械手上升
Y1	机械手下降
Y2	机械手左移
Y3	机械手右移
Y4	机械手夹紧

（2）I/O 硬件接线图

图 8-12 为 I/O 硬件接线图。

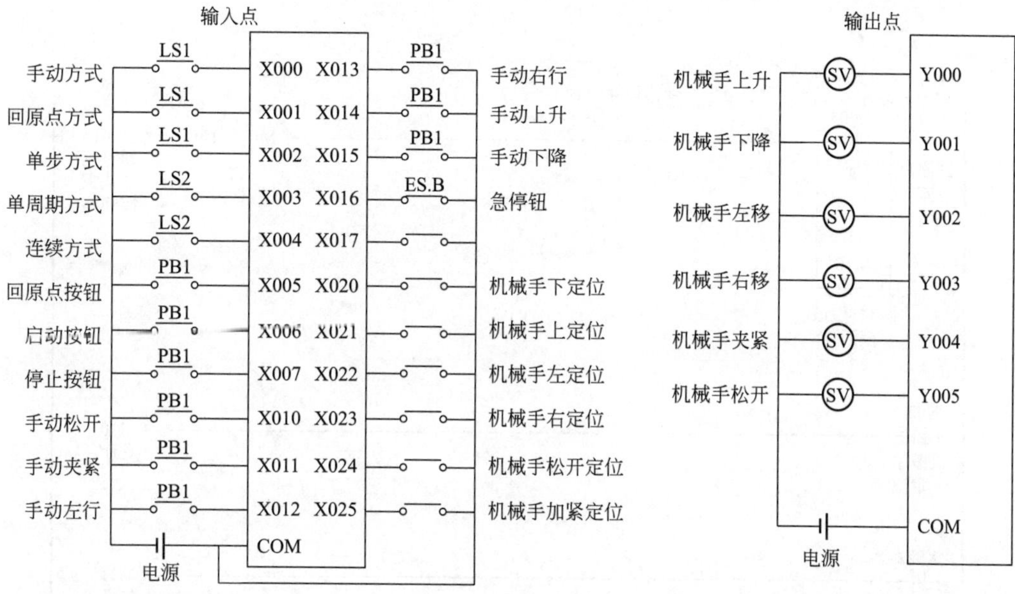

图 8-12　I/O 硬件接线图

（3）梯形图程序

梯形图程序见图 8-13。

X006 启动 —— [PLS M300] 启动脉冲信号

手动操作 X000 手动位置 —— [MC N0 M100] 手动主控指令

X010 手动松开 —— (M0) 手动松开

X011 手动加紧　X024 机械手松开 —— (M1) 手动加紧

X012 手动左行　X022 左定位 —— (M2) 手动左行

X013 手动右行　X023 右定位 —— (M3) 手动右行

X014 手动上升　X021 机械手上定位 —— (M4) 手动上升

X015 手动下降　X020 机械手下定位 —— (M5) 手动下降

[MCR N0]

图 8-13

回原点操作原点位置：上定位左定位松开状态

X001 回原点方式　X005 回原点按钮　M101 回原点方式主控回路　[MC N0 M101 回原点方式主控回路]

X021 机械手上定位　(M10 上升)

X022 左定位　(M11 左移)

X024 机械手松开　(M12 松开)

[MCR N0]

单步操作

X002 单步位置　[MC N0 M102 单步主控指令]

原点位置：要下降

X022 左定位　X024 机械手松开　M300 启动脉冲信号　X021 机械手上定位　M20 下降　X020 机械手下定位　(M20 下降)

下降位置：要夹紧

X020 机械手下定位　X022 左定位　M300 启动脉冲信号　M21 夹紧　X024 机械手松开　X025 机械手夹紧　(M21 夹紧)

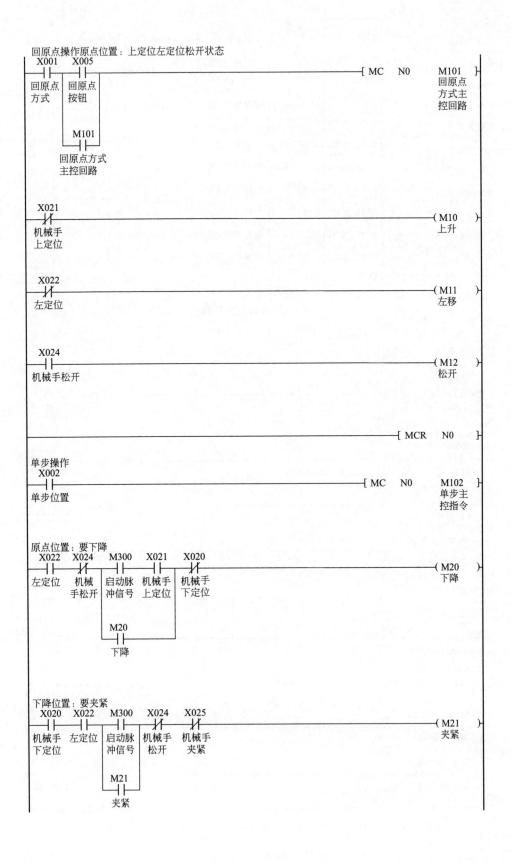

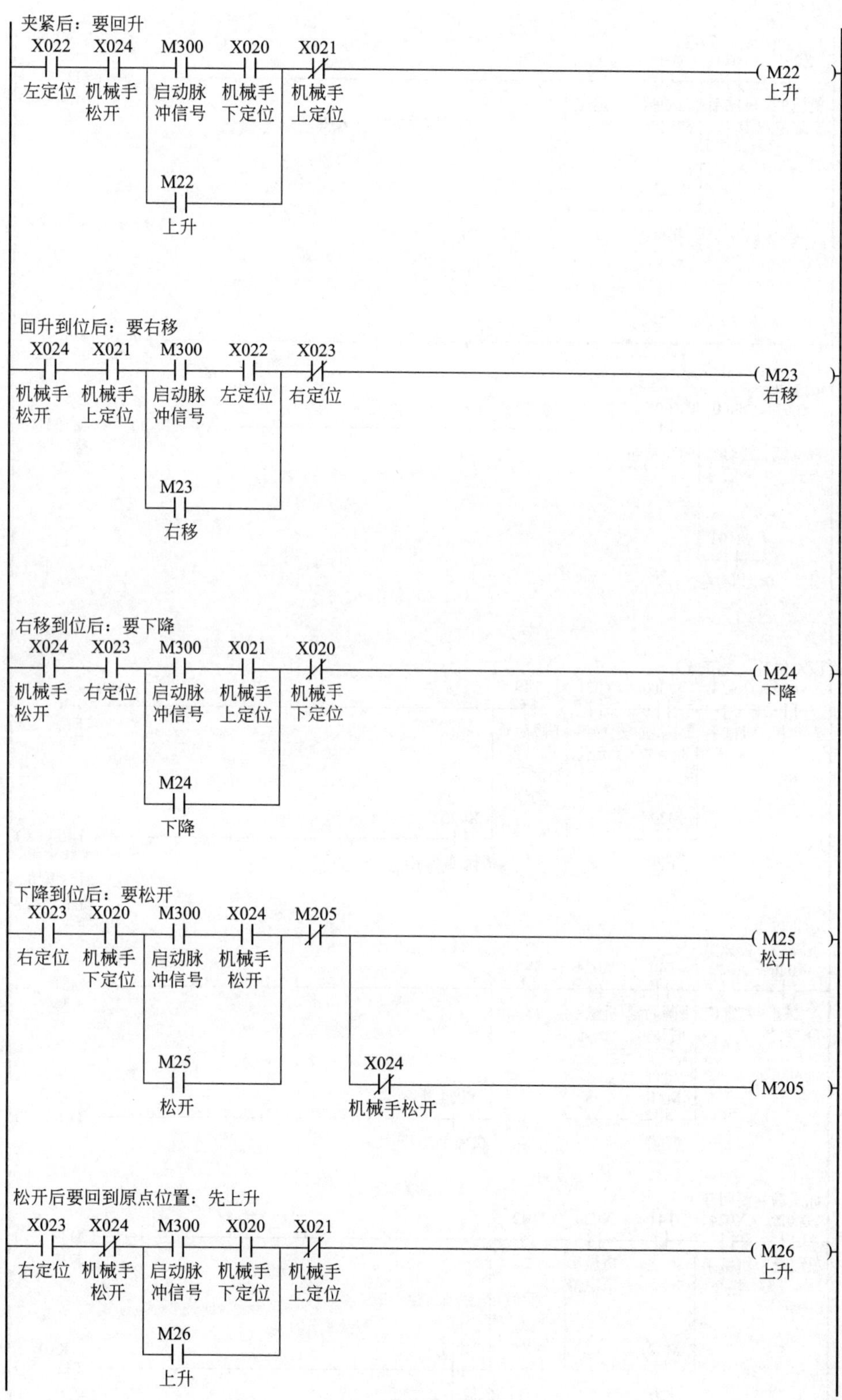
夹紧后：要回升
X022 X024 M300 X020 X021
左定位 机械手松开 启动脉冲信号 机械手下定位 机械手上定位
M22 上升
M22 上升
回升到位后：要右移
X024 X021 M300 X022 X023
机械手松开 机械手上定位 启动脉冲信号 左定位 右定位
M23 右移
M23 右移
右移到位后：要下降
X024 X023 M300 X021 X020
机械手松开 右定位 启动脉冲信号 机械手上定位 机械手下定位
M24 下降
M24 下降
下降到位后：要松开
X023 X020 M300 X024 M205
右定位 机械手下定位 启动脉冲信号 机械手松开
M25 松开
M25 松开
X024 机械手松开
M205
松开后要回到原点位置：先上升
X023 X024 M300 X020 X021
右定位 机械手松开 启动脉冲信号 机械手下定位 机械手上定位
M26 上升
M26 上升

图 8-13

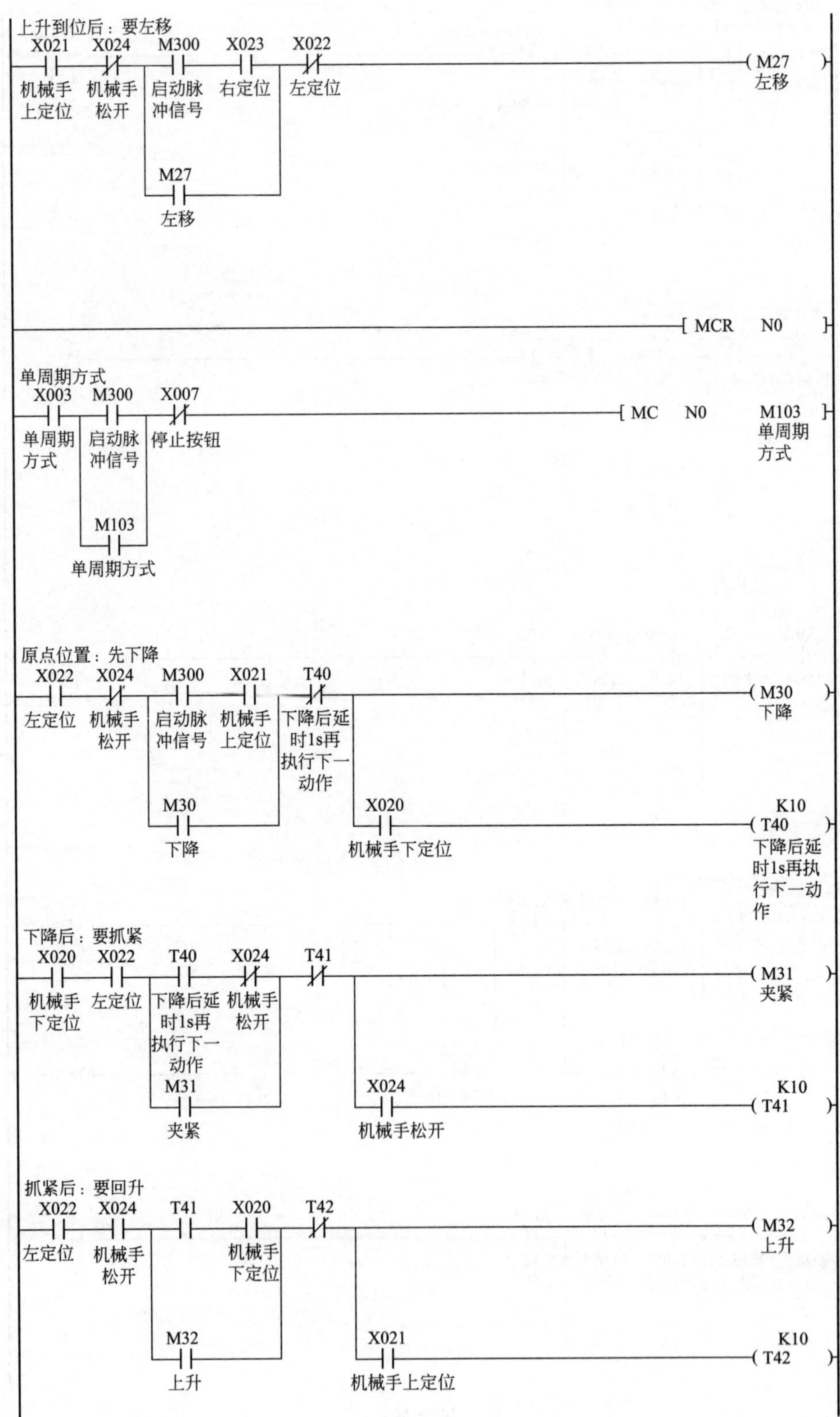

上升到位后：要左移
X021 X024 M300 X023 X022
机械手上定位 机械手松开 启动脉冲信号 右定位 左定位
M27 左移
M27 左移
MCR N0
单周期方式
X003 M300 X007
单周期方式 启动脉冲信号 停止按钮
MC N0 M103 单周期方式
M103 单周期方式
原点位置：先下降
X022 X024 M300 X021 T40
左定位 机械手松开 启动脉冲信号 机械手上定位 下降后延时1s再执行下一动作
M30 下降
M30 下降
X020 机械手下定位
K10 T40 下降后延时1s再执行下一动作
下降后：要抓紧
X020 X022 T40 X024 T41
机械手下定位 左定位 下降后延时1s再执行下一动作 机械手松开
M31 夹紧
M31 夹紧
X024 机械手松开
K10 T41
抓紧后：要回升
X022 X024 T41 X020 T42
左定位 机械手松开 机械手下定位
M32 上升
M32 上升
X021 机械手上定位
K10 T42

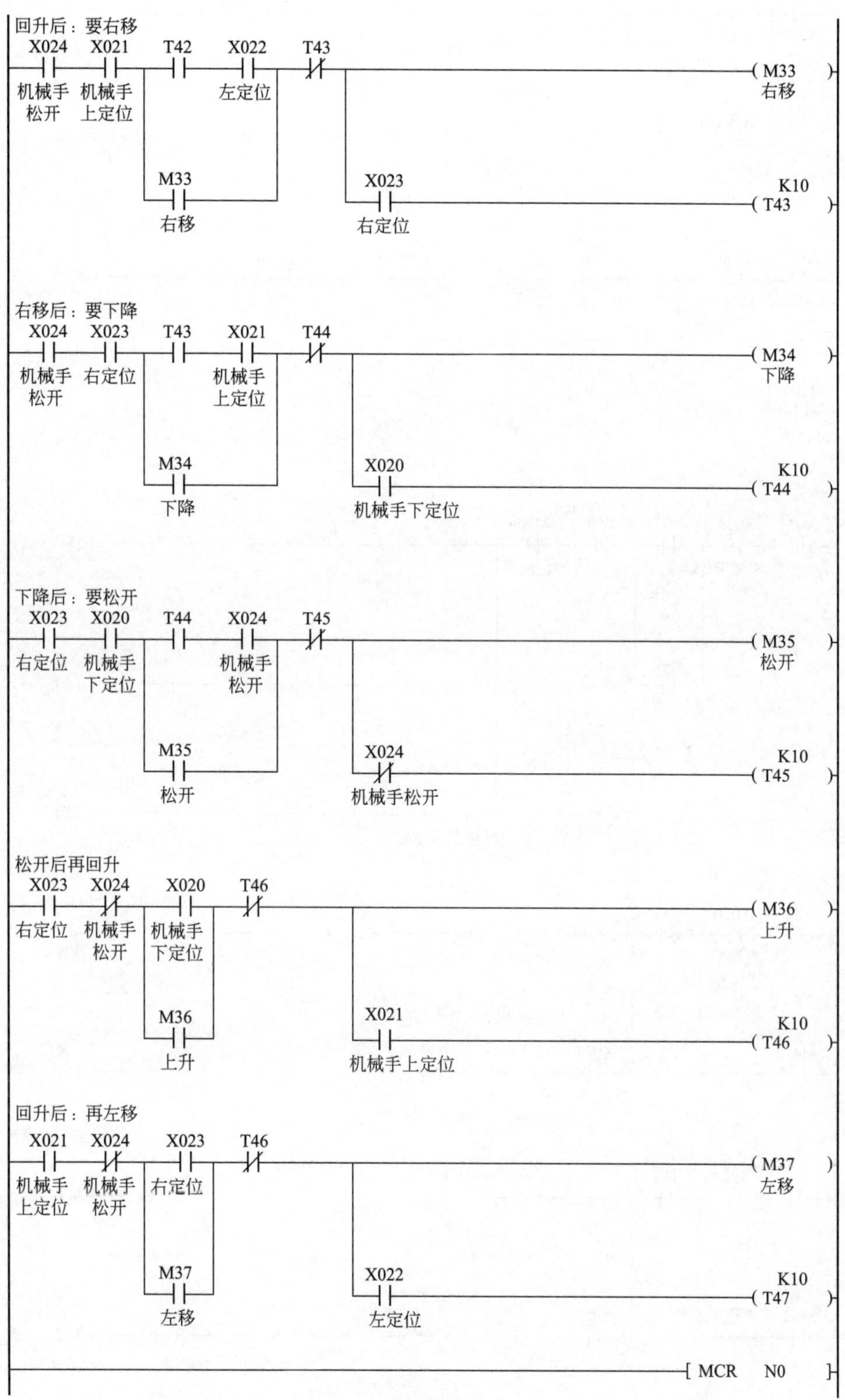
回升后：要右移
X024
X021
T42
X022
T43
机械手松开
机械手上定位
左定位
M33
右移
M33
右移
X023
右定位
K10
T43
右移后：要下降
X024
X023
T43
X021
T44
机械手松开
右定位
机械手上定位
M34
下降
M34
下降
X020
机械手下定位
K10
T44
下降后：要松开
X023
X020
T44
X024
T45
右定位
机械手下定位
机械手松开
M35
松开
M35
松开
X024
机械手松开
K10
T45
松开后再回升
X023
X024
X020
T46
右定位
机械手松开
机械手下定位
M36
上升
M36
上升
X021
机械手上定位
K10
T46
回升后：再左移
X021
X024
X023
T46
机械手上定位
机械手松开
右定位
M37
左移
M37
左移
X022
左定位
K10
T47
MCR N0

图 8-13

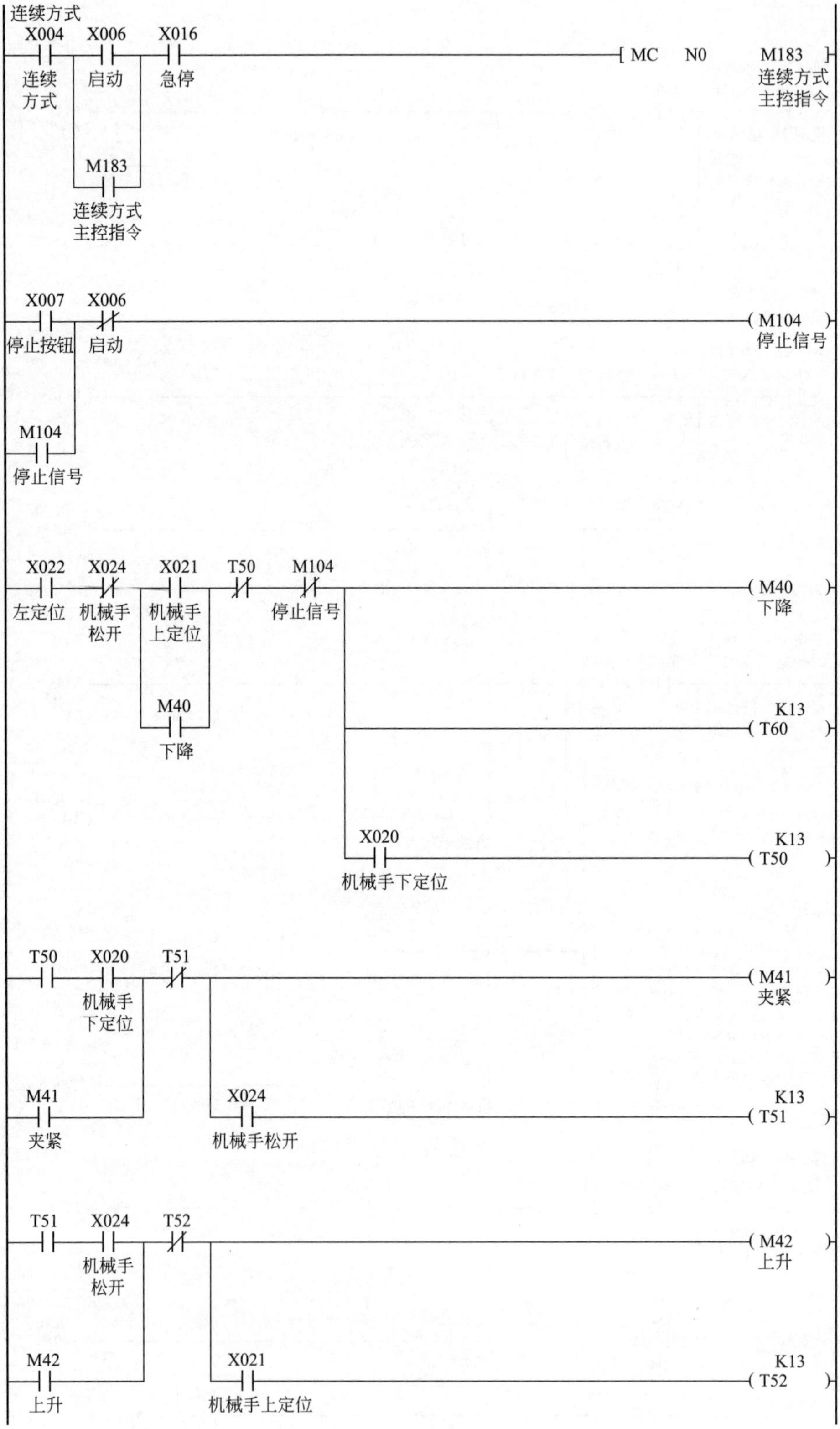

连续方式

X004 连续方式　X006 启动　X016 急停　[MC N0 M183] 连续方式主控指令

M183 连续方式主控指令

X007 停止按钮　X006 启动　(M104) 停止信号

M104 停止信号

X022 左定位　X024 机械手松开　X021 机械手上定位　T50　M104 停止信号　(M40) 下降

M40 下降

K13 (T60)

X020 机械手下定位　K13 (T50)

T50　X020 机械手下定位　T51　(M41) 夹紧

M41 夹紧　X024 机械手松开　K13 (T51)

T51　X024 机械手松开　T52　(M42) 上升

M42 上升　X021 机械手上定位　K13 (T52)

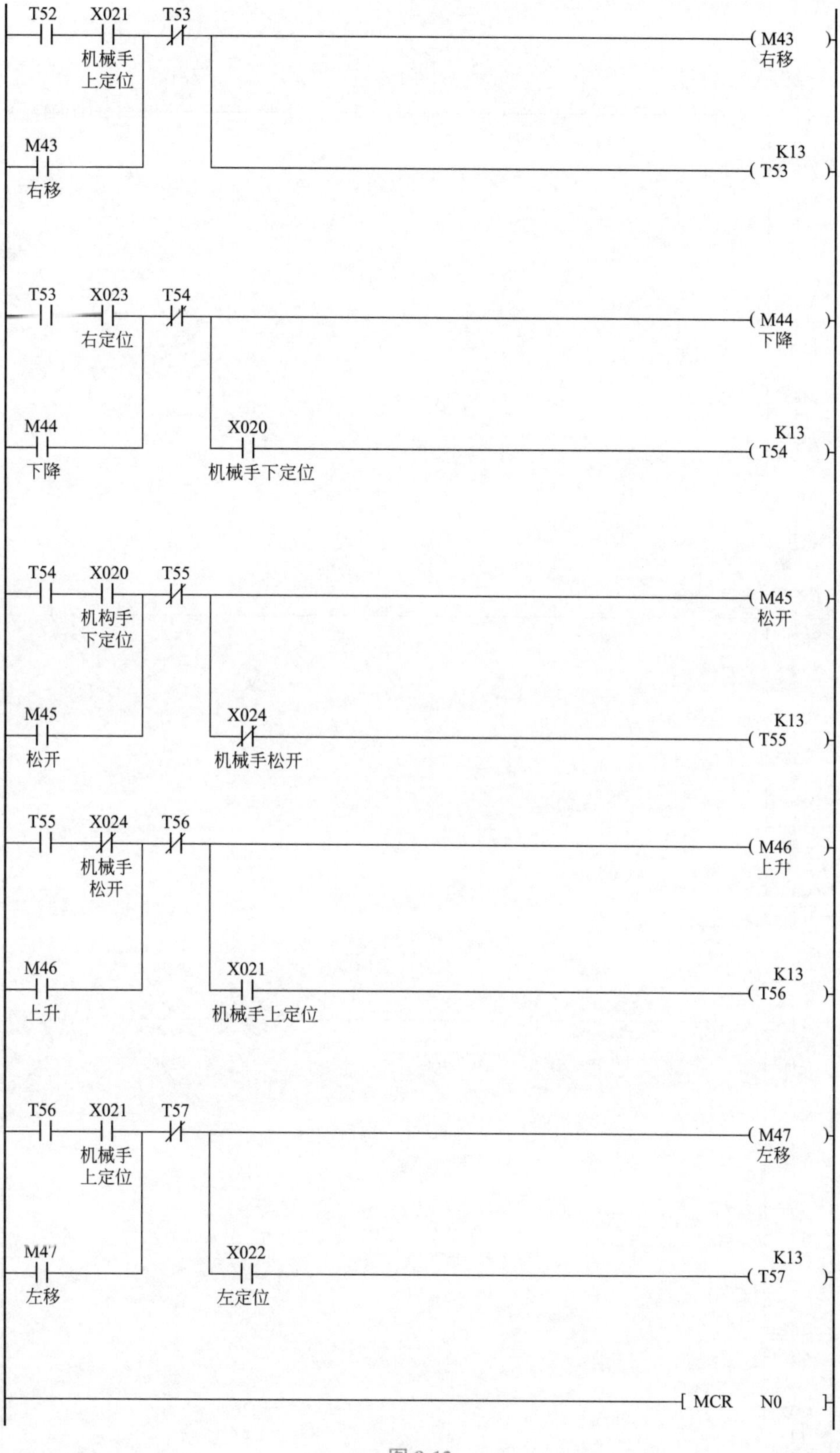

T52 X021 机械手上定位 T53 —(M43 右移)
M43 右移
—(T53 K13)

T53 X023 右定位 T54 —(M44 下降)
M44 下降
X020 机械手下定位 —(T54 K13)

T54 X020 机构手下定位 T55 —(M45 松开)
M45 松开
X024 机械手松开 —(T55 K13)

T55 X024 机械手松开 T56 —(M46 上升)
M46 上升
X021 机械手上定位 —(T56 K13)

T56 X021 机械手上定位 T57 —(M47 左移)
M47 左移
X022 左定位 —(T57 K13)

—[MCR N0]

图 8-13

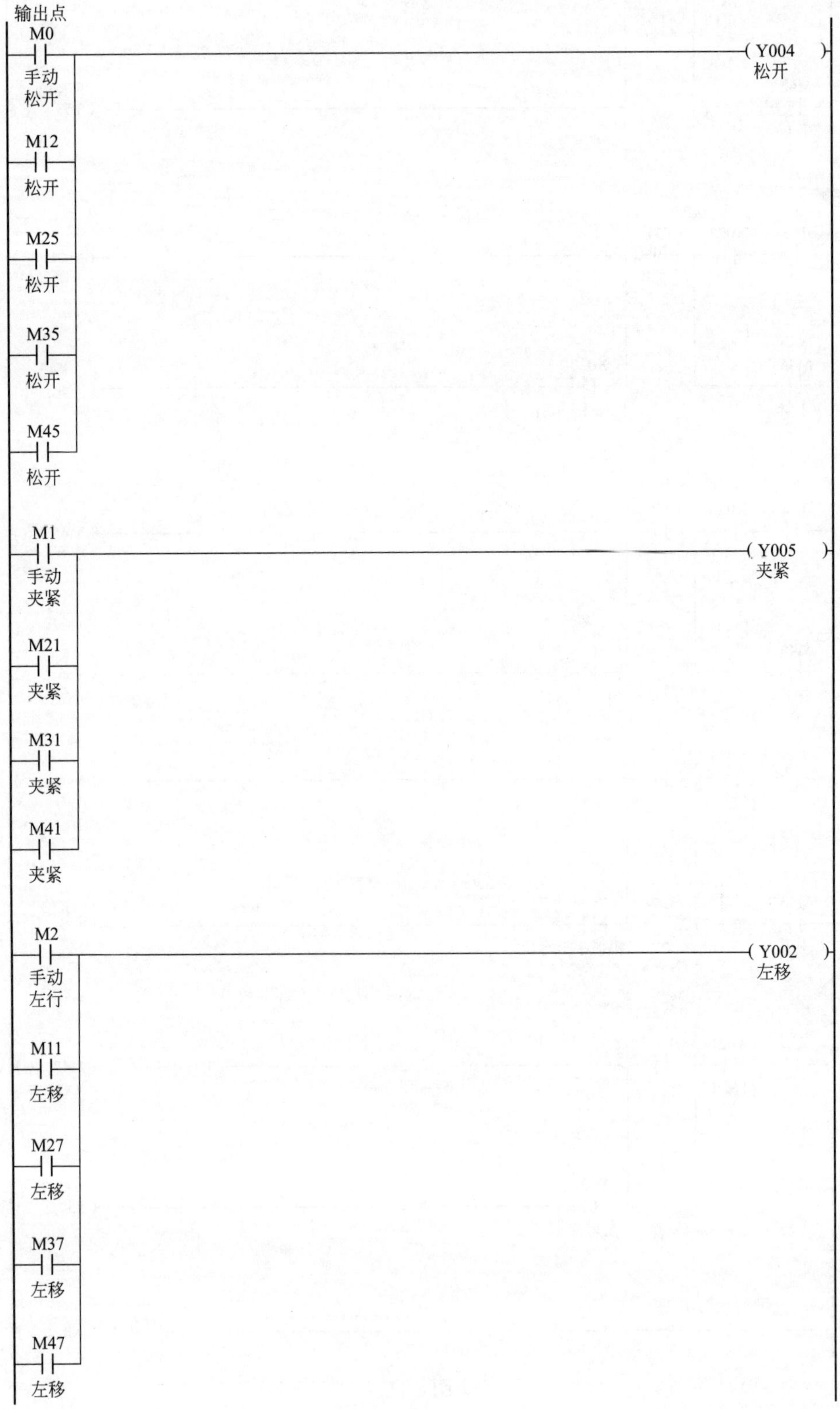

输出点

M0 手动松开
M12 松开
M25 松开
M35 松开
M45 松开
—(Y004) 松开

M1 手动夹紧
M21 夹紧
M31 夹紧
M41 夹紧
—(Y005) 夹紧

M2 手动左行
M11 左移
M27 左移
M37 左移
M47 左移
—(Y002) 左移

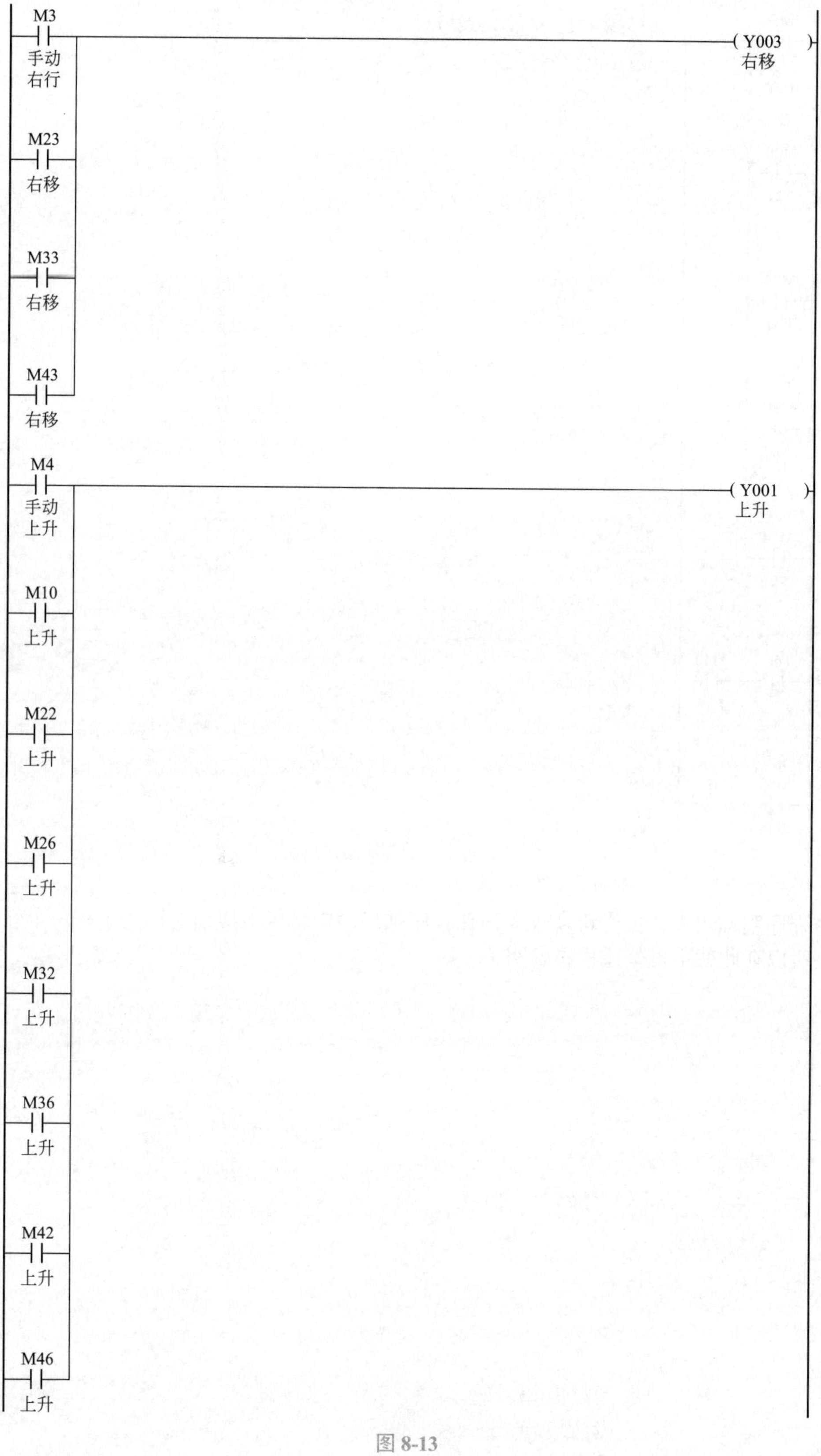

M3
手动
右行
M23
右移
M33
右移
M43
右移
Y003
右移

M4
手动
上升
M10
上升
M22
上升
M26
上升
M32
上升
M36
上升
M42
上升
M46
上升
Y001
上升

图 8-13

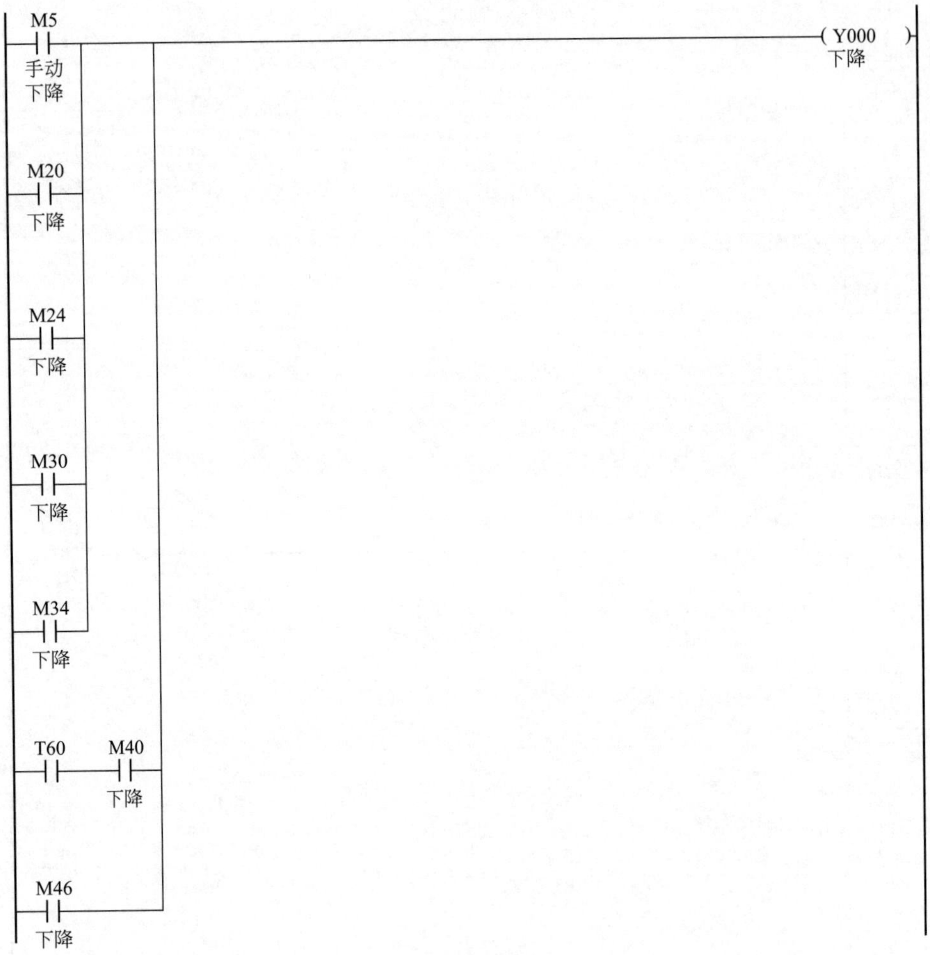

M5 手动下降
M20 下降
M24 下降
M30 下降
M34 下降
T60 M40 下降
M46 下降
(Y000) 下降

图 8-13 梯形图程序

本程序篇幅较大，页码跨度较大，在程序梯形图中已经很详细地标注了每一个软元件的注释，所以在此就不再赘述程序说明了。

第3篇

西门子 PLC 从入门到精通

第9章

西门子 S7-200 PLC 简介

9.1 S7-200PLC 硬件系统

S7-200PLC 是德国西门子公司生产的一种小型 PLC，它以结构紧凑、价格低廉、指令功能强大、扩展性良好和功能模块丰富等优点普遍受到用户的好评，并成为当代各种中小型控制工程的理想设备。它有不同型号的主机和功能各异的扩展模块供用户选择，主机与扩展模块能十分方便地组成不同规模的控制系统。

为了更好地理解和认识 S7-200PLC，本节将从硬件系统组成的角度进行介绍。

S7-200PLC 的硬件系统由 CPU 模块、数字量扩展模块、模拟量扩展模块、特殊功能模块、相关设备以及工业软件组成，如图 9-1 所示。

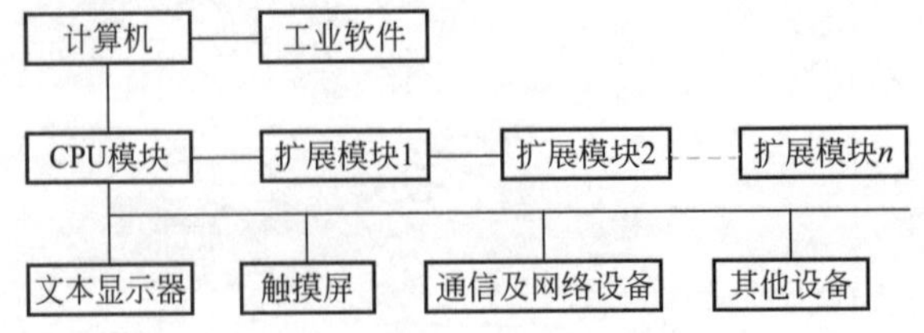

图 9-1 S7-200PLC 的硬件系统的组成

9.1.1 CPU 模块

CPU 模块又称基本模块和主机，这里说的 CPU 模块指的是 S7-200PLC 基本模块的型号，不是中央微处理器 CPU 的型号，是一个完整的控制系统，它可以单独完成一定的控制任务，主要功能是采集输入信号、执行程序、发出输出信号和驱动外部负载。

（1）CPU 模块的组成

CPU 模块由中央处理单元、存储器单元、输入输出接口单元以及电源组成。

① 中央处理单元　中央处理单元（CPU）是可编程逻辑控制器的控制中枢，一般由控制器、运算器和寄存器组成。CPU 是 PLC 的核心，它不断采集输入信号、执行用户程序、刷新系统输出。CPU 通过地址总线、数据总线、控制总线与储存单元、输入输出接口、通信接口、扩展接口相连。CPU 按照系统程序赋予的功能接收并存储用户程序和数据，检查电源、存储器、I/O 以及警戒定时器的状态，并且能够诊断用户程序中的语法错误。当 PLC 运行时，首先以扫描的方式接收现场各输入装置的状态和数据，然后分别存入 I/O 映像区，从用户程序存储器中逐条读取用户程序，经过命令解释后按指令的规定将逻辑或算数运算的结果送入 I/O 映象区或数据寄存器内。当所有的用户程序执行完毕之后，将 I/O 映象区的各输出状态或输出寄存器内的数据传送到相应的输出装置，如此循环运行直到停止。

② 存储器　PLC 的存储器包括系统存储器和用户存储器两种。存放系统软件的存储器称为系统程序存储器，存放应用软件的存储器称为用户程序存储器。

③ 输入输出接口电路　现场输入接口电路由光耦合电路和微机的输入接口电路组成，作用是将按钮、行程开关或传感器等产生的信号输入 CPU。

现场输出接口电路由输出数据寄存器、选通电路和中断请求电路组成，作用是将 CPU 向外输出的信号转换成可以驱动外部执行元件的信号，以便控制接触器线圈等电器的通、断电。

④ 电源　PLC 一般使用 220V 交流电源或 24V 直流电源，内部的开关电源为 PLC 的中央处理器、存储器等电路提供 5V、12V、24V 直流电源，使 PLC 能正常工作。可编程逻辑控制器的电源在整个系统中起着十分重要的作用。一般交流电压波动在 ±10%（±15%）范围内，可以将 PLC 直接连接到交流电网上去。

（2）CPU 模块的常见的基本型号

CPU 模块常见的基本型号有 4 种，分别为 CPU221、CPU222、CPU224、CPU226。

① CPU221　主机有 6 输入 /4 输出，数字量 I/O 点数共计 10 点，无 I/O 扩展能力，程序和数据存储空间为 6KB，1 个 RS-485 通信接口，4 个独立的 30kHz 高速计数器，2 路独立的 20kHz 高速脉冲输出，具有 PPI、MPI 通信协议和自由通信功能，适用于小点数控制的微型控制器。

② CPU222　主机具有 8 输入 /16 输出，数字量 I/O 点数共计 24 点，与 CPU221 相比可以进行一定的模拟量控制，增加了 2 个扩展模块，适用于小点数控制的微型控制器。

③ CPU224　主机具有 14 输入 /10 输出，数字量 I/O 点数共计 24 点，有扩展能力，可连接 7 个扩展模块，程序和数据存储空间为 13KB，6 个独立 30kHz 的高速计数器，具有 PID 控制器，I/O 端子排可整体拆卸，具有较强控制能力，是使用最多的 S7-200 产品，其他特点与 CPU222 相同。

④ CPU226　主机具有 24 输入 /16 输出，数字量 I/O 点数共计 40 点，有扩展能力，可连接 7 个扩展模块，最大扩展至 248 路数字量 I/O 点或 35 路模拟量 I/O 点，具有 2 个 RS-485 通信接口，其余特点与 CPU224 相同，适用于复杂中小型控制系统。

需要指出的是，在 4 种常见模块的基础上又派生出 6 种相关产品，共计 10 种 CPU 模块。在这 10 种模块中有 DC 电源 /DC 输入 /DC 输出和 AC 电源 /DC 输入 / 继电器输出 2 类，它们具有不同的电源电压和控制电压。型号中带有 XP 的代表具有 2 个通信接口、2 个 0 ～ 10V 模拟量输入和 1 个 0 ～ 10V 模拟量输出，其性能要比不带 XP 的优越。型号加有 CN 的表示“中国制造”。CPU226XM 只比 CPU226 增大了程序和数据存储空间。

9.1.2 数字量扩展模块

当 CPU 模块的 I/O 点数不能满足控制系统的需要时，用户可根据实际的需要对 I/O 点数进行扩展。数字量扩展模块不能单独使用，需要通过自带的扁平电缆与 CPU 模块相连。数字量扩展模块通常有 3 类，分别为数字量输入模块、数字量输出模块和数字量输入输出混合模块。

9.1.3 模拟量扩展模块

模拟量扩展模块为主机提供了模拟量输入输出功能，适用于复杂控制场合。它通过自身的扁平电缆与主机相连，并且可以直接连接变送器和执行器。模拟量扩展模块通常可以分为 3 类，分别为模拟量输入模块、模拟量输出模块和模拟量输入输出混合模块。典型模块有 EM231、EM232 和 EM235，其中 EM231 为模拟量 4 点输入模块，EM232 为模拟量 2 点输出模块，EM235 为 4 点输入 /1 点输出模拟量输入输出模块。

9.1.4 特殊功能模块

当需要完成特殊功能控制任务时，需要用到特殊功能模块。常见的特殊功能模块有：通信模块、位置控制模块、热电阻和热电偶扩展模块等。

① 通信模块。S7-200PLC 主机集成 1 ～ 2 个 RS-485 通信接口，为了扩大其接口的数量和联网能力，各 PLC 还可以接入通信模块。常见的通信模块有 PROFIBUS-DP 从站模块 EM227、调制解调器模块 EM241、工业以太网模块和 AS-i 接口模块。

② 位置控制模块。又称定位模块，常见的有控制步进电动机或伺服电动机速度模块 EM253。为了输入运行和位置设置范围的需要，可外设编程软件。使用编程软件 STEP7-Micro/WIN 可生成位置控制模块的全部组态和移动包络信息，这些信息和程序块可一起下载到 S7-200PLC 中。位置控制模块所需的全部信息都储存在 S7-200PLC 中，当更换位置控制模块时，不需重新编程和组态。

③ 热电阻和热电偶扩展模块。热电阻和热电偶扩展模块是为 S7-200CPU222、CPU224、CPU224XP、CPU226 和 CPU226XM 设计的，是模拟量模块的特殊形式，可直接连接热电偶和热电阻测量温度，用户程序可以访问相应的模拟量通道，直接读取温度值。热电阻和热电偶扩展模块可以支持多种热电阻和热电偶，使用时经过简单的设置就可直接读出摄氏温度值和华氏温度值。常见的热电阻和热电偶扩展模块有 EM231 热电偶模块和 EM231 RTD 热电组模块。

9.1.5 相关设备和工业软件

相关设备是为了充分和方便地利用系统硬件和软件资源而开发和使用的一些设备，主要有编程设备、人机操作界面等。工业软件是为了更好地管理和使用这些设备而开发的与之相配套的程序，主要有工程工具人机接口软件和运行软件。

9.2 S7-200PLC 外部结构与接线

9.2.1 S7-200PLC 的外部结构

CPU22X 系列 PLC 的外部结构如图 9-2 所示，其 CPU 单元、存储器单元、输入输出单元及电源集中封装在同一塑料机壳内，它是典型的整体式结构。当系统需要扩展时，可选用需要的扩展模块与基本模块（又称主机CPU模块）连接。

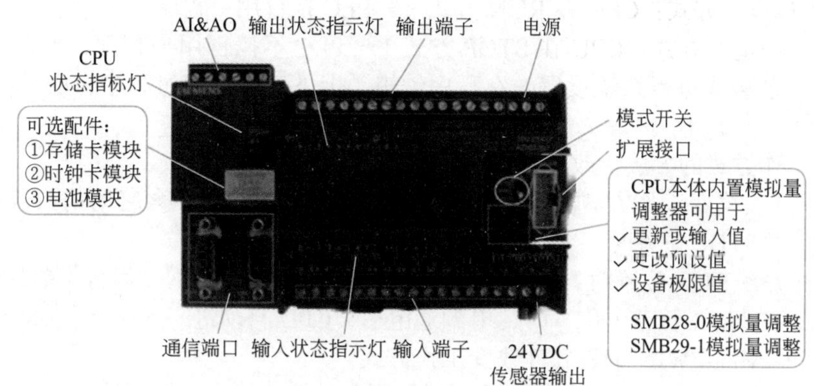

图9-2 CPU22X系列PLC的外部结构（CPU224XP）

（1）输入端子

输入端子是外部输入信号与PLC连接的接线端子，在底部端盖下面。此外，外部端盖下面还有输入公共端子和24V直流电源端子，24V直流电源为传感器和光电开关等提供能量。

（2）输出端子

输出端子是外部负载与PLC连接的接线端子，在顶部端盖下面。此外，顶部端盖下面还有输出公共端子和PLC工作电源接线端子。

（3）输入状态指示灯（LED）

输入状态指示灯用于显示是否有输入控制信号接入PLC。当指示灯亮时，表示有控制信号接入PLC；当指示灯不亮时，表示没有控制信号接入PLC。

（4）输出状态指示灯（LED）

输出状态指示灯用于显示是否有输出信号驱动执行设备。当指示灯亮时，表示有输出信号驱动外部设备；当指示灯不亮时，表示没有输出信号驱动外部设备。

（5）CPU状态指示灯

CPU状态指示灯有RUN、STOP、SF三个，其中RUN、STOP指示灯用于显示当前工作方式。当RUN指示灯亮时，表示处于运行状态；当STOP指示灯亮时，表示处于停止状态；当SF指示灯亮时，表示系统故障，PLC停止工作。

（6）可选卡插槽

该插槽可以插入EEPROM存储卡、电池和时钟卡等。

• EEPROM存储卡：该卡用于复制用户程序。在PLC通电后插入此卡，通过操作可将PLC中的程序装载到存储卡中。当卡已经插在主机上时，PLC通电后不需任何操作，用户程序数据会自动复制在PLC中。利用这个功能，可将多台实现同样控制功能的CPU22X系列进行程序写入。

需要说明的是，每次通电就写入一次，所以在PLC运行时不需插入此卡。

• 电池：用于长时间存储数据。

• 时钟卡：可以产生标准日期和时间信号。

（7）扩展接口

扩展接口在前盖下，它通过扁平电缆实现基本模块与扩展模块的连接。

（8）模式开关

模式开关在前盖下，可手动选择PLC的工作方式。

① CPU 工作方式：CPU 有以下 2 种工作方式。

• RUN（运行）方式：CPU 在 RUN 方式下，PLC 执行用户程序。

• STOP（停止）方式：CPU 在 STOP 方式下，PLC 不执行用户程序，此时可以通过编程装置向 PLC 装载或进行系统设置。在程序编辑、上下载等处理过程中，必须把 CPU 置于 STOP 方式。

② 改变工作方式的方法：改变工作方式有以下 3 种方法。

• 用模式开关改变工作方式：当模式开关置于 RUN 位置时，会启动用户程序的执行；当模式开关置于 STOP 位置时，会停止用户程序的执行。

当模式开关在 RUN 位置时，电源通电后，CPU 自动进入 RUN（运行）模式；当模式开关在 STOP 或 TEAM（暂态）位置时，电源通电后，CPU 自动进入 STOP（停止）模式。

• 用 STEP7-Micro/WIN 编程软件改变工作方式。

用编程软件控制 CPU 的工作方式必须满足两个条件：其一，编程器必须通过 PC/PPI 电缆与 PLC 连接；其二，模式开关必须置于 RUN 或 TEAM 模式。

在编程软件中单击工具条上的运行按钮▶或执行菜单命令“PLC”→“RUN”，PLC 将进入运行状态；单击停止按钮■或执行菜单命令“PLC”→“STOP”，PLC 将进入 STOP 状态。

• 在程序中改变操作模式：在程序中插入 STOP 指令，可以使 CPU 由 RUN 模式进入 STOP 模式。

（9）模拟电位器

模拟电位器位于前盖下，用来改变特殊寄存器（SMB28、SMB29）中的数值，以改变程序运行时的参数，如定时器、计数器的预置值，过程量的控制值。

（10）通信接口

通信接口支持 PPI、MPI 通信协议，有自由方式通信能力，通过通信电缆实现 PLC 与编程器之间、PLC 与计算机之间、PLC 与 PLC 之间、PLC 与其他设备之间的通信。

需要说明的是，扩展模块由输入接线端子、输出接线端子、状态指示灯和扩展接口等构成，情况基本与主机（基本模块）相同，这里不做过多说明。

9.2.2 外部接线图

在 PLC 编程中，外部接线图也是其中的重要组成部分之一。由于 CPU 模块、输出类型和外部电源供电方式的不同，PLC 外部接线图也不尽相同。鉴于 PLC 的外部接线图与输入输出点数等诸多因素有关，本书将给出 CPU221、CPU222、CPU224 和 CPU226 四种基本类型端子排布情况（注：派生产品与四种基本类型的情况一致），具体如表 9-1 所示。

表 9-1 S7-200PLC 的 I/O 点数及相关参数

CPU 模块型号	输入输出点数	电源供电方式	公共端	输入类型	输出类型
CPU221	6 输入 4 输出	24V DC 电源	输入端 I0.0 ～ I0.3 共用 1M，I0.4 ～ I0.5 共用 2M；输出端 Q0.0 ～ Q0.3 公用 L+、M	24V DC 输入	24V DC 输出
		100 ～ 230V AC 电源	输入端 I0.0 ～ I0.3 共用 1M，I0.4 ～ I0.5 共用 2M；输出端 Q0.0 ～ Q0.2 公用 1L，Q0.3 公用 2L	24V DC 输入	继电器输出

续表

CPU 模块型号	输入输出点数	电源供电方式	公共端	输入类型	输出类型
CPU222	8 输入 6 输出	24V DC 电源	输入端 I0.0 ～ I0.3 共用 1M，I0.4 ～ I0.7 共用 2M；输出端 Q0.0 ～ Q0.5 公用 L+、M	24V DC 输入	24V DC 输出
		100 ～ 230V AC 电源	输入端 I0.0 ～ I0.3 共用 1M，I0.4 ～ I0.7 共用 2M；输出端 Q0.0 ～ Q0.2 公用 1L，Q0.3 ～ Q0.5 公用 2L	24V DC 输入	继电器输出
CPU224	14 输入 10 输出	24V DC 电源	输入端 I0.0 ～ I0.7 共用 1M，I1.0 ～ I1.5 共用 2M；输出端 Q0.0 ～ Q0.4 公用 1M、1L+，Q0.5 ～ Q1.1 公用 2M、2L+	24V DC 输入	24V DC 输出
		100 ～ 230V AC 电源	输入端 I0.0 ～ I0.7 共用 1M，I1.0 ～ I1.5 共用 2M；输出端 Q0.0 ～ Q0.3 公用 1L，Q0.4 ～ Q0.6 公用 2L，Q0.7 ～ Q1.1 公用 3L	24V DC 输入	继电器输出
CPU226	24 输入 16 输出	24V DC 电源	输入端 I0.0 ～ I1.4 共用 1M，I1.5 ～ I2.7 共用 2M；输出端 Q0.0 ～ Q0.7 公用 1M、1L+，Q1.0 ～ Q1.7 公用 2M、2L+	24V DC 输入	24V DC 输出
		100 ～ 230V AC 电源	输入端 I0.0 ～ I1.4 共用 1M，I1.5 ～ I2.7 共用 2M；输出端 Q0.0 ～ Q0.3 公用 1L，Q0.4 ～ Q1.0 公用 2L，Q1.1 ～ Q1.7 公用 3L	24V DC 输入	继电器输出

需要说明的是，每个型号的 CPU 模块都有 DC 电源 /DC 输入 /DC 输出和 AC 电源 / DC 输入 / 继电器输出 2 类，因此每个型号的 CPU 模块（主机）也对应 2 种外部接线图，本书以最常用型号 CPU224 模块的外部接线图为例进行讲解。其他型号外部接线图读者可参考附录。

（1）CPU224 AC/DC/ 继电器型接线

CPU224 AC/DC/ 继电器型接线如图 9-3 所示。L1、N 端子接交流电源，电压允许范围为 85 ～ 264V。L+、M 为 PLC 向外输出 24V/400mA 直流电源，L+ 为电源正，M 为电源负，该电源可作为输入端电源使用，也可作为传感器供电电源。

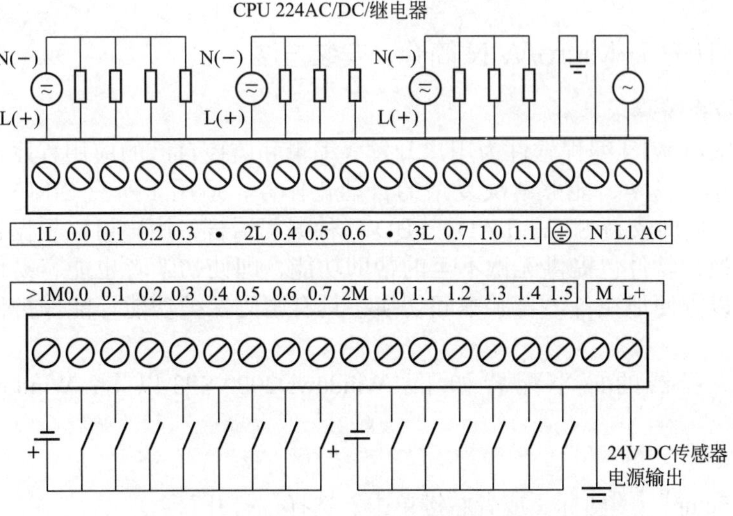

图 9-3　CPU224 AC/DC/ 继电器型接线图

① 输入端子：CPU224 模块共有 14 点输入，端子编号采用 8 进制。输入端子共分两组，I0.0 ～ I0.7 为第一组，公共端为 1M；I1.0 ～ I1.5 为第二组，公共端为 2M。

② 输出端子：CPU224 模块共有 10 点输出，端子编号也采用 8 进制。输出端子共分 3 组，Q0.0 ～ Q0.3 为第一组，公共端为 1L；Q0.4 ～ Q0.6 为第二组，公共端为 2L；Q0.7 ～ Q1.1 为第三组，公共端为 3L；根据负载性质的不同，其输出回路电源支持交流和直流。

（2）CPU224 DC/DC/DC 型接线

CPU224 DC/DC/DC 型接线如图 9-4 所示。电源为 DC24V，输入点接线与 CPU224 AC/DC/ 继电器型相同。不同点在于输出点的接线，根据负载的性质不同，其输出回路只支持直流电源。

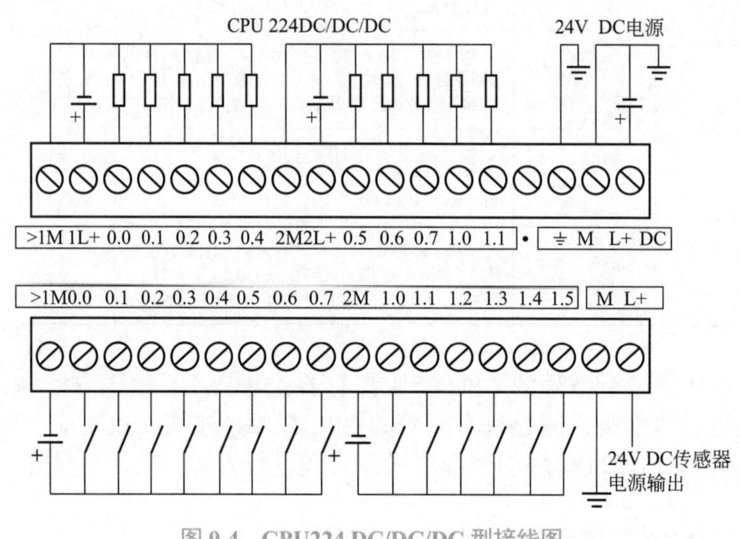

图 9-4 CPU224 DC/DC/DC 型接线图

9.3 西门子 PLC 编程软件安装及使用说明

9.3.1 STEP 7-Micro/WIN 简介、安装方法

（1）简介及系统需求

STEP 7-Micro/WIN 编程软件为用户开发、编辑和监控自己的应用程序提供了良好的编程环境。它简单、易学，能够解决复杂的自动化任务，适用于所有 SIMATIC S7-200 PLC 机型软件编程；同时支持 STL、LAD、FBD 三种编程语言，用户可以根据自己的喜好随时在三者之间切换；软件包提供无微不至的帮助功能，即使初学者也能容易地入门；包含多国语言包，可以方便地在各语言版本间切换；具有密码保护功能，能保护代码不受他人操作和破坏。

PC 机或编程器的最小配置如下：Windows 2000 SP3 以上，Windows XP（Home&Professional）。

（2）软件安装

① 双击“Setup”图标（或者右键单击、选择“打开”）。

② 屏幕上弹出“STEP7-Micro/WIN-Install Shield Wizard”对话框，单击“Next”按钮，见图 9-5。

③ 稍等片刻，待安装程序配置好相关文件，见图9-6。

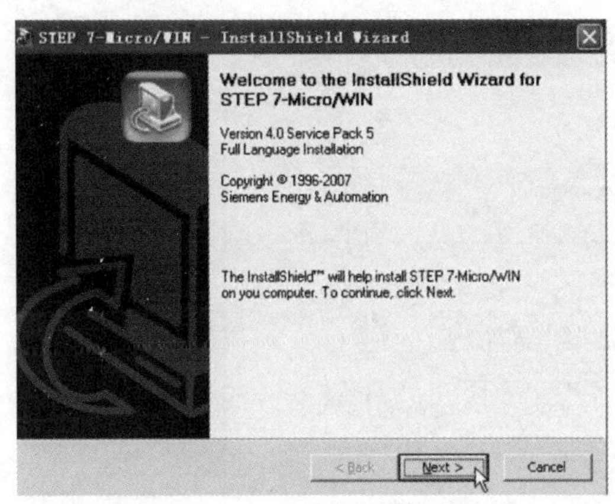

图9-5 安装方法（一）

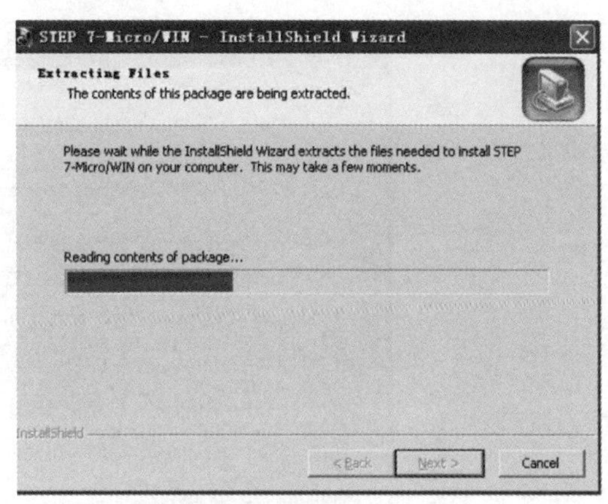

图9-6 安装方法（二）

④ 在弹出的“选择设置语言”对话框中选择“英语”，然后单击“确定”按钮，见图9-7。

⑤ 等待安装程序配置好安装向导，见图9-8。

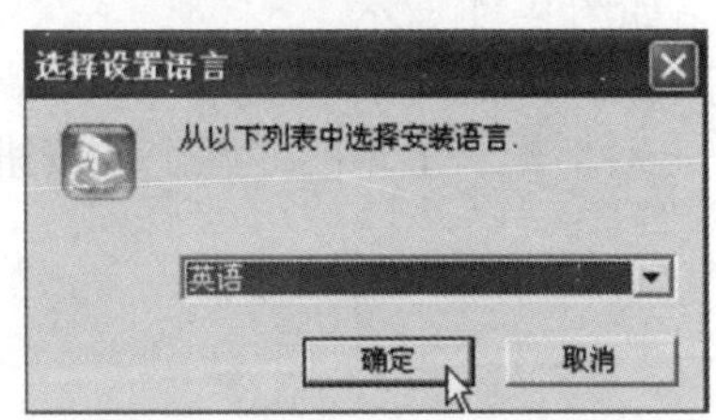

图9-7 安装方法（三）

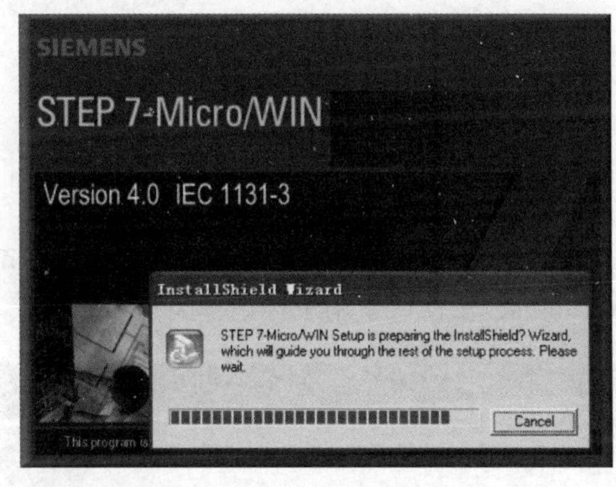

图9-8 安装方法（四）

⑥ 弹出“Install Shield Wizard”对话框，单击“Next”按钮，见图9-9。

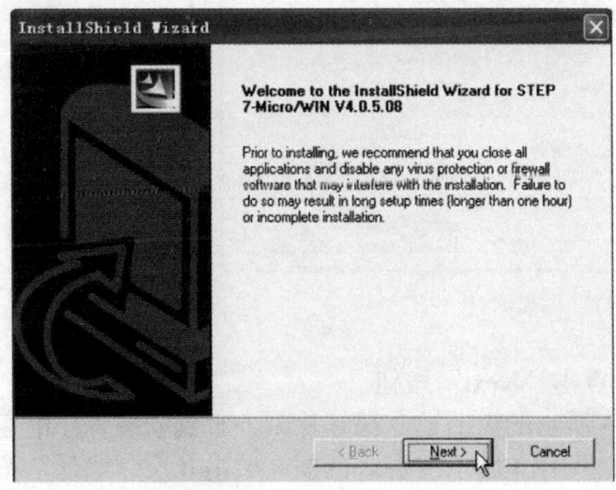

图9-9 安装方法（五）

⑦ 弹出许可认证的对话框，单击“Yes”按钮，见图 9-10。

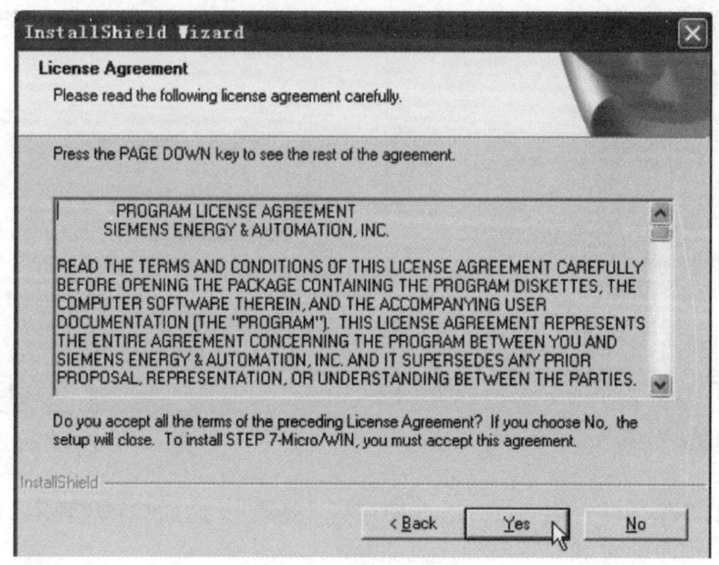

图 9-10 安装方法（六）

⑧ 弹出选择安装路径的对话框。

单击“Browse…”进行更改。

a. 如果使用程序默认的安装路径，则在对话框上直接单击“Next”按钮。

b. 如果要更改安装路径，则单击“Browse…”按钮，如图 9-11 所示。

将弹出如图 9-12 所示更改路径的窗口，可在“Path”子窗口中填写路径，或者在“Directories”子窗口中用鼠标选择路径。修改路径后单击对话框右下角的“确定”按钮。

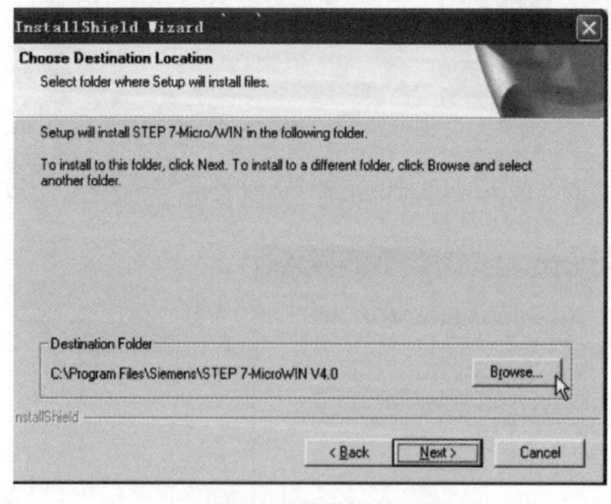

图 9-11 安装方法（七）

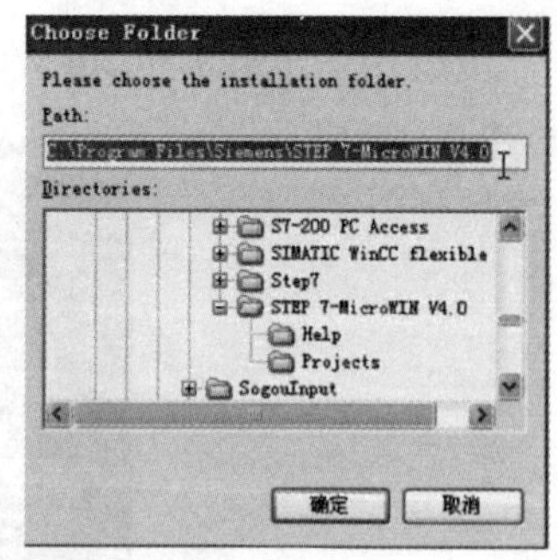

图 9-12 安装方法（八）

再在弹出的窗口上点击“Next”按钮。

⑨ 将出现如图 9-13 所示的对话框。稍等片刻，直到安装程序准备完毕。

⑩ 如果中途出现如图 9-14 所示警告对话框，单击几次“确认”按钮即可。

接下来会依次弹出如图 9-15 所示对话框，稍等片刻待程序准备好。

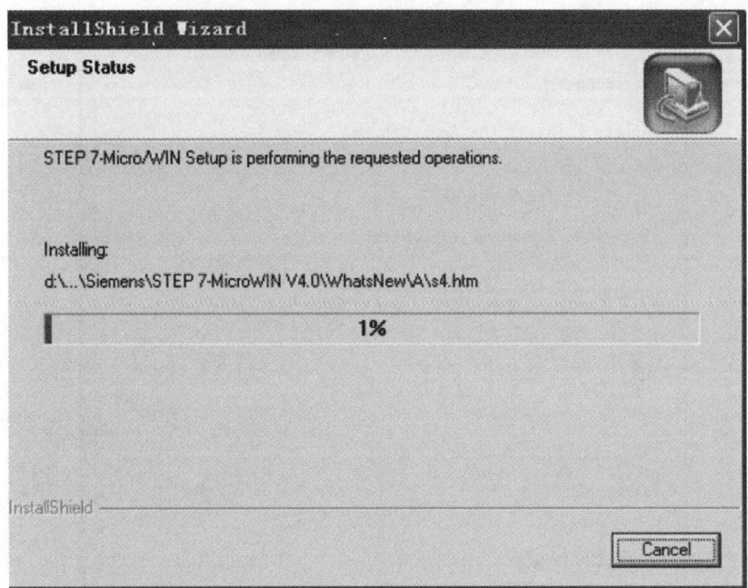

图 9-13　安装方法（九）

图 9-14　安装方法（十）

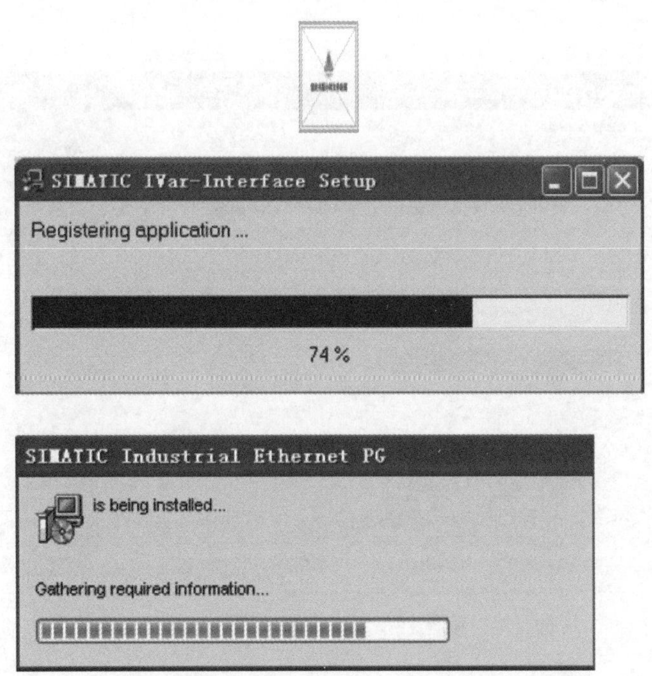

图 9-15　安装方法（十一）

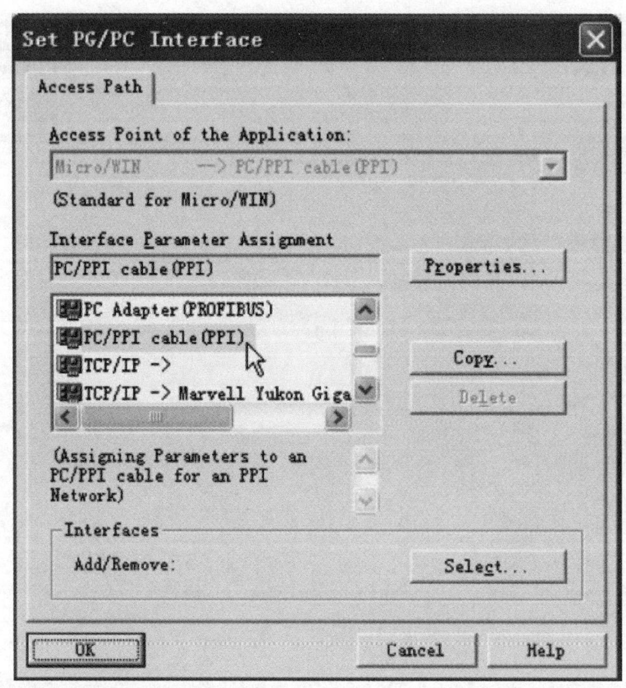

图 9-16 安装方法（十二）

⑪ 出现如图 9-16 所示新的对话框。

这个对话框用于设置通信驱动程序，用于选择 PC 机和 PLC 间连接的通信协议。

可以在图 9-16 中鼠标箭头所在位置选择某一协议，然后单击左下角的“OK”按钮；也可以选择右下角的“Cancel”按钮，退出选择窗口，等程序完全安装后再设置 PG/PC 接口。

⑫ 接下来程序会继续安装诸如“TD 面板设计”等相关程序，稍等片刻待安装完成（图 9-17）。

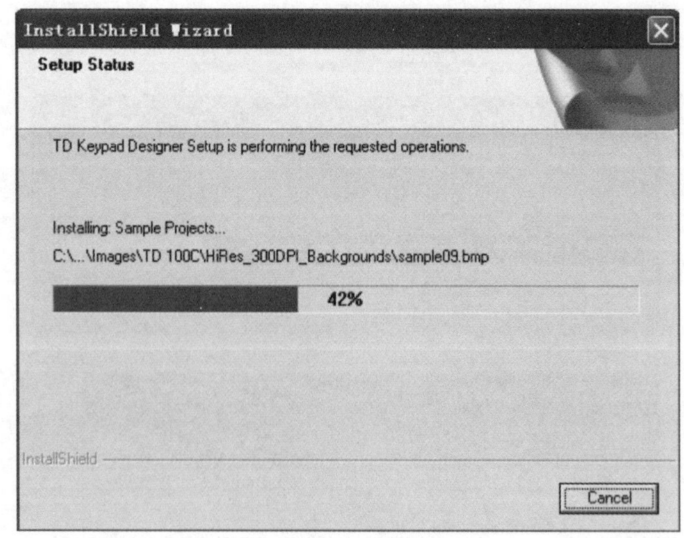

图 9-17 安装方法（十三）

计算机会提示要求重新启动，以完成安装程序（图 9-18）。

安装后，Micro/WIN Tools TD Keypad Designer 和 S7-200 Explorer 也将一起被安装。

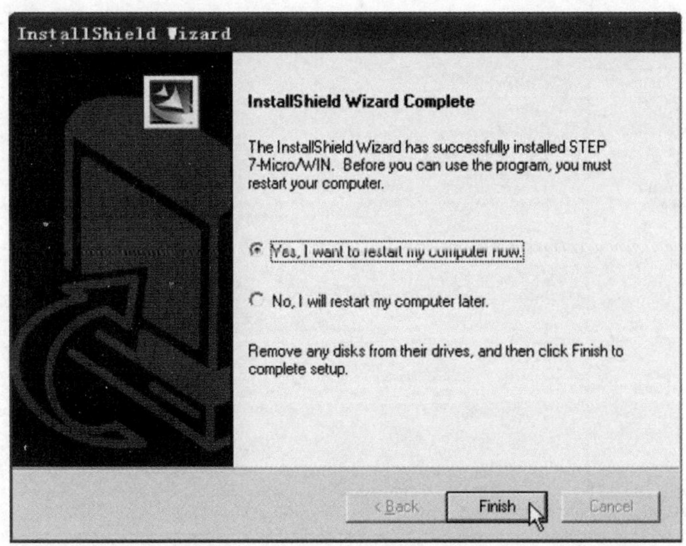

图 9-18　安装方法（十四）

⑬ 设置为中文版本。

安装完成后，双击桌面上“V4.0 STEP 7-MicroWIN SP5”图标，运行程序。

在程序的菜单栏选择“Tools”→“Options”命令（图 9-19）。

图 9-19　安装方法（十五）

在弹出的“Options”选项卡的左边单击“General”选项，然后在右边的“Language”选项中选择“Chinese”，再单击选项卡右下角的“OK”按钮（图 9-20）。

程序会要求关闭整个程序以设置语言，待程序关闭后重新启动程序可看到程序已设置为中文版本。

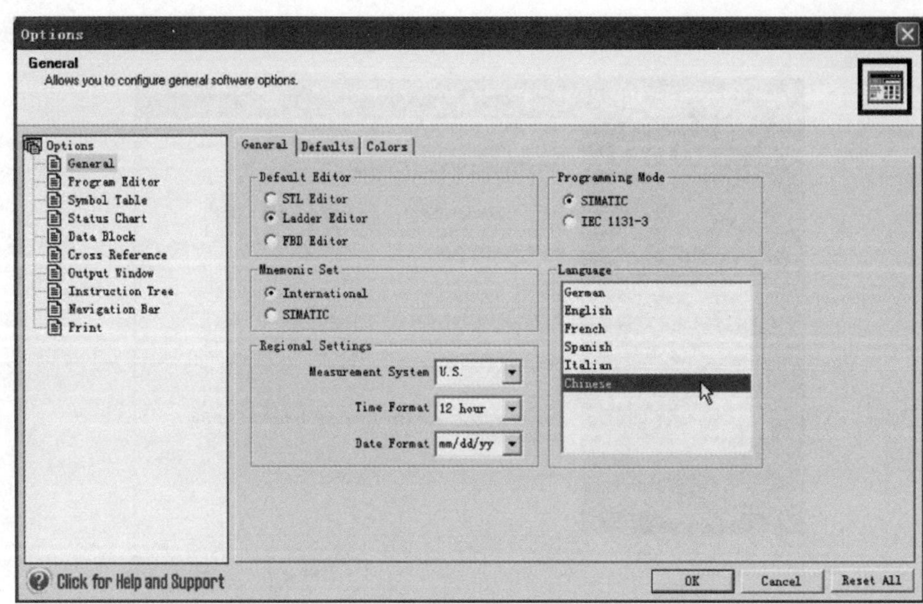

图 9-20 安装方法（十六）

9.3.2 STEP 7-Micro/WIN 的使用方法

STEP 7-Micro/WIN 操作界面见图 9-21。

图 9-21 STEP 7-Micro/WIN 操作界面

（1）操作栏

操作栏是显示编程特性的按钮控制群组（图 9-22）。它包含两部分（单击每部分列出的按钮控制图标可打开相应的按钮控制）。

① 查看　显示程序块、符号表、状态表、数据块、系统块、交叉引用、通信及设置PG/PC接口按钮控制。

② 工具　显示指令向导、文本显示向导、位置控制向导、EM253控制面板和调制解调器扩展向导等的按钮控制。工具栏见图9-23。

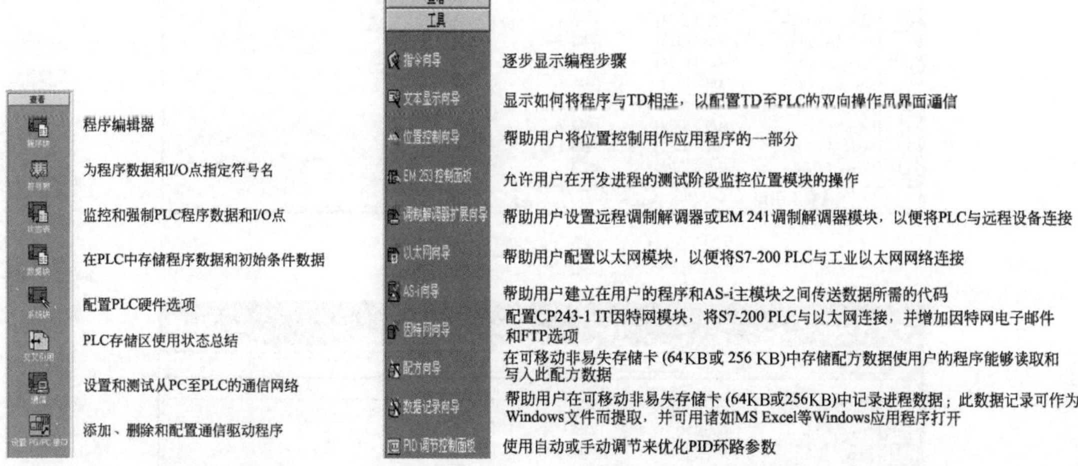

图9-22　操作栏　　　　图9-23　工具栏

注意：如图9-23所示，当操作栏包含的对象因为当前窗口大小无法显示时，可在操作栏单击右键并选择“小图标”，或者拖动操作栏显示的滚动按钮，使用户能向上或向下移动至其他对象。

（2）指令树

指令树提供所有项目对象以及为当前程序编辑器（LAD、FBD或STL）提供所有指令的树形视图（图9-24）。

用户可以用鼠标右键单击指令树中“项目”部分的文件夹，插入附加程序组织单元（POU）。用户可以用鼠标右键单击单个POU，打开、删除、编辑其属性表，用密码保护或重命名子程序及中断例行程序。

用户可以用鼠标右键单击树中“指令”部分的一个文件夹或单个指令，以便隐藏整个指令树。

用户一旦打开指令文件夹，就可以拖放或双击单个指令，按照需要自动将所选指令插入程序编辑器窗口中的光标位置。

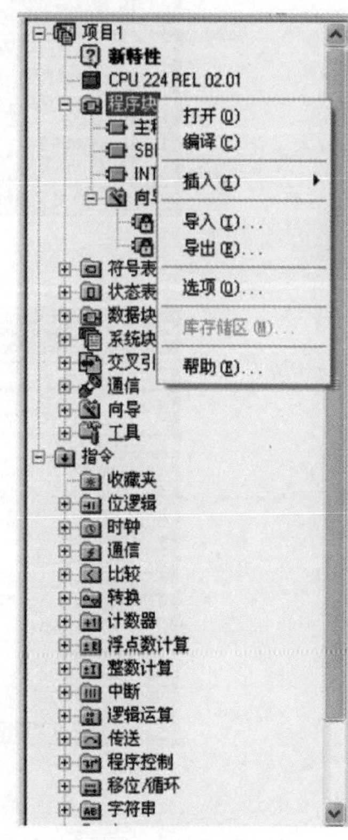

图9-24　指令树

（3）交叉引用

交叉引用列表识别在程序中使用的全部操作数，并指出POU、网络或行位置以及每次使用的操作数指令上下文。

LAD交叉引用列表举例见图9-25。

FBD交叉引用列表举例见图9-26。

STL交叉引用列表举例见图9-27。

交叉引用

	元素	块	位置	关联
1	Start_1:I0.0	MAIN (OB1)	网络 1	-| |-
2	Start_2:I0.1	MAIN (OB1)	网络 2	-| |-
3	Stop_1:I0.2	MAIN (OB1)	网络 1	-| |-
4	Stop_2:I0.3	MAIN (OB1)	网络 2	-| |-
5	High_Level:I0.4	MAIN (OB1)	网络 1	-|/|-
6	High_Level:I0.4	MAIN (OB1)	网络 2	-|/|-
7	High_Level:I0.4	MAIN (OB1)	网络 3	-| |-
8	Low_Level:I0.5	MAIN (OB1)	网络 6	-|/|-
9	Low_Level:I0.5	MAIN (OB1)	网络 7	-| |-
10	Low_Level:I0.5	MAIN (OB1)	网络 8	-| |-
11	Reset:I0.7	MAIN (OB1)	网络 7	-| |-
12	Pump_1:Q0.0	MAIN (OB1)	网络 1	-( )
13	Pump_1:Q0.0	MAIN (OB1)	网络 1	-| |-

交叉引用 字节使用 位使用

图 9-25 LAD 交叉引用列表

交叉引用

	元素	块	位置	关联
1	Start_1:I0.0	MAIN (OB1)	网络 1	OR
2	Start_2:I0.1	MAIN (OB1)	网络 2	OR
3	Stop_1:I0.2	MAIN (OB1)	网络 1	AND
4	Stop_2:I0.3	MAIN (OB1)	网络 2	AND
5	High_Level:I0.4	MAIN (OB1)	网络 1	AND
6	High_Level:I0.4	MAIN (OB1)	网络 2	AND
7	High_Level:I0.4	MAIN (OB1)	网络 3	S
8	Low_Level:I0.5	MAIN (OB1)	网络 6	AND
9	Low_Level:I0.5	MAIN (OB1)	网络 7	AND
10	Low_Level:I0.5	MAIN (OB1)	网络 8	AND
11	Reset:I0.7	MAIN (OB1)	网络 7	CTU
12	Pump_1:Q0.0	MAIN (OB1)	网络 1	AND
13	Pump_1:Q0.0	MAIN (OB1)	网络 1	OR

交叉引用 字节使用 位使用

图 9-26 FBD 交叉引用列表

交叉引用

	元素	块	位置	关联
1	Start_1:I0.0	MAIN (OB1)	网络 1, 行 1	LD
2	Start_2:I0.1	MAIN (OB1)	网络 2, 行 1	LD
3	Stop_1:I0.2	MAIN (OB1)	网络 1, 行 3	A
4	Stop_2:I0.3	MAIN (OB1)	网络 2, 行 3	A
5	High_Level:I0.4	MAIN (OB1)	网络 1, 行 4	AN
6	High_Level:I0.4	MAIN (OB1)	网络 2, 行 4	AN
7	High_Level:I0.4	MAIN (OB1)	网络 3, 行 1	LD
8	Low_Level:I0.5	MAIN (OB1)	网络 6, 行 2	AN
9	Low_Level:I0.5	MAIN (OB1)	网络 7, 行 1	LD
10	Low_Level:I0.5	MAIN (OB1)	网络 8, 行 1	LD
11	Reset:I0.7	MAIN (OB1)	网络 7, 行 3	LD
12	Pump_1:Q0.0	MAIN (OB1)	网络 1, 行 2	O
13	Pump_1:Q0.0	MAIN (OB1)	网络 1, 行 5	=

交叉引用 字节使用 位使用

图 9-27 STL 交叉引用列表

注意：用户必须在编译程序后才能查看交叉引用列表。元素指程序中使用的操作数。用户可以在符号和绝对视图之间切换，改变全部操作数显示（使用菜单命令“查看”→“符号寻址”）；块指使用操作数的 POU；位置指使用操作数的行或网络；上下文指使用操作数的程序指令。

（4）数据块

允许用户显示和编辑数据块内容。

（5）状态表

状态表窗口允许用户将程序输入、输出或变量置入图表中，以便追踪其状态。

（6）符号表

符号表窗口允许用户分配和编辑全局符号（即可在任何POU中使用的符号值，不只是建立符号的POU）。

使用下列方法之一打开符号表（用SIMATIC模式）或全局变量表（用IEC 1131-3模式）：

① 单击浏览条中的“符号表”按钮；选择“查看”→“符号表”菜单命令。

② 打开指令树中的符号表或全局变量文件夹，然后双击一个表格图标。

（7）输出窗口

输出窗口在用户编译程序时提供信息。

当输出窗口列出程序错误时，可双击错误信息，会在程序编辑器窗口中显示适当的网络。修正程序后，执行新的编译，更新输出窗口，错误的网络得到修正。

将鼠标放在输出窗口中，用鼠标右键单击，隐藏输出窗口或清除其内容。

使用“查看”→“框架”→“输出窗口”菜单命令，可在窗口打开（可见）和关闭（隐藏）之间切换。

（8）状态条

状态条提供用户在STEP 7-Micro/WIN中操作时的操作状态信息。

（9）程序编辑器

“程序编辑器”窗口包含用于该项目的编辑器（LAD、FBD或STL）的局部变量表和程序视图。

① 建立窗口　首先，使用“文件”→“新建”或“文件”→“打开”或“文件”→“导入”菜单命令，打开一个STEP 7-Micro/WIN项目。然后使用以下任意一种方法用“程序编辑器”窗口建立或修改程序。

• 单击浏览条中的“程序块”按钮，打开主程序（OB1）POU，用户可以单击子程序或中断程序标签，打开另一个POU。

• 单击分支扩展图标或双击“程序块”文件夹图标，打开指令树程序块文件夹。然后双击主程序（OB1）图标、子程序图标或中断程序图标，打开所需的POU。

② 更改编辑器选项　使用下列方法之一更改编辑器选项。

• 使用“查看”→LAD、FBD或STL菜单命令，更改编辑器类型。

• 使用“工具”→“选项”菜单命令，更改默认启动编辑器赋值（LAD、FBD或STL）和编程模式（SIMATIC或IEC1131-3）。

• 使用选项按钮设置编辑器选项。

（10）局部变量表

局部变量表包含用户对局部变量所做的赋值（即子程序和中断例行程序使用的变量）。

使用局部变量有两种原因：

① 用户希望建立不引用绝对地址或全局符号的可移动子程序；

② 用户希望使用临时变量（说明为TEMP的局部变量）进行计算，以便释放PLC内存。

9.3.3 S7-200仿真功能举例

S7-200仿真软件不能对S7-200的全部指令和全部功能仿真，但是它仍然不失为一个很好的学习S7-200的工具软件。

该软件不需要安装，执行其中的“S7-200 仿真 .EXE”文件就可以打开它。单击屏幕中间出现的画面，输入密码“6596”后按回车键，开始仿真。

软件自动打开的是老型号的 CPU214，应执行菜单命令“配置”→“CPU 型号”，用打开的对话框更改 CPU 型号。

图 9-28 左边所示是 CPU224，CPU 模块下面是用于输入数字量信号的小开关板。开关板下面的直线电位器用来设置 SMB28 和 SMB29 的值。双击 CPU 模块右边空的方框，用出现的对话框添加扩展模块。

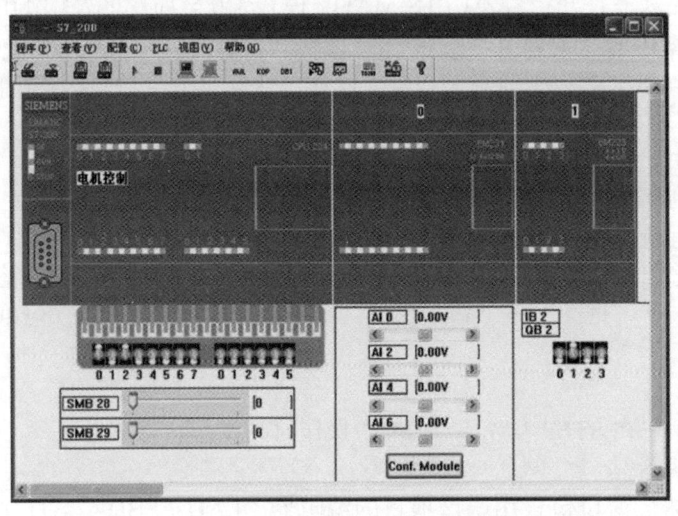

图 9-28　仿真软件（一）

仿真软件不能直接接收 S7-200 的程序代码，必须用编程软件的“导出”功能将 S7-200 的用户程序转换为扩展名为“awl”的 ASCII 文本文件，然后再下载到仿真 PLC 中去。

在编程软件中打开主程序 OB1，执行菜单命令“文件”→“导出”，导出 ASCII 文本文件。

在仿真软件中执行菜单命令“文件”→“装载程序”，在出现的对话框中选择下载什么块，单击“确定”按钮后，在出现的“打开”对话框中双击要下载的 *.awl 文件，开始下载。下载成功后，CPU 模块上出现下载的 ASCII 文件的名称，同时会出现下载的程序代码文本框和梯形图（图 9-29）。

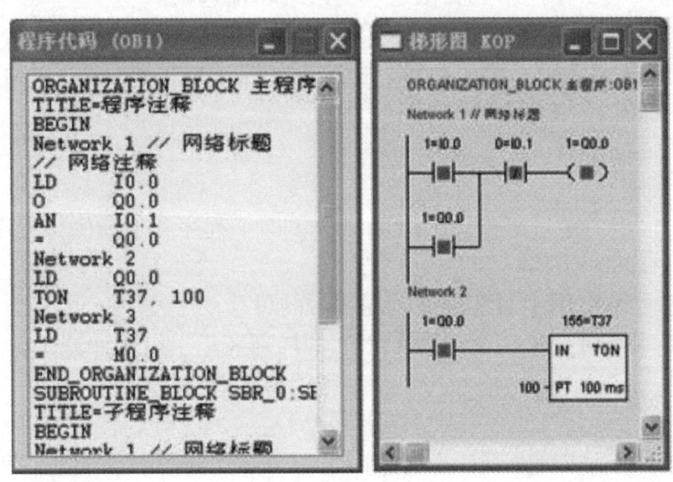

图 9-29　仿真软件（二）

执行菜单命令“PLC”→“运行”，开始执行用户程序。如果用户程序中有仿真软件不支持的指令或功能，则在执行菜单命令“PLC”→“运行”后，出现的对话框显示出仿真软件不能识别的指令。点击“确定”按钮，不能切换到RUN模式，CPU模块左侧的“RUN”LED的状态不会变化。

可以用鼠标单击CPU模块下面的开关板上的小开关来模拟输入信号，通过模块上的LED观察PLC输出点的状态变化，来检查程序执行的结果是否正确。

在RUN模式下单击工具栏上的按钮，可以用程序状态功能监视梯形图中触点和线圈的状态。

执行菜单命令“查看”→“内存监控”，可以用出现的对话框监控V、M、T、C等内部变量的值。

第10章 S7-200 PLC 指令及应用

10.1 基础知识

10.1.1 数据类型

（1）数据类型

S7-200PLC 的指令系统所用的数据类型有：1 位布尔型（BOOL）、8 位字节型（BYTE）、16 位无符号整数型（WORD）、16 位有符号整数型（INT）、32 位符号双字整数型（DWORD）、32 位有符号双字整数型（DINT）和 32 位实数型（REAL）。

（2）数据长度与数据范围

在 S7-200PLC 中，不同的数据类型有不同的数据长度和数据范围。通常情况下，用位、字节、字和双字所占的连续位数表示不同数据类型的数据长度，其中布尔型的数据长度为 1 位，字节的数据长度为 8 位、字的数据长度为 16 位，双字的数据长度为 32 位。数据类型、数据长度和数据范围如表 10-1 所示。

表 10-1　数据类型、数据长度和数据范围

数据类型数据长度	无符号整数范围（十进制）	有符号整数范围（十进制）
布尔型（1 位）	取值 0、1	
字节 B（8 位）	0 ～ 255	-128 ～ 127
字 W（16 位）	0 ～ 65535	-32768 ～ 32767
双字 D（32 位）	0 ～ 4294967295	-2147493648 ～ 2147493647

10.1.2 存储器数据区划分

S7-200PLC 存储器有 3 个存储区，分别为程序区、系统区和数据区。

程序区用来存储用户程序，存储器为 EEPROM；系统区用来存储 PLC 配置结构的参数如 PLC 主机和扩展模块 I/O 的配置和编制、PLC 站地址等，存储器为 EEPROM。

数据区是用户程序执行过程中的内部工作区域。该区域用来存储工作数据和作为寄存器使用，存储器为 EEPROM 和 RAM。数据区是 S7-200PLC 存储器特定区域，具体如图 10-1 所示。

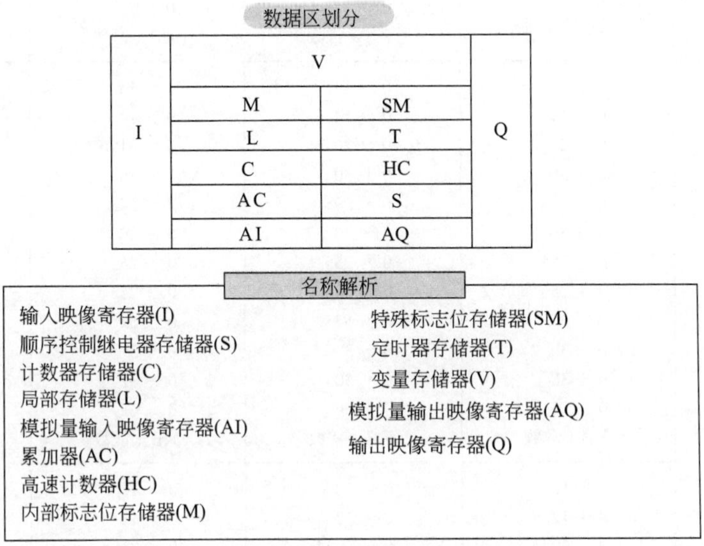

图 10-1 数据区划分示意图

(1) 输入映像寄存器（I）与输出映像寄存器（Q）

① 输入映像寄存器（I） 输入映像寄存器是 PLC 用来接收外部输入信号的窗口，工程上经常将其称为输入继电器。在每个扫描周期的开始，CPU 都对各个输入点进行集中采样，并将相应的采样值写入输入映像寄存器中。

需要说明的是，输入映像寄存器中的数值只能由外部信号驱动，不能由内部指令改写；输入映像寄存器有无数个常开和常闭触点供编程时使用，且在编写程序时只能出现输入继电器触点而不能出现线圈。

输入映像寄存器可采用位、字节、字和双字来存取。地址范围如表 10-2 所示。

表 10-2 S7-200PLC 操作数地址范围

存储方式	CPU221	CPU222	CPU224	CPU226
位存储 I	0.0 ~ 10.7	0.0 ~ 10.7	0.0 ~ 10.7	0.0 ~ 10.7
Q	0.0 ~ 10.7	0.0 ~ 10.7	0.0 ~ 10.7	0.0 ~ 10.7
V	0.0 ~ 2047.7	0.0 ~ 2047.7	0.0 ~ 8191.7	0.0 ~ 10239.7
M	0.0 ~ 31.7	0.0 ~ 31.7	0.0 ~ 31.7	0.0 ~ 31.7
SM	0.0 ~ 165.7	0.0 ~ 299.7	0.0 ~ 549.7	0.0 ~ 549.7
S	0.0 ~ 31.7	0.0 ~ 31.7	0.0 ~ 31.7	0.0 ~ 31.7
T	0 ~ 255	0 ~ 255	0 ~ 255	0 ~ 255
C	0 ~ 255	0 ~ 255	0 ~ 255	0 ~ 255
L	0.0 ~ 63.7	0.0 ~ 63.7	0.0 ~ 63.7	0.0 ~ 63.7

续表

存储方式	CPU221	CPU222	CPU224	CPU226
字节存储 IB	0 ~ 15	0 ~ 15	0 ~ 15	0 ~ 15
QB	0 ~ 15	0 ~ 15	0 ~ 15	0 ~ 15
VB	0 ~ 2047	0 ~ 2047	0 ~ 8191	0 ~ 10239
MB	0 ~ 31	0 ~ 31	0 ~ 31	0 ~ 31
SMB	0 ~ 165	0 ~ 299	0 ~ 549	0 ~ 549
SB	0 ~ 31	0 ~ 31	0 ~ 31	0 ~ 31
LB	0 ~ 63	0 ~ 63	0 ~ 63	0 ~ 63
AC	0 ~ 3	0 ~ 3	0 ~ 3	0 ~ 3
KB（常数）	KB（常数）	KB（常数）	KB（常数）	KB（常数）
字存储 IW	0 ~ 14	0 ~ 14	0 ~ 14	0 ~ 14
QW	0 ~ 14	0 ~ 14	0 ~ 14	0 ~ 14
VW	0 ~ 2046	0 ~ 2046	0 ~ 8190	0 ~ 10238
MW	0 ~ 30	0 ~ 30	0 ~ 30	0 ~ 30
SMW	0 ~ 164	0 ~ 298	0 ~ 548	0 ~ 548
SW	0 ~ 30	0 ~ 30	0 ~ 30	0 ~ 30
T	0 ~ 255	0 ~ 255	0 ~ 255	0 ~ 255
C	0 ~ 255	0 ~ 255	0 ~ 255	0 ~ 255
LW	0 ~ 62	0 ~ 62	0 ~ 62	0 ~ 62
AC	0 ~ 3	0 ~ 3	0 ~ 3	0 ~ 3
AIW	0 ~ 30	0 ~ 30	0 ~ 62	0 ~ 62
AQW	0 ~ 30	0 ~ 30	0 ~ 62	0 ~ 62
KB（常数）	KB（常数）	KB（常数）	KB（常数）	KB（常数）
双字存储 ID	0 ~ 12	0 ~ 12	0 ~ 12	0 ~ 12
QD	0 ~ 12	0 ~ 12	0 ~ 12	0 ~ 12
VD	0 ~ 2044	0 ~ 2044	0 ~ 8188	0 ~ 10236
MD	0 ~ 28	0 ~ 28	0 ~ 28	0 ~ 28
SMD	0 ~ 162	0 ~ 296	0 ~ 546	0 ~ 546
SD	0 ~ 28	0 ~ 28	0 ~ 28	0 ~ 28
LD	0 ~ 60	0 ~ 60	0 ~ 60	0 ~ 60
AC	0 ~ 3	0 ~ 3	0 ~ 3	0 ~ 3
HC	0 ~ 5	0 ~ 5	0 ~ 5	0 ~ 5
KD（常数）	KD（常数）	KD（常数）	KD（常数）	KD（常数）

② 输出映像寄存器（Q） 输出映像寄存器是 PLC 向外部负载发出控制命令的窗口，工程上经常将其称为输出继电器。在每个扫描周期的结尾，CPU 都会根据输出映像寄存器的数值来驱动负载。

需要指出的是，输出继电器线圈的通断状态只能由内部指令驱动，即输出映像寄存器的数值只能由内部指令写入；输出映像寄存器有无数个常开和常闭触点供编程时使用，且在编写程序时输出继电器触点、线圈都能出现；线圈的通断状态表示程序最终的运算结果，这与下面要讲的辅助继电器有着明显的区别。

输出映像寄存器可采用位、字节、字和双字来存取。地址范围如表 10-2 所示。

（2）内部标志位存储器（M）

内部标志位存储器在实际工程中常称作辅助继电器，作用相当于继电器控制电路中的中间继电器，它用于存放中间操作状态或存储其他相关数据，内部标志位存储器在 PLC 中无相应的输入输出端子对应，辅助继电器线圈的通断只能由内部指令驱动，且每个辅助继电器都有无数对常开、常闭触点供编程使用。辅助继电器不能直接驱动负载，它只能通过本身的触点与输出继电器线圈相连，由输出继电器实现最终的输出，从而达到驱动负载的目的。

内部标志位存储器可采用位、字节、字和双字来存取。地址范围如表 10-2 所示。

(3) 特殊标志位存储器（SM）

有些内部标志位存储器具有特殊功能或用来存储系统的状态变量与有关控制参数和信息，这样的内部标志位存储器被称为特殊标志位存储器。它用于CPU与用户之间的信息交换，其位地址有效范围为 SM0.0 ～ SM179.7，共有 180 个字节，其中 SM0.0 ～ SM29.7 这 30 个字节为只读型区域，用户只能使用其触点。

常用的特殊标志位存储器有如下几个，具体如图 10-2 所示。

常用的特殊标志位存储器时序图及举例如图 10-3 所示。

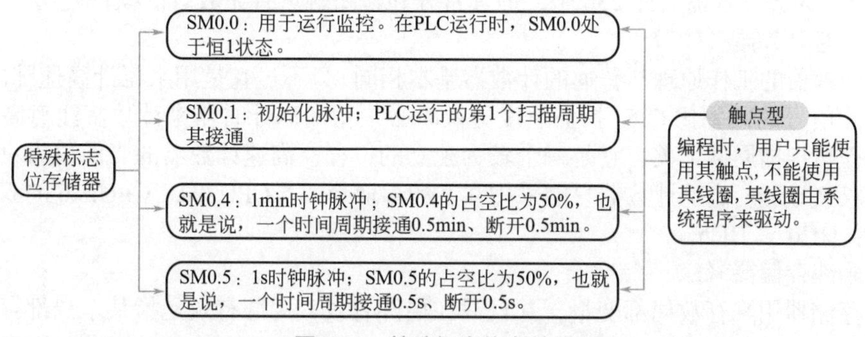

图 10-2　特殊标志位存储器

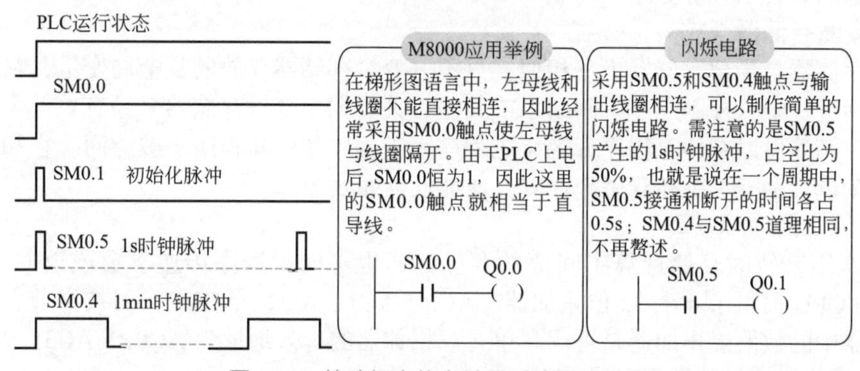

图 10-3　特殊标志位存储器时序图及举例

① SM1.0：零标志位，当运算结果 =0 时，该位置为 1。

② SM1.1：溢出标志位，当运算结果 =1 时，该位置为 1；SM1.0、SM1.1 在移位指令中有应用。

其他特殊标志位存储器的用途这里不做过多说明，若有需要可参考附录或者查阅 PLC 的相关书籍、文献和手册。

(4) 顺序控制继电器存储器（S）

顺序控制继电器用于顺序控制（也称步进控制），与辅助继电器一样也是顺序控制编程中的重要编程元件之一，它通常与顺序控制继电器指令（也称步进指令）联用以实现顺序控制编程。

顺序控制继电器存储器可采用位、字节、字和双字来存取，地址范围如表 10-2 所示。需要说明的是，顺序控制继电器存储器的顺序功能图与辅助继电器的顺序功能图基本一致。

（5）定时器存储器（T）

定时器相当于继电器控制电路中的时间继电器，它是 PLC 中的定时编程元件。按其工作方式的不同可以分为通电延时型定时器、断电延时型定时器和保持型通电延时定时器 3 种。定时时间 = 预置值 × 时基，其中预置值在编程时设定，时基有 1ms、10ms 和 100ms 三种。定时器的位存取有效地址范围为 T0 ～ T255，因此定时器共计 256 个。在编程时定时器可以有无数个常开和常闭触点供用户使用。

（6）计数器存储器（C）

计数器是 PLC 中常用的计数元件，它用来累计输入端的脉冲个数。按其工作方式的不同可以分为加计数器、减计数器和加减计数器 3 种。计数器的位存取有效地址范围为 C0 ～ C255，因此计数器共计 256 个，但其常开和常闭触点有无数对供编程使用。

（7）高速计数器（HC）

高速计数器的工作原理与普通的计数器基本相同，只不过它是用来累计高速脉冲信号的。当高速脉冲信号的频率比 CPU 扫描速度更快时必须用高速计时器来计数。注意高速计时器的计数过程与扫描周期无关，它是一个较为独立的过程；高速计数器的当前值为只读值，在读取时以双字寻址。高速计数器只能采用双字的存取形式，CPU224、CPU226 的双字有效地址范围为：HC0 ～ HC5。

（8）局部存储器（L）

局部存储器用来存放局部变量，并且只在局部有效，局部有效是指某个局部存储器只能在某一程序分区（主程序、子程序和中断程序）中被使用。它可按位、字节、字和双字来存取。地址范围如表 10-2 所示。

（9）变量存储器（V）

变量存储器与局部存储器十分相似，只不过变量存储器存放的是全局变量，它用在程序执行的控制过程中，控制操作中间结果或其他相关数据。变量存储器全局有效，全局有效是指同一个存储器可以在任意程序分区（主程序、子程序和中断程序）被访问。它和局部存储器一样可按位、字节、字和双字来存取。地址范围如表 10-2 所示。

（10）累加器（AC）

累加器用来暂时存储计算中间值的存储器，也可向子程序传递参数或返回参数。S7-200PLC 的 CPU 提供了 4 个 32 位累加器（AC0、AC1、AC2、AC3），可按字节、字和双字存取累加器中的数值。累加器是可读写单元。累加器的有效地址为 AC0 ～ AC3。

（11）模拟量输入映像寄存器（AI）

模拟量输入模块将外部输入连续变化的模拟量信号通过 A/D（模数转换）转换为 1 个字长（16 位）的数字量信号，并存放在模拟量输入映像寄存器中，供 CPU 运算和处理。模拟量输入映像寄存器中的数值为只读值，且模拟量输入映像寄存器的地址必须使用偶数字节地址来表示，如 AIW2、AIW4 等。模拟量输入映像寄存器的地址编号范围因 CPU 模块型号的不同而不同，CPU224、CPU226 的地址编号范围为：AIW0 ～ AIW62。

（12）模拟量输出映像寄存器（AQ）

CPU 运算相关结果存放在模拟量输出映像寄存器中，将 1 个字长（16 位）的数字量信号通过 D/A（数模转换）转换为模拟量输出信号，用以驱动外部模拟量控制设备。和模拟量输入映像寄存器一样，模拟量输出映像寄存器中的数值也为只读值，且模拟量输出映像寄存器的地址也必须使用偶数字节地址来表示，如 AQW2、AQW4 等。CPU224、CPU226 的地址编号范围为：AQW0 ～ AQW62。

10.1.3 数据区存储器的地址格式

存储器由许多存储单元组成，每个存储单元都有唯一的地址，在寻址时可以依据存储器的地址来存储数据。数据区存储器的地址格式有如下几种。

（1）位地址格式

位是最小存储单位，常用 0、1 两个数值来描述各元件的工作状态。当某位取值为 1 时，表示线圈闭合，对应触点发生动作，即常开触点闭合、常闭触点断开；当某位取值为 0 时，表示线圈断开，对应触点不动作，即常开触点断开、常闭触点闭合。

数据区存储器位地址格式可以表示为：区域标识符 + 字节地址 + 字节与位分隔符 + 位号。例如：I1.5，如图 10-4 所示，其中第 0 位为最低位（LSB），第 7 位为最高位（MSB）。

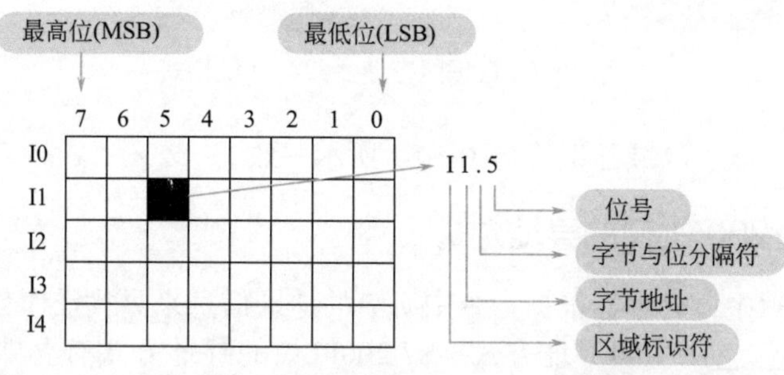

图 10-4　数据区存储器位地址格式

（2）字节地址格式

相邻的 8 位二进制数组成一个字节。字节地址格式可以表示为：区域识别符 + 字节长度符 B+ 字节号。例如：QB0 表示由 Q0.0 ～ Q0.7 这 8 位组成的字节，如图 10-5 所示。

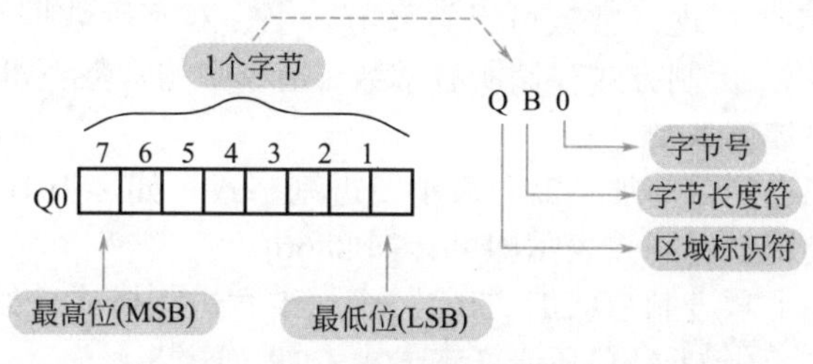

图 10-5　数据区存储器字节地址格式

（3）字地址格式

两个相邻的字节组成一个字。字地址格式可以表示为：区域识别符 + 字长度符 W+ 起始字节号，且起始字节为高有效字节。例如：VW100 表示由 VB100 和 VB101 这 2 个字节组成的字，如图 10-6 所示。

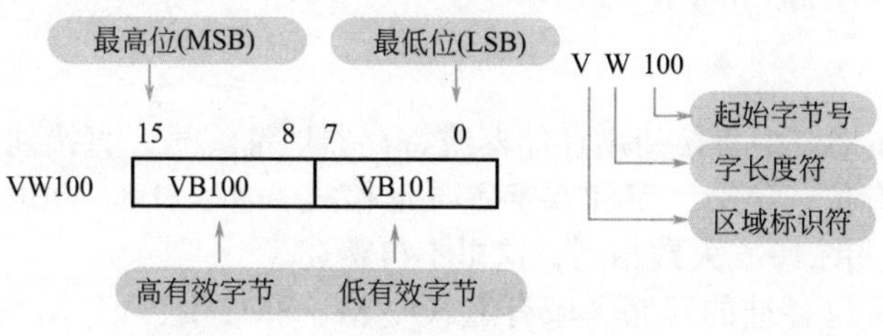

图 10-6　数据区存储器字地址格式

（4）双字地址格式

相邻的两个字组成一个双字。双字地址格式可以表示为：区域识别符 + 双字长度符 D+起始字节号，且起始字节为最高有效字节。例如：VD100 表示由 VB100 ～ VB103 这 4 个字节组成的双字，如图 10-7 所示。

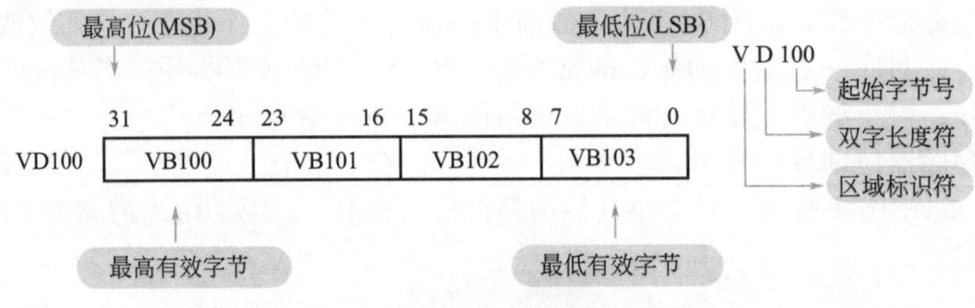

图 10-7 数据区存储器双字地址格式

需要说明的是，以上区域标识符与图 10-1 所示一致。

10.1.4 S7-200PLC 的寻址方式

在执行程序过程中，处理器根据指令中所给的地址信息来寻找操作数的存放地址的方式叫寻址方式。S7-200PLC 的寻址方式有立即寻址、直接寻址和间接寻址，如图 10-8 所示。

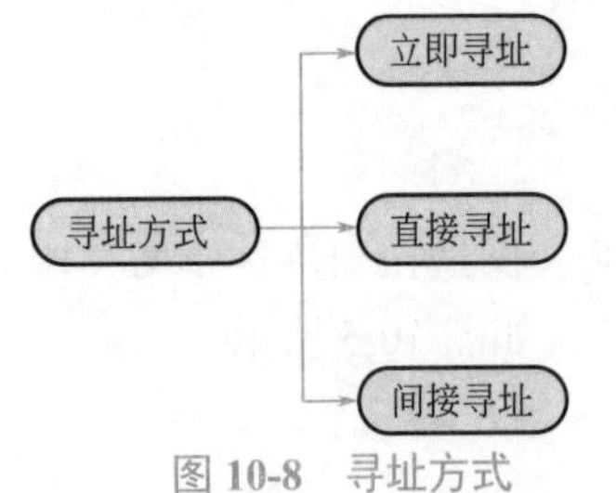

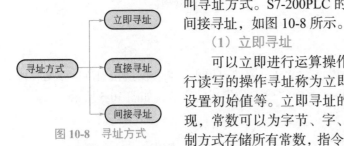

图 10-8 寻址方式

（1）立即寻址

可以立即进行运算操作的数据叫立即数，对立即数直接进行读写的操作寻址称为立即寻址。立即寻址可用于提供常数和设置初始值等。立即寻址的数据在指令中常常以常数的形式出现，常数可以为字节、字、双字等数据类型。CPU 通常以二进制方式存储所有常数，指令中的常数也可按十进制、十六进制、ASC II 等形式表示，具体格式如下：

二进制格式：在二进制数前加“2#”表示二进制格式，如 2#1010。

十进制格式：直接用十进制数表示即可，如 8866。

十六进制格式：在十六进制数前加“16#”表示十六进制格式，如 16#2A6E。

ASC II 码格式：用单引号 ASC II 码文本表示，如“Hi”。

需要指出，“#”为常数格式的说明符，若无“#”则默认为十进制。

重点提示

此段文字很短，但点明数据的格式，请读者加以重视，尤其是在功能指令中，对此应用很多。

（2）直接寻址

直接寻址是指在指令中直接使用存储器或寄存器地址编号，直接到指定的区域读取或写入数据。直接寻址有位、字节、字和双字等寻址格式，如：I1.5、QB0、VW100、VD100。具体图例与图 10-4 ～图 10-6 大致相同，这里不再赘述。

需要说明的是：位寻址的存储区域有 I、Q、M、SM、L、V、S；字节、字、双字寻址的存储区域有 I、Q、M、SM、L、V、S、AI、AQ。

（3）间接寻址

间接寻址是指数据存放在存储器或寄存器中，在指令中只出现所需数据所在单元的内存地址，即指令给出的是存放操作数地址的存储单元的地址，我们把存储单元地址的地址称为地址指针。在S7-200PLC中只允许使用指针对I、Q、M、L、V、S、T（仅当前值）、C（仅当前值）存储区域进行间接寻址，而不能对独立位（bit）或模拟量进行间接寻址。

① 建立指针　间接寻址前必须事先建立指针，指针为双字（即32位），存放的是另一个存储器的地址，指针只能为变量存储器（V）、局部存储器（L）或累加器（AC1、AC2、AC3）。建立指针时，要使用双字传送指令（MOVD）将数据所在单元的内存地址传送到指针中，双字传送指令（MOVD）的输入操作数前需加“&”号，表示送入的是某一存储器的地址而不是存储器中的内容。例如“MOVD&VB200，AC1”指令，表示将VB200的地址送入累加器AC1中，其中累加器AC1就是指针。

② 利用指针存取数据　在利用指针存取数据时，指令中的操作数前需加“*”号，表示该操作数作为指针，如“MOVW*AC1，AC0”指令表示把AC1中的内容送入AC0中，如图10-9所示。

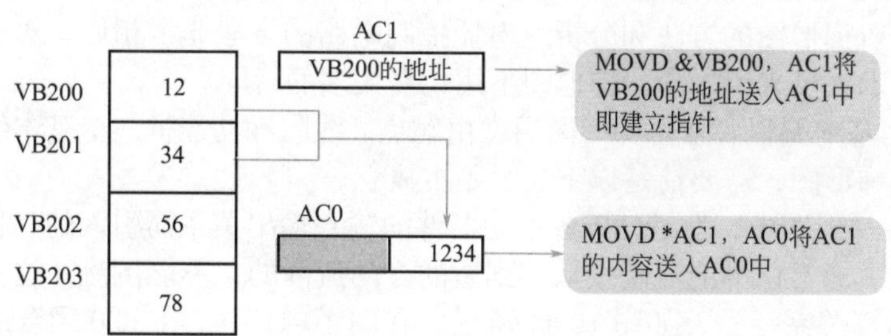

图10-9　间接寻址图示

③ 间接寻址举例　用累加器（AC1）做地址指针，将变量存储器VB200、VB201中的2个字节数据内容1234移入到标志位寄存器MB0、MB1中。

解析：如图10-10所示。

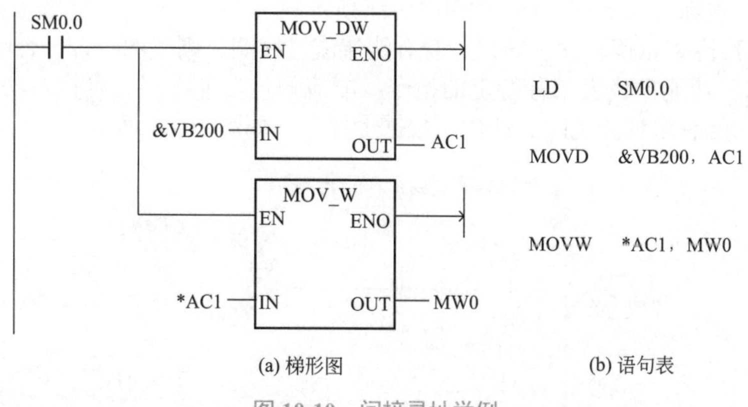

图10-10　间接寻址举例

a. 建立指针，用双字节移位指令MOVD将VB200的地址移入AC1中。

b. 用字移位指令MOVW将AC1中的地址VB200所存储的内容（VB200中的值为12，VB201中的值为34）移入MW0中。

10.1.5 PLC 编程语言

利用 PLC 厂家的编程语言来编写用户程序是 PLC 在工业现场控制中最重要的环节之一，用户程序的设计主要面向的是企业电气技术人员，因此对于用户程序的编写语言来说，应采用面对控制过程和控制问题的“自然语言”，1994 年 5 月国际电工委员会（IEC）公布了 IEC61131-3《PLC 编程语言标准》，该标准具体阐述、说明了 PLC 的句法、语义和 5 种编程语言，具体情况如下：

① 梯形图语言（ladder diagram，LD）；

② 指令表（instruction list，IL）；

③ 顺序功能图（sequential function chart，SFC）；

④ 功能块图（function block diagram，FBD）；

⑤ 结构文本（structured text，ST）。

在该标准中，梯形图（LD）和功能块图（FBD）为图形语言；指令表（IL）和结构文本（ST）为文字语言；顺序功能图（SFC）是一种结构块控制程序流程图。

（1）梯形图

梯形图是 PLC 编程中使用最多的编程语言之一，它是在继电器控制电路的基础上演变出来的，因此分析梯形图的方法和分析继电器控制电路的方法非常相似。对于熟悉继电器控制系统的电气技术人员来说，学习梯形图不用花费太多的时间。

① 梯形图的基本编程要素　梯形图通常由触点、线圈和功能框 3 个基本编程要素构成。为了进一步了解梯形图，需要清楚以下几个基本概念。

a. 能流。在梯形图中，为了分析各个元器件的输入输出关系而引入的一种假想的电流，我们称之为能流。通常认为能流是按从左到右的方向流动的，不能倒流，这一流向与执行用户程序的逻辑运算关系一致，如图 10-11 所示。在图 10-11 中，在 I0.0 闭合的前提下，能流有两条路径：一条为触点 I0.0、I0.1 和线圈 Q0.0 构成的电路，另一条为触点 Q0.0、I0.1 和 Q0.0 构成的电路。

b. 母线。梯形图中两侧垂直的公共线称为母线。通常左母线不可省，右母线可省，能流可以看成由左母线流向右母线，如图 10-11 所示。

c. 触点。触点表示逻辑输入条件。触点闭合表示有能流流过，触点断开表示无能流流过。常用的有常开触点和常闭触点 2 种，如图 10-11 所示。

d. 线圈。线圈表示逻辑输出结果。若有能流流过线圈，则线圈吸合，否则断开。

e. 功能框。功能框代表某种特定的指令。能流通过功能框时，则执行功能框的功能，功能框代表的功能有多种如定时、计数、数据运算等，如图 10-11 所示。

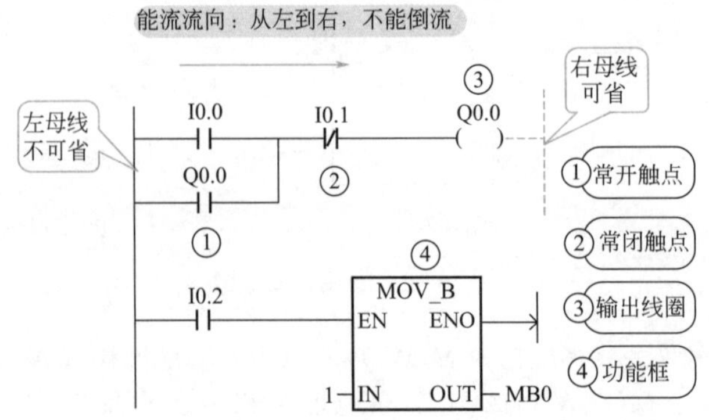

图 10-11　PLC 梯形图基础要素

② 举例 三相异步电动机的启保停电路如图 10-12 所示。

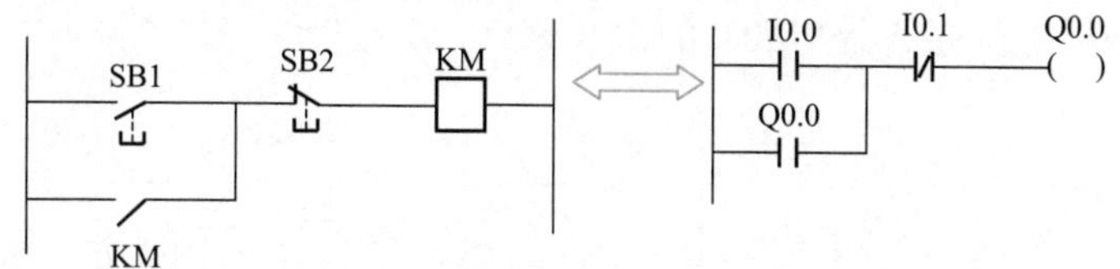

图 10-12 三相异步电动机的启保停电路

通过图 10-12 的分析不难发现，梯形图的电路和继电器的控制电路一一呼应，电路结构大致相同，控制功能相同，因此对于梯形图的理解完全可以仿照分析继电器控制电路的方法。两者元件的对应关系如表 10-3 所示。

表 10-3 梯形图电路与继电器控制电路符号对照表

梯形图电路			继电器电路	
元件	符号	常用地址	元件	符号
常开触点	─┤├─	I、Q、M、T、C	按钮、接触器、时间继电器、中间继电器的常开触点	
常闭触点	─┤/├─	I、Q、M、T、C	按钮、接触器、时间继电器、中间继电器的常闭触点	
线圈	─(　)─	Q、M	接触器、中间继电器线圈	

③ 梯形图的特点

a. 梯形图与继电器原理图相呼应，形象直观，易学易懂。

b. 梯形图可以有多个网络，每个网络只写一条语言，在一个网络中可以有一个或多个梯级，如图 10-13 所示。

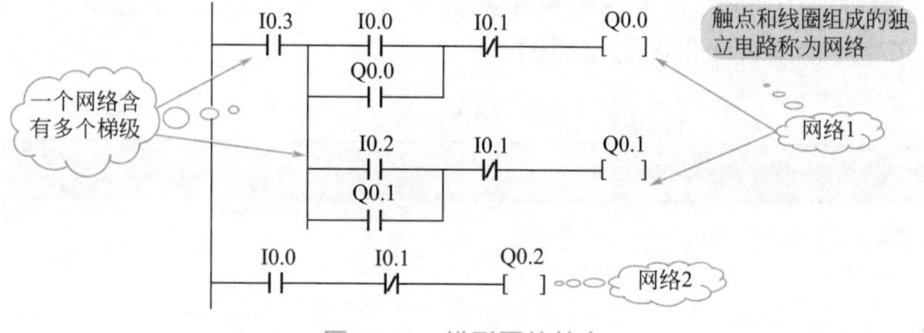

图 10-13 梯形图的特点

c. 在每个网络中，梯形图都起于左母线，经触点，终止于软继电器线圈或右母线，如图 10-14 所示。

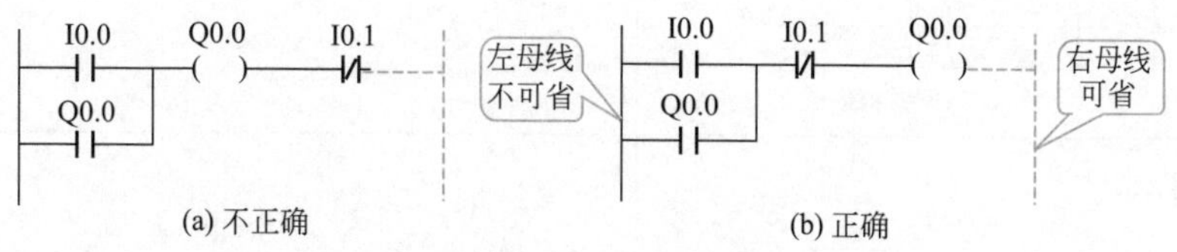

图 10-14 触点、线圈和母线排布情况

d. 线圈不能与左母线直接相连，如果线圈动作需要无条件执行时，可借助未用过元件的常闭触点或特殊标志位存储器 SM0.0 的常开触点，使左母线与线圈隔开，如图 10-15 所示。

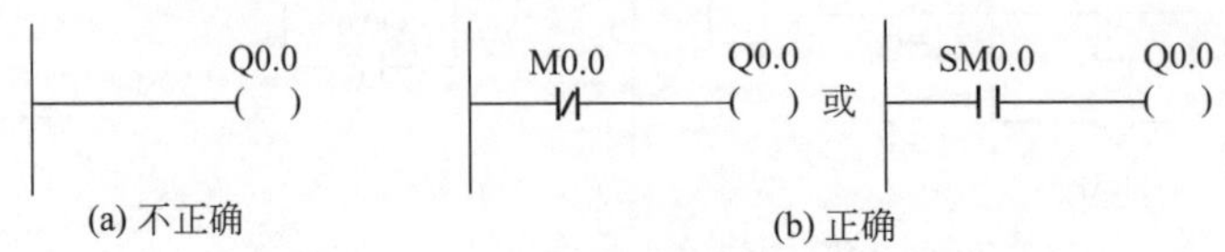

图 10-15 线圈与左母线直接相连的处理方案

e. 同一编号的输出线圈在同一程序中不能使用两次，否则会出现双线圈问题，双线圈输出很容易引起误动作，应尽量避免，如图 10-16 所示。

f. 不同编号的线圈可以并行输出，如图 10-17 所示。

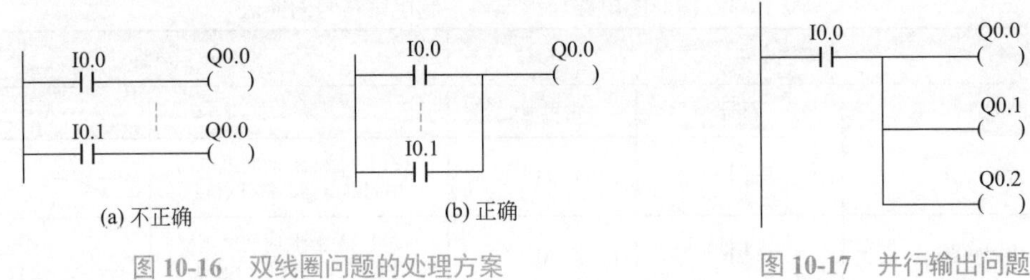

图 10-16 双线圈问题的处理方案

图 10-17 并行输出问题

g. 能流不是实际的电流，是为了方便对梯形图的理解假想出来的电流，能流方向从左向右，不能倒流。

h. 在梯形图中每个编程元素应按一定的规律加标字母和数字串，例如 I0.0 与 Q0.1。

i. 梯形图中的触点、线圈仅为软件上的触点和线圈，不是硬件意义上的触点和线圈，因此在驱动控制设备时需要接入实际的触点和线圈。

④ 常见的梯形图错误图形　在编辑梯形图时，虽然可以利用各种梯形符号组合成各种图形，但由于 PLC 处理图形程序的原则是由上而下、由左至右，因此在绘制时要以左母线为起点、右母线为终点，从左向右逐个横向写入，一行写完，自上而下依次再写下一行。表 10-4 给出了常见的各种错误图形及原因。

表 10-4 梯形图的错误图形及原因说明

常见的梯形图错误图形	错误原因
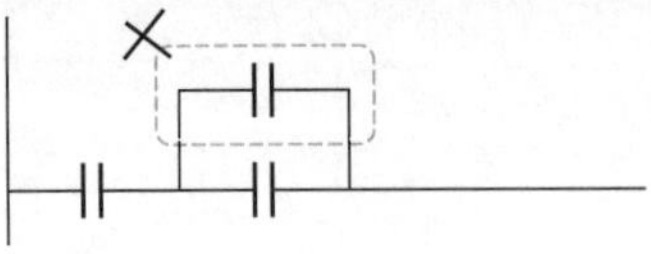	不可往上作 OR 运算
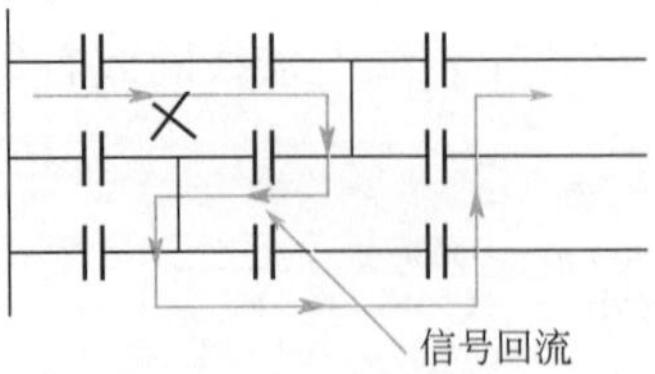 信号回流	输入起始至输出的信号回路有“回流”存在
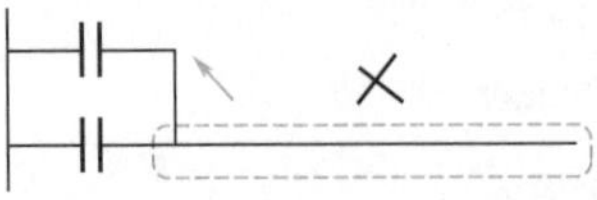	应该先由右上角输出

续表

常见的梯形图错误图形	错误原因
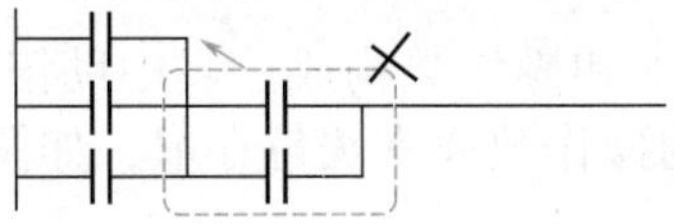	要作合并或编辑应由左上往右下，虚线框处的区块应往上移
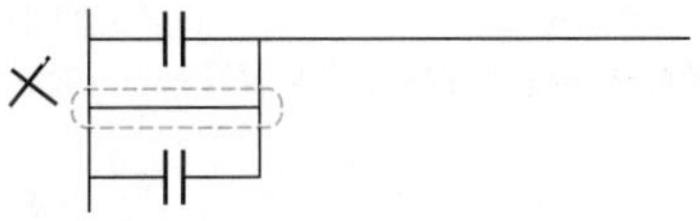	不可与空装置作并接运算
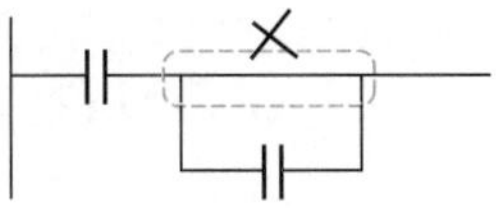	空装置也不可以与别的装置作运算
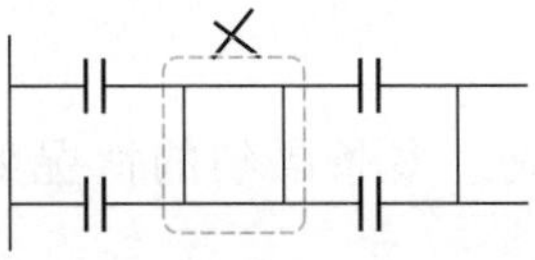	中间的区块没有装置
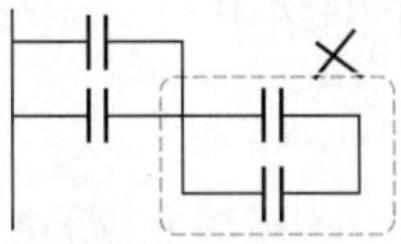	串联装置要与所串联的区块水平方向接齐
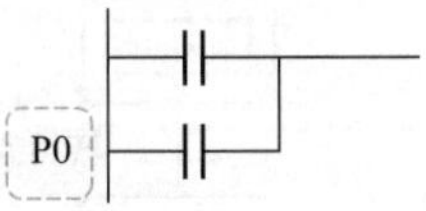 P0	Label P0 的位置要在完整网络的第一行
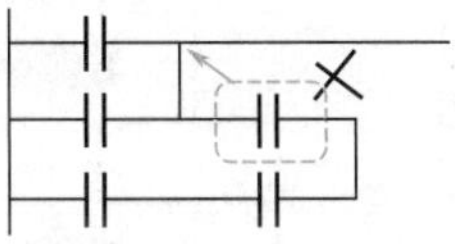	区块串接要与串并左边区块的最上段水平线接齐

⑤ 梯形图的书写规律

a．写输入时：要左重右轻、上重下轻，如图 10-18 所示。

b．写输出时：要上轻下重，如图 10-19 所示。

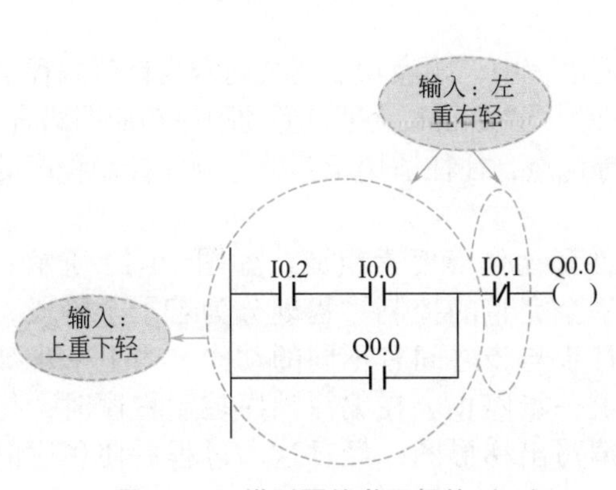

图 10-18　梯形图的书写规律（一）

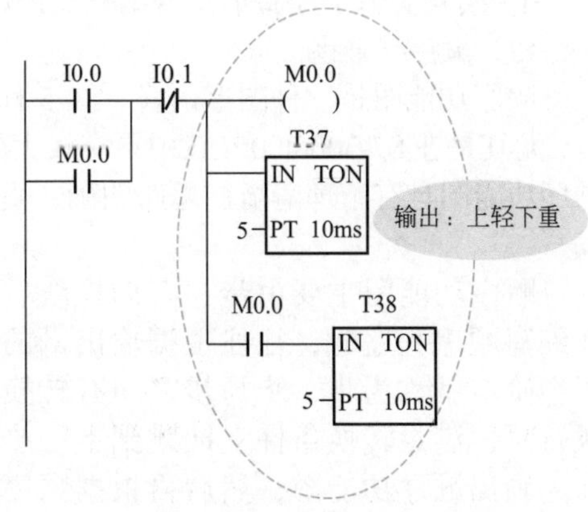

图 10-19　梯形图的书写规律（二）

（2）语句表

在 S7 系列的 PLC 中将指令表称为语句表（statement list，STL），语句表是一种类似于微机汇编语言的一种文本语言。

① 语句表的构成 语句表由助记符（也称操作码）和操作数构成。其中助记符表示操作功能，操作数表示指定的存储器的地址，语句表的操作数通常按位存取，如图 10-20 所示。

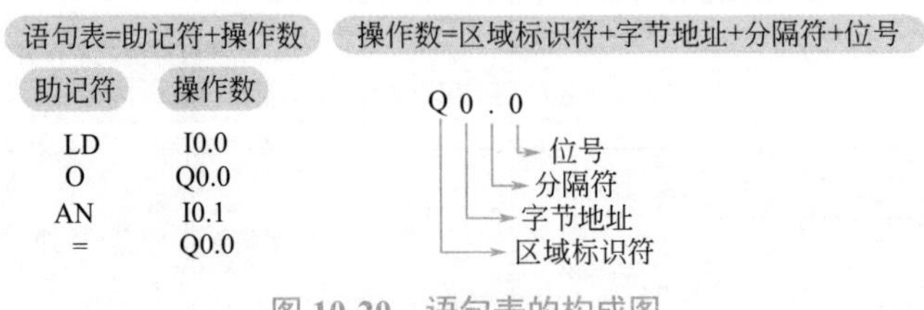

图 10-20 语句表的构成图

② 语句表的特点

a. 在语句表中，一个程序段由一条或多条语句构成，多条语句的情况如图 10-20 所示。

b. 在语句表中，几块独立的电路对应的语句可以放在一个网络中。

c. 梯形图和语句表可以相互转化，如图 10-21 所示。

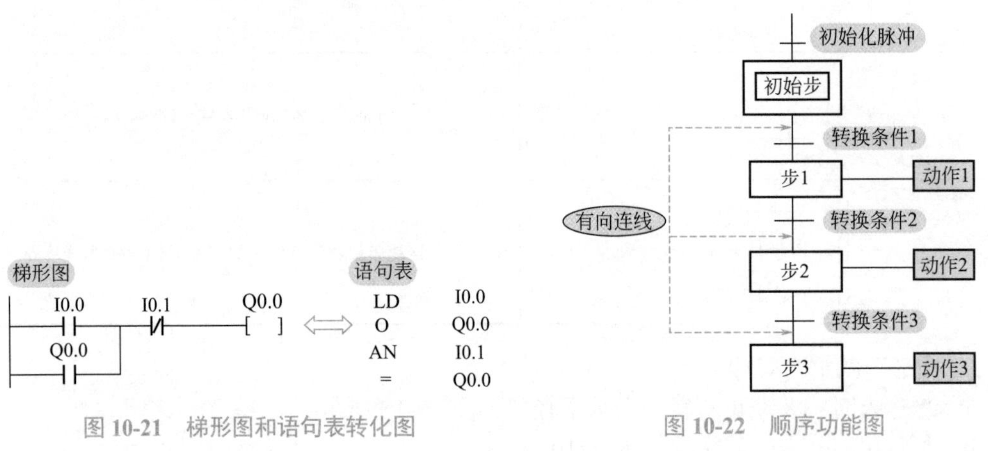

图 10-21 梯形图和语句表转化图

图 10-22 顺序功能图

d. 语句表适于经验丰富的编程员使用，它可以实现梯形图所不能实现的功能。

（3）顺序功能图

顺序功能图是一种图形语言，在 5 种国际标准语言中，顺序功能图被确定为首位编程语言，尤其是在 S7-300/400PLC 中更有较大的应用，其中 S7 Graph 就是典型的顺序功能图语言。顺序功能图具有条理清晰、思路明确、直观易懂等优点，往往适用于开关量顺序控制程序的编写。

顺序功能图主要由步、有向连线、转换条件和动作等要素组成，如图 10-22 所示。在编写顺序程序时，往往根据输出量的状态将一个完整的控制过程划分为若干个阶段，每个阶段就称为步，步与步之间有转换条件，且步与步之间有不同的动作。当上一步被执行时，满足转换条件立即跳到下一步，同时上一步停止。在编写顺序控制程序时，往往先画出顺序功能图，然后再根据顺序功能图编写出梯形图，经过这一过程后使程序的编写大大简化。

重点提示

① 顺序功能图的画法：根据输出量的状态将一个完整的控制过程划分为若干个步，步与步之间有转换条件，且步与步之间有不同的动作。

② 程序编制方法：先画顺序功能图，再根据顺序功能图编写梯形图程序。

（4）功能块图

功能块图是一种类似于数字逻辑门电路的图形语言，它用类似于与门（AND）、或门（OR）的方框表示逻辑运算关系。通常情况下，方框左侧表示逻辑运算输入变量，方框右侧表示逻辑运算输出变量，若输入、输出端有小圆圈则表示“非”运算，方框与方框之间用导线相连，信号从左向右流动，如图 10-23 所示。

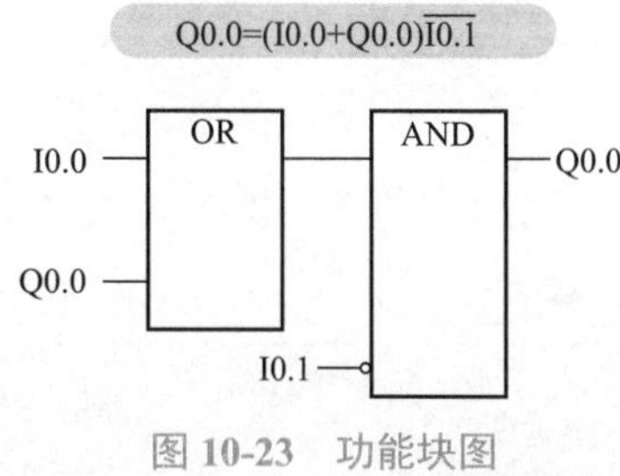

图 10-23　功能块图

在 S7-200 中，功能块图、梯形图和语句表可以相互转化，如图 10-24 所示。需要指出的是，并不是所有的梯形图、语句表和功能块图都能相互转化，逻辑关系较复杂的梯形图和语句表就不能转化为功能块图。功能块图在国内应用较少，但对于逻辑比较明显的程序来说，用功能块图就非常简单、方便。功能块图适用于有数字电路基础的编程人员。

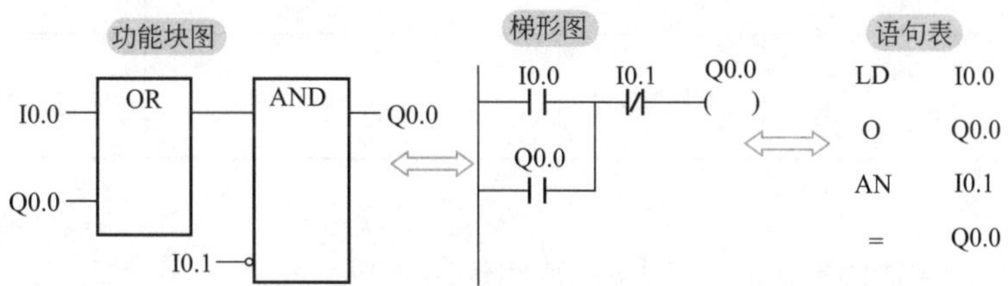

图 10-24　功能块图、梯形图、语句表之间的相互转换

（5）结构文本

结构文本是为 IE61131-3 标准创建的一种专用高级编程语言，与梯形图相比它能实现复杂的数学运算，编写程序非常简洁和紧凑。通常用计算机的描述语句来描述系统中的各种变量之间的运算关系，完成所需的功能或操作。在大中型 PLC 中，常常采用结构文本设计语言来描述控制系统中各个变量的关系，同时也被集散控制系统的编程和组态所采用，该语句适于习惯使用高级语言编程的人员使用。

10.2　位逻辑指令

位逻辑指令主要指对 PLC 存储器中的某一位进行操作的指令，它的操作数是位。位逻辑指令包括触点指令和线圈指令两大类，常见的触点指令有触点取用指令、触点串、并联指令、电路块串并联指令等；常见的线圈指令有线圈输出指令、置位复位指令等。

位逻辑指令是依靠 1、0 两个数进行工作的，1 表示触点或线圈的通电状态，0 表示触点或线圈的断电状态。利用位逻辑指令可以实现位逻辑运算和控制，在继电器系统的控制中应用较多。

编者心语

① 在位逻辑指令中，每个指令的常见语言表达形式均有两种：一种是梯形图；一种是语句表。

② 语句表的基本表达形式为：操作码 + 操作数，其中操作数以位地址格式的形式出现。

10.2.1 触点取用指令与线圈输出指令

(1) 指令格式及功能说明

触点取用指令与线圈输出指令的格式及功能说明如表 10-5 所示。

表 10-5 触点取用指令与线圈输出指令的格式及功能说明

指令名称	梯形图表达方式	指令表表达方式	功能	操作数
常开触点取用指令	<位地址>	LD< 位地址 >	用于逻辑运算的开始，表示常开触点与左母线相连	I、Q、M、SM、T、C、V、S
常闭触点取用指令	<位地址>	LDN< 位地址 >	用于逻辑运算的开始，表示常闭触点与左母线相连	I、Q、M、SM、T、C、V、S
线圈输出指令	<位地址> ( )	=< 位地址 >	用于线圈的驱动	Q、M、SM、T、C、V、S

(2) 应用举例

触点取用指令与线圈输出指令应用举例如图 10-25 所示。

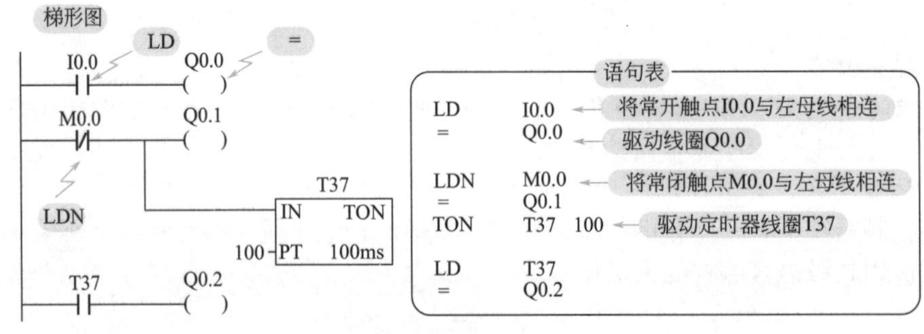

使用说明

①每个逻辑运算开始都需要触点取用指令；每个电路块的开始也需要触点取用指令。
②线圈输出指令可并联使用多次，但不能串联使用。
③在线圈输出指令的梯形图表示形式中，同一编号线圈不能出现多次。

图 10-25 触点取用指令与线圈输出指令

10.2.2 触点串联指令

（1）指令格式及功能说明

触点串联指令的格式及功能说明如表 10-6 所示。

表 10-6 触点串联指令的格式及功能说明

指令名称	梯形图表达方式	指令表表达方式	功能	操作元件
常开触点串联指令	<位地址>	A< 位地址 >	用于单个常开触点的串联	I、Q、M、SM、T、C、V、S
常闭触点串联指令	<位地址>	AN< 位地址 >	用于单个常闭触点的串联	I、Q、M、SM、T、C、V、S

（2）应用举例

触点串联指令应用举例如图 10-26 所示。

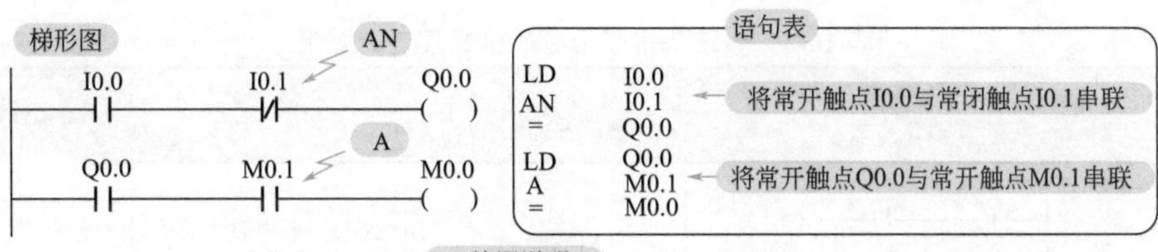

使用说明

①单个触点串联指令可以连续使用，但受编程软件和打印宽度的限制，一般串联触点不超过11个；

②在=之后，通过串联触点对其他线圈使用=指令，我们称之为连续输出。

图 10-26 触点串联指令

10.2.3 触点并联指令

（1）指令格式及功能说明

触点并联指令的格式及功能说明如表 10-7 所示。

表 10-7 触点并联指令的格式及功能说明

指令名称	梯形图表达方式	指令表表达方式	功能	操作元件
常开触点并联指令	<位地址>	O< 位地址 >	用于单个常开触点的并联	I、Q、M、SM、T、C、V、S
常闭触点并联指令	<位地址>	ON< 位地址 >	用于单个常闭触点的并联	I、Q、M、SM、T、C、V、S

（2）应用举例

触点并联指令应用举例如图 10-27 所示。

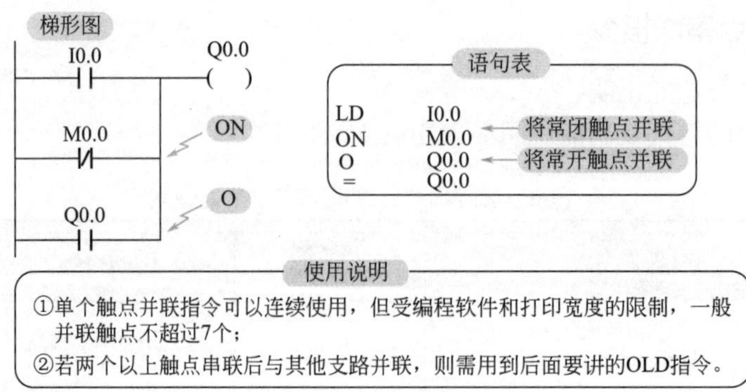

图 10-27 触点并联指令

10.2.4 电路块串联指令

（1）指令格式及功能说明

电路块串联指令的格式及功能说明如表 10-8 所示。

表 10-8 电路块串联指令的格式及功能说明

指令名称	梯形图表达方式	指令表表达方式	功能	操作元件
电路块串联指令		ALD	用来描述并联电路块的串联关系	无

注：两个以上触点并联形成的电路叫并联电路块。

（2）应用举例

电路块串联指令应用举例如图 10-28 所示。

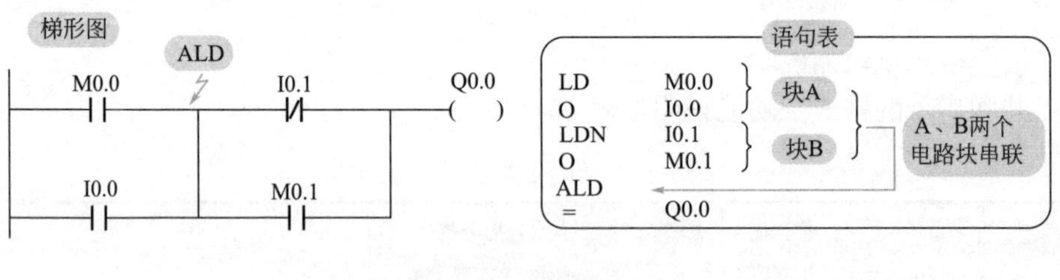

使用说明

①在每个并联电路块的开始都需用LD或LDN指令；

②可顺次使用ALD指令，进行多个电路块的串联；

③ALD指令用于并联电路块的串联，而A/AN用于单个触点的串联。

图 10-28 电路块串联指令

10.2.5 电路块并联指令

（1）指令格式及功能说明

电路块并联指令的格式及功能说明如表 10-9 所示。

表 10-9　电路块并联指令的格式及功能说明

指令名称	梯形图表达方式	指令表表达方式	功能	操作元件
电路块并联指令	( )	OLD	用来描述串联电路块的并联关系	无

注：两个以上触点串联形成的电路叫串联电路块。

（2）应用举例

电路块并联指令应用举例如图 10-29 所示。

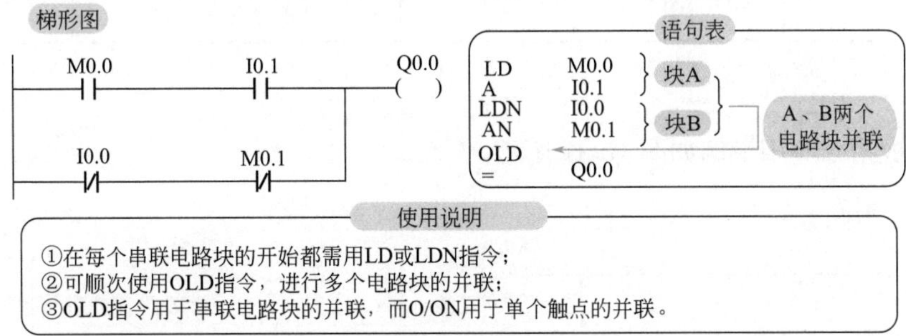

图 10-29　电路块并联指令

10.2.6　置位与复位指令

（1）指令格式及功能说明

置位与复位指令的格式及功能说明如表 10-10 所示。

表 10-10　置位与复位指令的格式及功能说明

指令名称	梯形图	语句表	功能	操作数
置位指令 S（set）	<位地址> —(S) N	S< 位地址 >，N	从起始位（bit）开始连续 N 位被置 1	S/R 指令操作数为：Q、M、SM、T、C、V、S、L
复位指令 R（Reset）	<位地址> —(R) N	R< 位地址 >，N	从起始位（bit）开始连续 N 位被清 0	

（2）应用举例

置位与复位指令应用举例如图 10-30 所示。

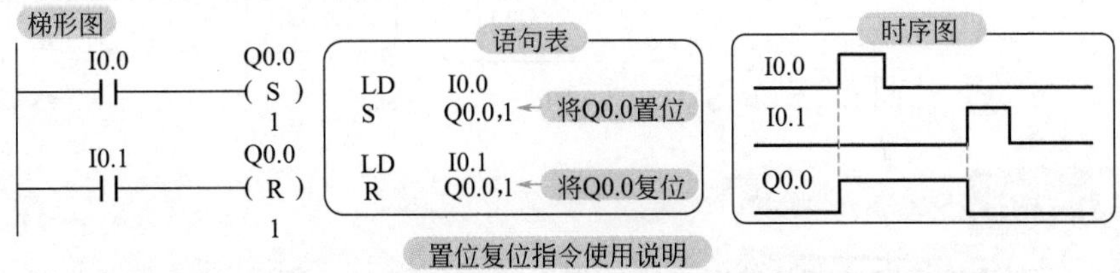

置位复位指令使用说明

①置位复位指令具有记忆和保持功能，对于某一元件来说一旦被置位，始终保持通电(置1)状态，直到对它进行复位(清0)为止，复位指令与置位指令道理一致；
②对同一元件多次使用置位复位指令，元件的状态取决于最后执行的那条指令。

图 10-30　置位与复位指令

10.2.7 脉冲生成指令

（1）指令格式及功能说明

脉冲生成指令的格式及功能说明如表 10-11 所示。

表 10-11 脉冲生成指令的格式及功能说明

指令名称	梯形图	语句表	功能	操作数
上升沿脉冲发生指令	─┤P├─	EU	产生宽度为一个扫描周期的上升沿脉冲	无
下降沿脉冲发生指令	─┤N├─	ED	产生宽度为一个扫描周期的下降沿脉冲	无

（2）应用举例

脉冲生成指令应用举例如图 10-31 所示。

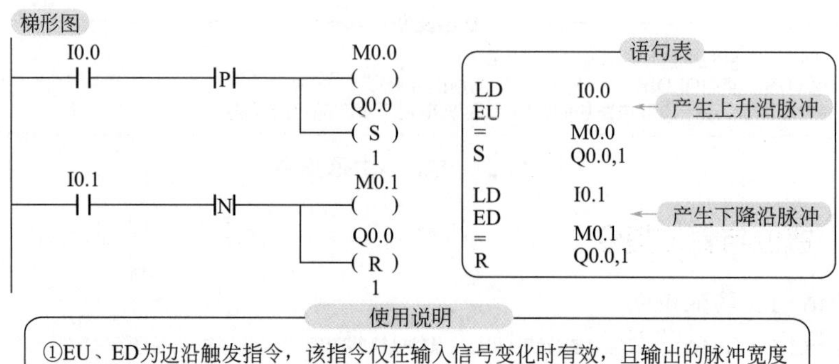

使用说明

①EU、ED为边沿触发指令，该指令仅在输入信号变化时有效，且输出的脉冲宽度为一个扫描周期；
②对于开机时就为接通状态的输入条件，EU、ED指令不执行；
③EU、ED指令常常与S/R指令联用。

图 10-31 脉冲生成指令

（3）由特殊内部标志位存储器构成的脉冲发生电路举例

脉冲发生电路是应用广泛的一种控制电路，它的构成形式很多，具体如图 10-32 所示。

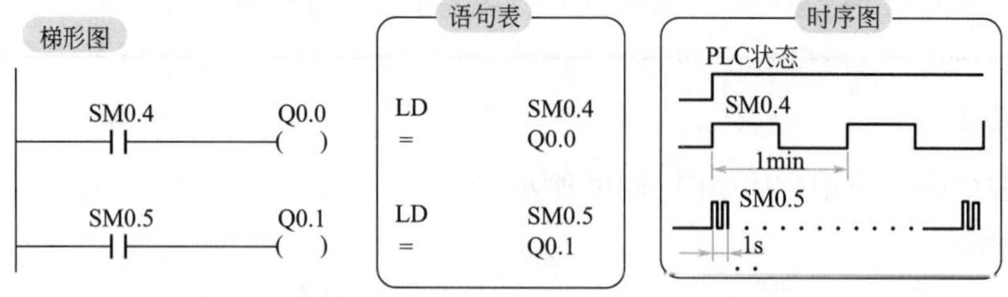

图 10-32 由 SM0.4 和 SM0.5 构成的脉冲发生电路

案例解析

SM0.4 和 SM0.5 构成的脉冲发生电路最为简单，SM0.4 和 SM0.5 是最为常用的特殊内部标志位存储器，SM0.4 为分脉冲，在一个周期内接通 30s、断开 30s；SM0.5 为秒脉冲，在一个周期内接通 0.5s、断开 0.5s。

10.2.8 触发器指令

(1) 指令格式及功能说明

触发器指令的格式及功能说明如表 10-12 所示。

表 10-12 触发器指令的格式及功能说明

指令名称	梯形图	语句表	功能	操作数
置位优先触发器指令（SR）	bit S1 OUT SR R	SR	置位信号 S1 和复位信号 R 同时为 1 时，置位优先	S1、R1、S、R 的操作数：I、Q、V、M、SM、S、T、C Bit 的操作数：I、Q、V、M、S
复位优先触发器指令（RS）	bit S OUT RS R1	RS	置位信号 S 和复位信号 R1 同时为 1 时，复位优先	

(2) 应用举例

触发器指令应用举例如图 10-33 所示。

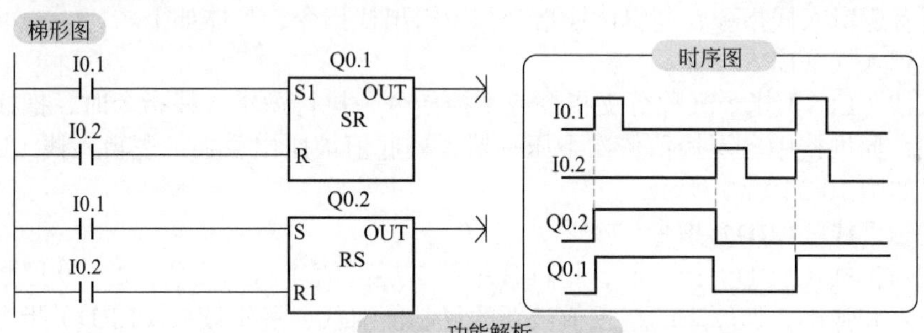

功能解析

①I0.1=1时，Q0.1置位, Q0.1输出始终保持；I0.2=1时，Q0.1复位;若两者同时为1，则置位优先。
②I0.1=1时，Q0.2置位, Q0.2输出始终保持；I0.2=1时，Q0.2复位;若两者同时为1，则复位优先。

图 10-33 触发器指令

10.2.9 取反指令与空操作指令

(1) 指令格式及功能说明

取反指令与空操作指令的格式及功能说明如表 10-13 所示。

表 10-13 取反指令与空操作指令的格式及功能说明

指令名称	梯形图	语句表	功能	操作数
取反指令	─┤NOT├─	NOT	对逻辑结果取反操作	无
空操作指令	*N* ─[NOP]	NOP *N*	空操作，其中 *N* 为空操作次数 *N*=0 ～ 255	无

（2）应用举例

取反指令与空操作指令应用举例如图 10-34 所示。

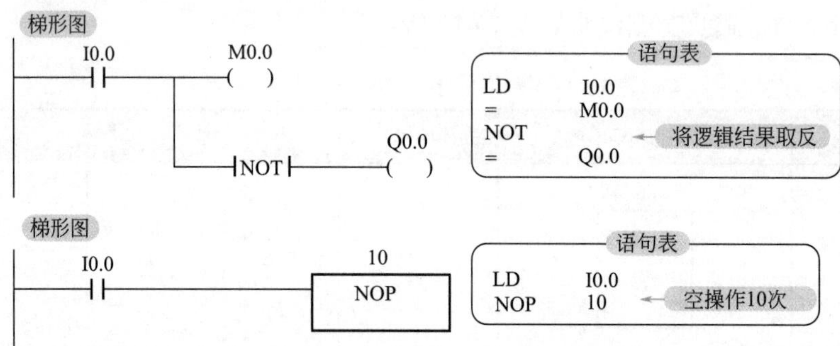

图 10-34 取反指令与空操作指令

10.2.10 逻辑堆栈指令

堆栈是一组能够存储和取出数据的暂存单元。在 S7-200PLC 中，堆栈有 9 层，顶层叫栈顶，底层叫栈底。堆栈的存取特点是“后进先出”，每次进行入栈操作时，新值都放在栈顶，栈底值丢失；每次进行出栈操作时，栈顶值弹出，栈底值补进随机数。

逻辑堆栈指令主要用来完成对触点进行复杂连接，配合 ALD、OLD 指令使用。逻辑堆栈指令主要有逻辑入栈指令、逻辑读栈指令和逻辑出栈指令，具体如下。

（1）逻辑入栈（LPS）指令

逻辑入栈（LPS）指令又称分支指令或主控指令，执行逻辑入栈指令时，把栈顶值复制后压入堆栈，原堆栈中各层栈值依次下压一层，栈底值被压出丢失。逻辑入栈（LPS）指令的执行情况如图 10-35（a）所示。

（2）逻辑读栈（LRD）指令

执行逻辑读栈（LRD）指令时，把堆栈中第 2 层的值复制到栈顶，2 ～ 9 层数据不变，堆栈没有压入和弹出，但原来的栈顶值被新的复制值取代，逻辑读栈（LRD）指令的执行情况如图 10-35（b）所示。

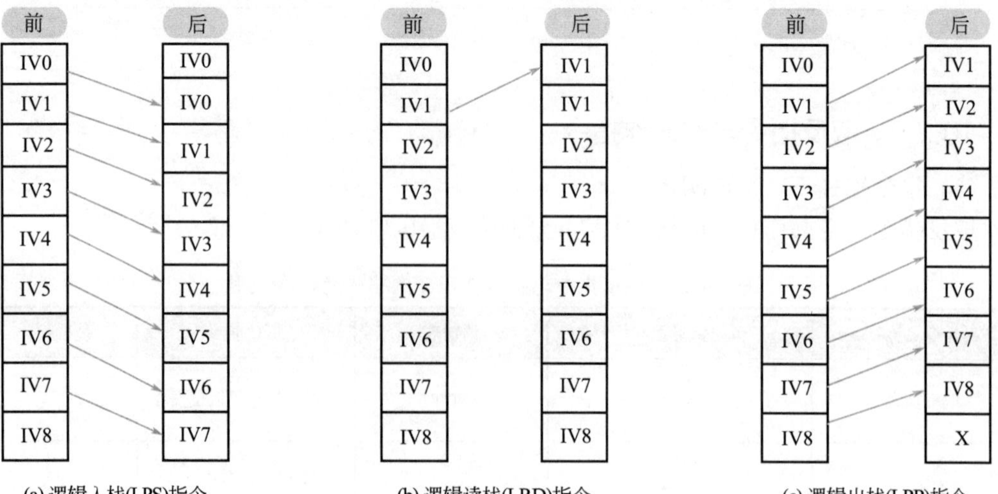

图 10-35 堆栈操作过程

（3）逻辑出栈（LPP）指令

逻辑出栈（LPP）指令又称分支结束指令或主控复位指令，执行逻辑出栈（LPP）指令时，堆栈作弹出栈操作，将栈顶值弹出，原堆栈各级栈值依次上弹一级，原堆栈第 2 级的值成为栈顶值，原栈顶值从栈内丢失，如图 10-35（c）所示。

（4）使用说明

① LPS 指令和 LPP 指令必须成对出现。

② 受堆栈空间的限制，LPS 指令和 LPP 指令连续使用不得超过 9 次。

③ 堆栈指令 LPS、LRD、LPP 无操作数。

（5）应用举例

堆栈指令应用举例如图 10-36 所示。

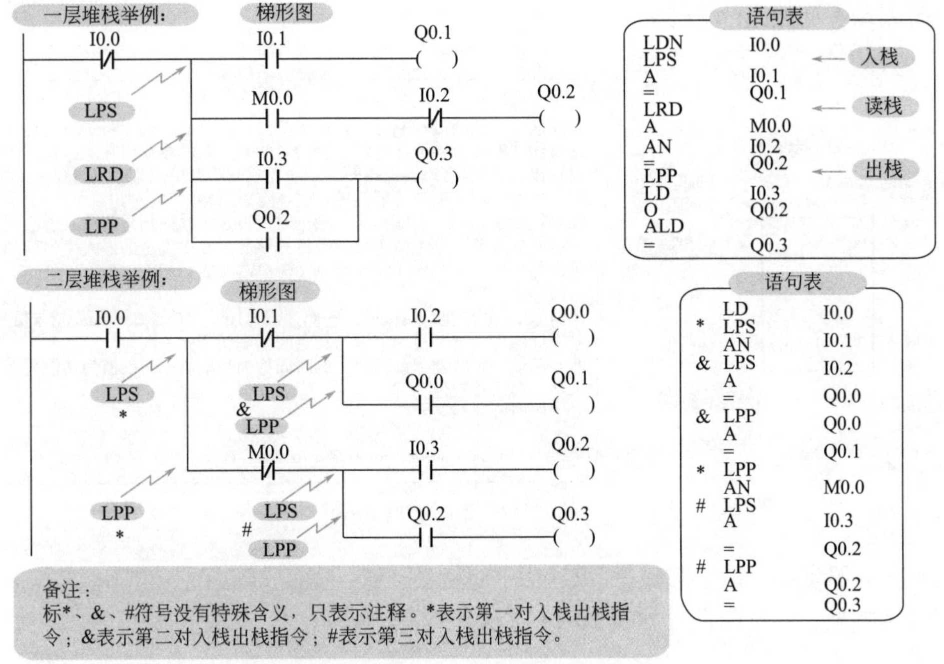

图 10-36　堆栈指令举例

10.3　定时器指令

10.3.1　定时器指令介绍

定时器是PLC中最常用的编程元件之一，其功能与继电器控制系统中的时间继电器相同，起到延时作用。与时间继电器不同的是定时器有无数对常开常闭触点供用户编程使用。其结构主要由一个 16 位当前值寄存器（用来存储当前值）、一个 16 位预置值寄存器（用来存储预置值）和 1 位状态位（反映其触点的状态）组成。

在 S7-200PLC 中，按工作方式的不同，可以将定时器分为 3 大类，它们分别为通电延时型定时器、断电延时型定时器和保持型通电延时定时器。定时器指令的格式如表 10-14 所示。

表 10-14　定时器指令的格式

名称	通电延时型定时器	断电延时型定时器	保持型通电延时定时器
定时器类型	TON	TOF	TONR
梯形图	T*n* IN TON PT	T*n* IN TOF PT	T*n* IN TONR PT
语句表	TON　T*n*，PT	TOF　T*n*，PT	TONR　T*n*，PT

（1）定时器指令

定时器指令如图 10-37 所示。

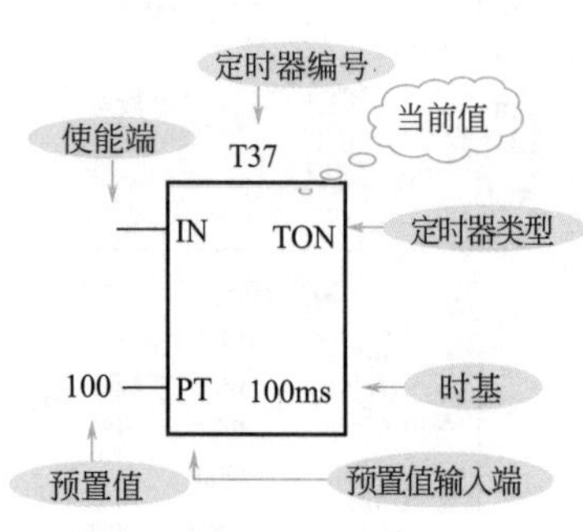

定时器相关概念

①定时器编号：T0～T255。

②使能端：使能端控制着定时器的能流，当使能端输入有效时，也就是说使能端有能流流过时，定时时间到，定时器输出状态为1(定时器输出状态为1可以近似理解为定时器线圈吸合)；当使能端输入无效时，也就是说使能端无能流流过时，定时器输出状态为0。

③预置值输入端：在编程时，根据时间设定需要在预置值输入端输入相应的预置值，预置值为16位有符号整数，允许设定的最大值为32767，其操作数为VW、IW、QW、SW、SMW、LW、AIW、T、C、AC、常数等。

④时基：相应的时基有3种，它们分别为1ms、10ms和100ms，不同的时基对应的最大定时范围、编号和定时器刷新方式不同。

⑤当前值：定时器当前所累计的时间称为当前值，当前值为16位有符号整数，最大计数值为32767。

⑥定时时间计算公式：

$$T=PT\times S$$

式中，T为定时时间；PT为预置值；S为时基。

图 10-37　定时器指令

（2）定时器类型、时基和编号

定时器类型、时基和编号如表 10-15 所示。

表 10-15　定时器类型、时基和编号

定时器类型	时基 /ms	最大定时范围 /s	定时器编号
TONR	1	32.767	T0 和 T64
	10	327.67	T1 ～ T4 和 T65 ～ T68
	100	3276.7	T5 ～ T31 和 T69 ～ T95
TON/TOF	1	32.767	T32 和 T96
	10	327.67	T33 ～ T36 和 T97 ～ T100
	100	3276.7	T37 ～ T63 和 T101 ～ T255

10.3.2　定时器指令的工作原理

（1）通电延时型定时器（TON）指令的工作原理

① 工作原理：当使能端输入（IN）有效时，定时器开始计时，当前值从 0 开始递增，

当当前值大于或等于预置值时，定时器输出状态为 1（定时器输出状态为 1 可以近似理解为定时器线圈吸合），相应的常开触点闭合、常闭触点断开；到达预置值后，当前值继续增大，直到最大值 32767，在此期间定时器输出状态仍然为 1，直到使能端无效时，定时器才复位，当前值被清零，此时输出状态为 0。

② 应用举例：如图 10-38 所示。

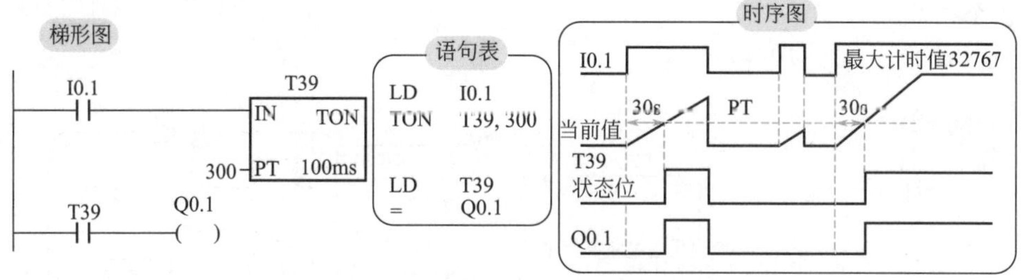

图 10-38 通电延时定时器应用举例

案例解析

当 I0.1 接通时，使能端（IN）输入有效，定时器 T39 开始计时，当前值从 0 开始递增，当当前值等于预置值 300 时，定时器输出状态为 1，定时器对应的常开触点 T39 闭合，驱动线圈 Q0.1 吸合；当 I0.1 断开时，使能端（IN）输出无效，T39 复位，当前值清零，输出状态为 0，定时器常开触点 T39 断开，线圈 Q0.1 断开。若使能端接通时间小于预置值，则定时器 T39 立即复位，线圈 Q0.1 也不会有输出；若使能端输出有效，则在计时到达预置值以后，当前值仍然增加，直到 32767，在此期间定时器 T39 输出状态仍为 1，线圈 Q0.1 仍处于吸合状态。

（2）断电延时型定时器（TOF）指令的工作原理

① 工作原理：当使能端输入（IN）有效时，定时器输出状态为 1，当前值复位；当使能端（IN）断开时，当前值从 0 开始递增，当当前值等于预置值时，定时器复位并停止计时，当前值保持。

② 应用举例：如图 10-39 所示。

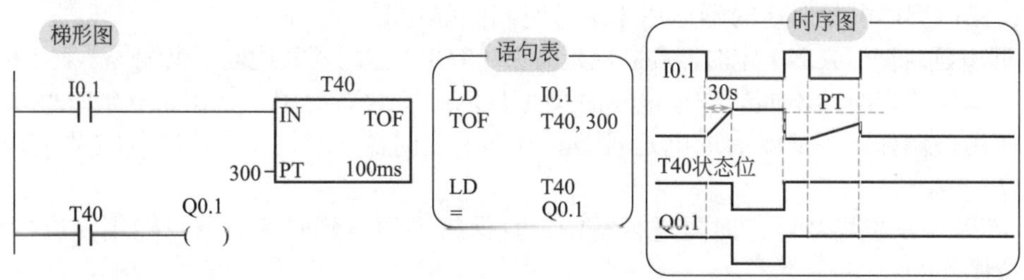

图 10-39 断电延时定时器应用举例

案例解析

当 I0.1 接通时，使能端（IN）输入有效，当前值为 0，定时器 T40 输出状态为 1，驱动线圈 Q0.1 有输出；当 I0.1 断开时，使能端输入无效，当前值从 0 开始递增，当当前值到达预置值时，定时器 T40 复位为 0，线圈 Q0.1 也无输出，但当前值保持；当 I0.1 再次接通时，当前值仍为 0；若 I0.1 断开的时间小于预置值，则定时器 T40 仍处于置 1 状态。

（3）保持型通电延时定时器（TONR）指令的工作原理

① 工作原理：当使能端（IN）输入有效时，定时器开始计时，当前值从 0 开始递增，当当前值到达预置值时，定时器输出状态为 1；当使能端（IN）无效时，当前值处于保持状态，但当使能端再次有效时，当前值在原来保持值的基础上继续递增计时；保持型通电延时定时器采用线圈复位指令（R）进行复位操作，当复位线圈有效时，定时器当前值被清 0，定时器输出状态为 0。

② 应用举例：如图 10-40 所示。

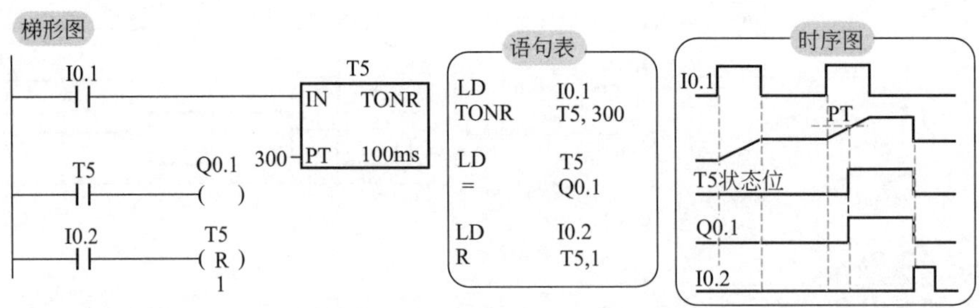

图 10-40　保持型通电延时定时器应用举例

案例解析

当 I0.1 接通时，使能端（IN）有效，定时器开始计时；当 I0.1 断开时，使能端无效，但当前值仍然保持并不复位，当使能端再次有效时，其当前值在原来的基础上开始递增。当前值大于等于预置值时，定时器 T5 状态位被置 1，线圈 Q0.1 有输出，此后即使是使能端无效时，定时器 T5 状态位仍然为 1，直到 I0.2 闭合，线圈复位（T5）指令进行复位操作时，定时器 T5 状态位才被清 0，定时器 T5 常开触点断开，线圈 Q0.1 断电。

（4）使用说明

① 通电延时型定时器符合通常的编程习惯，与其他两种定时器相比，在实际编程中通电延时型定时器应用最多。

② 通电延时型定时器适用于单一间隔定时；断电延时型定时器适用于故障发生后的时间延时；保持型通电延时定时器适用于累计时间间隔定时。

③ 通电延时型（TON）定时器和断电延时型（TOF）定时器共用同一组编号（表 10-15），因此同一编号的定时器不能既作通电延时型（TON）定时器使用，又作断电延时型（TOF）定时器使用；例如：不能既有通电延时型（TON）定时器 T37，又有断电延时型（TOF）定时器 T37。

④ 可以用复位指令对定时器进行复位，且保持型通电延时定时器只能用复位指令对其进行复位操作。

⑤ 不同时基的定时器它们当前值的刷新周期是不同的。

10.3.3　定时器指令应用举例

（1）定时器在顺序控制中应用举例

① 控制要求　有红、绿、黄三盏小灯，当按下启动按钮时，三盏小灯每隔 2s 轮流点亮，并循环；当按下停止按钮时，三盏小灯都熄灭。

② 解决方案　解决方案如图 10-41 所示。

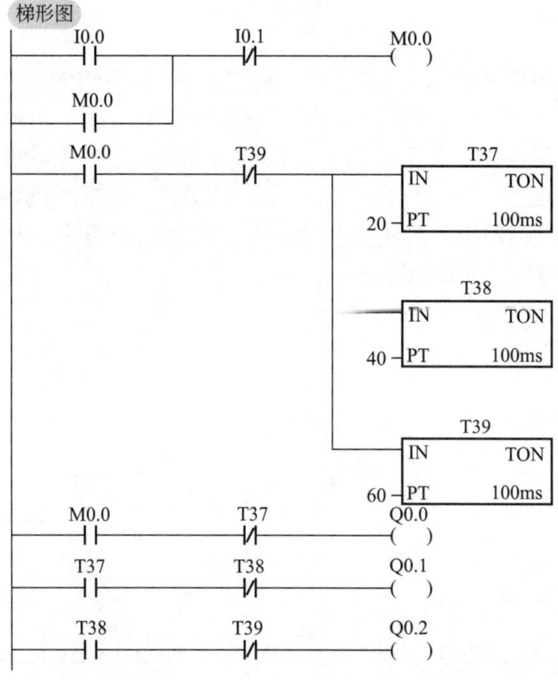

图 10-41 顺序控制电路

案例解析

当按下启动按钮时，I0.0 的常开触点闭合，辅助继电器 M0.0 线圈得电并自锁，其常开触点 M0.0 闭合，输出继电器线圈 Q0.0 得电，红灯亮。与此同时，定时器 T37、T38 和 T39 开始定时，当 T37 定时时间到时，其常闭触点断开、常开触点闭合，Q0.0 断电、Q0.1 得电，对应的红灯灭、绿灯亮；当 T38 定时时间到时，Q0.1 断电、Q0.2 得电，对应的绿灯灭、黄灯亮；当 T39 定时时间到时，其常闭触点断开，Q0.2 失电且 T37、T38 和 T39 复位，接着定时器 T37、T38 和 T39 又开始新的一轮计时，红绿黄等依次点亮往复循环。当按下停止按钮时，M0.0 失电，其常开触点断开，定时器 T37、T38 和 T39 断电，三盏灯全熄灭。

（2）定时器在脉冲发生电路中的应用举例

① 单个定时器构成的脉冲发生电路　周期可调脉冲发生电路如图 10-42 所示。

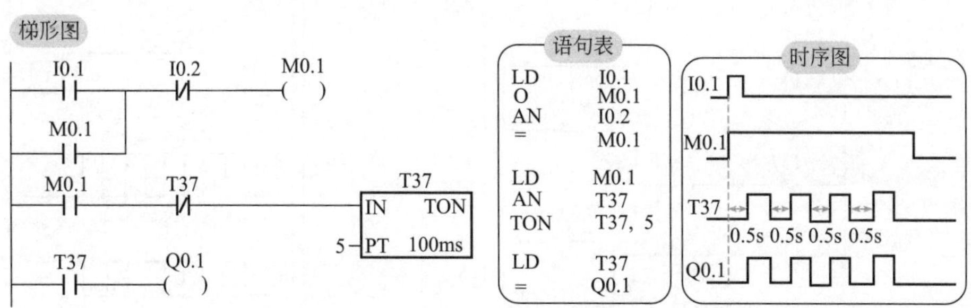

图 10-42 单个定时器构成的脉冲发生电路

案例解析

单个定时器构成的脉冲发生电路的脉冲周期可调，通过改变 T37 的预置值，从而改变脉冲的延时时间，进而改变脉冲的发生周期。当按下启动按钮时，I0.1 闭合，线圈 M0.1 接通并自锁，M0.1 的常开触点闭合，T37 计时，0.5s 后 T37 定时时间到，其线圈得电，其常开触点闭合，Q0.1 接通；在 T37 常开触点接通的同时，其常闭触点断开，T37 线圈断电，从而 Q0.1 失电，接着 T37 再从 0 开始计时，如此周而复始会产生间隔为 0.5s 的脉冲，直到按下停止按钮，才停止脉冲发生。

② 多个定时器构成的脉冲发生电路

a．方案（一）如图 10-43 所示。

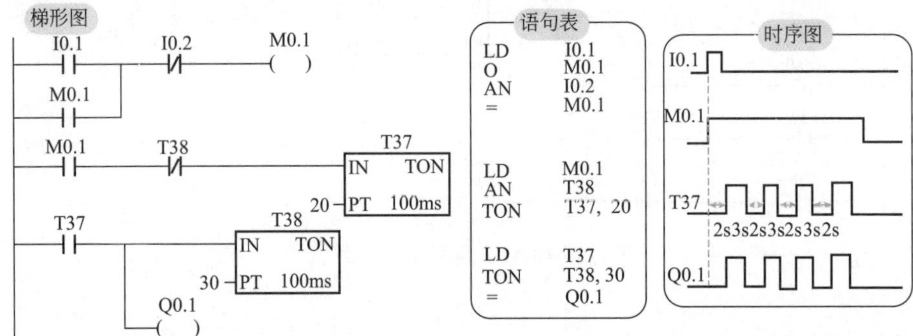

图 10-43　多个定时器构成的脉冲发生电路（一）

案例解析

当按下启动按钮时，I0.1 闭合，线圈 M0.1 接通并自锁，M0.1 的常开触点闭合，T37 计时，2s 后 T37 定时时间到，其线圈得电，其常开触点闭合，Q0.1 接通；与此同时 T38 定时，3s 后定时时间到，T38 线圈得电，其常闭触点断开，T37 断电，其常开触点断开，Q0.1 和 T38 线圈断电，T38 的常闭触点复位，T37 又开始定时，如此反复，会发出一个个脉冲。

b．方案（二）如图 10-44 所示。

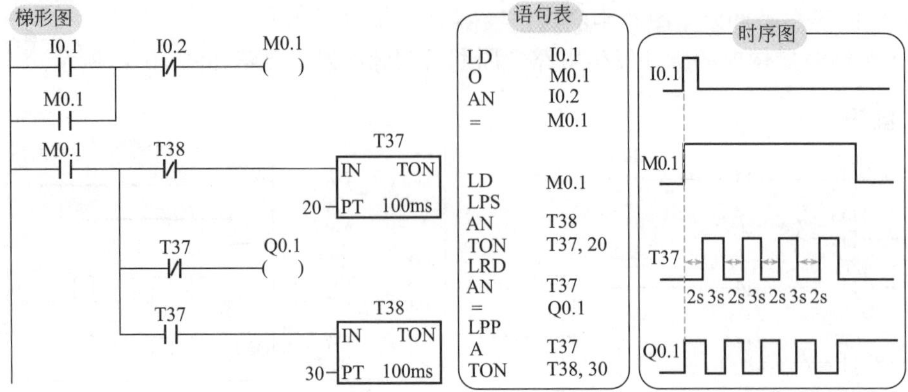

图 10-44　多个定时器构成的脉冲发生电路（二）

案例解析

方案（二）的实现方式与方案（一）几乎一致，只不过方案（二）的Q0.1先得电且得电2s断电3s，方案（一）的Q0.1后得电且得电3s断电2s而已。

（3）顺序脉冲发生电路

如图10-45所示为3个定时器顺序脉冲发生电路。

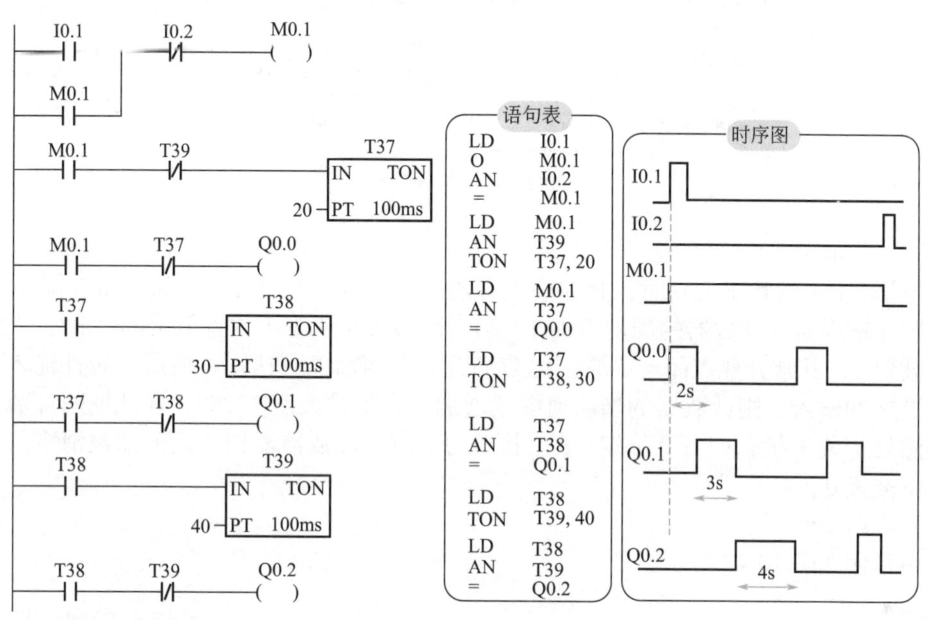

图10-45 顺序脉冲发生电路

案例解析

当按下启动按钮时，常开触点I0.1接通，辅助继电器M0.1得电并自锁，且其常开触点闭合，T37开始定时，同时Q0.0接通，T37定时2s时间到，T37的常闭触点断开，Q0.0断电；T37常开触点闭合，T38开始定时，同时Q0.1接通，T38定时3s时间到，Q0.1断电；T38常开触点闭合，T39开始定时，同时Q0.2接通，T39定时4s时间到，Q0.2断电；若M0.1线圈仍接通，则该电路会重新开始产生顺序脉冲，直到按下停止按钮常闭触点I0.2断开。当按下停止按钮时，常闭触点I0.2断开，线圈M0.1失电，定时器全部断电复位，线圈Q0.0、Q0.1和Q0.2全部断电。

10.4 计数器指令

计数器是一种用来累计输入脉冲个数的编程元件，在实际应用中用来对产品进行计数或完成复杂逻辑控制任务。其结构主要由一个16位当前值寄存器、一个16位预置值寄存器和1位状态位组成。在S7-200PLC中按工作方式的不同，可将计数器分为3大类：加计数器、减计数器和加减计数器。

10.4.1 加计数器（CTU）

（1）图说加计数器

加计数器如图 10-46 所示。

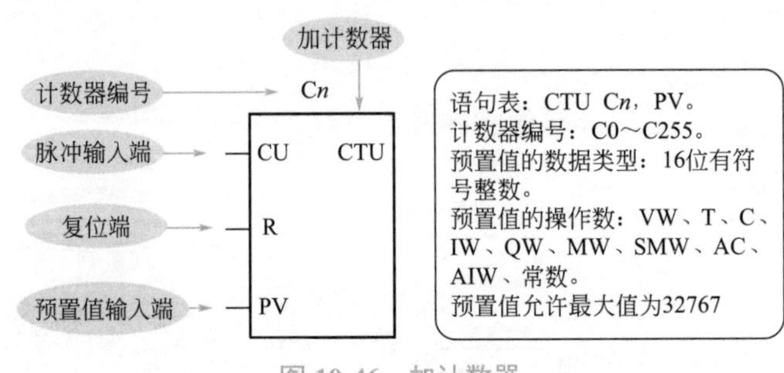

图 10-46　加计数器

（2）工作原理

复位端（R）的状态为 0 时，脉冲输入有效，计数器可以计时，当脉冲输入端（CU）有上升沿脉冲输入时，计数器的当前值加 1，当当前值大于或等于预置值（PV）时，计数器的状态位被置 1，其常开触点闭合，常闭触点断开；若当前值到达预置值后，脉冲输入端依然有上升沿脉冲输入，则计数器的当前值继续增加，直到最大值 32767，在此期间计数器的状态位仍然处于置 1 状态；当复位端（R）状态为 1 时，计数器复位，当前值被清零，计数器的状态位被置 0。

（3）应用举例

应用举例如图 10-47 所示。

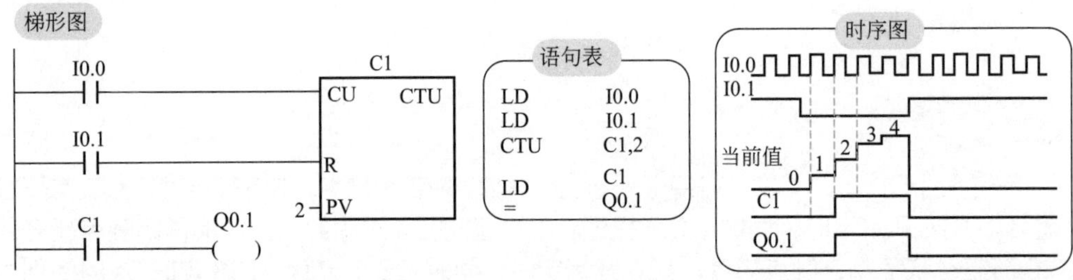

图 10-47　加计数器应用举例

案例解析

当 R 端常开触点 I0.1=1 时，计数器脉冲输入无效；当 R 端常开触点 I0.1=0 时，计数器脉冲输入有效，CU 端常开触点 I0.0 每闭合一次，计数器 C1 的当前值加 1，当当前值到达预置值 2 时，计数器 C1 的状态位被置 1，其常开触点闭合，线圈 Q0.1 得电；当 R 端常开触点 I0.1=1 时，计时器 C1 被复位，其当前值清零，C1 状态位清零。

10.4.2 减计数器（CTD）

（1）图说减计数器

减计数器如图 10-48 所示。

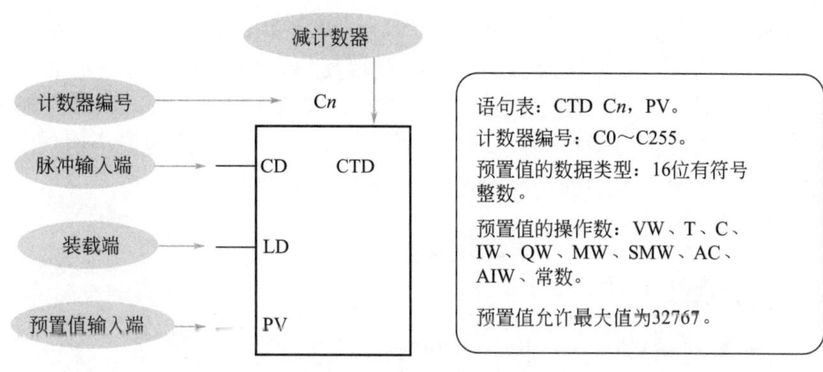

图 10-48 减计数器

（2）工作原理

当装载端 LD 的状态为 1 时，计数器被复位，计数器的状态位为 0，预置值被装载到当前值寄存器中；当装载端 LD 的状态为 0 时，脉冲输入端有效，计数器可以计数，当脉冲输入端（CD）有上升沿脉冲输入时，计数器的当前值从预置值开始递减计数，当当前值减至为 0 时，计数器停止计数，其状态位为 1。

（3）应用举例

应用举例如图 10-49 所示。

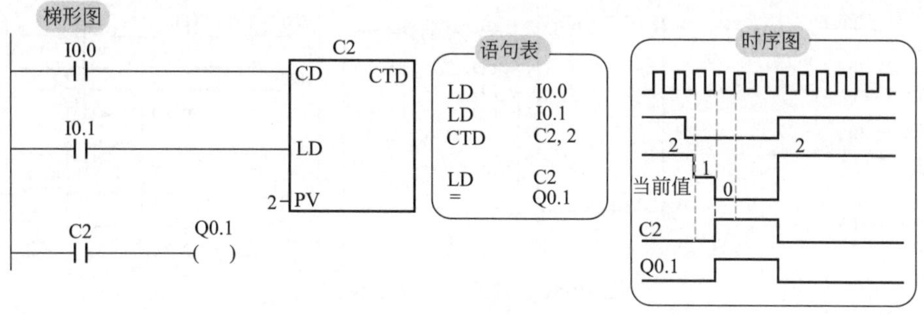

图 10-49 减计数器应用举例

案例解析

当 LD 端常开触点 I0.1 闭合时，减计数器 C2 被置 0，线圈 Q0.1 失电，其预置值被装载到 C2 当前值寄存器中；当 LD 端常开触点 I0.1 断开时，计数器脉冲输入有效，CD 端 I0.0 常开触点每闭合一次，其当前值就减 1，当当前值减为 0 时，减计数器 C2 的状态位被置 1，其常开触点闭合，线圈 Q0.1 得电。

10.4.3 加减计数器（CTUD）

（1）加减计数器

加减计数器如图 10-50 所示。

（2）工作原理

当复位端（R）状态为 0 时，计数脉冲输入有效；当加计数输入端（CU）有上升沿脉冲输入时，计数器的当前值加 1；当减计数输入端（CD）有上升沿脉冲输入时，计数器的当前值减 1；当计数器的当前值大于等于预置值时，计数器状态位被置 1，其常开触点闭合、常闭触点断开。当复位端（R）状态为 1，计数器被复位，当前值被清零；加减计数器当前值范围为 -32768 ~ 32767，若加减计数器当前值为最大值 32767，则 CU 端再输入一个上升沿脉冲，其当前值立刻跳变为最小值 -32768；若加减计数器当前值为最小值 -32768，则 CD 端再输入一个上升沿脉冲，其当前值立刻跳变为最大值 32767。

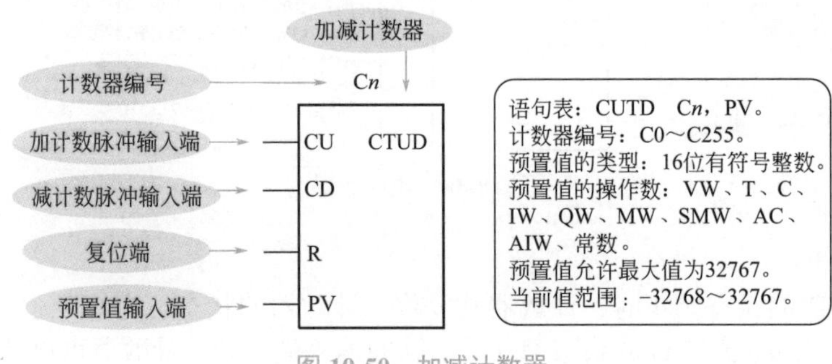

图 10-50 加减计数器

（3）应用举例

应用举例如图 10-51 所示。

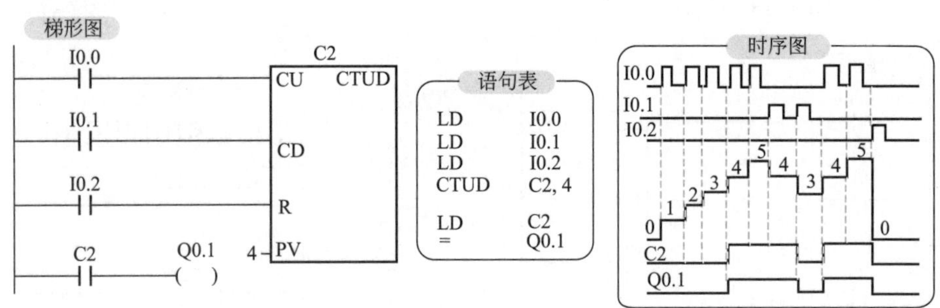

图 10-51 加减计数器应用举例

案例解析

当与复位端（R）连接的常开触点 I0.2 断开时，脉冲输入有效，此时与加计数脉冲输入端连接的 I0.0 每闭合一次，计数器 C2 的当前值就会加 1；与减计数脉冲输入端连接的 I0.1 每闭合一次，计数器 C2 的当前值就会减 1；当当前值大于等于预置值 4 时，C2 的状态位被置 1，C2 常开触点闭合，线圈 Q0.1 接通。当与复位端（R）连接的常开触点 I0.2 闭合时，C2 的状态位被置 0，其当前值清零，线圈 Q0.1 断开。

10.4.4 计数器指令的应用举例

（1）计数器在照明灯控制中的应用举例

① 控制要求　用一个按钮控制一盏灯，当按钮按 4 次时灯点亮，再按 2 次时灯熄灭。

② 解决方案

a. I/O 分配：启动按钮为 I0.1，灯为 Q0.1。

b. 程序编制：如图 10-52 所示。

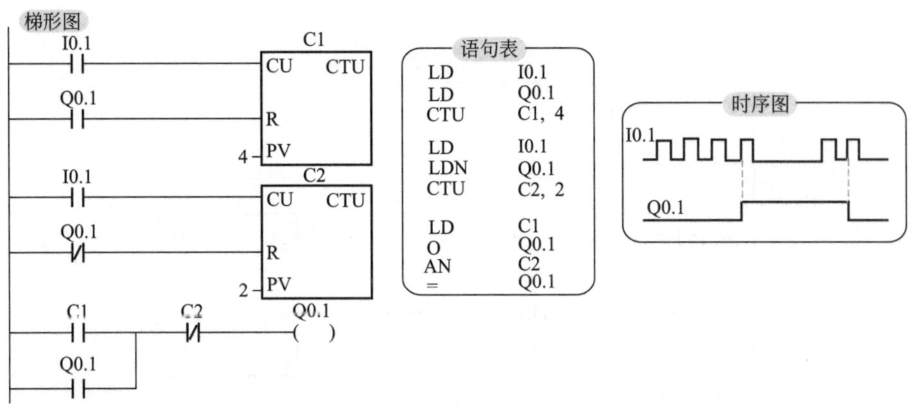

图 10-52　照明灯控制

程序解析

计数器 C1 的复位端为 0 可以计数，计数器 C2 的复位端为 1 不能计数。按钮按够（即 I0.1=1）4 次，C1 接通，Q0.1 得电并自锁，灯点亮，同时 C1 复位端接通，C2 复位端断开可计数；再按（即 I0.1=1）2 次，C2 接通，Q0.1 失电，灯熄灭。

（2）计数器在产品数量检测控制中的应用举例

① 控制要求　产品数量检测控制如图 10-53 所示。传送带传输工件，用传感器检测通过的产品的数量，每凑够 12 个产品机械手动作 1 次，机械手动作后延时 3s，将机械手电磁铁切断。

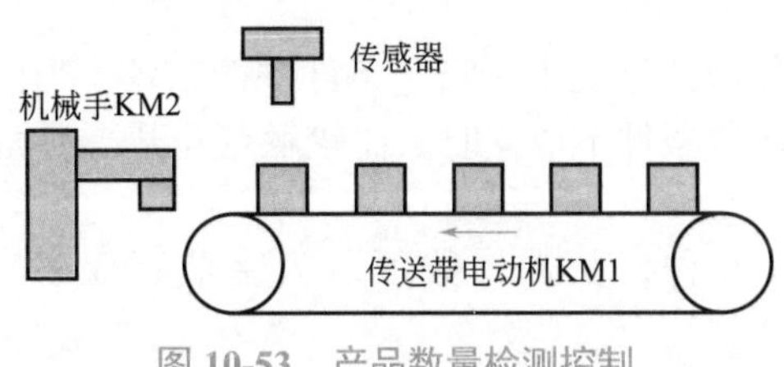

图 10-53　产品数量检测控制

② I/O 分配　产品数量检测控制 I/O 分配情况如表 10-16 所示。

表 10-16　产品数量检测控制 I/O 分配表

输入量		输出量	
传送带启动开关	I0.1	传送带电动机	Q0.1
传送带停止开关	I0.2	机械手	Q0.2
传感器	I0.3		

（3）程序编制与解析

产品数量检测控制程序如图 10-54 所示。按下启动按钮 I0.1 得电，线圈 Q0.1 得电并自锁，KM1 吸合，传送带电动机运转；随着传送带的运动，传感器每检测到一个产品都会给 C2 脉冲，当脉冲数为 12 时，C2 状态为置 1，其常开触点闭合，Q0.2 得电，机械手将货物抓走；与此同时 T38 定时，3s 后 Q0.2 断开，机械手断电复位。

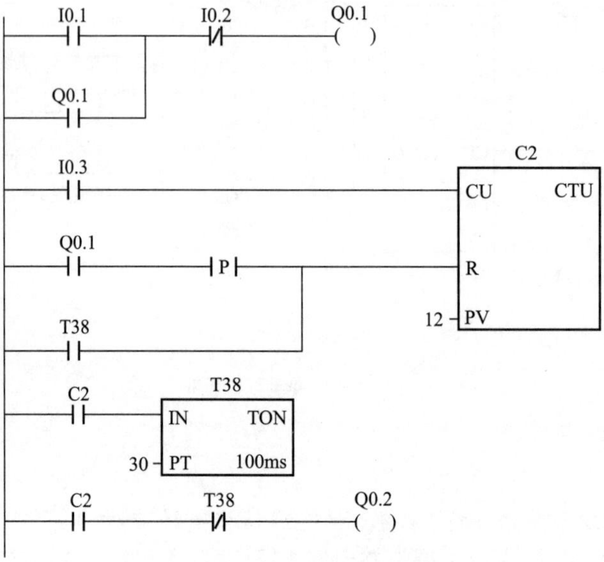

图 10-54 产品数量检测控制程序

10.5 比较指令与数据传送指令

10.5.1 比较指令

比较指令是将两个操作数或字符串按指定条件进行比较，当比较条件成立时，其触点闭合，后面的电路接通；当比较条件不成立时，比较触点断开，后面的电路不接通。

（1）指令格式

比较指令的运算符有 6 种，其操作数可以为字节、双字、整数或实数，指令格式如图 10-55 所示。

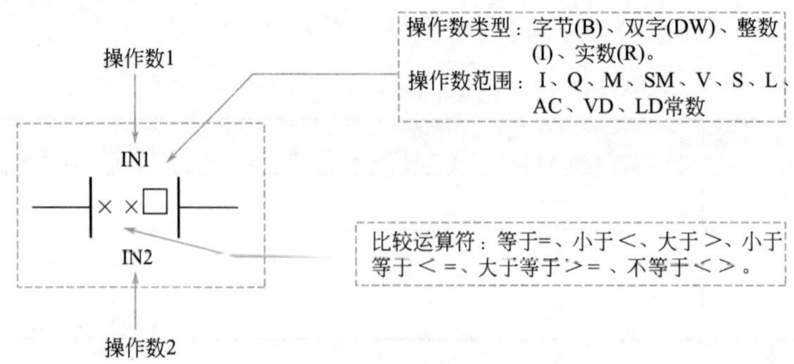

图 10-55 比较指令

（2）指令用法

比较指令的触点和普通的触点一样，可以装载、串联和并联，具体如图 10-56 所示。

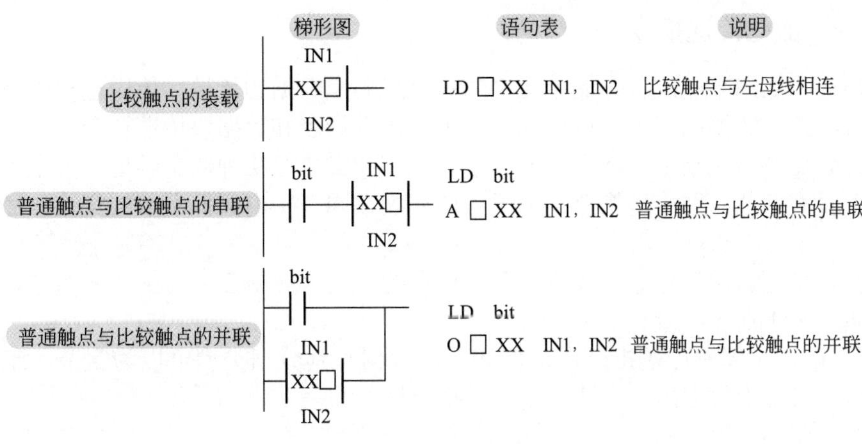

图 10-56　比较触点的用法

（3）举例：用比较指令编写小灯循环程序

① 控制要求　按下启动按钮，3 只小灯每隔 1s 循环点亮；按下停止按钮，3 只小灯全部熄灭。

② 程序设计

a．小灯循环控制 I/O 分配情况如表 10-17 所示。

表 10-17　小灯循环程序的 I/O 分配表

输入量		输出量	
启动按钮	I0.0	红灯	Q0.0
停止按钮	I0.1	绿灯	Q0.1
		黄灯	Q0.2

b．小灯循环控制梯形图程序如图 10-57 所示。

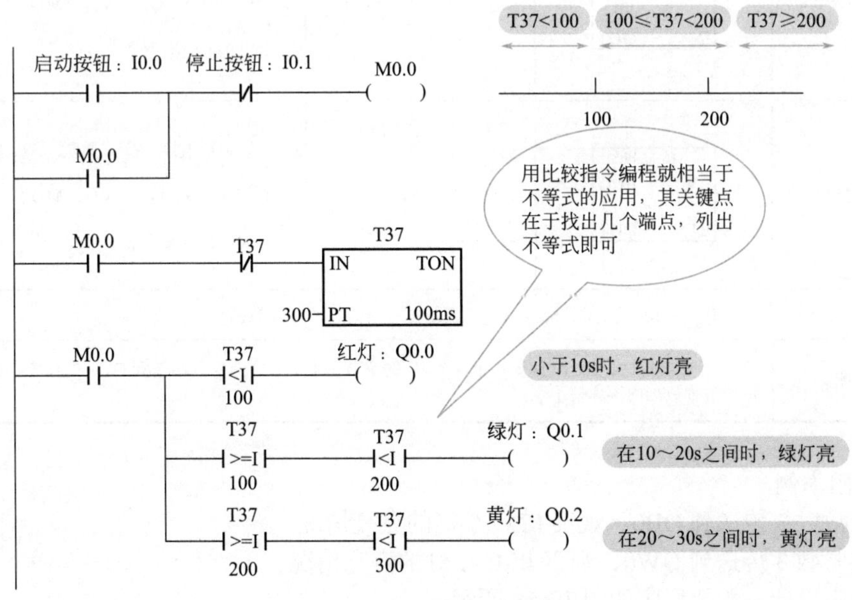

图 10-57　比较指令应用举例

10.5.2 数据传送指令

数据传送指令用来完成各存储单元之间一个或多个数据的传送，传送过程中数值保持不变。根据每次传送数据的多少，可将其分为单一传送指令和数据块传送指令，无论是单一传送指令还是数据块传送指令，都有字节、字、双字和实数等几种数据类型；为了满足立即传送的要求，设有字节立即传送指令，为了方便实现在同一字内高低字节的交换，还设有字节交换指令。

数据传送指令适用于存储单元的清零、程序的初始化等场合。

（1）单一传送指令

① 指令格式　单一传送指令用来传送一个数据，其数据类型可以为字节、字、双字和实数。在传送过程中数据内容保持不变，其指令格式如表 10-18 所示。

表 10-18　单一传送指令 MOV 的指令格式

指令名称	编程语言		操作数类型及操作范围
	梯形图	语句表	
字节传送指令	MOV_B EN ENO IN OUT	MOVB　IN，OUT	IN：IB、QB、VB、MB、SB、SMB、LB、AC、常数 OUT：IB、QB、VB、MB、SB、SMB、LB、AC IN/OUT 数据类型：字节
字传送指令	MOV_W EN ENO IN OUT	MOVW　IN，OUT	IN：IW、QW、VW、MW、SW、SMW、LW、AC、T、C、AIW、常数 OUT：IW、QW、VW、MW、SW、SMW、LW、AC、T、C、AQW IN/OUT 数据类型：字
双字传送指令	MOV_DW EN ENO IN OUT	MOVD　IN，OUT	IN：ID、QD、VD、MD、SD、SMD、LD、AC、HC、常数 OUT：ID、QD、VD、MD、SD、SMD、LD、AC IN/OUT 数据类型：双字
实数传送指令	MOV_R EN ENO IN OUT	MOVR　IN，OUT	IN：ID、QD、VD、MD、SD、SMD、LD、AC、常数 OUT：ID、QD、VD、MD、SD、SMD、LD、AC IN/OUT 数据类型：实数
EN（使能端）	I、Q、M、T、C、SM、V、S、L		EN 数据类型：位
功能说明	当使能端 EN 有效时，将一个输入 IN 的字节、字、双字或实数传送到 OUT 的指定存储单元输出，传送过程数据内容保持不变		

② 应用举例

a．将常数 3 传送到 QB0，观察 PLC 小灯的点亮情况。

b．将常数 3 传送到 QW0，观察 PLC 小灯的点亮情况。

c．程序设计：相关程序如图 10-58 所示。

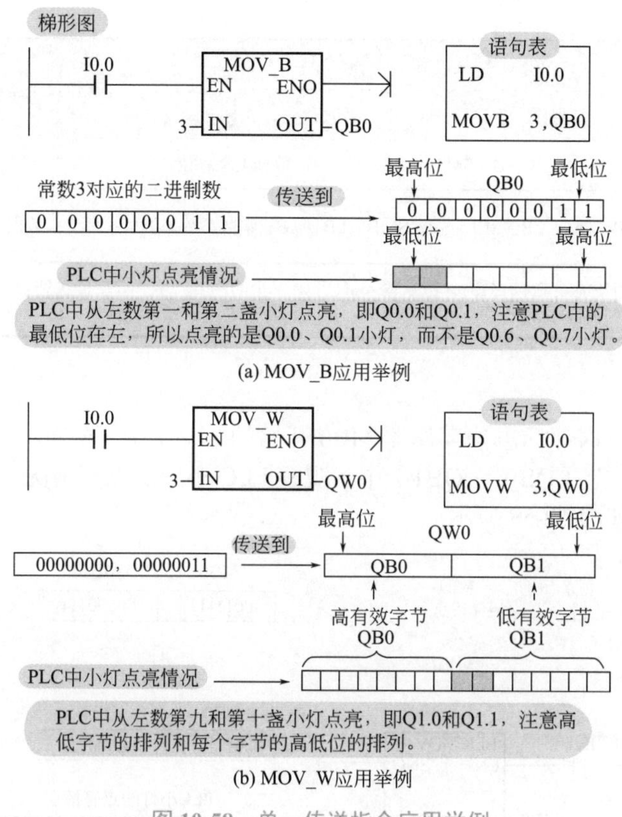

(a) MOV_B应用举例

(b) MOV_W应用举例

图 10-58 单一传送指令应用举例

（2）数据块传送指令

① 指令格式 数据块传送指令用来一次性传送多个数据，块传送包括字节的块传送、字的块传送和双字的块传送，指令格式如表 10-19 所示。

表 10-19 数据块传送指令 BLKMOV 的指令格式

指令名称	编程语言		操作数类型及操作范围
	梯形图	语句表	
字节的块传送指令	BLKMOV_B EN ENO IN OUT N	BMB IN，OUT，N	IN：IB、QB、VB、MB、SB、SMB、LB OUT：IB、QB、VB、MB、SB、SMB、LB IN/OUT 数据类型：字节
字的块传送指令	BLKMOV_W EN ENO IN OUT N	BMW IN，OUT，N	IN：IW、QW、VW、MW、SW、SMW、LW、T、C、AIW OUT：IW、QW、VW、MW、SW、SMW、LW、T、C、AQW IN/OUT 数据类型：字
双字的块传送指令	BLKMOV_D EN ENO IN OUT N	BMD IN，OUT，N	IN：ID、QD、VD、MD、SD、SMD、LD OUT：ID、QD、VD、MD、SD、SMD、LD IN/OUT 数据类型：双字

续表

指令名称	编程语言		操作数类型及操作范围
	梯形图	语句表	
EN（使能端）	I、Q、M、T、C、SM、V、S、L　　数据类型：位		
N （源数据数目）	IB、QB、VB、MB、SB、SMB、LB、AC、常数；数据类型：字节；数据范围：1 ～ 255		
功能说明	当使能端 EN 有效时，把从输入 IN 开始 *N* 个的字节、字、双字传送到 OUT 的起始地址中，传送过程数据内容保持不变		

② 应用举例

a．控制要求：将内部标志位存储器 MB0 开始的 2 个字节（MB0 ～ MB1）中的数据移至 QB0 开始的 2 个字节（QB0 ～ QB1）中，观察 PLC 小灯的点亮情况。

b．程序设计：如图 10-59 所示。

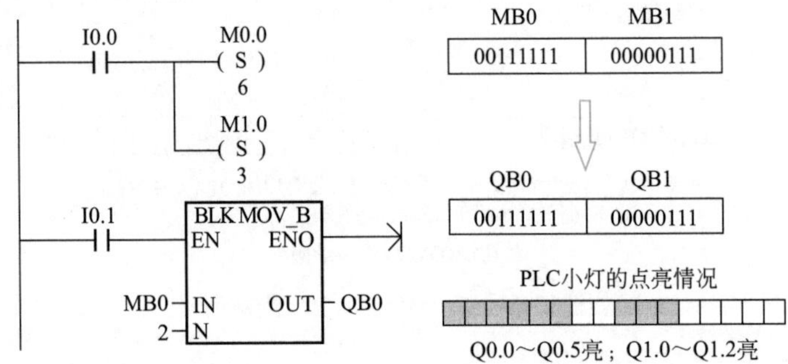

图 10-59　数据块传送指令应用举例

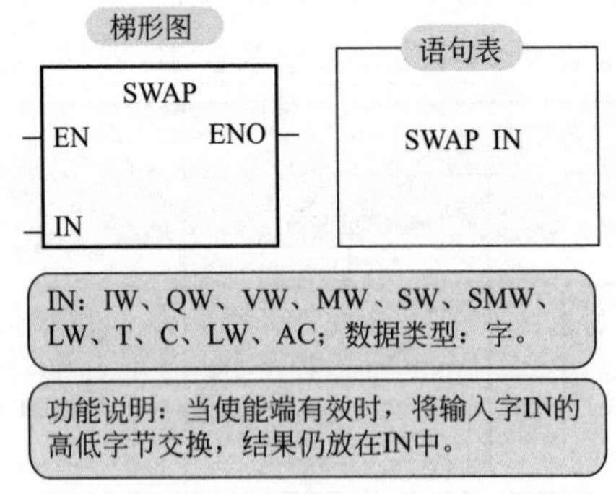

图 10-60　字节交换指令的指令格式

（3）字节交换指令

① 指令格式　字节交换指令用来交换输入字 IN 的最高字节和最低字节，具体指令格式如图 10-60 所示。

② 应用举例

a．控制要求：将字 QW0 中高低字节的内容交换，观察 PLC 小灯的点亮情况。

b．程序设计：如图 10-61 所示。

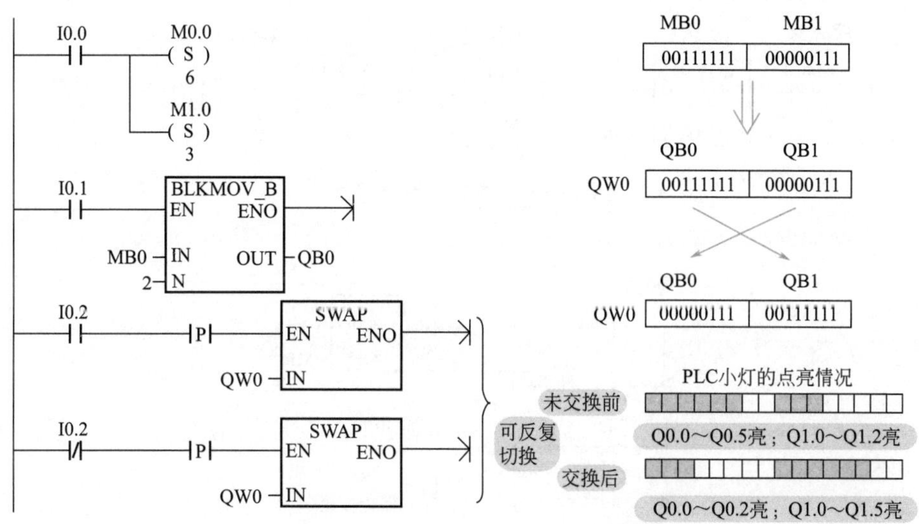

图 10-61　字节交换指令应用举例

（4）字节立即传送指令

字节立即传送指令和位逻辑指令中的立即指令一样，用于输入输出的立即处理，它包括字节立即读指令和字节立即写指令，具体指令格式如表 10-20 所示。

表 10-20　字节立即传送指令的指令格式

指令名称	编程语言		操作数类型及操作范围
	梯形图	语句表	
字节立即读指令	MOV_BIR EN　ENO IN　OUT	BIR　IN，OUT	IN：IB OUT：IB、QB、VB、MB、SB、SMB、LB、AC IN/OUT 数据类型：字节
字节立即写指令	MOV_BIW EN　ENO IN　OUT	BIW　IN，OUT	IN：IB、QB、VB、MB、SB、SMB、LB、AC、常数 OUT：QB IN/OUT 数据类型：字节

字节立即读指令：当使能端有效时，读取实际输入端 IN 给出的 1 个字节的数值，并将结果写入 OUT 所指定的存储单元，但输入映像寄存器未更新。

字节立即写指令：当使能端有效时，从输入端 IN 所指定的存储单元中读取 1 个字节的数据，并写入到 OUT 所指定的存储单元，刷新输出映像寄存器，并将计算结果立即输出到负载。

（5）数据传送指令综合举例

① 初始化程序设计　初始化程序是用于开机运行时对某些存储器置位的一种操作，具体如图 10-62 所示。

② 停止程序设计　停止程序是指对某些存储器清零的一种操作，具体如图 10-63 所示。

③ 应用举例：两级传送带启停控制。

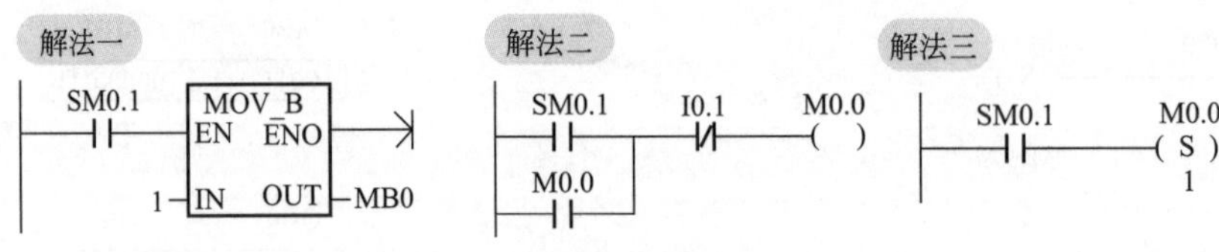

解法一
SM0.1
MOV_B
EN ENO
1 IN OUT MB0
解法二
SM0.1
I0.1
M0.0
( )
M0.0
解法三
SM0.1
M0.0
(S)
1

图 10-62　初始化程序设计

解法一
I0.1
MOV_B
EN ENO
0 IN OUT MB0
停止按钮
解法二
I0.0
P
I0.1
Q0.0
( )
Q0.0
停止按钮
解法三
I0.1
P
Q0.0
(R)
1
停止按钮

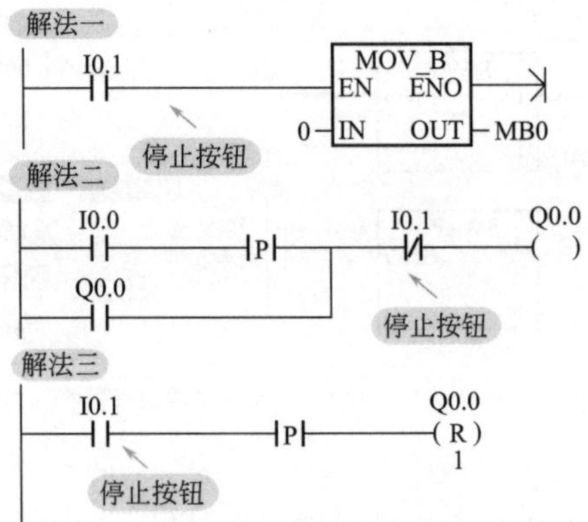

图 10-63　停止程序的设计

a. 控制要求：两级传送带启停控制如图 10-64 所示，当按下启动按钮后，电动机 M1 接通；当货物到达 I0.1 后，I0.1 接通并启动电动机 M2；当货物到达 I0.2 后，M1 停止；当货物到达 I0.3 后，M2 停止。

I0.1 I0.2
I0.3
货物
启动
I0.0
M1
Q0.0
M2
Q1.0

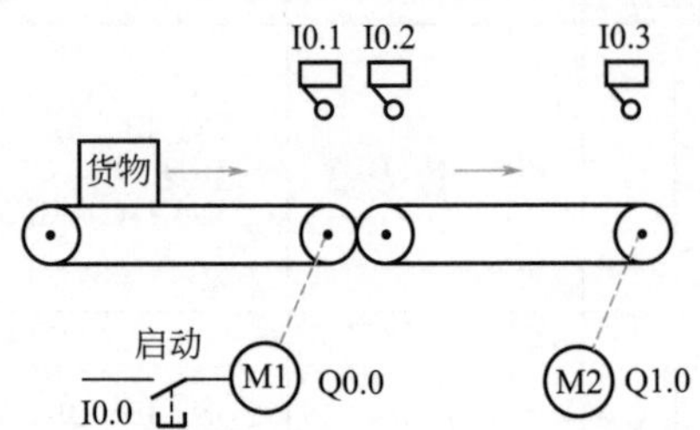

图 10-64　两级传送带启停控制

b．程序设计：如图 10-65 所示。

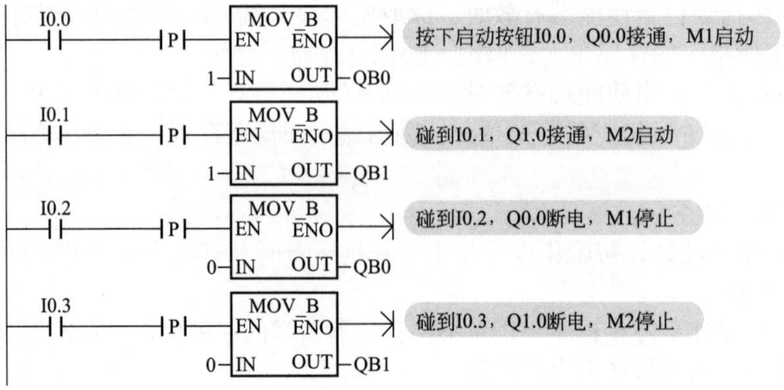

I0.0
P
MOV_B
EN ENO
1 IN OUT QB0
按下启动按钮I0.0，Q0.0接通，M1启动
I0.1
P
MOV_B
EN ENO
1 IN OUT QB1
碰到I0.1，Q1.0接通，M2启动
I0.2
P
MOV_B
EN ENO
0 IN OUT QB0
碰到I0.2，Q0.0断电，M1停止
I0.3
P
MOV_B
EN ENO
0 IN OUT QB1
碰到I0.3，Q1.0断电，M2停止

图 10-65　两级传送带启停控制的梯形图

④ 应用举例：小车运行方向控制。

a．控制要求：小车运行示意如图 10-66 所示，当小车所停止位置限位开关 SQ 的编号大于呼叫位置按钮 SB 的编号时，小车向左运行到呼叫位置时停止；当小车所停止位置限位开关 SQ 的编号小于呼叫位置按钮 SB 的编号时，小车向右运行到呼叫位置时停止；当小车所停止位置限位开关 SQ 的编号等于呼叫位置按钮 SB 的编号时，小车不动作。

b．程序设计：如图 10-67 所示。

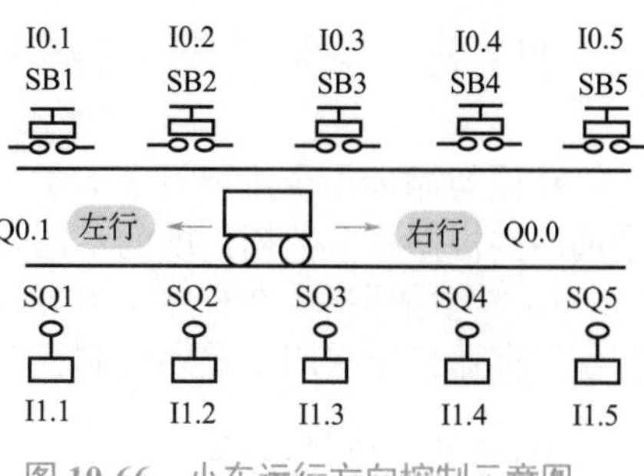

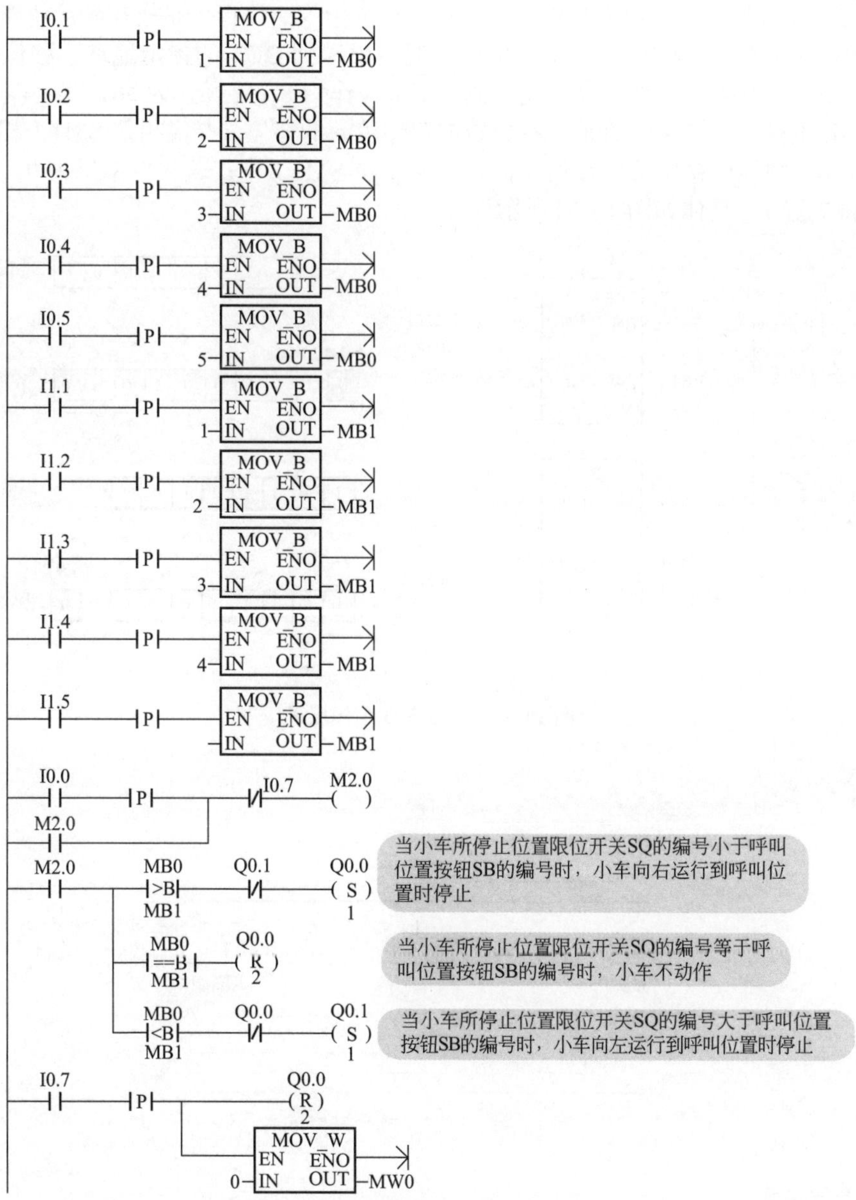

图 10-66　小车运行方向控制示意图

当小车所停止位置限位开关SQ的编号小于呼叫位置按钮SB的编号时，小车向右运行到呼叫位置时停止

当小车所停止位置限位开关SQ的编号等于呼叫位置按钮SB的编号时，小车不动作

当小车所停止位置限位开关SQ的编号大于呼叫位置按钮SB的编号时，小车向左运行到呼叫位置时停止

图 10-67　小车运行方向控制程序

10.6 移位与循环指令

移位与循环指令主要有 3 大类，分别为移位指令、循环移位指令和移位寄存器指令。其中前两类根据移位数据长度的不同，可分为字节型、字型和双字型三种。

移位与循环指令在程序中可方便地实现某些运算，也可以用于取出数据中的有效位数字。移位寄存器指令多用于顺序控制程序的编制。

10.6.1 移位指令

（1）工作原理

移位指令分为两种，分别为左移位指令和右移位指令。该指令是指在满足使能条件的情况下，将 IN 中的数据向左或向右移 *N* 位后，把结果送到 OUT 的指定地址。移位指令对移出位自动补 0，如果移动位数 *N* 大于允许值（字节操作为 8，字操作为 16，双字操作为 32）时，实际移动的位数为最大允许值。移位数据存储单元的移位端与溢出位 SM1.1 相连，若移位次数大于 0，则最后移出位的数值将保存在溢出位 SM1.1 中；若移位结果为 0，则零标志位 SM1.0 将被置 1，具体如图 10-68 所示。

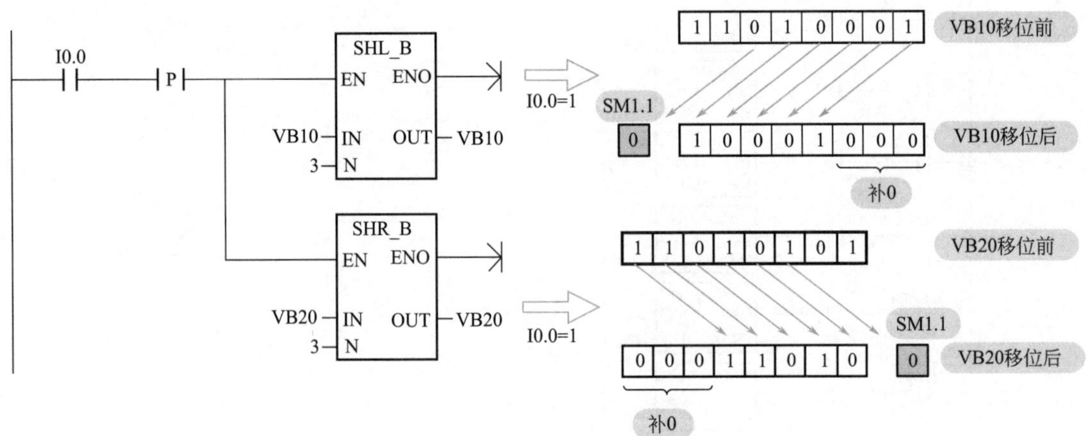

图 10-68 移位指令工作原理

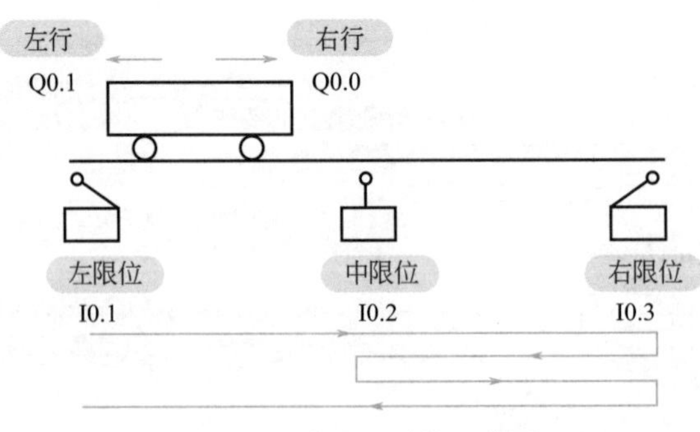

图 10-69 小车运动的示意图

（2）指令格式

指令格式如表 10-21 所示。

表 10-21 移位指令的指令格式

指令名称	编程语言		操作数类型及操作范围
	梯形图	语句表	
字节左移位指令	SHL_B EN ENO IN OUT N	SLB OUT，N	IN：IB、QB、VB、MB、SB、SMB、LB、AC、常数 OUT：IB、QB、VB、MB、SB、SMB、LB、AC IN/OUT 数据类型：字节
字节右移位指令	SHR_B EN ENO IN OUT N	SRB OUT，N	
字左移位指令	SHL_W EN ENO IN OUT N	SLW OUT，N	IN：IW、QW、VW、MW、SW、SMW、LW、AC、T、C、AIW、常数 OUT：IW、QW、VW、MW、SW、SMW、LW、AC、T、C、AQW IN/OUT 数据类型：字
字右移位指令	SHR_W EN ENO IN OUT N	SRW OUT，N	
双字左移位指令	SHL_DW EN ENO IN OUT N	SLD OUT，N	IN：ID、QD、VD、MD、SD、SMD、LD、AC、HC、常数 OUT：ID、QD、VD、MD、SD、SMD、LD、AC IN/OUT 数据类型：双字
双字右移位指令	SHR_DW EN ENO IN OUT N	SRD OUT，N	
EN	I、Q、M、T、C、SM、V、S、L　EN 数据类型：位		
N	IB、QB、VB、MB、SB、SMB、LB、AC、常数　N 数据类型：字节		

（3）应用举例：小车自动往返控制

① 控制要求　设小车初始状态停止在最左端，当按下启动按钮时，小车按图 10-69 所示的轨迹运动；当再次按下启动按钮时，小车又开始了新的一轮运动。

② 程序设计　如图 10-70 所示。

a．绘制顺序功能图。

b．将顺序功能图转化为梯形图。

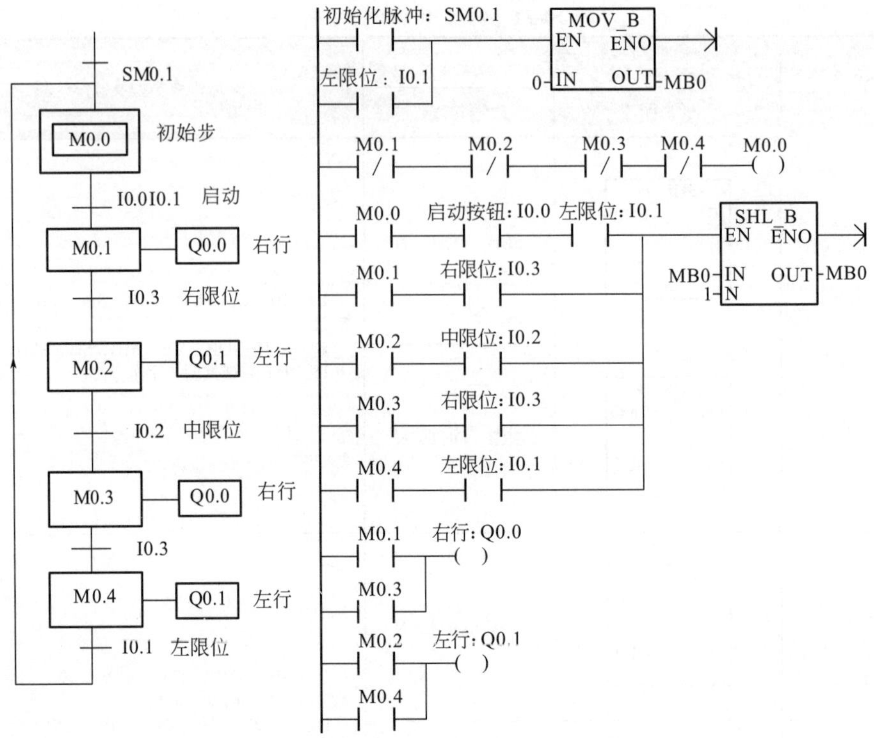

图 10-70 小车自动往返控制顺序功能图与梯形图

10.6.2 循环移位指令

（1）工作原理

循环移位指令分为两种，分别为循环左移位指令和循环右移位指令。该指令是指在满足使能条件的情况下，将 IN 中的数据向左或向右移 *N* 位后，把结果输出到 OUT 的指定地址。循环移位是一个环形，即被移出来的位将返回另一端空出的位置。若移动的位数 *N* 大于允许值（字节操作为 8，字操作为 16，双字操作为 32）时，执行循环移位之前先对 *N* 进行取模操作，例如字节移位，将 *N* 除以 8 以后取余数，从而得到一个有效的移位次数。取模的结果对于字节操作是 0 ～ 7，对于字操作是 0 ～ 15，对于双字操作是 0 ～ 31，若取模操作为 0，则不能进行循环移位操作。

若执行循环移位操作，则移位的最后一位的数值存放在溢出位 SM1.1 中；若实际移位次数为 0，则零标志位 SM1.0 被置 1；字节操作是无符号的，对于有符号的双字移位时，符号位也被移位，具体如图 10-71 所示。

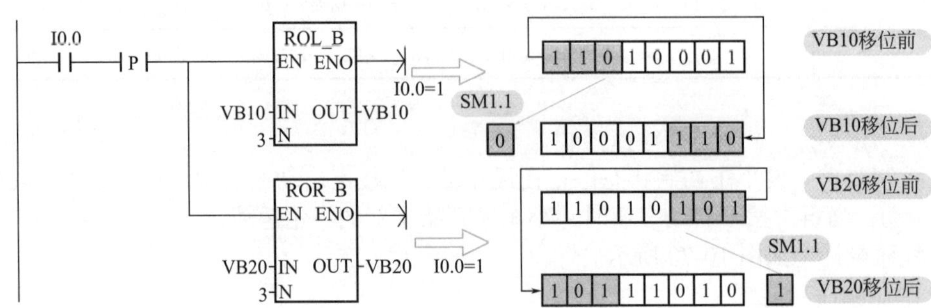

图 10-71 移位循环指令工作原理

（2）指令格式

指令格式如表 10-22 所示。

表 10-22 移位循环指令的指令格式

指令名称	编程语言		操作数类型及操作范围
	梯形图	语句表	
字节左移位循环指令	ROL_B EN ENO IN OUT N	RLB OUT，N	IN：IB、QB、VB、MB、SB、SMB、LB、AC、常数 OUT：IB、QB、VB、MB、SB、SMB、LB、AC IN/OUT 数据类型：字节
字节右移位循环指令	ROR_B EN ENO IN OUT N	RRB OUT，N	
字左移位循环指令	ROL_W EN ENO IN OUT N	RLW OUT，N	IN：IW、QW、VW、MW、SW、SMW、LW、AC、T、C、AIW、常数 OUT：IW、QW、VW、MW、SW、SMW、LW、AC、T、C、AQW IN/OUT 数据类型：字
字右移位循环指令	ROR_W EN ENO IN OUT N	RRW OUT，N	
双字左移位循环指令	ROL_DW EN ENO IN OUT N	RLD OUT，N	IN：ID、QD、VD、MD、SD、SMD、LD、AC、HC、常数 OUT：ID、QD、VD、MD、SD、SMD、LD、AC IN/OUT 数据类型：双字
双字右移位循环指令	ROR_DW EN ENO IN OUT N	RRD OUT，N	
N	IB、QB、VB、MB、SB、SMB、LB、AC、常数； N 数据类型：字节		

（3）应用举例：彩灯移位循环控制

① 控制要求：按下启动按钮 I0.0 且选择开关处于 1 位置（I0.2 常闭处于闭合状态）时，小灯左移循环；搬动选择开关处于 2 位置（I0.2 常开处于闭合状态）时，小灯右移循环。

② 程序设计：如图 10-72 所示。

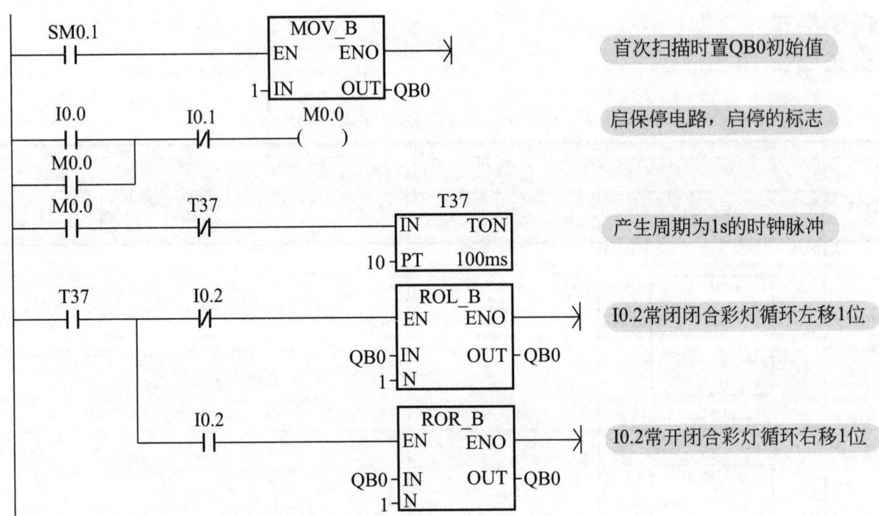

图 10-72 彩灯移位循环控制程序

10.6.3 移位寄存器指令

移位寄存器指令是移位长度和移位方向可调的移位指令，在顺序控制、物流及数据流控制等场合应用广泛。

（1）移位寄存器指令的指令格式

移位寄存器指令的格式如图 10-73 所示。

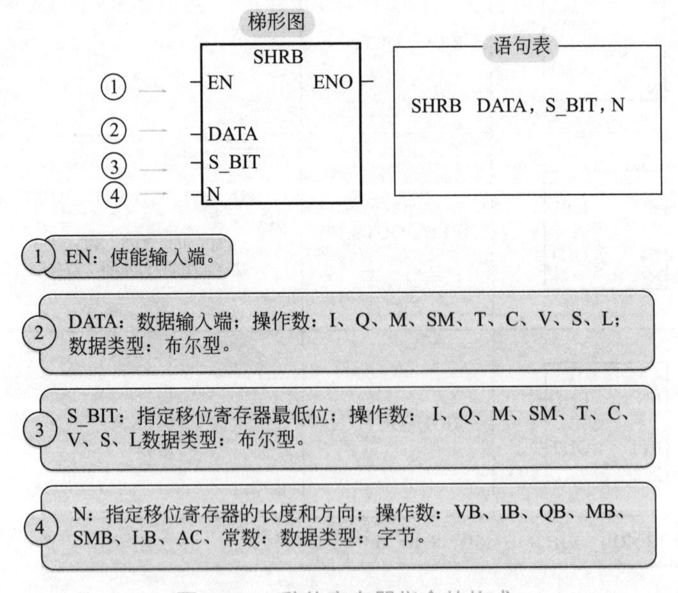

图 10-73 移位寄存器指令的格式

（2）工作过程

当使能输入端 EN 有效时，位数据 DATA 实现装入移位寄存器的最低位 S_BIT，此后每当有 1 个脉冲输入使能端时，移位寄存器都会移动 1 位。需要说明的是移位长度和方向与 N 有关，移位长度范围为 1 ～ 64；移位方向取决于 N 的符号，当 N>0 时，移位方向向左，输入数据 DATA 移入移位寄存器的最低位 S_BIT，并移出移位寄存器的最高位；当 *N*<0 时，移位方向向右，输入数据移入移位寄存器的最高位，并移出最低位 S_BIT，移出的数据被放置在溢出位 SM1.1 中，具体如图 10-74 所示。

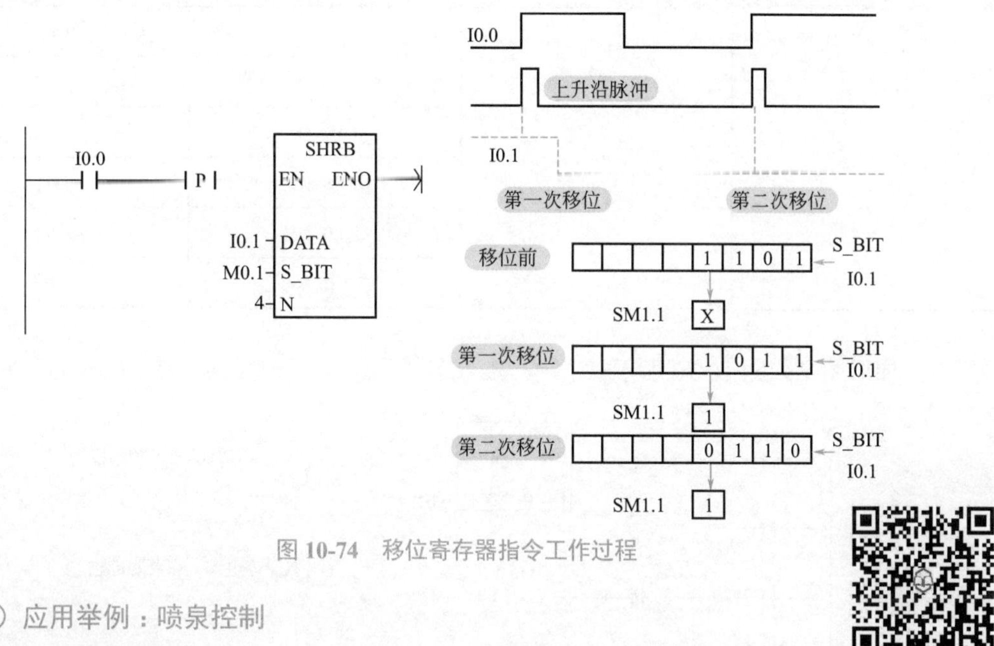

图 10-74　移位寄存器指令工作过程

（3）应用举例：喷泉控制

重点提示

移位寄存器中的 *N* 是移位总的长度，即一共移动了多少位；左右移位（循环）指令中的 *N* 是每次移位的长度。

① 控制要求　某喷泉由 L1 ～ L10 十根水柱构成，如图 10-75 所示。按下启动按钮，喷泉按图 10-75 所示花样喷水；按下停止按钮，喷水全部停止。

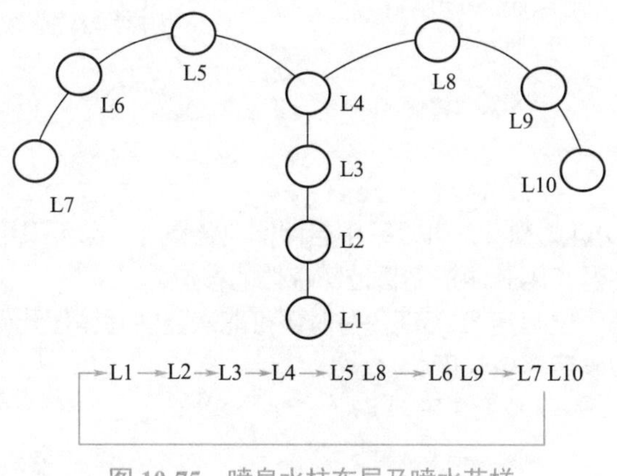

图 10-75　喷泉水柱布局及喷水花样

② 程序设计

a. I/O 分配：喷泉控制 I/O 分配情况如表 10-23 所示。

表 10-23　喷泉控制 I/O 分配表

输入量		输出量	
启动按钮	I0.0	L1 水柱	Q0.0
停止按钮	I0.1	L2 水柱	Q0.1
		L3 水柱	Q0.2
		L4 水柱	Q0.3
		L5/L8 水柱	Q0.4
		L6/L9 水柱	Q0.5
		L7/L10 水柱	Q0.6

b．梯形图：如图 10-76 所示。

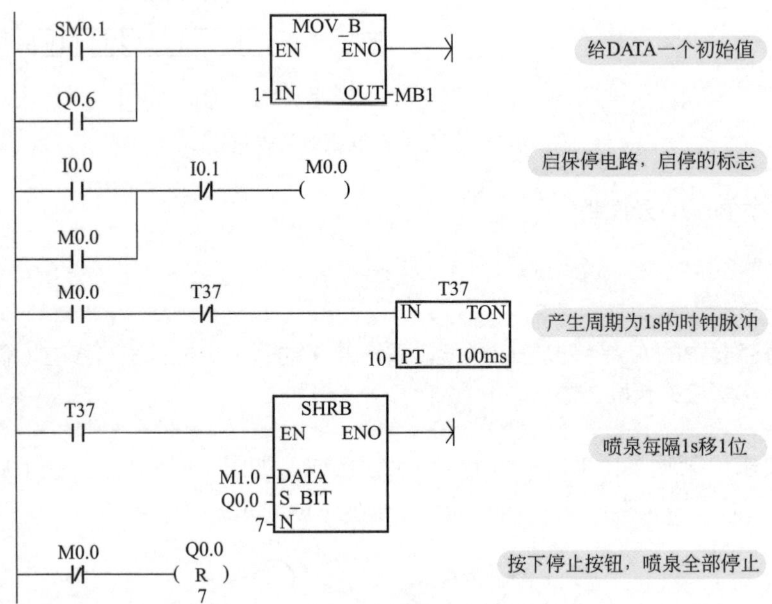

图 10-76　喷泉控制梯形图

重点提示

① 将输入数据 DATA 置 1，可以采用启保停电路置 1，也可采用传送指令。
② 构造脉冲发生器，用脉冲控制移位寄存器的移位。
③ 通过输出的第一位确定 S_BIT，有时还可能需要中间编程元件。
④ 通过输出个数确定移位长度。

10.7 数学运算类指令

PLC 普遍具有较强的运算功能，其中数学运算指令是实现运算的主体，它包括四则运算指令、数学功能指令和递增指令、递减指令。其中四则运算指令包括整数四则运算指令、双整数四则运算指令、实数四则运算指令；数学功能指令包括三角函数指令、对数函数指令和平方根指令等。S7-200PLC 对于数学运算指令来说，在使用时需注意存储单元的分配，在梯形图中，源操作数 IN1、IN2 和目标操作数 OUT 可以使用不一样的存储单元，这样编写程序比较清晰且容易理解。在使用语句表时，其中的一个源操作数需要和目标操作数 OUT 的存储单元一致，因此给理解和阅读带来不便，在使用数学运算指令时，建议读者使用梯形图。

10.7.1　四则运算指令

（1）加法/乘法运算

整数、双整数、实数的加法 / 乘法运算是将源操作数运算后产生的结果存储在目标操作数 OUT 中，操作数数据类型不变。常规乘法是将两个 16 位整数相乘，产生一个 32 位的结果。

• 梯形图表示：IN1+IN2=OUT（IN1×IN2=OUT），其含义为当加法（乘法）允许信号 EN=1 时，被加数（被乘数）IN1 与加数（乘数）IN2 相加（乘）送到 OUT 中。

• 语句表表示：IN1+OUT=OUT（IN1×OUT=OUT），其含义为先将加数（乘数）送到 OUT 中，然后把 OUT 中的数据和 IN1 中的数据进行相加（乘），并将其结果传送到 OUT 中。

① 指令格式　加法运算指令格式如表 10-24 所示，乘法运算指令格式如表 10-25 所示。

表 10-24　加法运算指令格式

指令名称	编程语言		操作数类型及操作范围
	梯形图	语句表	
整数加法指令	ADD_I EN ENO IN1 OUT IN2	+I IN1，OUT	IN1/IN2：IW、QW、VW、MW、SW、SMW、LW、AC、T、C、AIW、常数 OUT：IW、QW、VW、MW、SW、SMW、LW、AC、T、C IN/OUT 数据类型：整数
双整数加法指令	ADD_DI EN ENO IN1 OUT IN2	+D IN1，OUT	IN1/IN2：ID、QD、VD、MD、SD、SMD、LD、AC、HC、常数 OUT：ID、QD、VD、MD、SD、SMD、LD、AC IN/OUT 数据类型：双整数
实数加法指令	ADD_R EN ENO IN1 OUT IN2	+R IN1，OUT	IN1/IN2：ID、QD、VD、MD、SD、SMD、LD、AC、常数 OUT：ID、QD、VD、MD、SD、SMD、LD、AC IN/OUT 数据类型：实数

表 10-25　乘法运算指令格式

指令名称	编程语言		操作数类型及操作范围
	梯形图	语句表	
整数乘法指令	MUL_I EN ENO IN1 OUT IN2	*I IN1，OUT	IN1/IN2：IW、QW、VW、MW、SW、SMW、LW、AC、T、C、AIW、常数 OUT：IW、QW、VW、MW、SW、SMW、LW、AC、T、C IN/OUT 数据类型：整数

续表

指令名称	编程语言		操作数类型及操作范围
	梯形图	语句表	
双整数乘法指令	MUL_DI EN ENO IN1 OUT IN2	*D IN1，OUT	IN1/IN2：ID、QD、VD、MD、SD、SMD、LD、AC、HC、常数 OUT：ID、QD、VD、MD、SD、SMD、LD、AC IN/OUT 数据类型：双整数
实数乘法指令	MUL_R EN ENO IN1 OUT IN2	*R IN1，OUT	IN1/IN2：ID、QD、VD、MD、SD、SMD、LD、AC、常数 OUT：ID、QD、VD、MD、SD、SMD、LD、AC IN/OUT 数据类型：实数

② 应用举例

按下启动按钮，小灯 Q0.0 会点亮吗？程序如图 10-77 所示。

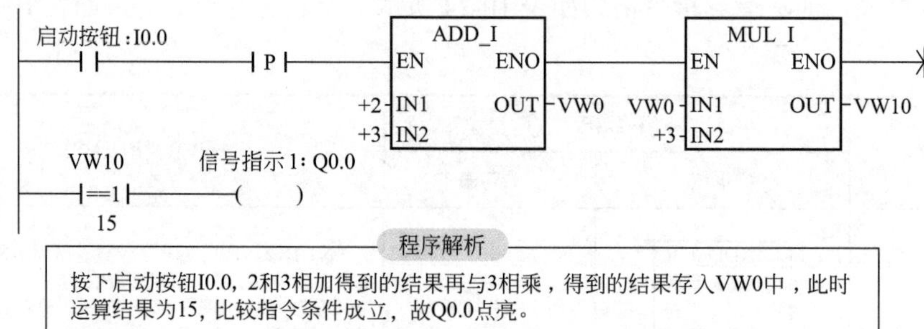

图 10-77 加法 / 乘法指令应用举例

（2）减法/除法运算

整数、双整数、实数的减法 / 除法运算是将源操作数运算后产生的结果存储在目标操作数 OUT 中，整数、双整数除法不保留小数。而常规除法是将两个 16 位整数相除，产生一个 32 位的结果，其中高 16 位存储余数，低 16 位存储商。

• 梯形图表示：IN1-IN2=OUT（IN1/IN2=OUT），其含义为当减法（除法）允许信号 EN=1 时，被减数（被除数）IN1 与减数（除数）IN2 相减（除）送到 OUT 中。

• 语句表表示：IN1-OUT=OUT（IN1/OUT=OUT），其含义为先将减数（除数）送到 OUT 中，然后把 OUT 中的数据和 IN1 中的数据进行相减（除），并将其结果传送到 OUT 中。

① 指令格式　减法运算指令格式如表 10-26 所示，除法运算指令格式如表 10-27 所示。

表 10-26 减法运算指令格式

指令名称	编程语言		操作数类型及操作范围
	梯形图	语句表	
整数减法指令	SUB_I EN ENO IN1 OUT IN2	-I IN1，OUT	IN1/IN2：IW、QW、VW、MW、SW、SMW、LW、AC、T、C、AIW、常数 OUT：IW、QW、VW、MW、SW、SMW、LW、AC、T、C IN/OUT 数据类型：整数

续表

指令名称	编程语言		操作数类型及操作范围
	梯形图	语句表	
双整数减法指令	SUB_DI EN ENO IN1 OUT IN2	-D IN1，OUT	IN1/IN2：ID、QD、VD、MD、SD、SMD、LD、AC、HC、常数 OUT：ID、QD、VD、MD、SD、SMD、LD、AC IN/OUT 数据类型：双整数
实数减法指令	SUB_R EN ENO IN1 OUT IN2	-R IN1，OUT	IN1/IN2：ID、QD、VD、MD、SD、SMD、LD、AC、常数 OUT：ID、QD、VD、MD、SD、SMD、LD、AC IN/OUT 数据类型：实数

表 10-27 除法运算指令格式

指令名称	编程语言		操作数类型及操作范围
	梯形图	语句表	
整数除法指令	DIV_I EN ENO IN1 OUT IN2	/I IN1，OUT	IN1/IN2：IW、QW、VW、MW、SW、SMW、LW、AC、T、C、AIW、常数 OUT：IW、QW、VW、MW、SW、SMW、LW、AC、T、C IN/OUT 数据类型：整数
双整数除法指令	DIV_DI EN ENO IN1 OUT IN2	/D IN1，OUT	IN1/IN2：ID、QD、VD、MD、SD、SMD、LD、AC、HC、常数 OUT：ID、QD、VD、MD、SD、SMD、LD、AC IN/OUT 数据类型：双整数
实数除法指令	DIV_R EN ENO IN1 OUT IN2	/R IN1，OUT	IN1/IN2：ID、QD、VD、MD、SD、SMD、LD、AC、常数 OUT：ID、QD、VD、MD、SD、SMD、LD、AC IN/OUT 数据类型：实数

② 应用举例　按下启动按钮，小灯 Q0.0 会点亮吗？程序如图 10-78 所示。

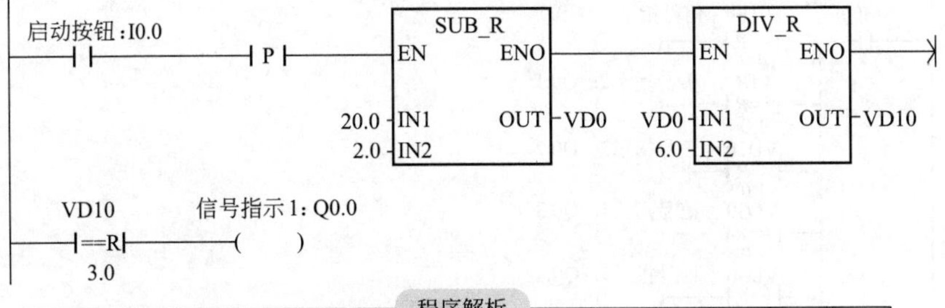

程序解析

按下启动按钮I0.0，20.0和2.0相减得到的结果再与6.0相除，得到的结果存入VD10中，此时运算结果为3.0，比较指令条件成立，故Q0.0点亮。

图 10-78 减法 / 除法指令应用举例

10.7.2 数学功能指令

S7-200PLC 的数学函数指令有平方根指令、自然对数指令、指数指令、正弦指令、余弦指令和正切指令。平方根指令是将一个双字长（32 位）的实数 IN 开平方，得到 32 位的实数结果送到 OUT；自然对数指令是将一个双字长（32 位）的实数 IN 取自然对数，得到 32 位的实数结果送到 OUT；指数指令是将一个双字长（32 位）的实数 IN 取以 e 为底的指数，得到 32 位的实数结果送到 OUT；正弦、余弦和正切指令是将一个弧度值 IN 分别求正弦、余弦和正切，得到 32 位的实数结果送到 OUT。以上运算输入输出数据都为实数，结果大于 32 位二进制数表示的范围时产生溢出。

（1）指令格式

数学功能指令的指令格式如表 10-28 所示。

表 10-28 数学功能指令的指令格式

指令名称		平方根指令	指数指令	自然对数指令	正弦指令	余弦指令	正切指令
编程语言	梯形图	SQRT EN ENO IN OUT	EXP EN ENO IN OUT	LN EN ENO IN OUT	SIN EN ENO IN OUT	COS EN ENO IN OUT	TAN EN ENO IN OUT
	语句表	SQRT IN，OUT	EXP IN，OUT	LN IN，OUT	SIN IN，OUT	COS IN，OUT	TN IN，OUT
操作数类型及操作范围		IN：ID、QD、VD、MD、SD、SMD、LD、AC、常数 OUT：ID、QD、VD、MD、SD、SMD、LD、AC IN/OUT 数据类型：实数					

（2）应用举例

按下启动按钮，观察哪些灯亮，哪些灯不亮，为什么？程序如图 10-79 所示。

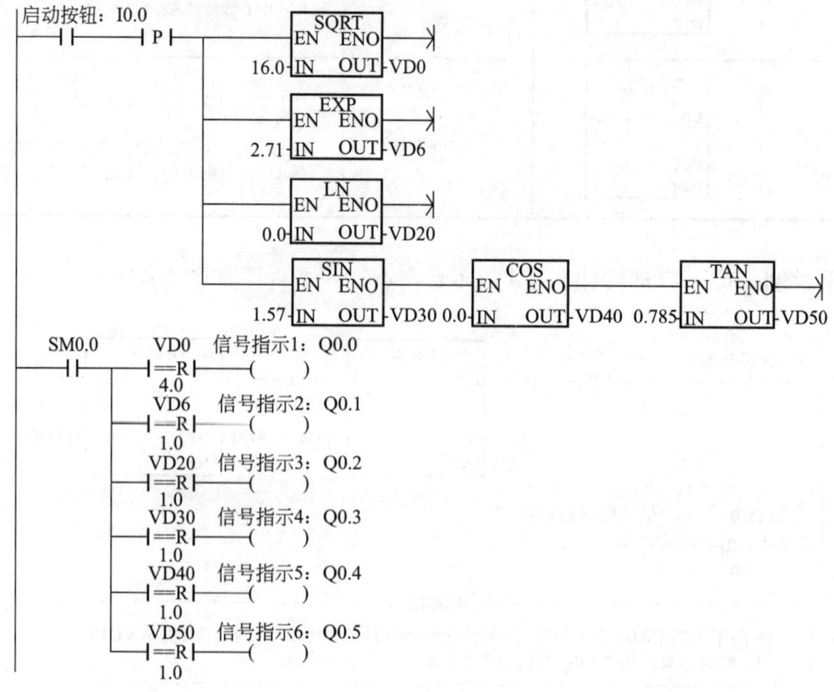

图 10-79 三角函数指令应用举例

10.7.3　递增、递减指令

（1）指令简介

字节、字、双字的递增 / 递减指令是指源操作数加 1 或减 1，并将结果存放到 OUT 中，其中字节增减是无符号的，字和双字增减是有符号的数。

• 梯形图表示：IN+1=OUT，IN−1=OUT。

• 语句表表示：OUT+1=OUT，OUT−1=OUT。

值得说明的是，IN 和 OUT 使用相同的存储单元。递增、递减指令的指令格式如表 10-29 所示。

表 10-29　递增、递减指令的指令格式

指令名称		字节递增指令	字节递减指令	字递增指令	字递减指令	双字递增指令	双字递减指令
编程语言	梯形图	INC_B EN ENO IN OUT	DEC_B EN ENO IN OUT	INC_W EN ENO IN OUT	DEC_W EN ENO IN OUT	INC_DW EN ENO IN OUT	DEC_DW EN ENO IN OUT
	语句表	INCB OUT	DECB OUT	INCW OUT	DECW OUT	INCD OUT	DECD OUT
操作数范围		IN：IB、QB、VB、MB、SB、SMB、LB、AC、常数；OUT：IB、QB、VB、MB、SB、SMB、LB、AC		IN：IW、QW、VW、MW、SW、SMW、LW、AC、T、C、AIW、常数；OUT：IW、QW、VW、MW、SW、SMW、LW、AC、T、C		IN1/IN2：ID、QD、VD、MD、SD、SMD、LD、AC、HC、常数；OUT：ID、QD、VD、MD、SD、SMD、LD、AC	

（2）应用举例

按下启动按钮，观察 Q0.0 灯是否会点亮。程序如图 10-80 所示。

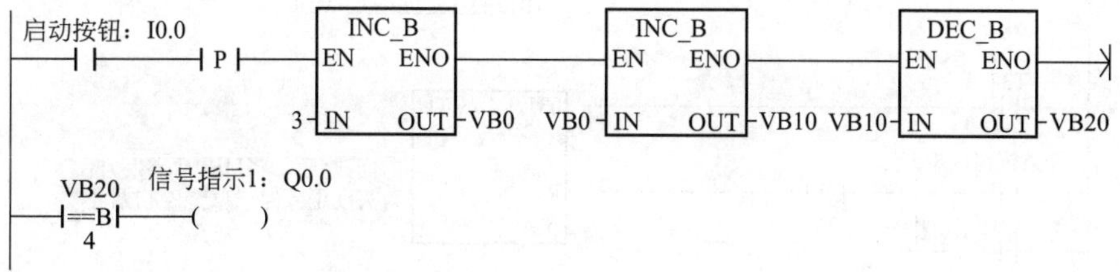

图 10-80　递增 / 递减指令应用举例

10.7.4　综合应用举例

例 1：试用编程计算 (9+1)×10−19 再开方的值。

具体程序如图 10-81 所示。程序编制并不难，按照数学 (9+1)×10−19，一步步地用数学运算指令表达出来即可。这里考虑到 SQRT 指令输入输出操作数均为实数，故加、减和乘指令也都选择了实数型。如果结果等于 9，则 Q0.0 灯会亮。

启动按钮：I0.0
P
ADD_R
EN ENO
9.0 IN1 OUT VD0
1.0 IN2
MUL_R
EN ENO
VD0 IN1 OUT VD10
10.0 IN2
SUB_R
EN ENO
VD10 IN1 OUT VD20
19.0 IN2
SQRT
EN ENO
VD20 IN OUT VD30
VD30
==R
9.0
信号指示1：Q0.0

图 10-81　例 1 程序

例 2：控制 1 台 3 相异步电动机，要求电动机按“正转 30s→停止 30s→反转 30s→停止 30s”的顺序自动循环运行，直到按下停止按钮，电动机方停止。

具体程序如图 10-82 所示。需要注意的是，递增指令前面习惯上加一个脉冲 P，否则每个扫描周期都会加 1。

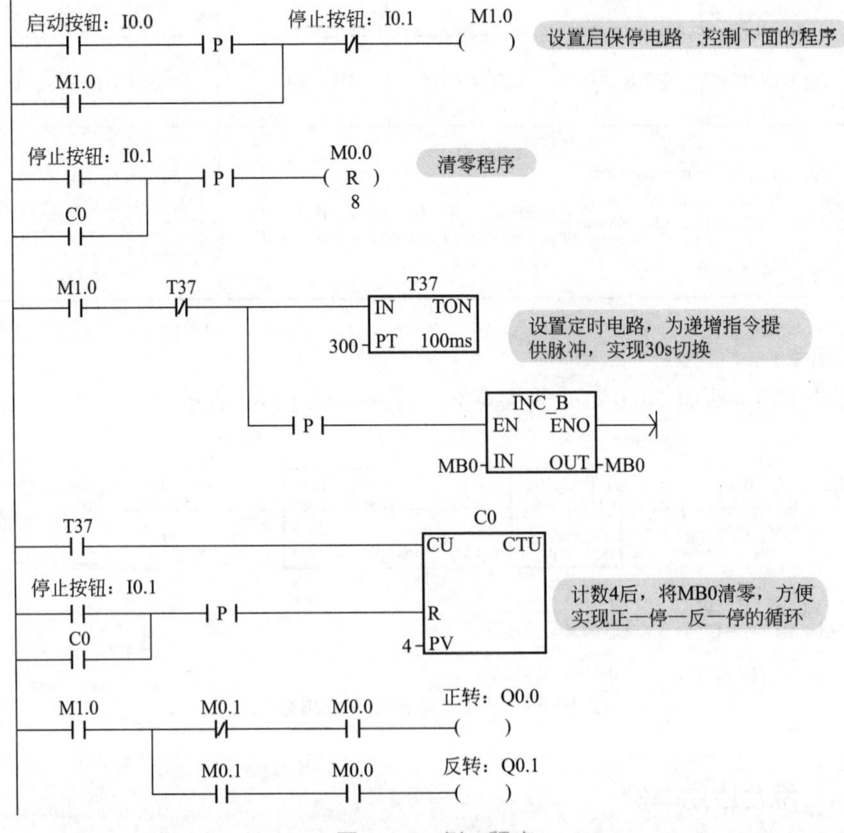

图 10-82　例 2 程序

重点提示

① 数学运算类指令是实现模拟量等复杂运算的基础，需要予以重视。

② 递增 / 递减指令习惯上用脉冲形式，如使能端一直为 ON，则每个扫描周期都会加 1 或减 1，这样有些程序就无法实现了。

10.8　逻辑操作指令

逻辑操作指令是对逻辑数（无符号数）对应位间的逻辑操作的指令，它包括逻辑与、逻辑或、逻辑异或和取反指令。

10.8.1　逻辑与指令

在梯形图中，当逻辑与条件满足时，IN1 和 IN2 按位与，其结果传送到 OUT 中；在语句表中，IN1 和 OUT 按位与，结果传送到 OUT 中，IN2 和 OUT 使用同一存储单元。

（1）指令格式

指令格式如表 10-30 所示。

表 10-30　逻辑与指令

指令名称	编程语言		操作数类型及操作范围
	梯形图	语句表	
字节与指令	WAND_B EN　ENO IN1　OUT IN2	ANDB IN1，OUT	IN：IB、QB、VB、MB、SB、SMB、LB、AC、常数 OUT：IB、QB、VB、MB、SB、SMB、LB、AC IN/OUT 数据类型：字节
字与指令	WAND_W EN　ENO IN1　OUT IN2	ANDW IN1，OUT	IN：IW、QW、VW、MW、SW、SMW、LW、AC、T、C、AIW、常数 OUT：IW、QW、VW、MW、SW、SMW、LW、AC、T、C、AQW IN/OUT 数据类型：字
双字与指令	WAND_DW EN　ENO IN1　OUT IN2	ANDD IN，OUT	IN：ID、QD、VD、MD、SD、SMD、LD、AC、HC、常数 OUT：ID、QD、VD、MD、SD、SMD、LD、AC IN/OUT 数据类型：双字

（2）应用举例

按下启动按钮，观察灯 Q0.0 是否会点亮，为什么？程序如图 10-83 所示。

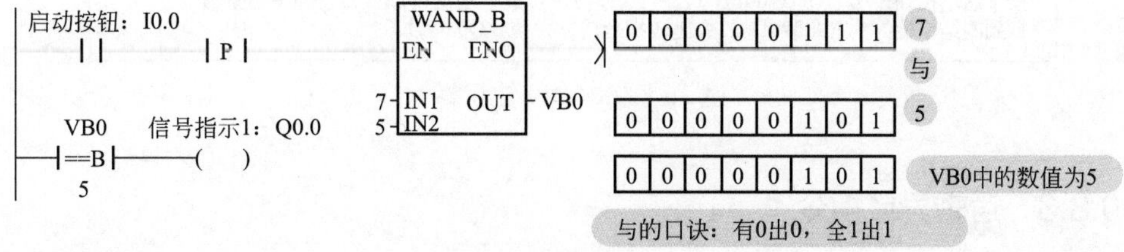

程序解析

按下启动按钮I0.0，7(即2#111)与5(2#101)逐位进行与，根据有0出0、全1出1的原则，得到的结果恰好为5(即2#101)，故比较指令成立，因此Q0.0为1

图 10-83　与指令应用举例

10.8.2 逻辑或指令

在梯形图中，当逻辑或条件满足时，IN1 和 IN2 按位或，其结果传送到 OUT 中；在语句表中，IN1 和 OUT 按位或，结果传送到 OUT 中，IN2 和 OUT 使用同一存储单元。

（1）指令格式

指令格式如表 10-31 所示。

表 10-31 逻辑或指令

指令名称	编程语言		操作数类型及操作范围
	梯形图	语句表	
字节或指令	WOR_B EN ENO IN1 OUT IN2	ORB IN1，OUT	IN：IB、QB、VB、MB、SB、SMB、LB、AC、常数 OUT：IB、QB、VB、MB、SB、SMB、LB、AC IN/OUT 数据类型：字节
字或指令	WOR_W EN ENO IN1 OUT IN2	ORW IN1，OUT	IN：IW、QW、VW、MW、SW、SMW、LW、AC、T、C、AIW、常数 OUT：IW、QW、VW、MW、SW、SMW、LW、AC、T、C、AQW IN/OUT 数据类型：字
双字或指令	WOR_DW EN ENO IN1 OUT IN2	ORD IN，OUT	IN：ID、QD、VD、MD、SD、SMD、LD、AC、HC、常数 OUT：ID、QD、VD、MD、SD、SMD、LD、AC IN/OUT 数据类型：双字

（2）应用举例

按下启动按钮，观察灯 Q0.0 是否会点亮，为什么？程序如图 10-84 所示。

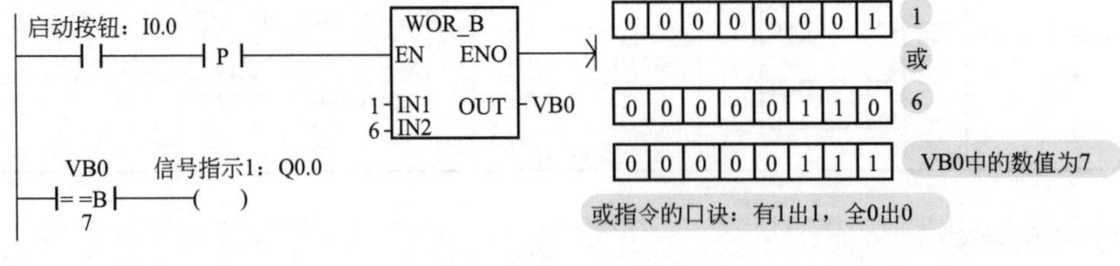

程序解析

按下启动按钮I0.0，1(即2#001)与6(2#110)逐位进行或，根据有1出1、全0出0的原则，得到的结果恰好为7(即2#111)，故比较指令成立，因此Q0.0为1。

图 10-84 或指令应用举例

10.8.3 逻辑异或指令

在梯形图中，当逻辑与条件满足时，IN1 和 IN2 按位异或，其结果传送到 OUT 中；在语句表中，IN1 和 OUT 按位异或，结果传送到 OUT 中，IN2 和 OUT 使用同一存储单元。

（1）指令格式

指令格式如表 10-32 所示。

表 10-32　逻辑异或指令

指令名称	编程语言		操作数类型及操作范围
	梯形图	语句表	
字节异或指令	WXOR_B EN ENO IN1 OUT IN2	XORB IN1，OUT	IN：IB、QB、VB、MB、SB、SMB、LB、AC、常数 OUT：IB、QB、VB、MB、SB、SMB、LB、AC IN/OUT 数据类型：字节
字异或指令	WXOR_W EN ENO IN1 OUT IN2	XORW IN1，OUT	IN：IW、QW、VW、MW、SW、SMW、LW、AC、T、C、AIW、常数 OUT：IW、QW、VW、MW、SW、SMW、LW、AC、T、C、AQW IN/OUT 数据类型：字
双字异或指令	WXOR_DW EN ENO IN1 OUT IN2	XORD IN，OUI	IN：ID、QD、VD、MD、SD、SMD、LD、AC、HC、常数 OUT：ID、QD、VD、MD、SD、SMD、LD、AC IN/OUT 数据类型：双字

（2）应用举例

按下启动按钮，观察灯 Q0.0 是否会点亮，为什么？程序如图 10-85 所示。

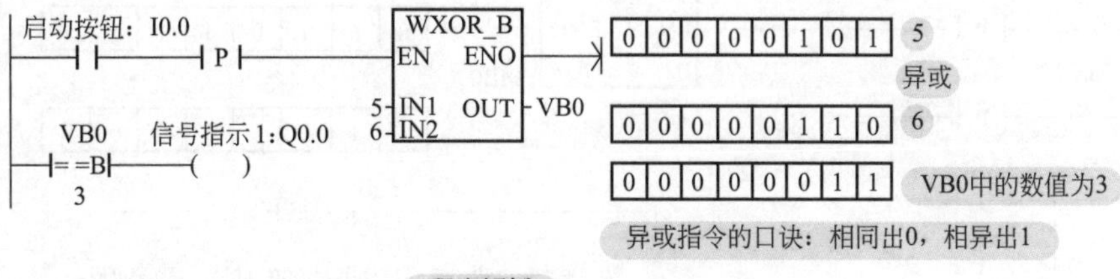

程序解析

按下启动按钮I0.0，5(即2#101)与6(2#110)逐位进行异或，根据相同出0、相异出1的原则，得到的结果恰好为3(即2#011)，故比较指令成立，因此Q0.0为1。

图 10-85　异或指令应用举例

重点提示

按照以下运算口诀，掌握相应的指令是不难的。

逻辑与：有 0 为 0，全 1 出 1。

逻辑或：有 1 为 1，全 0 出 0。

逻辑异或：相同为 0，相异出 1。

10.8.4　取反指令

在梯形图中，当逻辑条件满足时，IN 按位取反，其结果传送到 OUT 中；在语句表中，OUT 按位取反，结果传送到 OUT 中，IN 和 OUT 使用同一存储单元。

（1）指令格式

指令格式如表 10-33 所示。

表 10-33 取反指令

指令名称	编程语言		操作数类型及操作范围
	梯形图	语句表	
字节取反指令	INV_B EN ENO IN OUT	INVB OUT	IN：IB、QB、VB、MB、SB、SMB、LB、AC、常数 OUT：IB、QB、VB、MB、SB、SMB、LB、AC IN/OUT 数据类型：字节
字取反指令	INV_W EN ENO IN OUT	INVW OUT	IN：IW、QW、VW、MW、SW、SMW、LW、AC、T、C、AIW、常数 OUT：IW、QW、VW、MW、SW、SMW、LW、AC、T、C、AQW IN/OUT 数据类型：字
双字取反指令	INV_DW EN ENO IN OUT	INVD OUT	IN：ID、QD、VD、MD、SD、SMD、LD、AC、HC、常数 OUT：ID、QD、VD、MD、SD、SMD、LD、AC IN/OUT 数据类型：双字

（2）应用举例

按下启动按钮，观察灯哪些点亮，哪些灯不亮，为什么？程序如图 10-86 所示。

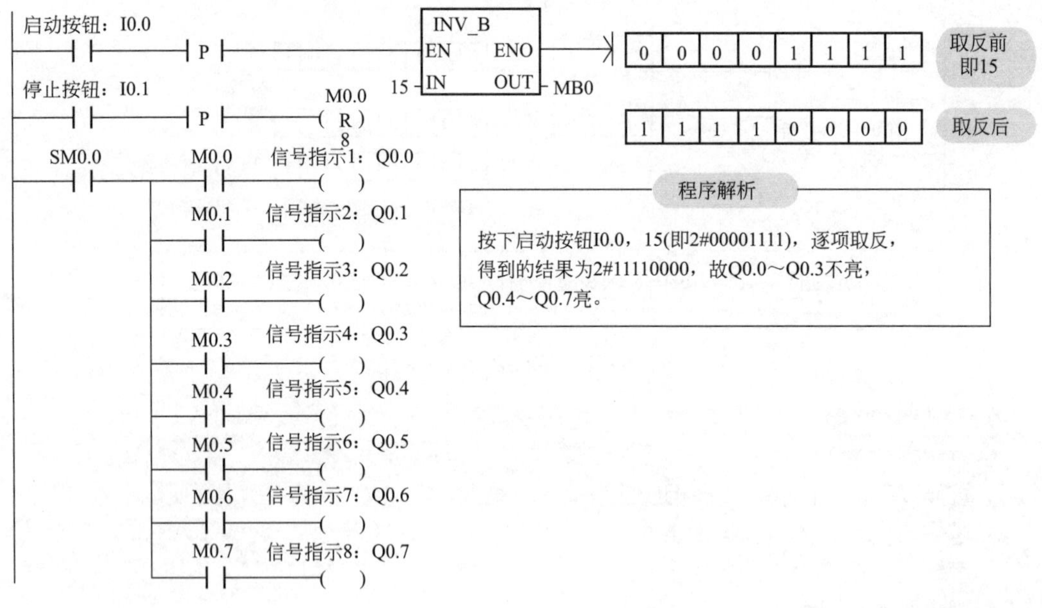

图 10-86 取反指令应用举例

10.8.5 综合应用举例

（1）控制要求

某节目有两位评委和若干选手，评委需对每位选手做出评价，看是过关还是淘汰。

当主持人按下给出评价按钮，两位评委均按 1 键，表示选手过关；否则选手将被淘汰；过关绿灯亮，淘汰红灯亮。

（2）程序设计

① 抢答器控制 I/O 分配情况如表 10-34 所示。

表 10-34　抢答器控制 I/O 分配表

输入量		输出量	
A 评委 1 键	I0.0	过关绿灯	Q0.0
A 评委 0 键	I0.1	淘汰红灯	Q0.1
B 评委 1 键	I0.2		
B 评委 0 键	I0.3		
主持人键	I0.4		
主持人清零按钮	I0.5		

② 程序设计如图 10-87 所示。

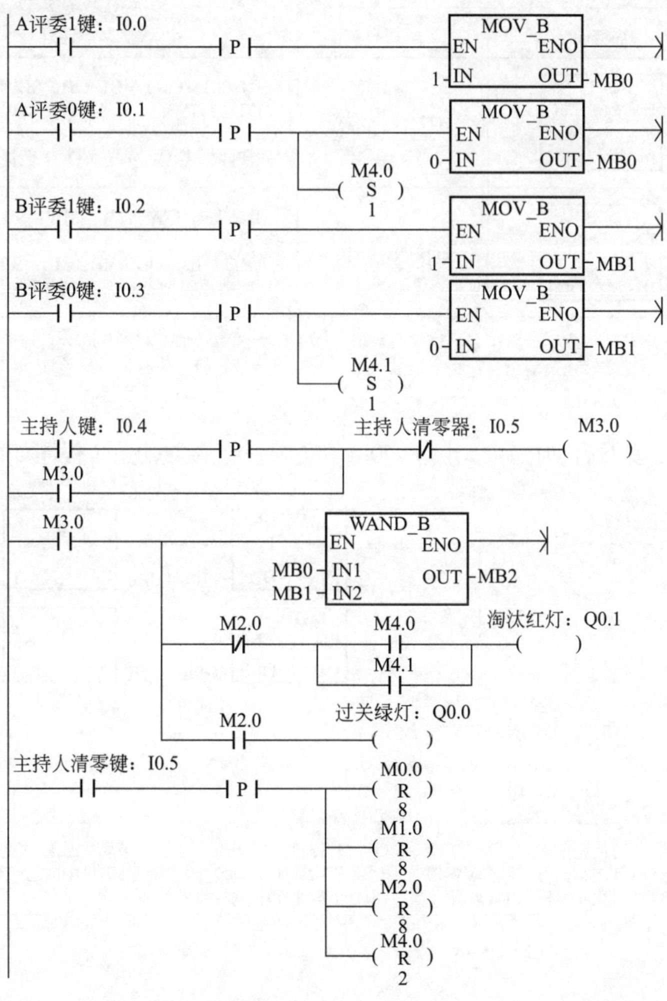

图 10-87　抢答器控制程序

10.9 数据转换指令

编程时，当实际的数据类型与需要的数据类型不符时，就需要对数据类型进行转换。数据转换指令就是完成这类任务的指令。

数据转换指令将操作数类型转换后，把输出结果存入到指定的目标地址中。数据转换指令包括数据类型转换指令、编码与译码指令以及字符串类型转换指令等。

10.9.1 数据类型转换指令

数据类型转换指令包括字节与字整数间的转换指令、字整数与双字整数间的转换指令、双整数与实数间的转换指令及 BCD 码与整数间的转换指令。

（1）字节与字整数间的转换指令

① 指令格式　字节与字整数间的转换指令格式如表 10-35 所示。

表 10-35　字节与字整数间的转换指令格式

指令名称	编程语言		操作数类型及操作范围
	梯形图	语句表	
字节转换成字整数指令	B_I EN ENO IN OUT	BTI IN，OUT	IN：IB、QB、VB、MB、SB、SMB、LB、AC、常数 OUT：IW、QW、VW、MW、SW、SMW、LW、AC、T、C IN 数据类型：字节；OUT 数据类型：整数
字整数转换成字节指令	I_B EN ENO IN OUT	ITB IN，OUT	IN：IW、QW、VW、MW、SW、SMW、LW、AC、T、C、常数 OUT：IB、QB、VB、MB、SB、SMB、LB、AC IN 数据类型：整数；OUT 数据类型：字节
功能说明	①字节转换成字整数指令：将字节数值（IN）转换成整数值，将结果存入目标地址（OUT）中 ②字整数转换字节指令：将字整数（IN）转换成字节，将结果存入目标地址（OUT）中		

② 应用举例　按下启动按钮，小灯 Q0.0 和 Q0.1 会不会点亮？程序如图 10-88 所示。

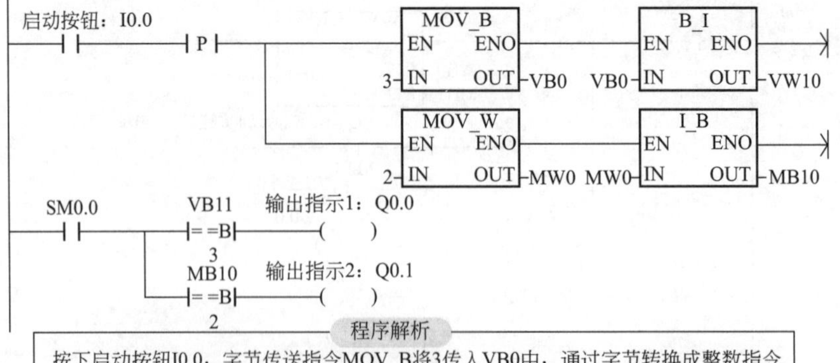

图 10-88　字节与字整数间转换指令举例

（2）字整数与双字整数间的转换指令

字整数与双字整数间的转换指令格式如表 10-36 所示。

表 10-36　字整数与双字整数间的转换指令格式

指令名称	编程语言		操作数类型及操作范围
	梯形图	语句表	
字整数转换成双字整数指令	I_DI EN ENO IN OUT	ITD IN，OUT	IN：IW、QW、VW、MW、SW、SMW、LW、AC、T、C、AIW、常数 OUT：ID、QD、VD、MD、SD、SMD、LD、AC IN 数据类型：整数；OUT 数据类型：双整数
双字整数转换成字整数指令	DI_I EN ENO IN OUT	DTI IN，OUT	IN：ID、QD、VD、MD、SD、SMD、LD、AC、HC、常数 OUT：IW、QW、VW、MW、SW、SMW、LW、AC、T、C IN 数据类型：双整数；OUT 数据类型：整数
功能说明	①字整数转换成双字整数指令：将整数值（IN）转换成双整数值，将结果存入目标地址（OUT）中 ②双字整数转换成字整数指令：将双整数值转换成整数值，将结果存入目标地址（OUT）中		

（3）双整数与实数间的转换指令

① 指令格式　双整数与实数间的转换指令格式如表 10-37 所示。

表 10-37　双整数与实数间的转换指令格式

指令名称	编程语言		操作数类型及操作范围
	梯形图	语句表	
双整数转换成实数指令	DI_R EN ENO IN OUT	DIR IN，OUT	IN：ID、QD、VD、MD、SD、SMD、LD、HC、AC、常数 OUT：ID、QD、VD、MD、SD、SMD、LD、AC IN 数据类型：双整数；OUT 数据类型：实数
四舍五入取整指令	ROUND EN ENO IN OUT	ROUND IN，OUT	IN：ID、QD、VD、MD、SD、SMD、LD、AC、常数 OUT：ID、QD、VD、MD、SD、SMD、LD、AC IN 数据类型：实数；OUT 数据类型：双整数
截位取整指令	TRUNC EN ENO IN OUT	TRUNC IN，OUT	IN：ID、QD、VD、MD、SD、SMD、LD、HC、AC、常数 OUT：ID、QD、VD、MD、SD、SMD、LD、AC IN 数据类型：实数；OUT 数据类型：双整数
功能说明	① DIR 指令：将 32 位带符号整数（IN）转换成 32 位实数，并将结果存入目标地址中（OUT） ②ROUND 指令：按小数部分四舍五入的原则，将实数（IN）转换成双整数值，将结果存入目标地址中（OUT） ③ TRUNC 指令：按小数部分直接舍去原则，将 32 位实数（IN）转换成 32 位双整数值，将结果存入目标地址中（OUT）		

② 应用举例　按下启动按钮，小灯 Q0.0 和 Q0.1 会不会点亮？程序如图 10-89 所示。

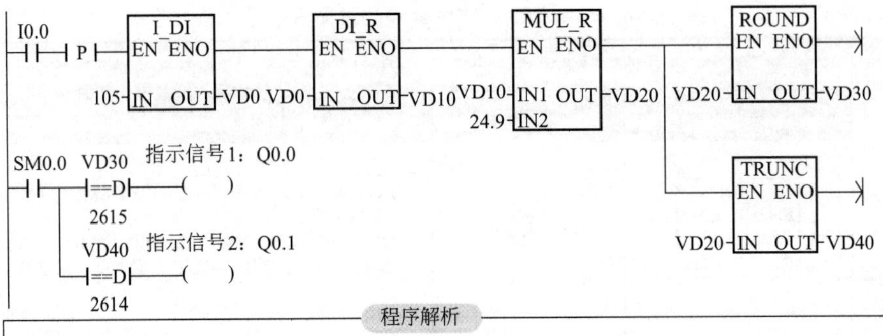

I0.0 P I_DI EN ENO 105 IN OUT VD0　DI_R EN ENO VD0 IN OUT VD10　MUL_R EN ENO VD10 IN1 OUT VD20 24.9 IN2　ROUND EN ENO VD20 IN OUT VD30

TRUNC EN ENO VD20 IN OUT VD40

SM0.0 VD30 ==D 2615 指示信号1：Q0.0

VD40 ==D 2614 指示信号2：Q0.1

程序解析

按下启动按钮I0.0，I_DI指令将105转换为双整数传入VD0中，通过DI_R指令将双整数转换为实数送入VD10中，VD10中的I05.0×24.9存入VD20中，ROUND指令将VD20中的数四舍五入，存入VD30中，VD30中的数为2615；TRUNC指令将VD20中的数舍去小数部分，存入VD40中，VD40中的数为2614，因此Q0.0和Q0.1都亮。

图 10-89　双整数与实数间的转换指令举例

重点提示

以上转换指令是实现模拟量等复杂计算的基础，读者们需予以重视。

（4）BCD 码与整数的转换指令

BCD 码与整数的转换指令格式如表 10-38 所示。

表 10-38　BCD 码与整数的转换指令格式

指令名称	编程语言		操作数类型及操作范围
	梯形图	语句表	
BCD 码转换整数指令	BCD_I EN ENO IN OUT	BCDI，OUT	IN：IW、QW、VW、MW、SW、SMW、LW、AC、T、C、AIW、常数 OUT：IW、QW、VW、MW、SW、SMW、LW、AC、T、C IN/OUT 数据类型：字
整数转换 BCD 码指令	I_BCD EN ENO IN OUT	IBCD，OUT	IN：IW、QW、VW、MW、SW、SMW、LW、AC、T、C、AIW、常数 OUT：IW、QW、VW、MW、SW、SMW、LW、AC、T、C IN/OUT 数据类型：字
功能说明	① BCD 码转换整数指令将二进制编码的十进制数 IN 转换成整数，并将结果存入目标地址中（OUT）；IN 的有效范围是 BCD 码 0 ～ 9999 ②整数转换成BCD码指令将输入整数IN转换成二进制编码的十进制数，将结果存入目标地址中（OUT）；IN 的有效范围是 BCD 码 0 ～ 9999		

10.9.2　译码与编码指令

（1）译码与编码指令

① 指令格式　译码与编码指令格式如表 10-39 所示。

表 10-39　译码与编码指令格式

指令名称	编程语言		操作数类型及操作范围
	梯形图	语句表	
译码指令	DECO EN ENO IN OUT	DECO IN，OUT	IN：IB、QB、VB、MB、SB、SMB、LB、AC、常数 OUT：IW、QW、VW、MW、SW、SMW、LW、AC、T、C、AQW IN 数据类型：字节；OUT 数据类型：字
编码指令	ENCO EN ENO IN OUT	ENCO IN，OUT	IN：IW、QW、VW、MW、SW、SMW、LW、AC、T、C、AIW OUT：IB、QB、VB、MB、SB、SMB、LB、AC、常数 IN 数据类型：字；OUT 数据类型：字节
功能说明	①译码指令根据输入字节 IN 的低 4 位表示的输出字的位号，将输出字的相对应位置 1 ②编码指令将输入字 IN 最低有效位的位号写入输出字节的低 4 位中		

② 应用举例　按下启动按钮，小灯 Q0.0 和 Q0.1 会不会点亮？程序如图 10-90 所示。

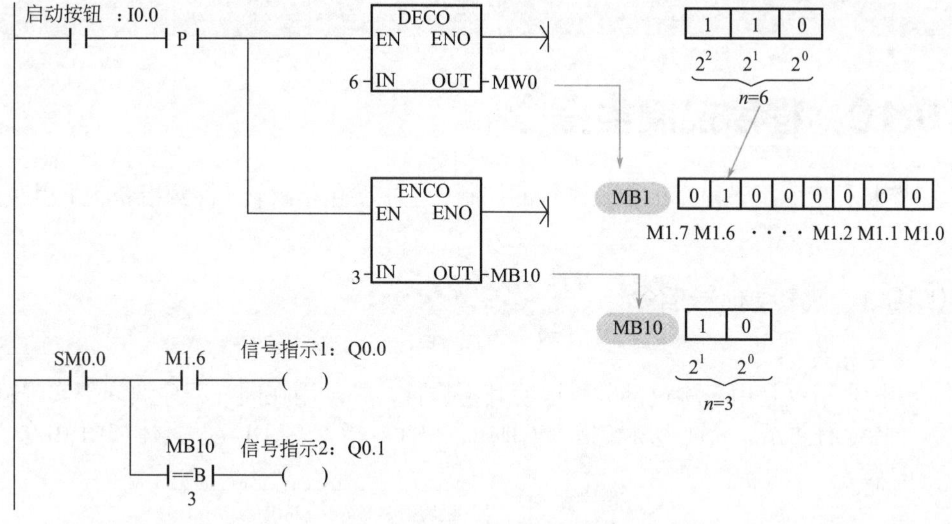

图 10-90　译码与编码指令举例

（2）段译码指令

段译码指令将输入字节中 16#0 ～ F 转换成点亮七段数码管各段代码，并送到输出位（OUT）。

① 指令格式　如图 10-91 所示。

② 应用举例　编写显示数字 3 的七段显示码程序，如图 10-92 所示。

段译码指令转换表

梯形图

SEG
EN ENO
IN OUT

语句表

SEG IN，OUT

IN操作数：VB、IB、QB、MB、SB、SMB、LB、AC、常数

OUT操作数：VB、IB、QB、MB、SMB、LB、AC

IN/OUT的数据类型：字节

IN	段显示	OUT a b c d e f g	IN	段显示	OUT a b c d e f g
0	0	1 1 1 1 1 1 0	8	8	1 1 1 1 1 1 1
1	1	0 1 1 0 0 0 0	9	9	1 1 1 0 0 1 1
2	2	1 1 0 1 1 0 1	A	A	1 1 1 0 1 1 1
3	3	1 1 1 1 0 0 1	B	b	0 0 1 1 1 1 1
4	4	0 1 1 0 0 1 1	C	C	1 0 0 1 1 1 0
5	5	1 0 1 1 0 1 1	D	d	0 1 1 1 1 0 1
6	6	1 0 1 1 1 1 1	E	E	1 0 0 1 1 1 1
7	7	1 1 1 0 0 0 0	F	F	1 0 0 0 1 1 1

a
f g b
e c
d

图 10-91　段译码指令的指令格式

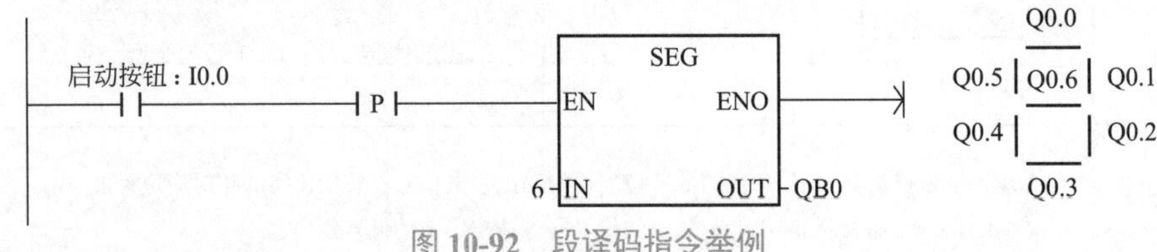

图 10-92　段译码指令举例

重点提示

按下启动按钮 I0.0，SEG 指令 6 传给 QB0，除 Q0.1 外，Q0.0、Q0.2 ~ Q0.6 均点亮。

10.10　程序控制类指令

程序控制类指令用于程序结构及流程的控制，它主要包括跳转 / 标号指令、子程序指令、循环指令等。

10.10.1　跳转 / 标号指令

（1）指令格式

跳转 / 标号指令是用来跳过部分程序使其不执行，必须用在同一程序块内部实现跳转。跳转 / 标号指令有两条，分别为跳转指令（JMP）和标号指令（LBL），具体如图 10-93 所示。

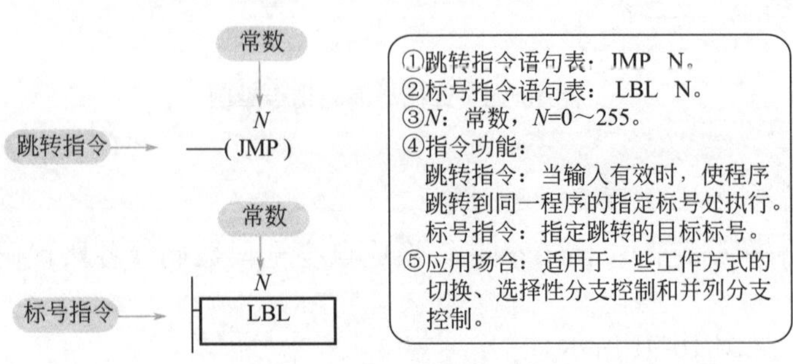

常数
N
跳转指令
(JMP)
常数
N
标号指令
LBL
①跳转指令语句表：JMP　N。
②标号指令语句表：LBL　N。
③N：常数，N=0～255。
④指令功能：
跳转指令：当输入有效时，使程序跳转到同一程序的指定标号处执行。
标号指令：指定跳转的目标标号。
⑤应用场合：适用于一些工作方式的切换、选择性分支控制和并列分支控制。

图 10-93　跳转 / 标号指令格式

(2) 工作原理及应用举例

跳转 / 标号指令工作原理及应用举例如图 10-94 所示。

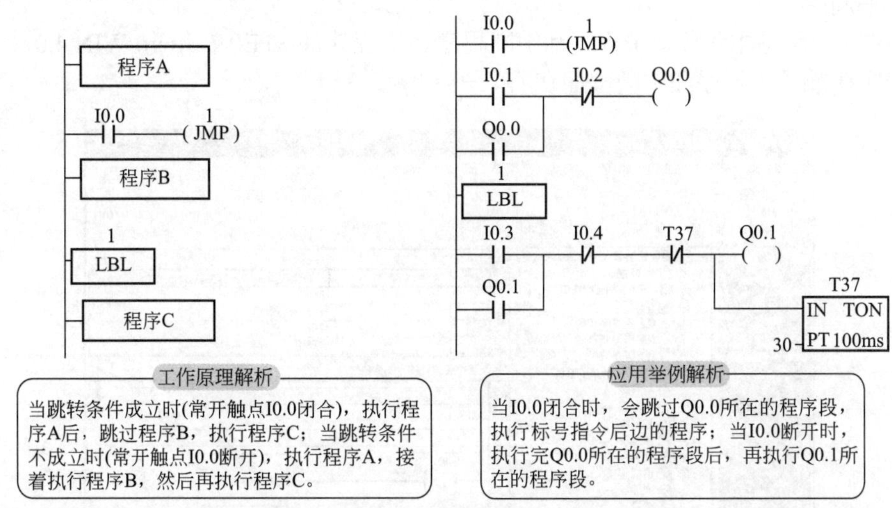

图 10-94　跳转 / 标号指令工作原理及举例

(3) 使用说明

① 跳转 / 标号指令必须匹配使用，而且只能使用在同一程序块中，如主程序、同一子程序或同一中断程序。不能在不同的程序块中互相跳转。

② 执行跳转后，被跳过程序段中的各元器件的状态如下。

• Q、M、S、C 等元器件的位保持跳转前的状态。

• 计数器 C 停止计数，当前值存储器保持跳转前的计数值。

• 对于定时器来说，因刷新方式不同而工作状态不同。在跳转期间，分辨率为 1ms 和 10ms 的定时器会一直保持跳转前的工作状态继续工作，到预置值后，其位的状态也会改变，输出触点动作，其当前值存储器一直累计到最大值 32767 才停止；对于分辨率为 100ms 的定时器来说，跳转期间停止工作，但不会复位，存储器里的值为跳转时的值，跳转结束后，若输入条件允许，可继续计时，但已失去了准确值的意义。所以在跳转段里的定时器要慎用。

• 由于跳转指令具有选择程序段的功能，在同一程序中且位于因跳转而不会被同时执行程序段中的同一线圈，因此不被视为双线圈。

• 跳转指令和标号指令必须成对出现，且可以有多条跳转指令使用同一标号，但不允许一个跳转指令对应两个标号的情况，即在同一程序中不允许存在两个相同的标号。

10.10.2　子程序指令

S7-200PLC 的控制程序由主程序、子程序和中断程序组成。

(1) S7-200PLC 程序结构

① 主程序　主程序（OB1）是程序的主体。每个项目都必须并且只能有一个主程序，在主程序中可以调用子程序和中断程序。

② 子程序　子程序是指具有特定功能并且多次使用的程序段。子程序仅在被其他程序调用时执行，同一子程序可在不同的地方多次被调用，使用子程序可以简化程序代码和缩短扫描时间。

③ 中断程序　中断程序用来及时处理与用户程序无关的操作或者不能事先预测何时发生的中断事件。中断程序是用户编制的，它不由用户程序来调用，而是在中断事件发生时由操作系统来调用。

图 10-95 所示是主程序、子程序和中断程序在编程软件 STEP 7-Micro/WIN 4.0 中的状态，总是主程序在前、子程序和中断程序在后。

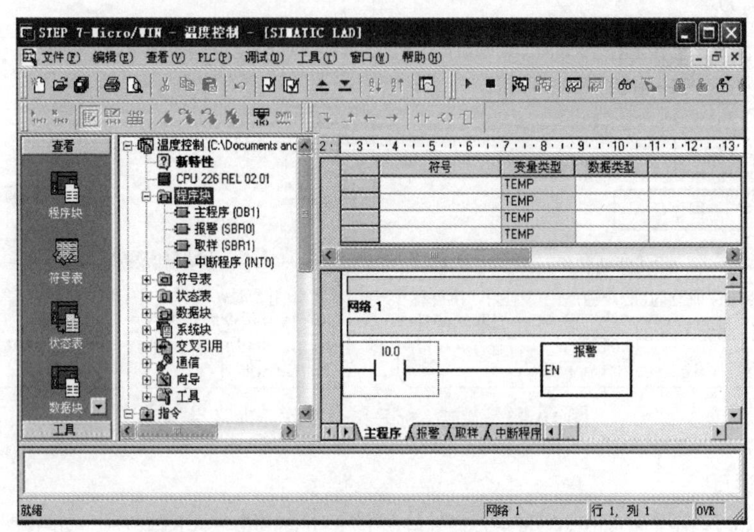

图 10-95　软件中的主程序、子程序和中断程序

（2）子程序的编写与调用

① 子程序的作用与优点　子程序常用于需要多次反复执行相同任务的地方，只需要写一次子程序，当别的程序需要时可以调用它，而无需重新编写该程序。

子程序的调用是有条件的，未调用它时不会执行子程序中的指令，因此使用子程序可以缩短程序扫描时间；子程序使程序结构简单清晰，易于调试、检查错误和维修，因此在编写复杂程序时，建议将全部功能划分为几个符合控制工艺的子程序块。

② 子程序的创建　可以采用下列方法之一创建子程序。

a. 从“编辑”菜单中选择“插入”→“子程序”。

b. 在指令树中右击“程序块”图标，并从弹出的菜单中选择“插入”→“子程序”。

c. 在“程序编辑器”窗口中单击右键，并从弹出的菜单中选择“插入”→“子程序”。

附带指出，子程序名称的修改可以采用如下方法：右击指令树中的子程序图标，在弹出的菜单中选择“重命名”选项，输入你想要的名称。

（3）指令格式

子程序指令有子程序调用指令和子程序返回两条指令，指令格式如图 10-96 所示。需要指出的是，程序返回指令由编程软件自动生成，无需用户编写，这点在编程时需要注意。

（4）子程序调用

子程序调用由在主程序内使用的调用指令完成。当子程序调用允许时，调用指令将程序控制转移给子程序（SBR_n），程序扫描将转移到子程序入口处执行。当执行子程序时，子程序将执行全部指令直到满足条件才返回，或者执行到子程序末尾而返回。子程序会返回到原主程序出口的下一条指令执行处，继续往下扫描程序，如图 10-97 所示。

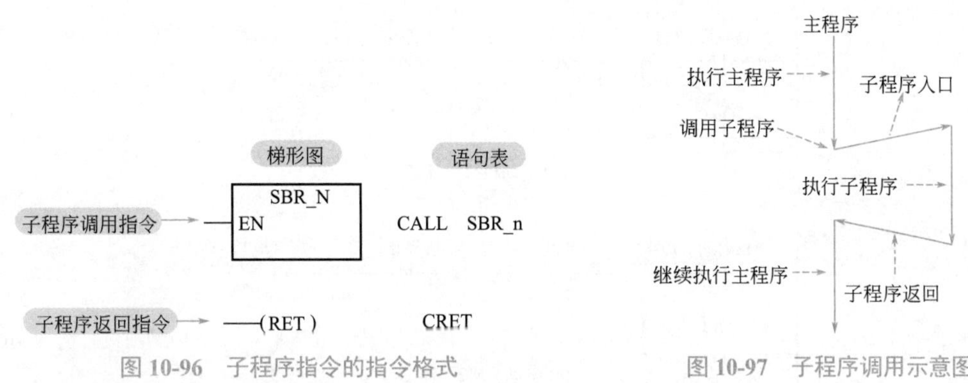

图 10-96 子程序指令的指令格式　　图 10-97 子程序调用示意图

（5）子程序指令应用举例

例：两台电动机选择控制

① 控制要求　按下系统启动按钮，为两台电动机选择控制做准备。当选择开关常开触点接通，按下电动机 M1 启动按钮，电动机 M1 工作；当选择开关常闭触点接通，按下电动机 M2 启动按钮，电动机 M2 工作；按下停止按钮，无论是电动机 M1 还是 M2 都停止工作；用子程序指令实现以上控制功能。

② 程序设计　两台电动机选择控制 I/O 分配情况如表 10-40 所示。

表 10-40 两台电动机选择控制 I/O 分配表

输入量		输出量	
系统启动按钮	I0.0	电动机 M1	Q0.0
系统停止按钮	I0.1	电动机 M2	Q0.1
选择开关	I0.2		
电动机 M1 启动按钮	I0.3		
电动机 M2 启动按钮	I0.4		

③ 绘制梯形图　两台电动机选择控制梯形图程序如图 10-98 所示。

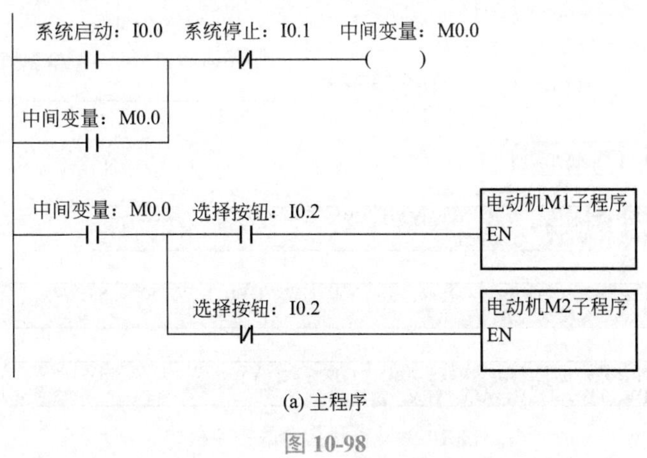

(a) 主程序

图 10-98

M1启动：I0.3 Q0.1 系统停止：I0.1 Q0.0

Q0.0

(b) 电动机M1子程序

M2启动：I0.4 Q0.0 系统停止：I0.1 Q0.1

Q0.1

(c) 电动机M2子程序

图 10-98 两台电动机选择控制梯形图程序

10.10.3 循环指令

（1）指令格式

程序循环结构用于描述一段程序的重复循环执行，应用循环指令是实现程序循环的方法之一。循环指令分为循环开始指令（FOR）和循环结束指令（NEXT），具体如下。

循环开始指令（FOR）：用来标记循环体的开始。

循环结束指令（NEXT）：用于标记循环体的结束，无操作数。

循环开始指令（FOR）与循环结束指令（NEXT）之间的程序段叫循环体。

循环指令的指令格式如图 10-99 所示。

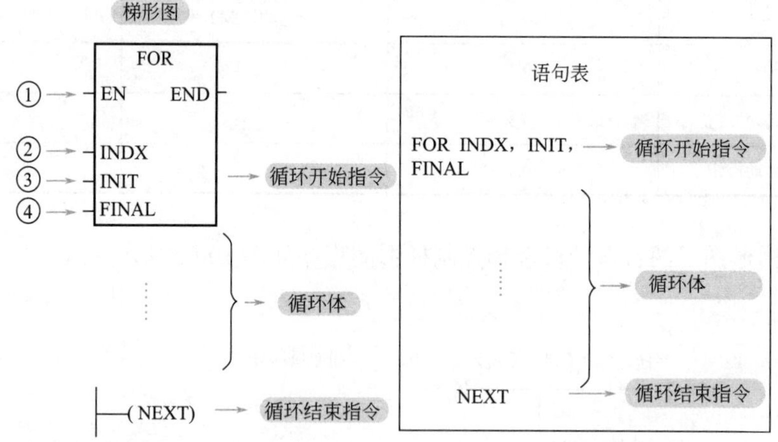

①EN：使能输入端。

②INDX：当前值计数器。其操作数：VW、IW、QW、MW、SW、SMW、LW、T、C、AC。

③INIT：循环次数初始值。其操作数：VW、IW、QW、MW、SW、SMW、LW、T、C、AC、AIW、常数。

④循环计数终止值：循环次数初始值。其操作数：VW、IW、QW、MW、SW、SMW、LW、T、C、AC、AIW、常数。

图 10-99 循环指令的指令格式

（2）工作原理

当输入使能端有效时，循环体开始执行，执行到NEXT指令返回。每执行一次循环体，当前值计数器INDX都加1，当到达终止值FINAL时，循环体结束；当使能输入端无效时，循环体不执行。

（3）使用说明

① FOR、NEXT指令必须成对使用。

② FOR、NEXT指令可以循环嵌套，最多可嵌套8层。

③ 每次使能输入端重新有效时，指令将自动复位各参数。

④ 当初始值大于终止值时，循环体不执行。

（4）循环指令应用举例

循环指令的嵌套：每执行1次外循环，内循环都要循环3次。

根据控制要求，设计梯形图程序，如图10-100所示。

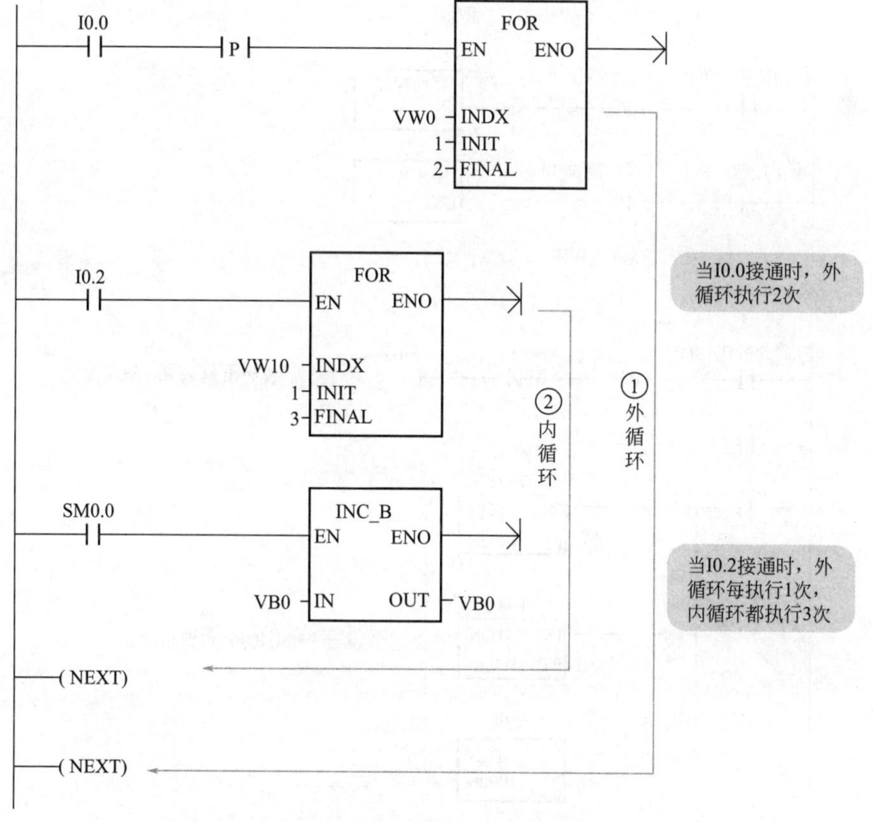

图10-100 循环指令应用举例

10.10.4 综合举例——三台电动机顺序控制

（1）控制要求

按下启动按钮SB1，电动机M1、M2、M3间隔3s顺序启动；按下停止按钮SB2，电动机M1、M2、M3间隔3s顺序停止。

（2）程序设计

① 3台电动机顺序控制I/O分配情况如表10-41所示。

表 10-41　3 台电动机顺序控制 I/O 分配表

输入量		输出量	
启动按钮 SB1	I0.0	接触器 KM1	Q0.0
停止按钮 SB2	I0.1	接触器 KM2	Q0.1
		接触器 KM3	Q0.2

② 梯形图程序

a．解法一：用子程序指令编程。图 10-101 为用子程序指令设计的三台电动机顺序控制梯形图；该程序分为主程序、电动机顺序启动和顺序停止的子程序。

b．解法二：用跳转 / 标号指令编程。图 10-102 为用跳转 / 标号指令设计的三台电动机顺序控制梯形图。

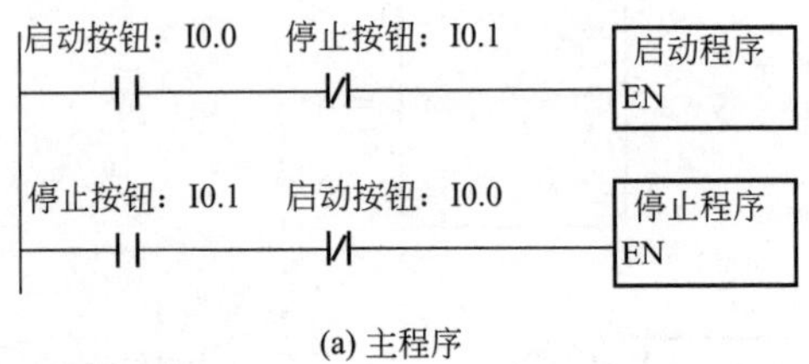

(a) 主程序

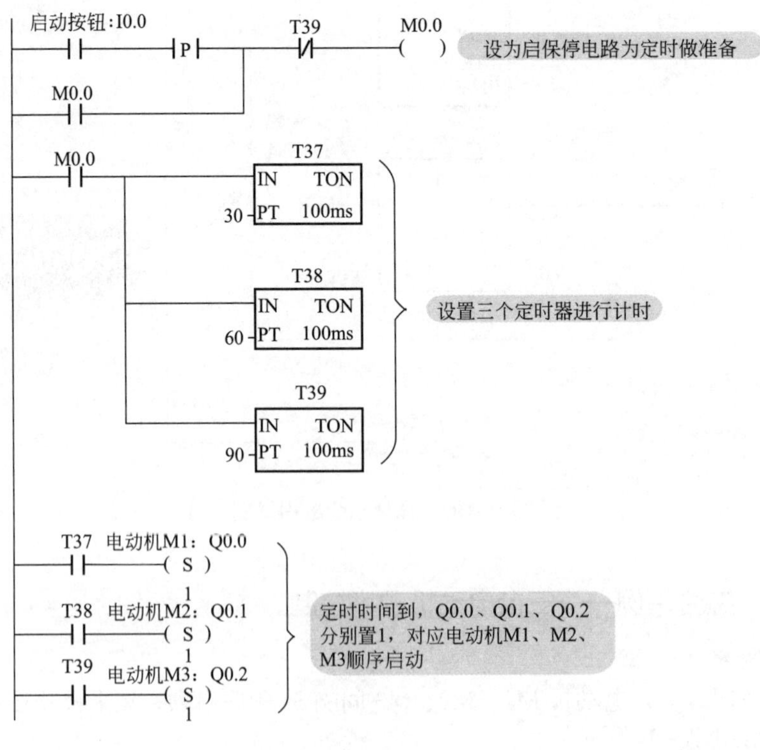

(b) 启动子程序

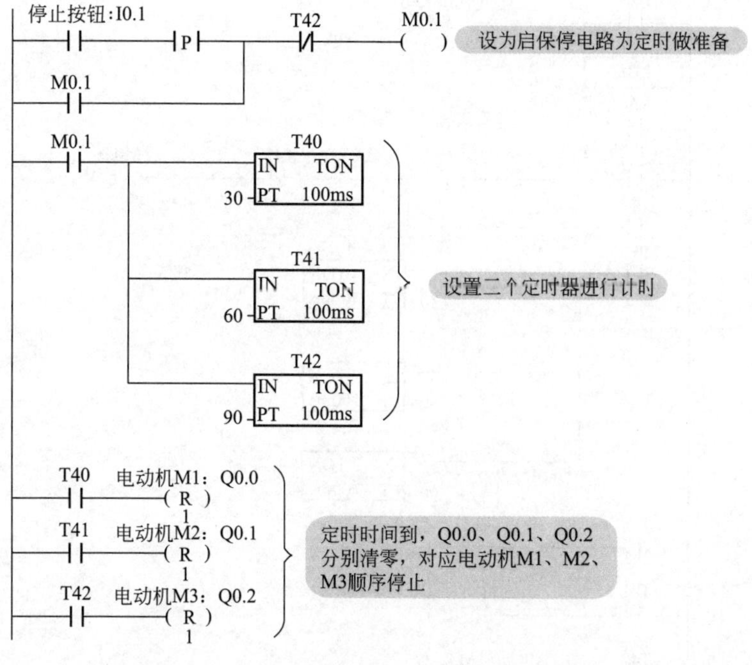

(c) 停止子程序

图 10-101 用子程序指令设计的三台电动机顺序控制梯形图

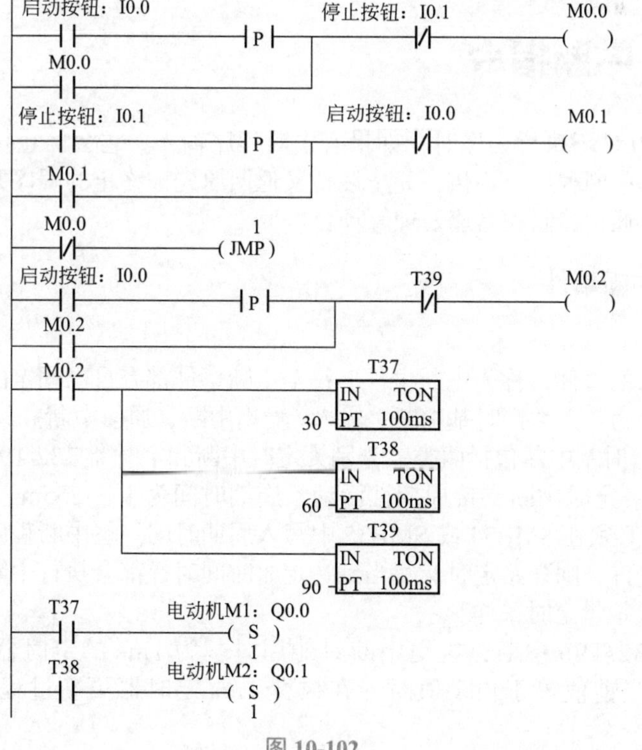

图 10-102

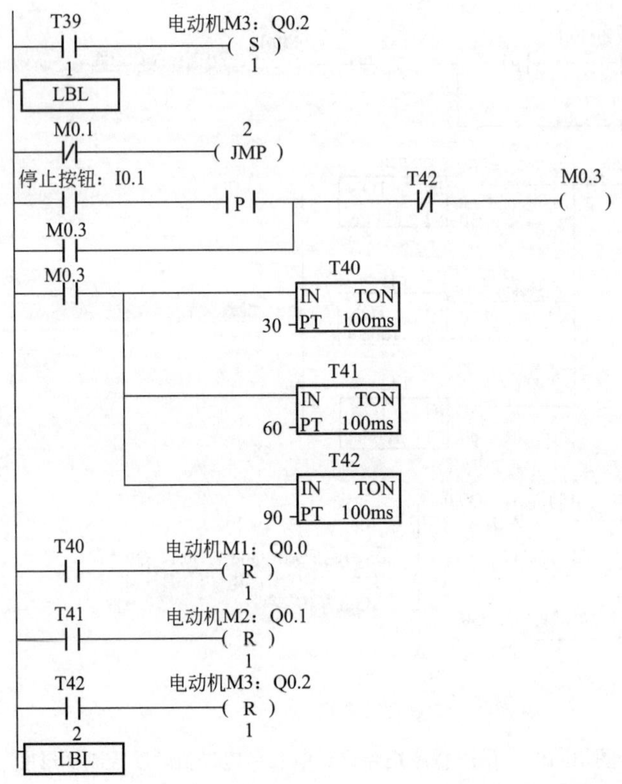

图 10-102 用跳转 / 标号指令设计的三台电动机顺序控制梯形图

10.11 中断指令

中断是指当 PLC 正执行程序时，如果有中断程序输入，它会停止执行当前正在执行的程序，转而去执行中断程序，当执行完毕后，又返回原先被终止的程序并继续运行。中断功能用于实时控制、通信控制和高速处理等场合。

10.11.1 中断事件

（1）中断事件

发生中断请求的事件，称为中断事件。每个中断事件都有自己固定的编号，叫中断事件号。中断事件可分为 3 大类：时基中断、输入 / 输出中断、通信中断。

① 时基中断　时基中断包括两类，分别为定时中断和定时器 T32/T96 中断。

a．定时中断：定时中断支持周期性活动，周期时间为 1 ～ 255ms，时基为 1ms。使用定时中断 0 或 1，必须在 SMB34 或 SMB35 中写入周期时间。将中断程序连在定时中断事件上，如定时中断允许，则开始定时，每当到达定时时间时，都会执行中断程序。此项功能可用于 PID 控制和模拟量定时采样。

b．定时器 T32/T96 中断：这类中断只能用时基为 1ms 的定时器 T32 和 T96 构成。中断启动后，当当前值等于预设值时，在执行 1ms 定时器更新过程中，执行连接中断程序。

② 输入输出中断　它包括输入上升 / 下降沿中断、高速计数器中断和高速脉冲输出

中断。

a. 输入上升 / 下降沿中断用于捕捉立即处理的事件。

b. 高速计数器中断是指对高速计数器运行时产生的事件实时响应，这些事件包括计数方向改变产生的中断、当前值等于预设值产生的中断等。

c、脉冲输出中断是指预定数目完成所产生的中断。

③ 通信中断　在自由口通信模式下，用户可通过编程来设置波特率和通信协议等。

（2）中断优先级、中断事件编号及意义

中断优先级、中断事件编号及其意义如表 10-42 所示。其中优先级是指中断同时执行时的先后顺序。

表 10-42　中断优先级、中断事件编号及意义

优先级分组	优先级	中断事件号	备注	中断事件类别
定时中断	0	10	定时中断 0	定时
	1	11	定时中断 1	
	2	21	定时器 T32 CT=PT 中断	定时器
	3	22	定时器 T96 CT=PT 中断	
通信中断	0	8	通信口 0：接收字符	通信口 0
	0	9	通信口 0：发送完成	
	0	23	通信口 0：接收信息完成	
	1	24	通信口 1：接收字符	通信口 1
	1	25	通信口 1：发送完成	
	1	26	通信口 1：接收信息完成	
输入 / 输出中断	0	19	PT0 0 脉冲串输出完成中断	脉冲输出
	1	20	PT0 1 脉冲串输出完成中断	
	2	0	I0.0 上升沿中断	外部输入
	3	2	I0.1 上升沿中断	
	4	4	I0.2 上升沿中断	
	5	6	I0.3 上升沿中断	
	6	1	I0.0 下降沿中断	
	7	3	I0.1 下降沿中断	
	8	5	I0.2 下降沿中断	

续表

优先级分组	优先级	中断事件号	备注	中断事件类别
输入 / 输出中断	9	7	I0.3 下降沿中断	外部输入
	10	12	HSC0 当前值 = 预设值中断	高速计数器
	11	27	HSC0 计数方向改变中断	
	12	28	HSC0 外部复位中断	
	13	13	HSC1 当前值 = 预设值中断	
	14	14	HSC1 计数方向改变中断	
	15	15	HSC1 外部复位中断	
	16	16	HSC2 当前值 = 预设值中断	
	17	17	HSC2 计数方向改变中断	
	18	18	HSC2 外部复位中断	
	19	32	HSC3 当前值 = 预设值中断	
	20	29	HSC4 当前值 = 预设值中断	
	21	30	HSC4 计数方向改变中断	
	22	31	HSC4 外部复位中断	
	23	33	HSC5 当前值 = 预设值中断	

10.11.2 中断指令及中断程序

（1）中断指令

中断指令有 4 条，分别为开中断指令、关中断指令、中断连接指令和分离中断指令。指令格式如表 10-43 所示。

表 10-43 中断指令格式

指令名称	编程语言		操作数类型及操作范围
	梯形图	语句表	
开中断指令	—(ENI)	ENI	无
关中断指令	—(DISI)	DISI	无
中断连接指令	ATCH EN ENO INT EVNT	ATCH INT，EVNT	INT：常数 0 ～ 127 EVNT：常数。CPU224：0 ～ 23 和 27 ～ 33；CPU226/CPU224XP：0 ～ 33 INT/EVNT：字节型

续表

指令名称	编程语言		操作数类型及操作范围
	梯形图	语句表	
分离中断指令	DTCH EN ENO EVNT	DTCH EVNT	EVNT：常数。CPU224：0～23和27～33；CPU226/CPU224XP：0～33 EVNT：字节型
功能说明	①开中断指令：全局性允许所有中断事件 ②关中断指令：全局禁止所有中断事件 ③中断连接指令：将中断事件（EVNT）与中断程序码（INT）相连接，并启动中断事件 ④分离中断指令：取消中断事件（EVNT）与所有程序之间的连接，并禁止该中断事件		

（2）中断程序

① 简介　中断程序是为了处理中断事件而由用户事先编制好的程序。它不由用户程序调用，而由操作系统调用，因此它与用户程序执行的时序无关。

用户程序将中断程序和中断事件连接在一起，当中断条件满足时，则执行中断程序。

② 建立中断的方法：插入中断程序的方法如图 10-103 所示。

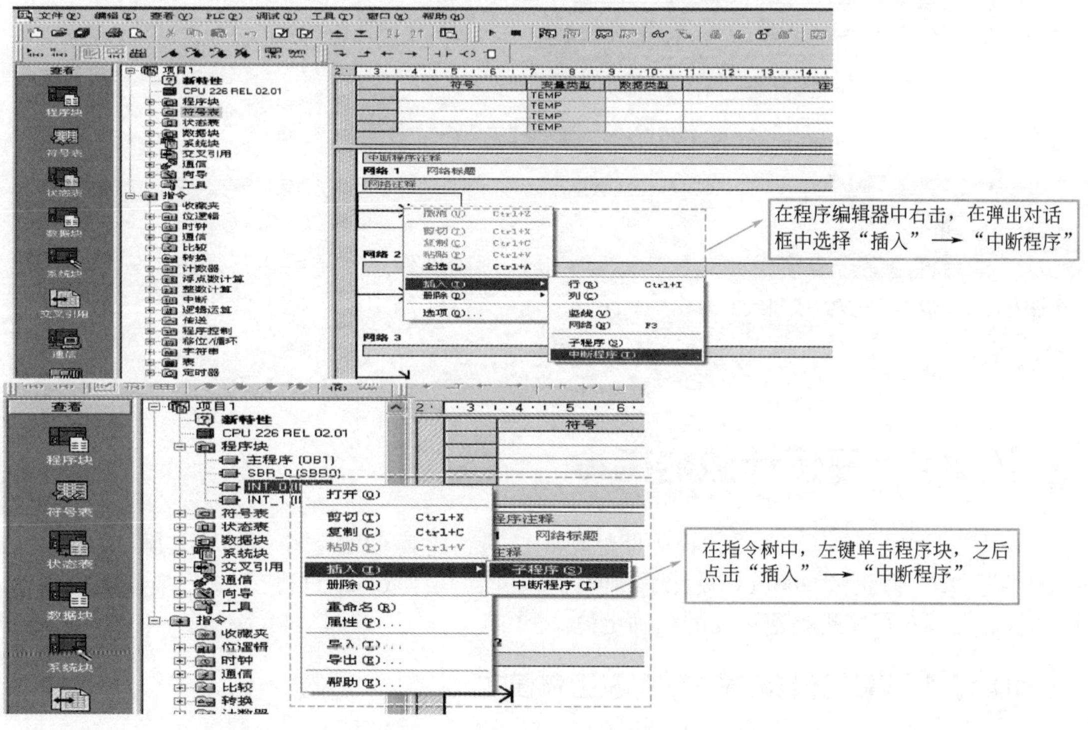

图 10-103　插入中断程序的方法

10.11.3 中断指令应用举例

例：模拟量定时采样

（1）控制要求

要求每 3ms 采样 1 次。

（2）程序设计

每3ms采样1次，用到了定时中断。首先设置采样周期，接着用中断连接指令连接中断程序和中断事件，最后编写中断程序。具体程序如图10-104所示。

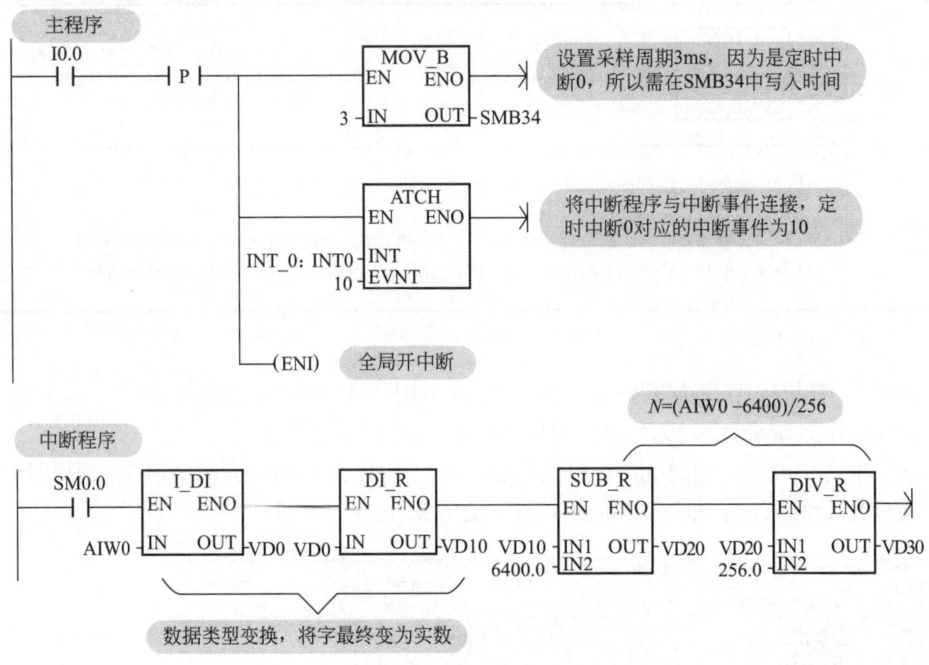

图10-104 中断程序应用举例

重点提示

中断程序有一点子程序的意味，但中断程序由操作系统调用，不是由用户程序调用的，关键是不受用户程序的执行时序影响；子程序是由用户程序调用的，这是两者的区别。

10.12 高速计数器指令

普通的计数器计数速度受扫描周期的影响，遇到比其CPU频率高的输入脉冲，它就显得无能为力了。为此S7-200PLC设计了高速计数功能，其计数自动进行，不受扫描周期的影响。高速计数器指令可实现高速运动的精确定位。

10.12.1 高速计数器输入端子及工作模式

（1）高速计数器的输入端子及其含义

高速计数器的端子有4种，即启动端、复位端、时钟脉冲端和方向控制端。每种端子都有它特定的含义，复位端负责清零，当复位端有效时，将清除计数器的当前值并保持这种清除状态，直到复位端关闭；启动端有效时，将允许计数器计数，当关闭启动输入时，计数器当前值保持不变，时钟脉冲不起作用；方向端控制加减，方向端为1时为加计数，方向端为0时为减计数；时钟脉冲端负责接收输入脉冲。

（2）高速计数器的工作模式

① 无外部方向输入信号的单相加/减计数器 只有1个脉冲输入端，用高速计数器的控制字节的第3位来控制加计数或减计数。若该位为1，则为加计数；相反，则为减计数，如图10-105所示。

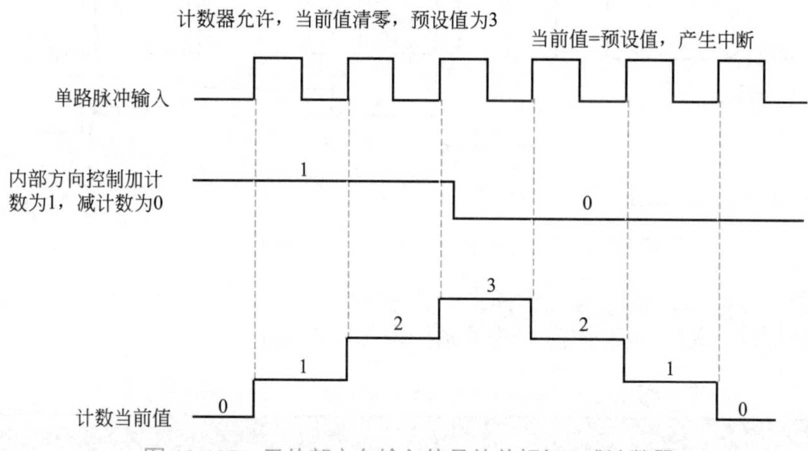

图10-105 无外部方向输入信号的单相加/减计数器

② 有外部方向输入信号的单相加/减计数器 有1个脉冲输入端和1个方向控制端，方向端信号为1，加计数；方向端信号为0，减计数。其与图10-105所示相似，只不过是将内部方向控制换成了外部方向控制。

③ 两路脉冲输入的单相加/减计数器 有2个脉冲输入端，1个为加计数，1个为减计数，计数值是两者的代数和，如图10-106所示。

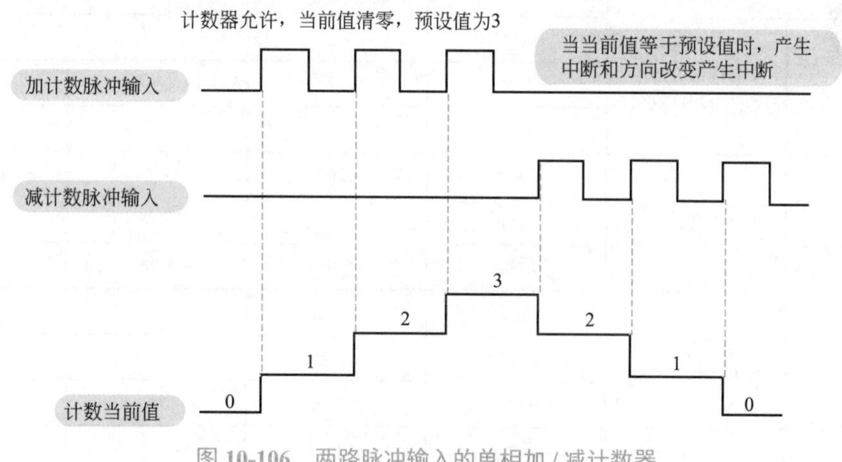

图10-106 两路脉冲输入的单相加/减计数器

④ 两路脉冲输入的双相正交计数器 有2个脉冲输入端，输入2路脉冲A、B。若A、B两相相位相差90°，则两相正交；若A相超前B相90°，则为加计数。若A相滞后B相90°，则为减计数。在这种计数方式下，可选择1×模式和4×模式，所谓的1×模式即单倍频率，1个时钟脉冲计1个数；4×模式即4倍频率，1个时钟脉冲计4个数；1×模式如图10-107所示，4×模式与其类似，只不过产生1个脉冲时计数器当前值变化4而已，故不赘述。

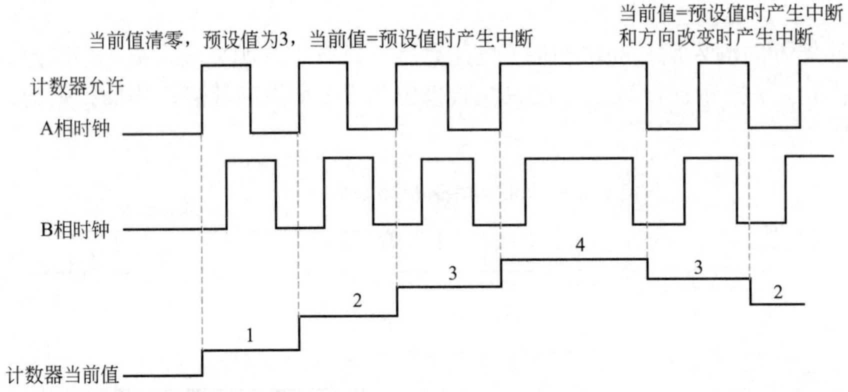

图 10-107　两路脉冲输入的双相正交计数器（1× 模式）

（3）高速计数器输入端子与工作模式的关系

高速计数器输入端子与工作模式的关系如表 10-44 所示。

表 10-44　高速计数器输入端子与工作模式的关系

模式	描述	输入			
	HSC0	I0.0	I0.1	I0.2	
	HSC1	I0.6	I0.7	I1.0	I1.1
	HSC2	I1.2	I1.3	I1.4	I1.5
	HSC3	I0.1			
	HSC4	I0.3	I0.4	I0.5	
	HSC5	I0.4			
0	带有内部方向控制的单相计数器	时钟			
1		时钟		复位	
2		时钟		复位	启动
3	带有外部方向控制的单相计数器	时钟	方向		
4		时钟	方向	复位	
5		时钟	方向	复位	启动
6	带有增减计数时钟的两相计数器	增时钟	减时钟		
7		增时钟	减时钟	复位	
8		增时钟	减时钟	复位	启动
9	A/B 相正交计数器	时钟 A	时钟 B		
10		时钟 A	时钟 B	复位	
11		时钟 A	时钟 B	复位	启动
12	只有 HSC0 和 HSC3 支持模式 12 HSC0 计数 Q0.0 输出的脉冲数 HSC3 计数 Q0.1 输出的脉冲数				

10.12.2 高速计数器控制字节与状态字节

（1）控制字节

定义完高速计数器工作模式后，还要设置相应的控制字节；每个高速计数器都有 1 个控制字节，控制字节负责方向控制、计数允许与禁止等，具体作用如表 10-45 所示。

表 10-45 控制字节及含义

HSC0	HSC1	HSC2	HSC4	描述（仅当 HDEF 执行时使用）
SM37.0	SM47.0	SM57.0	SM147.0	用于复位的有效电平控制位： 0 =复位为高电平有效　1 =复位为低电平有效
—	SM47.1	SM57.1	—	用于启动的有效电平控制位： 0 =启动为高电平有效　1 =启动为低电平有效
SM37.2	SM47.2	SM57.2	SM147.2	正交计数器的计数速率选择： 0 = 4× 计数速率　1 = 1× 计数速率

HSC0	HSC1	HSC2	HSC3	HSC4	HSC5	描述
SM37.3	SM47.3	SM57.3	SM137.3	SM147.3	SM157.3	计数方向控制位： 0 =减计数　1 =增计数
SM37.4	SM47.4	SM57.4	SM137.4	SM147.4	SM157.4	将计数方向写入 HSC： 0 =无更新　1 =更新方向
SM37.5	SM47.5	SM57.5	SM137.5	SM147.5	SM157.5	将新预设值写入 HSC： 0 =无更新　1 =更新预设值
SM37.6	SM47.6	SM57.6	SM137.6	SM147.6	SM157.6	将新的当前值写入 HSC： 0 =无更新　1 =更新当前值
SM37.7	SM47.7	SM57.7	SM137.7	SM147.7	SM157.7	启用 HSC： 0 =禁止 HSC　1 =启用 HSC

表 10-46 状态字节及含义

HSC0	HSC1	HSC2	HSC3	HSC4	HSC5	描述
SM36.0	SM46.0	SM56.0	SM136.0	SM46.0	SM156.0	不用
SM36.1	SM46.1	SM56.1	SM136.1	SM46.1	SM156.1	不用
SM36.2	SM46.2	SM36.2	SM136.2	SM46.2	SM156.2	不用
SM36.3	SM46.3	SM56.3	SM136.3	SM46.3	SM156.3	不用
SM36.4	SM46.4	SM56.4	SM136.4	SM46.4	SM156.4	不用
SM36.5	SM46.5	SM56.5	SM136.5	SM146.5	SM156.5	当前计数方向状态位： 0 =减计数 1 =增计数
SM36.6	SM46.6	SM56.6	SM136.6	SM146.6	SM156.6	当前值等于预设值状态位： 0 =不等 1 =相等
SM36.7	SM46.7	SM56.7	SM136.7	SM146.7	SM156.7	当前值大于预设值状态位： 0 =小于等于 1 =大于

（2）状态字节

每个高速计数器都有 1 个状态字节，通常 0 ～ 4 控制位不用，其余位或表示当前计数方向，或表示当前值与预置值的关系，具体作用如表 10-46 所示。

10.12.3 高速计数器指令

高速计数器指令有两条，分别为高速计数器定义指令和高速计数器指令，其格式如表 10-47 所示。

表 10-47 高速计数器指令的格式

指令名称	编程语言		操作数类型及操作范围
	梯形图	语句表	
高速计数器定义指令	HDEF EN ENO HSC MODE	HDEF HSC，MODE	HSC：高速计数器的编号，为常数 0 ～ 5；数据类型：字节 MODE 工作模式，为常数 0 ～ 11；数据类型：字节
高速计数器指令	HSC EN ENO N	HSC N	N：高速计数器编号，为常数 0 ～ 5；数据类型：字
功能说明	①高速计数器定义指令：该指令指定了高速计数器的 HSCx 工作模式，工作模式选择：选择输入脉冲、计数方向、复位和启动功能 ②高速计数器指令：根据高速计数器控制位的状态，按照高速计数器定义指令指定的工作模式，控制高速计数器		

10.12.4 高速计数器指令编程的一般步骤

高速计数器指令编程的一般步骤，如图 10-108 所示，读者可自己根据需要给图中的指令赋值。

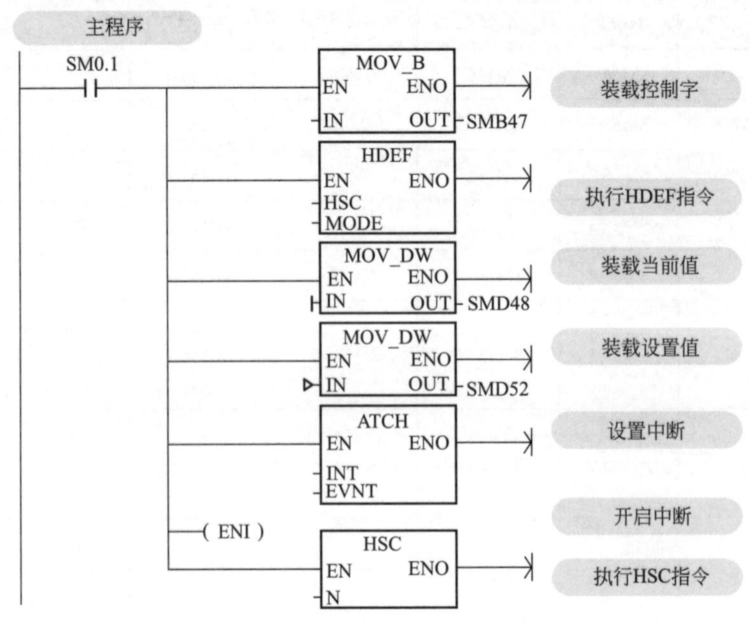

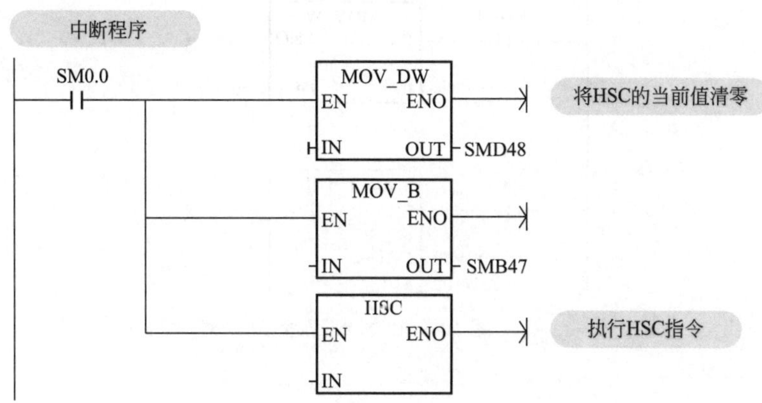

图 10-108　高速计数器指令编程的一般步骤

10.13　表功能指令

10.13.1　填表指令

填表指令的梯形图和语句表如图 10-109 所示。DATA 为数值输入端，指出被储存的数据或地址；TBL 为表的首地址输入端，用于指明被访问的表格。

增加至表格（ATT）指令向表格（TBL）中加入字值（DATA）。

表格中的第一个数值是表格的最大长度（TL），第二个数值是条目计数（EC），向表格中增加新数据后，条目计数加 1。

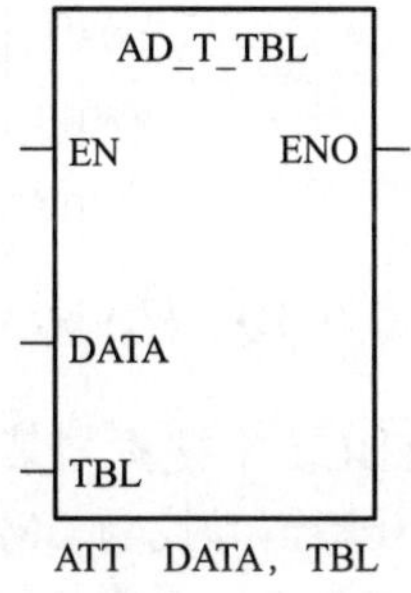

ATT　DATA，TBL

图 10-109　填表指令的梯形图和语句表

元件说明

元件说明见表 10-48。

表 10-48　元件说明

PLC 软元件	控制说明	PLC 软元件	控制说明
SM0.1	PLC 为 RUN 时，得电一个周期	I0.0	启动填表指令，得电后常开触点闭合

控制程序如图 10-110 所示。

SM0.1
MOV_W
EN ENO
+5 IN OUT VW100

I0.0
AD_T_TBL
EN ENO
VW50 DATA
VW100 TBL

图 10-110 控制程序

10.13.2 查表指令

程序说明如图 10-111 所示。

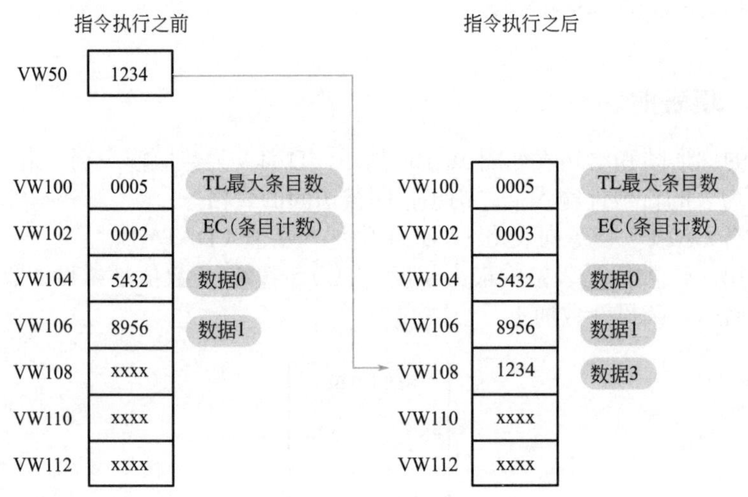

图 10-111 程序说明

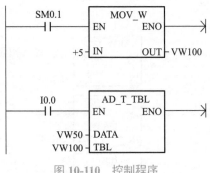

表格查找（TBL）指令在表格（TBL）中搜索与某些标准相符的数据。“表格查找”指令搜索表，从 INDX 指定的表格条目开始，寻找与 CMD 定义的搜索标准相匹配的数据数值（PTN）。命令参数（CMD）被指定一个 1 ～ 4 的数值，分别代表 =、<>、<、和 >。

程序举例

程序举例如图 10-112 所示，程序说明见图 10-113。

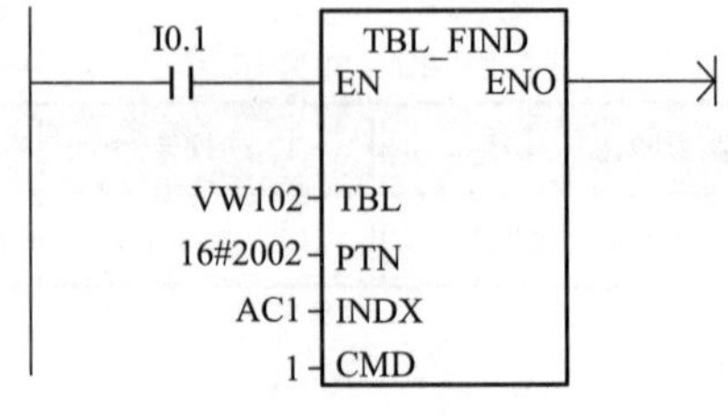

图 10-112 控制程序

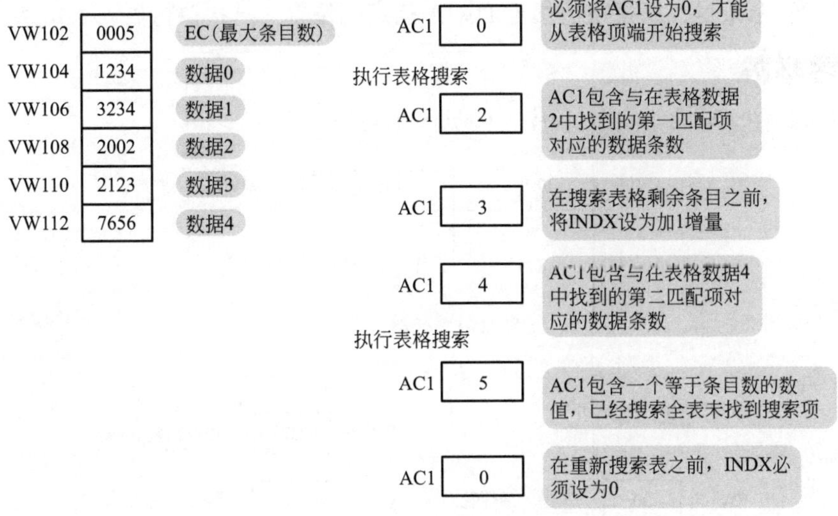

图 10-113　程序说明

10.13.3　表取数功能指令

表取数指令有两种方式：先进先出和后进先出。

先进先出指令（FIFO）通过移除表格（TBL）中的第一个条目，并将数值移至 DATA 指定的地址，移动表格中的第一个条目。表格中的其他数据均向上移动一个地址。每次执行指令后，表格条目数减 1。

程序举例

程序举例如图 10-114 所示，程序说明见图 10-115。

图 10-114　程序举例

FIFO指令执行之前

地址	数值	说明
VW100	0005	TL最大条目数
VW102	0003	EC(条目计数)
VW104	5432	数据0
VW106	8956	数据1
VW108	2321	数据2
VW110	xxxx	
VW112	xxxx	

地址	数值	说明
VW200	5432	指令执行之后
VW100	0005	TL最大条目数
VW102	0002	EC(条目计数)
VW104	8956	数据0
VW106	2321	数据1
VW108	xxxx	
VW110	xxxx	
VW112	xxxx	

图 10-115　程序说明

后进先出（LIFO）指令是将表格中最后一个条目中的数值移至输出内存地址，方法是移出表格最后一个条目，并将数值移至 DATA 指定的位置。每次执行后，表格条目数减 1。

程序举例

程序举例如图 10-116 所示，程序说明见图 10-117。

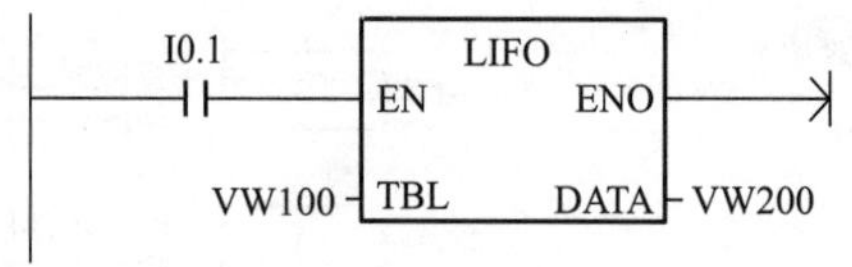

图 10-116　程序举例

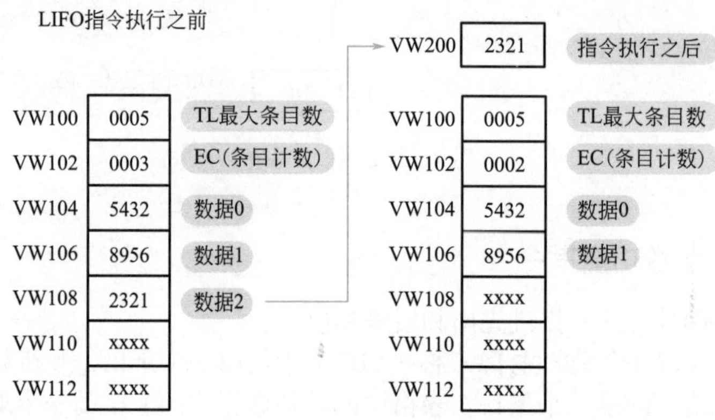

图 10-117　程序说明

第11章 S7-200 PLC开关量程序设计

一个完整的PLC应用系统由硬件和软件两部分构成，其中软件程序质量的好坏直接影响着整个控制系统性能。因此，本书第11章、第12章重点讲解开关量控制程序设计和模拟量控制程序设计。开关量控制程序设计包括3种方法，分别是经验设计法、翻译设计法和顺序控制设计法。

11.1 经验设计法

11.1.1 经验设计法简述

经验设计法顾名思义是一种根据设计者的经验进行设计的方法。该方法需要在一些经典控制程序的基础上，根据被控对象的具体要求，不断地修改和完善梯形图。有时需多次反复调试和修改梯形图，增加一些辅助触点和中间编程元件，最后才能得到一个较为满意的结果。

该方法没有普遍的规律可循，具有很大的试探性和随意性，最后的结果不唯一，设计所用的时间、设计的质量与设计者的经验有很大关系。该方法适用于简单控制方案（如手动程序）的设计。

11.1.2 设计步骤

① 准确了解系统的控制要求，合理确定输入输出端子。

② 根据输入输出关系，表达出程序的关键点。关键点的表达往往通过一些典型的环节，如启保停电路、互锁电路、延时电路等，这些基本编程环节以前已经介绍过，这里不再重复。但需要强调的是，这些典型电路是掌握经验设计法的基础，需熟记。

③ 在完成关键点的基础上，针对系统的最终输出进行梯形图程序的编制，即初步绘出草图。

④ 检查完善梯形图程序。在草图的基础上，按梯形图的编制原则检查梯形图，补充遗漏功能，更改错误、合理优化，从而达到最佳的控制要求。

11.1.3 应用举例

例 1：送料小车的自动控制

（1）控制要求

送料小车的自动控制系统如图 11-1 所示。送料小车首先在轨道的最左端，左限位开关 SQ1 压合，小车装料，25s 后小车装料结束并右行；当小车碰到右限位开关 SQ2 后，小车停止右行并停下来卸料，20s 后卸料完毕并左行；当再次碰到左限位开关 SQ1 后，小车停止左行，并停下来装料。小车总是按“装料→右行→卸料→左行”的模式循环工作，直到按下停止按钮，才停止整个工作过程。

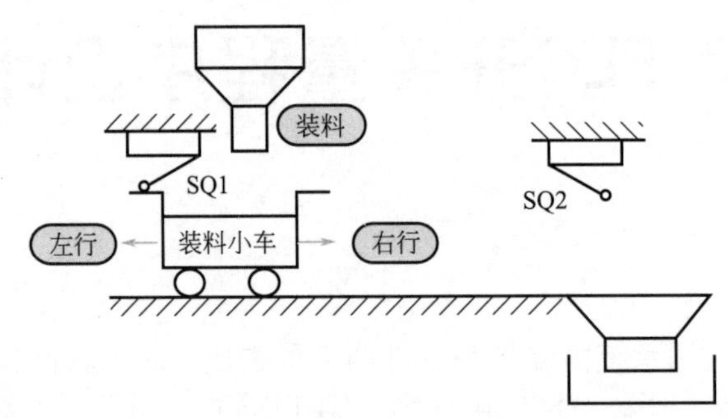

图 11-1 送料小车的自动控制系统

（2）设计过程

① 明确控制要求后，确定 I/O 端子，如表 11-1 所示。

表 11-1 送料小车的自动控制 I/O 分配表

输入量		输出量	
左行启动按钮	I0.0	左行	Q0.0
右行启动按钮	I0.1	右行	Q0.1
停止按钮	I0.2	装料	Q0.2
左限位开关	I0.3	卸料	Q0.3
右限位开关	I0.4		

② 关键点确定。由小车运动过程可知，小车左行、右行由电动机的正、反转实现，在此基础上增加了装料、卸料环节，所以该控制属于简单控制，因此用启保停电路就可解决。

③ 编制并完善梯形图，如图 11-2 所示。

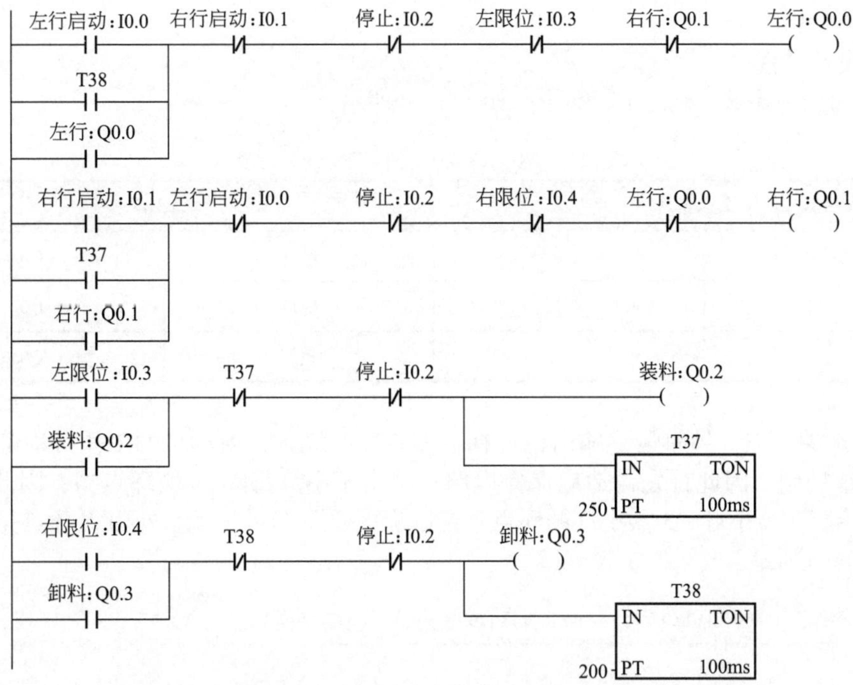

图 11-2 送料小车的自动控制系统程序

a. 梯形图设计思路:

• 绘出具有双重互锁的正反转控制梯形图;

• 为实现小车自动启动，将控制装卸料定时器的常开触点分别与右行、左行启动按钮常开触点并联;

• 为实现小车自动停止，分别在左行、右行电路中串入左、右限位常闭触点;

• 为实现自动装、卸料，在小车左行、右行结束时，用左、右限位常开触点作为装、卸料的启动信号。

b. 小车自动控制梯形图解析如图 11-3 所示。

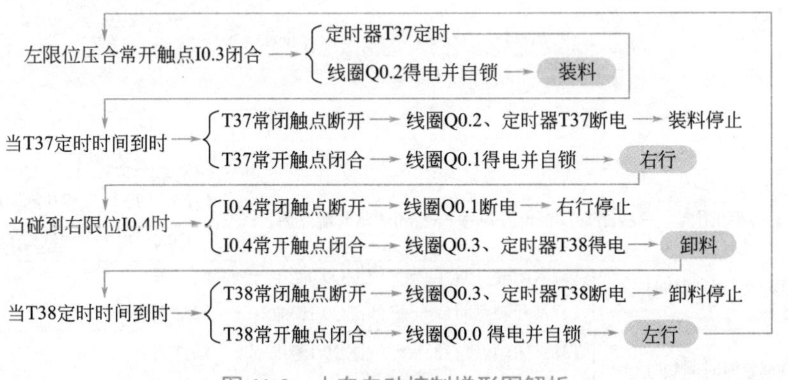

图 11-3 小车自动控制梯形图解析

例 2：三只小灯循环点亮控制

（1）控制要求

按下启动按钮 SB1，三只小灯以“红→绿→黄”的模式每隔 2s 循环点亮；按下停止按钮，三只小灯全部熄灭。

（2）设计过程

① 明确控制要求，确定 I/O 端子，如表 11-2 所示。

表 11-2　小灯循环点亮控制 I/O 分配表

输入量		输出量	
启动按钮	I0.0	红灯	Q0.0
停止按钮	I0.1	绿灯	Q0.1
		黄灯	Q0.2

② 确定关键点，针对最终输出设计梯形图程序并完善；由小灯的工作过程可知，该控制属于简单控制，因此首先构造启保停电路；又由于小灯每隔 2s 循环点亮，因此想到用 3 个定时器控制 3 盏小灯。3 盏小灯循环点亮控制程序如图 11-4 所示。小灯循环点亮控制程序解析如图 11-5 所示。

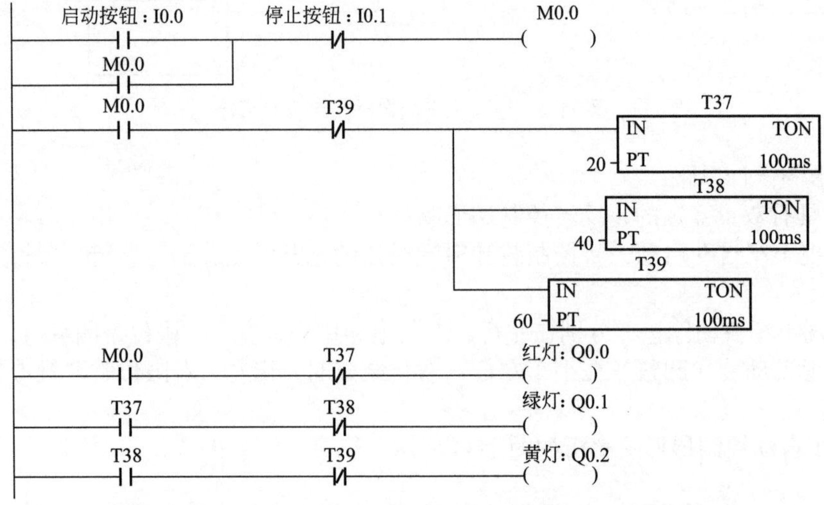

图 11-4　小灯循环点亮控制程序

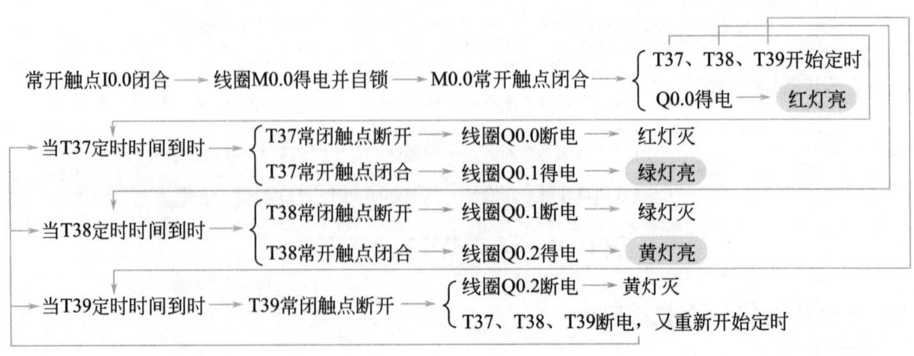

图 11-5　小灯循环点亮控制程序解析

11.2 翻译设计法

11.2.1 翻译设计法简述

PLC 使用与继电器电路极为相似的语言，如果将继电器控制改为 PLC 控制，则根据继电器电路图设计梯形图是一条捷径。因为原有的继电器控制系统经长期的使用和考验，已有一套自己的完整方案。鉴于继电器电路图与梯形图有很多相似之处，因此可以将经过验证的继电器电路直接转换为梯形图，这种方法被称为翻译设计法。

继电器控制电路符号与梯形图电路符号对应情况如表 11-3 所示。

表 11-3 继电器电路符号与梯形图电路符号对应表

梯形图电路				继电器电路	
元件		符号	常用地址	元件	符号
常开触点		─┤├─	I、Q、M、T、C	按钮、接触器、时间继电器、中间继电器的常开触点	
常闭触点		─┤/├─	I、Q、M、T、C	按钮、接触器、时间继电器、中间继电器的常闭触点	
线圈		─[ ]─	Q、M	接触器、中间继电器线圈	
功能框	定时器	Tn IN TON PT 10ms	T	时间继电器	
	计数器	Cn CU CTU R PV	C	无	无

> **重点提示**
>
> 表 11-3 所示是翻译设计法的关键，请读者熟记此对应关系。

11.2.2 设计步骤

① 了解原系统的工艺要求，熟悉继电器电路图。

② 确定 PLC 的输入信号和输出负载，以及与它们对应的梯形图中的输入位和输出位的地址，画出 PLC 外部接线图。

③ 将继电器电路图中的时间继电器、中间继电器用 PLC 的辅助继电器、定时器代替，并赋予它们相应的地址。以上两步建立了继电器电路元件与梯形图编程元件的对应关系，继电器电路符号与梯形图电路符号的对应关系如表 11-3 所示。

④ 根据上述关系，画出全部梯形图，并予以简化和修改。

11.2.3 使用翻译法需要注意的内容

(1) 应遵守梯形图的语法规则

在继电器电路中触点可以在线圈的左边，也可以在线圈的右边，但在梯形图中，线圈必须在最右边，如图 11-6 所示。

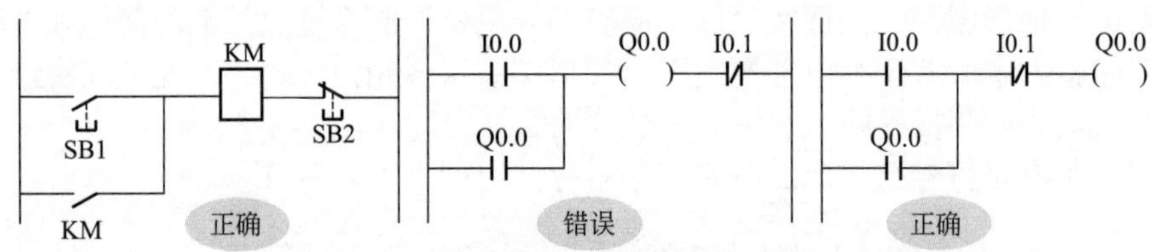

图 11-6 继电器电路与梯形图书写语法对照

(2) 设置中间单元

在梯形图中，若多个线圈受某一触点串、并联电路控制，为了简化电路，可设置辅助继电器作为中间编程元件，如图 11-7 所示。

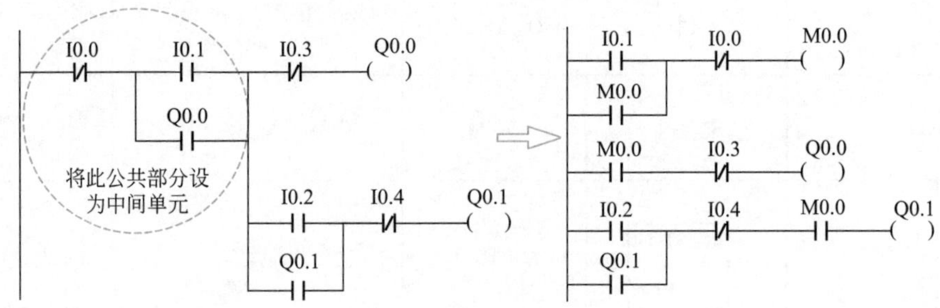

图 11-7 设置中间单元

(3) 尽量减少 I/O 点数

PLC 的价格与 I/O 点数有关，减少 I/O 点数可以降低成本。减少 I/O 点数的具体措施如下。

① 几个常闭串联或常开并联的触点可合并后与 PLC 相连，只占一个输入点，如图 11-8 所示。

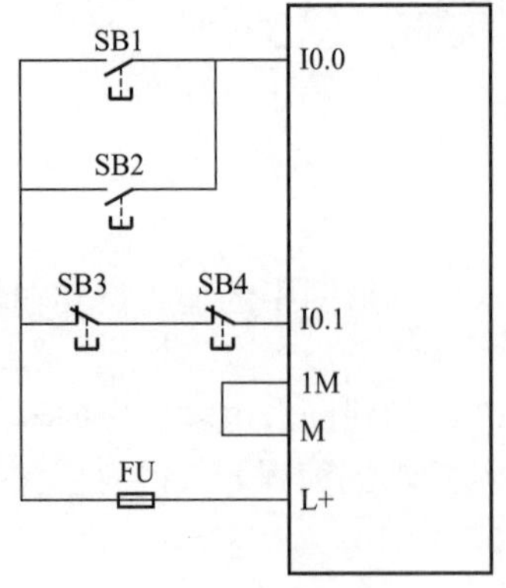

图 11-8 输入元件合并

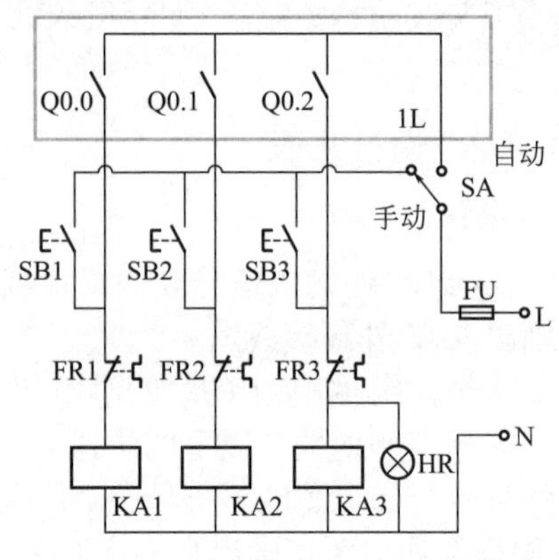

图 11-9 输入元件处理及并行输出

重点提示

图 11-9 给出了自动手动的一种处理方案，值得读者学习，在工程中经常可见到这种方案。值得说明的是，此方案只适用于继电器输出型的 PLC，晶体管输出型的 PLC 采取这种手动自动方案可能会造成短路。

② 利用单按钮启停电路，使启停控制只通过一个按钮来实现，既可节省 PLC 的 I/O 点数，又可减少按钮和接线。

③ 系统某些输入信号功能简单、涉及面窄，没有必要作为 PLC 的输入，可将其设置在 PLC 外部硬件电路中，如热继电器的常闭触点 FR 等，如图 11-9 所示。

④ 对于通断状态完全相同的两个负载，可将其并联后共用一个输出点，如图 11-9 中所示的 KA3 和 HR。

（4）设立互锁电路

为了防止接触器相间短路，可以在软件和硬件上设置互锁电路，如正反转控制，如图 11-10 所示。

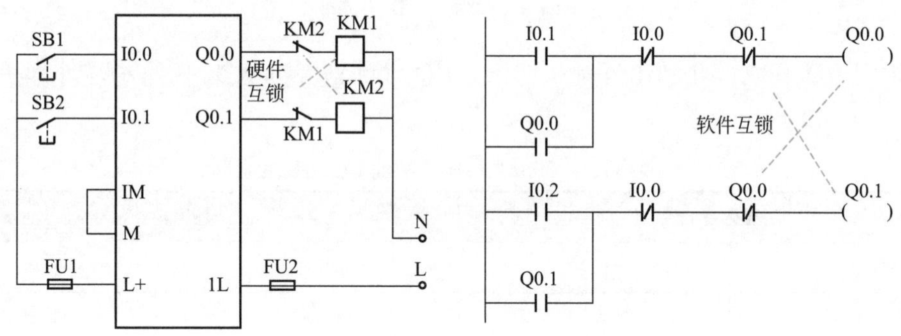

图 11-10 硬件与软件互锁

（5）外部负载额定电压

PLC 的两种输出模块（继电器输出模块、双向晶闸管模块）只能驱动额定电压最高为 AC220V 的负载，若原系统中的接触器线圈为 AC380V，应将其改成线圈为 AC220V 的接触器或者设置中间继电器。

11.2.4 应用举例

例 1：延边三角形减压启动

（1）设计过程

① 了解原系统的工艺要求，熟悉继电器电路图。延边三角形启动是一种特殊的减压启动的方法，其电动机为 9 个头的感应电动机，控制原理如图 11-11 所示。合上空开 QF，当按下启动按钮 SB3 或 SB4 时，接触器 KM1、KM3 线圈吸合，其指示灯点亮，电动机为延边三角形减压启动；在 KM1、KM3 吸合的同时，KT 线圈也吸合延时，延时时间到，KT 常闭触点断开 KM3 线圈断电，其指示灯熄灭，KT 常开触点闭合，KM2 线圈得电，其指示灯点亮，电动机角接运行。

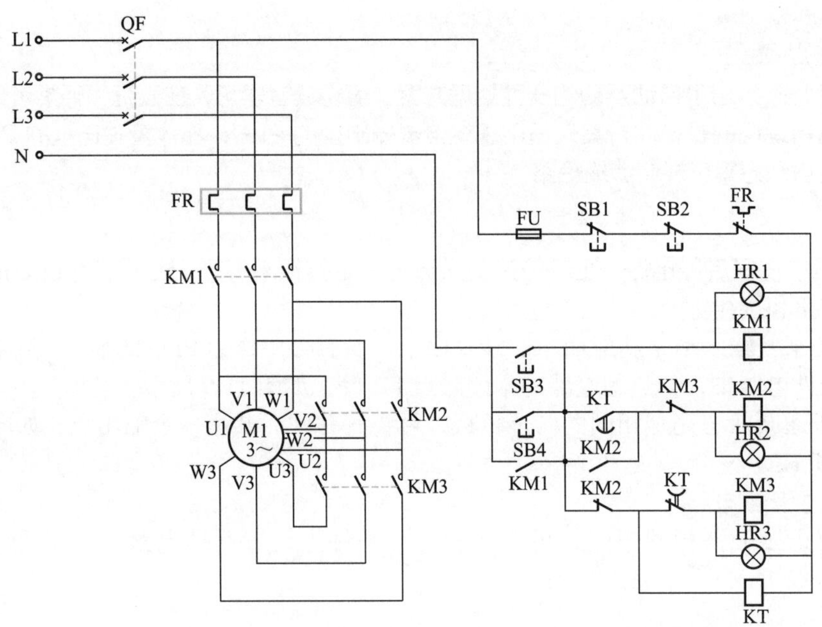

图 11-11　延边三角形控制

② 确定 I/O 点数，并画出外部接线图，I/O 分配情况如表 11-4 所示，外部接线图如图 11-12 所示。

表 11-4　延边三角形启动的 I/O 分配表

输入量		输出量	
启动按钮 SB3、SB4	I0.2	接触器 KM1	Q0.0
停止按钮 SB1、SB2	I0.1	接触器 KM2	Q0.1
热继电器 FR	I0.0	接触器 KM3	Q0.2

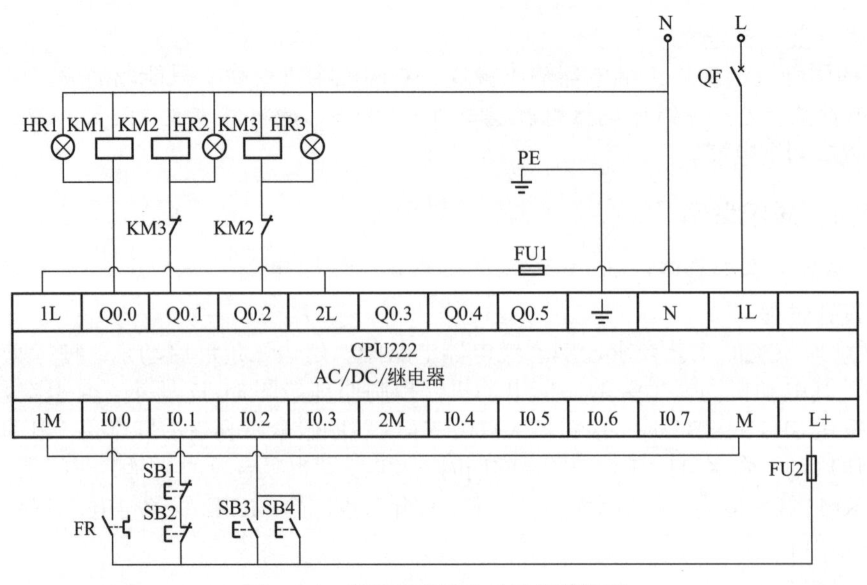

图 11-12　延边三角形启动外部接线图

③ 将继电器电路翻译成梯形图并化简，草图如图 11-13 所示，最终结果如图 11-14 所示。

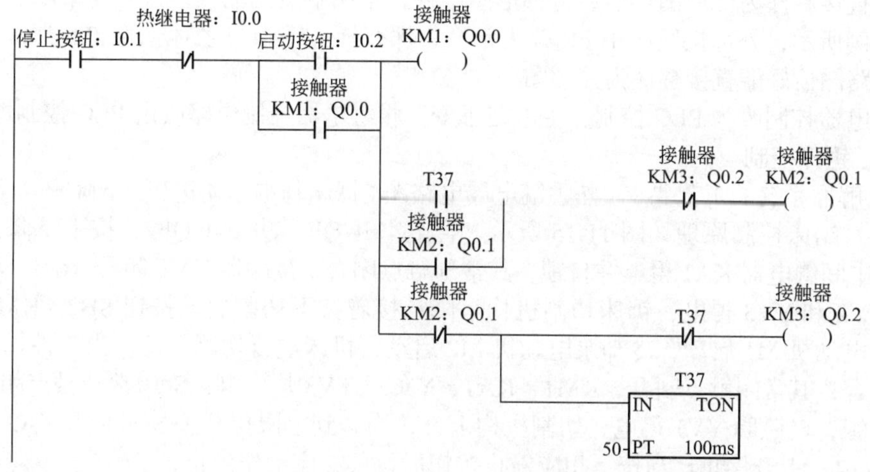

图 11-13　延边三角形启动程序草图

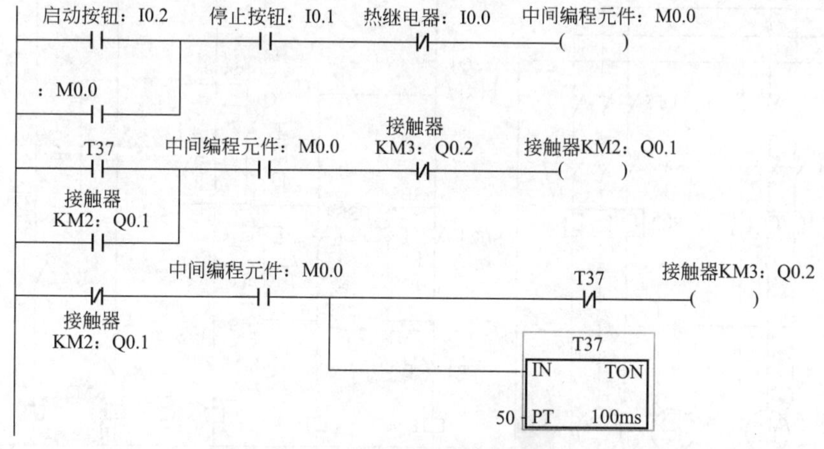

图 11-14　延边三角形启动程序最终结果

（2）案例考察点

① PLC 输入点的节省。遇到两地控制及其类似问题，可将停止按钮 SB1 与 SB2 串联，将启动按钮 SB3 与 SB4 并联后，与 PLC 相连，各自只占用 1 个输入点。

② PLC 输出点的节省。指示灯 HR1 ～ HR3 实际上可以单独占 1 个输出点，为了节省输出点分别将指示灯与各自的接触器线圈并联，只占 1 个输出点。

③ 输入信号常闭点的处理；前面介绍的梯形图的设计方法，假设的前提是输入信号由常开触点提供，但在实际中，有些信号只能由常闭触点提供，如热继电器常闭点 FR。在继电器电路中，常闭 FR 与接触器线圈串联，FR 受热断开，接触器线圈失电。若将图 11-12 中所示接在 PLC 输入端 I0.0 处 FR 的常开触点改为常闭触点，则当 FR 未受热时，它是闭合状态，梯形图中 I0.0 常开点应闭合。显然在图 11-13 中应该是常开触点 I0.0 与线圈 Q0.0 串联，而不是常闭触点 I0.0 与线圈 Q0.0 串联。这样一来，继电器电路图中的 FR 触点与梯形图中的 FR 触点类型恰好相反，给电路分析带来不便。

为了使梯形图与继电器电路中的触点类型一致，在编程时建议尽量使用常开触点作为输入信号。如果某信号为常闭触点输入时，可按全部为常开触点来设计梯形图，这样可将继电器电路图直接翻译为梯形图，然后将梯形图中外接常闭触点的输入位常开变常闭、常闭变常开。如本例所示，外部接线图中 FR 改为常开，那么梯形图中与之对应的 I0.0 为常闭，这样继电器电路图恰好能直接翻译为梯形图。

将继电器控制改为 PLC 控制，主电路不变，将继电器控制电路改由 PLC 控制即可。

例 2：锯床控制

① 了解原系统的工艺要求，熟悉继电器电路图。锯床基本运动过程：下降→切割→上升，如此往复。锯床控制原理如图 11-15 所示。合上空开 QF、QF1 和 QF2，按下下降启动按钮 SB4 时，中间继电器 KA1 得电并自锁，其常开触点闭合，接触器 KM2 闭合，液压马达启动，电磁阀 YV2 和 YV3 得电，锯床切割机构下降；接着按下切割启动按钮 SB2，KM1 线圈吸合，锯轮电动机 M1 启动，冷却泵电动机 M2 启动，机床进行切割工件；当工件切割完毕，SQ1 被压合，其常闭触点断开，KM1、KA1、YV2、YV3 均失电，SQ1 常开触点闭合，KA2 得电并自锁，电磁阀 YV1 得电，切割机构上升，当碰到上限位开关 SQ4 时，KA2、YV1 和 KM2 均失电，上升停止。当按下相应停止按钮后，其相应动作停止。

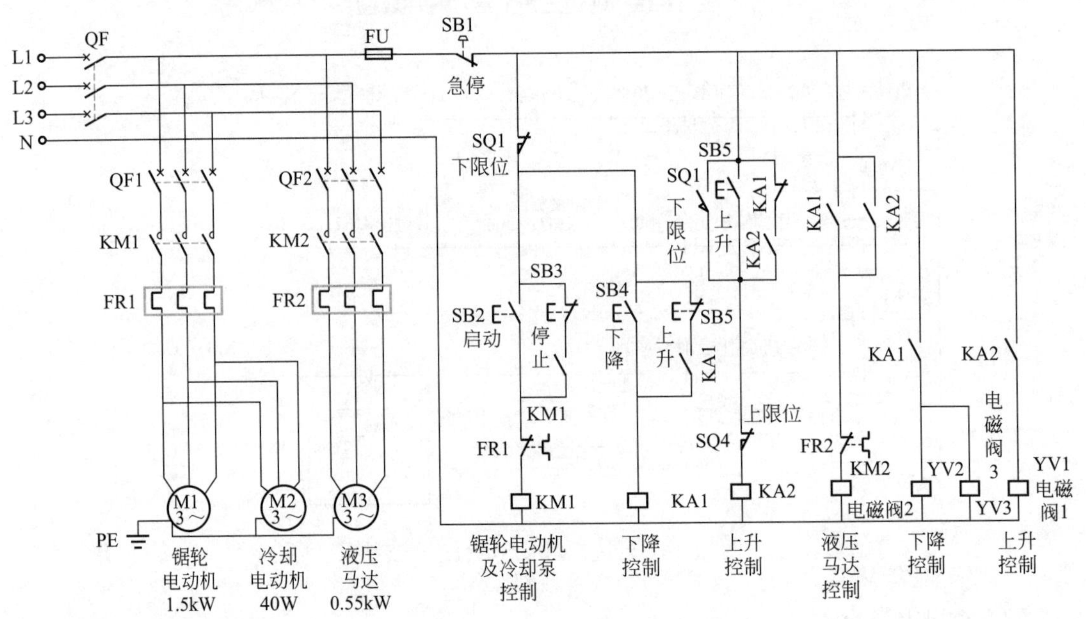

图 11-15　锯床控制

② 确定 I/O 点数并画出外部接线图。I/O 分配情况如表 11-5 所示，外部接线情况如图 11-16 所示。

表 11-5　锯床控制 I/O 分配表

输入量		输出量	
下降启动按钮 SB4	I0.0	接触器 KM1	Q0.0
上升启动按钮 SB5	I0.1	接触器 KM2	Q0.1
切割启动按钮 SB2	I0.2	电磁阀 YV1	Q0.2

续表

输入量		输出量	
急停	I0.3	电磁阀 YV2	Q0.3
切割停止按钮 SB3	I0.4	电磁阀 YV3	Q0.4
下限位开关 SQ1	I0.5		
上限位开关 SQ4	I0.6		

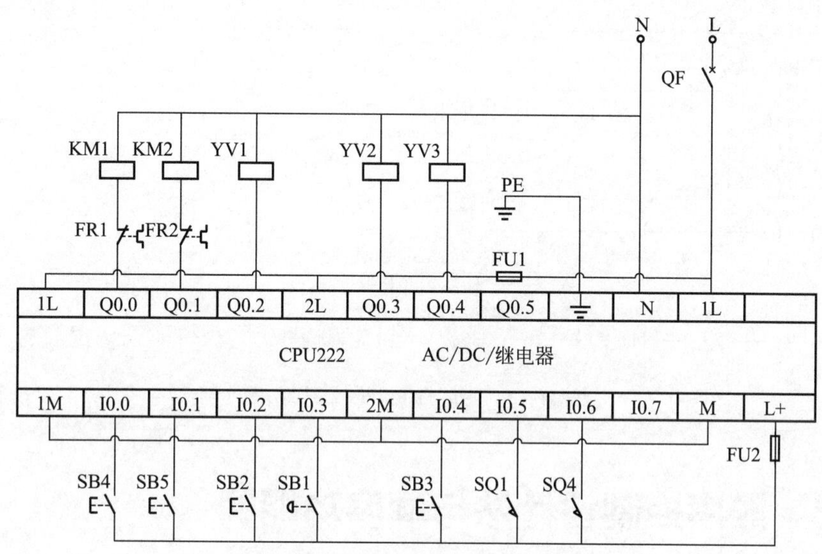

图 11-16　锯床控制外部接线图

③ 将继电器电路翻译成梯形图并化简。锯床控制程序草图如图 11-17 所示，最终结果如图 11-18 所示。

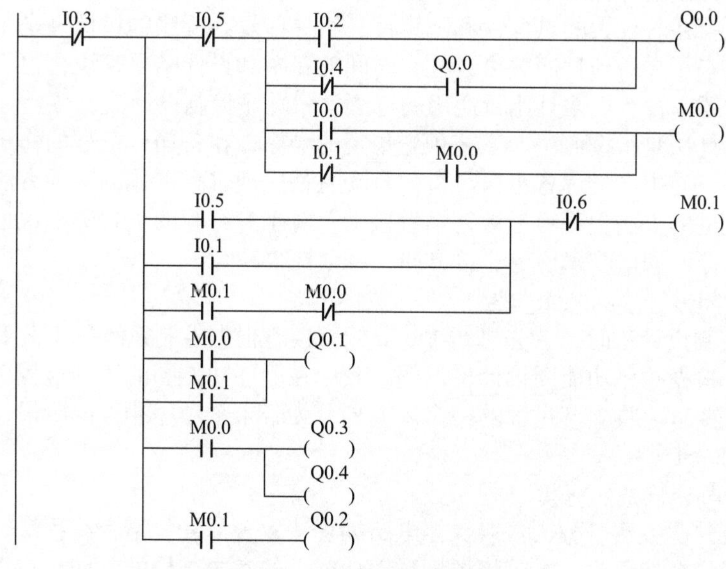

图 11-17　锯床控制程序草图

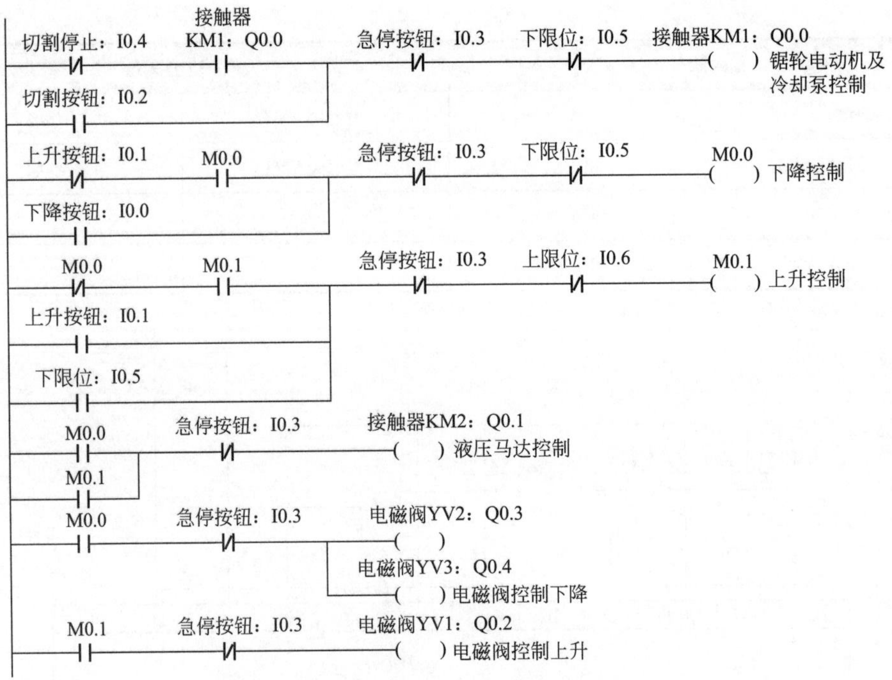

图 11-18 锯床控制程序最终结果

11.3 顺序控制设计法与顺序功能图

11.3.1 顺序控制设计法

（1）顺序控制设计法简介

采用经验设计法设计梯形图程序时，由于经验设计法本身没有一套固定的方法可循，且在设计过程中又存在着较大的试探性和随意性，给一些复杂程序的设计带来了很大的困难。即使勉强设计出来了，对于程序的可读性、时间的花费和设计结果来说，也不尽如人意。鉴于此，本章将介绍一种有规律且比较通用的方法——顺序控制设计法。

顺序控制设计法是指按照生产工艺预先规定的顺序，在各输入信号的作用下，根据内部状态和时间顺序，使生产过程各个执行机构自动有秩序地进行操作的一种方法。该方法是一种比较简单且先进的方法，很容易被初学者接受，对于有经验的工程师来说也会提高设计效率，对于程序的调试和修改来说也非常方便，可读性很高。

（2）顺序控制设计法的基本步骤

使用顺序控制设计法时，首先进行 I/O 分配；接着根据控制系统的工艺要求，绘制顺序功能图；最后，根据顺序功能图设计梯形图。其中在顺序功能图的绘制过程中，往往是根据控制系统的工艺要求，将生产过程的一个周期划分为若干个顺序相连的阶段，每个阶段都对应顺序功能图的一步。

（3）顺序控制设计法的分类

顺序控制设计法大致可分为：启保停电路编程法、置位复位指令编程法、步进指令编程法和移位寄存器指令编程法。本节将根据顺序功能图的基本结构的不同，对以上 4 种方法进行详细讲解。

使用顺序控制设计法时，绘制顺序功能图是关键，因此下面要对顺序功能图进行详细介绍。

11.3.2 顺序功能图简介

（1）顺序功能图的组成要素

顺序功能图是一种图形语言，用来编制顺序控制程序。在IEC的PLC编程语言标准（IEC61131-3）中，顺序功能图被确定为PLC位居首位的编程语言。在编写程序的时候，往往先根据控制系统的工艺过程，画出顺序功能图，然后再根据顺序功能图写出梯形图。顺序功能图主要由步、有向连线、转换、转换条件和动作（或命令）这5大要素组成，如图11-19所示。

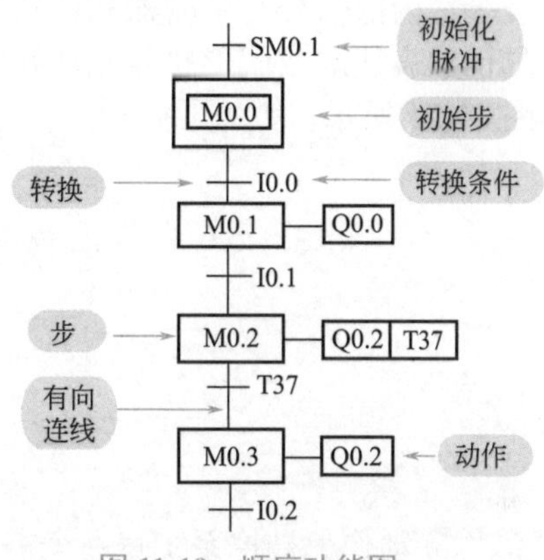

图11-19 顺序功能图

① 步 将系统的一个周期划分为若干个顺序相连的阶段，这些阶段就叫步。步是根据输出量的状态变化来划分的，通常用编程元件代表，编程元件是指辅助继电器M和状态继电器S。步通常涉及以下几个概念。

• 初始步：一般在顺序功能图的最顶端，与系统的初始化有关，通常用双方框表示。注意每一个顺序功能图中至少有一个初始步，初始步一般由初始化脉冲SM0.1激活。

• 活动步：系统所处的当前步为活动状态，就称该步为活动步。当步处于活动状态时，相应的动作被执行；当步处于不活动状态时，相应的非记忆性动作被停止。

• 前级步和后续步：前级步和后续步是相对的，如图11-20所示。对于M0.2步来说，M0.1步是它的前级步，M0.3步是它的后续步；对于M0.1步来说，M0.2是它的后续步，M0.0步是它的前级步。需要指出，一个顺序功能图中可能存在多个前级步和多个后续步，如M0.0就有两个后续步，分别为M0.1和M0.4；M0.7也有两个前级步，分别为M0.3和M0.6。

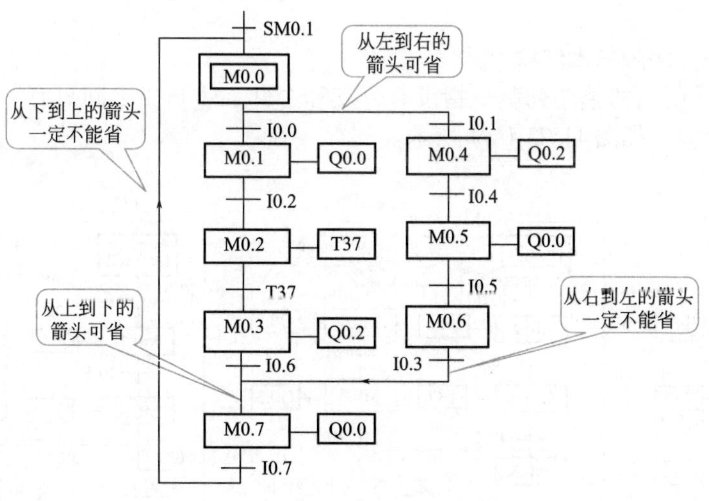

图11-20 前级步、后续步与有向连线

② 有向连线 有向连线即连接步与步之间的连线，它规定了活动步的进展路径与方向。

通常规定有向连线的方向从左到右或从上到下的箭头可省，从右到左或从下到上的箭头一定不可省，如图 11-20 所示。

③ 转换　转换用一条与有向连线垂直的短划线表示，它将相邻的两步分隔开。步的活动状态的进展是由转换的实现来完成，并与控制过程的发展相对应。

④ 转换条件　转换条件就是系统从上一步跳到下一步的信号。转换条件可以由外部信号提供，也可由内部信号提供。外部信号有按钮、传感器、接近开关、光电开关的通断信号等；内部信号有定时器和计数器常开触点的通断信号等。转换条件可以用文字语言、布尔代数表达式或图形符号标注在表示转换的短划线旁，使用较多的是布尔代数表达式，如图 11-21 所示。

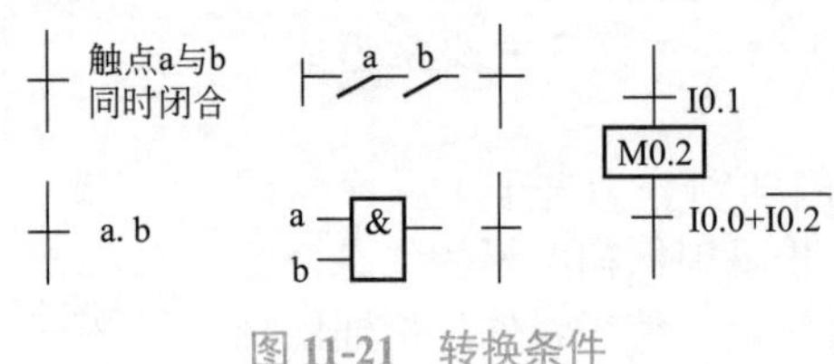

图 11-21　转换条件

⑤ 动作　被控系统每一个需要执行的任务或者是施控系统每一个要发出的命令都叫动作。注意：动作是指最终的执行线圈或定时器计数器等，一步中可能有一个动作或几个动作。通常动作用矩形框表示，矩形框内标有文字或符号，矩形框用相应的步符号相连。需要指出，涉及多个动作时，处理方案如图 11-22 所示。

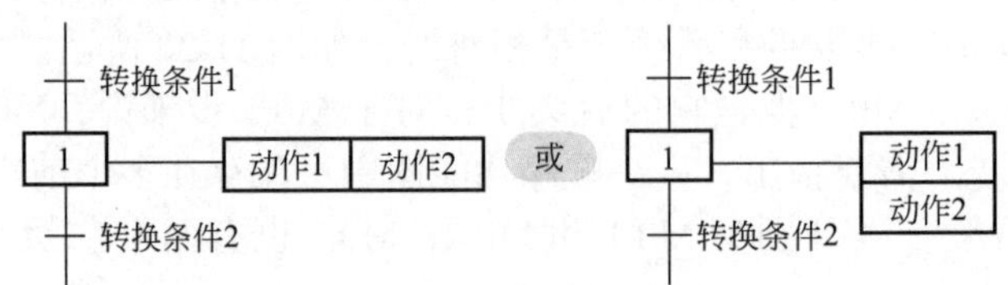

图 11-22　多个动作的处理方案

（2）顺序功能图的基本结构

① 单序列　所谓的单序列就是指没有分支和合并，步与步之间只有一个转换，每个转换两端仅有一个步，如图 11-23（a）所示。

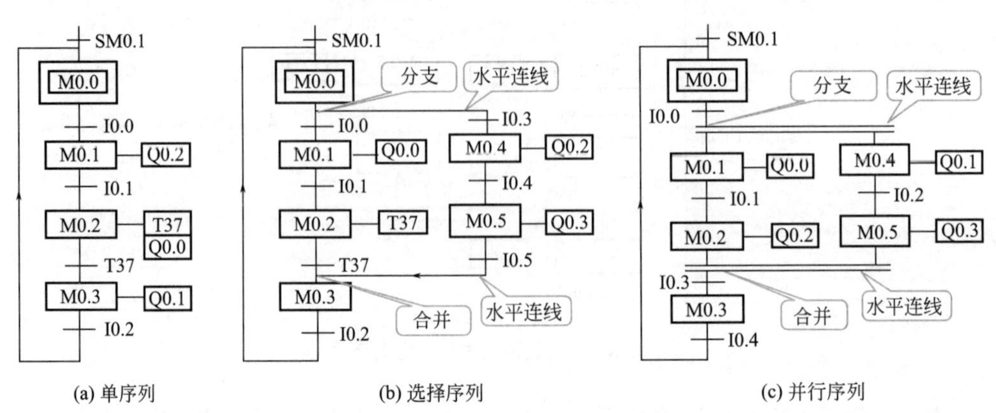

图 11-23　顺序功能图的基本结构

② 选择序列　选择序列既有分支又有合并，选择序列的开始叫分支，选择序列的结束叫合并，如图 11-23（b）所示。在选择序列的开始处，转换符号只能标在水平连线之下，如 I0.0、I0.3 对应的转换就标在水平连线之下；选择序列的结束，转换符号只能标在水平连线之上，如 T37、I0.5 对应的转换就标在水平连线之上；当 M0.0 为活动步，并且转换条件 I0.0=1 时，则发生由步 M0.0 →步 M0.1 的跳转；当 M0.0 为活动步，并且转换条件 I0.3=1 时，则发生由步 M0.0 →步 M0.4 的跳转；当 M0.2 为活动步，并且转换条件 T37=1 时，则发生由步 M0.2 →步 M0.3 的跳转；当 M0.5 为活动步，并且转换条件 I0.5=1 时，则发生由步 M0.5 →步 M0.3 的跳转。

需要指出，在选择程序中，某一步可能存在多个前级步或后续步，如 M0.0 就有两个后续步 M0.1、M0.4，M0.3 就有两个前级步 M0.2、M0.5。

③ 并行序列　并行序列用来表示系统的几个同时工作的独立部分的工作情况，如图 11-23（c）所示。并行序列的开始叫分支，在转换满足的情况下，导致几个序列同时被激活，为了强调转换的同步实现，水平连线用双线表示，且水平双线之上只有一个转换条件，当步 M0.0 为活动步，并且转换条件 I0.0=1 时，步 M0.1、M0.4 同时变为活动步，步 M0.0 变为不活动步，水平双线之上只有转换条件 I0.0；并行序列的结束叫合并，只有当直接连在双线上的所有前级步 M0.2、M0.5 为活动步，并且转换条件 I0.3=1 时，才会发生步 M0.2、M0.5 → M0.3 的跳转，即 M0.2、M0.5 为不活动步，M0.3 为活动步，在同步双水平线之下只有一个转换条件 I0.3。

（3）梯形图中转换实现的基本原则

① 转换实现的基本条件　在顺序功能图中，步的活动状态的进展是由转换的实现来完成的。转换的实现必须同时满足以下两个条件：

• 该转换的所有前级步都为活动步；
• 相应的转换条件得到满足。

以上两个条件缺一不可，当转换的前级步或后续步不止一个时，转换的实现称为同时实现，为了强调同时实现，有向连线的水平部分用双线表示。

② 转换实现完成的操作

• 使所有由有向连线与相应转换符号连接的后续步都变为活动步。
• 使所有由有向连线与相应转换符号连接的前级步都变为不活动步。

重点提示

① 转换实现的基本原则口诀。以上转换实现的基本条件和转换完成的基本操作，可简要地概括为：

当前级步为活动步时，满足转换条件，程序立即跳转到下一步；当后续步为活动步时，前级步停止。

② 转换实现的基本原则是根据顺序功能图设计梯形图的基础，它适用于顺序功能图中的各种结构和各种顺序控制梯形图的编程方法。

（4）绘制顺序功能图时的注意事项

① 两步绝对不能直接相连，必须用一个转换将其隔开。

② 两个转换也不能直接相连，必须用一个步将其隔开。

以上两条是判断顺序功能图绘制正确与否的依据。

③ 顺序功能图中初始步必不可少，它一般对应于系统等待启动的初始状态，这一步可

能没有什么动作执行，因此很容易被遗忘。若无此步，则无法进入初始状态，系统也无法返回停止状态。

④ 自动控制系统应能多次重复执行同一工艺过程，因此在顺序功能图中一般应有由步和有向连线组成的闭环，即在完成一次工艺过程的全部操作后，应从最后一步返回到初始步，系统停留在初始步（单周期操作）；在执行连续循环工作方式时，应从最后一步返回下一周期开始运行的第一步。

11.4 启保停电路编程法

启保停电路编程法，其中间编程元件为辅助继电器 M，在梯形图中，为了实现当前级步为活动步且满足转换条件成立时才进行步的转换，总是将代表前级步的辅助继电器的常开触点与对应的转换条件触点串联，作为激活后续步辅助继电器的启动条件；当后续步被激活时，对应的前级步停止，所以用代表后续步的辅助继电器的常闭触点与前级步的电路串联作为停止条件。

11.4.1 单序列编程

（1）单序列顺序功能图与梯形图的对应关系

单序列顺序功能图与梯形图的对应关系如图 11-24 所示。在图 11-24 中，M*i*−1、M*i*、M*i*+1 是顺序功能图中连续的 3 步。I*i*、I*i*+1 为转换条件。对于 M*i* 步来说，它的前级步为 M*i*−1，转换条件为 I*i*，因此 M*i* 的启动条件为辅助继电器的常开触点 M*i*−1 与转换条件常开触点 I*i* 的串联组合；对于 M*i* 步来说，它的后续步为 M*i*+1，因此 M*i* 的停止条件为 M*i*+1 的常闭触点。

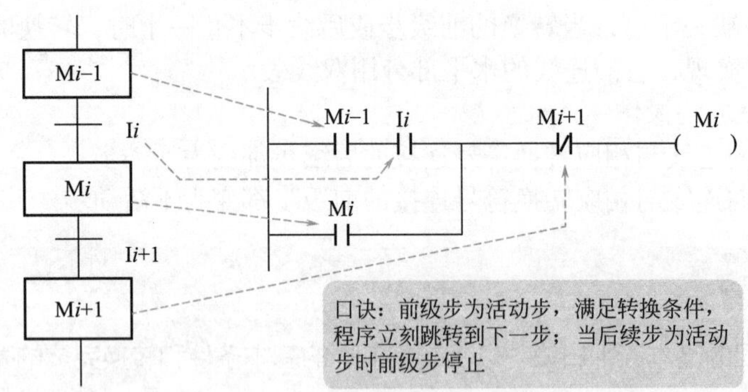

图 11-24 顺序功能图与梯形图的转化

（2）应用举例：冲床运动控制

① 控制要求 图 11-25 为某冲床的运动示意图。初始状态机械手在最左边，左限位开关 SQ1 压合，机械手处于放松状态（机械手的放松与夹紧受电磁阀控制，松开电磁阀失电，夹紧电磁阀得电），冲头在最上面，上限位开关 SQ2 压合，当按下启动按钮 SB 时，机械手夹紧工件并保持，3s 后机械手右行，当碰到右限位开关 SQ3 后，机械手停止运动，同时冲头下行；当碰到下限位开关 SQ4 后，冲头上行；冲头碰到上限位开关 SQ2 后，停止运动，同时机械手左行；当机械手碰到左限位开关 SQ1 后，机械手放松，延时 4s 后，系统返回到初始状态。

② 程序设计

a. 根据控制要求，进行 I/O 分配，如表 11-6 所示。

表 11-6　冲床的运动控制的 I/O 分配表

输入量		输出量	
启动按钮 SB	I0.0	机械手电磁阀	Q0.0
左限位开关 SQ1	I0.1	机械手左行	Q0.1
右限位开关 SQ3	I0.2	机械手右行	Q0.2
上限位开关 SQ2	I0.3	冲头上行	Q0.3
下限位开关 SQ4	I0.4	冲头下行	Q0.4

b．根据控制要求，绘制顺序功能图，如图 11-26 所示。

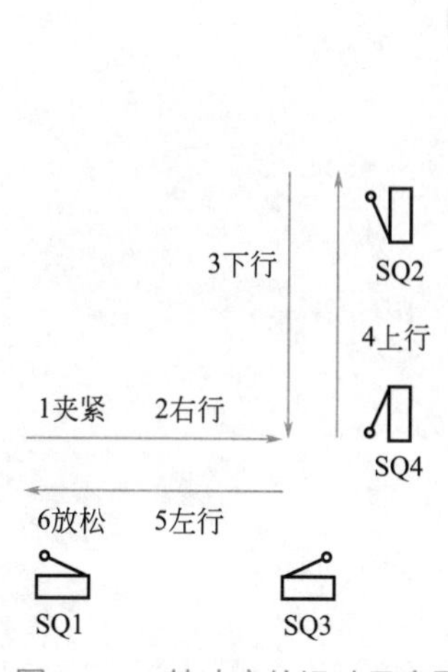

图 11-25　某冲床的运动示意图

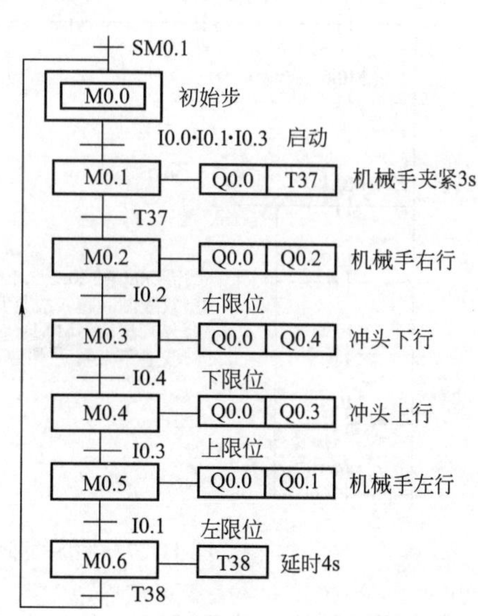

图 11-26　某冲床控制的顺序功能图

c. 将顺序功能图转化为梯形图，如图 11-27 所示。

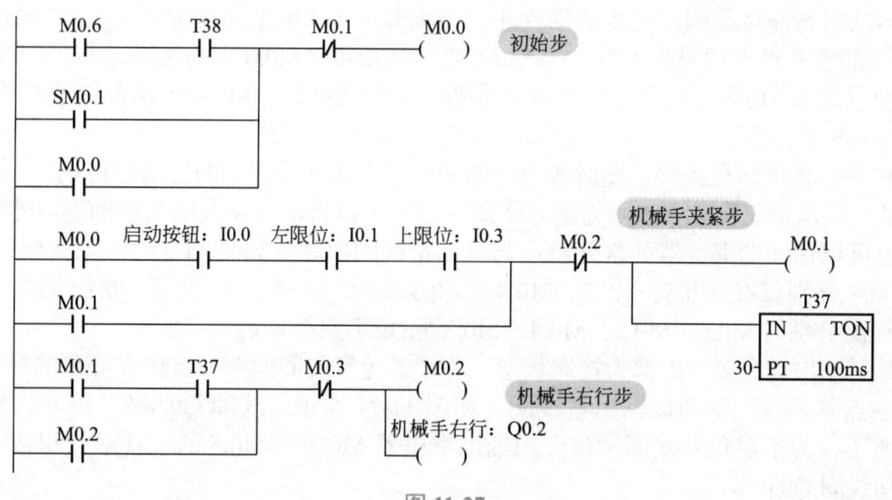

图 11-27

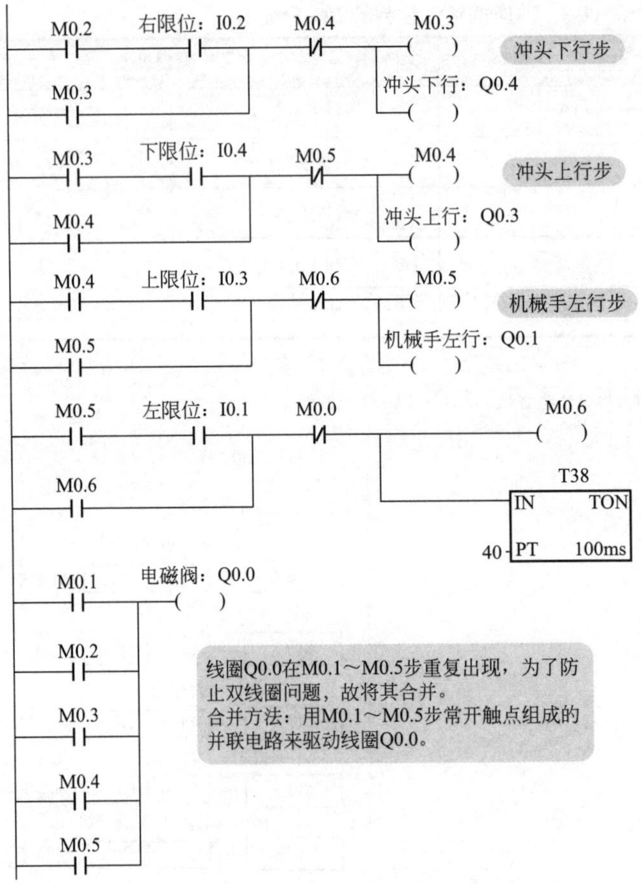

M0.2 右限位：I0.2 M0.4 M0.3 冲头下行步
M0.3 冲头下行：Q0.4
M0.3 下限位：I0.4 M0.5 M0.4 冲头上行步
M0.4 冲头上行：Q0.3
M0.4 上限位：I0.3 M0.6 M0.5 机械手左行步
M0.5 机械手左行：Q0.1
M0.5 左限位：I0.1 M0.0 M0.6
M0.6 T38 IN TON 40 PT 100ms
M0.1 电磁阀：Q0.0
M0.2
M0.3
M0.4
M0.5

线圈Q0.0在M0.1～M0.5步重复出现，为了防止双线圈问题，故将其合并。
合并方法：用M0.1～M0.5步常开触点组成的并联电路来驱动线圈Q0.0。

图 11-27 冲床控制启保停电路编程法梯形图程序

③ 冲床控制顺序功能图转化梯形图过程分析 以 M0.0 步为例，介绍顺序功能图转化为梯形图的过程。从图 11-26 中不难看出，M0.0 的一个启动条件为 M0.6 的常开触点和转换条件 T38 的常开触点组成的串联电路，此外 PLC 刚运行时，应将初始步 M0.0 激活，否则系统无法工作，所以初始化脉冲 SM0.1 为 M0.0 的另一个启动条件，这两个启动条件应并联。为了保证活动状态能持续到下一步活动为止，还需并联上 M0.0 的自锁触点。当 M0.0、I0.0、I0.1、I0.3 的常开触点同时为 1 时，步 M0.1 变为活动步，M0.0 变为不活动步，因此将 M0.1 的常闭触点串入 M0.0 的回路中作为停止条件。此后 M0.1 ～ M0.6 步梯形图的转换与 M0.0 步梯形图的转换一致。

④ 顺序功能图转化为梯形图时输出电路的处理方法 分以下两种情况讨论。

a. 某一输出量仅在某一步中为接通状态，这时可以将输出量线圈与辅助继电器线圈直接并联，也可以用辅助继电器的常开触点与输出量线圈串联。如图 11-27 所示，Q0.1、Q0.2、Q0.3、Q0.4 分别仅在 M0.5、M0.2、M0.4、M0.3 步出现一次，因此将 Q0.1、Q0.2、Q0.3、Q0.4 的线圈分别与 M0.5、M0.2、M0.4、M0.3 的线圈直接并联。

b. 某一输出量在多步中都为接通状态，为了避免双线圈问题，将代表各步的辅助继电器的常开触点并联后，驱动该输出量线圈。如图 11-27 所示，线圈 Q0.0 在 M0.1 ～ M0.5 这 5 步均接通了，为了避免双线圈输出，用辅助继电器 M0.1 ～ M0.5 的常开触点组成的并联电路来驱动线圈 Q0.0。

⑤ 冲床控制梯形图程序解析 如图 11-28 所示。

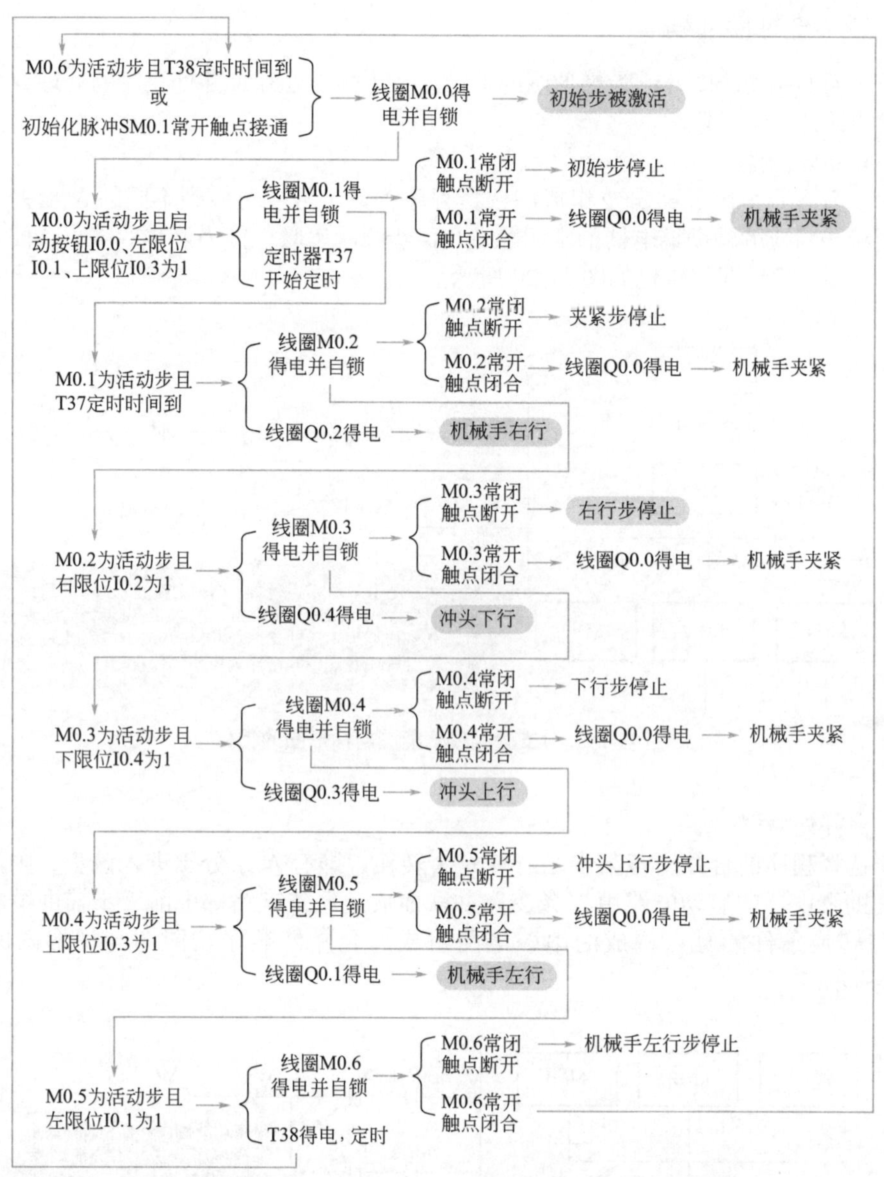

图 11-28 冲床控制启保停电路编程法梯形图程序解析

重点提示

① 在使用启保停电路编程时，要注意最后一步的常开触点与转换条件的常开触点组成的串联电路、初始化脉冲、触点自锁这三者的并联问题。

② 在使用启保停电路编程时，要注意某一输出量仅出现一次时，可以将它的线圈与辅助继电器的线圈并联，也可以用辅助继电器的常开触点来驱动该输出量线圈，采用与辅助继电器线圈并联的方式比较节省网络。

③ 在使用启保停电路编程时，如果出现双线圈问题，务必合并双线圈，否则程序无法正常运行；采取合并的措施为用 M 常开触点组成的并联电路来驱动输出量线圈。

11.4.2 选择序列编程

选择序列顺序功能图转化为梯形图的关键点在于分支处和合并处程序的处理，其余部分与单序列的处理方法一致。

（1）分支处编程

若某步后有一个由 *N* 条分支组成的选择程序，该步可能转换到不同的 *N* 步去，则应将这 *N* 个后续步对应的辅助继电器的常闭触点与该步线圈串联，作为该步的停止条件。分支序列顺序功能图与梯形图的转化如图 11-29 所示。

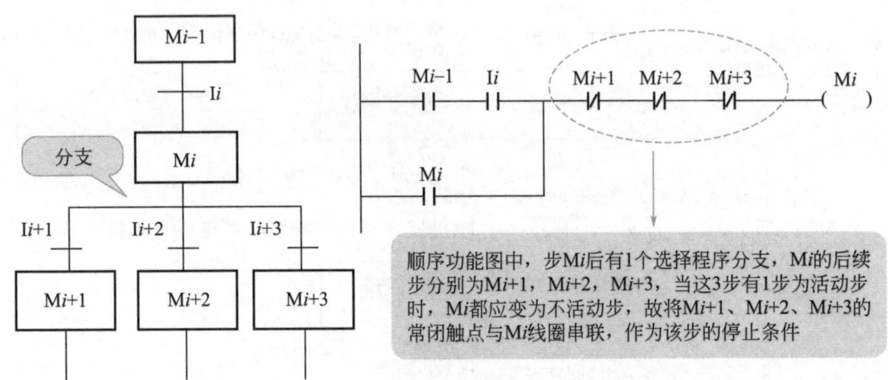

图 11-29　分支处顺序功能图与梯形图的转化

（2）合并处编程

对于选择程序的合并，若某步之前有 *N* 个转换，即有 *N* 条分支进入该步，则控制代表该步的辅助继电器的启动电路由 *N* 条支路并联而成，每条支路都由前级步辅助继电器的常开触点与转换条件的触点构成的串联电路组成。合并处顺序功能图与梯形图的转化如图 11-30 所示。

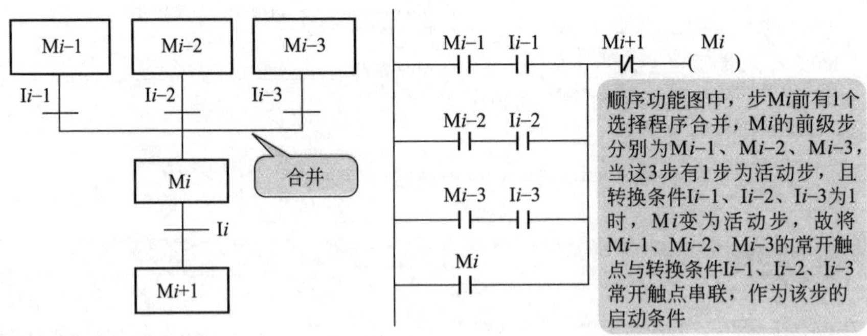

图 11-30　合并处顺序功能图与梯形图的转化

特别地，当某顺序功能图中含有仅由两步构成的小闭环时，处理方法如下。

① 问题分析：如图 11-31 所示，当 M0.5 为活动步且转换条件 I1.0 接通时，线圈 M0.4 本来应该接通，但此时与线圈 M0.4 串联的 M0.5 常闭触点为断开状态，故线圈 M0.4 无法接通。出现这样问题的原因在于 M0.5 既是 M0.4 的前级步，又是 M0.4 后续步。

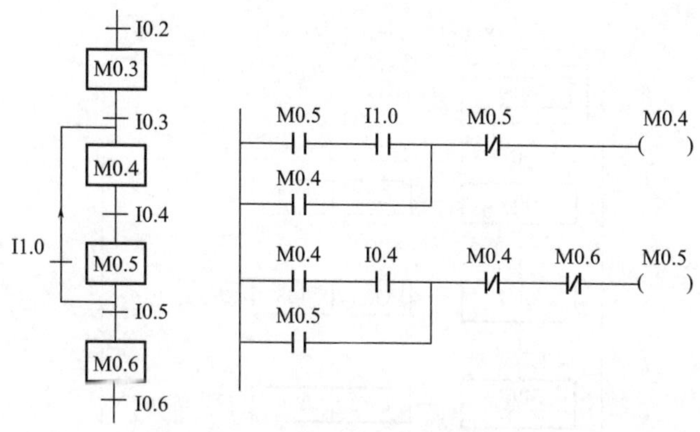

图 11-31　仅由两步组成的小闭环

② 处理方法：在小闭环中增设步 M1.0，如图 11-32 所示。步 M1.0 在这里只起到过渡作用，延时时间很短（一般说来应取延时时间在 0.1s 以下），对系统的运行无任何影响。

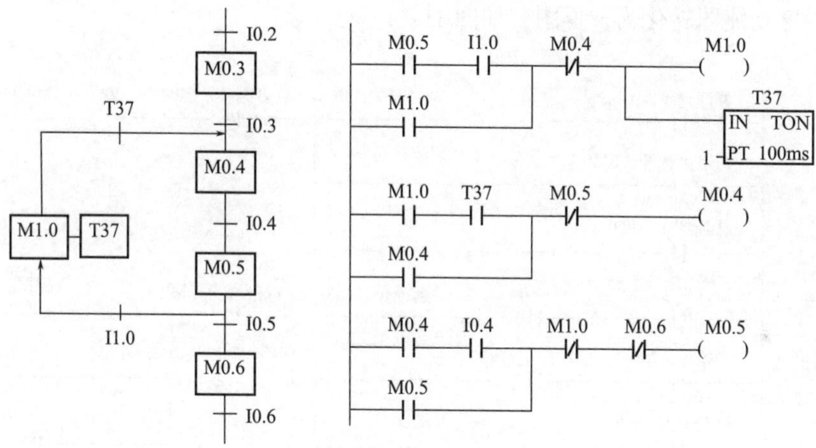

图 11-32　处理方法

（3）应用举例：信号灯控制

① 控制要求　按下启动按钮 SB，红、绿、黄三只小灯每隔 10s 循环点亮，若选择开关在 1 位置，则小灯只执行 1 个循环；若选择开关在 0 位置，则小灯不停地执行“红→绿→黄”循环。

② 程序设计

a．根据控制要求，进行 I/O 分配，如表 11-7 所示。

表 11-7　信号灯控制的 I/O 分配表

输入量		输出量	
启动按钮 SB	I0.0	红灯	Q0.0
选择开关	I0.1	绿灯	Q0.1
		黄灯	Q0.2

b．根据控制要求，绘制顺序功能图，如图 11-33 所示。

SM0.1
M0.0
初始步
I0.0
启动
M0.1
Q0.0
T37
红灯亮10s
T37
M0.2
Q0.1
T38
绿灯亮10s
T38
M0.3
Q0.2
T39
黄灯亮10s
T39·I0.1
T39·$\overline{\text{I0.1}}$

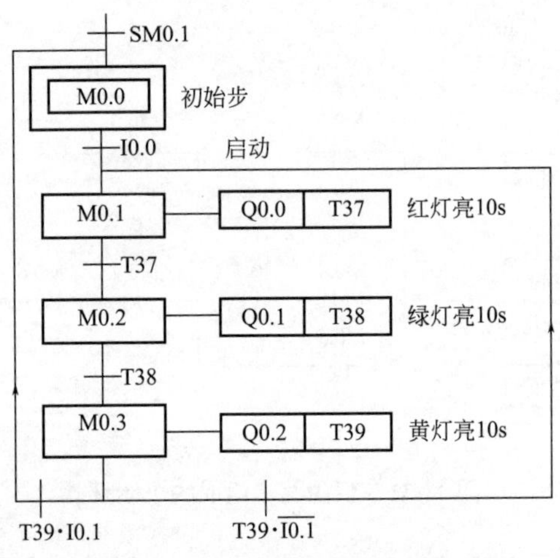

图 11-33 信号灯控制的顺序功能图

c. 将顺序功能图转化为梯形图，如图 11-34 所示。

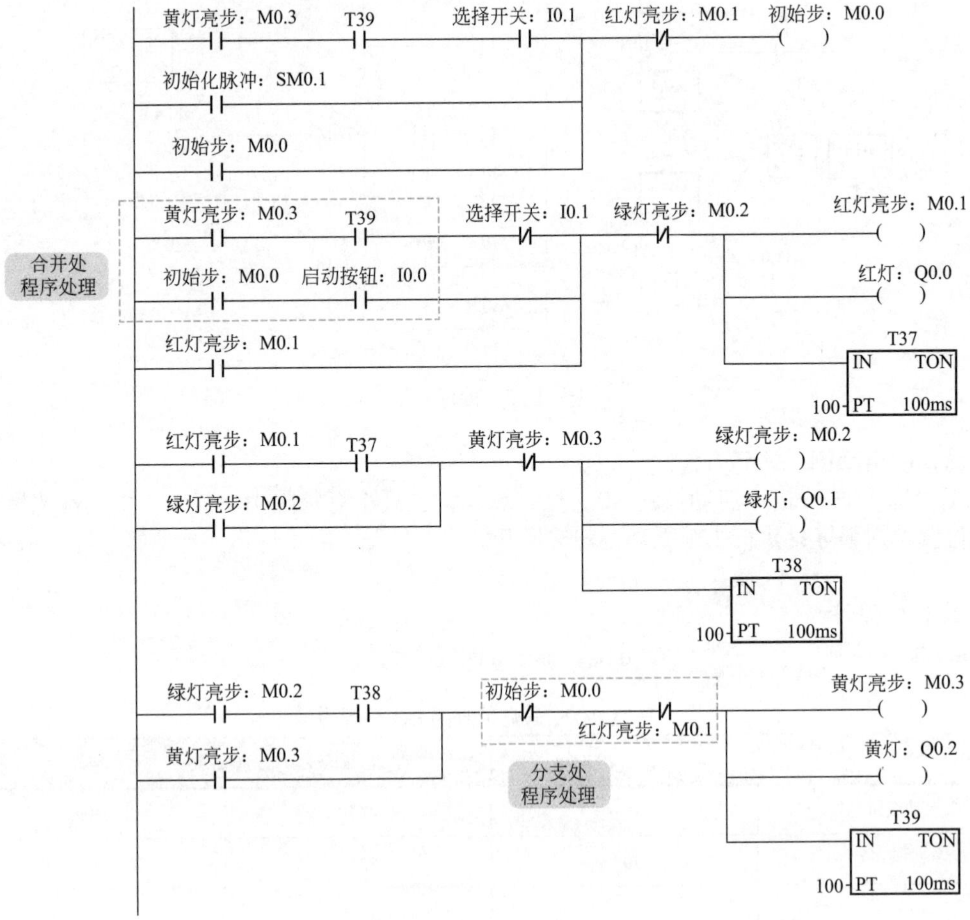

黄灯亮步：M0.3
T39
选择开关：I0.1
红灯亮步：M0.1
初始步：M0.0
初始化脉冲：SM0.1
初始步：M0.0
合并处程序处理
黄灯亮步：M0.3
T39
选择开关：I0.1
绿灯亮步：M0.2
红灯亮步：M0.1
初始步：M0.0
启动按钮：I0.0
红灯：Q0.0
红灯亮步：M0.1
T37
IN TON
100 PT 100ms
红灯亮步：M0.1
T37
黄灯亮步：M0.3
绿灯亮步：M0.2
绿灯亮步：M0.2
绿灯：Q0.1
T38
IN TON
100 PT 100ms
绿灯亮步：M0.2
T38
初始步：M0.0
黄灯亮步：M0.3
红灯亮步：M0.1
黄灯亮步：M0.3
黄灯：Q0.2
分支处程序处理
T39
IN TON
100 PT 100ms

图 11-34 信号灯控制梯形图

（4）信号灯控制顺序功能图转化梯形图过程分析

① 选择序列分支处的处理方法：如图 11-33 所示，步 M0.3 之后有一个选择序列的分支，设 M0.3 为活动步，当它的后续步 M0.0 或 M0.1 为活动步时，它应变为不活动步，故如图 11-34 所示将 M0.0 和 M0.1 的常闭触点与 M0.3 的线圈串联。

② 选择序列合并处的处理方法：如图 11-33 所示，步 M0.1 之前有一个选择序列的合并，当步 M0.0 为活动步且转换条件 I0.0 满足或 M0.3 为活动步且转换条件 T39 • $\overline{\text{I0.1}}$ 满足时，步 M0.1 应变为活动步，即 M0.2 的启动条件为 M0.0 • I0.0+M0.3 • T39 • $\overline{\text{I0.1}}$，对应的启动电路由两条并联分支组成，并联支路分别由 M0.0、I0.0 和 M0.3、T39 • $\overline{\text{I0.1}}$ 的触点串联组成。

11.4.3　并行序列编程

（1）分支处编程

若并行程序某步后有 *N* 条并列分支，且转换条件满足，则并行分支的第一步同时被激活。这些并行分支第一步的启动条件均相同，都是前级步的常开触点与转换条件的常开触点组成的串联电路，不同的是各个并行分支的停止条件。以串入各自后续步的常闭触点作为停止条件。并行序列顺序功能图与梯形图的转化如图 11-35 所示。

（2）合并处编程

对于并行程序的合并，若某步之前有 *N* 分支，即有 *N* 条分支进入该步，则并行分支的最后一步同时为 1，且转换条件满足，方能完成合并。因此合并处的启动电路为所有并行分支最后一步的常开触点串联和转换条件的常开触点的组合。停止条件仍为后续步的常闭触点。并行序列顺序功能图与梯形图的转化如图 11-35 所示。

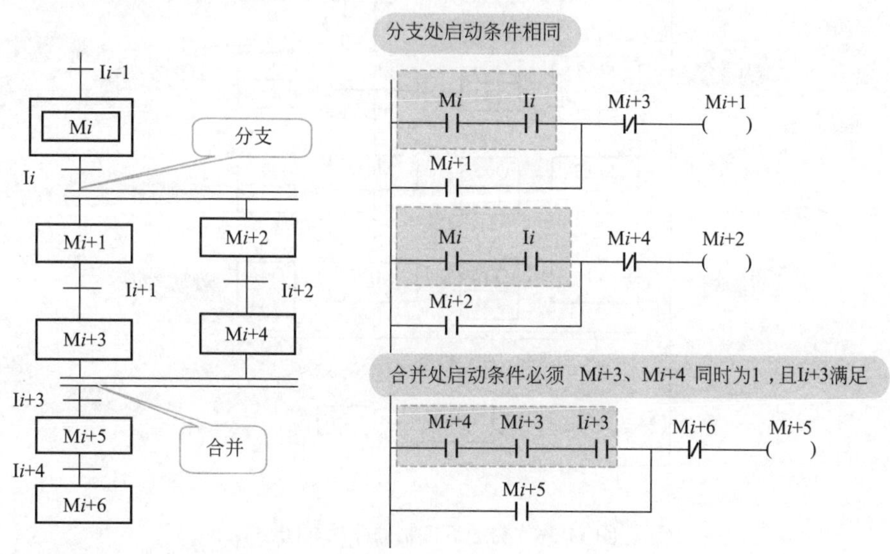

图 11-35　并行序列顺序功能图转化为梯形图

（3）应用举例：交通信号灯控制

① 控制要求　按下启动按钮，东西绿灯亮 25s 后闪烁 3s 后熄灭，然后黄灯亮 2s 后熄灭，紧接着红灯亮 30s 后再熄灭，再接着绿灯亮……如此循环；在东西绿灯亮的同时，南北红灯亮 30s，接着绿灯亮 25s 后闪烁 3s 熄灭，然后黄灯亮 2s 后熄灭，红灯亮……如此循环。

② 程序设计

a．根据控制要求，进行 I/O 分配，如表 11-8 所示。

表 11-8 交通信号灯 I/O 分配表

输入量		输出量	
启动按钮	I0.0	东西绿灯	Q0.0
停止按钮	I0.1	东西黄灯	Q0.1
		东西红灯	Q0.2
		南北绿灯	Q0.3
		南北黄灯	Q0.4
		南北红灯	Q0.5

b．根据控制要求，绘制顺序功能图，如图 11-36 所示。

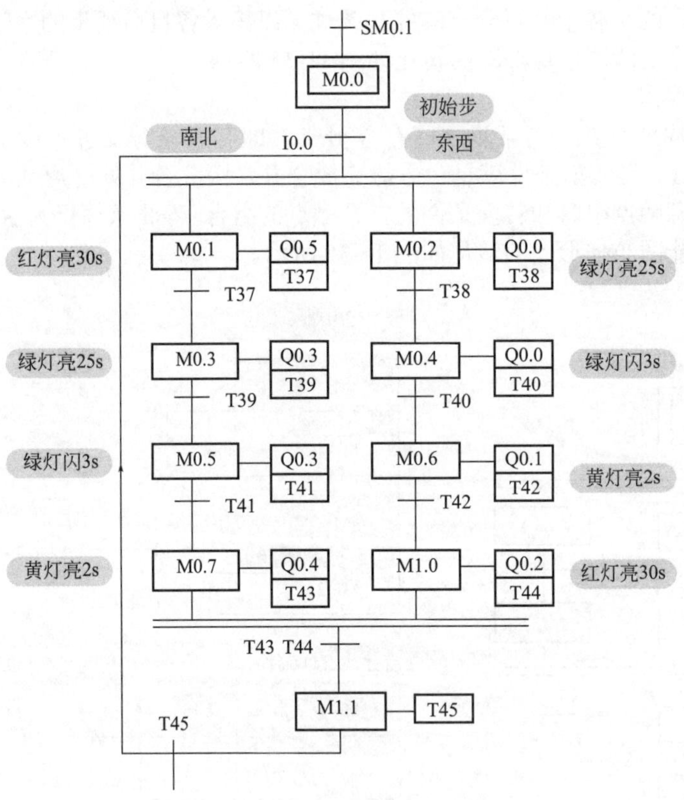

图 11-36 交通灯控制顺序功能图

c．将顺序功能图转化为梯形图，如图 11-37 所示。

③ 交通信号灯控制顺序功能图转化梯形图的过程分析

a. 并行序列分支处的处理方法：如图 11-36 所示，步 M0.0 之后有一个并行序列的分支，设 M0.0 为活动步且 I0.0 为 1 时，则 M0.1、M0.2 步同时激活，故 M0.1、M0.2 的启动条件相同，都为 M0.0 • I0.0；停止条件不同，M0.1 的停止条件 M0.1 步需串 M0.3 的常闭触点，M0.2 的停止条件 M0.2 步需串 M0.4 的常闭触点。M1.1 后也有 1 个并列分支，道理与 M0.0 步相同，这里不再赘述。

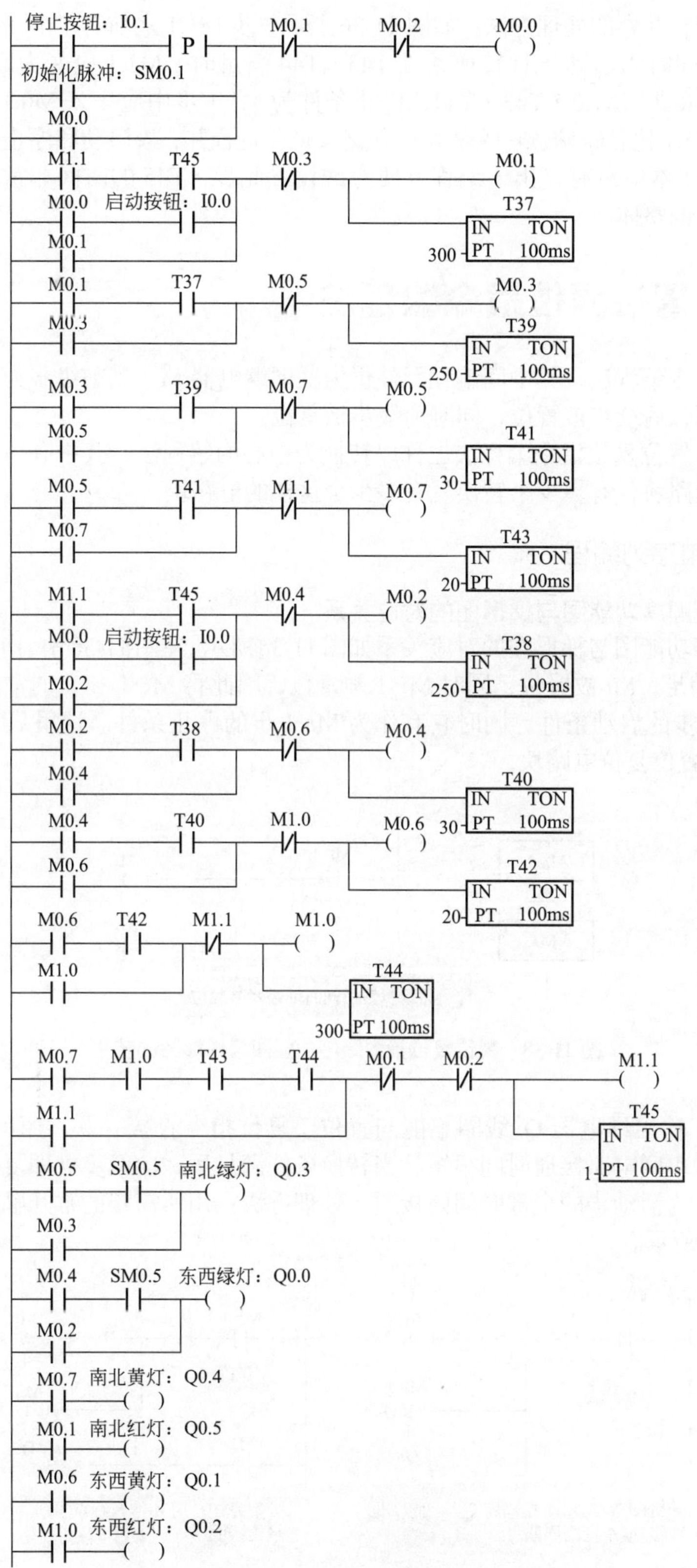

图 11-37　交通灯控制梯形图

b. 并行序列合并处的处理方法：如图 11-36 所示，步 M1.1 之前有 1 个并行序列的合并，当 M0.7、M1.0 同时为活动步且转换条件 T43 • T44 满足时，M1.1 应变为活动步，即 M1.1 的启动条件为 M0.7 • M1.0 • T43 • T44，停止条件为 M1.1 步中应串入 M0.1 和 M0.2 的常闭触点。这里的 M1.1 比较特殊，它既是并行分支又是并行合并，故启动和停止条件有些特别。附带指出 M1.1 步本应没有，出于编程方便考虑设置此步，T45 的时间非常短，仅为 0.1s，因此不影响程序的整体。

11.5 置位复位指令编程法

置位复位指令编程法，其中间编程元件仍为辅助继电器 M，当前级步为活动步且满足转换条件的情况下，后续步被置位，同时前级步被复位。

需要说明，置位复位指令编程法也称以转换为中心的编程法，其中有一个转换就对应有一个置位复位电路块，有多少个转换就有多少个这样的电路块。

11.5.1 单序列编程

(1) 单序列顺序功能图与梯形图的对应关系

单序列顺序功能图与梯形图的对应关系如图 11-38 所示。在图 11-38 中，当 M*i*−1 为活动步，且转换条件 I*i* 满足，M*i* 被置位，同时 M*i*−1 被复位，因此将 M*i*−1 和 I*i* 的常开触点组成的串联电路作为 M*i* 步的启动条件，同时它有作为 M*i*−1 步的停止条件。这里只有一个转换条件 I*i*，故仅有一个置位复位电路块。

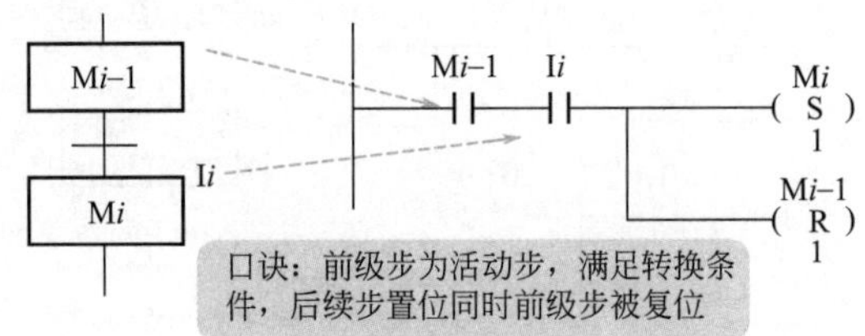

图 11-38 置位复位指令顺序功能图与梯形图的转化

需要说明，输出继电器 Q*i* 线圈不能与置位、复位指令直接并联，原因在于 M*i*−1 与 I*i* 常开触点组成的串联电路接通时间很短，当转换条件满足后，前级步立即复位，而输出继电器至少应在某步为活动步的全部时间内接通。处理方法：用所需步的常开触点驱动输出线圈 Q*i*，如图 11-39 所示。

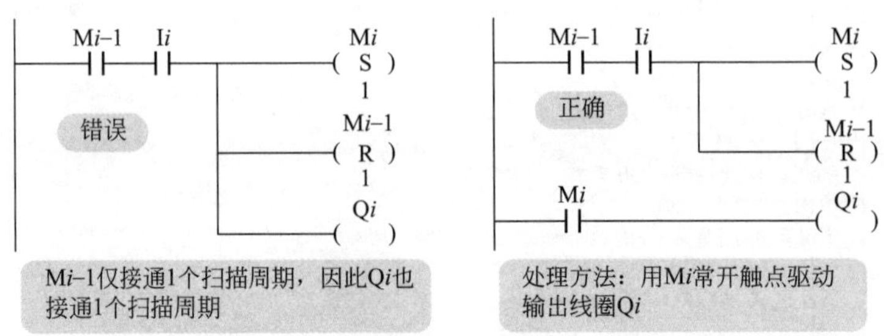

图 11-39 置位复位指令编程方法注意事项

（2）应用举例：小车自动控制

① 控制要求　图 11-40 是小车运动的示意图。设小车初始状态停在轨道的中间位置，中限位开关 SQ1 为 1 状态。按下启动按钮 SB1 后，小车左行，当碰到左限位开关 SQ2 后，开始右行；当碰到右限位开关 SQ3 时，停止在该位置，2s 后开始左行；当碰到左限位开关 SQ2 后，小车右行返回初始位置，当碰到中限位开关 SQ1，小车停止运动。

② 程序设计

a．I/O 分配：根据任务控制要求，对输入 / 输出量进行 I/O 分配，如表 11-9 所示。

表 11-9　小车自动控制 I/O 分配表

输入量		输出量	
中限位开关 SQ1	I0.0	左行	Q0.0
左限位开关 SQ2	I0.1	右行	Q0.1
右限位开关 SQ3	I0.2		
启动按钮 SB1	I0.3		

b．根据具体的控制要求绘制顺序功能图，如图 11-41 所示。

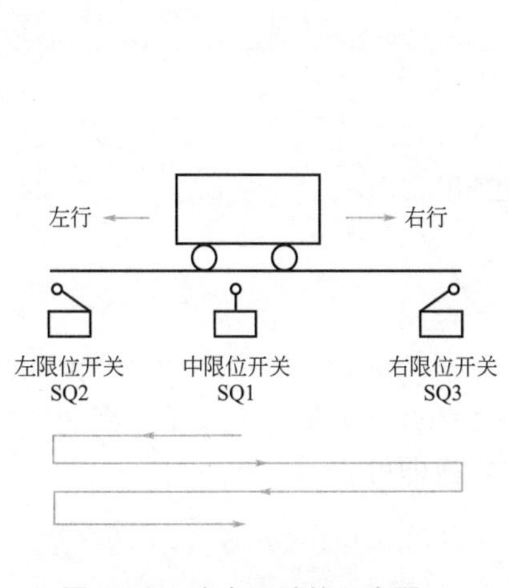

图 11-40　小车运动的示意图

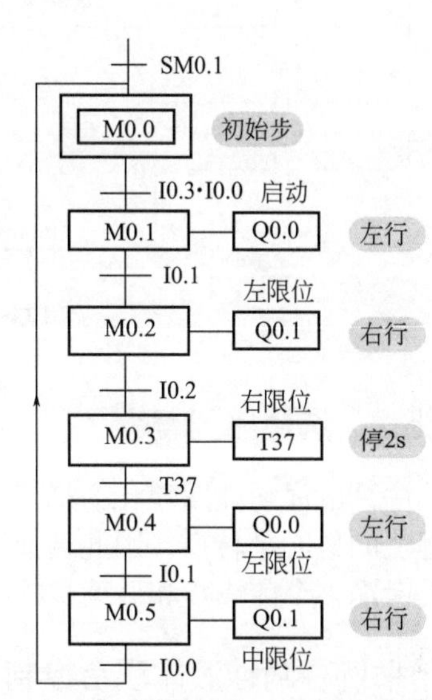

图 11-41　小车自动控制顺序功能图

c．将顺序功能图转化为梯形图，如图 11-42 所示。

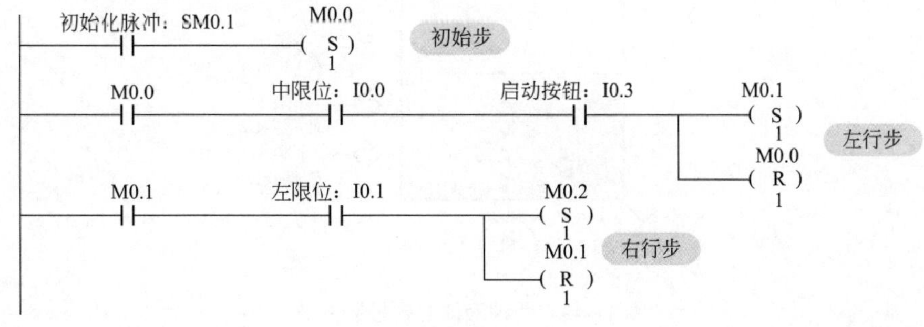

图 11-42

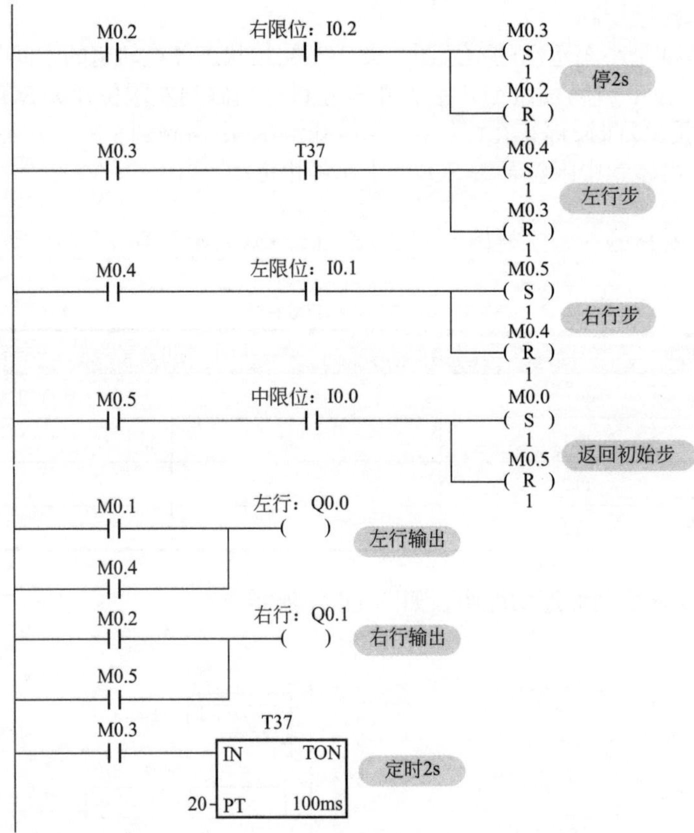

图 11-42　小车运动控制梯形图

11.5.2　选择序列编程

选择序列顺序功能图转化为梯形图的关键点在于分支处和合并处程序的处理，置位复位指令编程法的核心是转换，因此选择序列在处理分支和合并处编程上与单序列的处理方法一致，无需考虑多个前级步和后续步的问题，只考虑转换即可。

应用举例：两种液体混合控制

两种液体混合控制系统如图 11-43 所示。

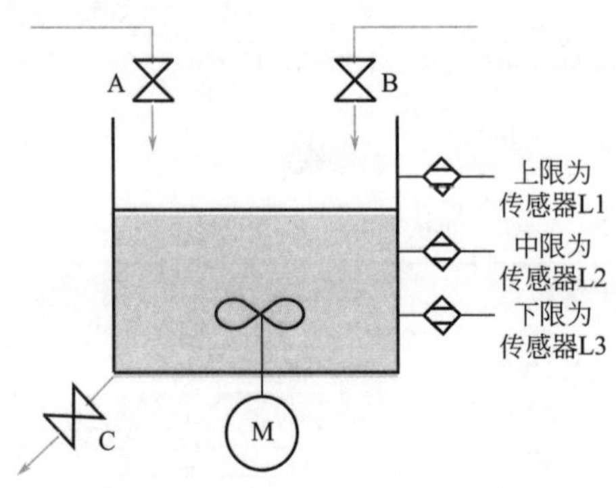

图 11-43　两种液体混合控制系统

（1）系统控制要求

① 初始状态：容器为空，阀 A ～阀 C 均为 OFF，液面传感器 L1、L2、L3 均为 OFF，搅拌电动机 M 为 OFF。

② 启动运行：按下启动按钮后，打开阀 A，注入液体 A；当液面到达 L2（L2=ON）时，关闭阀 A，打开阀 B，注入 B 液体；当液面到达 L1（L1=ON）时，关闭阀 B，同时搅拌电动机 M 开始运行搅拌液体，30s 后电动机停止搅拌，阀 C 打开放出混合液体；当液面降至 L3 以下（L1=L2=L3=OFF）时，再过 6s 后，容器放空，阀 C 关闭，打开阀 A，又开始了下一轮的操作。

③ 按下停止按钮，系统完成当前工作周期后停在初始状态。

（2）程序设计

① I/O 分配：根据任务控制要求，对输入 / 输出量进行 I/O 分配，如表 11-10 所示。

表 11-10 两种液体混合控制 I/O 分配表

输入量		输出量	
启动	I0.0	阀 A	Q0.0
上限	I0.1	阀 B	Q0.1
中限	I0.2	阀 C	Q0.2
下限	I0.3	电动机 M	Q0.3
停止	I0.4		

② 根据具体的控制要求绘制顺序功能图，如图 11-44 所示。

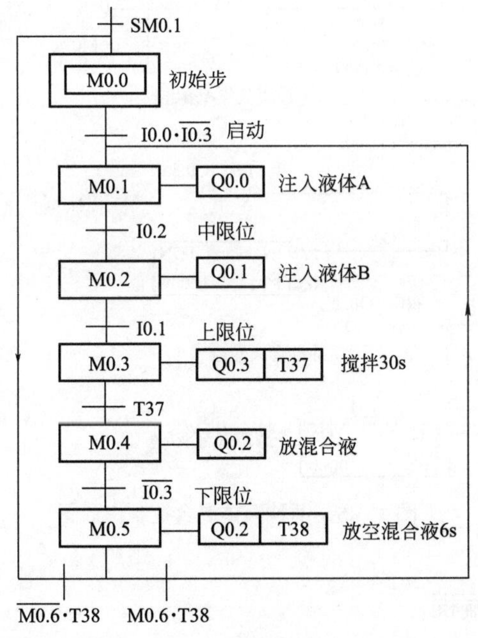

图 11-44 两种液体混合控制系统的顺序功能图

③ 将顺序功能图转换为梯形图，如图 11-45 所示。

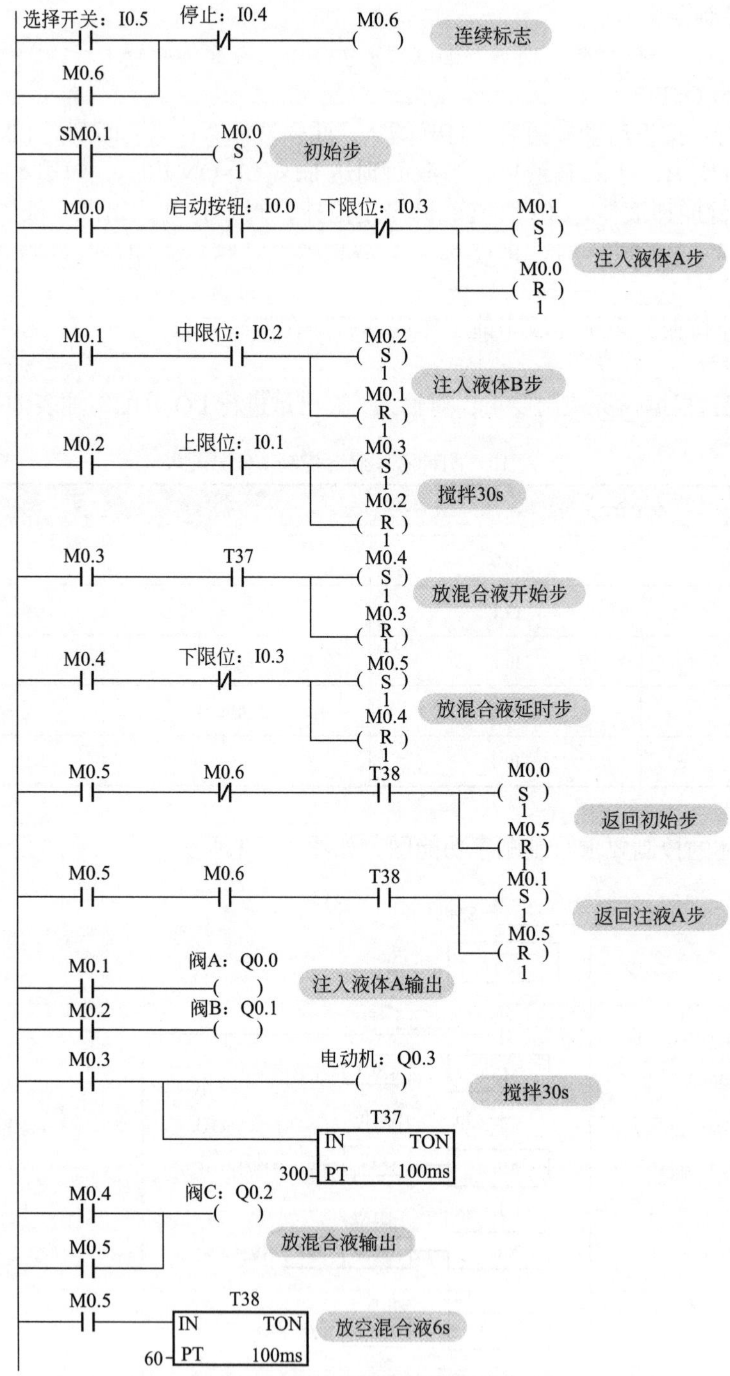

图 11-45　两种液体混合控制梯形图

11.5.3 并行序列编程

（1）分支处编程

如果某一步 M*i* 的后面由 *N* 条分支组成，则当 M*i* 为活动步且满足转换条件后，其后的 *N* 个后续步同时激活，故 M*i* 与转换条件的常开触点串联来置位后 *N* 步，同时复位 M*i* 步。

并行序列顺序功能图与梯形图的转化如图 11-46 所示。

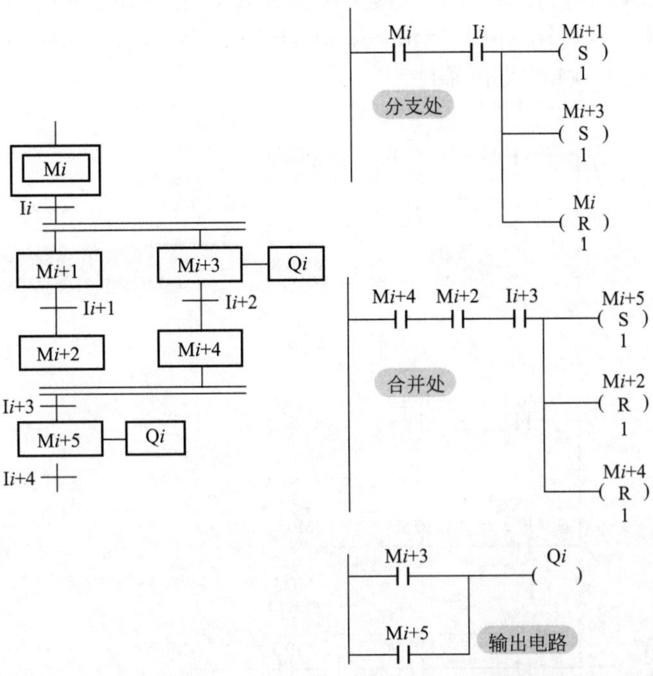

图 11-46 置位复位指令编程法并行序列顺序功能图转化为梯形图

（2）合并处编程

对于并行程序的合并，若某步之前有 N 分支，即有 N 条分支进入该步，则并列 N 个分支的最后一步同时为 1，且转换条件满足，方能完成合并。因此合并处的 N 个分支最后一步的常开触点与转换条件的常开触点串联，置位 Mi 步同时复位 Mi 所有前级步。

（3）应用举例：将图 11-47 中的顺序功能图转化为梯形图

将顺序功能图转换为梯形图的结果如图 11-48 所示。

顺序功能图转化梯形图过程分析：

① 并行序列分支处的处理方法：如图 11-47 所示，步 M0.0 之后有一个并行序列的分支，当步 M0.0 为活动步且转换条件 I0.0 满足时，步 M0.1 和 M0.3 同时变为活动步，步 M0.0 变为不活动步，因此用 M0.0 与 I0.0 常开触点组成的串联电路作为步 M0.1 和 M0.3 的置位条件，同时也作为步 M0.0 的复位条件。

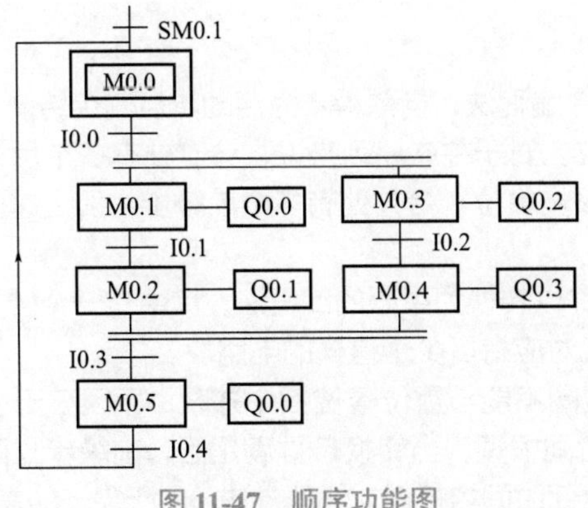

图 11-47 顺序功能图

② 并行序列合并处的处理方法：如图 11-47 所示，步 M0.5 之前有一个并行序列的合并，当 M0.2 和 M0.4 同时为活动步且转换条件 I0.3 满足时，M0.5 变为活动步，同时 M0.2、M0.4 变为不活动步，因此用 M0.2、M0.4 和 I0.3 的常开触点组成的串联电路作为步 M0.5 的置位条件和步 M0.2、M0.4 的复位条件。

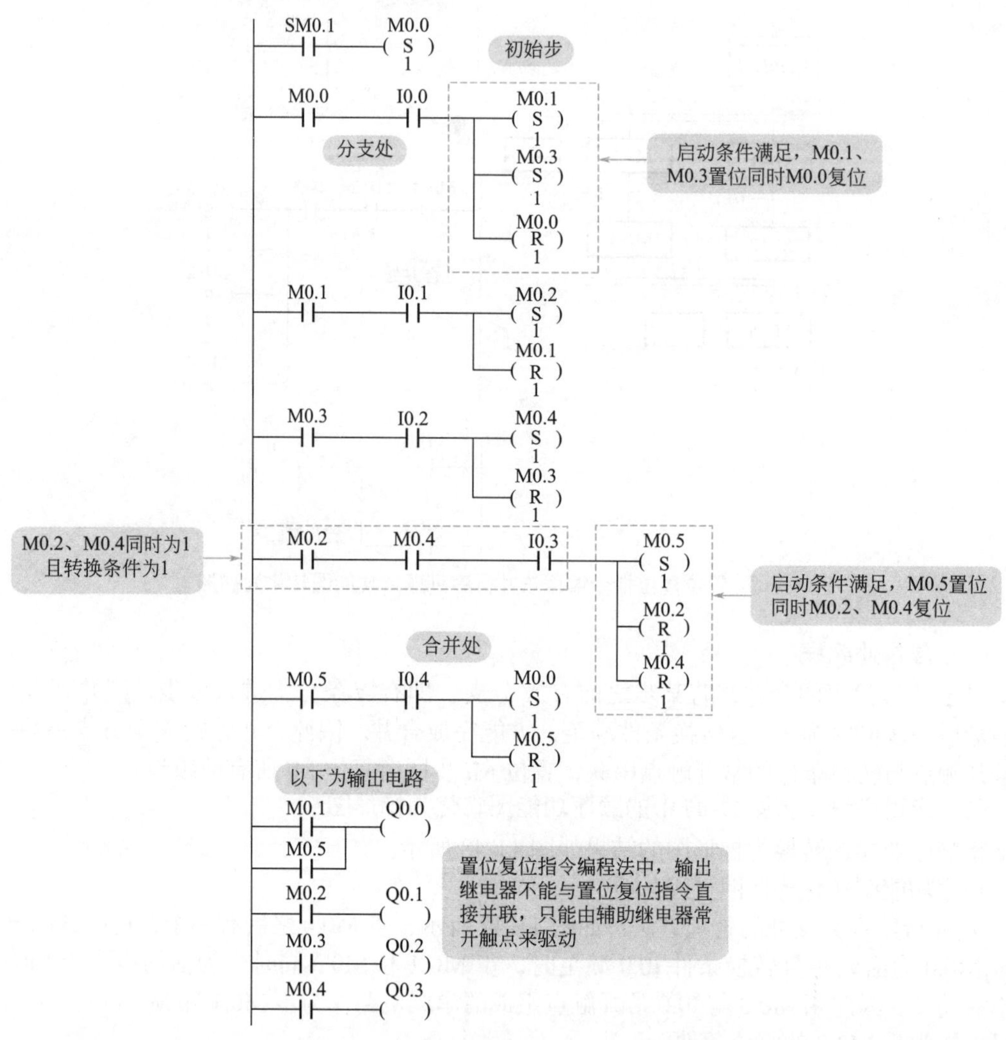

图 11-48 并行序列顺序功能图转化为梯形图

重点提示

① 使用置位复位指令编程法，当前级步为活动步且满足转换条件的情况下，后续步被置位，同时前级步被复位。对于并联序列来说，分支处有多个后续步，那么这些后续步都同时置位，仅有 1 个前级步复位；合并处有多个前级步，那么这些前级步都同时复位，仅有 1 个后续步置位。

② 置位复位指令也称以转换为中心的编程法，其中有一个转换就对应有一个置位复位电路块，有多少个转换就对应有多少个这样的电路块。

③ 输出继电器 Q 线圈不能与置位复位指令并联，原因在于前级步与转换条件常开触点组成的串联电路接通时间很短，当转换条件满足后，前级步立即复位，而输出继电器至少应在某步为活动步的全部时间内接通。处理方法：用所需步的常开触点驱动输出线圈 Q。

11.6 顺序控制继电器指令编程法

与其他的 PLC 一样，西门子 S7-200PLC 也有一套自己专门的编程法，即顺序控制继电器指令编程法，它用来专门编制顺序控制程序。顺序控制继电器指令编程法通常由顺序控制继电器指令实现。

顺序控制继电器指令不能与辅助继电器 M 联用，只能和状态继电器 S 联用才能实现顺控功能。顺序控制继电器指令的格式如表 11-11 所示。

表 11-11　顺序控制继电器指令的格式

指令名称	梯形图	语句表	功能说明	数据类型及操作数
顺序步开始指令	S bit SCR	SCR S bit	该指令标志着一个顺序控制程序段的开始，当输入为 1 时，允许 SCR 段动作，SCR 段必须用 SCRE 指令结束	BOOL，S
顺序步转换指令	S bit (SCRT)	SCRT S bit	SCRT 指令执行 SCR 段的转换。当输入为 1 时，对应下一个 SCR 使能位被置位，同时本使能位被复位，即本 SCR 段停止工作	
顺序步结束指令	(SCRE)	SCRE	执行 SCRE 指令，结束由 SCR 开始到 SCRE 之间顺序控制程序段的工作	无

11.6.1 单序列编程

（1）单序列顺序功能图与梯形图的对应关系

顺序控制继电器指令编程法单序列顺序功能图与梯形图的对应关系如图 11-49 所示。在图 11-49 中，当 S*i*−1 为活动步时，S*i*−1 步开始，线圈 Q*i*−1 有输出；当转换条件 I*i* 满足时，S*i* 被置位，即转换到下一步 S*i* 步，S*i*−1 步停止。对于单序列程序，每步都是这样的结构。

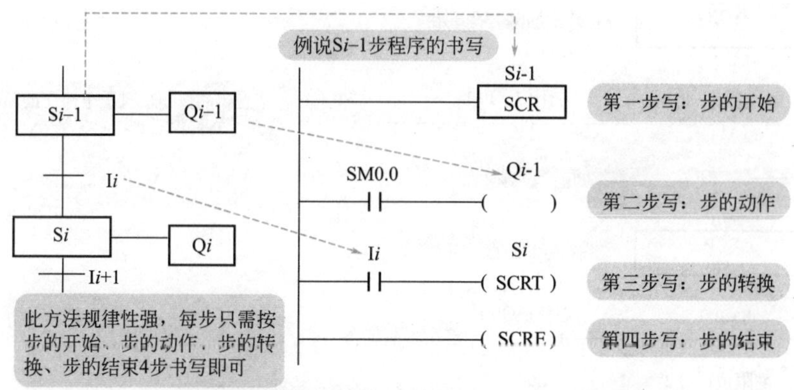

图 11-49　顺序控制继电器指令编程法单存列顺序功能图与梯形图的转化

（2）应用举例：小车控制

① 控制要求　图 11-50 是小车运动的示意图。设小车初始状态停在轨道的左边，左限位开关 SQ1 为 1 状态。按下启动按钮 SB 后，小车右行，当碰到右限位开关 SQ2 后，停止 3s 后左行，当碰到左限位开关 SQ1 时，小车停止。

② 程序设计

a．I/O 分配：根据任务控制要求，对输入 / 输出量进行 I/O 分配，如表 11-12 所示。

表 11-12　小车控制 I/O 分配表

输入量		输出量	
左限位开关 SQ1	I0.1	左行	Q0.0
右限位开关 SQ2	I0.2	右行	Q0.1
启动按钮 SB	I0.0		

b. 根据具体的控制要求绘制顺序功能图，如图 11-51 所示。

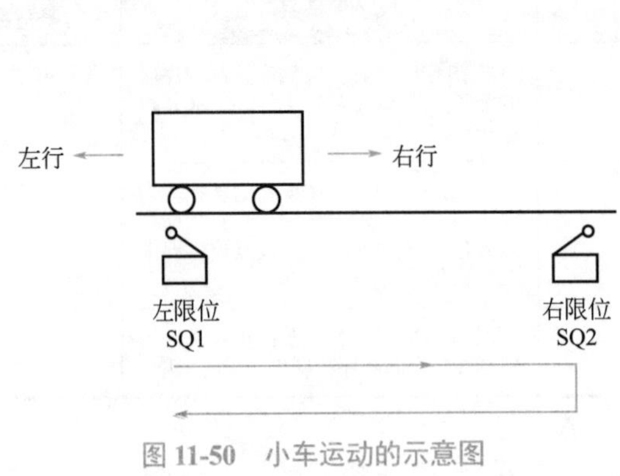

图 11-50　小车运动的示意图

SM0.1
S0.0 初始步
I0.0·I0.1 启动条件
S0.1 — Q0.1 右行
I0.2 右限位
S0.2 — T37 3s
T37
S0.3 — Q0.0 左行
I0.1 左限位

图 11-51　小车控制顺序功能图

c. 将顺序功能图转化为梯形图，如图 11-52 所示。

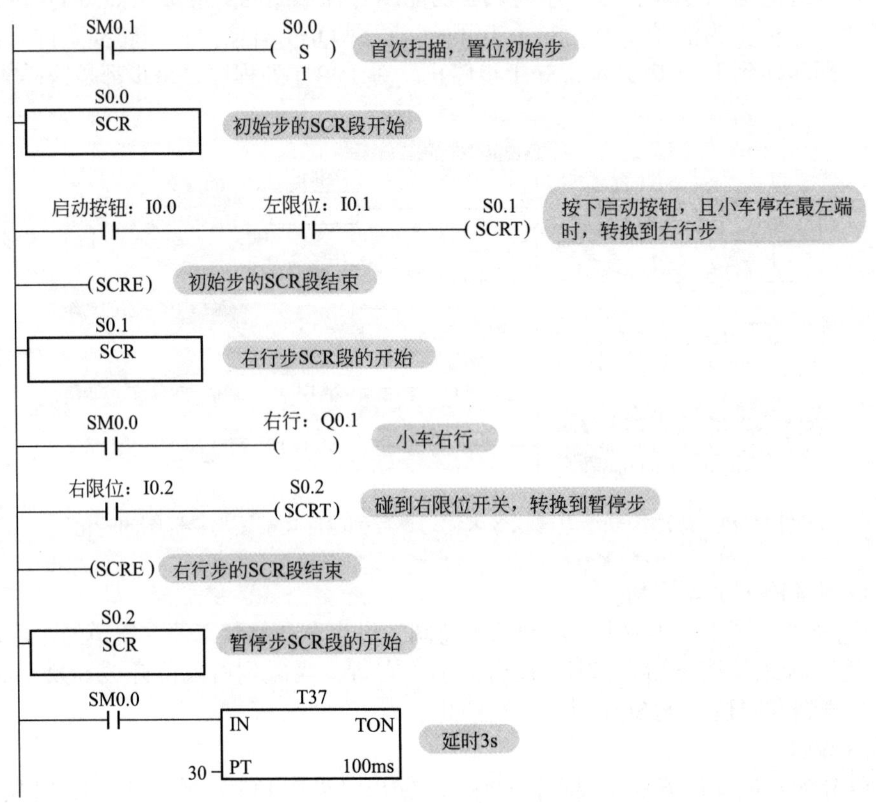

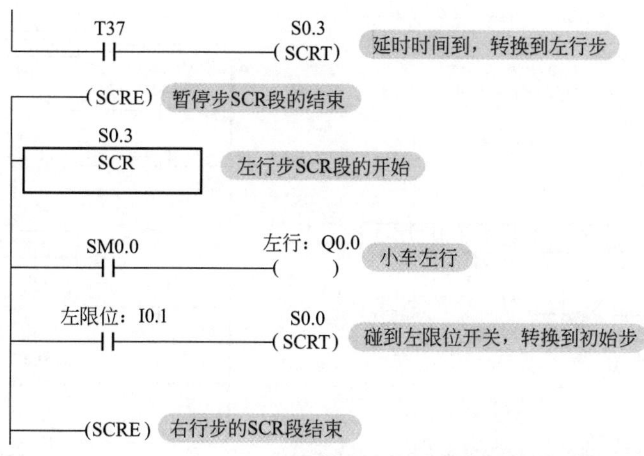

图 11-52　小车控制梯形图程序

11.6.2　选择序列编程

选择序列每个分支的动作由转换条件决定，但每次只能选择一条分支进行转移。

（1）分支处编程

步进指令编程法选择序列分支处顺序功能图与梯形图的对应关系如图 11-53 所示。

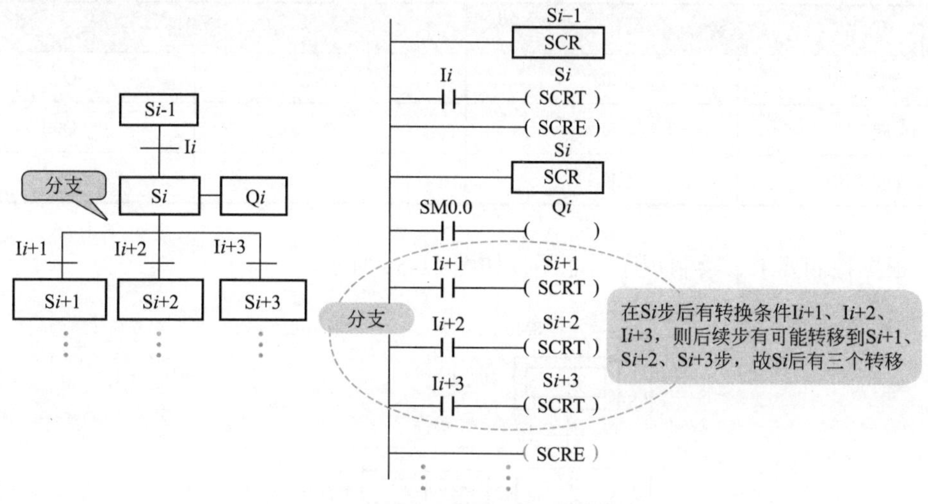

图 11-53　分支处顺序功能图与梯形图的转化

（2）合并处编程

步进指令编程法选择序列合并处顺序功能图与梯形图的对应关系如图 11-54 所示。

（3）应用举例：电葫芦升降机构控制

① 控制要求

a. 单周期：按下启动按钮，电葫芦执行“上升 4s→停止 6s→下降 4s→停止 6s”的运行，往复运动一次后，停在初始位置，等待下一次的启动。

b. 连续操作：按下启动按钮，电葫芦自动连续工作。

② 程序设计

a. 根据控制要求，进行 I/O 分配，如表 11-13 所示。

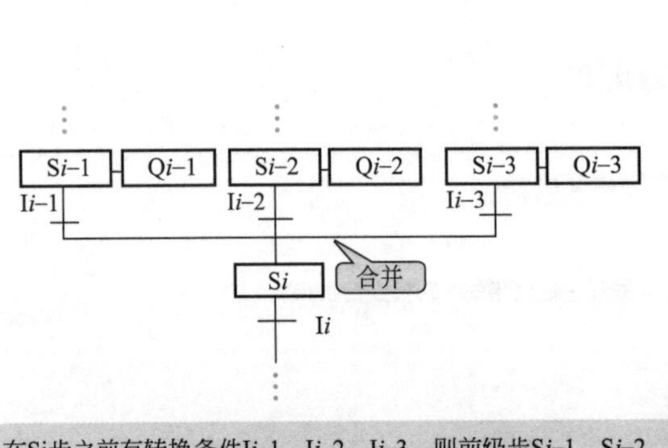

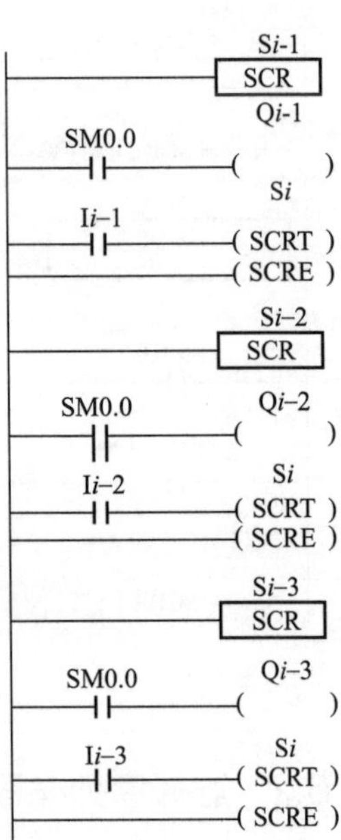

图 11-54　合并处顺序功能图与梯形图的转化

表 11-13　电葫芦升降机构控制的 I/O 分配表

输入量		输出量	
启动按钮 SB	I0.0	上升	Q0.0
单周按钮	I0.2	下降	Q0.1
连续按钮	I0.3		

b. 根据控制要求，绘制顺序功能图，如图 11-55 所示。

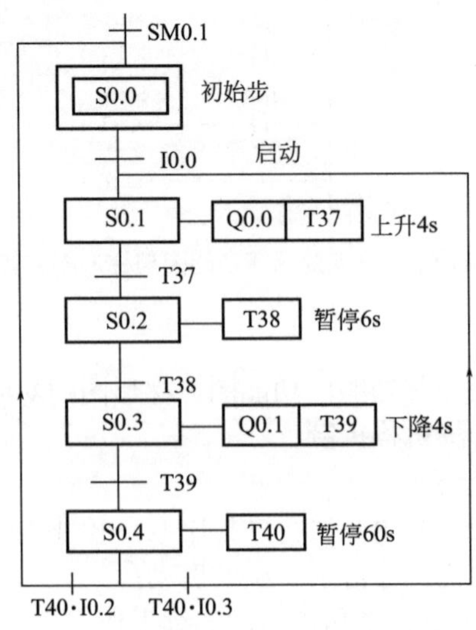

图 11-55　电葫芦升降控制顺序功能图

c．将顺序功能图转化为梯形图，如图 11-56 所示。

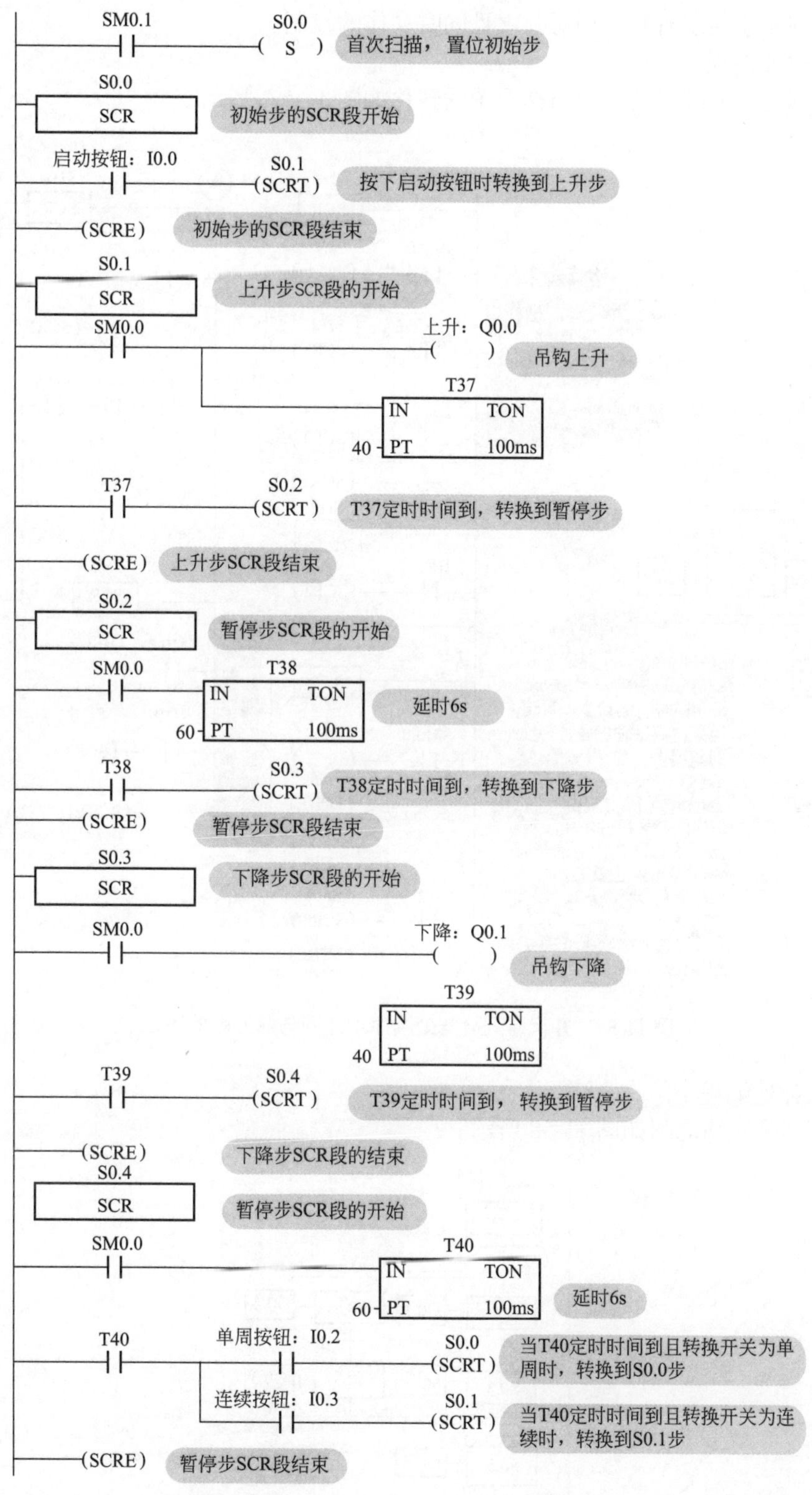

图 11-56　电葫芦升降机构控制程序

11.6.3 并行序列编程

并行序列用于系统有几个相对独立且同时动作的控制。

（1）分支处编程

并行序列分支处顺序功能图与梯形图的转化如图 11-57 所示。

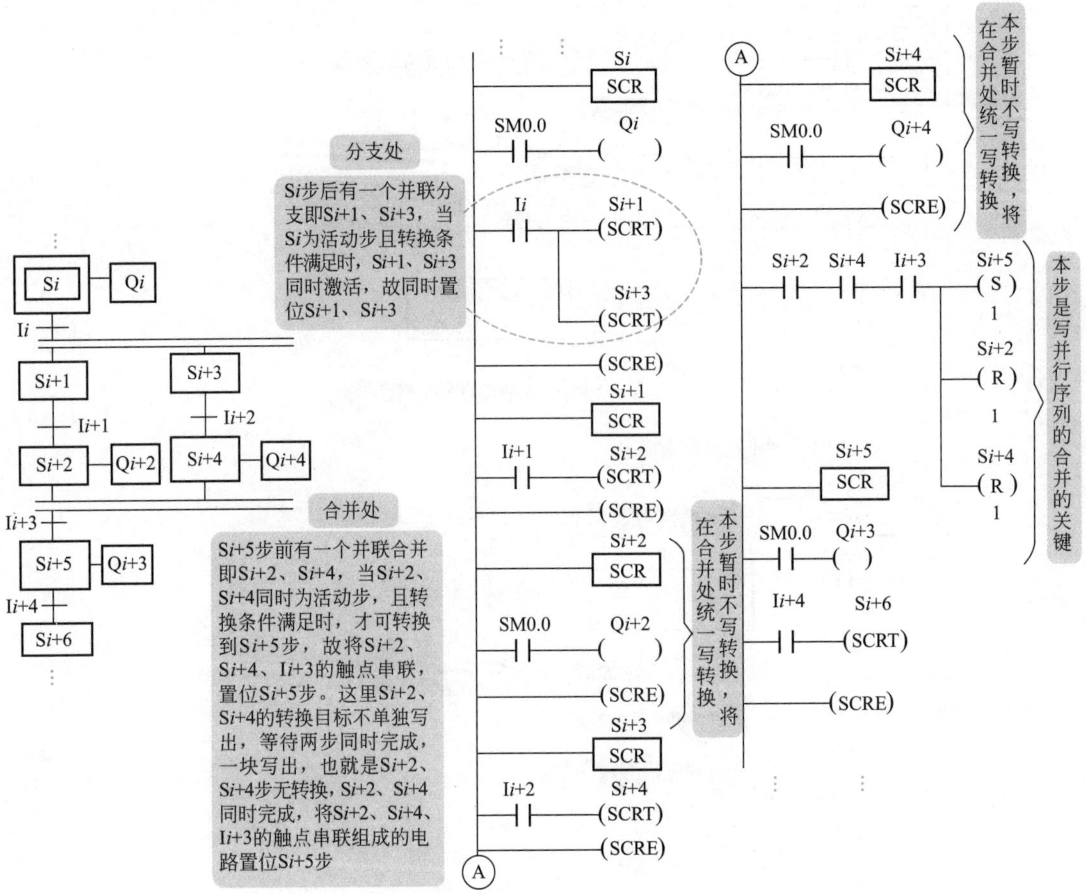

分支处

Si步后有一个并联分支即Si+1、Si+3，当Si为活动步且转换条件满足时，Si+1、Si+3同时激活，故同时置位Si+1、Si+3

合并处

Si+5步前有一个并联合并即Si+2、Si+4，当Si+2、Si+4同时为活动步，且转换条件满足时，才可转换到Si+5步，故将Si+2、Si+4、Ii+3的触点串联，置位Si+5步。这里Si+2、Si+4的转换目标不单独写出，等待两步同时完成，一块写出，也就是Si+2、Si+4步无转换，Si+2、Si+4同时完成，将Si+2、Si+4、Ii+3的触点串联组成的电路置位Si+5步

本步暂时不写转换，将在合并处统一写转换

本步是写并行序列的合并的关键

图 11-57 并行序列分支处顺序功能图与梯形图的转化

（2）合并处编程

并行序列顺序功能图如图 11-58 所示。

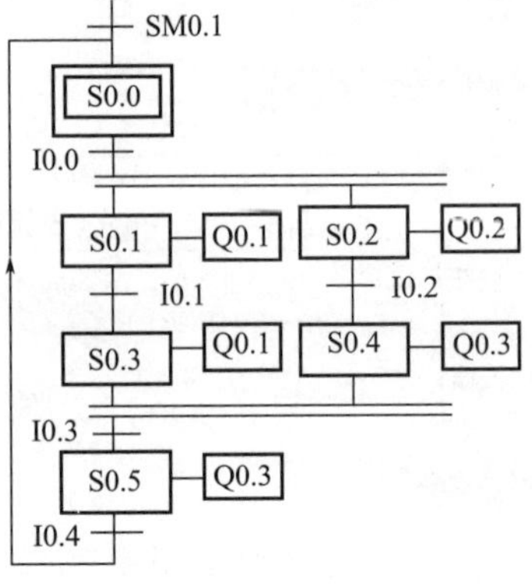

图 11-58 并行序列顺序功能图

（3）应用举例：将图 11-58 中的顺序功能图转化为梯形图

将图 11-58 中的顺序功能图转换为梯形图的结果如图 11-59 所示。

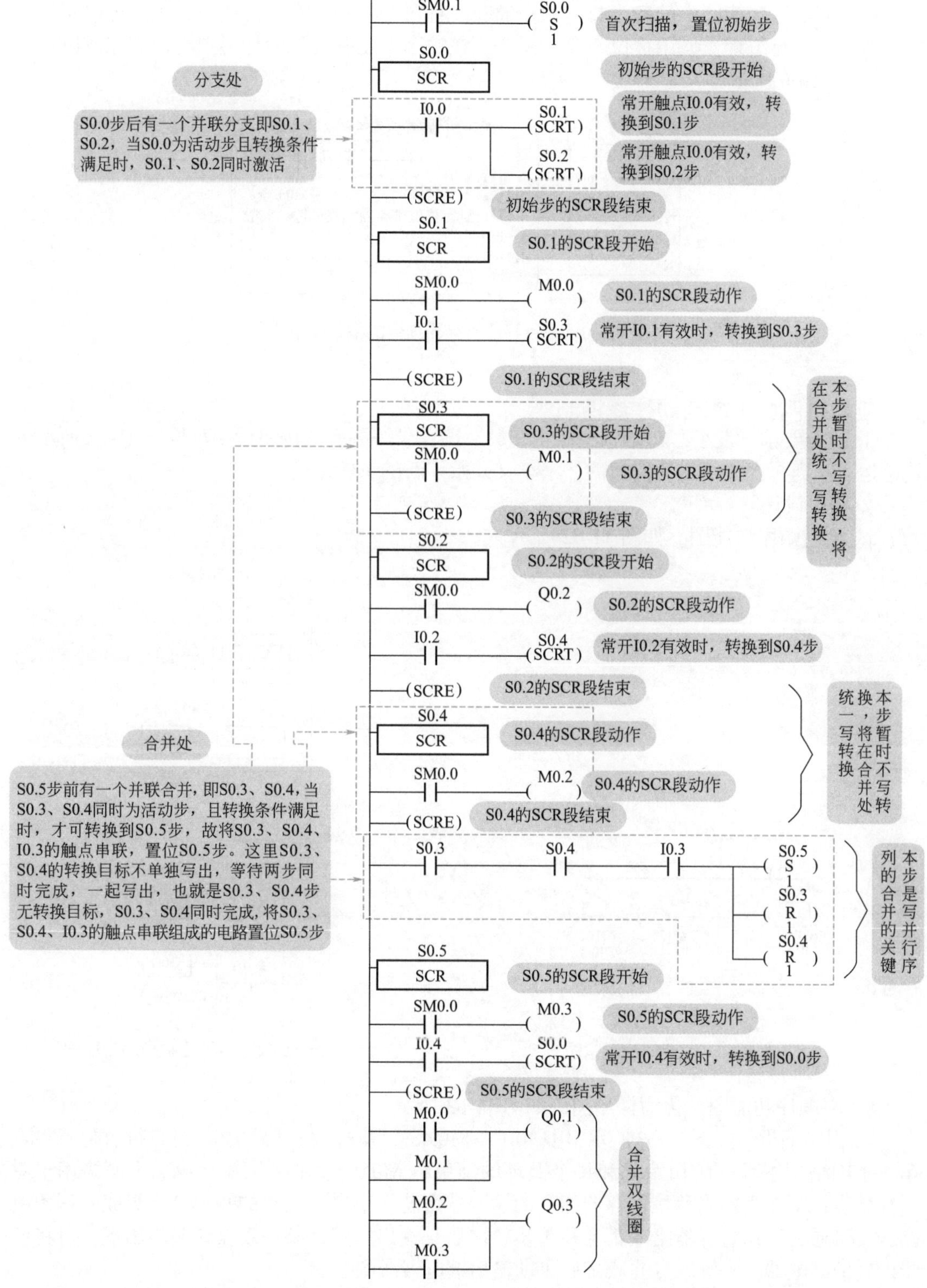

图 11-59　顺序控制继电器指令编程法并行序列梯形图

11.7 移位寄存器指令编程法

单序列顺序功能图中的各步总是顺序通断，且每一时刻只有一步接通，因此可以用移位寄存器指令进行编程。使用移位寄存器指令，在顺序功能图转化为梯形图时，需完成以下四步，如图 11-60 所示。

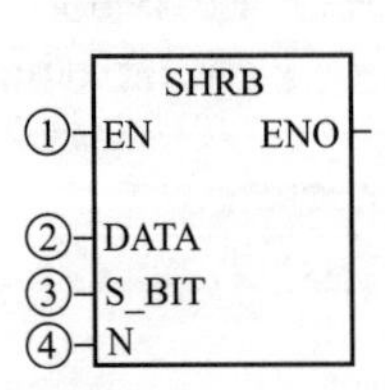

使用移位寄存器指令的编程步骤

第1步：确定移位脉冲：移位脉冲由前级步和转换条件的串联构成。
第2步：确定数据输入：一般是M0.0步。
第3步：确定移位寄存器的最低位：一般是M0.1步。
第4步：确定移位长度：除M0.0外，所有步相加之和。

图 11-60 使用移位寄存器指令的编程步骤

应用举例：小车自动往返控制

① 控制要求　设小车初始状态停止在最左端，当按下启动按钮后小车按图 11-61 所示的轨迹运动；当再次按下启动按钮后，小车又开始了新的一轮运动。

② 程序设计

a．绘制顺序功能图，如图 11-62 所示。

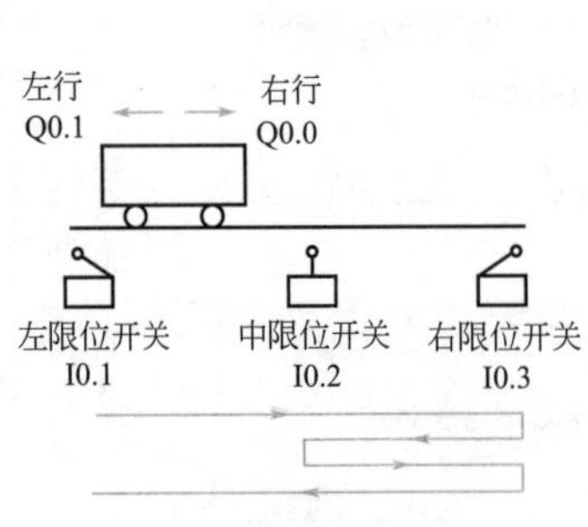

图 11-61 小车运动的示意图

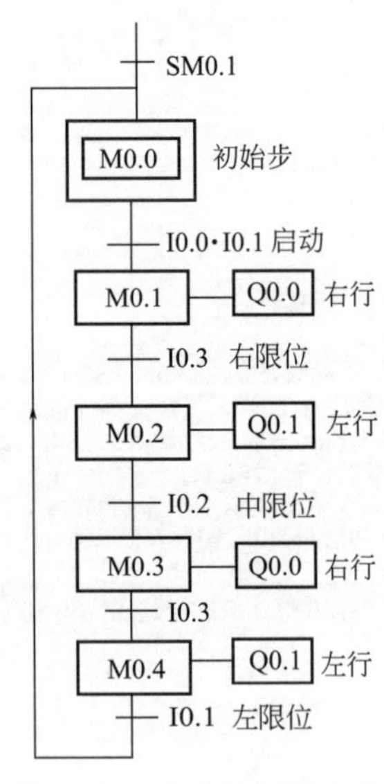

图 11-62 小车控制顺序功能图

b．将顺序功能图转化为梯形图，如图 11-63 所示。

③ 程序解析　如图 11-63 所示，用 M0.1 ～ M0.4 这 4 步代表右行、左行、再右行、再左行步。第 1 个网络用于程序的初始化和每个循环的结束将 M0.0 ～ M0.4 清零；第 2 个网络用于激活初始步；第 3 个网络移位寄存器指令的输入端由若干个串联电路的并联分支组成，每条电路分支接通，移位寄存器指令都会移 1 步；之后是输出电路，某一动作在多步出现，可将各步的辅助继电器的常开触点并联之后驱动输出继电器线圈。

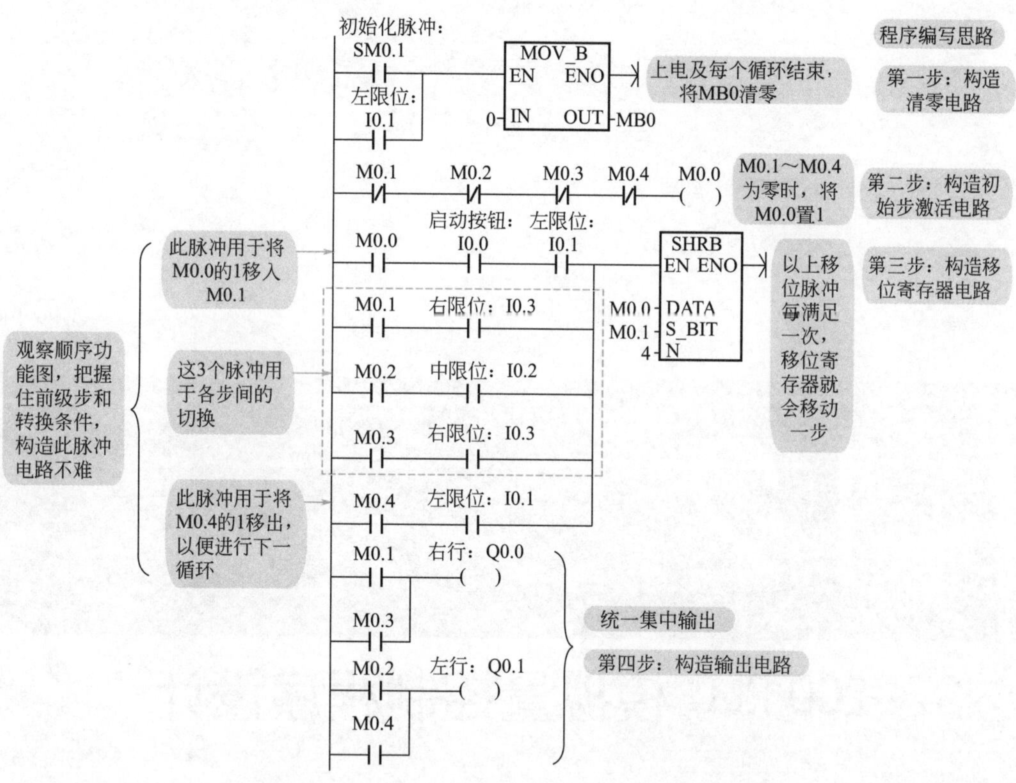

图 11-63　小车运动移位寄存器指令编程法梯形图

重点提示

注意移位寄存器指令编程法只适用于单序列程序，对于选择和并行序列程序来说，应该考虑前几节讲的方法。

第12章 S7-200 PLC 模拟量控制程序设计

12.1 模拟量控制概述

12.1.1 模拟量控制简介

（1）模拟量控制简介

在工业控制中，某些输入量（温度、压力、液位和流量等）是连续变化的模拟量信号，某些被控对象也需用模拟信号控制，因此要求 PLC 有处理模拟信号的能力。

PLC 内部执行的均为数字量，因此模拟量处理需要完成两方面任务：其一，是将模拟量转换成数字量（A/D 转换）；其二是将数字量转换为模拟量（D/A 转换）。

（2）模拟量处理过程

模拟量处理过程如图 12-1 所示。这个过程分为以下几个阶段。

① 模拟量信号的采集由传感器来完成。传感器将非电信号（如温度、压力、液位和流量等）转化为电信号。注意此时的电信号为非标准信号。

② 非标准电信号转化为标准电信号。此项任务由变送器来完成。传感器输出的非标准电信号输送给变送器，经变送器将非标准电信号转化为标准电信号。根据国际标准，标准信号有两种类型，即电压型和电流型。电压型的标准信号为 DC 1 ～ 5V；电流型的标准信号为 DC 4 ～ 20mA。

③ A/D 转换和 D/A 转换。变送器将其输出的标准信号传送给模拟量输入扩展模块后，模拟量输入扩展模块将模拟量信号转化为数字量信号，PLC 经过运算，其输出结果或直接驱动输出继电器，从而驱动开关量负载；或经模拟量输出模块实现 D/A 转换后，输出模拟量

信号控制模拟量负载。

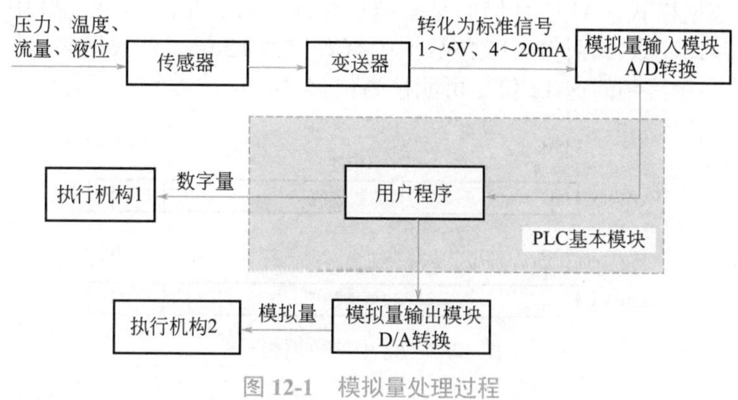

图 12-1 模拟量处理过程

12.1.2 模块扩展连接

模块扩展连接及地址分配如图 12-2 所示。

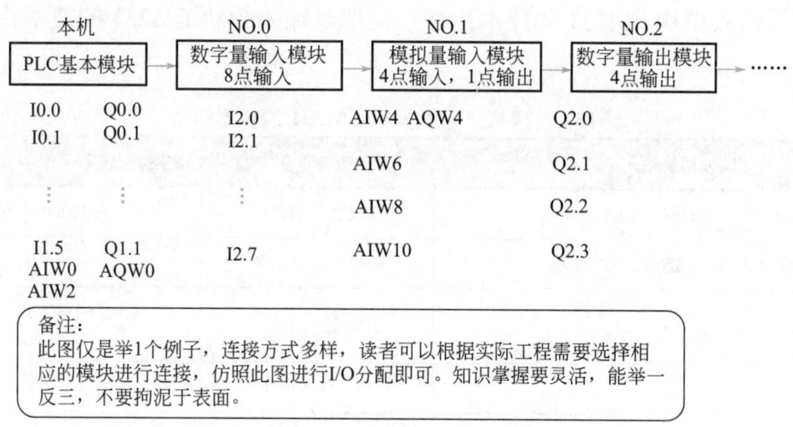

图 12-2 模块扩展连接及地址分配

S7-200PLC 本机有一定数量的 I/O 点，其地址分配也是固定的。当 I/O 点数不够时，通过连接 I/O 扩展模块可以实现 I/O 点数的扩展。扩展模块一般安装在本机的右端，扩展模块可以分为 4 种类型，分别为数字量输入模块、数字量输出模块、模拟量输入模块和模拟量输出模块。

扩展模块的地址分配以字节为单位，其字节地址由 I/O 模块的类型和所在同类模块链中的位置决定。如图 12-2 所示，以数字量输入为例，本机是 IB0、IB1，NO.0 模块为 IB2；输出类似，不再赘述。模拟量 I/O 分配，以 2 点（4 个字节）递增方式进行；本机模拟量输出为 AQW0，NO.1 模块为 AQW4，虽然 AQW2 未用，但也不可分配给 NO.1 模块。

12.2 模拟量输入输出模块

12.2.1 模拟量输入模块

（1）模拟量输入模块 EM231

模拟量输入模块 EM231 有 4 路模拟量输入和 8 路模拟量输入 2 种，其功能为将输入的模拟量信号转化为数字量，并将结果存入模拟量输入映像寄存器 AI 中。

① AI 中的数据格式　AI 中存储的是模拟量转换为数字量的结果。AI 中的数据以字（1 个字 16 位）的形式存取，存储的 16 位数据中有效位为 12 位，其数据格式如图 12-3 所示。模拟量转换为数字量得到的这 12 位尽可能往高位移动，这被称为左对齐。

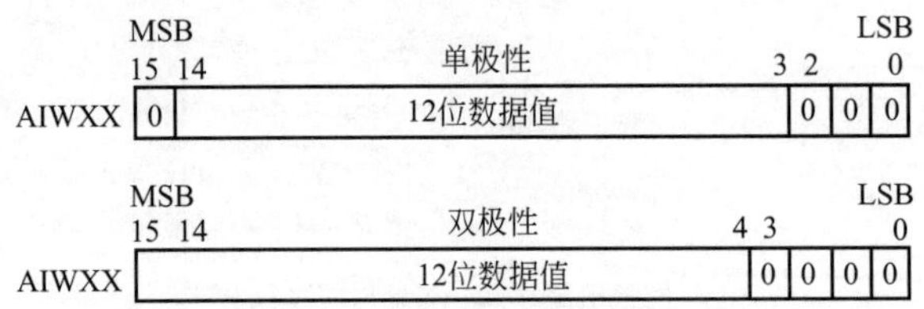

图 12-3　AI 中的数据格式

对于单极性格式，最高位为符号位，0 表示正值，1 表示负值；最低 3 位为测量精度位，是连续的 3 个 0，这使得数值每变化 1 个单位，数据字中就以 8 个单位进行变化。

双极性格式，最高位也为符号位，0 表示正值，1 表示负值；最低 4 位为测量精度位，是连续的 4 个 0，这使得数值每变化 1 个单位，数据字中就以 16 个单位进行变化。

② 模拟量输入模块 EM231 的技术指标　模拟量输入模块 EM231 的技术指标如表 12-1 所示。

表 12-1　模拟量输入模块 EM231 的技术指标

4 路模拟量输入		8 路模拟量输入	
双极性，满量程	-32000 ～ +32000	双极性，满量程	-32000 ～ +32000
单极性，满量程	0 ～ 32000	单极性，满量程	0 ～ 32000
DC 输入阻抗	≥ 2MΩ 电压输入 250Ω 电流输入	DC 输入阻抗	>2MΩ 电压输入 250Ω 电流输入
最大输入电压	30V DC	最大输入电压	30V DC
最大输入电流	32mA	最大输入电流	32mA
精度 双极性 单极性	11 位，加 1 符号位 12 位	精度 双极性 单极性	11 位，加 1 符号位 12 位
隔离	无	隔离	无
输入类型	差分	输入类型	差动电压，2 个通道 可供电流选择
输入范围	电压型：0 ～ 5V，0 ～ 10V； 双极性 ±5V，±2.5V 电流型：0 ～ 20mA	输入范围	电压型：通道 0 ～ 7， 0 ～ 5V，0 ～ 10V，±2.5V 电流型：通道 6 和 7，0 ～ 20mA
输入分辨率	最小满量程电压输入时为 1.25mV； 电流输入时为 5μA	输入分辨率	最小满量程电压输入时为 1.25mV； 电流输入时为 5μA
模拟量到数字量 转化时间	<250μs	模拟量到数字 量转化时间	<250μs
24V DC 电压范围	20.4 ～ 28.8V DC	20.4 ～ 28.8V DC	20.4 ～ 28.8V DC

③ 模拟量输入模块 EM231 的端子与接线　模拟量输入模块 EM231 的接线情况如图 12-4 所示。

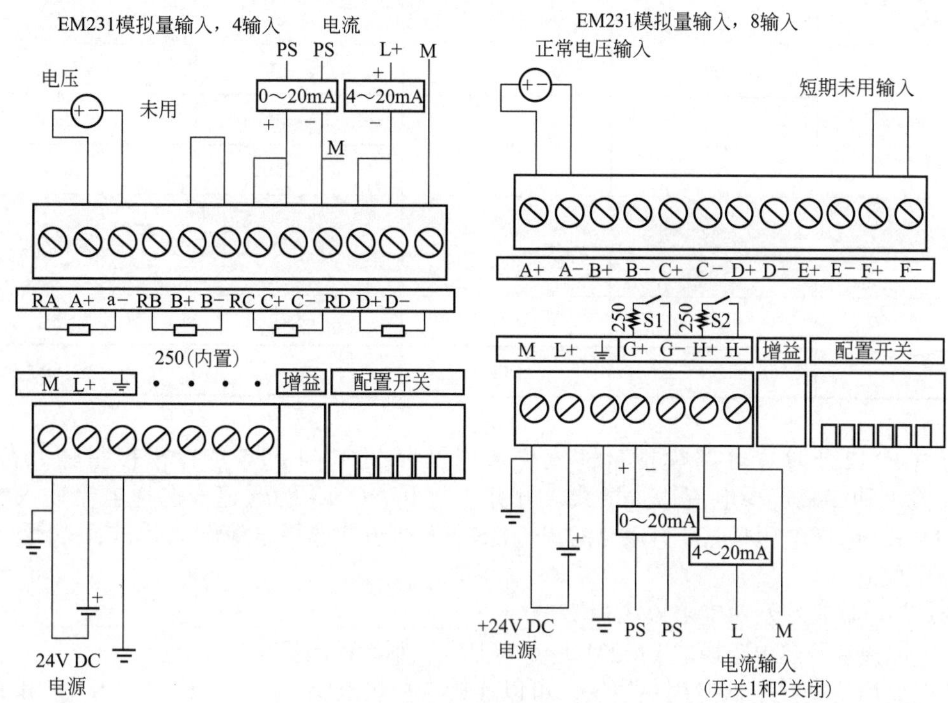

图 12-4　模拟量输入模块 EM231 的接线图

模拟量输入模块需要 DC 24V 电源供电，可以外接开关电源，也可由来自 PLC 的传感器电源（L+、M 之间 24V DC）提供。模拟量输入模块和 CPU 模块之间由专用扁平电缆通信，并通过扁平电缆 CPU 向模拟量输入模块提供 DC 5V 电源。

模拟量输入模块支持电压信号和电流信号输入，对于模拟量电压信号、电流信号的选择由 DIP 开关设置，量程的选择也由 DIP 开关来完成。模拟量输入模块 EM231 的 4 路输入和 8 路输入的组态开关表分别如表 12-2、表 12-3 所示。

表 12-2　模拟量输入模块 EM231（4 路输入）

单极性			满量程输入	分辨率
SW1	SW2	SW3		
ON	OFF	ON	0 ～ 10V	2.5mV
	ON	OFF	0 ～ 5V	1.25mV
			0 ～ 20mA	5μA
双极性			满量程输入	分辨率
SW1	SW2	SW3		
OFF	OFF	ON	±5V	2.5mV
	ON	OFF	±2.5V	1.25mV

表 12-3 模拟量输入模块 EM231（8 路输入）

<table>
<tr><th colspan="3">单极性</th><th rowspan="2">满量程输入</th><th rowspan="2">分辨率</th></tr>
<tr><th>SW3</th><th>SW4</th><th>SW5</th></tr>
<tr><td rowspan="3">ON</td><td>OFF</td><td>ON</td><td>0 ～ 10V</td><td>2.5mV</td></tr>
<tr><td rowspan="2">ON</td><td rowspan="2">OFF</td><td>0 ～ 5V</td><td>1.25mV</td></tr>
<tr><td>0 ～ 20mA</td><td>5μA</td></tr>
<tr><th colspan="3">双极性</th><th rowspan="2">满量程输入</th><th rowspan="2">分辨率</th></tr>
<tr><th>SW3</th><th>SW4</th><th>SW5</th></tr>
<tr><td rowspan="2">OFF</td><td>OFF</td><td>ON</td><td>±5V</td><td>2.5mV</td></tr>
<tr><td>ON</td><td>OFF</td><td>±2.5V</td><td>1.25mV</td></tr>
</table>

通过 EM231 这个 8 路模拟量输入模块以及开关 3、4 和 5 选择模拟量输入范围。使用开关 1 和 2 来选择电流输入模式。开并 1 打开（ON）为通道 6 选择电流输入模式；关闭（OFF）选择电压模式。开关 2 打开（ON）为通道 7 选择电流输入模式；关闭（OFF）选择电压模式。

（2）热电偶模块及热电阻模块 EM231

热电偶模块及热电阻模块 EM231 是专为温度控制设计的模块。

热电偶模块是热电偶专用热模块，可以连接 7 种热电偶（J、K、E、N、S、T 和 R），还可以测量范围为 0 ～ ±80mV 的低电平模拟量信号。热电偶模块有冷端补偿电路，可以对测量数据进行修正，以补偿基准温度和模块温度之差。

热电阻模块是热电阻专用模块，它可以连接 4 种热电阻（Pt、Cu、Ni 和普通电阻）。

① 热电偶模块及热电阻模块 EM231 的技术指标　热电偶模块及热电阻模块 EM231 的技术指标如表 12-4 所示。

表 12-4 热电偶模块及热电阻模块 EM231 的技术指标

热电偶模块		热电阻模块	
输入范围	热电偶类型：S、T、R、E、N、K、J；电压范围：±80mV	输入范围	热电偶类型：Pt、Cu、Ni 和普通电阻
输入分辨率 温度 电压 电阻	 0.1℃ /0.1℉ 15 位加符号位 —	输入分辨率 温度 电压 电阻	 0.1℃ /0.1℉ — 15 位加符号位
导线长度	到传感器最长为 100m	导线长度	到传感器最长为 100m
导线回路电阻	最大 100Ω	导线回路电阻	20Ω，2.7Ω，对于铜最大
数据字格式	电压：-27648 ～ +27648	数据字格式	电阻：0 ～ +27648
输入阻抗	≥ 1MΩ	输入阻抗	≥ 10MΩ
最大输入电压	30VDC	最大输入电压	30VDC（检测），5VDC（源）
基本误差	0.1%FS（电压）	基本误差	0.1%FS（电阻）
重复性	0.05%FS	重复性	0.05%FS

续表

热电偶模块		热电阻模块	
冷端误差	±1.5℃	冷端误差	—
24V DC 电压范围	20.4 ～ 28.8V DC（开关电源，或来自 PLC 的传感器电源）		

② 热电偶及热电阻 EM231 的端子与接线　热电偶 EM231 的接线情况如图 12-5 所示；热电阻 EM231 的接线情况如图 12-6 所示。

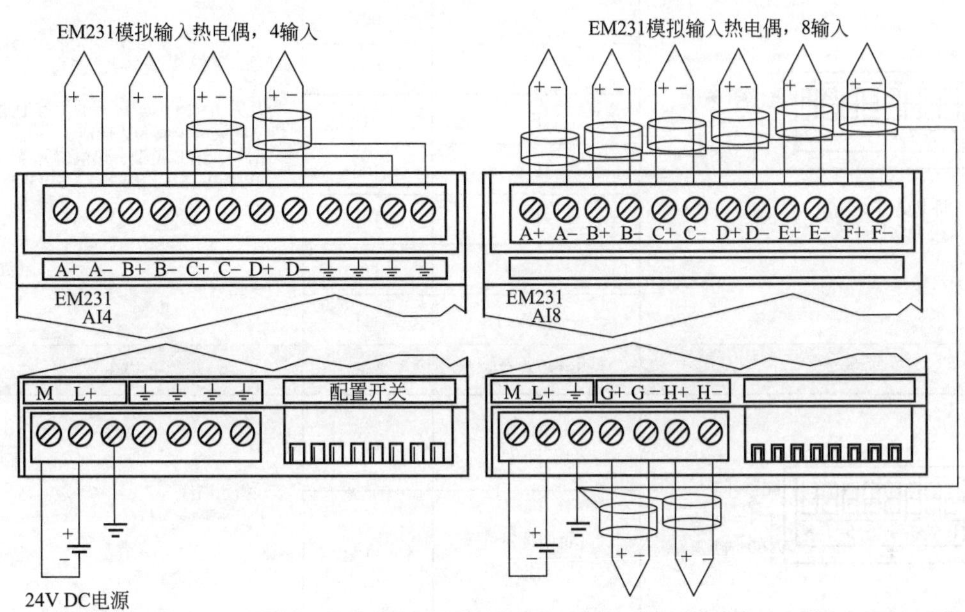

图 12-5　热电偶 EM231 的接线图

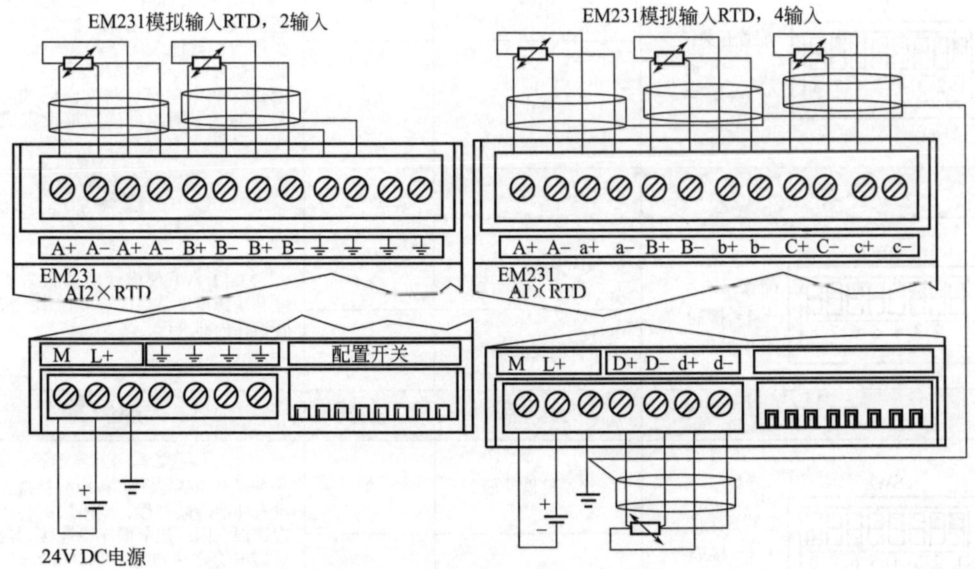

图 12-6　热电阻 EM231 的接线图

热电偶及热电阻模块需要 DC 24V 电源供电，可以外接开关电源，也可由来自 PLC 的传感器电源（L+、M 之间 24V DC）提供；热电偶及热电阻模块和 CPU 模块之间由专用扁平电缆通信，并通过扁平电缆 CPU 向热电偶及热电阻模块提供 DC 5V 电源。

热电偶及热电阻模块都需要 DIP 开关进行必要的设置，具体如表 12-5、表 12-6 所示。

表 12-5　热电偶 DIP 开关设置

开关 1 ～ 3	热电偶类型	设置	描述
SW1～3 配置开关 ↑ 1—接通 ↓ 0—断开 1 2 3 4* 5 6 7 8 * 将 DIP 开关 4 设定为 0（向下）位置	J（缺省）	000	开关 1 ～ 3 为模块上的所有通道选择热电偶类型（或 mV 操作） 例如，选 E 类型、热电偶开关 SW1=0，SW1 SW2=1，SW3=1
	K	001	
	T	010	
	E	011	
	R	100	
	S	101	
	N	110	
	+/-80mV111	111	
开关 5	**断线检测方向**	**设置**	**描述**
SW5 配置开关 ↑ 1—接通 ↓ 0—断开 1 2 3 4 5 6 7 8	正向标定（+3276.7°）	0	0 指示断线为正 1 指示断线为负
	负向标定（-3276.8°）	1	
开关 6	**断线检测使能**	**设置**	**描述**
SW6 配置开关 ↑ 1—接通 ↓ 0—断开 1 2 3 4 5 6 7 8	使能	0	将 25μA 电流注入输入端子，可完成明线检测。断线检测使能开关可以使能或禁止检测电流。断线检测始终在进行，即使关闭了检测电流也是如此。如果输入信号超出大约 ±200mV，EM231 热电偶模块将检测明线。如检测到断线，则测量读数被设定成由断线检测所选定的值
	禁止	1	
开关 7	**温度范围**	**设置**	**描述**
SW7 配置开关 ↑ 1—接通 ↓ 0—断开 1 2 3 4 5 6 7 8	摄氏温度（℃）	0	EM231 热电偶模块能够报告摄氏温度和华氏温度。摄氏温度与华氏温度的转换在内部进行
	华氏温度（℉）	1	
开关 8	**冷端补偿**	**设置**	**描述**
SW8 配置开关 ↑ 1—接通 ↓ 0—断开 1 2 3 4 5 6 7 8	冷端补偿使能	0	使用热电偶必须进行冷端补偿，如果没有使能冷端补偿，则模块的转换会出现错误。因为热电偶导线连接到模块连接器时会产生电压，选择 ±80mV 范围时，将自动禁用冷结点补偿
	冷端补偿禁止	1	

表 12-6　热电阻 DIP 开关设置

选择 RTD 类型：DIP 开关 1 ～ 5　可以通过设定 DIP 开关 1 ～ 5 来选择 RTD 的类型											
RTD 类型	**SW1**	**SW2**	**SW3**	**SW4**	**SW5**	**RTD 类型**	**SW1**	**SW2**	**SW3**	**SW4**	**SW5**
100Ω Pt 0.003850（默认值）	0	0	0	0	0	100Ω Pt 0.003902	1	0	0	0	0
200Ω Pt 0.003850	0	0	0	0	1	200Ω Pt 0.003902	1	0	0	0	1
500Ω Pt 0.003850	0	0	0	1	0	500Ω Pt 0.003902	1	0	0	1	0
1000Ω Pt 0.003850	0	0	0	1	1	1000Ω Pt 0.003902	1	0	0	1	1
100Ω Pt 0.003920	0	0	1	0	0	SPARE	1	0	1	0	0
200Ω Pt 0.003920	0	0	1	0	1	100Ω Ni 0.00672	1	0	1	0	1
500Ω Pt 0.003920	0	0	1	1	0	120Ω Ni 0.00672	1	0	1	1	0
1000Ω Pt 0.003920	0	0	1	1	1	1000Ω Ni 0.00672	1	0	1	1	1
100Ω Pt 0.00385055	0	1	0	0	0	100Ω Ni 0.006178	1	1	0	0	0
200Ω Pt 0.00385055	0	1	0	0	1	120Ω Ni 0.006178	1	1	0	0	1
500Ω Pt 0.00385055	0	1	0	1	0	1000Ω Ni 0.006178	1	1	0	1	0
1000Ω Pt 0.00385055	0	1	0	1	1	10000Ω Pt 0.003850	1	1	0	1	1
100Ω Pt 0.003916	0	1	1	0	0	10Ω Cu 0.004270	1	1	1	0	0
200Ω Pt 0.003916	0	1	1	0	1	150Ω FS 电阻	1	1	1	0	1
500Ω Pt 0.003916	0	1	1	1	0	300Ω FS 电阻	1	1	1	1	0
1000Ω Pt 0.003916	0	1	1	1	1	600Ω FS 电阻	1	1	1	1	1

设置 RTD DIP 开关			
开关 6	**断线检测 / 超出范围**	**设置**	**描述**
SW6 1 2 3 4 5 6 7 8 配置开关 ↑ 1—接通 ↓ 0—断开	正向标定（+3276.7°）	0	指示断线或超出范围的正极
	负向标定（-3276.8°）	1	指示断线或超出范围的负极
开关 7	**温度范围**	**设置**	**描述**
SW7 1 2 3 4 5 6 7 8 配置开关 ↑ 1—接通 ↓ 0—断开	摄氏度（℃）	0	RTD 模块可报告摄氏温度或华氏温度，摄氏温度与华氏温度的转换在内部进行
	华氏温度（℉）	1	
开关 8	**接线方式**	**设置**	**描述**
SW8 1 2 3 4 5 6 7 8 配置开关 ↑ 1—接通 ↓ 0—断开	3 线	0	RTD 模块与传感器的接线有 3 种方式。精度最高的是 4 线连接。2 线连接精度最低，推荐只用于可忽略接线误差的应用场合
	2 线或 4 线	1	

12.2.2 模拟量输出模块

（1）模拟量输出模块EM232

模拟量输出模块 EM232 有 2 路模拟量输出和 4 路模拟量输出 2 种，其功能是将模拟量输出映像寄存器 AQ 中的数字量转换为可用于驱动执行元件的模拟量。此模块有两种量程，分别为 -10 ～ 10V 和 0 ～ 20mA。

（2）AQ中的数据格式

AQ 中的数据以字（1 个字 16 位）的形式存取，其数据格式如图 12-7 所示。模拟量输出字左对齐，最高位为符号位，0 表示正值，1 表示负值；最低 4 位为测量精度位，是连续的 4 个 0，在将数据字装载之前，低位的 4 个 0 被截断，因此不会影响输出信号。

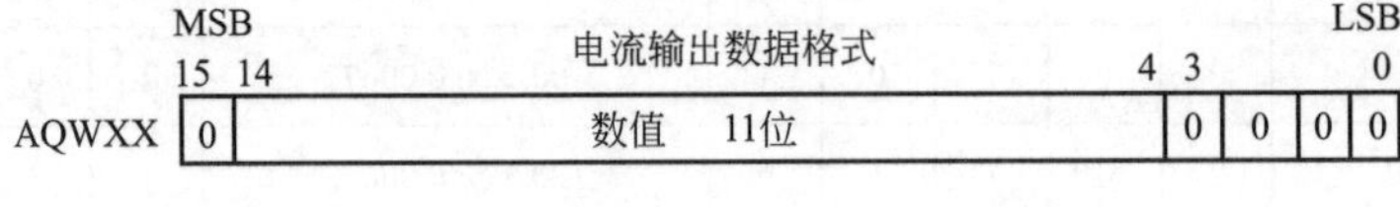

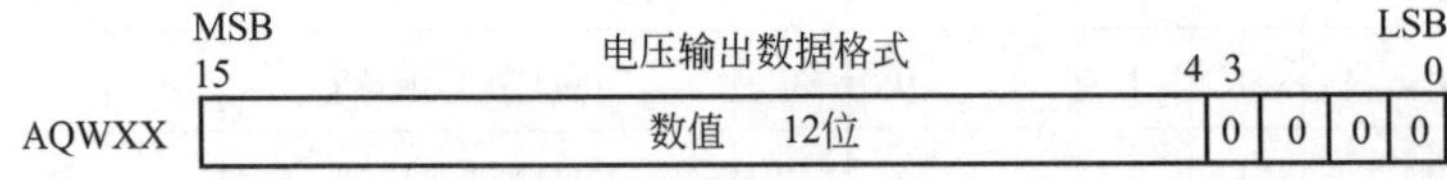

图 12-7 AQ 中的数据格式

（3）模拟量输出模块EM232的技术指标

模拟量输出模块 EM232 的技术指标如表 12-7 所示。

表 12-7 模拟量输出模块 EM232 的技术指标

信号范围 电压输出 电流输出	±10V 0 ～ 20MA
分辨率，满量程 电压 电流	11 位 11 位
数据字格式 电压 电流	-32000 ～ 32000 0 ～ 32000
精度 最坏情况，0 ～ 55℃ 电压输出 电流输出	满量程的 ±2% 满量程的 ±2%
典型的 25℃ 电压输出 电流输出	满量程的 ±0.5% 满量程的 ±0.5%
建立时间 电压输出 电流输出	100μs 2μs
最大驱动 电压输出 电流输出	5000Ω 最小 500Ω 最大
24V DC 电压范围	20.4 ～ 28.8V DC（开关电源，或来自 PLC 的传感器电源）

（4）模拟量输出模块 EM232 的端子与接线

模拟量输出模块 EM232 的接线图如图 12-8 所示。

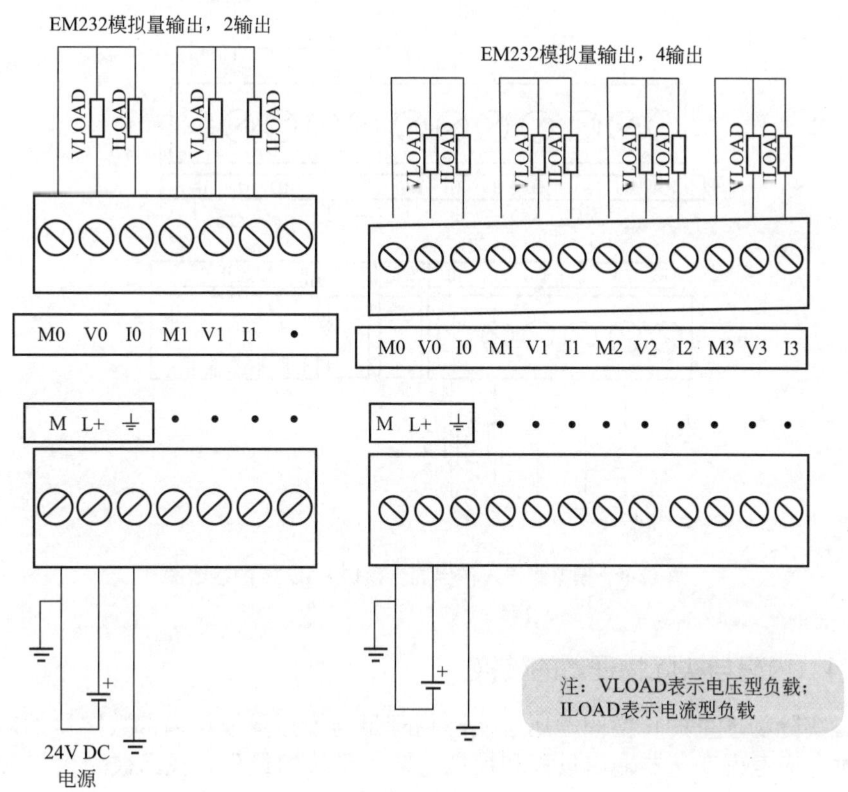

图 12-8　模拟量输出模块 EM232 的接线图

模拟量输出模块需要 DC 24V 电源供电，可以外接开关电源，也可由来自 PLC 的传感器电源（L+、M 之间 24V DC）提供；模拟量输出模块和 CPU 模块之间由专用扁平电缆通信，并通过扁平电缆 CPU 向模拟量输出模块提供 DC 5V 电源。此模块有两种量程，分别为 -10 ～ 10V 和 0 ～ 20mA。

12.2.3　模拟量输入输出混合模块

（1）模拟量输入输出混合模块 EM235

模拟量输入输出混合模块 EM235 有 4 路模拟量输入和 1 路模拟量输出。

（2）模拟量输入输出混合模块 EM235 的端子与接线

模拟量输入输出混合模块 EM235 的接线图如图 12-9 所示。模拟量输入输出混合模块 EM235 需要 DC 24V 电源供电，可以外接开关电源，也可由来自 PLC 的传感器电源（L+、M 之间 24V DC）提供；4 路模拟量输入，其中第 1 路为电压型输入；第 3、4 路为电流型输入；M0、V0、I0 为模拟量输出端，电压型负载接在 M0 和 V0 两端，电流型负载接在 M0 和 I0 两端。电压输出为 -10 ～ 10V，电流输出为 0 ～ 20mA。

模拟量输入输出模块混合模块 EM235 有 6 个 DIP 开关，通过开关设定可以选择输入信号的满量程和分辨率。

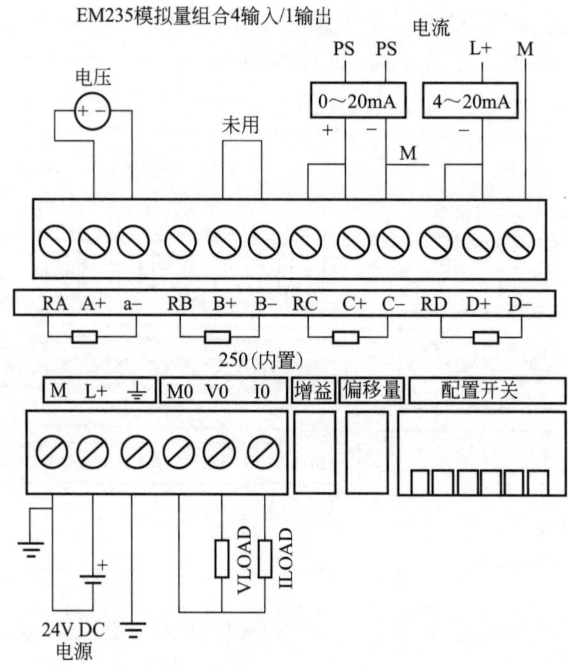

图 12-9 模拟量输入输出混合模块 EM235 的接线图

12.2.4 内码与实际物理量的转换

内码与实际物理量的转换问题属于实际物理量与模拟量模块内部数字量的对应关系问题，转换时，应考虑变送器输出量程和模拟量输入模块的量程，找出被测量与 A/D 转换后的数字量之间的比例关系。

例 1：某压力变送器量程为 0 ～ 20MPa，输出信号为 0 ～ 10V，模拟量输入模块 EM231 量程为 0 ～ 10V，转换后数字量为 0 ～ 32000，设转换后的数字量为 X，试编程求压力值。

（1）找到实际物理量与模拟量输入模块内部数字量的比例关系

此例中，压力变送器输出信号的量程 0 ～ 10V 恰好和模拟量输入模块 EM231 的量程 0 ～ 10V 一一对应，因此对应关系为正比例，实际物理量 0MPa 对应模拟量模块内部数字量 0，实际物理量 20MPa 对应模拟量模块内部数字量 32000。具体如图 12-10 所示。

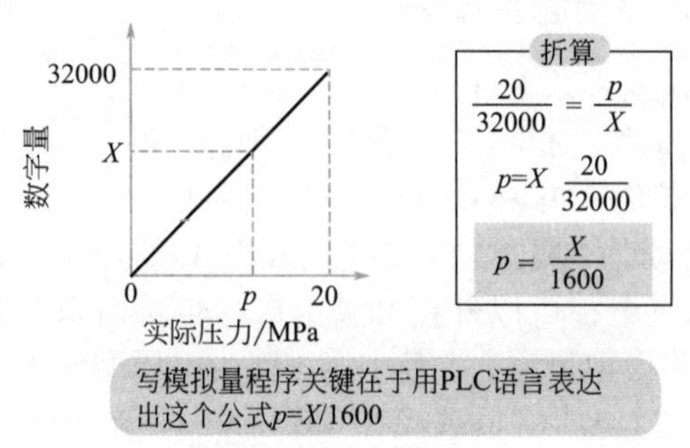

图 12-10 实际物理量与数字量的对应关系

（2）程序编写

通过上步找到比例关系后，可以进行模拟量程序的编写了，编写的关键在于用 PLC 语

言表达出 $p=X/1600$。程序如图 12-11 所示。

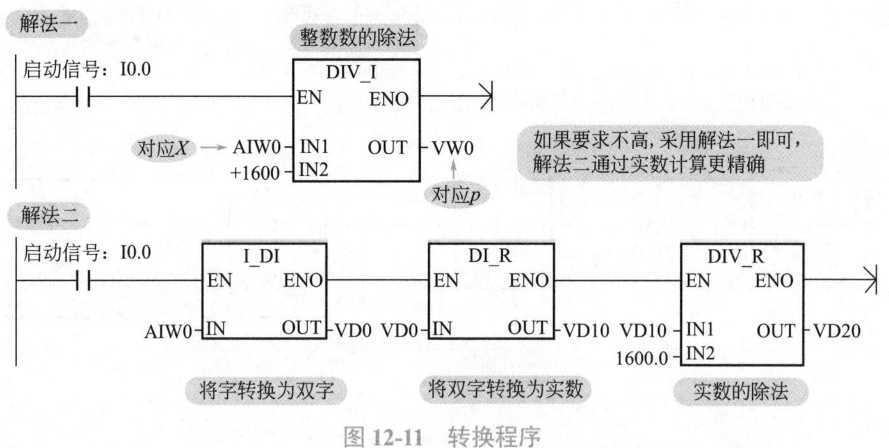

图 12-11　转换程序

例 2：某压力变送器量程为 0 ～ 10MPa，输出信号为 4 ～ 20mA，模拟量输入模块 EM231 量程为 0 ～ 20mA，转换后数字量为 0 ～ 32000，设转换后的数字量为 X，试编程求压力值。

（1）找到实际物理量与模拟量输入模块内部数字量的比例关系

此例中，压力变送器的输出信号的量程为 4 ～ 20mA，模拟量输入模块 EM231 的量程为 0 ～ 20mA，两者不完全对应，因此实际物理量 0MPa 对应模拟量模块内部数字量 6400，实际物理量 10MPa 对应模拟量模块内部数字量 32000。具体如图 12-12 所示。

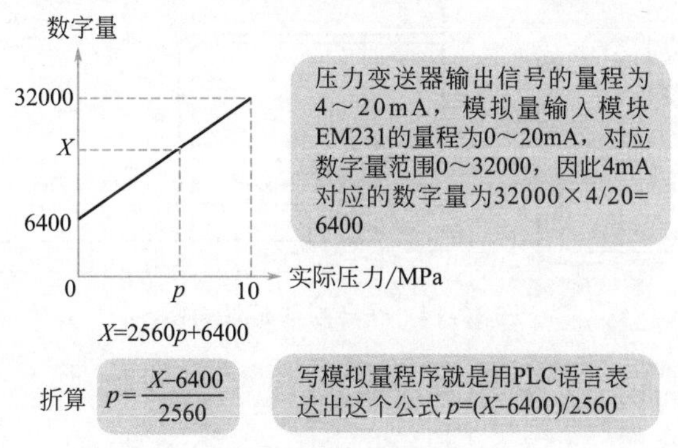

图 12-12　实际物理量与数字量的对应关系

（2）程序编写

通过上步找到比例关系后，可以进行模拟量程序的编写了，编写的关键在于用 PLC 语言表达出 $p=(X-6400)/2560$。程序如图 12-13 所示。

重点提示

读者应细细品味以上两个例子的异同点，真正理解内码与实际物理量的对应关系，才是掌握模拟量编程的关键；一些初学者不会用模拟量编程，原因就在于此。

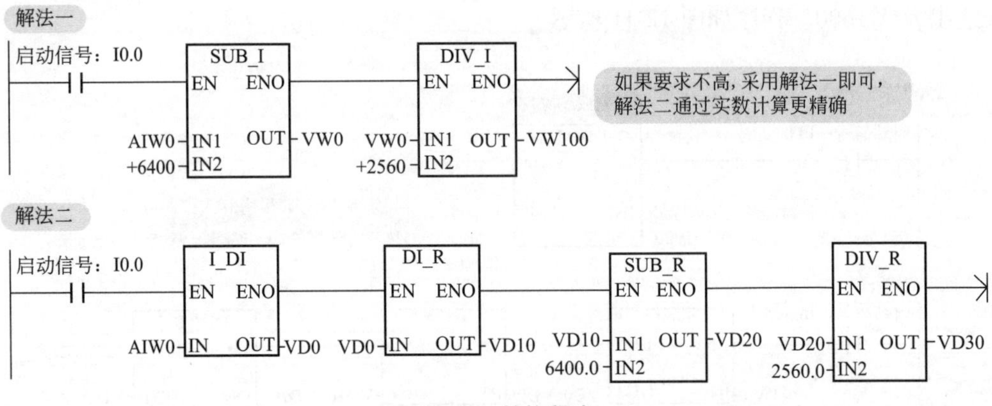

图 12-13　转换程序

12.3　空气压缩机改造项目

12.3.1　控制要求

某工厂有 3 台空压机，为了增加压缩空气的储存量，现增加一个大的储气罐，因此需对原有的 3 台独立空压机进行改造，空压机改造装置如图 12-14 所示。具体控制要求如下。

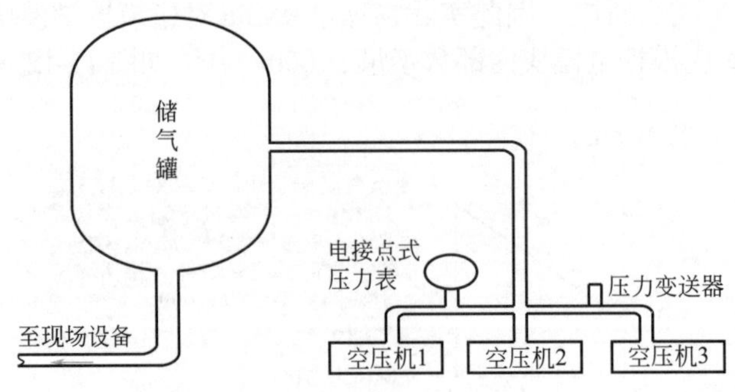

图 12-14　空压机改造装置图

① 气压低于 0.4MPa 时，3 台空压机工作。

② 气压高于 0.8MPa 时，3 台空压机停止工作。

③ 3 台空压机要求分时启动。

④ 为了生产安全，必须设有报警装置。一旦出现故障，要求立即报警；报警分为高高报警和低低报警，高高报警时，要求 3 台空压机立即断电停止工作。

12.3.2　设计过程

（1）设计方案

本项目采用西门子 CPU224XP 模块进行控制，现场压力信号由压力变送器采集，报警电路采用电接点式压力表 + 蜂鸣器。

（2）硬件设计

本项目硬件设计包括以下几部分：

① 3 台空压机主电路设计；

② 西门子 CPU224XP 模块供电和控制设计；

③ 报警电路设计。

以上各部分的相应图纸如图 12-15 ～图 12-17 所示。

（3）程序设计

① 明确控制要求后，确定 I/O 端子，如表 12-8 所示。

表 12-8 空压机改造 I/O 分配表

输入量		输出量	
启动按钮	I0.0	空压机 1	Q0.1
停止按钮	I0.1	空压机 2	Q0.1
		空压机 3	Q0.2

② 空压机梯形图程序如图 12-18 所示。

③ 空压机编程思路及程序解析如下。

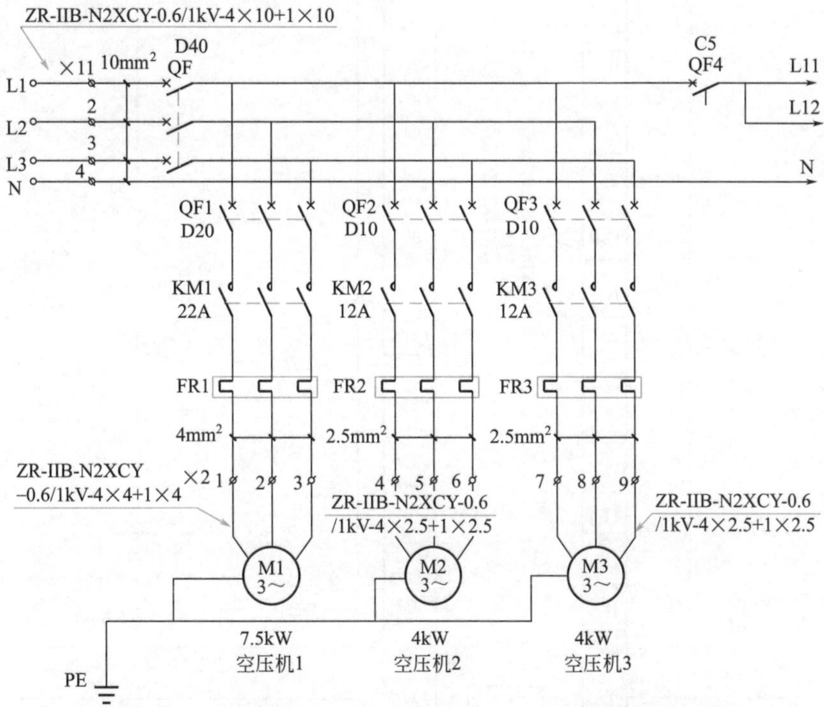

①空气断路器：起通断和短路保护作用；由于负载为电动机，因此选用D型；负载分别为7.5kW、4kW，根据经验其电流为功率(kW)的2倍，那么电流为15A和8A，因此在选空气断路器时，空气断路器额定电流应≥线路的额定电流；再考虑到空气断路器脱扣电流应>电动机的启动电流，根据相关样本，分别选择了D20和D10。总开的电流应≥Σ分支空开电流，因此这里选择了D40。

②接触器：控制电路通断，其额定电流>线路的额定电流，线圈采用220V供电。

③热继电器：过载保护。热继电器的电流应为线路的额定电流的0.95～1.05倍。

④各个电动机均需可靠接地，这里为保护接地。

⑤线径选择：按1mm²承载5~8A的电流计算，线径不难选择。

图 12-15 主电路设计图纸

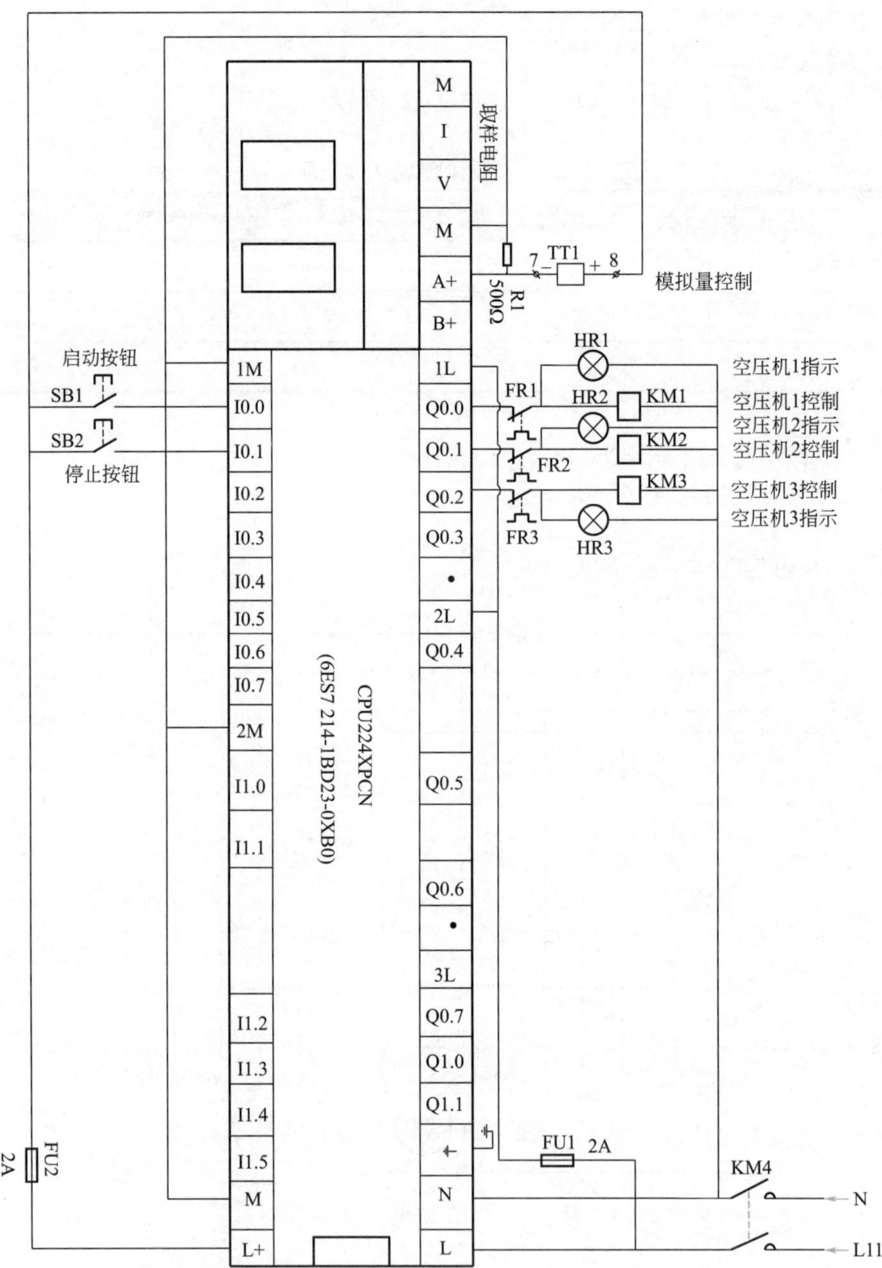

①在主电路图中，QF4是对CPU224XP模块供电和输出电路进行保护的，根据S7-200系列PLC样本的建议，这里选择了C5，C即C型断路器，5即5A；
②由于CPU224XP模块模拟量输入只接受电压型输入，此压力变送器为电流型输出信号，因此并联上1个500Ω的电阻，将电流型转换为电压型。

图 12-16　PLC 供电及控制图纸

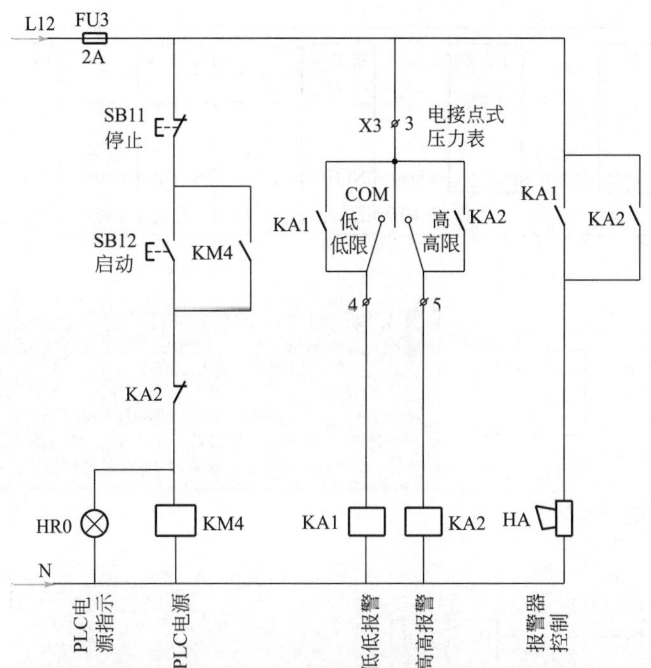

①这里采用启保停电路，一方面对PLC供电和其输出电路进行控制；另一方面方便高高报警时断电。
②电接点式压力表高高报警时，3～5触点闭合，KA2得电，KA2常开触点闭合，HA报警；KA2常闭触点闭合，PLC及其控制部分断电；低低报警，仅报警不断电。

图 12-17　报警电路图纸

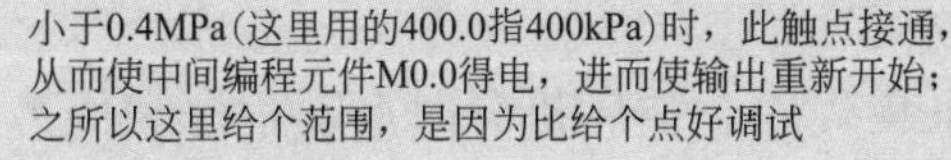

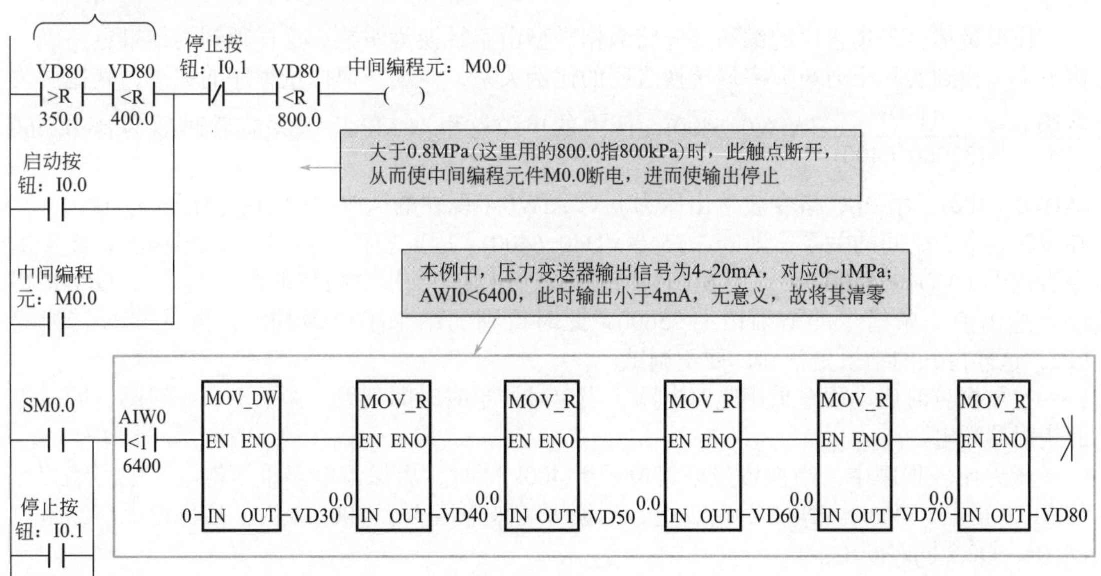

图 12-18

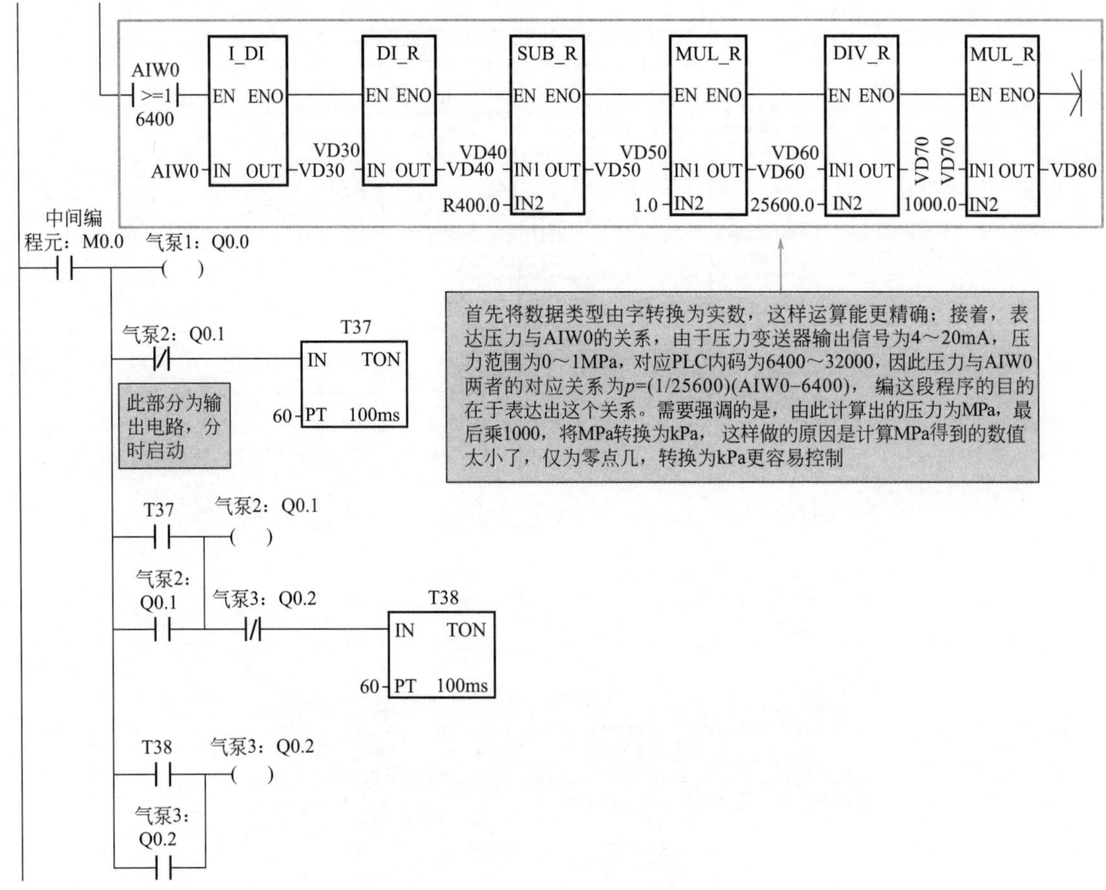

图 12-18 空压机梯形图程序

本程序主要分为 3 大部分：模拟量信号采集程序、空压机分时启动程序和压力比较程序。

模拟量信号采集程序的编写要先将数据类型由字转换为实数，这样得到的结果更精确；接下来，找到实际压力与数字量转换之间的比例关系，是编写模拟量程序的关键，其比例关系为 $p=\dfrac{(1-0)}{(32000-6400)}$ (AIW0-6400)，压力的单位这里取 MPa。关系式整理后为 p=1/2560 (AIW0-6400)，用 PLC 指令表达出压力 p 与 AIW0（现在的 AIW0 中的数值以实数形式，存在 VD30 中）之间的关系，即 p=1/2560(VD40-6400)，因此模拟量信号采集程序用 SUB-R 指令表达出（VD40-6400.0），用 MUL-R 指令表达出前一条指令的结果乘上 1.0，用 DIV-R 指令表达出前一条指令的结果比上 25600，此时得到的结果单位为 MPa，再将 MPa 转换为 kPa，这样得到的结果更精确，便于调试。

空压机分时启动程序采用定时电路，当定时器定时时间到后，激活下一个线圈，同时将此定时器断电。

压力比较程序中，当模拟量采集值低于 400kPa 时，启保停电路重新得电，中间编程元件 M0.0 得电，Q0.0 ～ Q0.2 分时得电；当模拟量采集值大于 800kPa 时，启保停电路断电，Q0.0 ～ Q0.2 同时断电。

12.4 PID 控制

12.4.1 PID 控制简介

（1）PID 控制简介

PID 控制又称比例积分微分控制，它属于闭环控制。典型的 PID 算法包括三个部分：比例项、积分项和微分项，即输出 = 比例项 + 积分项 + 微分项。下面以离散系统的 PID 控制为例，对 PID 算法进行说明。离散系统的 PID 算法如下：

$$M_n=K_c(SP_n-PV_n)+K_cT_s/T_i(SP_n-PV_n)+M_x+K_cT_d/T_s(PV_{n-1}-PV_n)$$

式中，M_n 为在采样时刻 n 计算出来的回路控制输出值；K_c 为回路增益；SP_n 为在采样时刻 n 的给定值；PV_n 为在采样时刻 n 的过程变量值；PV_{n-1} 为在采样时刻 $n-1$ 的过程变量值；T_s 为采样时间；T_i 为积分时间常数；T_d 为微分时间常数，M_x 为在采样时刻 $n-1$ 的积分项。

比例项 $K_c \times (SP_n-PV_n)$：将偏差信号按比例放大，提高控制灵敏度。积分项 $K_cT_s/T_i(SP_n-PV_n)+M_x$：积分控制对偏差信号进行积分处理，缓解因比例放大量过大引起的超调和振荡。微分项 $T_d/T_s(PV_{n-1}-PV_n)$：对偏差信号进行微分处理，提高控制的迅速性。

（2）PID 控制举例

炉温控制采用 PID 控制方式，图 12-19 为炉温控制系统的示意图。在炉温控制系统中，热电偶为温度检测元件，其信号传至变送器转换为标准电压或电流信号，标准信号再送至 A/D 模块，经 A/D 转换后的数字量与 CPU 设定值比较，两者的差值进行 PID 运算，将运算结果送给 D/A 模块，D/A 模块输出相应的电压或电流信号对电动阀进行控制，从而实现了温度的闭环控制。

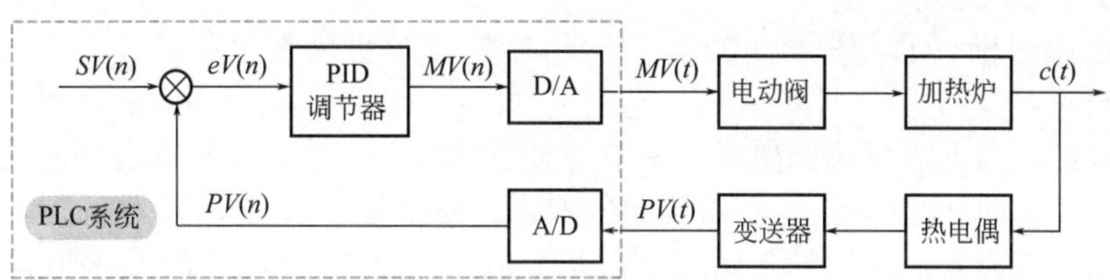

图 12-19 炉温控制系统示意图

图 6-23 中所示 $SV(n)$ 为给定量；$PV(n)$ 为反馈量，此反馈量 A/D 已经转换为数字量了；$MV(t)$ 为控制输出量；令 $\Delta X=SV(n)-PV(n)$，如果 $\Delta X>0$，表明反馈量小于给定量，则控制器输出量 $MV(t)$ 将增大，使电动阀开度变大，进入加热炉的天然气流量增大，进而炉温上升；如果 $\Delta X<0$，表明反馈量大于给定量，则控制器输出量 $MV(t)$ 将减小，使电动阀开度变小，进入加热炉的天然气流量变小，进而炉温降低；如果 $\Delta X=0$，表明反馈量等于给定量，则控制器输出量 $MV(t)$ 不变，电动阀开度不变，进入加热炉的天然气流量不变，进而炉温不变。

12.4.2 PID 指令

PID 指令的格式如图 12-20 所示。

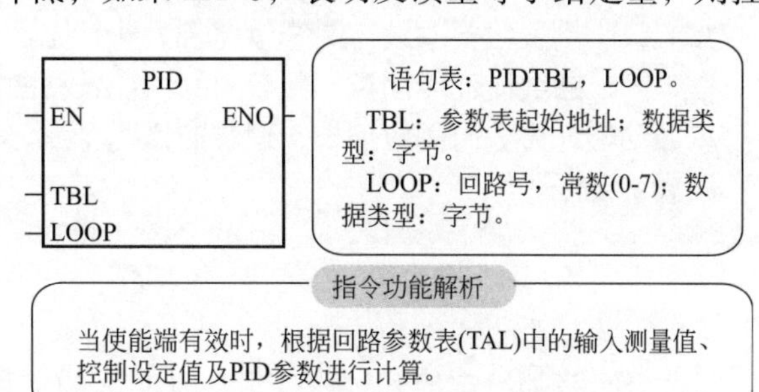

PID
EN
ENO
TBL
LOOP
语句表：PIDTBL，LOOP。
TBL：参数表起始地址；数据类型：字节。
LOOP：回路号，常数(0-7)；数据类型：字节。
指令功能解析
当使能端有效时，根据回路参数表(TAL)中的输入测量值、控制设定值及PID参数进行计算。

图 12-20 PID 指令格式

说明：

① 运行 PID 指令前，需要对 PID 控制回路参数进行设定，参数共 9 个，均为

32 位实数，共占 36 字节，具体如表 12-9 所示。

② 程序中可使用 8 条 PID 指令，分别编号 0 ～ 7，不能重复使用。

③ 使 ENO=0 的错误条件为：0006（间接地址），SM1.1（溢出，参数表起始地址或指令中指定的 PID 回路指令号码操作数超出范围）。

表 12-9 PID 控制回路参数表

地址（VD）	参数	数据格式	参数类型	说明
0	过程变量当前值 PV_n	实数	输入	取值范围：0.0 ～ 1.0
4	给定值 SP_n	实数	输入	取值范围：0.0 ～ 1.0
8	输出值 M_n	实数	输入 / 输出	范围在 0.0 ～ 1.0 之间
12	增益 K_c	实数	输入	比例常数，可为正数可为负数
16	采用时间 T_s	实数	输入	单位为 s，必须为正数
20	积分时间 T_i	实数	输入	单位为 min，必须为正数
24	微分时间 T_d	实数	输入	单位为 min，必须为正数
28	上次积分值 M_x	实数	输入 / 输出	范围在 0.0 ～ 1.0 之间
32	上次过程变量 PV_{n-1}	实数	输入 / 输出	最近一次 PID 运算值

12.4.3 PID 控制编程思路

（1）PID 初始化参数设定

运行 PID 指令前，必须根据 PID 控制回路参数表对初始化参数进行设定，一般需要给增益 K_c、采样时间 T_s、积分时间 T_i 和微分时间 T_d 这 4 个参数赋以相应的数值，数值以满足控制要求为目的。当不需要比例项时，将增益 K_c 设置为 0；当不需要积分项时，将积分参数 T_i 设置为无限大，即 9999.99；当不需要微分项时，将微分参数 T_d 设置为 0。

需要指出，能设置出合适的初始化参数并不是一件简单的事，需要工程技术人员对控制系统极其熟悉。往往是多次调试，最后找到合适的初始化参数；第一次试运行参数时，一般将增益设置得小一点，积分时间不要太短，以保证不会出现较大的超调量。微分一般都设置为 0。

重点提示

一些工程技术人员总结出的经验口诀如下，供读者参考。

参数整定找最佳，从小到大顺序查；先是比例后积分，最后再把微分加；曲线振荡很频繁，比例度盘要放大；曲线漂浮绕大弯，比例度盘往小扳；曲线偏离回复慢，积分时间往下降；曲线波动周期长，积分时间再加长；曲线振荡频率快，先把微分降下来；动差大来波动慢，微分时间应加长；理想曲线两个波，前高后低 4 ： 1；一看二调多分析，调节质量不会低。

（2）输入量的转换和标准化

每个回路的给定值和过程变量都是实际的工程量，其大小、范围和单位不尽相同，在进行 PID 之前，必须将其转换成标准格式。

第一步，将 16 位整数转换为工程实数。可以参考 12.2 节所述内码与实际物理量的转换参考程序，这里不再赘述。

第二步，在第一步的基础上，将工程实数值转换为 0.0 ～ 1.0 之间的标准数值。往往是将第一步得到的实际工程数值（如 VD30 等）比上其最大量程。

（3）编写 PID 指令

（4）将 PID 回路输出转换为成比例的整数

程序执行后，要将 PID 回路输出 0.0 ～ 1.0 之间的标准化实数值转换为 16 位整数值，方能驱动模拟量输出。转换方法：将 PID 回路输出 0.0 ～ 1.0 之间的标准化实数值乘以 32000 或 64000，若为单极型则乘以 32000，若为双极型则乘以 64000。

12.4.4 PID 控制工程实例——恒压控制

（1）控制要求

某实验需在恒压环境下进行，压力应维持在 50Pa。按下启动按钮，轴流风机 M1、M2 同时全速运行；当室内压力到达 60Pa 时，轴流风机 M1 停止，改由轴流风机 M2 进行 PID 调节，将压力维持在 50Pa；若有人开门出入，则系统压力会骤降，当压力低于 10Pa 时，两台轴流风机将全速运转，直到压力再次达到 60Pa，轴流风机 M1 停止，又回到了改由轴流风机 M2 进行 PID 调节的状态。

（2）设计方案确定

① 室内压力取样由压力变送器完成，考虑压力最大不超 60Pa，因此选择量程为 0 ～ 500Pa、输出信号为 4 ～ 20mA 的压力变送器。注：小量程的压力变送器市面上不容易找到。

② 轴流风机 M1 的通断由接触器来控制，轴流风机 M2 的通断由变频器来控制。

③ 轴流风机的动作、压力采集后的处理、变频器的控制均有 S7-200PLC 来完成。

（3）硬件图纸设计

本项目硬件图纸的设计包括以下几部分：

① 两台轴流风机主电路设计；

② 西门子 CPU224XP 模块供电和控制设计。

以上各部分的相应图纸如图 12-21、图 12-22 所示。

（4）程序设计

恒压控制的程序如图 12-23 所示。本项目程序的编写主要考虑 3 方面，具体如下。

① 两台轴流风机启停控制程序的编写　两台轴流风机的启停控制比较简单，采用启保停电路即可。使用启保停电路的关键是找到启动和停止信号，轴流风机 M1 的启动信号有两个：一个是启动按钮所给的信号；另一个是当压力低于 10Pa 时，比较指令所给的信号。两个信号是或的关系，因此并联。轴流风机 M1 控制的停止信号为当压力为 60Pa 时，比较指令通过中间编程元件所给的信号。轴流风机 M2 的启动信号为启动按钮所给的信号，停止信号为停止按钮所给的信号，若不按停止按钮，则整个过程 M2 始终为 ON。

② 压力信号采集程序的编写　解决此问题的关键在于找到实际物理量压力与内码 AIW0 之间的比例关系。压力变送器的量程为 0 ～ 500Pa，其输出信号为 4 ～ 20mA，PLC 模拟量输入通道的信号范围为 0 ～ 20mA（CPU224XP 只支持 0 ～ 10V 的电压信号，需连接 500Ω 的电阻将电流信号转化为电压信号），内码范围为 0 ～ 32000，故不难找出压力与内码的对应关系，对应关系为 p=5(AIW0−6400)/256，其中 p 为压力。因此压力信号采集程序编写实际上就是用 SUB-I、MUL-I、DIV-I 指令表达出上述这种关系，此时得到的结果为字，再用 I-DI、DI-R 指令将字转换为实数，这样做有两点考虑：第一，得到的压力为实数比较精确；第二，此段程序恰好也是 PID 控制输入回路的转换程序，因此必须转换为实数。

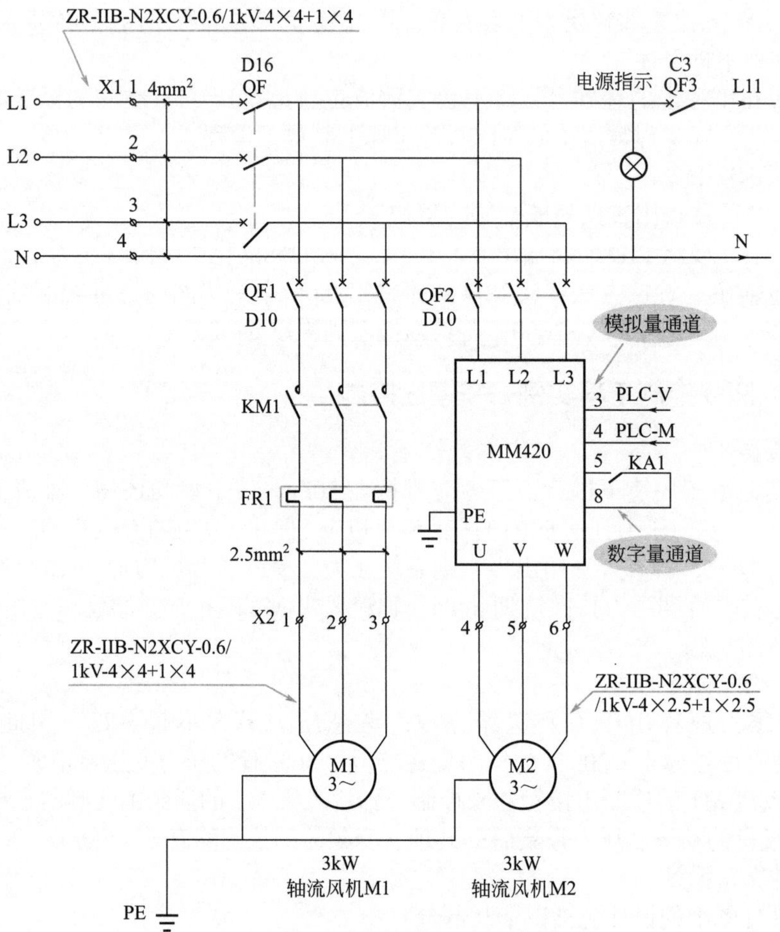

图 12-21 轴流风机控制主电路图纸

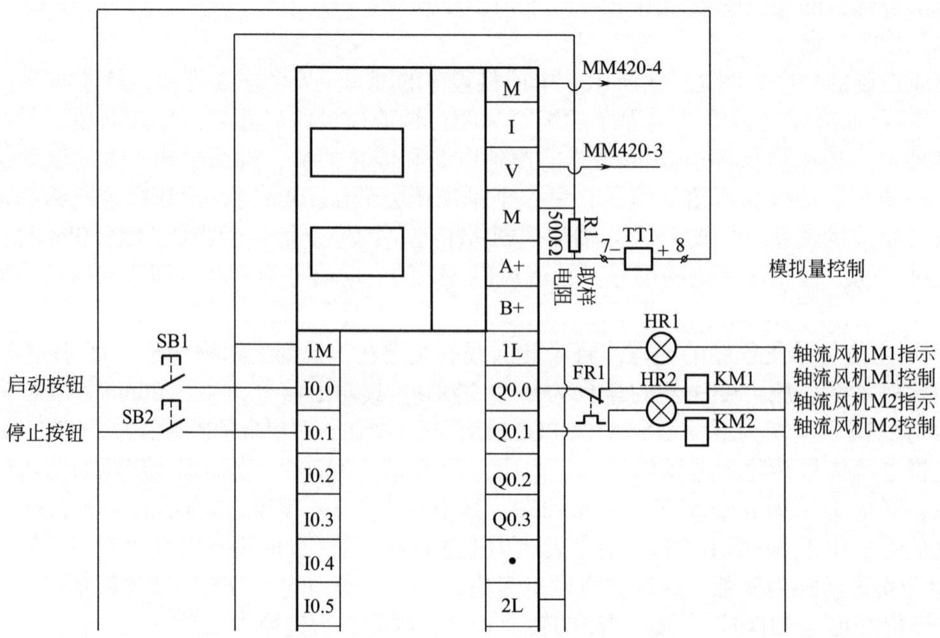

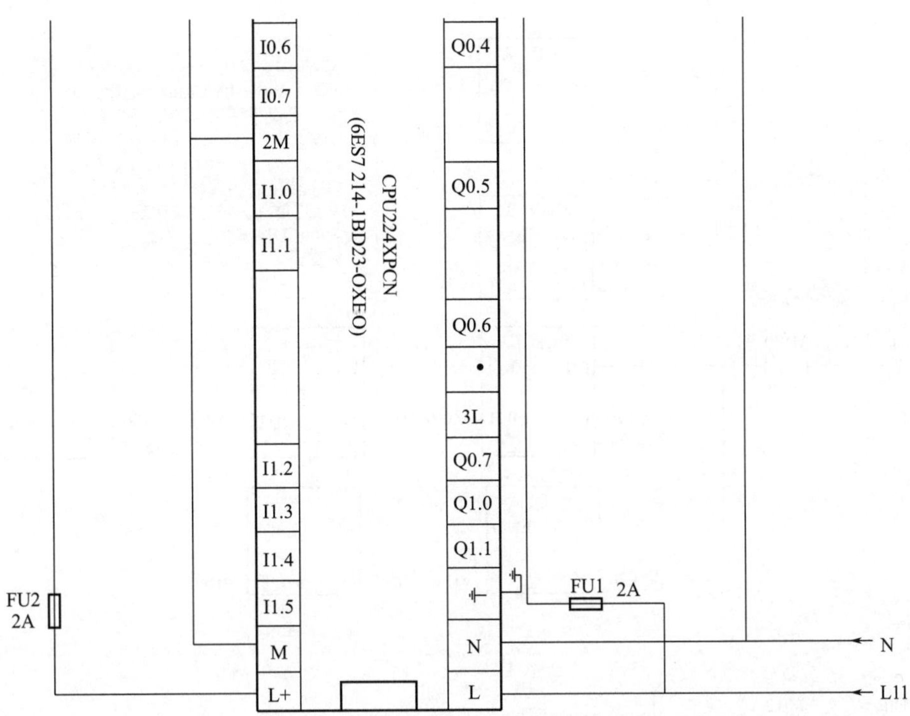

图 12-22　PLC 供电及控制图纸

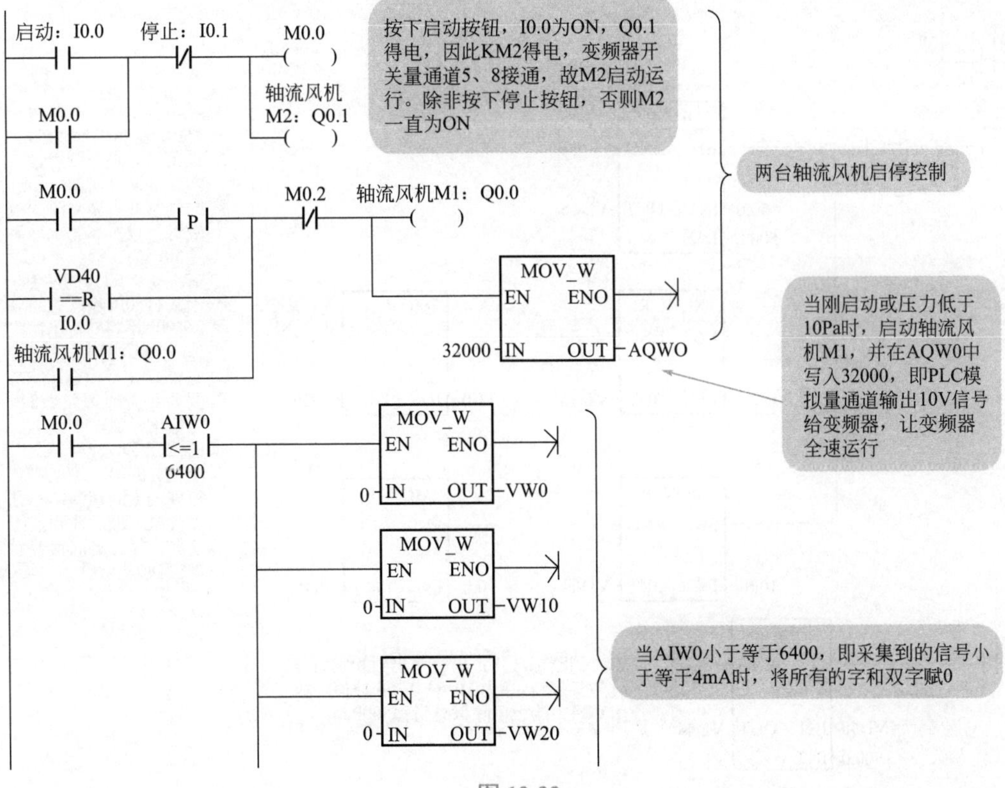

图 12-23

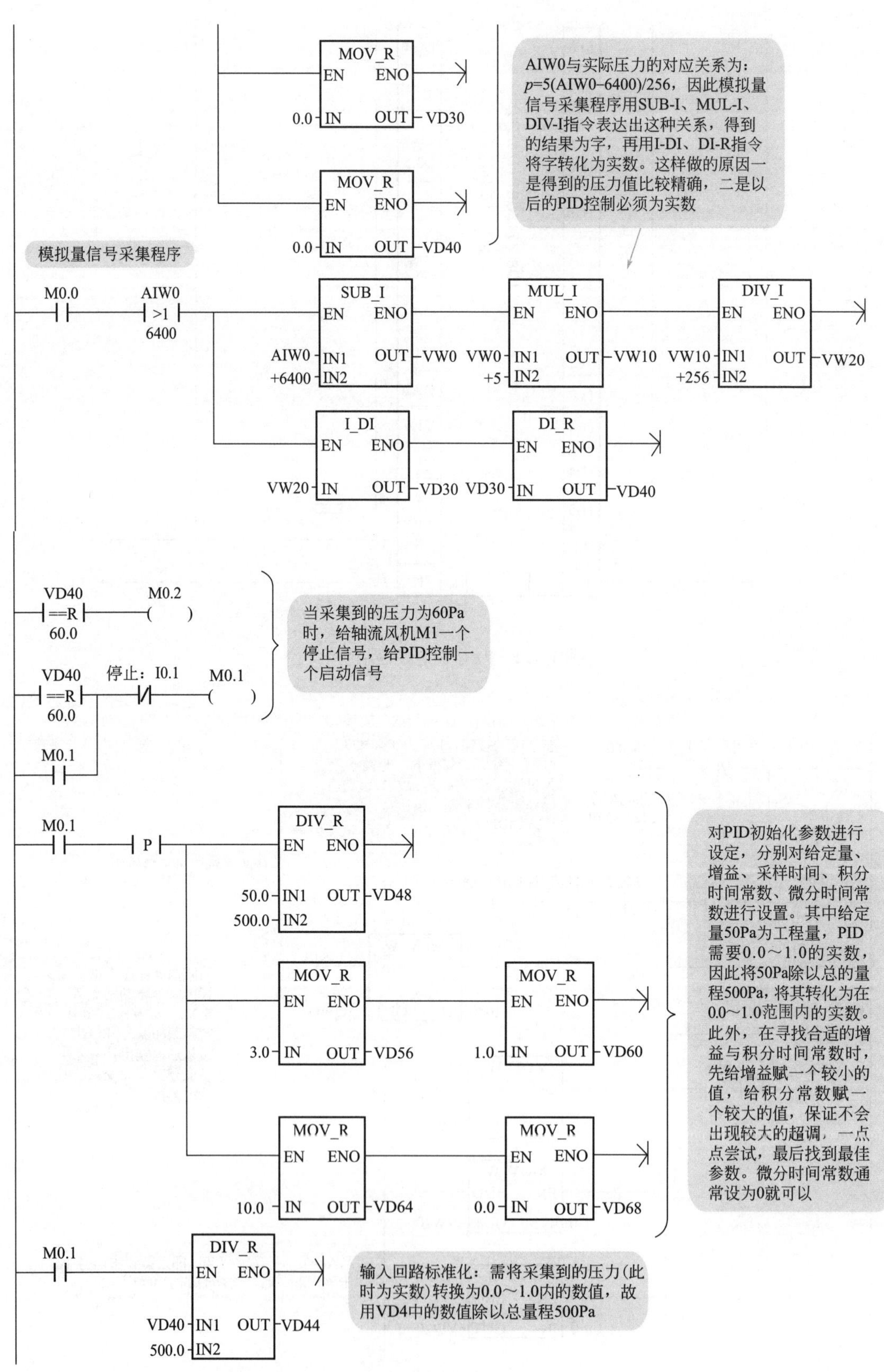
MOV_R
EN ENO
0.0 IN OUT VD30
MOV_R
EN ENO
0.0 IN OUT VD40
AIW0与实际压力的对应关系为：p=5(AIW0−6400)/256，因此模拟量信号采集程序用SUB-I、MUL-I、DIV-I指令表达出这种关系，得到的结果为字，再用I-DI、DI-R指令将字转化为实数。这样做的原因一是得到的压力值比较精确，二是以后的PID控制必须为实数
模拟量信号采集程序
M0.0
AIW0
>1
6400
SUB_I
EN ENO
AIW0 IN1 OUT VW0
+6400 IN2
MUL_I
EN ENO
VW0 IN1 OUT VW10
+5 IN2
DIV_I
EN ENO
VW10 IN1 OUT VW20
+256 IN2
I_DI
EN ENO
VW20 IN OUT VD30
DI_R
EN ENO
VD30 IN OUT VD40
VD40
==R
60.0
M0.2
当采集到的压力为60Pa时，给轴流风机M1一个停止信号，给PID控制一个启动信号
VD40
==R
60.0
停止：I0.1
M0.1
M0.1
M0.1
P
DIV_R
EN ENO
50.0 IN1 OUT VD48
500.0 IN2
MOV_R
EN ENO
3.0 IN OUT VD56
MOV_R
EN ENO
1.0 IN OUT VD60
MOV_R
EN ENO
10.0 IN OUT VD64
MOV_R
EN ENO
0.0 IN OUT VD68
对PID初始化参数进行设定，分别对给定量、增益、采样时间、积分时间常数、微分时间常数进行设置。其中给定量50Pa为工程量，PID需要0.0～1.0的实数，因此将50Pa除以总的量程500Pa，将其转化为在0.0～1.0范围内的实数。此外，在寻找合适的增益与积分时间常数时，先给增益赋一个较小的值，给积分常数赋一个较大的值，保证不会出现较大的超调，一点点尝试，最后找到最佳参数。微分时间常数通常设为0就可以
M0.1
DIV_R
EN ENO
VD40 IN1 OUT VD44
500.0 IN2
输入回路标准化：需将采集到的压力(此时为实数)转换为0.0～1.0内的数值，故用VD4中的数值除以总量程500Pa

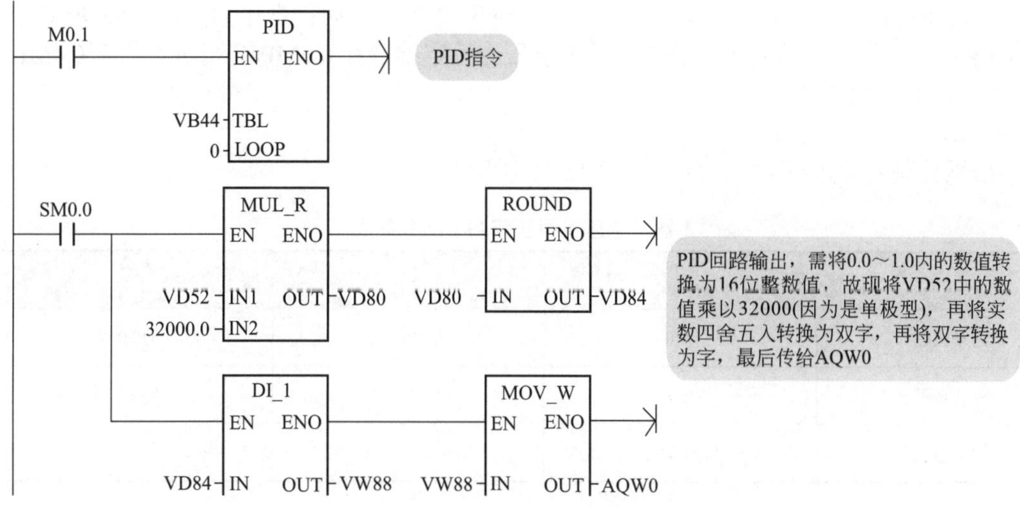

图 12-23　恒压控制的参考程序

③ PID 控制程序的编写　PID 控制程序的编写主要考虑以下 4 个方面。

a. PID 初始化参数设定。PID 初始化参数的设定主要涉及给定值、增益、采样时间、积分时间常数和微分时间常数这 5 个参数的设定。给定值为 0.0 ～ 1.0 之间的数，其中压力恒为 50Pa，50Pa 为工程量，需将工程量转换为 0.0 ～ 1.0 之间的数，故将实际压力 50Pa 除以量程 500Pa，即 DIV-R 50.0，500.0。寻找合适的增益值和积分时间常数时，需给增益赋一个较小的数值，给积分时间常数赋一个较大的值，其目的为使系统不会出现较大的超调量，多次试验，最后得出合理的结果；微分时间常数通常设置为 0。

b. 输入量的转换及标准化。输入量的转换程序即压力信号采集程序，最后得到的结果为实数，需将此实数转换为 0.0 ～ 1.0 之间的标准数值，故将 VD40 中的实数比上量程 500Pa。

c. 编写 PID 指令。

d. 将 PID 回路输出转换为成比例的整数。故先将 VD52 中的数除以 32000.0（为单极型），接下来将实数四舍五入转化为双字，再将双字转化为字送至 AQW0 中，从而完成了 PID 控制。

12.5　PID 控制在空气压缩机改造项目中的应用

图 12-24 所示为两台空压机组成的系统，现对它提出如下控制要求：

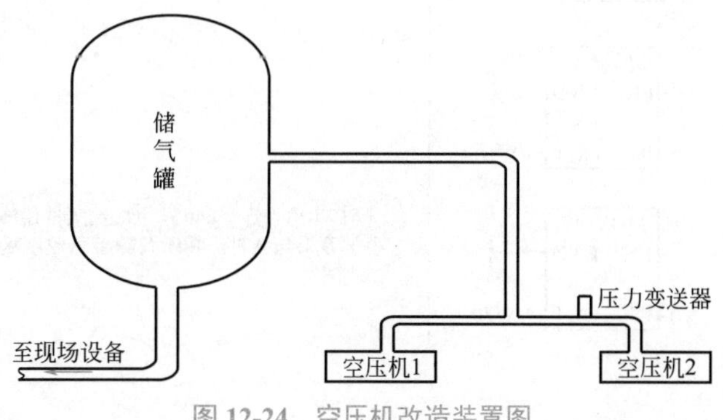

图 12-24　空压机改造装置图

按下启动按钮，空压机 1 先启动，10s 后，空压机 2 再启动；当压力达到 0.9MPa 时，空压机 1 停止，空压机 2 进行 PID 调节，使系统压力恒定维持在 0.6MPa；当压力低于 0.4MPa 时，两台空压机同时工作。

试根据以上控制要求编程。

① 根据控制要求进行 I/O 分配，如表 12-10 所示。

表 12-10 空压机恒压控制 I/O 分配表

输入量		输出量	
启动按钮	I0.0	空压机 1	Q0.0
停止按钮	I0.1	空压机 2	Q0.1
压力变送器	AIW0		

② 程序设计：空压机控制参考程序如图 12-25 所示。

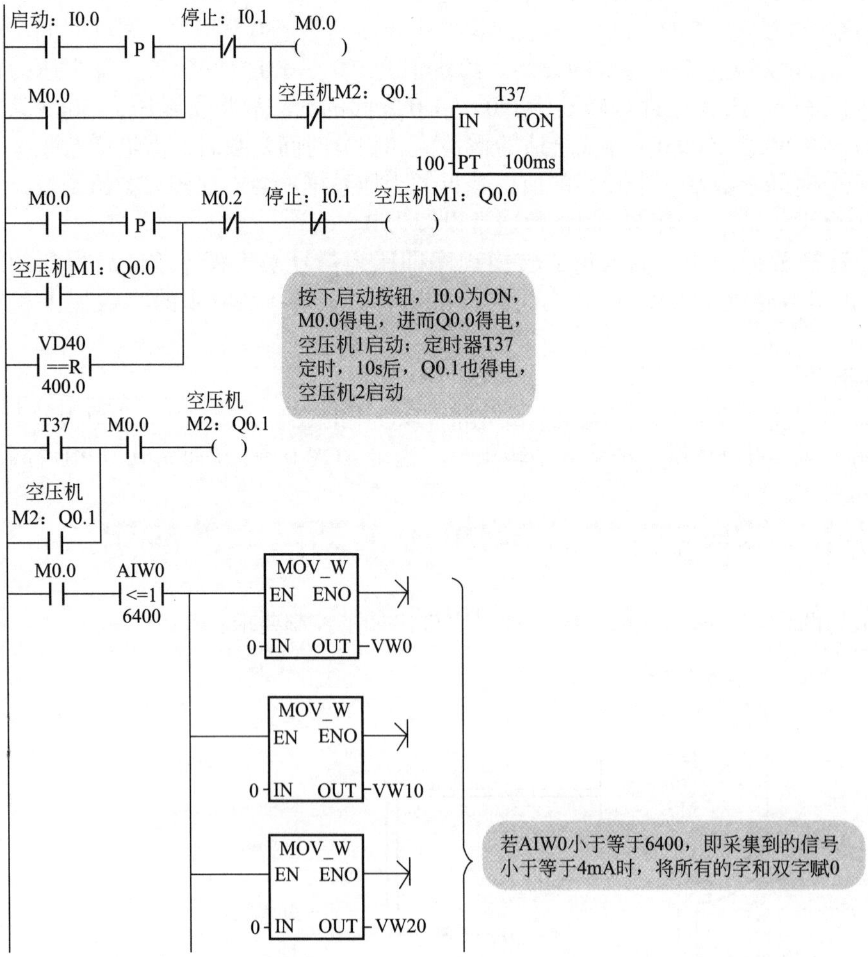

启动：I0.0
P
停止：I0.1
M0.0
M0.0
空压机M2：Q0.1
T37
IN TON
100 PT 100ms
M0.0
P
M0.2
停止：I0.1
空压机M1：Q0.0
空压机M1：Q0.0
VD40
==R
400.0
按下启动按钮，I0.0为ON，M0.0得电，进而Q0.0得电，空压机1启动；定时器T37定时，10s后，Q0.1也得电，空压机2启动
T37
M0.0
空压机 M2：Q0.1
空压机 M2：Q0.1
M0.0
AIW0
<=I
6400
MOV_W
EN ENO
0 IN OUT VW0
MOV_W
EN ENO
0 IN OUT VW10
MOV_W
EN ENO
0 IN OUT VW20
若AIW0小于等于6400，即采集到的信号小于等于4mA时，将所有的字和双字赋0

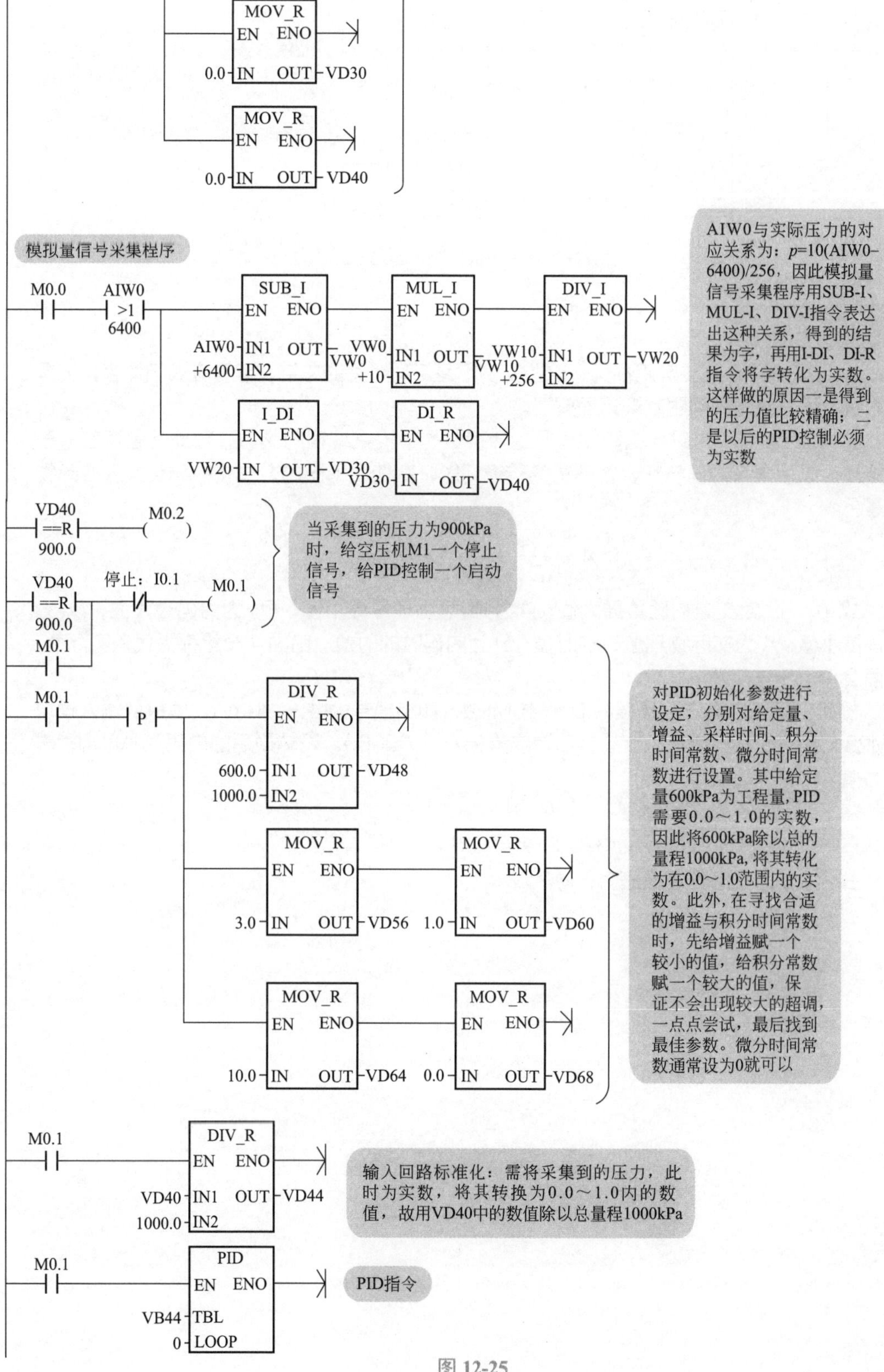
MOV_R
EN ENO
0.0 IN OUT VD30
MOV_R
EN ENO
0.0 IN OUT VD40
模拟量信号采集程序
M0.0
AIW0
>I
6400
SUB_I
EN ENO
AIW0 IN1 OUT VW0
+6400 IN2
MUL_I
EN ENO
VW0 IN1 OUT VW10
+10 IN2
DIV_I
EN ENO
VW10 IN1 OUT VW20
+256 IN2
I_DI
EN ENO
VW20 IN OUT VD30
DI_R
EN ENO
VD30 IN OUT VD40
AIW0与实际压力的对应关系为：p=10(AIW0−6400)/256，因此模拟量信号采集程序用SUB-I、MUL-I、DIV-I指令表达出这种关系，得到的结果为字，再用I-DI、DI-R指令将字转化为实数。这样做的原因一是得到的压力值比较精确；二是以后的PID控制必须为实数
VD40
==R
900.0
M0.2
VD40
==R
900.0
停止：I0.1
M0.1
M0.1
当采集到的压力为900kPa时，给空压机M1一个停止信号，给PID控制一个启动信号
M0.1
P
DIV_R
EN ENO
600.0 IN1 OUT VD48
1000.0 IN2
MOV_R
EN ENO
3.0 IN OUT VD56
MOV_R
EN ENO
1.0 IN OUT VD60
MOV_R
EN ENO
10.0 IN OUT VD64
MOV_R
EN ENO
0.0 IN OUT VD68
对PID初始化参数进行设定，分别对给定量、增益、采样时间、积分时间常数、微分时间常数进行设置。其中给定量600kPa为工程量，PID需要0.0～1.0的实数，因此将600kPa除以总的量程1000kPa，将其转化为在0.0～1.0范围内的实数。此外，在寻找合适的增益与积分时间常数时，先给增益赋一个较小的值，给积分常数赋一个较大的值，保证不会出现较大的超调，一点点尝试，最后找到最佳参数。微分时间常数通常设为0就可以
M0.1
DIV_R
EN ENO
VD40 IN1 OUT VD44
1000.0 IN2
输入回路标准化：需将采集到的压力，此时为实数，将其转换为0.0～1.0内的数值，故用VD40中的数值除以总量程1000kPa
M0.1
PID
EN ENO
VB44 TBL
0 LOOP
PID指令

图 12-25

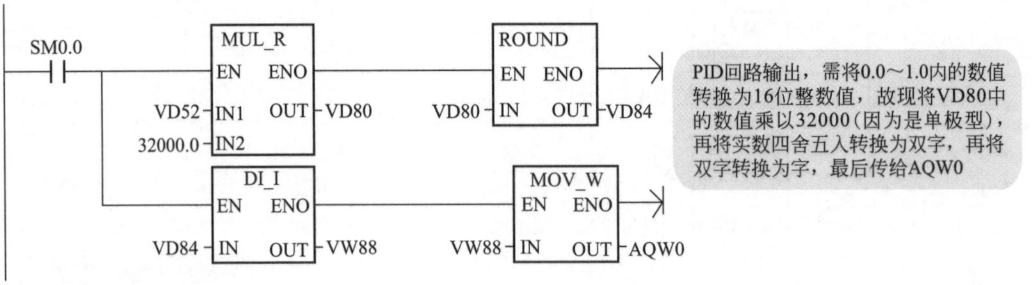

图 12-25　空压机控制的参考程序

重点提示

① 12.3 ~ 12.5 节实用性强，这些实例均是工程经验的总结，读者应细细体会，把握住方法，模拟量编程问题就迎刃而解了。

② 12.2.4 节“内码与实际物理量的转换”是模拟量编程的关键，对此问题读者应予以重视。以后再有内码与实际物理量的转换问题，就使用下面的公式将内码转换为实际物理量：

$$A=\frac{(A_m-A_0)}{(D_m-D_0)}(D-D_0)+A_0$$

式中，A_m 为实际物理量最大值；A_0 为实际物理量最小值；D_m 为内码最大值；D_0 为内码最小值；A 为实际物理量时的时值；D 为内码时的时值。前面 4 个量都需代入实际值，后面 2 个属于未知量。

例如：某压力变送器量程为 0 ~ 10MPa，输出信号为 4 ~ 20mA，模拟量输入模块 EM231 量程为 0 ~ 20mA，转换后数字量为 0 ~ 32000，设转换后的内码为 AIW0，求压力值。

$$p=\frac{(10-0)}{(32000-6400)}(\text{AIW0}-6400)+0$$

式中，p 为实际物理量压力，MPa。

第13章 PLC控制系统的设计

以PLC为核心组成的自动控制系统，称为PLC控制系统。PLC控制系统的设计与其他形式控制系统的设计不尽相同，在实际工程中，它围绕着PLC本身的特点，以满足生产工艺的控制要求为目的开展工作。PLC控制系统一般包括硬件系统的设计、软件系统的设计和施工设计等。

13.1 PLC控制系统设计的基本原则与步骤

在掌握PLC的工作原理、编程语言、内部编程元件、硬件配置以及编程方法后，具有一定系统控制设计基础的电气工程技术人员就可以进行PLC控制系统的设计了。

13.1.1 PLC控制系统设计的应用环境

由于PLC是一种计算机化了的高科技产品，相对继电器来说价格较高，因此在进行PLC控制系统设计之前，就要考虑是否有必要使用PLC。

通常在以下情况中可以考虑使用PLC：

① 控制系统的数字量I/O点数较多，控制要求复杂。若使用继电器控制，则需要大量的中间继电器、时间继电器等器件；

② 对控制系统的可靠性要求较高，继电器控制系统难以满足控制要求；

③ 由于生产工艺流程或产品的变化，需要经常改变控制系统的控制关系或控制参数；

④ 可以用一台PLC控制多个生产设备。

附带说明：对于控制系统简单、I/O 点数少、控制要求并不复杂的情况，则无需使用 PLC 控制，使用继电器控制就完全可以了。

13.1.2 PLC 控制系统设计的基本原则

在实际生产过程中，任何一种控制都是以满足生产工艺的控制要求、提高生产质量和效率为目的的，因此在设计 PLC 控制系统时，应遵循以下基本原则。

① 最大限度地满足生产工艺的控制要求。充分发挥 PLC 强大的控制功能，最大限度地满足生产工艺的控制要求，是 PLC 控制系统设计的首要前提。这就需要设计人员深入现场进行调查研究，收集资料，同时要注意与操作员和工程管理人员密切的配合，共同讨论，解决设计中出现的问题。

② 确保控制系统的安全可靠。确保控制系统的安全可靠，是设计的重要原则。这就要求设计者在设计时，应全面地考虑控制系统的硬件和软件。

③ 力求使系统简单、经济、使用和维修方便。在满足生产工艺的控制要求的前提下，要注意降低工程成本，提高工程效益，符合用户的操作习惯和方便维修。

④ 应考虑生产的发展和改进，在设计时应适当留有裕量。

13.1.3 PLC 控制系统设计的一般步骤

PLC 控制系统设计的流程如图 13-1 所示。

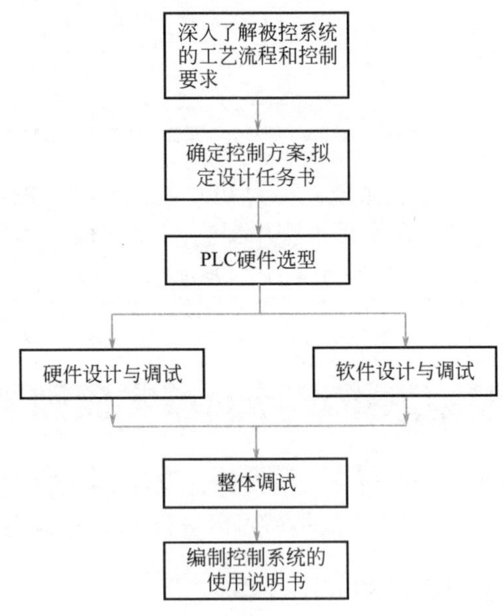

图 13-1　PLC 控制系统设计的流程图

（1）深入了解被控系统的工艺过程和控制要求

首先应该详细分析被控对象的工艺过程及工作特点，了解被控对象机、电、液之间的关系，提出被控对象对 PLC 控制系统的要求。控制要求包括：

① 控制的基本方式：行程控制、时间控制、速度控制、电流和电压控制等；

② 需要完成的动作：动作及其顺序、动作条件；

③ 操作方式：手动（点动、回原点）、自动（单步、单周、自动运行）以及必要的保护、报警、联锁和互锁；

④ 确定软、硬件分工。根据控制工艺的复杂程度，确定软、硬件分工，可从技术方案、经济性、可靠性等方面做好软硬件的分工。

（2）确定控制方案，拟定设计说明书

在分析完被控对象的控制要求的基础上，可以确定控制方案。通常有以下几种方案供参考。

① 单控制器系统：单控制系统指采用一台 PLC 控制一台或多台被控设备的控制系统，如图 13-2 所示。

② 多控制器系统：多控制器系统即分布式控制系统，该系统中每个控制对象都是由一台 PLC 控制器来控制的，各台 PLC 控制器之间可以通过信号传递进行内部联锁或由上位机通过总线进行通信控制，如图 13-3 所示。

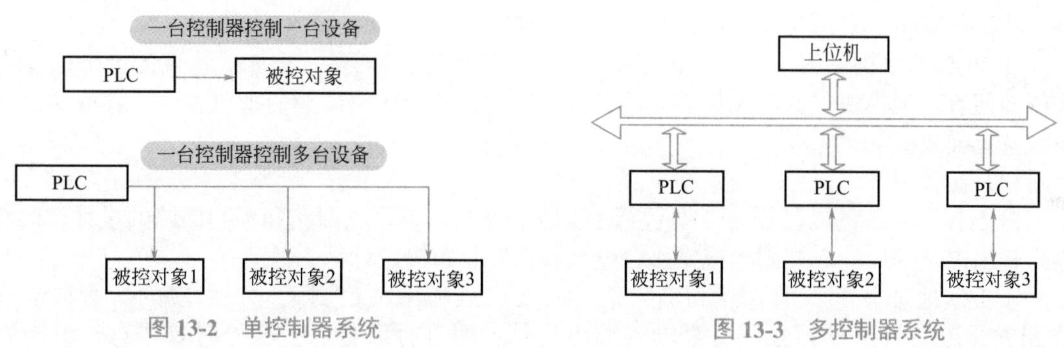

图 13-2　单控制器系统　　图 13-3　多控制器系统

③ 远程 I/O 控制系统：远程 I/O 系统的特点是 I/O 模块不与控制器放在一起而是远距离放在被控设备附近，如图 13-4 所示。

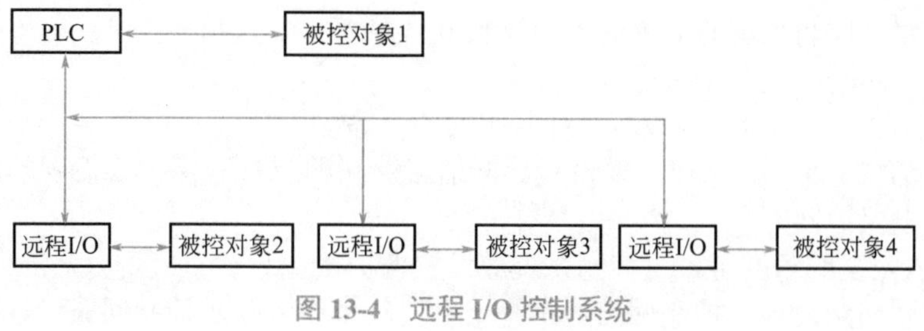

图 13-4　远程 I/O 控制系统

（3）PLC 硬件选型

PLC 硬件选型的基本原则：在功能满足的条件下，保证系统安全可靠运行，尽量兼顾价格。具体应考虑以下几个方面。

① PLC 的硬件功能　对于开关量系统，主要考虑 PLC 的最大 I/O 点数是否满足要求；若有特殊要求，如通信控制、模拟量控制和运动量控制等，则应考虑是否有相应的特殊功能模块。

此外还要考虑扩展能力、程序存储器与数据存储器的容量等。

② 确定输入输出点数　确定输入输出点数前，应确定哪些信号需要输入给 PLC，哪些负载需要 PLC 来驱动，还要确定哪些是数字量，哪些是模拟量，哪些是直流量，哪些是交流量，以及电压等级和是否有特殊要求。在确定时，应考虑今后系统改进和扩充的需求，应留有一定的裕量。

③ PLC 供电电源类型、输入和输出模块的类型　PLC 供电电源类型一般有两种，分别为交流型和直流型。交流型供电通常为 220V，直流型供电通常为 24V。

数字量输入模块的输入电压一般为 DC24V、AC220V。直流输入电路的延迟时间较短，可直接与光电开关、接近开关等电子输入设备相连；交流输入方式则适用于油雾、粉尘环境。

如有模拟量，则还需考虑变送器、执行机构的量程与模拟量输入输出模块的量程是否匹配等。

继电器型输出模块的工作电压范围广，触点导通电压较小，承受瞬间过电压和瞬间过电流能力强，但触点寿命有限制，动作速度较慢。若系统的输出信号变化不是很频繁，建议优先选择继电器输出型模块。继电器型输出模块可用于交直流负载。

晶体管输出型和双向晶闸管输出型模块分别用于直流负载和交流负载，它们具有可靠性高、执行速度快、寿命长等优点，但过载能力较差。

④ PLC 的结构及安装方式　PLC 分为整体式和模块式两种，整体式每点的价格比模块式的要便宜。但模块式的功能扩展灵活，安装方便，特殊模块选择的余地大，一般较复杂的系统选择模块式 PLC。

（4）硬件设计

PLC 控制系统的硬件设计主要包括 I/O 地址分配、系统主回路和控制回路的设计、PLC 输入输出电路的设计、控制柜或操作台电气元件安装布置设计等。

① I/O 地址分配　输入点和输入信号、输出点和输出控制是一一对应的。通常按系统配置通道与触点号，分配每个输入输出信号，即进行编号。在编号时要注意，不同型号的 PLC，其输入输出通道范围不同，要根据所选 PLC 的型号进行确定，切不可“张冠李戴”。

② 系统主回路和控制回路设计

a. 系统主回路设计：主回路通常是指电流较大的电路，如电动机主电路、控制变压器的一次侧输入回路、控制系统的电源输入和控制电路等。

在设计主电路时，主要要考虑以下几个方面。

• 总开关的类型、容量、分段能力和所用的场合等。

• 保护装置的设置。短路保护要设置熔断器或断路器，过载保护要设置热继电器，漏电保护要设置漏电保护器等。

• 接地。从安全的角度考虑，控制系统应设置保护接地。

b. 系统控制回路设计：控制回路通常是指电流较小的电路。控制回路设计一般包括保护电路、安全电路、信号电路和控制电路设计等。

③ PLC 输入输出电路的设计　设计输入输出电路通常要考虑以下问题。

a．输入电路可由 PLC 内部提供 DC24V 电源，也可外接电源；输出点需根据输出模块类型选择电源。

b．为了防止负载短路损坏 PLC，输入输出电路公共端需加熔断器保护。

c．为了防止接触器相间短路，通常要设置互锁电路，例如正反转电路。

d．输出电路有感性负载时，为了保证输出点的安全和防止干扰，直流电路需在感性负载两端并联续流二极管；交流电路需在感性负载两端并联阻容电路，如图 13-5 所示。

e．应减少输入输出点数。

④ 控制柜或操作台电气元件安装布置设计　设计的目的是用于指导、规范现场生产和施工，并提高可靠性和标准化程度。

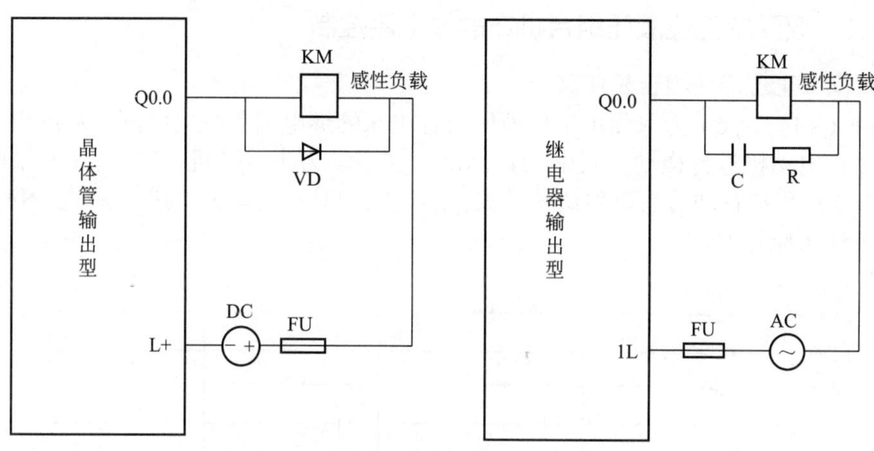

图 13-5　输出电路感性负载的处理

（5）软件设计

软件设计包括系统初始化程序、主程序、子程序、中断程序等，小型数字量控制系统往往只有主程序。

软件设计主要包括以下几步：

①根据总体要求和控制系统的具体情况确定程序的基本结构；

② 绘制控制流程图或顺序功能图；

③ 根据控制流程图或顺序功能图设计梯形图。简单系统可用经验设计法，复杂系统可用顺序控制设计法。

（6）软、硬件调试

调试分为模拟调试和联机调试。

在软件设计完成后一般作模拟调试。模拟调试可以通过仿真软件来代替 PLC 硬件在计算机上调试程序。若有 PLC 硬件，可以用小开关和按钮模拟 PLC 的实际输入信号，再通过输出模块上各输出位对应的指示灯观察输出信号是否满足设计要求。当需要模拟信号 I/O 时，可用电位器和万用表配合进行。

硬件模拟调试主要是对控制柜或操作台的接线进行测试，可在操作台的接线端子上模拟 PLC 外部数字输入信号，或者操作按钮指令开关，观察对应 PLC 输入点的状态。

在联机调试时，把编制好的程序下载到现场的 PLC 中。调试时，主电路一定要断电，只对控制电路进行调试。通过现场联机调试，还会发现新的问题或需要对某些控制功能进行改进。

如果软、硬件调试均没问题，就可以进行整体调试了。

（7）编制控制系统的使用说明书

系统交付使用后，应根据调试的最终结果整理出完整的技术文件，单位存档，部分资料提供给用户，以利于系统的维修和改进。

编制的文件有：PLC 的硬件接线图和其他电气样图，PLC 编程元件表和带有文字说明的梯形图。若使用的是顺序控制法，则顺序功能图也需要整理。

13.2　组合机床 PLC 控制系统设计

本节将以单工位液压传动组合机床为例，对传统的大型机床改造问题给予讲解。

13.2.1 双面单工位液压组合机床的继电器控制

（1）双面单工位液压组合机床简介

图 13-6（a）～（c）为双面单工位液压组合机床的继电器系统电路图。从图中不难看出该机床由 3 台电动机进行拖动，其中 M1、M2 为左右动力头电动机，M3 为冷却泵电动机；SA1、SA2 分别为左右动力头单独调整开关，通过它们对左右动力头进行调整；SA3 为冷却泵电动机工作选择开关。

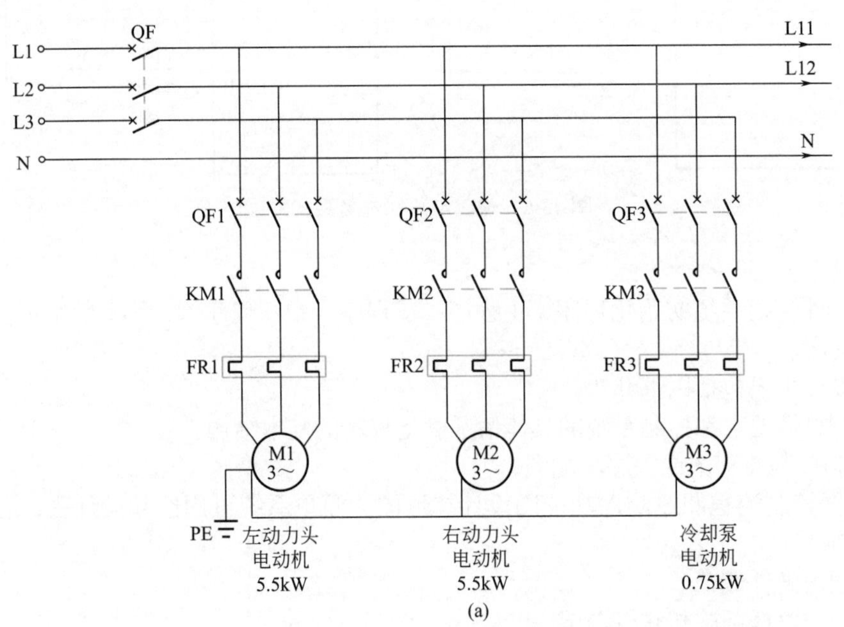

(a)

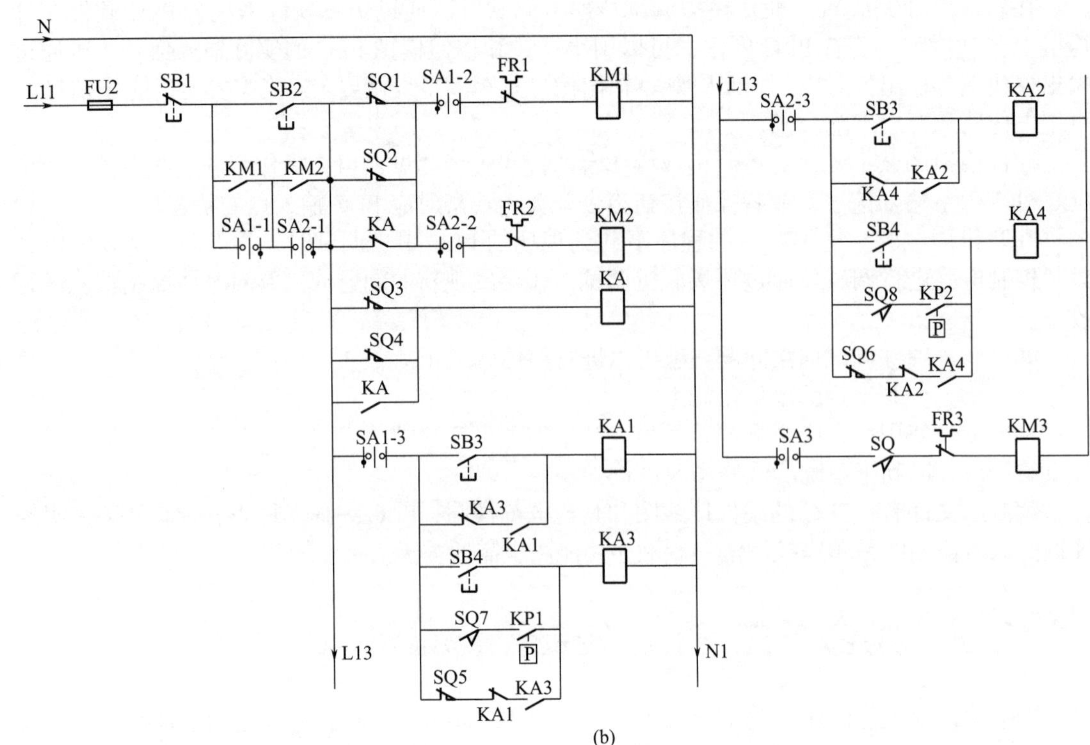

(b)

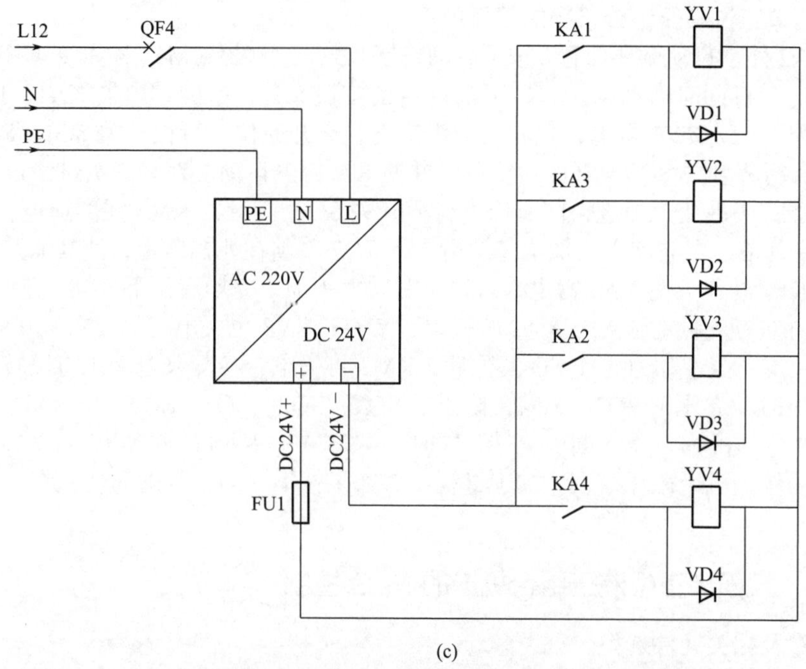

(c)

图 13-6 双面单工位液压组合机床的继电器系统电路图

双面单工位液压传动组合机床左右动力头的循环工作示意如图 13-7 所示。每个动力头均有快进、工进和快退 3 种运动状态，且三种状态的切换由行程开关发出信号。组合机床液压状态如表 13-1 所示，其中 KP 为压力继电器、YV 为电磁阀。

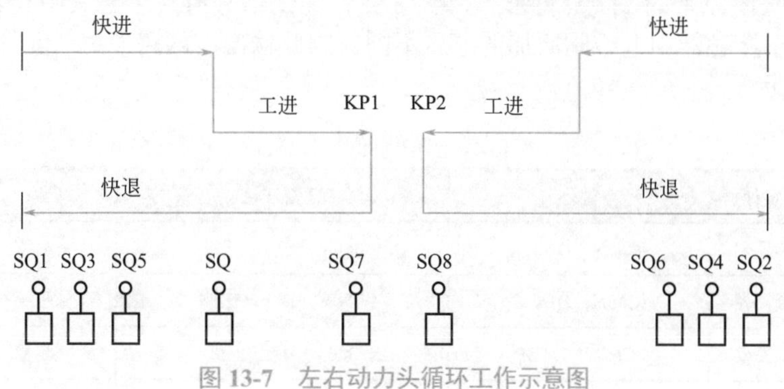

图 13-7 左右动力头循环工作示意图

表 13-1 组合机床液压状态表

工步	YV1	YV2	YV3	YV4	KP1	KP2
原位停止	−	−	−	−	−	−
快进	+	−	+	−	−	−
工进	+	−	+	−	−	−
死挡铁停留	+	−	+	−	+	+
快退	−	+	−	+	−	−

（2）双面单工位液压组合机床的工作原理

SA1、SA2处于自动循环位置，按下启动按钮SB2，接触器KM1、KM2线圈得电并自锁，左右动力头电动机同时启动旋转；按下前进启动按钮SB3，中间继电器KA1、KA2得电并自锁，电磁阀YV1、YV3得电，左右动力头快进并离开原位，行程开关SQ1、SQ2、SQ5、SQ6先复位，行程开关SQ3、SQ4后复位，并使KA得电自锁。在动力头进给过程中，由各自行程阀自动将快进变为工进，同时压下行程开关SQ，接触器KM3线圈通电，冷切泵M3工作，供给冷却液。左右动力头加工完毕后压下SQ7并顶在死挡铁上，使其油路油压升高，压力继电器KP1动作，使KA3得电并自锁。右动力头加工完毕后压下SQ8并使KP2动作，KA4将接通并自锁，同时KA1、KA2将失电，YV1、YV3也失电，而YV2、YV4通电，使左右动力头快退。当左动力头使SQ复位后，KM3将失电，冷却泵电动机将停转。左右动力头快退至原位时，先压下SQ3、SQ4，再压下SQ1、SQ2、SQ5、SQ6，使KM1、KM2线圈断电，动力头电动机M1、M2断电停转，同时KA、KA3、KA4线圈断电，YV2、YV4断电，动力头停止动作，机床循环结束。加工过程中，如果按下SB4，可随时使左右动力头快退至原位停止。

13.2.2 双面单工位液压组合机床的PLC控制

（1）PLC及相关元件选型

本系统采用西门子S7-200PLC、CPU224CN模块、AC电源、DC输入、继电器输出型。PLC的输入信号应有21个，且为开关量，其中有4个按钮、9个行程开关、3个热继电器常闭触点、2个压力继电器触点、3个转换开关。但在实际应用中，为了节省PLC的输入输出点数，将输入信号做以下处理：SQ1和SQ2、SQ3和SQ4并联作为输入，SQ7和KP1、SQ8和KP2、SQ和SA3串联作为输入，将FR1、FR2、FR3常闭触点分配到输出电路中，这样处理后输入信号由原来的21点降到现在的13点；输出信号有7个，其中有3个接触器、4个电磁阀；由于接触器和电磁阀所加的电压不同，因此输出有两路通道。元件的具体材料清单如表13-2所示。

表13-2 组合机床材料清单

序号	材料名称	型号	备注	厂家	单位	数量
1	微型断路器	iC65N，D40/3P	380V，40A，三极	施耐德	个	1
2	微型断路器	iC65N，D16/3P	380V，16A，三极	施耐德	个	2
3	微型断路器	iC65N，D4/3P	380V，4A，三极	施耐德	个	1
4	微型断路器	iC65N，C6/1P	380V，6A，一极	施耐德	个	2
5	接触器	LC1D12M	380V，12A，线圈220V	施耐德	个	2
6	接触器	LC1D09M	380V，9A，线圈220V	施耐德	个	1
7	中间继电器插头	MY2N-J，24VDC	线圈24V	欧姆龙	个	4
8	中间继电器插座	PYF08A-C		欧姆龙	个	4
9	热继电器	LRD16C	380V，整定范围：9～13A	施耐德	个	2
10	热继电器	LRD07C	380V，整定范围：1.6～2.5A	施耐德	个	1
11	停止按钮底座	ZB5AZ101C		施耐德	个	1

续表

序号	材料名称	型号	备注	厂家	单位	数量
12	停止按钮头	ZB5AA4C	红色	施耐德	个	1
13	启动按钮	XB5AA31C	绿色	施耐德	个	3
14	选择开关	XB5AD21C	黑色，2位1开	施耐德	个	3
15	熔体	RT28N-32/6A	6A	正泰	个	1
16	熔断器底座	RT28N-32/1P	一极	正泰	个	1
17	电源指示灯	XB7EVM1LC	220V，白色	施耐德	个	1
18	电动机指示灯	XB7EVM3LC	220V，绿色	施耐德	个	3
19	电磁阀指示灯	XB7EV33LC	24V，绿色	施耐德	个	4
20	直流电源	CP M SNT	180W，24V，13.5A	魏德米勒	个	1
21	PLC	CPU224CN	AC电源，DC输入，继电器输出	西门子	台	1
22	端子	UK10N	可夹0.5～10mm^{2}导线	菲尼克斯	个	4
23	端子	UK3N	可夹0.5～2.5mm^{2}导线	菲尼克斯	个	9
24	端子	UKN1.5N	可夹0.5～1.5mm^{2}导线	菲尼克斯	个	16
25	端板	D-UK4/10	UK10N、UK3N端子端板	菲尼克斯	个	2
26	端板	D-UK2.5	UK1.5N端子端板	菲尼克斯	个	2
27	固定件	E/UK	固定端子，放在端子两端	菲尼克斯	个	8
28	标记号	ZB10	标号（1～5），UK10N端子标记条	菲尼克斯	条	1
29	标记号	ZB5	标号（1～10），UK3N端子标记条	菲尼克斯	条	1
30	标记号	ZB4	标号（1～30），UK1.5N端子标记条	菲尼克斯	条	1
31	汇线槽	HVDR5050F	宽×高=50mm×50mm	上海日成	m	5
32	导线	H07V-K，10mm^2	蓝色	慷博电缆	m	3
33	导线	H07V-K，10mm^2	黑色	慷博电缆	m	5
34	导线	H07V-K，4mm^2	黑色	慷博电缆	m	8
35	导线	H07V-K，2.5mm^2	黑色	慷博电缆	m	10
36	导线	H07V-K，2.5mm^2	蓝色	慷博电缆	m	5
37	导线	H07V-K，1.5mm^2	蓝色	慷博电缆	m	5
38	导线	H07V-K，1.5mm^2	黑色	慷博电缆	m	5
39	导线	H05V-K，1.0mm^2	黑色	慷博电缆	m	20
40	导线	H07V-K，2，5mm^2	黄绿色	慷博电缆	m	5

续表

序号	材料名称	型号	备注	厂家	单位	数量
41	导线	H07V-K，$10mm^2$	黄绿色	慷博电缆	m	5
42	铜排	15×3		辽宁铜业	m	0.5
43	绝缘子	SM-27×25（M6）	红色	海坦华源电气	个	2
44	操作台	宽 × 高 × 深 = 600mm×960mm×400mm		自制	个	1
设计编制	×××	总工审核	XXX			

（2）硬件设计

双面单工位液压组合机床 I/O 分配情况如表 13-3 所示，硬件设计的主回路、控制回路、PLC 输入输出回路、操作台图纸如图 13-8 所示。

表 13-3　双面单工位液压组合机床 I/O 分配表

输入量				输出量	
启动按钮 SB2	I0.0	行程开关 SQ6	I0.7	接触器 KM1	Q0.0
停止按钮 SB1	I0.1	行程开关 SQ1/SQ2	I1.0	接触器 KM2	Q0.1
快进按钮 SB3	I0.2	行程开关 SQ3/SQ4	I1.1	接触器 KM3	Q0.2
快退按钮 SB4	I0.3	行程开关 SQ7/KP1	I1.2	电磁阀 YV1	Q0.4
调整开关 SA1	I0.4	行程开关 SQ8/KP2	I1.3	电磁阀 YV2	Q0.5
调整开关 SA2	I0.5	行程开关 SQ/SA3	I1.4	电磁阀 YV3	Q0.6
行程开关 SQ5	I0.6			电磁阀 YV4	Q0.7

（3）软件设计

本例为将继电器控制改造成 PLC 控制的典型问题，因此在编写 PLC 梯形图时，采用翻译设计法是一条捷径。翻译设计法即根据继电器控制电路的逻辑关系，将继电器电路的每一个分支按一一对应的原则逐条翻译成梯形图，再按梯形图的编写原则进行化简。双面单工位液压组合机床梯形图程序如图 13-9 所示。

需要指出，在使用翻译设计法时，务必注意常闭触点信号的处理。前面介绍其他梯形图的设计方法（翻译设计法除外）时，假设的前提是硬件外部开关量输入信号均由常开触点提供，但在实际中，有些信号是由常闭触点提供的，如本例中 I0.6、I0.7、I1.0、I1.1 的外部输入信号就是由限位开关的常闭触点提供的。

类似上述的问题，在使用翻译设计法时，为了保证继电器电路和梯形图电路触点类型的一致性，常常将外部接线图中的输入信号全部选成由常开触点提供，这样就可以将继电器电路直接翻译成梯形图。但这样改动存在着一定的问题：那就是原来是常闭触点输入的改成了常开触点输入，所以在梯形图中需作调整，即将外接触点的输入位常开改成常闭、常闭改成常开，如图 13-10 所示。

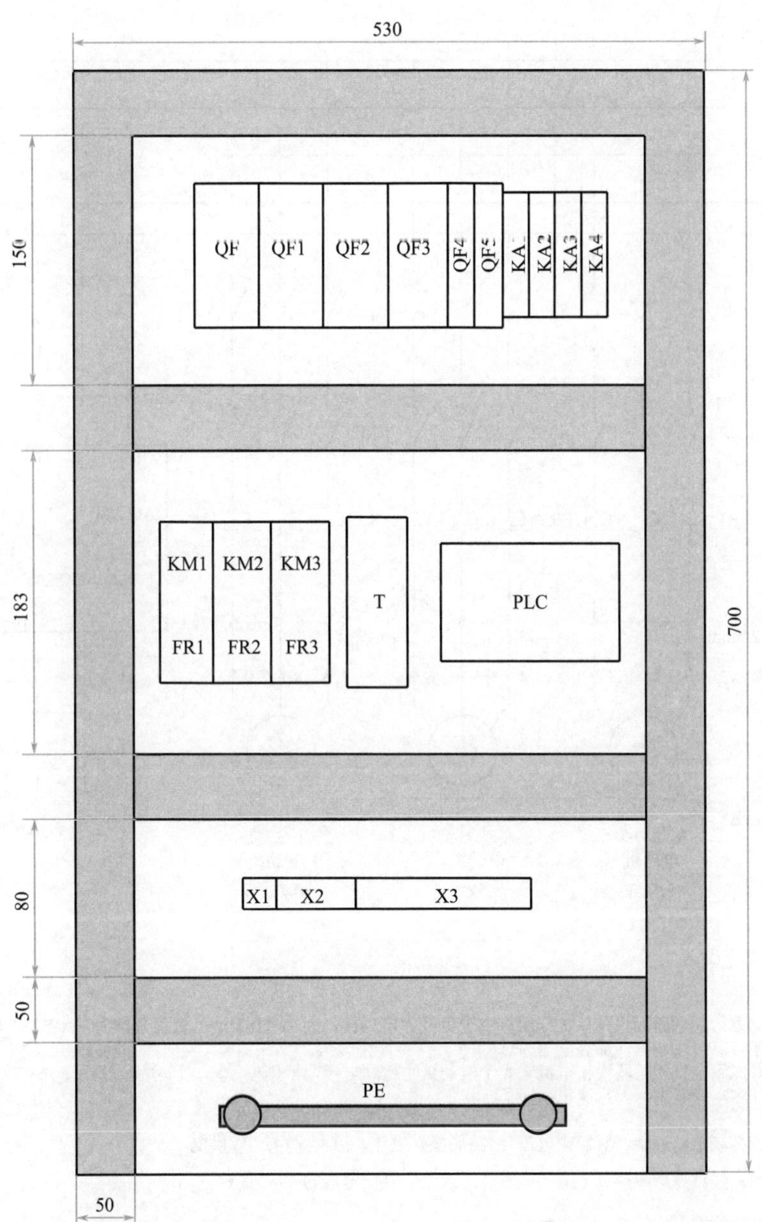

重点提示：
画元件布置图时，尽量按元件的实际尺寸去画，这样可以直接指导生产，如果为示意图，现场还需重新排布元件。报方案时往往元件没有采购，可以参考厂家样本，查出元件的实际尺寸。

(a) 元件布置图

图 13-8

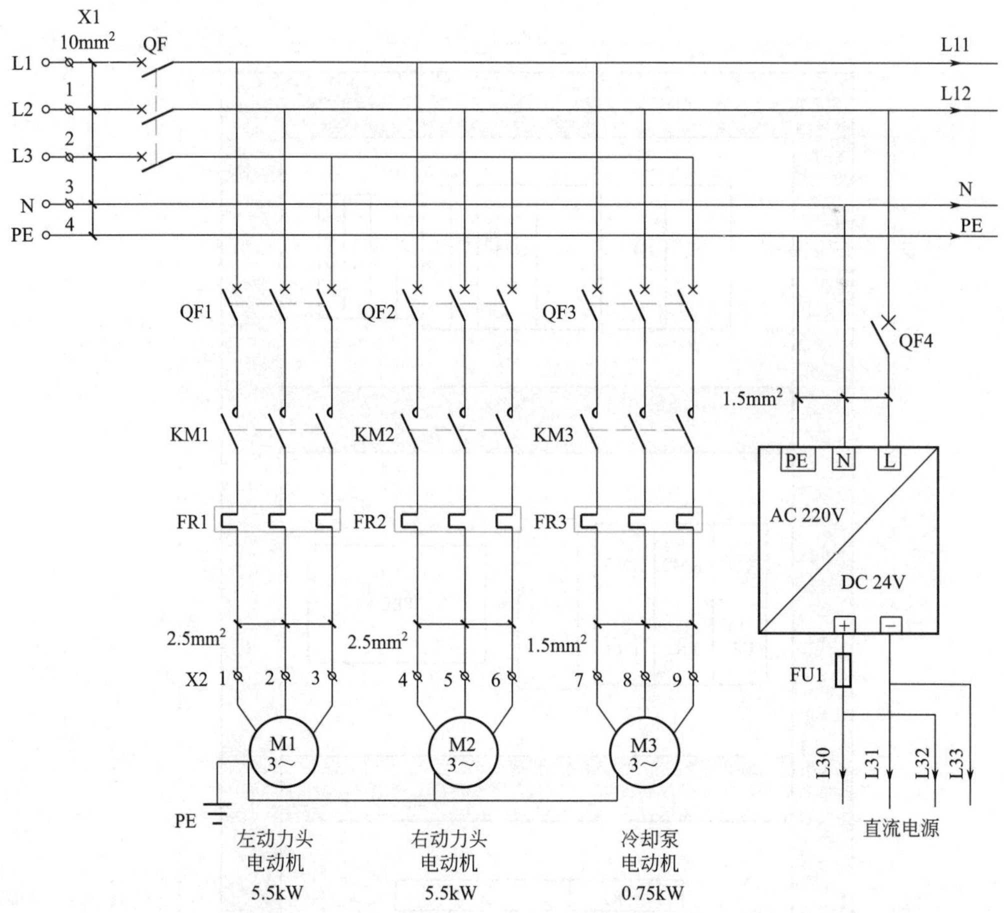

重点提示：

①空气断路器：起通断和短路保护作用：由于负载为电动机，因此选用D型；负载分别为5.5kW、0.75kW，根据经验其电流为功率（kW）的2倍，那么电流为11A和1.5A，因此在选空气断路器时，空气断路器额定电流应大于等于线路的额定电流；再考虑到空气断路器脱扣电流应大于电动机的启动电流，根据相关样本，分别选择了D16和D4。总开的电流应大于等于Σ分支空开电流，因此这里选择了D40。

②接触器：控制电路通断，其额定电流>线路的额定电流，线圈采用220V供电。

③热继电器：过载保护。热继电器的电流应为线路的额定电流的0.95～1.05倍。

④各个电动机均需可靠接地，这里为保护接地。

⑤线径选择：按1mm²载5～8A的电流计算，则5.5kW、0.75kW电动机主回路线径分别为2.5mm²和1.5mm²。实际中选线径时应留有裕量，实际导线的承载能力要比我们得到的经验值略大。

⑥直流开关电源选型相关计算：查电磁阀样本电磁阀正常工作时的电流为1.2A，那么电磁阀总电流约4×1.2=4.8(A)，指示灯的电流仅有几毫安，甚至更小，中间继电器线圈的工作电流也就几十毫安，它们都加起来总电流也不会超过6A，这里直流电源输出电流为7.5A完全够用，且有裕量，那么直流电源的容量=24×7.5=180(W)，查找样本恰好有此容量，如果没有，可适当增大，就大不就小。

⑦熔断器电流计算：熔断器的电流>负载电流，根据第⑥条的分析，这里选择6A完全够用。线径计算根据第⑤条，这里不再赘述了。

(b) 主电路图

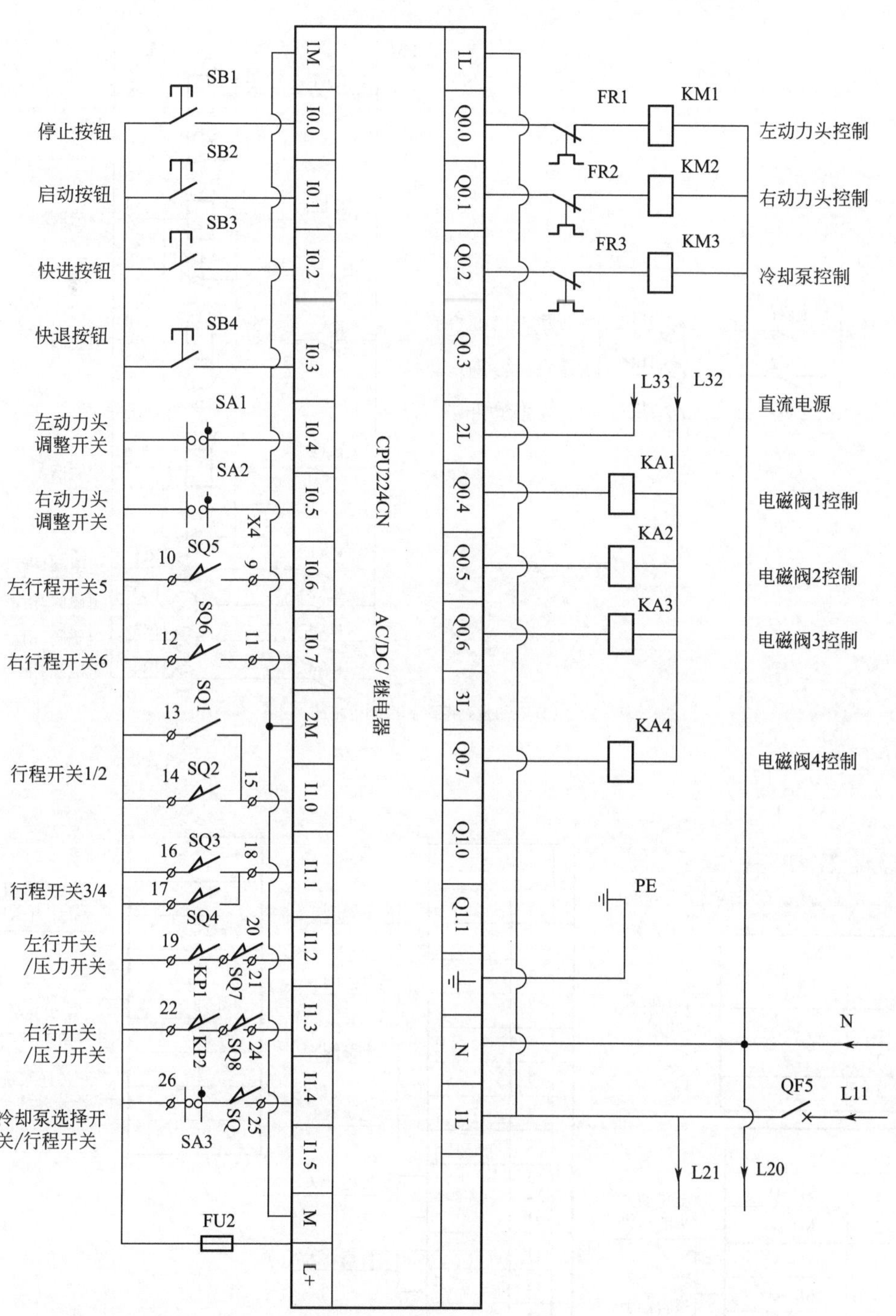

重点提示：
查S7-200PLC的样本PLC工作电流为2A，在考虑输出回路故QF5选择5A，且有裕量。

(c) 组合机床控制电路图

图 13-8

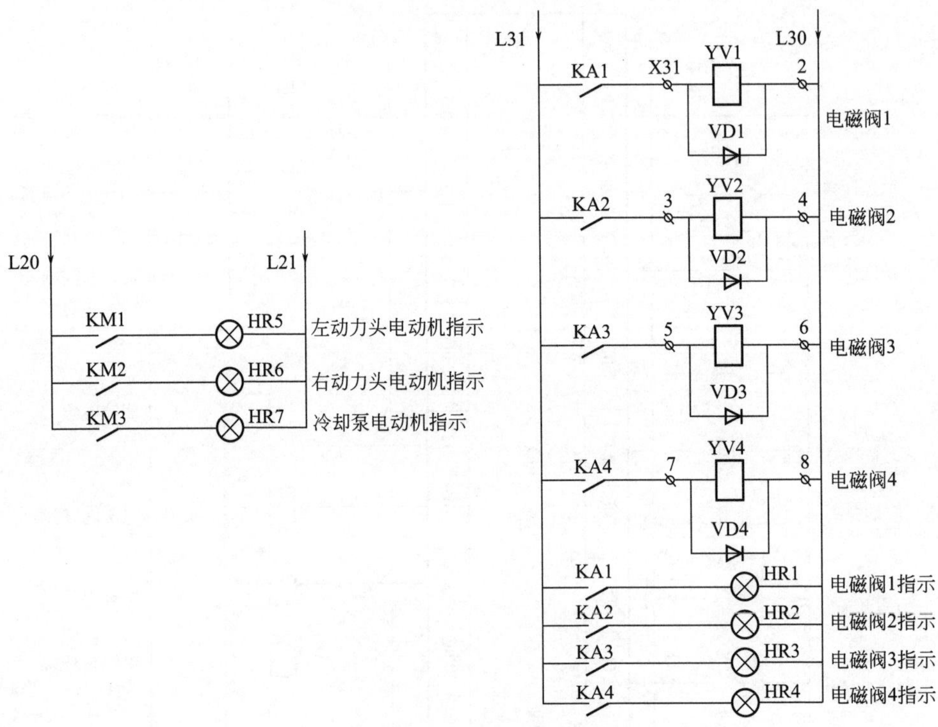

(d) 电动机、电磁阀控制电路图

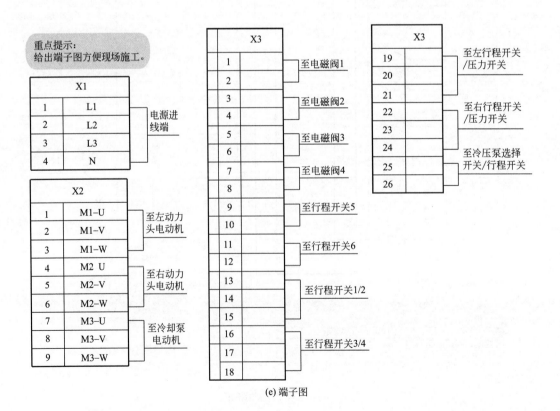

重点提示：
给出端子图方便现场施工。

X1		
1	L1	电源进线端
2	L2	
3	L3	
4	N	

X2		
1	M1–U	至左动力头电动机
2	M1–V	
3	M1–W	
4	M2 U	至右动力头电动机
5	M2–V	
6	M2–W	
7	M3–U	至冷却泵电动机
8	M3–V	
9	M3–W	

X3		
1		至电磁阀1
2		
3		至电磁阀2
4		
5		至电磁阀3
6		
7		至电磁阀4
8		
9		至行程开关5
10		
11		至行程开关6
12		
13		至行程开关1/2
14		
15		
16		至行程开关3/4
17		
18		

X3		
19		至左行程开关/压力开关
20		
21		
22		至右行程开关/压力开关
23		
24		
25		至冷压泵选择开关/行程开关
26		

(e) 端子图

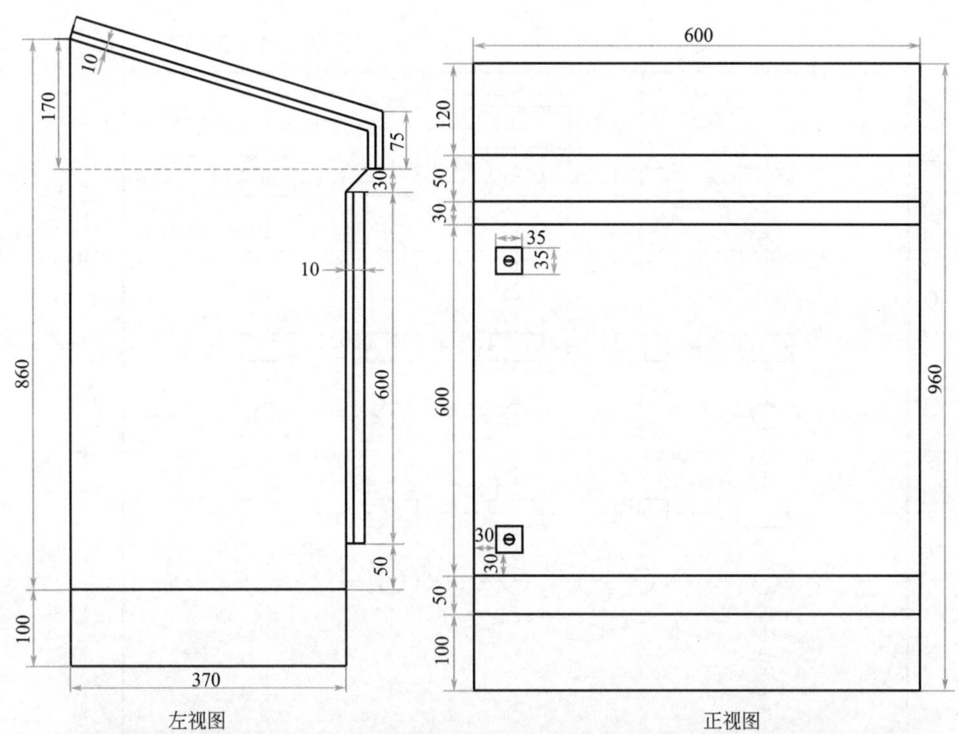

左视图　　　　　　正视图

重点提示：
控制柜或操作台的壳体有些由机械工程师来设计，有些由电气工程师设计，因此电气工程师懂点机械方面的知识是必要的。一个好的电气工程师要具备掌握机、电、液相关内容的能力，因为工程中情况较复杂。

(f) 操作台设计图

重点提示：
给出元件明细表，为现场操作人员提供方便。在工程中，有些设计给出来的文字符号不通用，因此编写元件明细表加以说明是必要的。

元件明细		
1	QF，QF1～QF5	微型断路器
2	KM1、KM2	接触器
3	FR1、FR2	热继电器
4	T	直流电源
5	KA1～KA4	中间继电器
6	FU1	熔断器
7	SB1～SB4	按钮
8	SA1· SA3	选择开关
9	SQ，SQ1～SQ8	行程开关
10	KP1、KP2	压力开关
11	HR1～HR7	指示灯
12	YV1～YV4	电磁阀
13	VD1～VD4	二极管

(g) 元件明细表

图 13-8

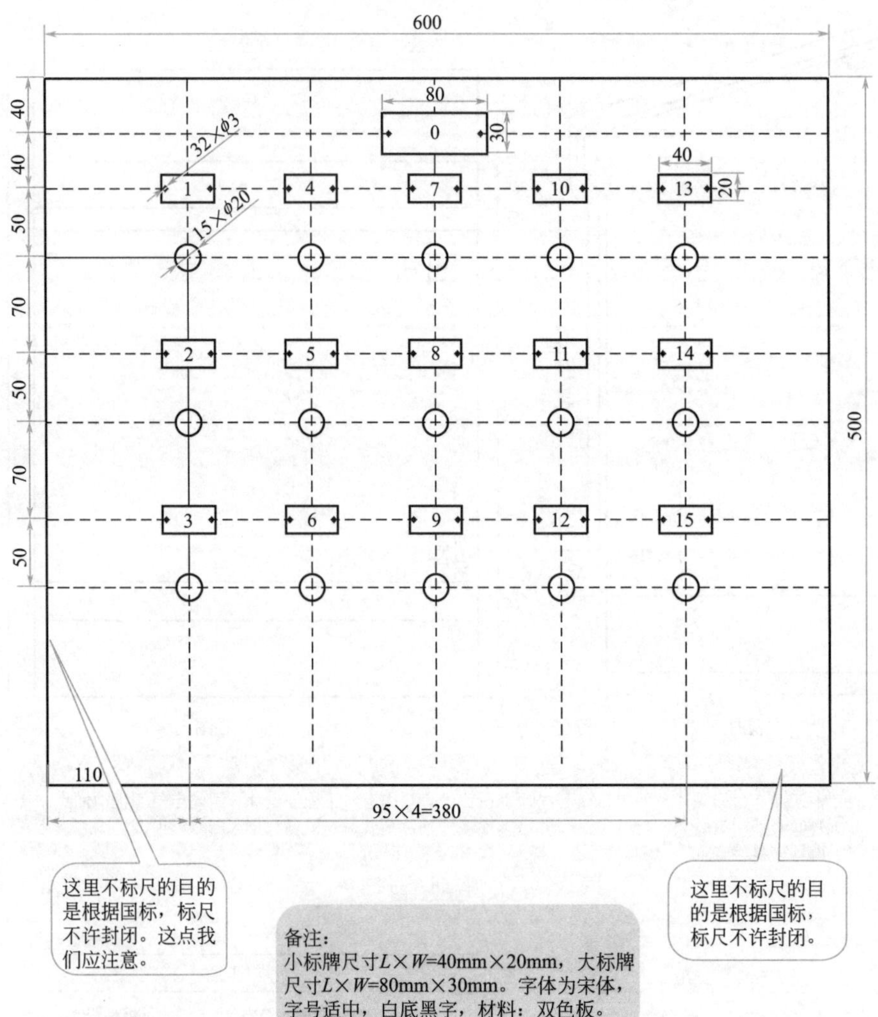

备注：
小标牌尺寸$L \times W$=40mm×20mm，大标牌尺寸$L \times W$=80mm×30mm。字体为宋体，字号适中，白底黑字，材料：双色板。

标牌内容

0	组合机床自动控制操作台	8	电源指示
1	调整开关1	9	左动力头指示
2	调整开关2	10	右动力头指示
3	冷却泵开关	11	冷却泵指示
4	启动按钮	12	电磁阀1指示
5	停止按钮	13	电磁阀2指示
6	快进启动	14	电磁阀3指示
7	快退启动	15	电磁阀4指示

重点提示：
这是操作台面板开孔图，开孔的尺寸要查样本，一般说来按钮指示灯的开孔为22.5mm，这里查样本指示灯、按钮口径为20mm，故开了20mm，为了安装方便也可适当放大0.5～1mm。捎带说明，工程尺寸均用mm标注。这里也有标牌图的设计，标牌起指示作用，方便操作者操作；标牌通常有不锈钢的和双色板的，尺寸根据实际需要，字号适中即可。

(h) 操作面板布局图

图 13-8　双面单工位液压组合机床硬件图纸

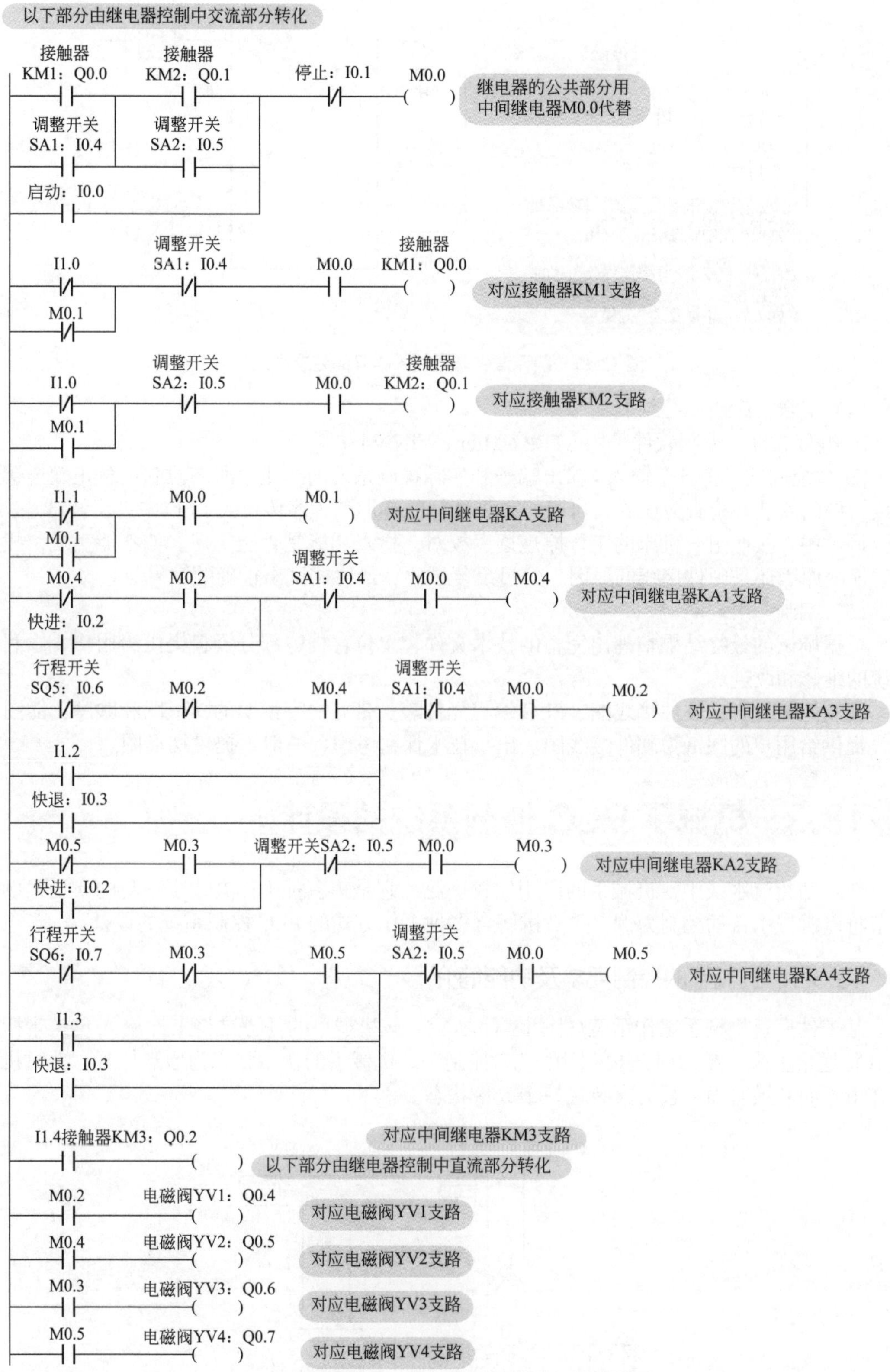

以下部分由继电器控制中交流部分转化

接触器 KM1：Q0.0
接触器 KM2：Q0.1
停止：I0.1
M0.0
继电器的公共部分用中间继电器M0.0代替
调整开关 SA1：I0.4
调整开关 SA2：I0.5
启动：I0.0

I1.0
调整开关 SA1：I0.4
M0.0
接触器 KM1：Q0.0
对应接触器KM1支路
M0.1

I1.0
调整开关 SA2：I0.5
M0.0
接触器 KM2：Q0.1
对应接触器KM2支路
M0.1

I1.1
M0.0
M0.1
对应中间继电器KA支路
M0.1

M0.4
M0.2
调整开关 SA1：I0.4
M0.0
M0.4
对应中间继电器KA1支路
快进：I0.2

行程开关 SQ5：I0.6
M0.2
M0.4
调整开关 SA1：I0.4
M0.0
M0.2
对应中间继电器KA3支路
I1.2
快退：I0.3

M0.5
M0.3
调整开关SA2：I0.5
M0.0
M0.3
对应中间继电器KA2支路
快进：I0.2

行程开关 SQ6：I0.7
M0.3
M0.5
调整开关 SA2：I0.5
M0.0
M0.5
对应中间继电器KA4支路
I1.3
快退：I0.3

I1.4接触器KM3：Q0.2
对应中间继电器KM3支路

以下部分由继电器控制中直流部分转化

M0.2
电磁阀YV1：Q0.4
对应电磁阀YV1支路

M0.4
电磁阀YV2：Q0.5
对应电磁阀YV2支路

M0.3
电磁阀YV3：Q0.6
对应电磁阀YV3支路

M0.5
电磁阀YV4：Q0.7
对应电磁阀YV4支路

图 13-9　双面单工位液压组合机床梯形图程序

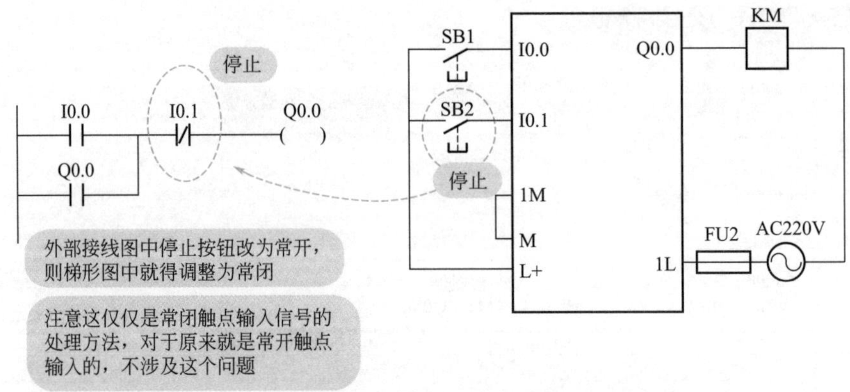

图 13-10　翻译法中常闭输入信号的处理方法

(4) 组合机床自动控制调试

① 编程软件　编程软件采用 STEP7-Micro/WIN V4.0。

② 系统调试　将各个输入 / 输出端子和实际控制系统的按钮、所需控制设备正确连接，完成硬件的安装并检查无误后，可以将事先编写的梯形图程序传送到 PLC 中进行调试。

调试中，按照组合机床的工作原理逐一校对，检查功能是否能实现。如不能实现，找出是程序的原因还是硬件接线的原因。经过反复试验，最终调试出正确的结果。

(5) 编制使用说明

根据调试的最终结果整理出完整的技术文件，单位存档，部分资料提供给用户，以利于系统的维修和改进。

编制的文件有：硬件接线图、PLC 编程元件表、带有文字说明的梯形图和顺序功能图。

提供给用户的图纸为硬件接线图。出于技术保密考虑，一般不提供梯形图。

13.3　机械手 PLC 控制系统的设计

在自动化流水线中，机械手的应用比较广泛，它是集多种工作方式于一身的典型案例。本节将以机械手自动控制为例，重点讲解含多种工作方式的 PLC 控制系统的设计。

13.3.1　机械手的控制要求及功能简介

某工件搬运机械手工作示意如图 13-11 所示。该机械手的任务是将工件从 A 传送带搬运到 B 传送带上来（A、B 传送带不用 PLC 控制）。机械手的初始状态为原点位置，此时机械手在最上面和最右面，且夹紧装置处于放松状态。

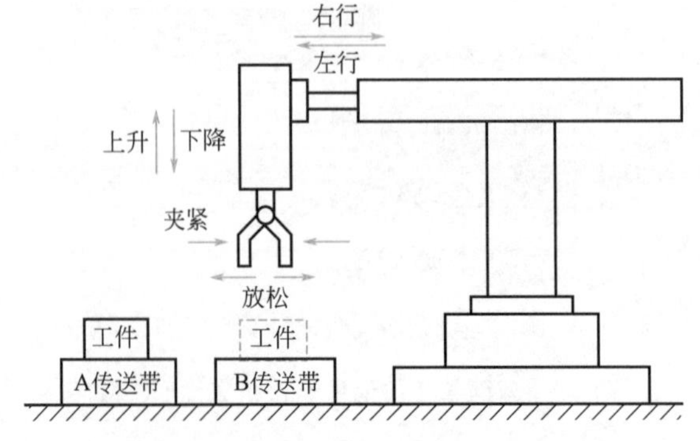

图 13-11　搬运机械手工作示意图

搬运机械手工作流程如图 13-12 所示。按下启动按钮后，从原点位置开始，机械手将执行“左行→下降→夹紧→上升→右行→下降→放松→上升”的工作流程一个周期。这些动作均由电磁阀来控制，特别地，夹紧和放松动作仅由一个电磁阀来控制，该电磁阀状态为 1 表示夹紧，否则为放松状态。左行、右行、上升、下降这些动作由限位开关来切换，夹紧、放松动作由定时器来切换，且定时时间为 1s。

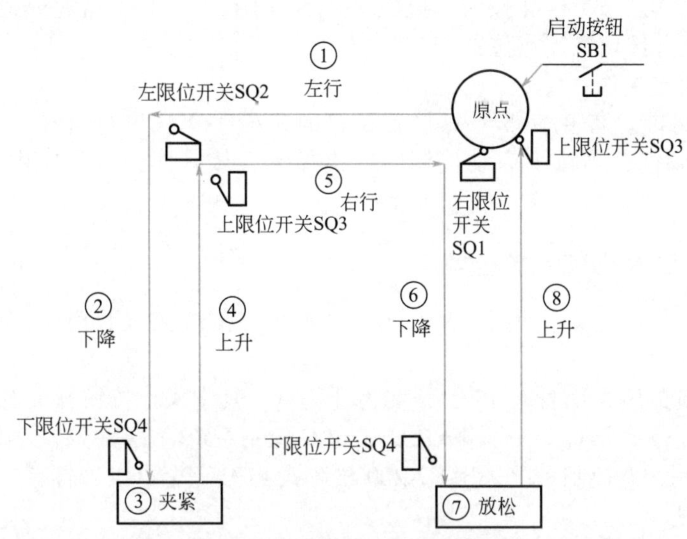

图 13-12 搬运机械手工作流程图

为了满足实际生产的需求，将机械手设有手动和自动 2 种工作模式，其中自动工作模式又包括单步、单周、连续和自动回原点 4 种方式。操作面板布置如图 13-13 所示。

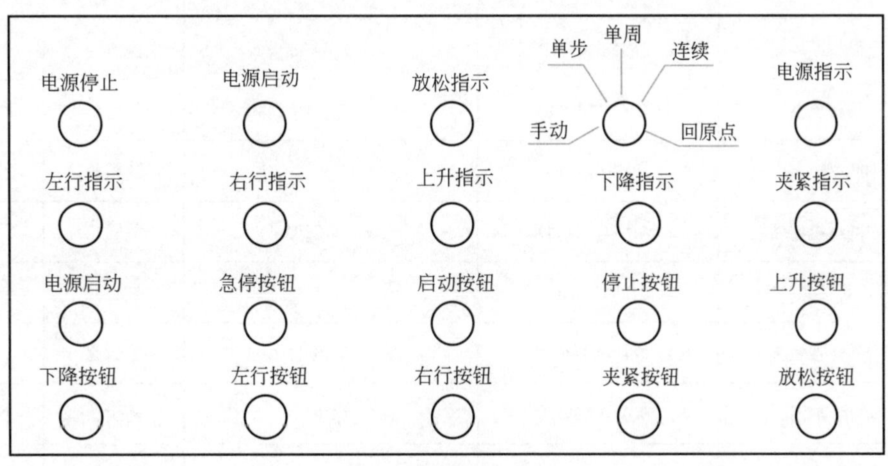

图 13-13 操作面板布置图

（1）手动工作方式

利用按钮对机械手每个动作进行单独控制。在该工作方式中，设有 6 个手动按钮，分别控制左行、右行、上升、下降、夹紧和放松。

（2）单步工作方式

从原点位置开始，每按一下启动按钮，系统跳转一步，完成该步任务后自动停止在该步，再按一下启动按钮，才开始执行下一步动作。单步工作方式常用于系统的调试和维修。

（3）单周工作方式

按下启动按钮，机械手从原点开始，按图 13-12 所示工作流程完成一个周期后，返回原点并停留在原点位置。

（4）连续工作方式

机械手在原点位置时，按下启动按钮，机械手从原点位置开始，将按图 13-12 所示工作流程周期性循环动作。按下停止按钮，机械手并不马上停止工作，待完成最后一个周期的工作后，系统才返回并停留在原点位置。

（5）自动回原点工作方式

机械手有时可能会停止在非原点位置，这时机械手无法进行自动工作，所以需对机械手的位置进行调整，当按下启动按钮时，机械手会按其回原点程序由其他位置回到原点位置。

13.3.2 PLC 及相关元件选型

机械手自动控制系统采用西门子 S7-200 整体式 PLC、CPU226CN 模块、DC 供电、DC 输入、继电器输出型。

PLC 控制系统的输入信号有 17 个，均为开关量。其中操作按钮开关有 8 个，限位开关有 4 个，选择开关有 1 个（占 5 个输入点）；PLC 控制系统输出信号有 5 个，各个动作由直流 24V 电磁阀控制；本控制系统采用 S7-200 整体式 PLC 完全可以，且有一定裕量。元件材料清单如表 13-4 所示。

表 13-4　机械手控制的元件材料清单

序号	材料名称	型号	备注	厂家	单位	数量
1	微型断路器	iC65N，C10/2P	220V，10A 二极	施耐德	个	1
2	微型断路器	iC65N，C6/1P	220V，6A 二极	施耐德	个	1
3	接触器	LC1D18MBDC	18A，线圈 DC24V	施耐德	个	1
4	中间继电器底座	PYF14A-C		欧姆龙	个	5
5	中间继电器插头	MY4N-J，24VDC	线圈 DC24V	欧姆龙	个	5
6	停止按钮底座	ZB5AZ101C		施耐德	个	2
7	停止按钮头	ZB5AA4C	红色	施耐德	个	2
8	启动按钮	XB5AA31C	绿色	施耐德	个	8
9	选择开关	XB5AD21C		施耐德	个	1
10	熔体	RT28N-32/8A		正泰	个	2
11	熔断器底座	RT28N-32/1P	一极	正泰	个	5
12	熔体	RT28N-32/2A		正泰	个	3
13	电源指示灯	XB2BVB1LC	DC24V，白色	施耐德	个	1

续表

序号	材料名称	型号	备注	厂家	单位	数量
14	电磁阀指示灯	XB2BVB3LC	DC24V，绿色	施耐德	个	5
15	直流电源	CP M SNT	500W，24V，20A	魏德米勒	个	1
16	PLC	CPU226CN	DC 电源，DC 输入，继电器输出	西门子	台	1
17	端子	UK6N	可夹 0.5~10mm^2 导线	菲尼克斯	个	4
18	端子	UKN1.5N	可夹 0.5~1.5mm^2 导线	菲尼克斯	个	18
19	端板	D-UK4/10	UK6N 端子端板	菲尼克斯	个	1
20	端板	D-UK2.5	UK1.5N 端子端板	菲尼克斯	个	1
21	固定件	E/UK	固定端子，放在端子两端	菲尼克斯	个	8
22	标记号	ZB8	标号（1~5），UK6N 端子标记条	菲尼克斯	条	1
23	标记号	ZB4	标号（1~20），UK1.5N 端子标记条	菲尼克斯	条	1
24	汇线槽	HVDR5050F	宽 × 高 =50mm×50mm	上海日成	m	5
25	导线	H07V-K，4mm^2	黑色	慷博电缆	m	3
26	导线	H07V-K，2.5mm^2	蓝色	慷博电缆	m	3
27	导线	H07V-K，1.5mm^2	红色	慷博电缆	m	5
28	导线	H07V-K，1.5mm^2	白色	慷博电缆	m	5
29	导线	H05V-K，1.0mm^2	黑色	慷博电缆	m	20
30	导线	H07V-K，4mm^2	黄绿色	慷博电缆	m	5
31	导线	H07V-K，2.5mm^2	黄绿色	慷博电缆	m	5
设计编制		总工审核	XXX			

13.3.3 硬件设计

机械手控制的 I/O 分配情况如表 13-5 所示。硬件设计的主回路、控制回路、PLC 输入输出回路、操作台开孔图纸如图 13-14 所示。操作台壳体可参考组合机床系统壳体图，这里略。

表 13-5 机械手控制 I/O 分配表

输入量				输出量	
启动按钮	I0.0	右行按钮	I1.1	左行电磁阀	Q0.0
停止按钮	I0.1	夹紧按钮	I1.2	右行电磁阀	Q0.1
左限位开关	I0.2	放松按钮	I1.3	上升电磁阀	Q0.2
右限位开关	I0.3	手动	I1.4	下降电磁阀	Q0.3
上限位开关	I0.4	单步	I1.5	夹紧 / 放松电磁阀	Q0.4
下限位开关	I0.5	单周	I1.6		
上升按钮	I0.6	连续	I1.7		
下降按钮	I0.7	回原点	I2.0		
左行按钮	I1.0				

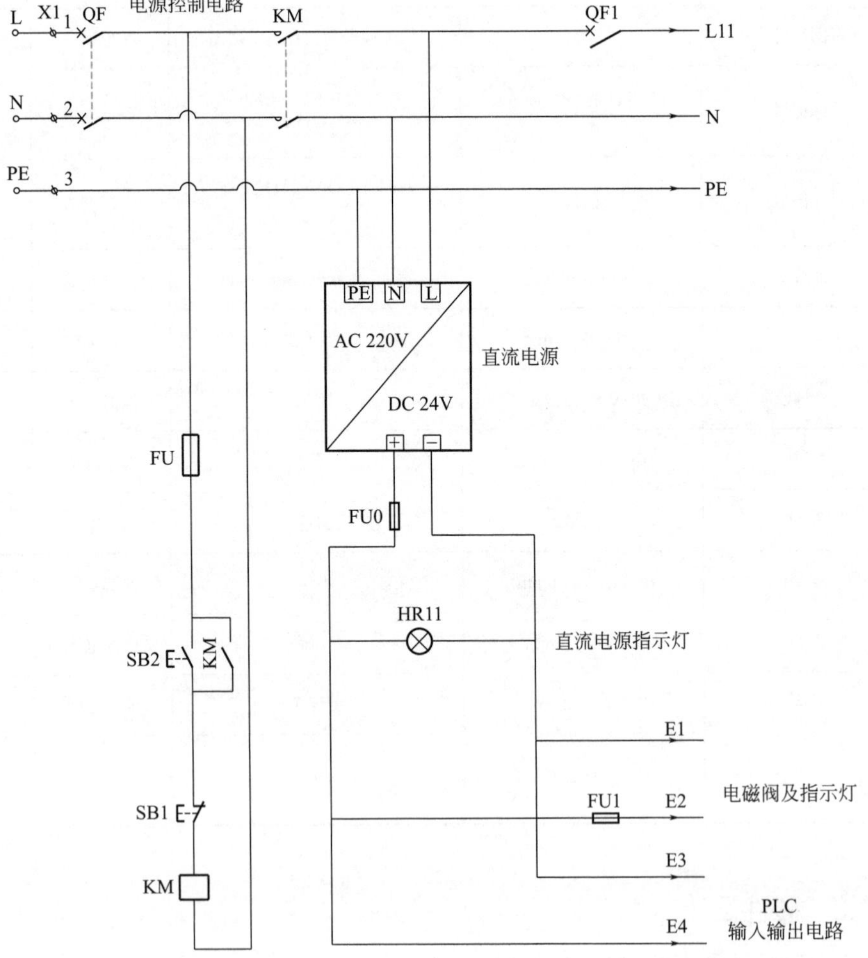

(a) 直流控制部分电路

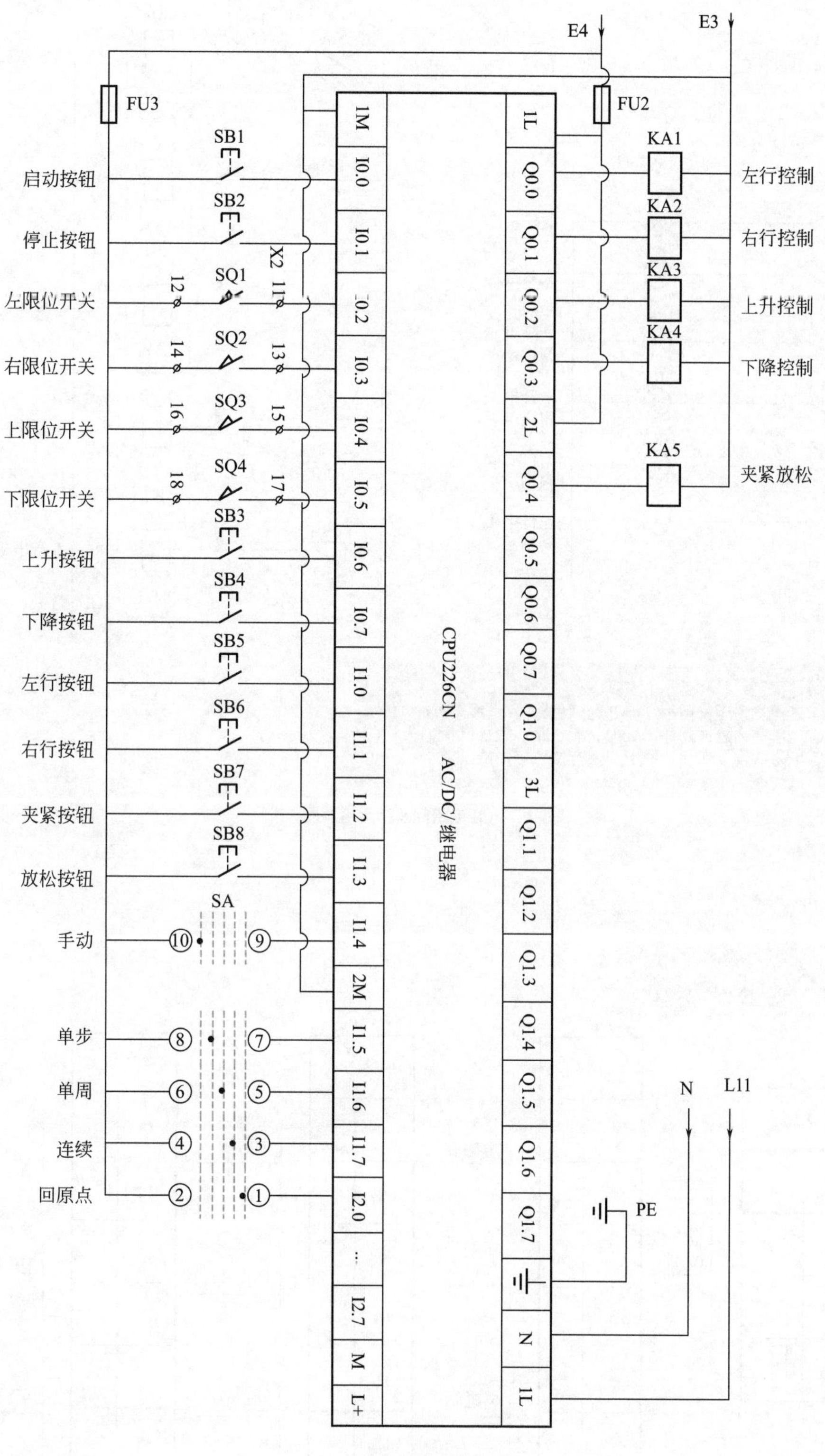

(b) 继电器接线图

图 13-14

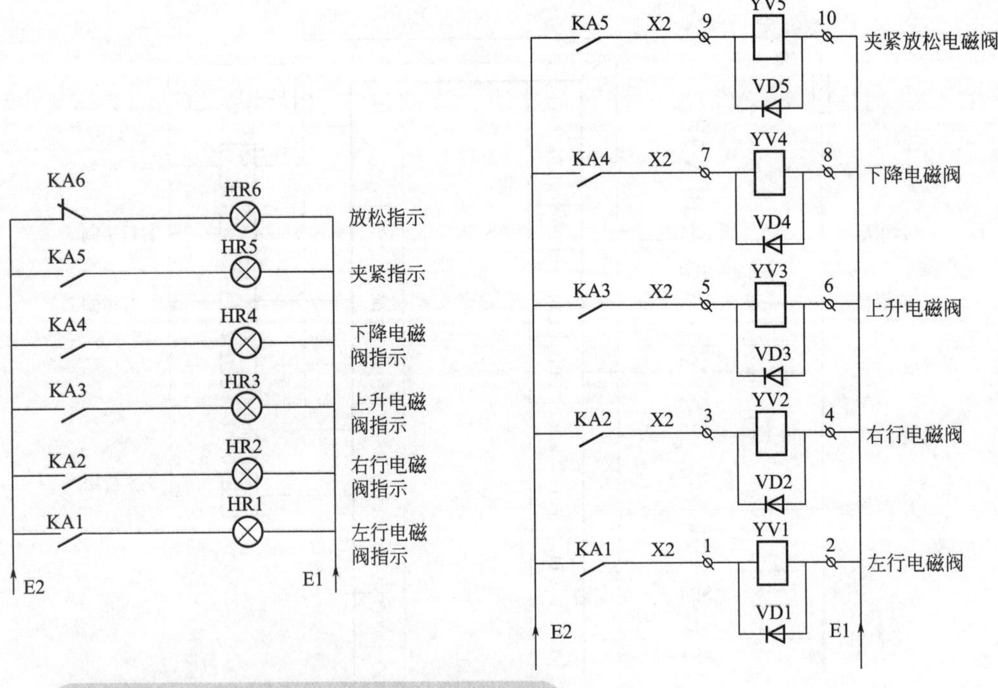

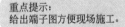

重点提示：
①这里均为运行指示灯，都选绿色即可，DC 24V；
②电磁阀为感性元件，且为直流电路，故加续流二极管；
③电磁阀现场元件，处于安装方便考虑，故加端子。

(c) 电磁阀及指示电路图

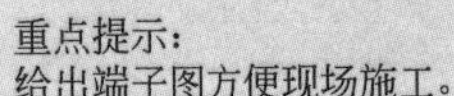

重点提示：
给出端子图方便现场施工。

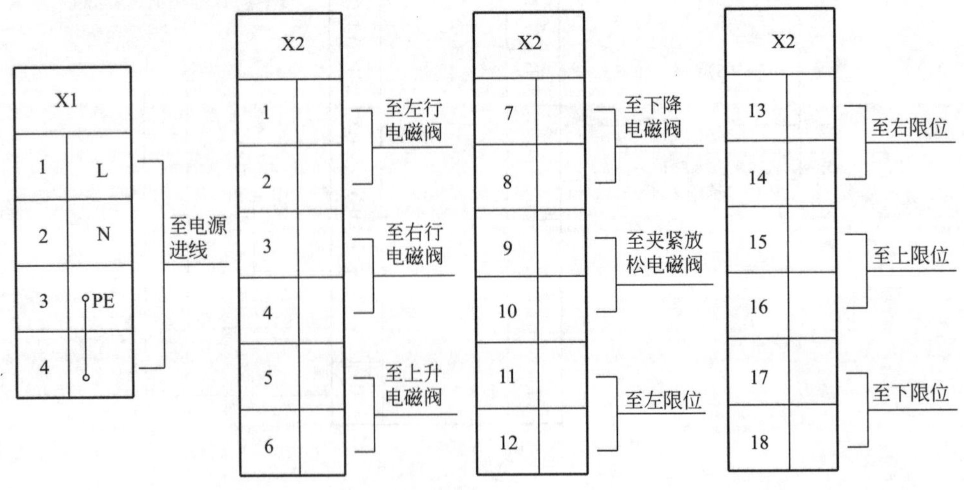

(d) 端子图

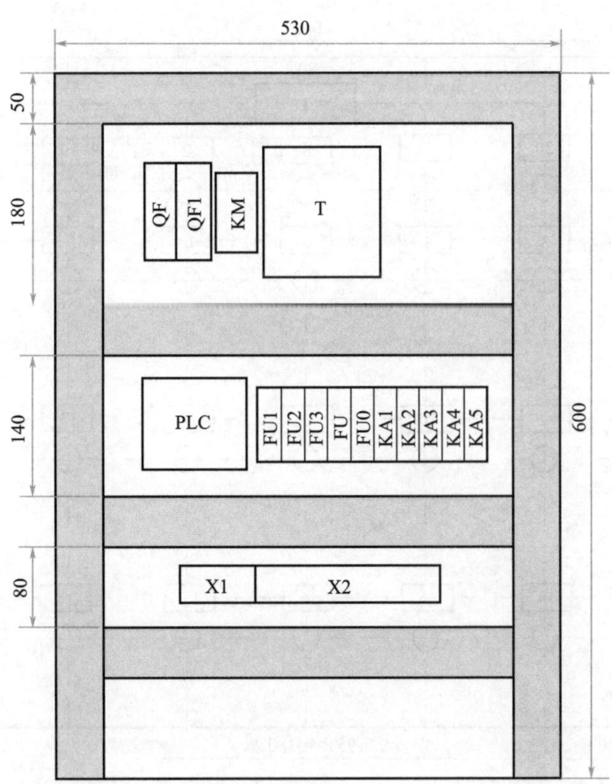

备注：线槽宽×高=50mm×50mm。

(e) 元件布置图

元件明细		
1	QF、QF1	微型断路器
2	KM	接触器
3	T	直流电源
4	FU、FU0～FU3	熔断器
5	KA1～KA6	中间继电器
6	X1、X2	端子
7	SB1～SB8	按钮
8	SQ1～SQ4	行程开关
9	HR1～HR6	指示灯
10	SA	选择开关
11	YV1～YV5	电磁阀
12	VD1～VD5	二极管

(f) 元件明细表

图 13-14

重点提示：
给出元件明细表，为现场操作人员提供方便。在工程中，有些设计给出来的文字符号不通用，因此编写元件明细表加以说明是必要的。

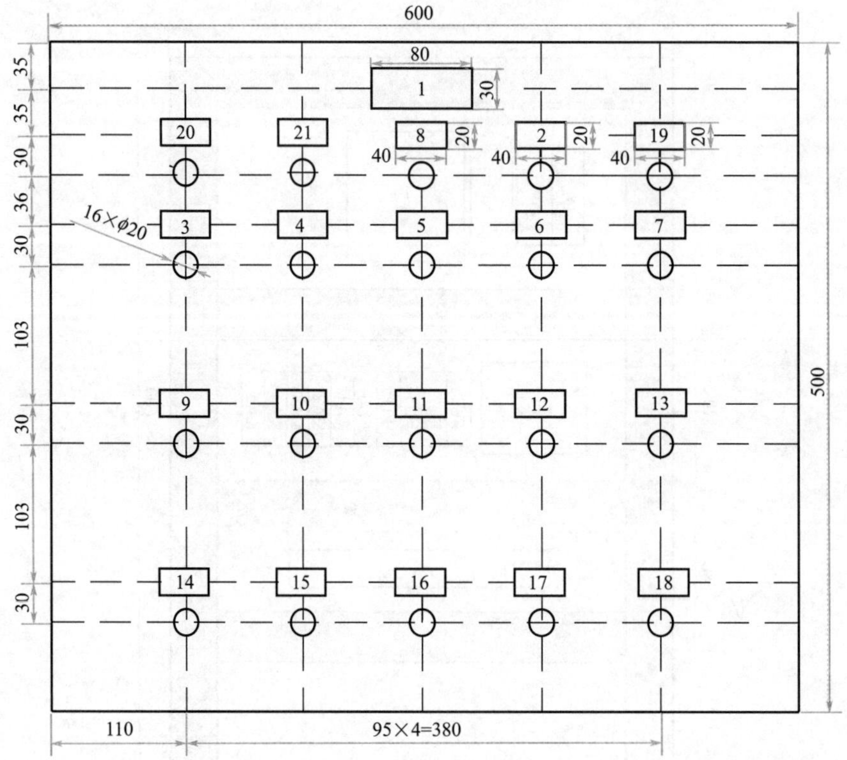

序号	标牌内容	序号	标牌内容
1	机械手控制系统	12	停止按钮
2	选择开关	13	上升按钮
3	左行指示	14	下降按钮
4	右行指示	15	左行按钮
5	上升指示	16	右行按钮
6	下降指示	17	夹紧按钮
7	夹紧指示	18	放松按钮
8	放松指示	19	电源指示
9	电源启动	20	电源停止按钮
10	急停按钮	21	电源启动按钮
11	启动按钮		

备注：大标牌尺寸$L \times W$=80mm×30mm，小标牌尺寸$L \times W$=40mm×20mm。材料为双色板，字体为宋体，字号适中，蓝底白字。

(g) 操作面板布局图

图 13-14　机械手控制硬件图纸

13.3.4 程序设计

主程序如图 13-15 所示，当对应条件满足时，系统将执行相应的子程序。子程序主要包括 4 大部分，分别为公共程序、手动程序、自动程序和回原点程序。

（1）公共程序

公用程序如图 13-16 所示。公共程序用于处理各种工作方式都需要执行的任务以及不同工作方式之间的互相切换。公共程序的编写通常要考虑 5 个部分：原点条件、初始状态、复位非初始步、复位回原点步和复位连续标志位。

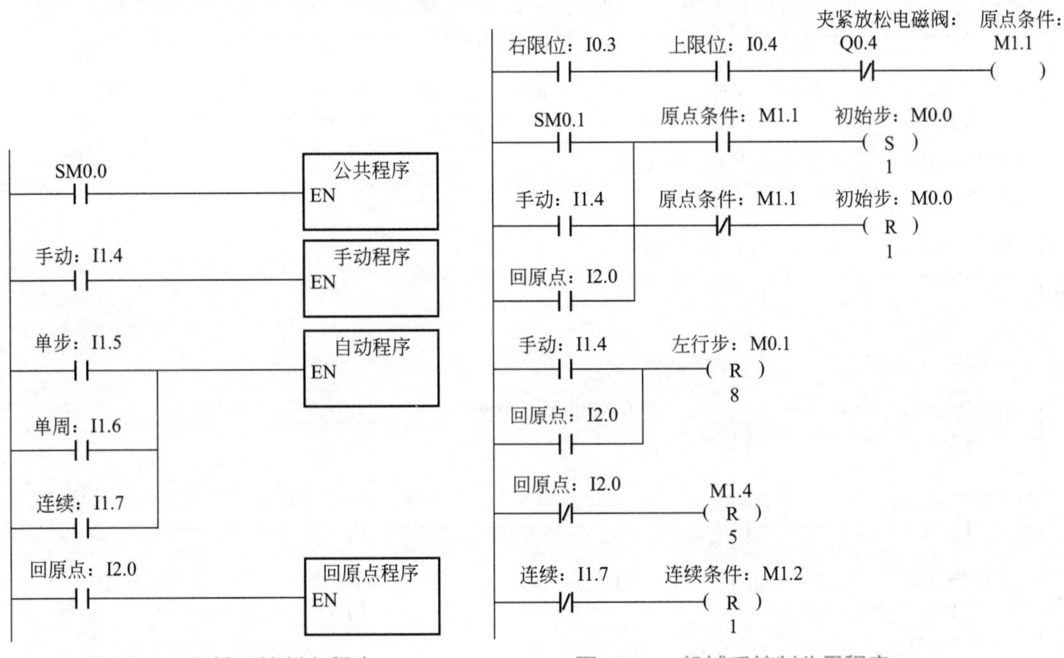

图 13-15 机械手控制主程序　　　图 13-16 机械手控制公用程序

机械手处于最上面和最右面且夹紧装置放松时为原点状态，因此原点条件由上限位 I0.4 的常开触点、右限位 I0.3 的常开触点和表示机械手放松的 Q0.4 常闭触点的串联电路组成，当串联电路接通时，辅助继电器 M1.1 变为 ON。

机械手在原点位置，系统处于手动、回原点或初始化状态时，初始步 M0.0 都会被置位，此时为执行自动程序做好准备；若此时 M1.1 为 OFF，则 M0.0 会被复位，初始步变为不活动步，即使此时按下启动按钮，自动程序也不会转换到下一步，因此禁止了自动工作方式的运行。

当手动、自动、回原点 3 种工作方式相互切换时，自动程序可能会有两步被同时激活，为了防止误动作，在手动或回原点状态下，辅助继电器 M0.1 ～ M1.0 要被复位。

在非回原点工作方式下，I2.0 常闭触点闭合，辅助继电器 M1.4 ～ M2.0 被复位。

在非连续工作方式下，I1.7 常闭触点闭合，辅助继电器 M1.2 被复位，系统不能执行连续程序。

（2）手动程序

手动程序如图 13-17 所示。当按下左行启动按钮（I1.0 常开触点闭合），且上限位开关被压合（I0.4 常开触点闭合）时，机械手左行；当碰到左限位开关时，常闭触点 I0.2 断开，Q0.0 线圈失电，左行停止。

当按下右行启动按钮（I1.1 常开触点闭合），且上限位开关被压合（I0.4 常开触点闭合）时，机械手右行；当碰到右限位开关时，常闭触点 I0.3 断开，Q0.1 线圈失电，右行停止。

按下夹紧按钮，I1.2 变为 ON，线圈 Q0.4 被置位，机械手夹紧。

按下放松按钮，I1.3 变为 ON，线圈 Q0.4 被复位，机械手放松。

当按下上升启动按钮（I0.6 常开触点闭合），且左限位开关或右限位开关被压合（I0.2 或 I0.3 常开触点闭合）时，机械手上升；当碰到上限位开关时，常闭触点 I0.4 断开，Q0.2 线圈失电，上升停止。

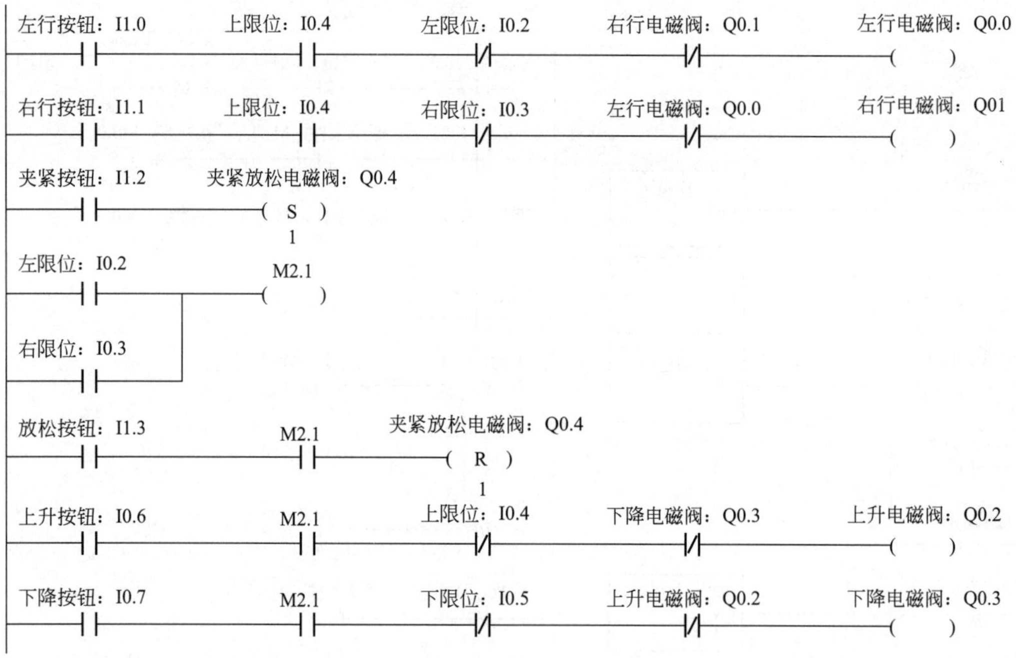

图 13-17 机械手控制手动程序

当按下下降启动按钮（I0.7 常开触点闭合），且左限位开关或右限位开关被压合（I0.2 或 I0.3 常开触点闭合）时，机械手下降；当碰到下限位开关时，常闭触点 I0.5 断开，Q0.3 线圈失电，下降停止。

在手动程序编写时，需要注意以下几个方面：

① 为了防止方向相反的两个动作同时被执行，手动程序设置了必要的互锁；

② 为了防止机械手在最低位置与其他物体碰撞，在左右行电路中串联上限位常开触点加以限制；

③ 只有在最左端或最右端机械手才允许上升、下降和放松，因此设置了中间环节加以限制。

（3）自动程序

图 13-18 为机械手控制自动程序顺序功能图。根据工作流程的要求，显然一个工作周期有“左行→下降→夹紧→上升→右行→下降→放松→上升”这 8 步，再加上初始步共 9 步（从 M0.0 到 M1.0）；在 M1.0 后应设置分支，考虑到单周和连续的工作方式，将一条分支转换到初始步，另一条分支转换到 M0.1 步。需要说明的是，在画分支的有向连线时一定要画在原转换之下，即要标在 M1.1（SM0.1+I1.4+I2.0）的转换和 I0.0 • M1.1 的转换之下，这是绘制顺序功能图时要注意的。

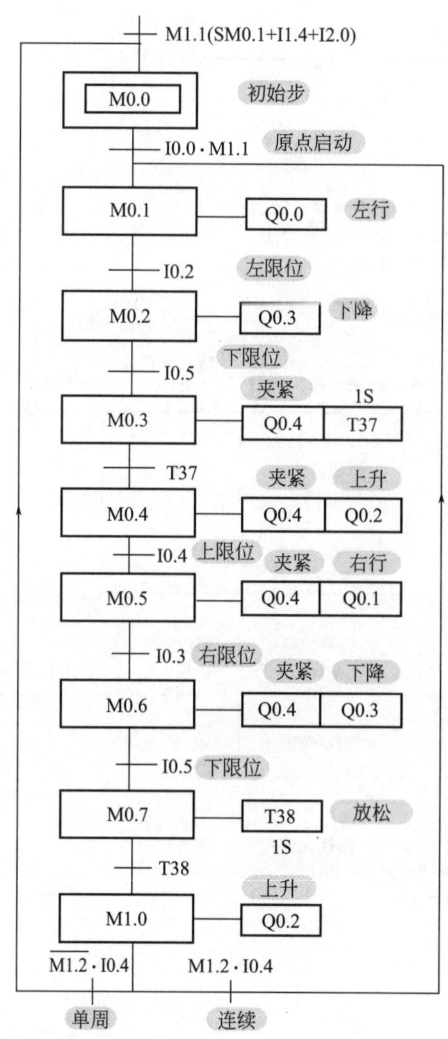

图 13-18　机械手控制自动程序顺序功能图

机械手控自动程序如图 13-19 所示。设计自动程序时，采用启保停电路编程法，其中 M0.0 ～ M1.0 为中间编程元件，连续、单周、单步 3 种工作方式用连续标志 M1.2 和转换允许标志 M1.3 加以区别。

在连续工作方式下，常开触点 I1.7 闭合，此时处于非单步状态，常闭触点 I1.5 为 ON，线圈 M1.3 接通，允许转换；若原点条件满足，则在初始步为活动步时，按下启动按钮 I0.0，线圈 M0.1 得电并自锁，程序进入左行步，线圈 Q0.0 接通，机械手左行；当碰到左限位开关 I0.2 时，程序转换到下降步 M0.2，左行步 M0.1 停止，线圈 Q0.3 接通，机械手下降；当碰到下限位开关 I0.5 时，程序转换到夹紧步 M0.3，下降步 M0.2 停止；以此类推，以后系统就这样一步一步地工作下去。需要指出的是，当机械手在步 M1.0 返回时，上限位 I0.4 状态为 1，因为先前连续标志位 M1.2 状态为 1，所以转换条件 M1.2 • I0.4 满足，系统将返回到 M0.1 步，反复连续地工作下去。

单周工作方式与连续工作方式原理相似，不同之处在于：在单周工作方式下，连续标志条件不满足（即线圈 M1.2 不得电），当程序执行到上升步 M1.0 时，满足的转换条件为 $\overline{M1.2}$ • I0.4，因此系统将返回到初始步 M0.0，机械手停止运动。

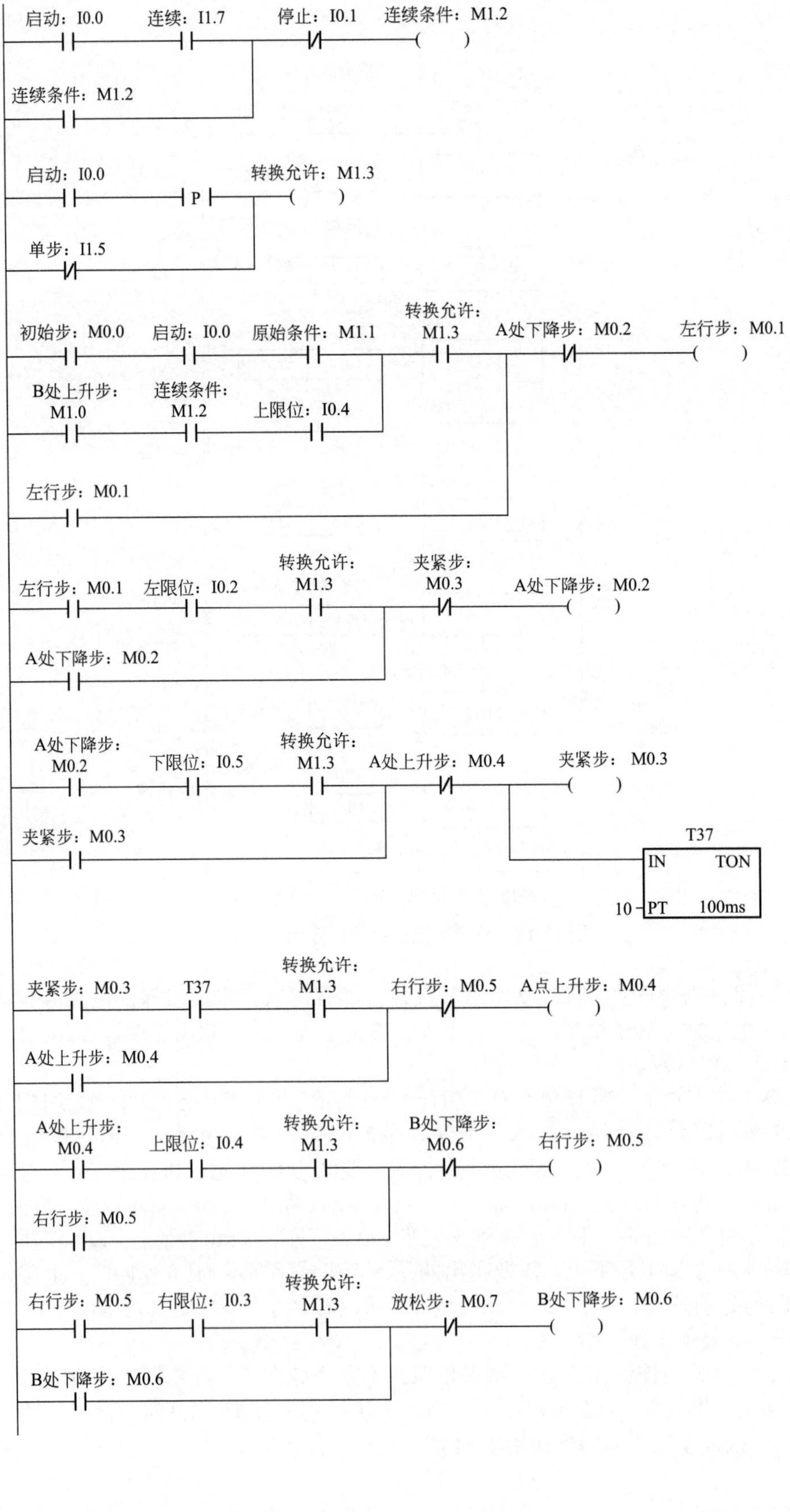

启动：I0.0
连续：I1.7
停止：I0.1
连续条件：M1.2
连续条件：M1.2

启动：I0.0
P
转换允许：M1.3
单步：I1.5

初始步：M0.0
启动：I0.0
原始条件：M1.1
转换允许：M1.3
A处下降步：M0.2
左行步：M0.1
B处上升步：M1.0
连续条件：M1.2
上限位：I0.4
左行步：M0.1

左行步：M0.1
左限位：I0.2
转换允许：M1.3
夹紧步：M0.3
A处下降步：M0.2
A处下降步：M0.2

A处下降步：M0.2
下限位：I0.5
转换允许：M1.3
A处上升步：M0.4
夹紧步：M0.3
夹紧步：M0.3
T37
IN TON
10 PT 100ms

夹紧步：M0.3
T37
转换允许：M1.3
右行步：M0.5
A点上升步：M0.4
A处上升步：M0.4

A处上升步：M0.4
上限位：I0.4
转换允许：M1.3
B处下降步：M0.6
右行步：M0.5
右行步：M0.5

右行步：M0.5
右限位：I0.3
转换允许：M1.3
放松步：M0.7
B处下降步：M0.6
B处下降步：M0.6

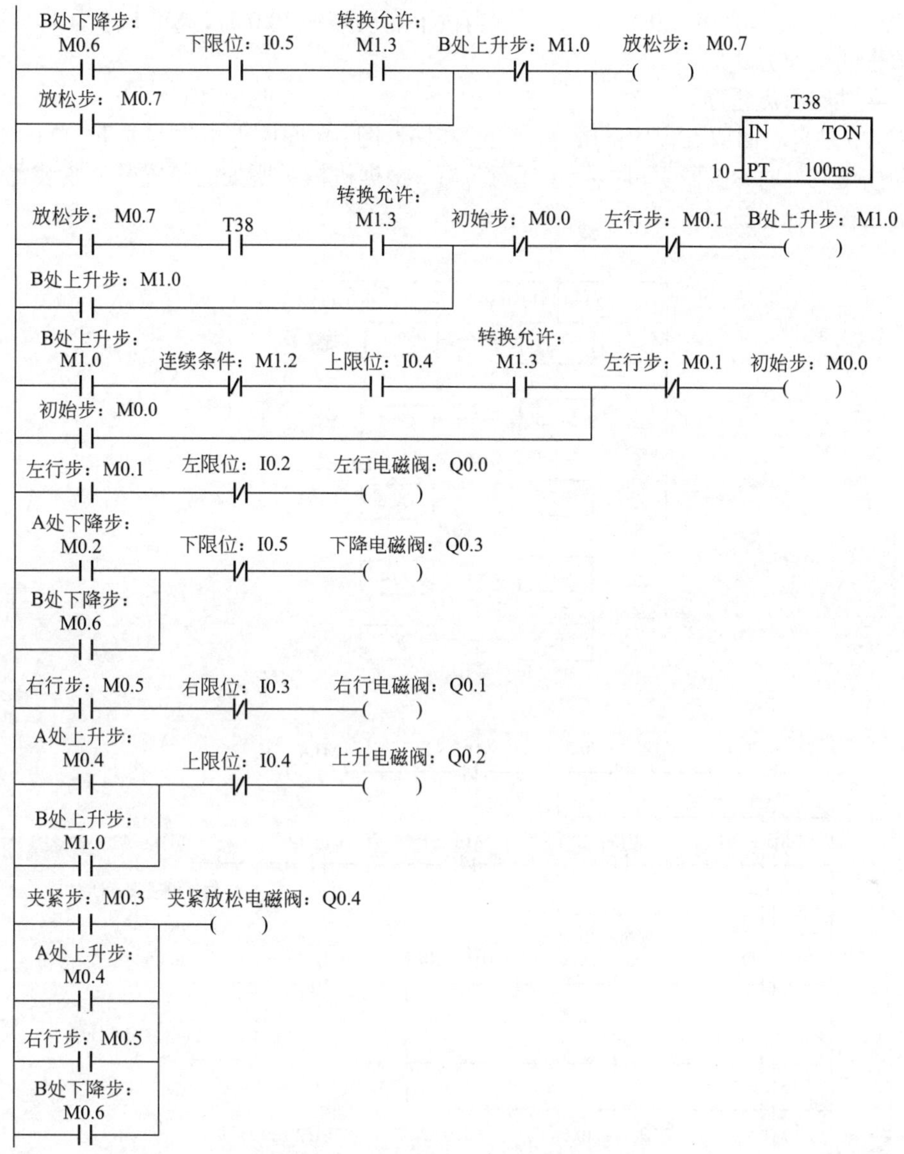

图 13-19 机械手控制自动程序

在单步工作方式下，常闭触点 I1.5 断开，辅助继电器 M1.3 变为 OFF，不允许步与步之间的转换。当原点条件满足，且初始步为活动步时，按下启动按钮 I0.0，线圈 M0.1 得电并自锁，程序进入左行步；松开启动按钮 I0.0，辅助继电器 M1.3 马上失电。在左行步，线圈 Q0.0 得电，当左限位压合时，与线圈 Q0.0 串联的 I0.2 的常闭触点断开，线圈 Q0.0 失电，机械手停止左行。I0.2 常开触点闭合后，如不按下启动按钮 I0.0，则辅助继电器 M1.3 状态为 0，程序不会跳转到下一步，直至按下启动按钮，程序方可跳转到下降步；此后在某步完成后必须按启动按钮一次，系统才能转换到下一步。

需要指出的是，M0.0 的启保停电路放在 M0.1 启保停电路之后的目的是：防止在单步方式下程序连续跳转两步。若不如此，则当步 M1.0 为活动步时，按下启动按钮 I0.0，M0.0 步与 M0.1 步同时被激活，这不符合单步的工作方式；此外转换允许步中，启动按钮 I0.0 用上升沿的目的是：使 M1.3 仅 ON 一个扫描周期，它使 M0.0 接通后，下一扫描周期处理 M0.1 时，

M1.3 已经为 0，故不会使 M0.1 为 1，只有当按下启动按钮 I0.0 时，M0.1 才为 1。这样处理才符合单步的工作方式。

（4）自动回原点程序

图 13-20 是自动回原点程序的顺序功能图和梯形图。在回原点工作方式下，I2.0 状态为 1。按下启动按钮 I0.0 时，机械手可能处于任意位置，根据机械手所处的位置及夹紧装置的状态，可分以下几种情况讨论。

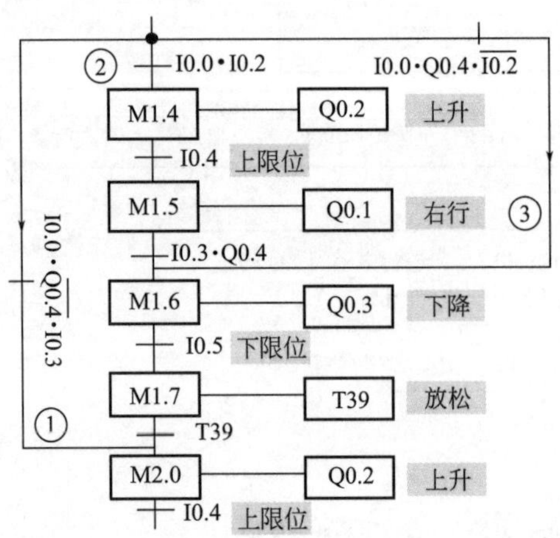

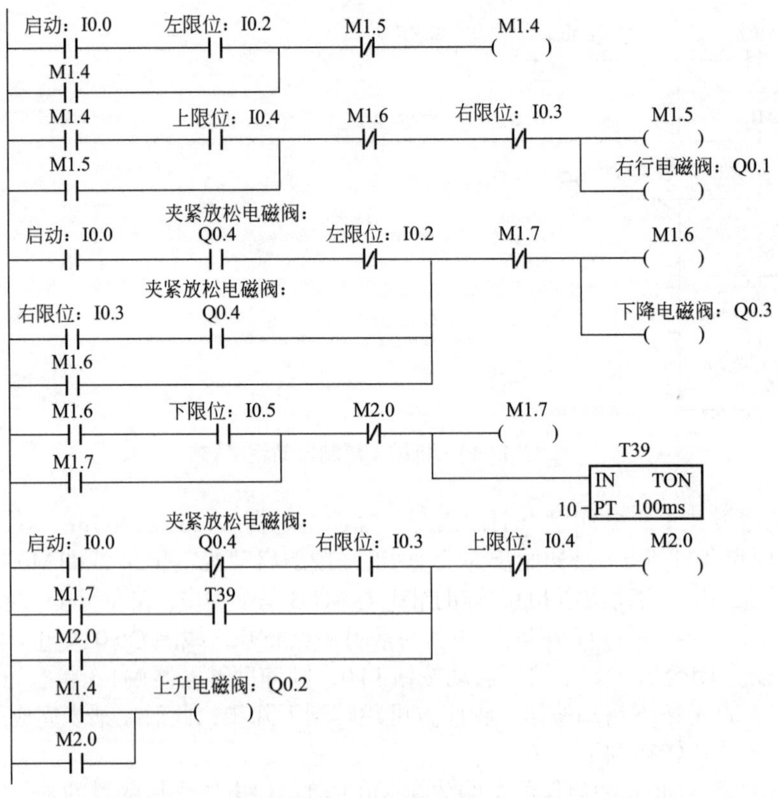

图 13-20 机械手自动回原点程序的顺序功能图和梯形图

① 夹紧装置放松且机械手在最右端　因为夹紧装置处于放松状态且在最右端，所以直接上升返回原点位置即可。对应的程序为：按下启动按钮 I0.0，条件 I0.0 • $\overline{\text{Q0.4}}$ • I0.3 满足，

M2.0 步接通。

② 机械手在最左端　机械手在最左端，夹紧装置可能处于放松状态也可能处于夹紧状态。当处于夹紧状态时，按下启动按钮 I0.0，条件 I0.0 • I0.2 满足，因此依次执行 M1.4 ～ M2.0 步程序，直至返回原点；当处于放松状态时，按下启动按钮 I0.0，只执行 M1.4 ～ M1.5 步程序，下降步 M1.6 以后不会执行，原因在于下降步 M1.6 的激活条件 I0.3 • Q0.4 不满足，并且当机械手碰到右限位 I0.3 时，M1.5 步停止。

③ 夹紧装置夹紧且不在最左端　按下启动按钮 I0.0，条件 I0.0 • Q0.4 • $\overline{\text{I0.2}}$ 满足，因此依次执行 M1.6 ～ M2.0 步程序，直至回到原点。

13.3.5　机械手自动控制调试

（1）编程软件

编程软件采用 STEP7-Micro/WIN V4.0。

（2）系统调试

将各个输入 / 输出端子和实际控制系统的按钮、所需控制设备正确连接，完成硬件的安装并检查无误后，可以将事先编写的梯形图程序传送到 PLC 中进行调试。

调试中，按照组合机床的工作原理逐一校对，检查功能是否能实现。如不能实现，找出是程序的原因还是硬件接线的原因。经过反复试验，最终调试出正确的结果。表 13-6 是机械手自动控制调试记录表可根据调试结果填写。

表 13-6　机械手自动控制调试记录表

输入量	输入现象	输出量	输出现象
启动按钮		左行电磁阀	
停止按钮		右行电磁阀	
左限位开关		上升电磁阀	
右限位开关		下降电磁阀	
上限位开关		夹紧 / 放松电磁阀	
下限位开关			
上升按钮			
上升按钮			
左行按钮			
右行按钮			
夹紧按钮			
放松按钮			
手动			
单步			
单周			
连续			
回原点			

13.3.6 编制控制系统使用说明

根据调试的最终结果整理出完整的技术文件，单位存档，部分资料提供给用户，以利于系统的维修和改进。

编制的文件有：硬件接线图、PLC 编程元件表、带有文字说明的梯形图和顺序功能图。

提供给用户的图纸为硬件接线图。处于技术保密考虑，一般不提供梯形图。

13.4 两种液体混合控制系统的设计

实际工程中，不单纯是一种量的控制（这里的量指的是开关量、模拟量等），很多时候是多种量的相互配合。两种液体混合控制就是开关量和模拟量配合控制的典型案例。本节将以两种液体混合控制为例，重点讲解含有多个量控制的 PLC 控制系统的设计。

13.4.1 两种液体控制系统的控制要求

图 13-21 为两种液体混合控制系统示意图。具体控制要求如下。

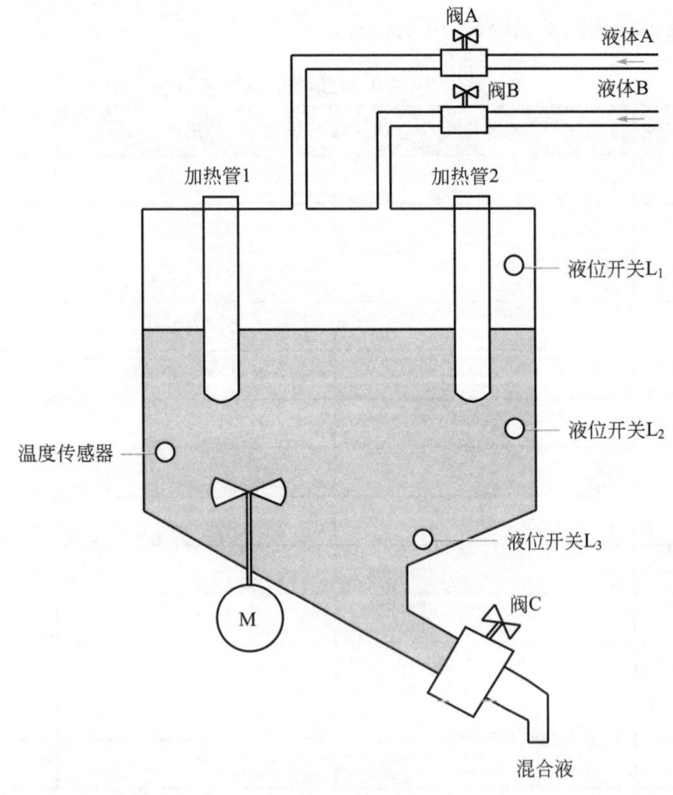

图 13-21 两种液体混合控制系统示意图

（1）初始状态

容器为空，阀 A ～阀 C 均为 OFF，液位开关 L1、L2、L3 均为 OFF，搅拌电动机 M 为 OFF，加热管不加热。

（2）启动运行

按下启动按钮后，打开阀 A，注入液体 A；当液面到达 L2（L2=ON）时，关闭阀 A，打开阀 B，注入 B 液体；当液面到达 L1（L1=ON）时，关闭阀 B，同时搅拌电动机 M 开始运行搅拌液体，30s 后电动机停止搅拌；接下来，2 个加热管开始加热，当温度传感器检测到液体的温度为 75℃时，加热管停止加热；阀 C 打开放出混合液体；当液面降至 L3 以下（L1=L2=L3=OFF）时，再过 10s 后，容器放空，阀 C 关闭。

（3）停止运行

按下停止按钮，系统完成当前工作周期后停在初始状态。

13.4.2 PLC 及相关元件选型

两种液体混合控制系统采用西门子 S7-200PLC、CPU224XP、AC 供电、DC 输入、继电器输出型。

输入信号有 10 个，其中 9 个为开关量，1 个为模拟量。9 个开关量输入，其中 3 个由操作按钮提供，3 个由液位开关提供，最后 3 个由选择开关提供。输出信号有 5 个，其中 3 个动作由直流电磁阀控制，2 个由接触器控制。本控制系统采用西门子 CPU224XP 完全可以，输入输出点都有裕量。

由于各个元器件由用户提供，因此这里只给选型参数不给具体料单。

13.4.3 硬件设计

两种液体混合控制的 I/O 分配情况如表 13-7 所示，硬件设计的主回路、控制回路、PLC 输入输出回路及开孔图纸如图 13-22 所示。

表 13-7 两种液体混合控制 I/O 分配表

输入量		输出量	
启动按钮	I0.0	电磁阀 A 控制	Q0.0
上限位开关 L1	I0.1	电磁阀 B 控制	Q0.1
中限位开关 L2	I0.2	电磁阀 C 控制	Q0.2
下限位开关 L2	I0.3	搅拌控制	Q0.4
停止按钮	I0.4	加热控制	Q0.5
手动选择开关	I0.5	报警控制	Q0.6
单周选择开关	I0.6		
连续选择开关	I0.7		
阀 C 按钮	I1.2		

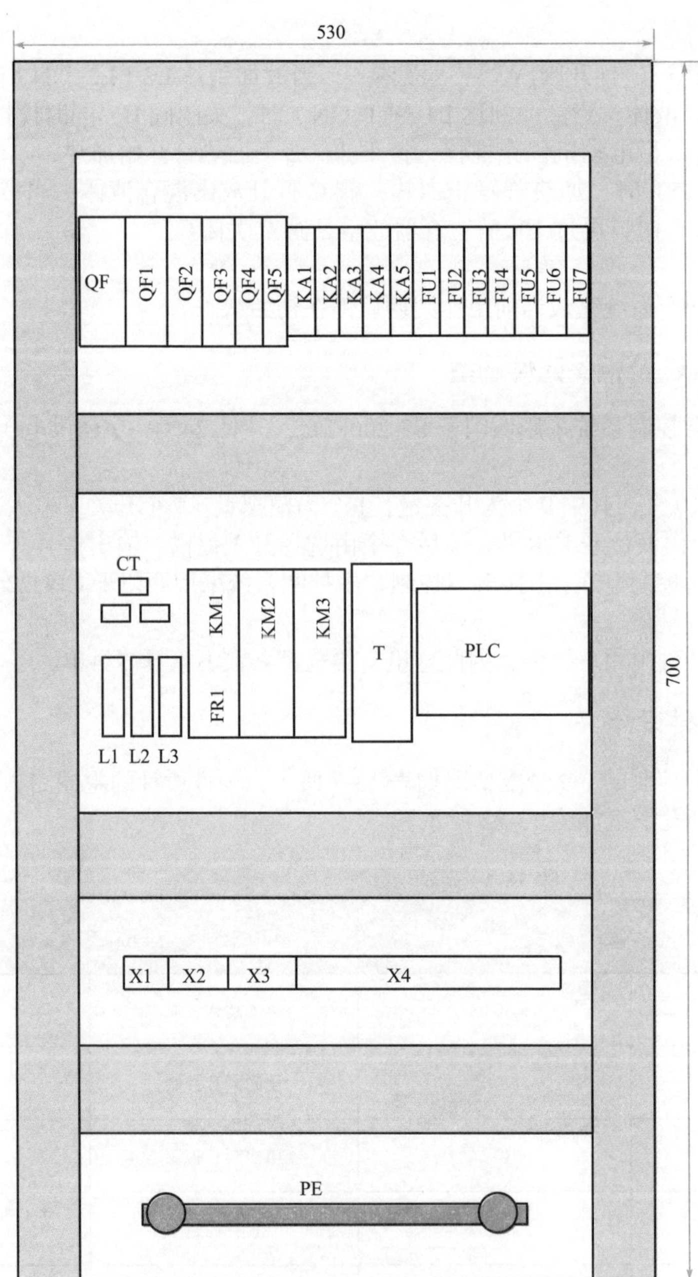

重点提示：

画元件布置图时，尽量按元件的实际尺寸去画，这样可以直接指导生产，如果是示意图，现场还需重新排布元件。报方案时往往元件没有采购，可以参考厂家样本，查出元件的实际尺寸。

(a) 元件布置图

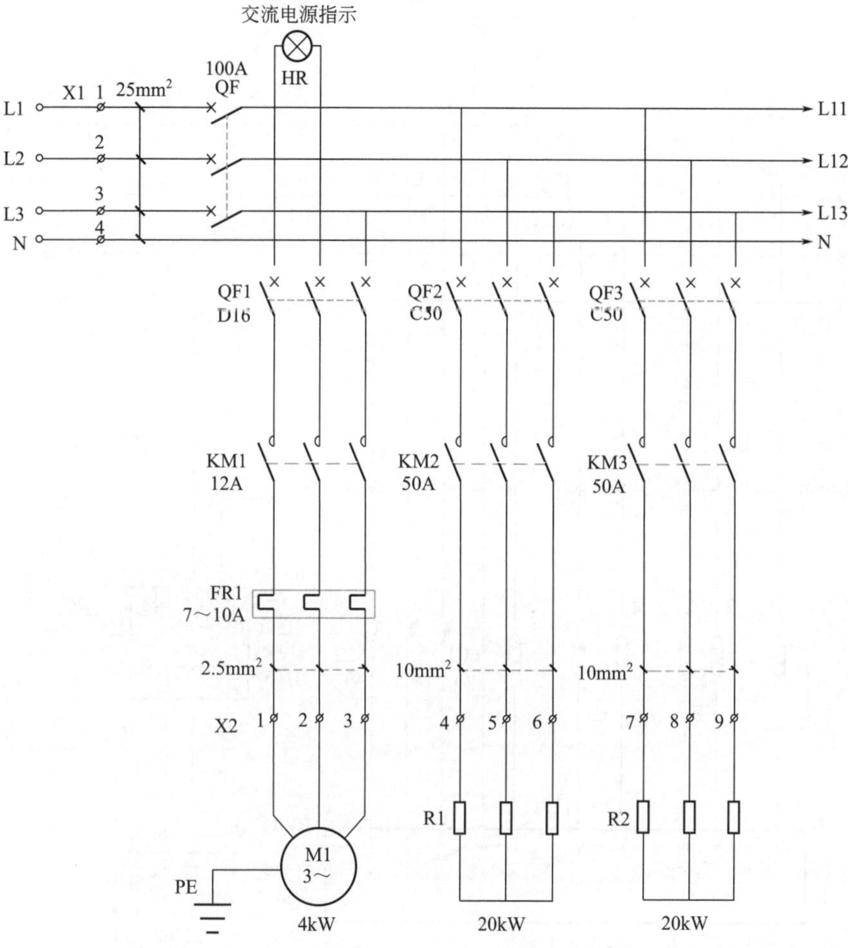

重点提示：

①电动机额定电流：4×2=8(A)。加热管额定电流：20×2=40(A)。

②电动机主电路。空开：由于是电动机控制，因此选D型，空开额定电流>负载电流(8A)，此处选16A。接触器：主触点额定电流>负载电流(8A)，这里选12A，线圈220V交流。
热继电器：额定电流应为负载电流的1.05倍，即1.05×8=8.4(A)，故8.4A应落在热继旋钮调节范围之间，这里选7～10A，两边调节都有余地。

③加热管主电路。空开：由于是加热类控制，因此选C型，空开额定电流>负载电流(40A)，此处选50A。接触器：主触点额定电流>负载电流(40A)，这里选50A，线圈220V交流。

④总开电流>40+40+8(A)=88A，这里选100A塑壳开关。

⑤主进线选择25mm²电缆，往3个支路分线时，这里为了节省空间，故用分线器；也可考虑用铜排，但占用空间较大。铜排的载流量=横截面积×3(经验公式)，如15×3的铜排载流量=15×3×3=135(A)，这只是个经验，算得比较保守，系数与铜排质量有关；精确值可查相关选型样本。导线载流量，可按1mm²载流5A计算，同样，想知道更精确的值可查相关样本。

(b) 电气原理图(一)

图 13-22

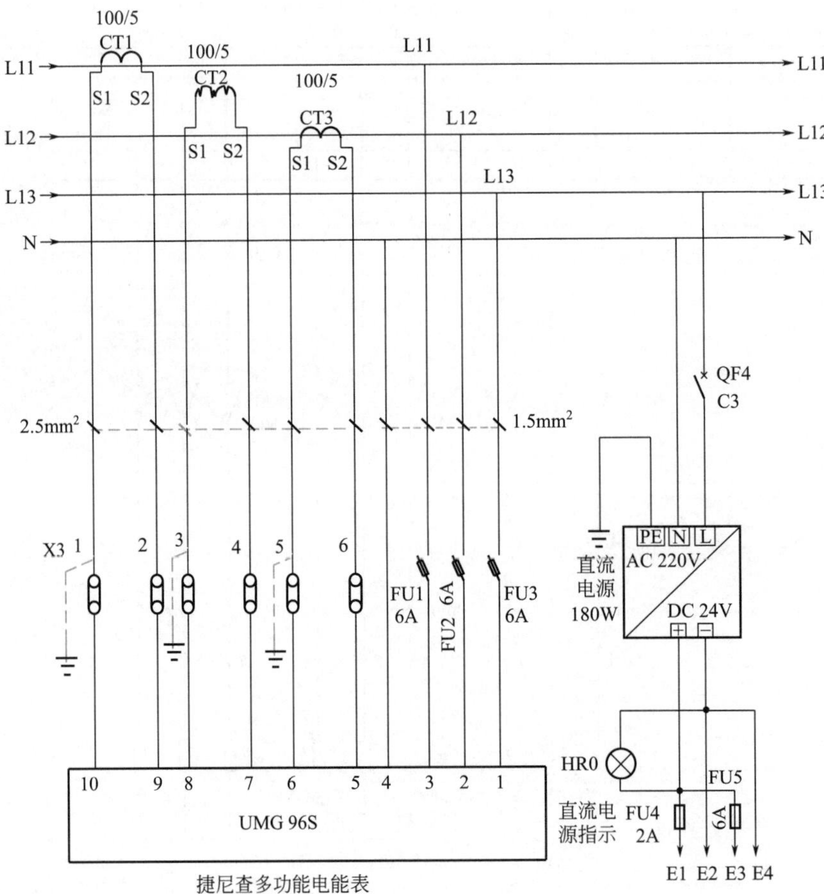

捷尼查多功能电能表

重点提示：

①UMG 96S是一块德国捷尼查公司生产的多功能仪表，可测量电压、电路、功率和电能等。

②电流互感器变比计算：主进线电流通过上面的计算为88A，那么电流互感器一次侧电流承载能力>88A，经查样本恰好有100A的型号，二次侧电流为固定值5A，因此电流互感器变比为100/5；此外还需考虑安装方式和进线方式。

③电流互感器禁止开路，为了更换仪表方便，通常设有电流测试端子；为了防止由于绝缘击穿，对仪表和人身安全造成威胁，一定可靠接地。接地一般设在测试端子的上端，好处在于下端拆卸仪表时，电流互感器瞬间也在接地；拆卸仪表时，用专用短路片将测试端子短接。

④查样本，UMG 96S的熔断器应选5～10A，这里选择6A。

⑤直流电源：直流电源负载端主要给电磁阀供电，电磁阀工作电流1.5×3=4.5(A)，考虑另外还有中间继电器线圈和指示灯，故适当放大，那么负载端电流也不会超出5.5A(中间继电器线圈工作电流为几十毫安，指示灯为几毫安)，故直流电源容量>24V×5.5A=132W，经查样本，有180W，且有裕量。那么进线电流=180/220A=0.8A，故进线选C3完全够用。

(c) 电气原理图(二)

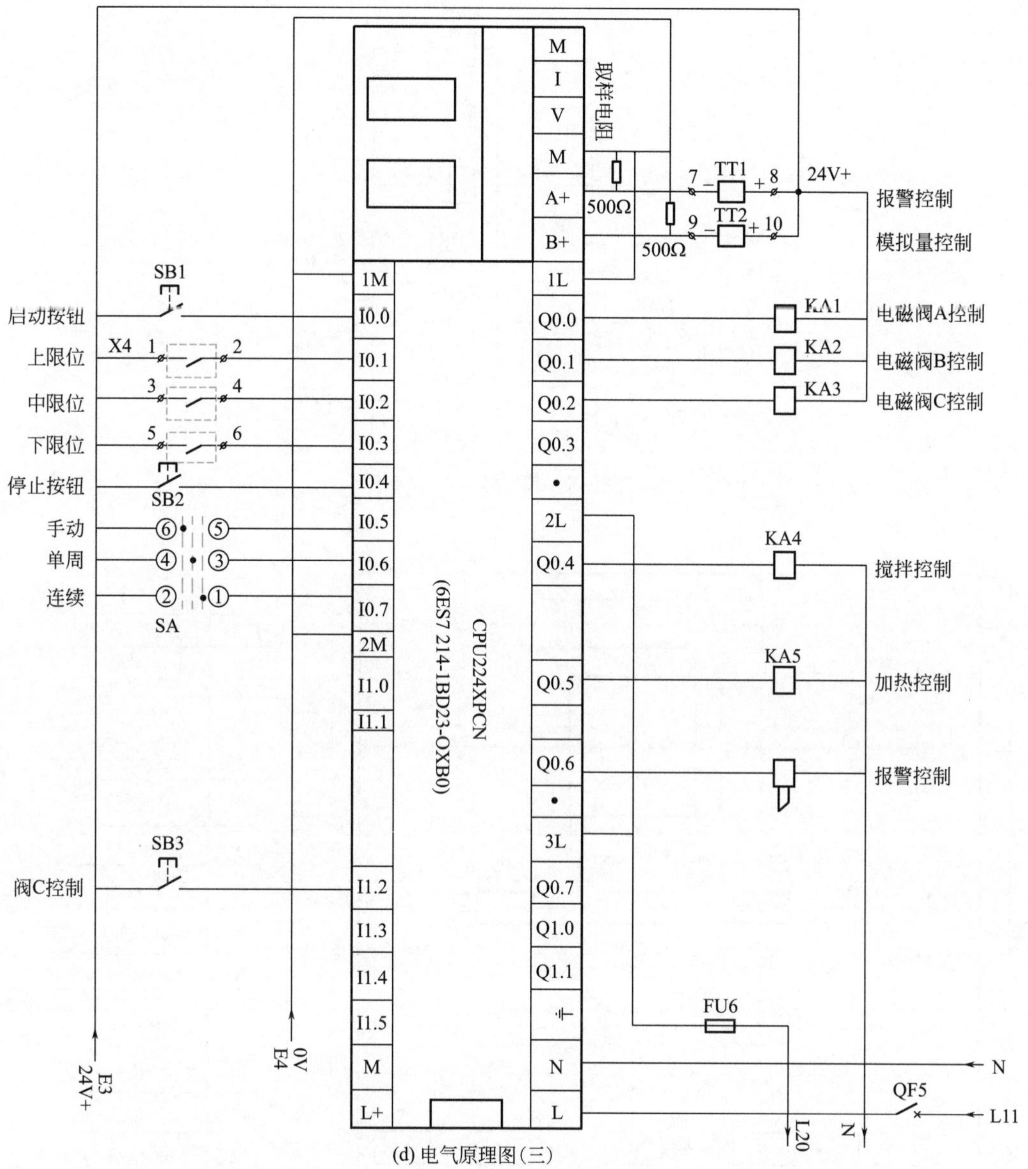

(d) 电气原理图(三)

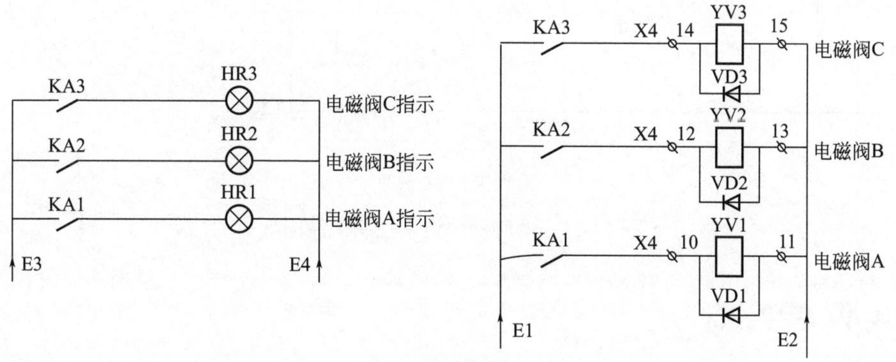

(e) 电气原理图(四)

图 13-22

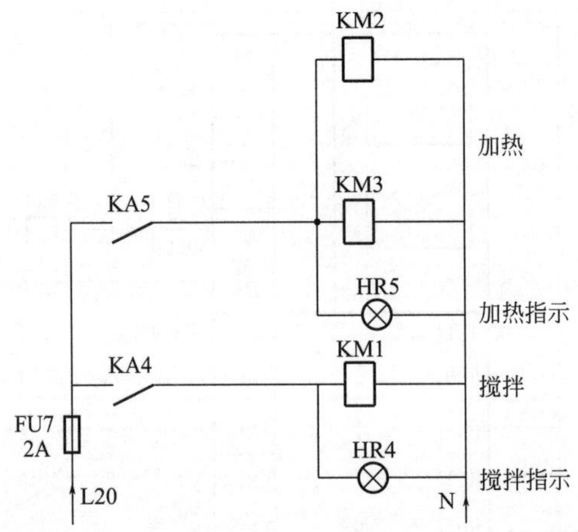

(f) 电气原理图（五）

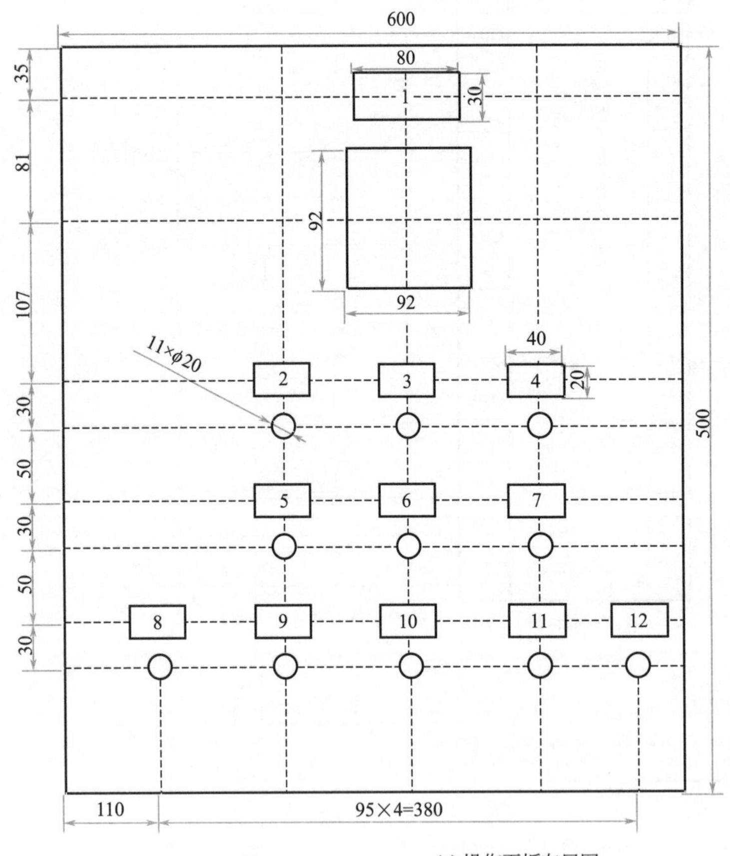

序号	标牌内容
1	混合液体控制系统
2	交流指示
3	选择开关
4	直流指示
5	启动按钮
6	停止按钮
7	阀C按钮
8	搅拌指示
9	加热指示
10	阀A指示
11	阀B指示
12	阀C指示

备注：
大标牌尺寸$L\times W$=80mm×30mm，
小标牌尺寸$L\times W$=40mm×20mm，
材料为双色板，字体为宋体，
字号适中，蓝底白字

(g) 操作面板布局图

图 13-22 两种液体混合控制硬件图纸

13.4.4 程序设计

主程序如图 13-23 所示，当对应条件满足时，系统将执行相应的子程序。子程序主要包括 4 大部分，分别为公共程序、手动程序、自动程序和模拟量程序。

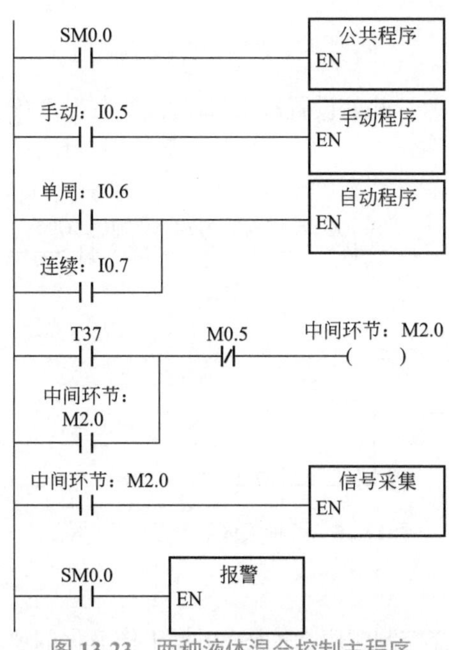

图 13-23 两种液体混合控制主程序

（1）公共程序

公用程序如图 13-24 所示。系统初始状态容器为空，阀 A ～阀 C 均为 OFF，液位开关 L1、L2、L3 均为 OFF，搅拌电动机 M 为 OFF，加热管不加热；故将这些量的常闭点串联作为 M1.1 为 ON 的条件，即原点条件。若其中有一个量不满足，那么 M1.1 都不会为 ON。

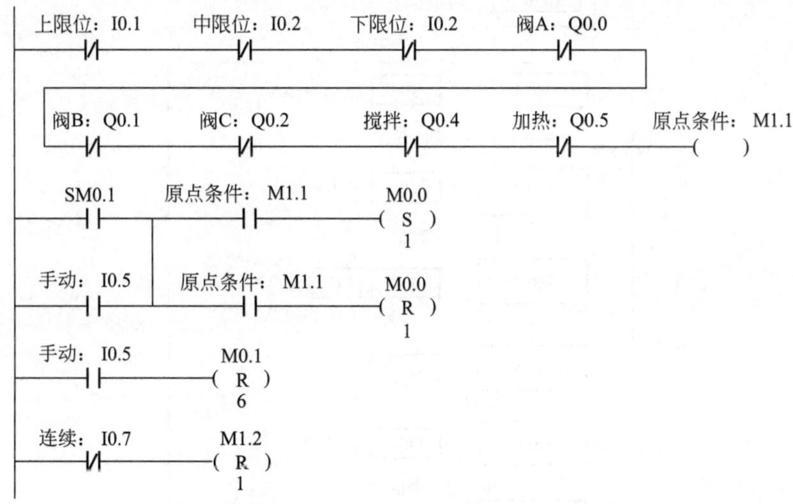

图 13-24 两种液体混合控制公用程序

系统在原点位置，当处于手动或初始化状态时，初始步 M0.0 都会被置位，此时为执行自动程序做好准备；若此时 M1.1 为 OFF，则 M0.0 会被复位，初始步变为不活动步，即使此时按下启动按钮，自动程序也不会转换到下一步，因此禁止了自动工作方式的运行。

当手动、自动两种工作方式相互切换时，自动程序可能会有两步被同时激活，为了防止误动作，在手动状态下，辅助继电器 M0.1 ～ M0.6 要被复位。

在非连续工作方式下，I0.7 常闭触点闭合，辅助继电器 M1.2 被复位，系统不能执行连续程序。

（2）手动程序

手动程序如图 13-25 所示。此处设置阀 C 手动，意在当系统有故障时，可以顺利地将混合液放出。

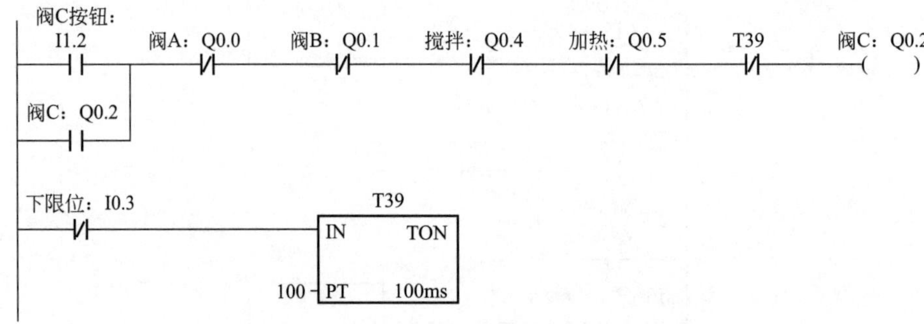

图 13-25　两种液体混合控制手动程序

（3）自动程序

图 13-26 为两种液体混合控制顺序功能图。根据工作流程的要求，显然 1 个工作周期有“阀 A 开→阀 B 开→搅拌→加热→阀 C 开→等待 10s”这 6 步，再加上初始步共 7 步（从 M0.0 到 M0.6）；在 M0.6 后应设置分支，考虑到单周和连续的工作方式，将一条分支转换到初始步，另一条分支转换到 M0.1 步。

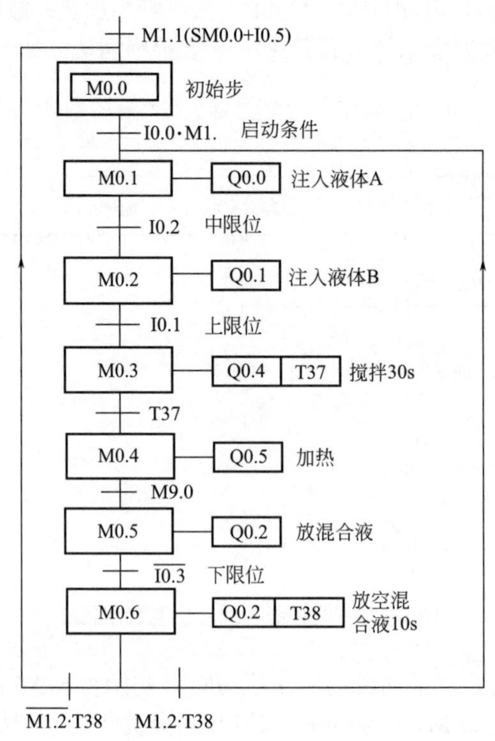

图 13-26　两种液体混合控制系统的顺序功能图

两种液体混合控制自动程序如图 13-27 所示。设计自动程序时，采用置位复位指令编程法，其中 M0.0 ～ M0.6 为中间编程元件，连续、单周 2 种工作方式用连续标志 M1.2 加以区别。

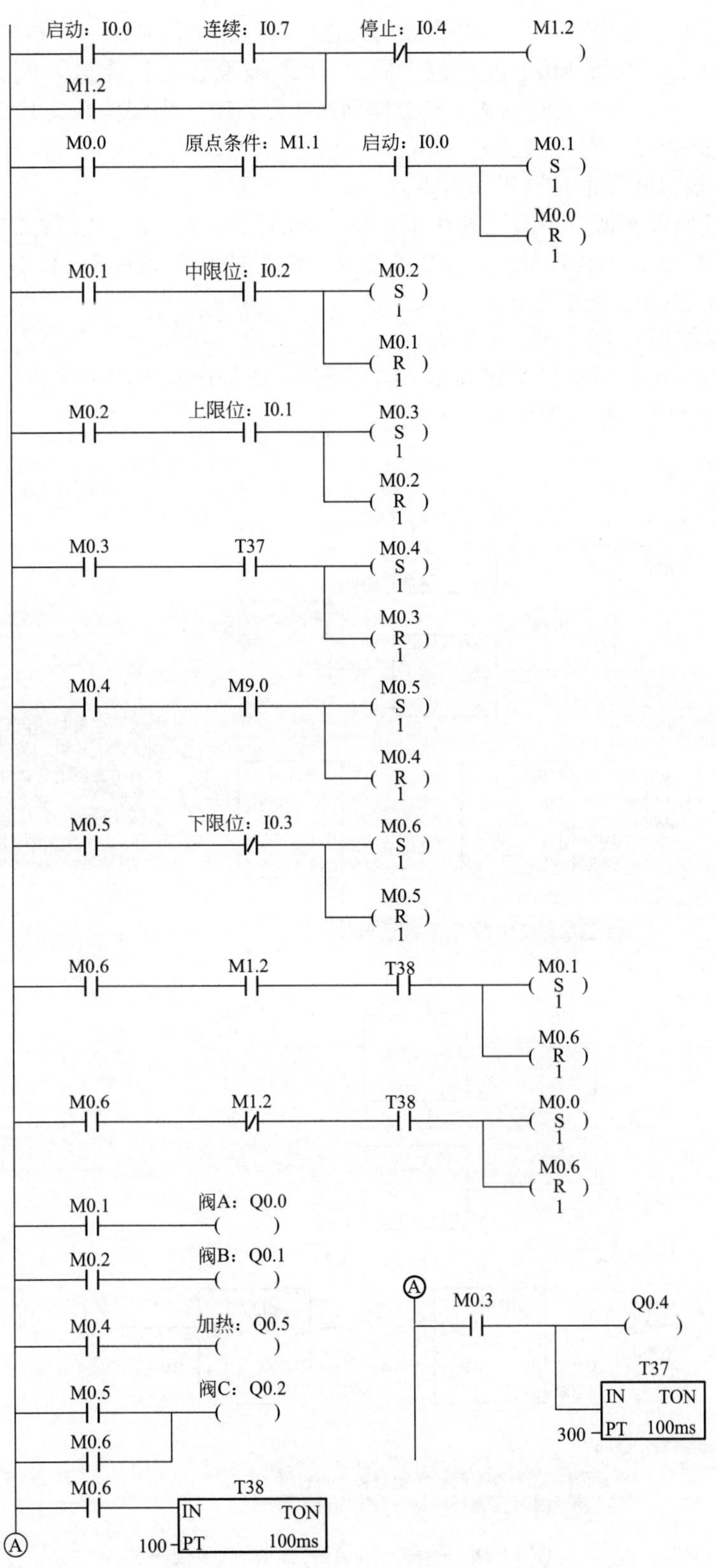

图 13-27　两种液体混合控制系统的自动程序

当常开触点 I0.7 闭合时，处于连续方式状态；若原点条件满足，在初始步为活动步时，按下启动按钮 I0.0，线圈 M0.1 被置位，同时 M0.0 被复位，程序进入阀 A 控制步，线圈 Q0.0 接通，阀 A 打开，注入液体 A；当液体到达中限位时，中限位开关 I0.2 为 ON，程序转换到阀 B 控制步 M0.2，同时阀 A 控制步 M0.1 停止，线圈 Q0.1 接通，阀 B 打开，注入液体 B；以后各步转换以此类推，这里不再重复。

单周与连续原理相似，不同之处在于：在单周的工作方式下，连续标志条件不满足（即线圈 M1.2 不得电），当程序执行到 M0.6 步时，满足的转换条件为 $\overline{M1.2}\cdot T38$，因此系统将返回到初始步 M0.0，系统停止工作。

(4) 模拟量程序

两种液体混合控制模拟量程序如图 13-28 所示。该程序分为两个部分，第一部分为模拟量信号采集程序，第二部分为报警程序。

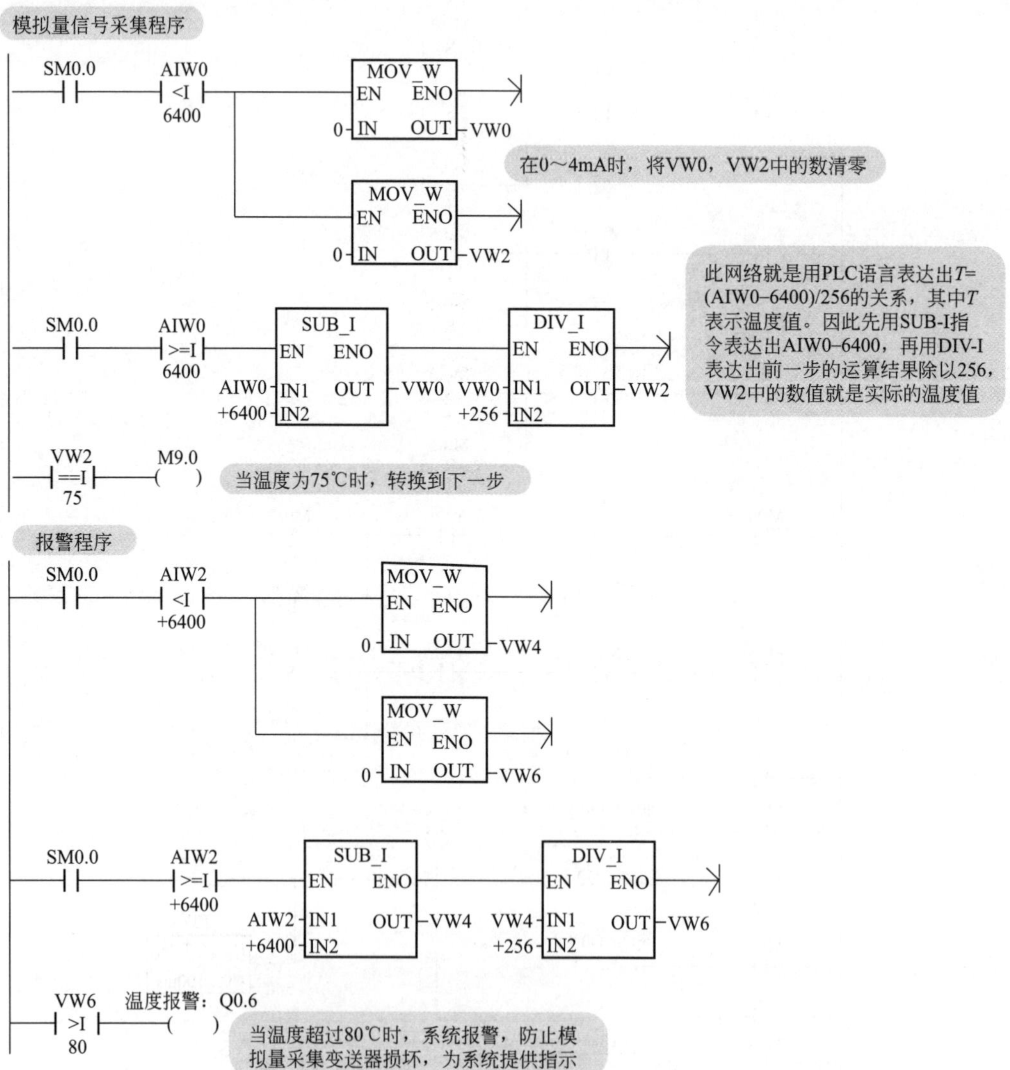

图 13-28 两种液体混合控制模拟量程序

模拟量信号采集程序，根据控制要求，当温度传感器检测到液体的温度为 75℃时，加热管停止，阀C打开放出混合液体。此问题的关键点是用PLC语言表达出实际物理量与PLC内部数字量之间的对应关系，即 T=(AIW0−6400)/256，其中 T 表示温度。之后由比较指令进行比较，如果实际温度达到此数值，即75℃，则驱动线圈M9.0作为下一步的转换条件。

报警程序编写过程和信号采集程序的编写过程类似，这里不再赘述。

特别需要说明的是，写模拟量程序的关键是用PLC语言表达出 $A=\frac{A_m-A_0}{D_m-D_0}(D-D_0)+A_0$，此外，若使用CPU224XP，如果变送器给出的是电流信号，则需在模拟量通道上连接500Ω的电阻，将电流型信号转换成电压型信号，因为CPU224XP模拟量输入只支持电压信号。具体为何是500Ω，详见下面的模拟量知识扩展。

（5）模拟量编程知识扩展

例1：某压力变送器的量程为0～10MPa，输出信号为4～20mA，EM231的模拟量输入模块量程为0～20mA，转换后数字量为0～32000，设转换后的数字量为 X，试编程求压力值 p。

解：4～20mA对应数字量为6400～32000，即0～10000kPa对应数字量为6400～32000，故压力计算公式为：

$$p=\frac{10000-0}{32000-6400}(\text{AIW0}-6400)=\frac{100}{256}(\text{AIW0}-6400)$$

式中，p 表示实际的压力，kPa。

编模拟量程序时，将此公式用S7-200系列PLC的指令表达出来即可，这里用到了减法、乘法和除法指令。参考程序如图13-29所示。

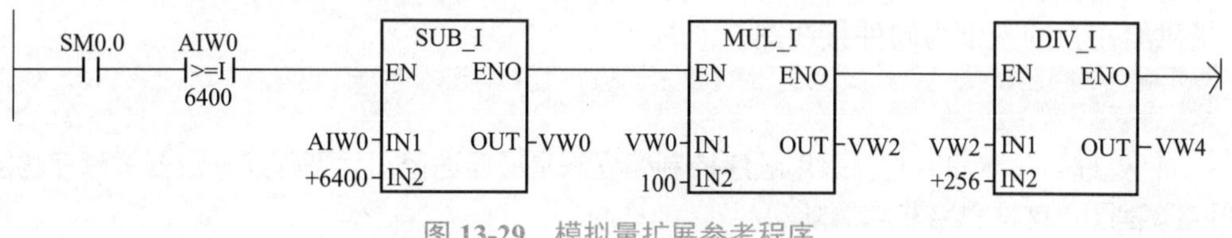

图13-29 模拟量扩展参考程序

例2：用电位器模拟压力变送器信号：电位器模拟压力变送器信号的等效电路如图13-30所示。

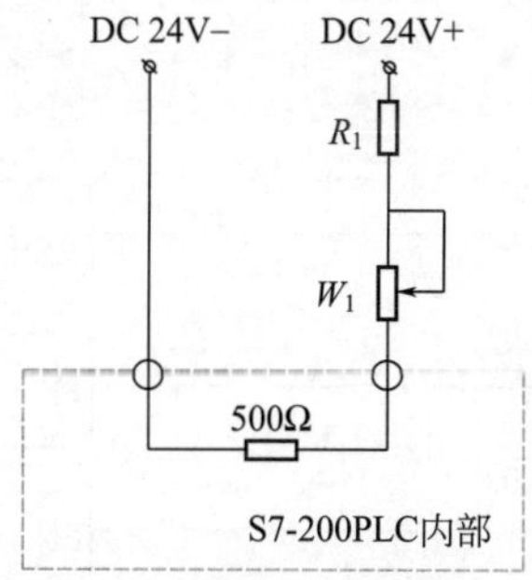

图13-30 电位器模拟压力变送器信号的等效电路

在模拟量通道中，S7-200PLC内部电压往往为DC 2～10V，当PLC外部没有任何电阻时，此时电流最大即为20mA，此时的电压为10V，故此时内部电阻 R=10V/20mA=500Ω。

电位器可以替代变送器模拟4～20mA的标准信号，模拟电位器阻值的计算过程如下：

当PLC内部电压最小即为2V时，此时电位器分得的电压最大，即24V−2V=22V；此时电流最小为 4mA，故此时 W_1=22V/4mA=5.5kΩ。

需要指出的是，此电位器不同于普通的电位器，其内部结构为多圈电阻，故可以非常精确地模拟出 4 ～ 20mA 的标准信号，这种性能是普通电位器所无法比拟的。

用电位器模拟标准信号，如果将电位器旋至最小电阻处，即 W_1=0，此时 DC 24V 电压就完全加在了 PLC 内部电阻 R 上，这样就超出了内部电路的载流能力，很可能将此路模拟量通道烧毁，因此在电位器的一端需串上 R_1 电阻，R_1 的值计算如下：

此时 PLC 内部电压为 10V，因此 R_1 两端的电压为 24V-10V=14V，此时的电流为 20mA，因此，R_1=14V/20mA=0.7kΩ=700Ω。

13.4.5 两种液体混合自动控制调试

（1）编程软件

编程软件采用 STEP7-Micro/WIN V4.0。

（2）系统调试

将各个输入 / 输出端子和实际控制系统的按钮、所需控制设备正确连接，完成硬件的安装并检查无误后，可以将事先编写的梯形图程序传送到 PLC 中进行调试。

13.4.6 编制控制系统使用说明

根据调试的最终结果整理出完整的技术文件，单位存档，部分资料提供给用户，以利于系统的维修和改进。

编制的文件有：硬件接线图、PLC 编程元件表、带有文字说明的梯形图和顺序功能图。

提供给用户的图纸为硬件接线图。

重点提示

① 处理开关量程序时，采用顺序控制编程法是最佳途径；大型程序一定要画顺序功能图或流程图，这样思路非常清晰。

② 模拟量编程一定要找好实际物理量与模块内部数字量的对应关系，用 PLC 语言表达出这一关系，表达这一关系无非用到加减乘除等指令。尽量画出流程图，这样编程有条不紊。

③ 学会应用程序的经典结构，一类程序设置一个子程序，通过主程序调用子程序，思路清晰明了。程序经典结构如下：

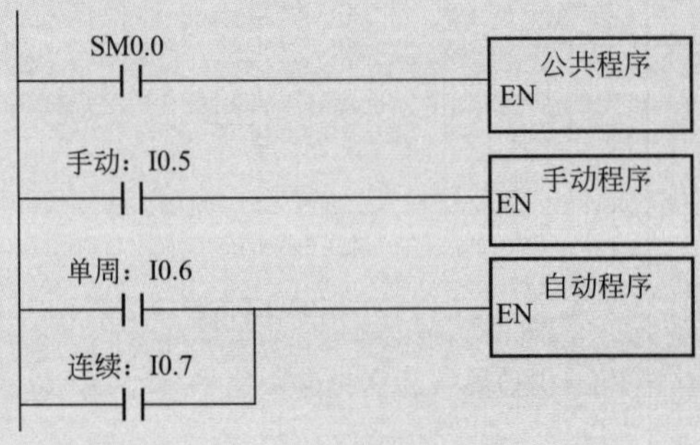

第 14 章 西门子 PLC 的通信

14.1 通信基础知识

14.1.1 并行通信与串行通信

终端与其他设备（例如其他终端、计算机和外部设备）通过数据传输进行通信。数据传输可以通过并行通信和串行通信两种方式进行。

（1）并行通信

在计算机和终端之间的数据传输通常是靠电缆或信道上的电流或电压变化实现的。如果一组数据的各数据位在多条线上同时被传送，这种传输被称为并行通信，如图 14-1 所示。并行数据传送时所有数据位是同时进行的，以字或字节为单位传送。除了 8 根或 16 根数据线、一根公共线外，还需要通信双方联络用的控制线。

并行数据传送特点是：并行传输速度快，但通信线路多、成本高，适合近距离数据高速传送。PLC 通信系统中，并行通信方式一般发生在内部各元件之间、基本单元与扩展模块或近距离智能模板的处理器之间。

（2）串行通信

串行通信是指通信的发送方和接收方之间使用一根数据信号线（另外需要地线，可能还需要控制线），数据在一根数据信号线上一位一位地进行传输，每一位数据都占据一个固定的时间长度。如图 14-2 所示。

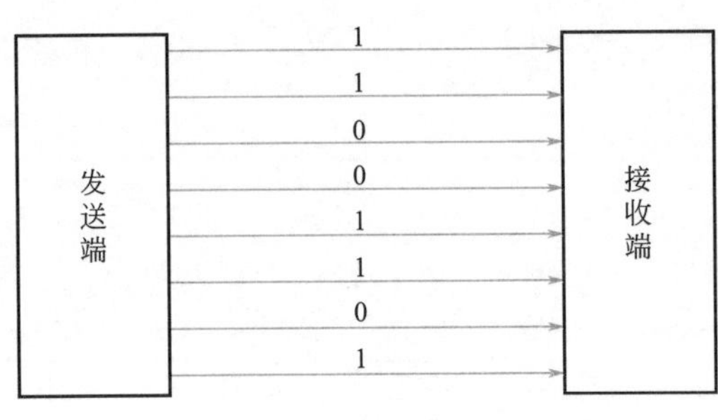

图 14-1　并行通信

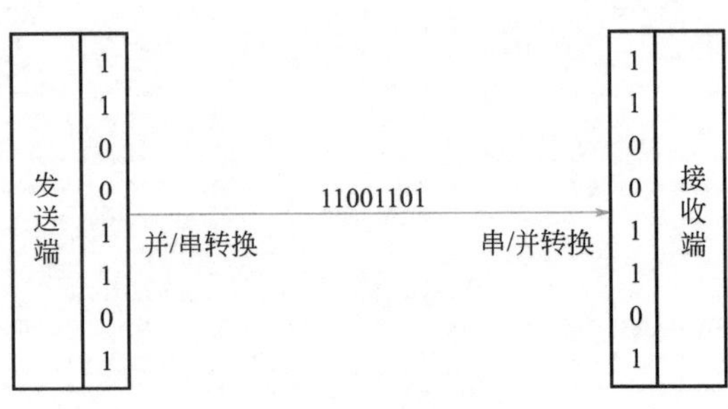

图 14-2　串行通信

与并行通信相比，串行数据传送的优点是：数据传输按位顺序进行，仅需一根传输线即可完成，传输距离长，可以从几米到几千米；串行通信的通信时钟频率容易提高；抗干扰能力十分强，其信号间的相互干扰完全可以忽略。缺点是串行通信的传输速度比并行通信慢得多。

由于串行通信的接线少、成本低，所以它在数据采集和控制系统中应用广泛，产品也多种多样。随着串行通信速率的提高，以前使用并行通信的场合，现在也完全或部分被串行通信取代，如打印机的通信，现在基本被串行通信取代，再如个人计算机硬盘的数据通信，现在已经被串行通信取代，计算机和 PLC 间均采用串行通信方式。

14.1.2　异步通信与同步通信

串行传输中，数据是一位一位按照到达的顺序依次传输的，每位数据的发送和接收都需要时钟来控制。发送端通过发送时钟确定数据位的开始和结束，接收端需要适当的时间间隔对数据流进行采样来正确识别数据。接收端和发送端必须保持步调一致，否则数据传输就会出现差错。为解决以上问题，串行传输可采用异步传输和同步传输两种方法。在串行通信中，数据是以帧为单位传输的，帧有大帧和小帧之分，小帧包含一个字符，大帧含有多个字符。从用户的角度上说，异步传输和同步传输最主要的区别在于通信方式的“帧”不同。

异步通信方式具有硬件简单、成本低的特点，主要用于传输速率低于 19.2Kbps 的数据通信。在 PLC 与其他设备之间进行串行通信时，大多采用异步串行通信方式。

同步通信方式在传递数据的同时，也传输时钟同步信号，并始终按照给定的时刻采集数据。其传输数据效率高，硬件复杂，成本高，一般用于传输速率高于 20Kbps 的数据通信。

（1）异步传输

异步通信方式也称起止方式，字符是数据传输单位。它在发送字符时，要先发送起始位，然后是字符本身，最后是停止位，字符之后还可以加入奇偶校验位。

在通信的数据流中，字符间异步，字符内部各位间同步。异步通信方式的“异步”主要体现在字符与字符之间通信没有严格的定时要求。异步传送中，字符可以是连续地、一个个地发送，也可以是不连续地，随机地进行单独发送。在一个字符格式的停止位之后，立即发送下一个字符的起始位，开始一个新的字符的传输，这叫作连续的串行数据发送，即帧与帧之间是连续的。断续的串行数据传送是指在一帧结束之后维持数据线的“空闲”状态，新的起始位可在任何时刻开始。一旦传送开始，组成这个字符的各个数据位将被连续发送，并且每个数据位持续的时间是相等的。接收端根据这个特点与数据发送端保持同步，从而正确地恢复数据。收 / 发双方则以预先约定的传输速率，在时钟的作用下，传送这个字符中的每一位。

异步通信采用小帧传输，一帧中有 10 ～ 12 个二进制数据位，每一帧有一个起始位、7 ～ 8

个数据位、1 个奇偶校验位（可以没有）和停止位（1 位或两位）组成，被传送的一组数据相邻两个字符停顿时间不一致。串行异步传输数据示意图如图 14-3 所示。

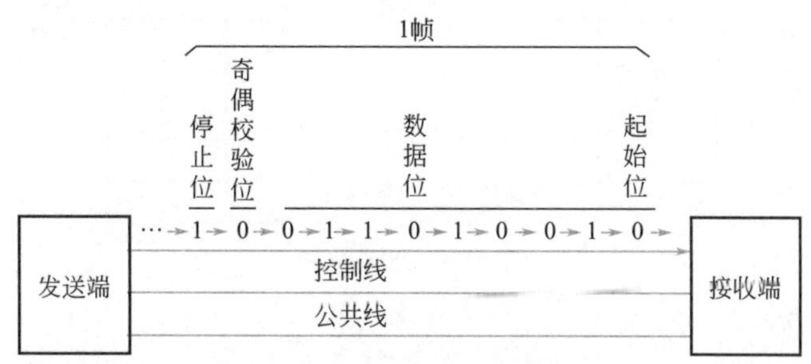

图 14-3　串行异步传输数据

（2）同步传输

在同步传输方式中，数据被封装成更大的传输单位，称为帧。每个帧中含有多个字符代码，而且字符代码之间没有间隙以及起始位和停止位。和异步传输相比，数据传输单位的加长容易引起时钟漂移。为了保证接收端能够正确地区分数据流中的每个数据位，收发双方必须通过某种方法建立起同步的时钟。可以在发送器和接收器之间提供一条独立的时钟线路，由线路的一端（发送器或者接收器）定期地在每个比特时间中向线路发送一个短脉冲信号，另一端则将这些有规律的脉冲作为时钟。这种技术在短距离传输时表现良好，但在长距离传输中，定时脉冲可能会和信息信号一样受到破坏，从而出现定时误差。另一种方法是通过采用嵌有时钟信息的数据编码位向接收端提供同步信息。

同步通信采用大帧传输数据。同步通信的多种格式中，常用的为 HDLC（高级数据链路控制）帧格式，其每一帧中有 1 个字节的起始标志位、2 个字节的收发方地址位、2 个字节的通信状态位、多个字符的数据位和 2 个字节的循环冗余校验位。串行同步传输数据示意图如图 14-4 所示。

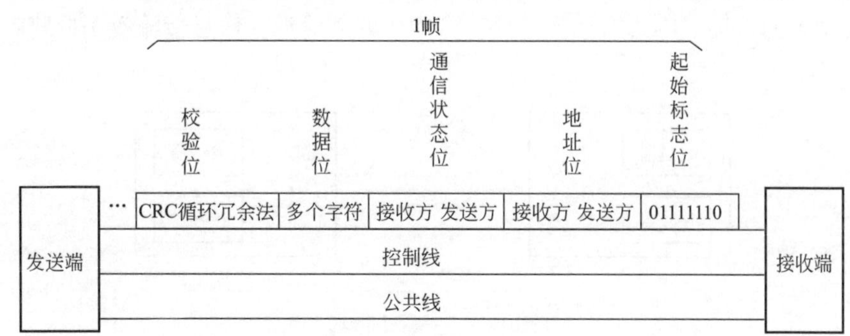

图 14-4　串行同步传输数据

14.1.3　串行通信工作模式

通过单线传输信息是串行数据通信的基础。数据通常是在两个站（点对点）之间进行传送，按照数据流的方向可分成：单工、半双工、全双工三种传送模式。

（1）单工模式

单工模式的数据传输是单向的。通信双方中，一方固定为发送端，另一方则固定为接收端。信息只能沿一个方向传输，使用一根传输线，如图 14-5 所示。单工模式一般用在只向一个方向传输数据的场合。例如计算机与打印机之间的通信是单工模式，因为只有计算机向打印机传输数据，而没有相反方向的数据传输。

图 14-5　单工模式

（2）全双工模式

全双工数据通信分别由两根可以在两个不同的站点同时发送和接收的传输线进行传输，通信双方都能在同一时刻进行发送和接收操作。在全双工模式中，每一端都有发送器和接收器，有两条传输线，可在交互式应用和远程监控系统中使用，信息传输效率较高。如图 14-6 所示。

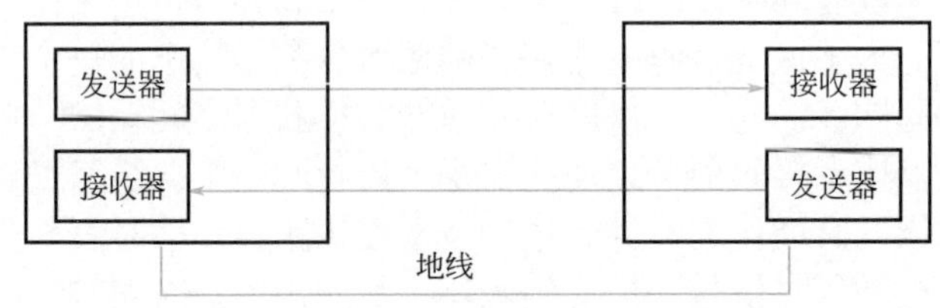

图 14-6　全双工模式

（3）半双工模式

半双工模式既可以使用一条数据线，也可以使用两条数据线。半双工使用一根传输线，既可发送数据又可接收数据，但不能同时进行发送和接收。在任何时刻只能由其中的一方发送数据，另一方接收数据。半双工通信中每一端需有一个收发切换电子开关，通过切换来决定数据向哪个方向传输。因为有切换，所以会产生时间延迟，信息传输效率低些。如图 14-7 所示。

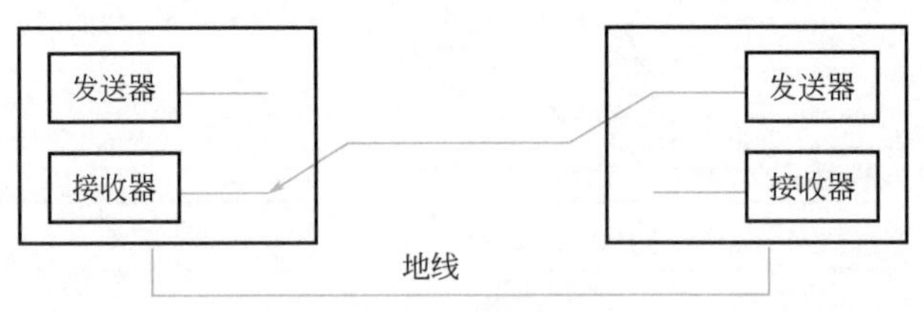

图 14-7　半双工模式

14.1.4　串行通信的接口标准

串行接口技术简单成熟，性能可靠，价格低廉，对软硬件条件要求都很低，广泛应用于计算机及相关领域，遍及调制解调器、各种监控模块、PLC、摄像头云台、数控机床、单片机及相关智能设备。常用的几种接口都是美国电子工业协会 EIA（Electronic Industries Association）公布的，有 EIA-232、EIA-485、EIA-422 等，它们的前身是以字头 RS（Recommended Standard）（即推荐标准）开始的，虽然经过修改，但差别不大。所以现在的串行通信接口标准在大多数情况下，仍然使用 RS-232、RS-485、RS-422 等。

（1）RS-232 接口

RS-232 接口既是一种协议标准，又是一种电气标准。它规定了终端和通信设备之间信息交换的方式和功能。RS- 232 接口是工控计算机普遍配备的接口，具有使用简单、方便的特点。它采用按位串行的方式，单端发送、单端接收，所以数据传送速度低，抗干扰能力差，传送波特率为 300bps、600bps、1200bps、4800bps、9600bps、19200bps 等。它的电路如图 14-8 所示。在通信距离近、传送速率低和环境要求不高的场合应用较广泛。

（2）RS-422 接口

RS-422 由 RS-232 发展而来，它是为弥补 RS-232 之不足而提出的。为改进 RS-232 通信距离短、速率低的缺点，RS-422 定义了一种平衡通信接口，将传输速率提高到 10Mbps，传输距离延长到 4000 英尺（1219.2 米）（速率低于 100Kbps 时），并允许在一条平衡总线上连接最多 10 个接收器。RS-422 是一种单机发送、多机接收的单向、平衡传输规范。

（3）RS-485 接口

RS-485 接口是一种最常用的串行通信协议。它使用双绞线作为传输介质，具有设备简单、成本低等特点。如图 14-9 所示，RS-485 接口采用二线差分平衡传输，其一根导线上的电压值是另一根上的电压值取反，接收端的输入电压为这两根导线电压值的差值。

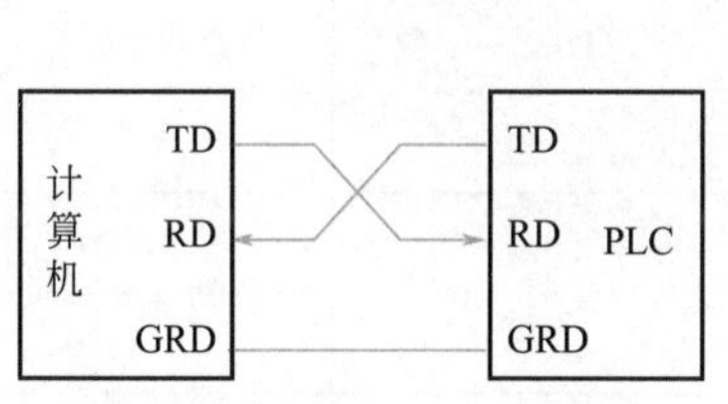

图 14-8 RS-232 接口电路

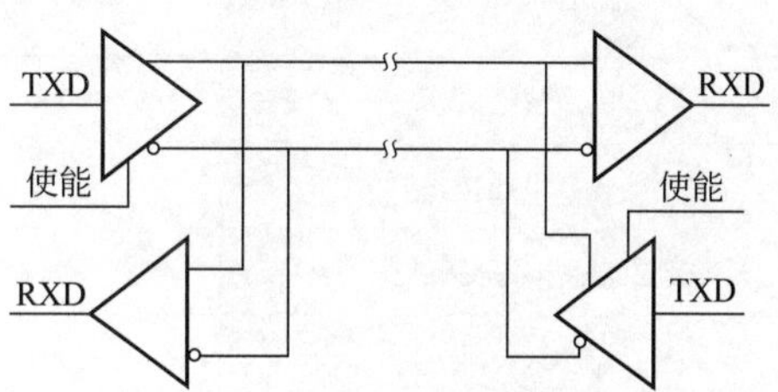

图 14-9 RS-485 接口电路

因为噪声一般会同时出现在两根导线上，RS-485 的一根导线上的噪声电压会被另一根导线上出现的噪声电压抵消，因此可以极大地削弱噪声对信号的影响。另外，在非差分（即单端）电路中，多个信号共用一根接地线，长距离传送时，不同节点接地线的电平差异可能相差数伏，有时甚至会引起信号的误读，但差分电路则完全不会受到接地电平差异的影响。由于采用差动接收和平衡发送的方式传送数据，RS-485 接口的传输有较高的通信速率（波特率可达 10Mbps 以上）和较强的抑制共模干扰能力。

RS-485 总线工业应用成熟，而且大量的已有工业设备均提供 RS-485 接口。目前 RS-485 总线仍在工业应用中具有十分重要的地位。西门子 PLC 的 PPI 通信、MPI 通信和 PROFIBUS-DP 现场总线通信的物理层都是 RS-485 通信，而且都是采用相同的通信线缆和专用网络接头。西门子提供两种网络接头，即标准网络接头和带编程端口接头，可方便地将多台设备与网络连接，编程端口允许用户将编程站或 HMI 设备与网络连接，而不会干扰任何现有网络连接。编程端口接头通过编程端口传送所有来自 S7-200 CPU 的信号（包括电源针脚），这对于连接由 S7-200 CPU（例如 SIMATIC 文本显示）供电的设备尤其有用。标准网络接头和编程端口接头均有两套终端螺钉，用于连接输入和输出网络电缆。这两种接头还配有开关，可选择网络偏流和终端。

西门子的专用 PROFIBUS 电缆中有两根线，一根为红色，上标有“B”，一根为绿色，上面标有“A”，这两根线只要与网络接头上相对应的“A”和“B”接线端子相连即可（如“A”线与“A”接线端相连）。网络接头直接插在 PLC 的 PORT 口上即可，不需要其他设备。注意：三菱的 FX 系列 PLC 的 RS-485 通信要加 RS-485 专用通信模块和终端电阻。

RS-232、RS-422 与 RS-485 标准只对接口的电气特性做出规定，而不涉及接插件、电缆或协议，在此基础上用户可以建立自己的高层通信协议。RS-232、RS-422、RS-485 电气参数比较如表 14-1 所示。

表 14-1　RS-232、RS-422、RS-485 电气参数比较

规定		RS-232	RS-422	RS-485
工作方式		单端	差分	差分
节点数		1 收、1 发	1 发 10 收	1 发 32 收
最大传输电缆长度 /m		15	121	121
最大传输速率		20Kbps	10Mbps	10Mbps
最大驱动输出电压 /V		±25	−0.25 ～ +6	−7V ～ +12
驱动器输出信号电平（负载最小值）/V	负载	±5 ～ ±15	±2.0	±1.5
驱动器输出信号电平（空载最大值）/V	空载	±25	±6	±6
驱动器负载阻抗 /Ω		3000 ～ 7000	100	54
接收器输入电压范围 /V		±15	−10 ～ +10	−7 ～ +12
接收器输入门限 /mV		±3000	±200	±200
接收器输入电阻 /Ω		3000 ～ 7000	4000（最小）	≥ 12000
驱动器共模电压 /V			−3 ～ +3	−1 ～ +3
接收器共模电压 /V			−7 ～ +7	−7 ～ +12

14.1.5 S7-200 PLC 通信部件

S7-200 通信部件包括通信端口、PC/PPI 电缆、通信卡以及 S7-200 通信扩展模块等。

（1）通信端口

在每个 S7-200 的 CPU 上都有一个与 RS-485 兼容的 9 针 D 型端口，该端口也符合欧洲标准 ENS0170 中 PROFIBUS 标准。通过该端口可以把 S7-200 连到网络总线。

在进行调试时，将 S7-200 接入网络，该端口一般是作为端口 1 出现的，端口 0 为所连接的调试设备的端口。

（2）连接电缆

① PC/PPI 电缆。由于 PC 计算机及笔记本电脑等设备的串口为 RS-232 信号，而 PLC 的通信口为 RS-485 信号，两者之间要进行通信，必须有装置将这两种信号相互转换。PC/PPI 电缆就是一种实现该功能的部件，分为隔离型的 PC/PPI 电缆和非隔离型的 PC/PPI 电缆两种。

电缆的一端为 RS-232 端口，另一端为 RS-485 端口，中间为用于设置 PC/PPI 电缆属性的 5 个开关（也有 4 个开关的 PC/PPI 电缆）。电缆上的 5 个开关可以设置电缆通信时的波特率及其他的配置项。开关 1 ～开关 3 用于设置波特率。开关 4 和开关 5 用来设置 PC/PPI 电缆在通信连接中所处的位置。

进行通信时，如果数据从 RS-232 向 RS-485 传输，则电缆是发送状态，反之是接收状态。接收状态与发送状态的相互转换需要一定时间，称为电缆的转换时间。转换时间与所设置的

波特率有关。通常情况下，若电缆处于接收状态，当检测到 RS-232 发送数据时，电缆立即从接收状态转换为发送状态。若电缆处于发送状态的时间超过电缆转换时间，电缆将自动切换为接收状态。

在应用中使用 PC/PPI 电缆作为传输介质时，如果使用自由口进行数据传输，程序设计时必须考虑转换时间的影响。比如在接收到 RS-232 设备的发送数据请求后，S7-200 进行响应时，延迟时间必须大于等于电缆的切换时间。否则，数据不能正确地传输。

② PROFIBUS 电缆。当通信设备距离较远时，可使用 PROFIBUS 电缆进行连接，PROFIBUS 网络电缆用屏蔽双绞线，其截面积大于 $0.22mm^2$，阻抗位为 100 ～ 200Ω，电缆电容小于 60pF/m。网络的最大长度为 1200m。

（3）网络连接器

利用西门子公司提供的网络连接器可以把多个设备很容易地连到网络中。两种连接器都有两组螺钉连接端子，可以用来连接输入连接电缆和输出连接电缆。通过网络连接器上的选择开关可以对网络进行偏置和终端匹配。两个连接器中的一个连接器仅提供连接到 CPU 的接口，而另一个连接器增加了一个编程接口。带有编程接口的连接器可以把 SIMATIC 编程器或操作面板增加到网络中，而不用改动现有的网络连接。编程口连接器把 CPU 来的信号传到编程口（包括电源引线），这个连接器对于连接从 CPU 取电源的设备（例如 TD200 或 OP3）比较适用。

RS-485 网络，特别是 PROFIBUS 网络两端的连接器都必须接入终端电阻，而接入终端电阻后，输出端后面的网段就被隔离了，所以整个 PROFIBUS 网络的每个末端的连接器都必须使用输入端。连接器的内部原理及使用如图 14-10 所示。

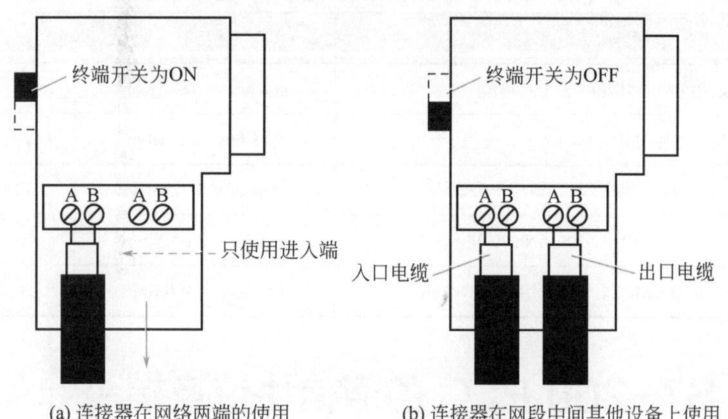

(a) 连接器在网络两端的使用　(b) 连接器在网段中间其他设备上使用

图 14-10　RS-485 连接器的内部原理及使用

（4）网络中继器

网络中继器利用中继器可以延长网络通信距离，允许在网络中加入设备，并且提供了一个隔离不同网络环的方法。在一个串联网络中，最多可以使用 9 个中继器，但是网络的总长度不能超过 9600m。在 9600Kbps 的波特率下，50m 距离之内，一个网段最多可以连接 32 个设备。

（5）EM277 PROFIBUS-DP 模块

EM277 PROFIBUS-DP 模块是专门用于 PROFIBUS-DP 协议通信的智能扩展模块，如图 14-11 所示。EM277 机壳上有一个 RS-485 接口，通过接口可将 S7-200 系列 CPU 连接至网络，它支持 PROFIBUS-DP 和 MPI 从站协议。其上的地址选择开关可进行地址设置，地址范围

图 14-11 EM277 PROFIBUS-DP 模块

为 0 ～ 99。PROFIBUS-DP 是由欧洲标准 EN50170 和国际标准 IEC 611158 定义的一种远程 I/O 通信协议。遵守这种标准的设备，即使是由不同公司制造的，也是兼容的。DP 表示分布式外围设备，即远程 I/O，PROFIBUS 表示过程现场总线。EM277 模块作为 PROFIBUS-DP 协议下的从站，实现通信功能。

（6）CP 通信卡

S7-200 PLC 在组成不同类型网络时，对计算机的要求不一样。在组成 PPI 网络时可以简单地使用 PPI 电缆将 RS-232 接口转化为 RS-485 接口，但要组成 MPI 网络、PROFIBUS 网络时，就需要在计算机上配置 CP 通信卡。

在运行 Windows 操作系统的个人计算机（PC）上安装了 STEP 7-Micro/WIN32 编程软件后，PC 机可以作为网络中的主站。CP 通信卡的价格较高，但使用它可以获得非常高的通信速率。台式计算机与笔记本电脑使用不同的通信卡。

表 14-2 给出了可以提供用户选择的 STEP 7-Micro ／ WIN32 支持的通信硬件和波特率。S7-200 还可以通过 EM277 PROFIBUS-DP 模块连接到 PROFIBUS-DP 现场总线网络，各通信卡提供一个与 PROFIBUS 网络相连的 RS-485 通信口。

表 14-2 STEP 7-Micro/WIN 32 支持 CP 卡和协议

配置	波特率	协议
RS-232/PPI 和 USB/PPI 多主站电缆	9.6Kbps ～ 187.5Kbps	PPI
CP5511 类型、CP5512 类型 IIPCMCIA 卡，适用于笔记本	9.6Kbps ～ 12Mbps	PPI、MPI、Profibus
CP5611（版本 3 以上）PCI 卡，适用于台式机	9.6Kbps ～ 12Mbps	PPI、MPI、Profibus
CP1613、S7613、CP1612、SoftNet7CPI 卡	10Mbps 或 100Mbps	TCP/IP
CP1612、SoftNet7PCMCIA 卡，适用笔记本电脑	10Mbps 或 100Mbps	TCP/IP

14.2 S7-200 PLC 的通信协议及指令

西门子 S7-200CPU 支持多种通信协议，根据所使用的机型，网络可以支持一个或多个协议。如点到点（Point-to-Point）接口协议（PPI）、多点（Multi-Point）接口协议（MPI）、自由通信接口协议、现场总线协议和工业以太网协议。本节将对这些网络协议进行概要介绍，如 PPI、MPI、自由口通信协议、现场总线、工业以太网等通信方式以及相关的程序指令。

14.2.1 S7-200 PLC 的通信协议

（1）PPI 协议

PPI 是一种主 - 从协议，主站设备发送要求到从站设备，从站设备响应，如图 14-12 所示。从站不发信息，只是等待主站的要求和对要求作出响应。主站靠一个 PPI 协议管理的共享连接来与从站通信。PPI 并不限制与任意一个从站通信的主站数量，但是在一个网络中，主站的个数不能超过 32。

选择 PPI 高级允许网络设备建立一个设备与设备之间的逻辑连接。对于 PPI 高级，每个设备的连接个数是有限制的。S7-200 支持的连接个数如表 14-3 所示。

如果在用户程序中使能 PPI 主站模式，S7-200 CPU 在运行模式下可以作主站。在使能 PPI 主站模式之后，可以使用网络读写指令来读写另外一个 S7-200。当 S7-200 作 PPI 主站时，它仍然可以作为从站响应其他主站的请求。一般情况下可以使用 PPI 协议与所有 S7-200 CPU 通信，当与 EM 277 通信时，必须使能 PPI 高级。

表 14-3　S7-200 CPU 和 EM 277 模块的连接个数

模块	波特率	连接数
S7-200 CPU 通信口 0	9.6K、19.2K、187.5K	4
S7-200 CPU 通信口 1	9.6K、19.2K、187.5K	4
EM 277	9.6K 到 12M	6（每个模块）

（2）MPI 协议

MPI 允许主 - 主通信和主 - 从通信，如图 14-13 所示。选择何种方式依赖于设备类型。如果是 S7-300CPU，由于所有的 S7-300 CPU 都必须是网络主站，所以应进行主 / 主通信方式。如果设备是 S7-200CPU，那么就进行主 / 从通信方式，因为 S7-200 CPU 是从站。因此，与一个 S7-200 CPU 通信，STEP 7-MicroAVIN 应建立主 - 从连接。

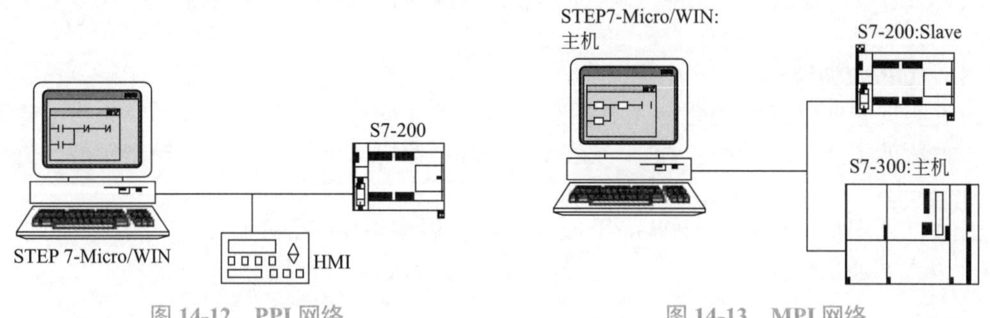

图 14-12　PPI 网络　　图 14-13　MPI 网络

MPI 可在任意两个网络设备之间建立单独的连接（由 MPI 协议管理）。这种连接可能是两个设备之间的非固定连接，且其他主站不能对其进行干涉。网络连接设备数量受 S7-200 CPU 或者 EM277 模块所支持的连接个数的限制。

（3）自由口通信协议

自由口通信协议（Freeport Mode）方式是 S7-200 PLC 的一个很有特色的功能。S7-200 PLC 的自由通信，即用户自定义通信协议（如 ASCII 协议），数据传输率最高为 38.4Kbps。

自由口通信协议的应用，使可通信的范围大大增加，控制系统配置更加灵活、方便。应用此种方式，使 S7-200 PLC 可以使用任何公开的通信协议，并能与具有串口的外设智能设备和控制器进行通信，如打印机、条码阅读器、调制解调器、变频器和上位 PC 等。当然也可以用于两个 CPU 之间简单的数据交换。当外设具有 RS-485 接口时，可以通过双绞线进行连接，具有 RS-232 接口的外设也可以通过 PC/PPI 电缆连接起来进行自由口通信。

与外设连接后，用户程序可以通过使用发送中断、接收中断、发送指令（XMT）和接收指令（RCV）对通信口操作。在自由通信口模式下，通信协议完全由用户程序控制。另外，自由口通信模式只有在 CPU 处于 RUN 模式时才允许。当 CPU 处于 STOP 模式时，自由通信口停止，通信口转换成正常的 PPI 协议操作。

（4）PROFIBUS 协议

PROFIBUS 是世界上第一个开放式现场总线标准，是用于车间级和现场级的国际标准，传输速率最大为 12Mbps，响应时间的典型值为 1ms，使用屏蔽双绞线电缆（最长 9.6km）或光缆（最长 90km），最多可接 127 个从站。其应用领域覆盖了从机械加工、过程控制、电力、交通到楼宇自动化的各个领域。PRO FIBUS 网络见图 14-14。

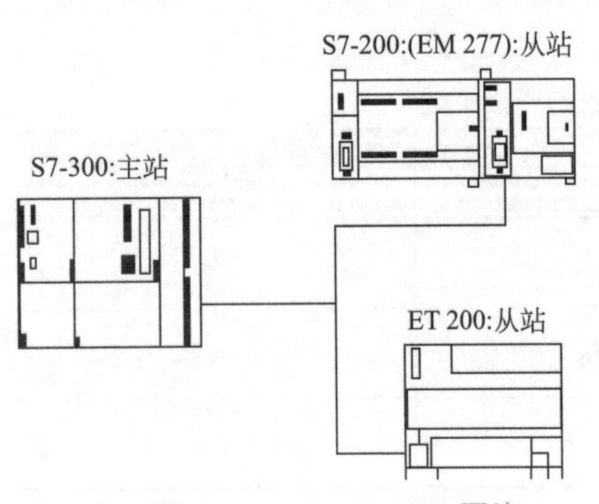

图 14-14 PROFIBUS 网络

在 S7-200 PLC 的 CPU 中，CPU22X 都可以通过增加 EM277 PROFIBUS-DP 扩展模块的方法支持 PROFIBUS-DP 网络协议。最高传输速率可达 12Mbps。在采用 PROFIBUS 的系统中，对于不同厂家所生产的设备不需要对接口进行特别的处理和转换，就可以实现通信。

PROFIBUS 协议通常用于实现与分布式 I/O（远程 I/O）的高速通信。PROFIBUS 网络通常有一个主站和若干个 I/O 从站，如图 14-14 所示。主站能够控制总线，并通过配置可以知道 I/O 从站的类型和站号。当主站获得总线控制权后，可以主动发送信息。从站可以接收信号并给予响应，但没有控制总线的权力。当主站发出请求时，从站回送给主站相应的信息。PRORFIBUS 除了支持主 / 从模式，还支持多主 / 多从的模式。对于多主站的模式，在主站之间按令牌传递顺序决定对总线的控制权。取得控制权的主站，可以向从站发送和获取信息，实现点对点的通信。

（5）TCP/IP 协议

为了实现企业管理自动化与工业控制自动化的无缝接合，工业以太网成为工业控制系统中一种新的工业通信网络。西门子公司也已将工业以太网运用于工业控制领域，并采用 ASI，PROFIBUS 和工业以太网构成了全方位的工厂生产管理监控系统。

通过以太网扩展模块（CP243-1）或互联网扩展模块（CP243-1 IT），S7-200 将能支持 TCP/IP 以太网通信。

14.2.2 S7-200 PLC 的通信指令

（1）读写指令

网络读写指令用于 S7-200 PLC 之间的通信。

如表 14-4 所示，网络读指令（NETR，Network Read）初始化通信操作，通过通信端口（PORT）接收远程设备的数据并保存在表（TBL）中。TBL 和 PORT 均为字节型，PORT 为常数。

表 14-4 网络读指令

梯形图	语句表	描述	梯形图	语句表	描述
NETR	NETR TBL，PORT	网络读	RCV	RCV TBL，PORT	接收
NETW	NETW TBL，PORT	网络写	GET_ADDR	GPA TBL，PORT	读取口地址
XMT	XMT TBL，PORT	发送	SET_ADDR	SPA TBL，PORT	设置口地址

网络写指令 NETW（Network Write）初始化通信操作，通过指定的端口（PORT）向远程设备写入表（TBL）中的数据。

NETR 指令可以从远程站点上最多读取 16B 的信息，NETW 指令可以向远程站点最多写入 16B 的信息。可以在程序中使用任意条数的 NETR 和 NETW 指令，但是在任意时刻最多只能有 8 条 NETR/NETW 指令被同时激活。网络读写指令如图 14-15 所示。

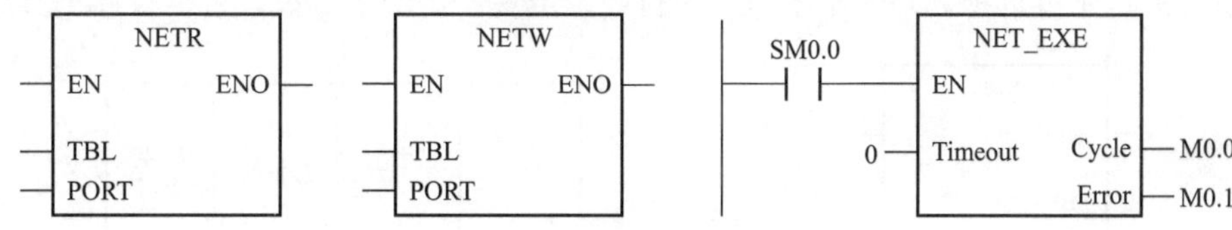

图 14-15　网络读写指令

在网络读写通信中，只有主站需要调用 NETR/NETW 指令。用编程软件中的网络读写向导来生成网络读写程序更为简单方便，该向导允许用户最多配置 24 个网络操作。

例如：使用指令向导实现两台 S7-224 CPU 之间的数据通信。其中，编程用的计算机的站地址为 0，2 号站为主站，3 号站为从站，要求用 2 号站的 I0.0 ～ I0.7 控制 3 号站的 Q0.0 ～ Q0.7，用 3 号站的 I0.0 ～ I0.7 控制 2 号站的 Q0.0 ～ Q0.7。

将两台 S7-200 系列 PLC 与装有编程软件的计算机通过 RS-485 通信接口和网络连接器组成一个使用 PPI 协议的单主站通信网络。用双绞线分别将两个 RS-485 连接器的 A 端子连在一起，两个连接器的 B 端子连在一起。

执行菜单命令“工具”→“指令向导”，在出现的对话框的第一页选择“NETR/NETW”（网络读写）。单击“下一步”按钮。

在第 2 页设置网络操作的项数为 2，单击“下一步”按钮。

在第 3 页选择使用 PLC 的通信端口 0，采用默认的子程序名称“NET_EXE”。

设置第 1 项操作为“NETR”，要读取的字节数为 1，从地址为 3 的远程 PLC 读取它的 IB0，并存储在本地 PLC 的 QB0 中。

单击“下一项操作”按钮，设置操作 2 为“NETW”，将本地 PLC 的 IB0 写到地址为 3 的远程 PLC 的 QB0。单击“下一步”按钮。

在第 4 页设置子程序使用的 V 存储区的起始地址。

向导中的设置完成后，在编程软件指令树最下面的“调用子程序”文件夹中，将会出现子程序 NET_EXE。在指令树的文件夹“\符号表\向导”中，自动生成了名为“NET_SYMS”的符号表，它给出了操作 1 和操作 2 的状态字节的地址和超时错误标志的地址。

在 2 号站的主程序中调用 NET_EXE，该子程序执行用户在 NETR/NETW 向导中设置的网络读写功能。INT 型参数“Timeout”（超时）为 0 表示不设置超时定时器，为 1 ～ 32767 则是以秒为单位的定时器时间。

每次完成所有的网络操作时，都会触发 BOOL 变量“Cycle”（周期）。BOOL 变量“Error”（错误）为 0 表示没有错误，为 1 时有错误，错误代码在 NETR/NETW 的状态字节中。

将程序下载到 2 号站的 CPU 模块（主站）中，设置另一台 PLC 的站号为 3，将系统块下载到它的 CPU 模块。将两台 PLC 上的工作方式开关置于 RUN 位置，改变两台 PLC 的输入信号的状态，可以用 2 号站的 I0.0 ～ I0.7 控制 3 号站的 Q0.0 ～ Q0.7，用 3 号站的 I0.0 ～ I0.7 控制 2 号站的 Q0.0 ～ Q0.7。

（2）发送指令

发送指令 XMT（TraRSmit）启动自由端口模式下数据缓冲区（TBL）的数据发送。通过指定的通信端口（PORT）发送存储在数据缓冲区中的信息，如图 14-16 所示。

XMT 指令可以方便地发送 1 ～ 255 个字符，如果有中断程序连接到发送结束事件上，在发送完缓冲区中的最后一个字符时，会产生一个发送中断（对端口 0 为中断事件 9，对端口 1 为中断事件 26）。也可以不通过中断执行发送指令，可通过查询发送完成状态位 SM4.5 或 SM4.6 的变化，判断发送是否完成。TBL 指定的发送缓冲区的格式如图 14-17 所示，起始字符和结束字符是可选项，第一个字节“字符数”是要发送的字节数，它本身并不发送出去。

图 14-16　发送指令图　　图 14-17　发送缓冲区格式

如果将字符数设为 0，然后执行 XMT 指令，可以产生一个 break 状态，这个 break 状态可以在线上持续一段特定的时间，这段时间是当前的波特率传输 16bit 数据所需要的时间。发送 break 与发送任何其他信息一样，采用相同的处理方式。完成 break 发送时产生一个 XMT 中断，SM4.5 或 SM4.6 反映 XMT 的当前状态。

（3）接收指令

接收指令 RCV（Receive）初始化或中止接收信息的服务，如图 14-18 所示。通过指定的通信端口（PORT）接收的信息存储在数据缓冲区（TBL）中。数据缓冲区中的第一个字节用来累计接收的字节数，它本身不是接收到的字符，起始字符和结束字符是可选项。

RCV 指令可以方便地接收一个或多个字符，最多可以接收 255 个字符。如果有中断程序连接到接收结束事件上，在接收完最后一个字符时，会产生中断（对端口 0 为中断事件 23，对端口 1 为中断事件 24）。与发送指令一样也可以不使用中断，而是通过查询接收信息状态寄存器 SMB86 或 SMB186 来接收信息。SMB86 或 SMB186 为非零时，RCV 指令未被激活或接收已经结束。正在接收报文时，它们为 0。当超时或奇偶校验错误时，自动中止报文接收功能。因此，必须为报文接收功能定义一个启动条件和一个结束条件。

也可以用字符中断而不是用接收指令来控制接收数据，每接收一个字符产生一个中断，在端口 0 或端口 1 接收一个字符时，分别产生中断事件 8 或中断事件 25。在执行连接到接收字符中断事件的中断程序之前，接收到的字符存储在自由端口模式的接收字符缓冲区 SMB2 中，奇偶状态（如果允许奇偶校验的话）存储在自由端口模式的奇偶校验错误标志位 SM3.0 中。奇偶校验出错时应丢弃接收到的信息，或产生一个出错的返回信号。端口 0 和端口 1 共用 SMB2 和 SMB3。

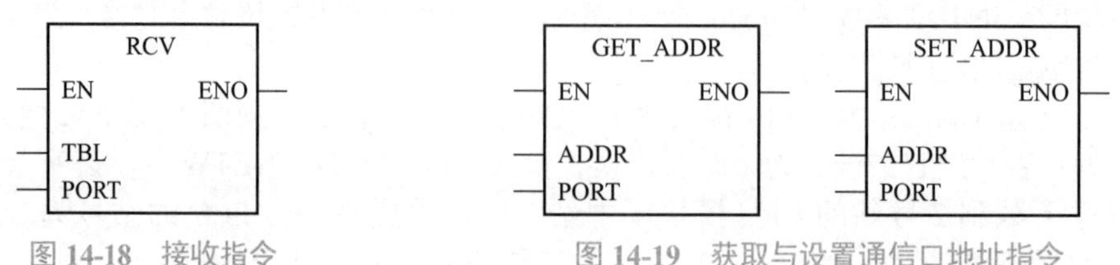

图 14-18　接收指令　　图 14-19　获取与设置通信口地址指令

（4）获取与设置通信口地址指令

获取通信口地址指令 GPA 指令用来读取 PORT 指定的 CPU 通信接口的站地址，并将数值写入 ADDR 指定的地址中，如图 14-19 所示。

设置通信口地址指令SPA用来将通信口站地址（PORT）设置为ADDR指定的数值。新设置的地址不能永久保存，如果断电后又上电，通信口地址仍将恢复为用系统块下载的地址。上述4条指令中的TBL、PORT和ADDR均为字节型，PORT为常数。

14.3 PPI通信实例

14.3.1 实现2台S7-200的PPI通信

（1）实例说明

实现2台S7-200 PLC通过PORT0口互相进行PPI通信。通过此实例，了解PPI通信的应用。

如图14-20所示，系统将完成用甲机的I0.0～I0.7控制乙机的Q0.0～Q0.7，用乙机的I0.0～I0.7控制甲机的Q0.0～QO.7。甲机为主站，站地址为2；乙机为从站，站地址为3，编程用的计算机站地址为0。

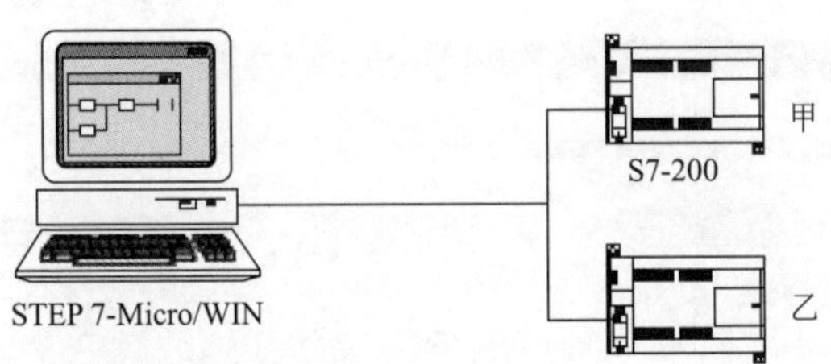

图14-20 S7-200 CPU之间的PPI通信网络

（2）实例实现

① 设置端口，打开编程软件，选中“系统块”，打开“通讯端口”，如图14-21所示。

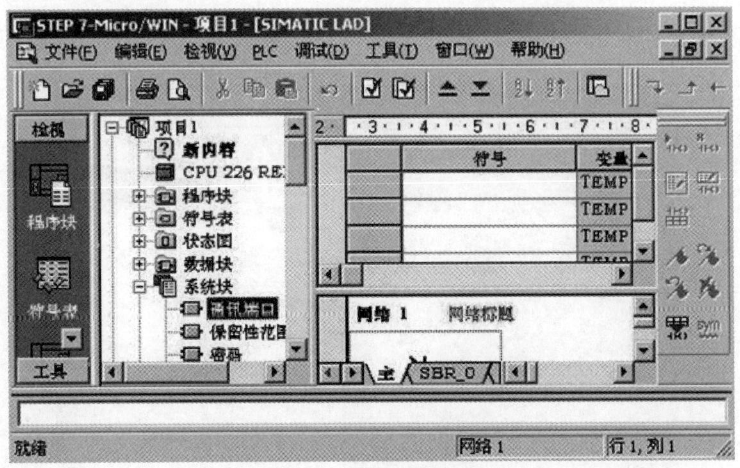

图14-21 打开编程软件

出现如图14-22所示窗口，设置端口0站号为3，选择波特率为9.6Kbps，然后下载到CPU中，下载界面如图14-23所示，用同样的方法设置另一个CPU。

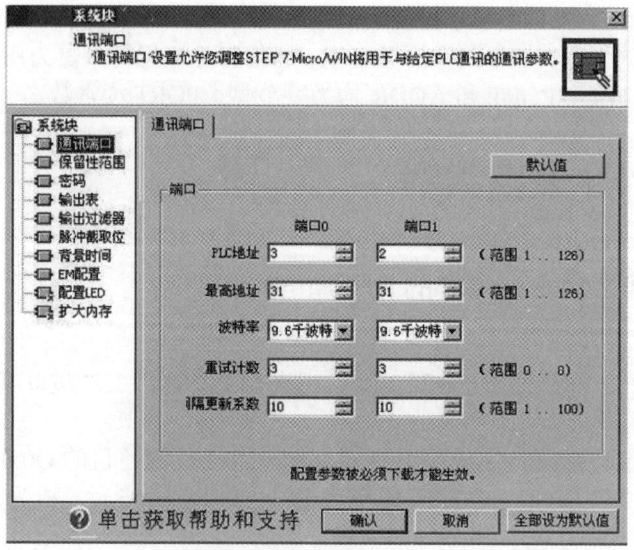

图 14-22　设置通信端口

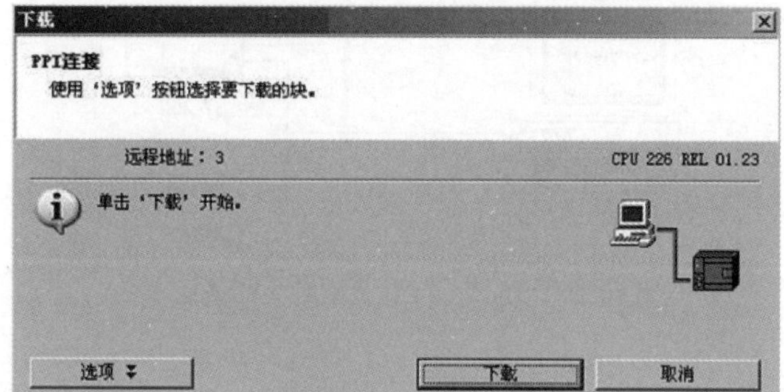

图 14-23　下载到 CPU

利用网络连接器和网络线把甲机和乙机端口 0 连接，利用软件搜索如图 14-24 所示。

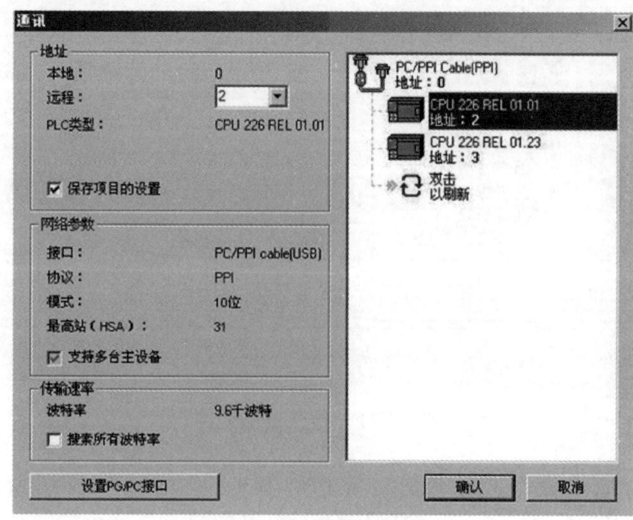

图 14-24　通信连接界面

② 编写程序

网络读写编程大致有如下几个步骤。

• 规划本地和远程通信站的数据缓冲区。
• 写控制字 SMB30（或 SMB130）将通信口设置为 PPI 主站。
• 装入远程站（通信对象）地址。
• 装入远程站相应的数据缓冲区（无论是要读入的或者是写出的）地址。
• 装入数据字节数。
• 执行网络读写（NetR/NetW）指令。

缓冲区各字节含义如表 14-5 所示，各 CPU 的通信口地址在各自项目的 System Block（系统块）中设置，下载之后起作用。

NETW：网络写指令是通过端口 PORT 向远程设备写入在表 TBL 中的数据，可向远方站点最多写入 16 字节的信息。

NETR：网络读指令是通过端口 PORT 接收远程设备的数据并保存在表 TBL 中，可从远方站点最多读取 16 字节的信息。

表 14-5 缓冲区各字节含义

字节意义	状态字节	远程站地址	远程站数据区指针	数据长度	数据字节
NETR 缓存区	VB100	VB101	VD102	VB106	VB107
NETW 缓冲区	VB110	VB111	VD112	VB116	VB117

梯形图如下。

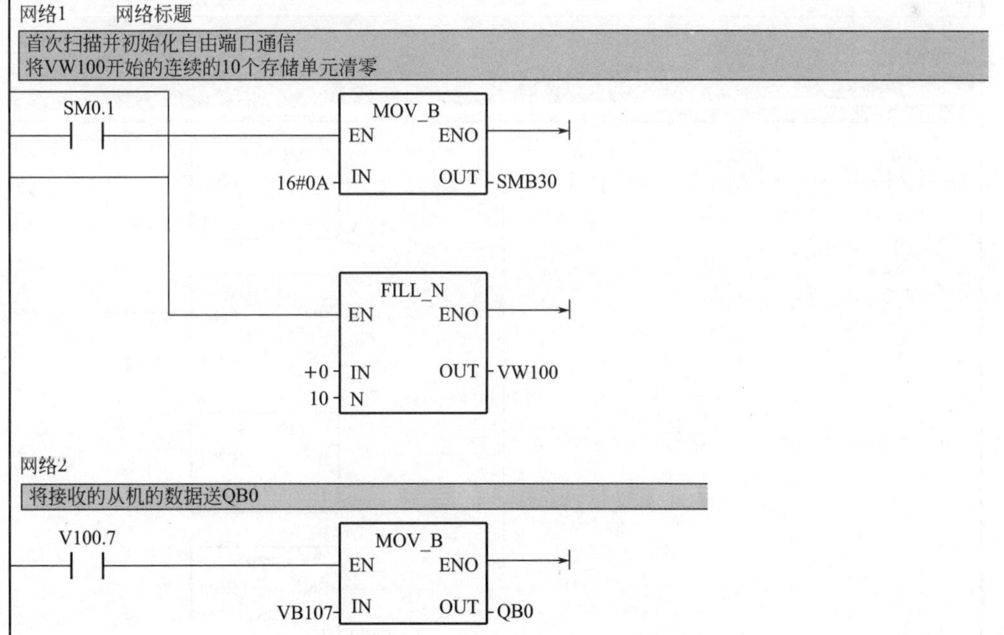

对站 3 进行写操作，把主站 IB0 发送到对方（站 3）的 QB0。

网络3

当NETW未被激活且没有错误：将从机的站地址送数据表
将数据表中指针指向从机的QB0
设置写到从机的字节个数
将主机的IB0状态存数据交换表
将主机的IB0状态写入从机的QB0中

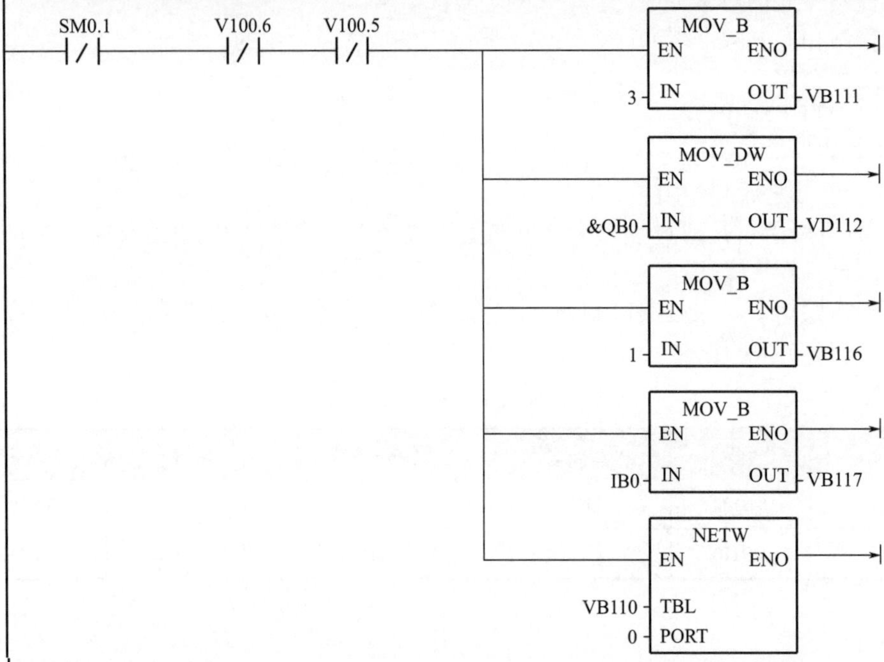

SM0.1 V100.6 V100.5

MOV_B EN ENO 3 IN OUT VB111

MOV_DW EN ENO &QB0 IN OUT VD112

MOV_B EN ENO 1 IN OUT VB116

MOV_B EN ENO IB0 IN OUT VB117

NETW EN ENO VB110 TBL 0 PORT

网络4

当NETR未被激活且没有错误：将从机的站地址送数据表
将数据表中指针指向从机的IB0
设置读取从机字节的个数
读从机IB0的状态

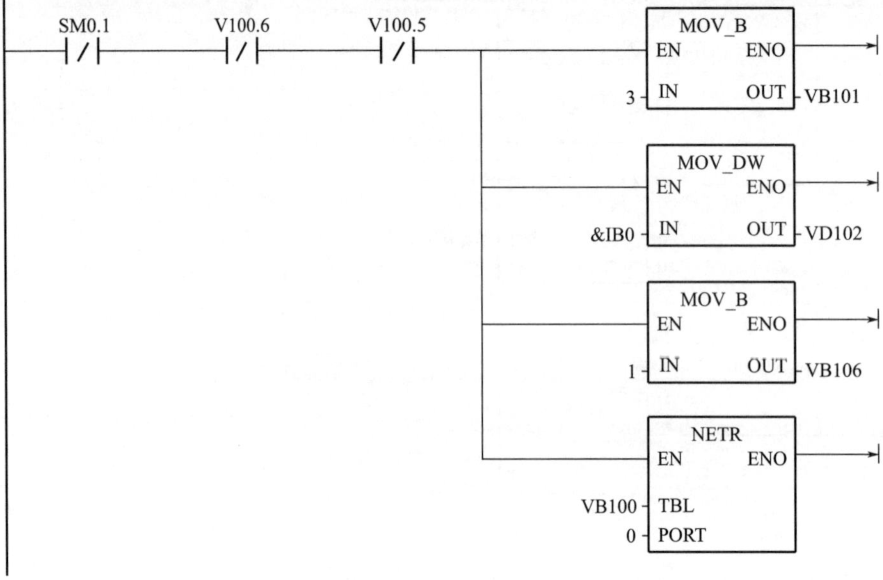

SM0.1 V100.6 V100.5

MOV_B EN ENO 3 IN OUT VB101

MOV_DW EN ENO &IB0 IN OUT VD102

MOV_B EN ENO 1 IN OUT VB106

NETR EN ENO VB100 TBL 0 PORT

14.3.2　实现多台 S7-200 的 PPI 通信

（1）实例说明

通过实现三台 S7-200 PLC 的 PPI 通信，进一步说明 PPI 通信的使用过程。当多台 PLC 通信时，一台为主站，其余 PLC 为从站，从站之间不直接通信，从站之间的信息沟通都通过主站进行。

例如多台（本例是三台）S7-200PLC 通过 PORT0 口互相 PPI 通信，实现甲机 I0.0 启动乙机的电动机星 / 三角启动，甲机 I0.1 终止乙机电动机转动；反过来乙机 I0.2 启动甲机的电动机星 / 三角启动，乙机 I0.3 终止甲机的电动机转动。网络配置如图 14-25 所示，I/O 分配如表 14-6 所示。

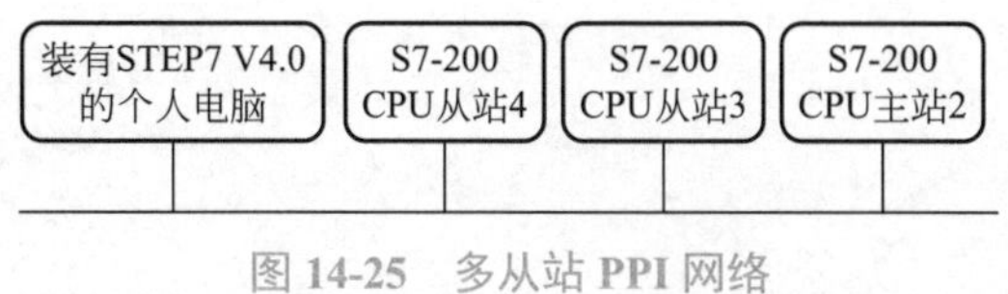

图 14-25　多从站 PPI 网络

表 14-6　I/O 分配表

甲机（S7-200 站号 3 为从站）	乙机（S7-200 站号 4 为从站）
I0.0 启动乙机的电动机	Q0.0 星形
I0.1 停止乙机的电动机	Q0.1 三角形
	Q0.2 主继电器
Q0.3 星形	I0.2 启动甲机的电动机
Q0.4 三角形	I0.3 停止甲机的电动机
Q0.5 主继电器	

（2）实例实现

① 设置端口，打开设置端口画面，如图 14-26 所示，利用 PPI/RS485 编程电缆单独地把其中一台 PLC 的 CPU 在系统块里设置端口 0 为 2 号站，波特率为 9.6 千波特，如图 14-27 所示；同样方法设置另一台端口 0 为 3 号站，波特率为 9.6 千波特；最后设置第三台端口 0 为 4 号站，波特率为 9.6 千波特，分别把系统块下载到 CPU 中。

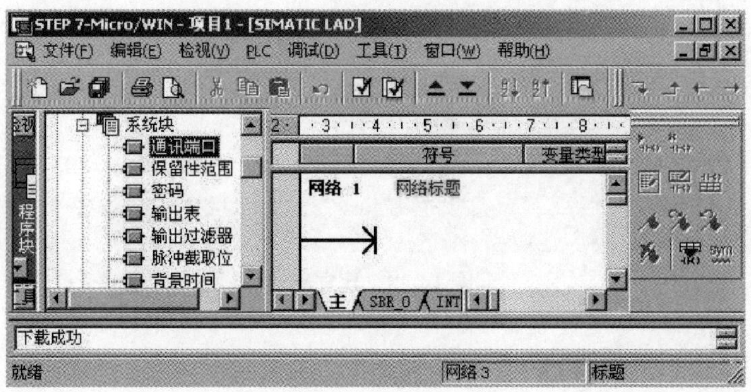

图 14-26　设置端口画面

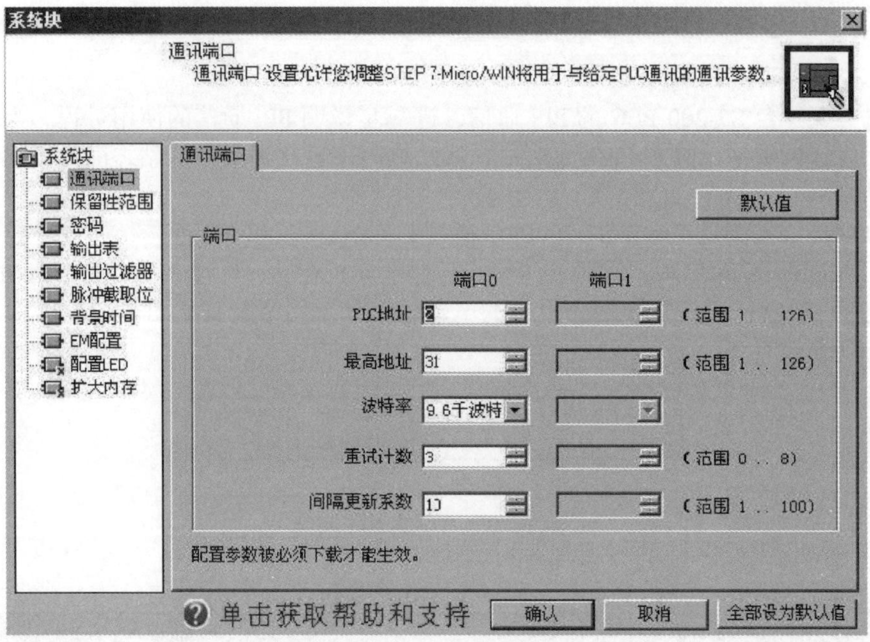

图 14-27 设置端口

利用网络接头和网络线把三台 PLC 的端口 0 连接，利闲 STEP7 V4.0 软件和 PPI/RS485 编程电缆搜索出 PPI 网络上的 3 个站，如图 14-28 所示。

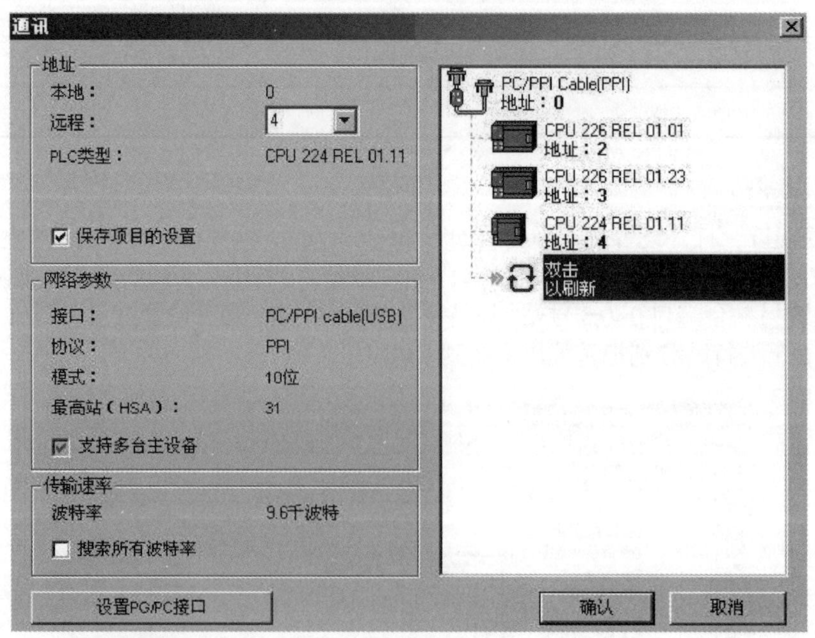

图 14-28 建立连接

② 编写程序

梯形图程序如下。

主站在 OB1 中的梯形图程序。

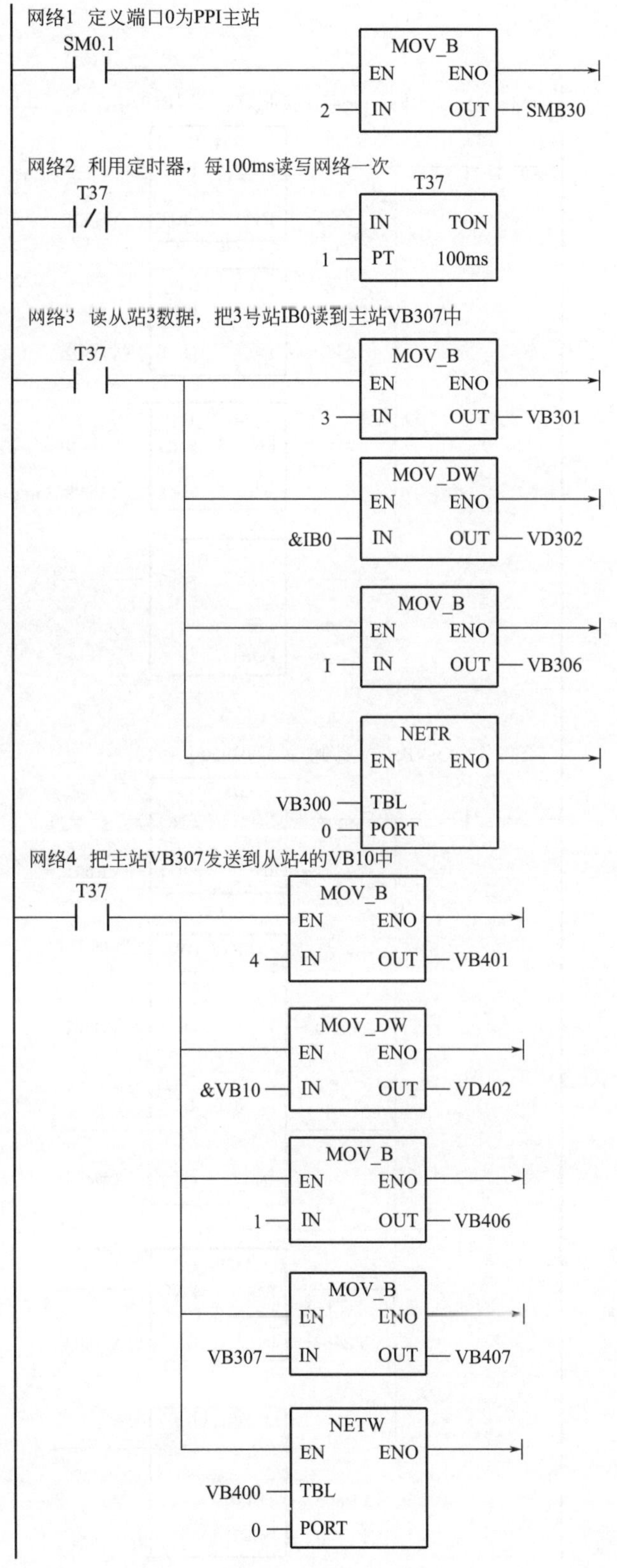
网络1 定义端口0为PPI主站
SM0.1
MOV_B
EN ENO
2 IN OUT SMB30
网络2 利用定时器，每100ms读写网络一次
T37
T37
IN TON
1 PT 100ms
网络3 读从站3数据，把3号站IB0读到主站VB307中
T37
MOV_B
EN ENO
3 IN OUT VB301
MOV_DW
EN ENO
&IB0 IN OUT VD302
MOV_B
EN ENO
I IN OUT VB306
NETR
EN ENO
VB300 TBL
0 PORT
网络4 把主站VB307发送到从站4的VB10中
T37
MOV_B
EN ENO
4 IN OUT VB401
MOV_DW
EN ENO
&VB10 IN OUT VD402
MOV_B
EN ENO
1 IN OUT VB406
MOV_B
EN ENO
VB307 IN OUT VB407
NETW
EN ENO
VB400 TBL
0 PORT

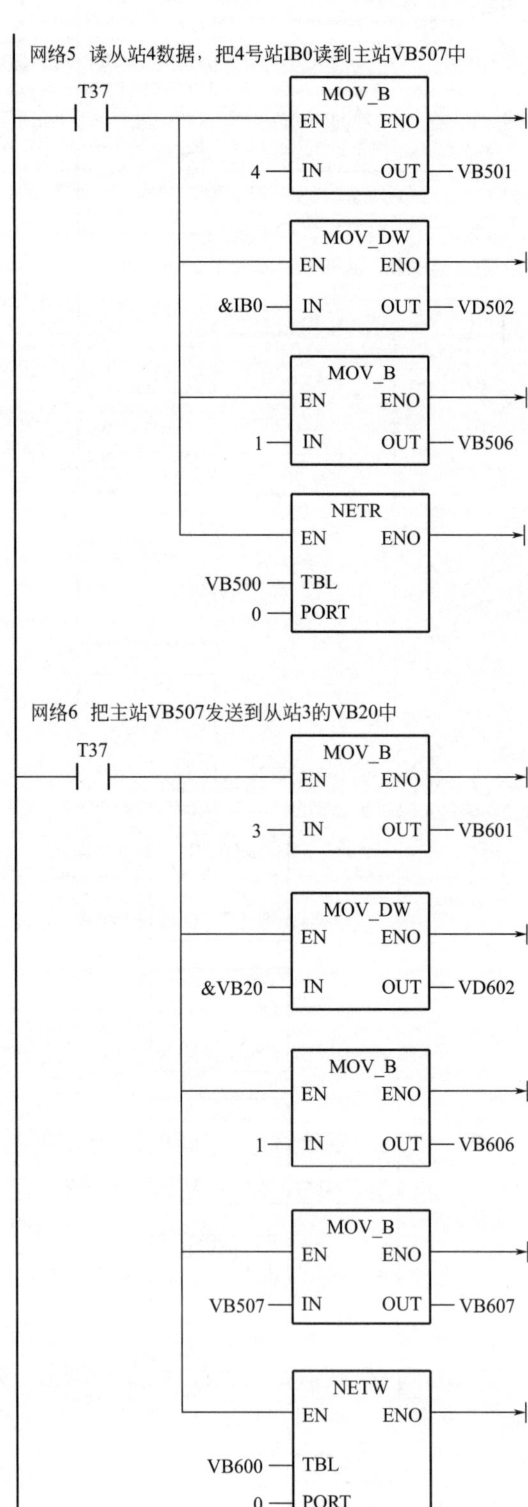

从站 3 在 OB1 中的梯形图程序。

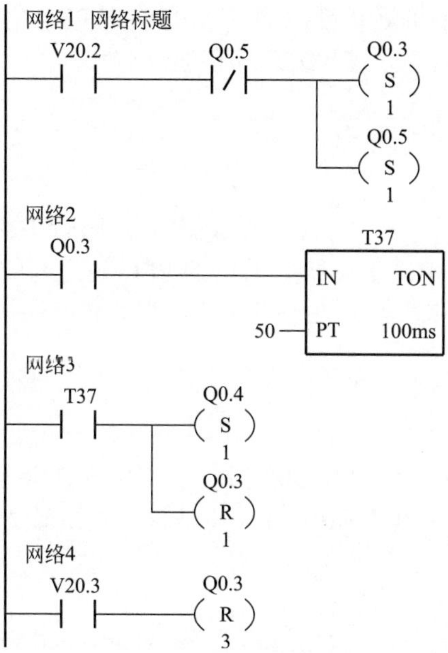

网络1　网络标题
V20.2　Q0.5　Q0.3
S
1
Q0.5
S
1
网络2
T37
Q0.3
IN　TON
50　PT　100ms
网络3
T37　Q0.4
S
1
Q0.3
R
1
网络4
V20.3　Q0.3
R
3

从站4在OB1中的梯形图程序。

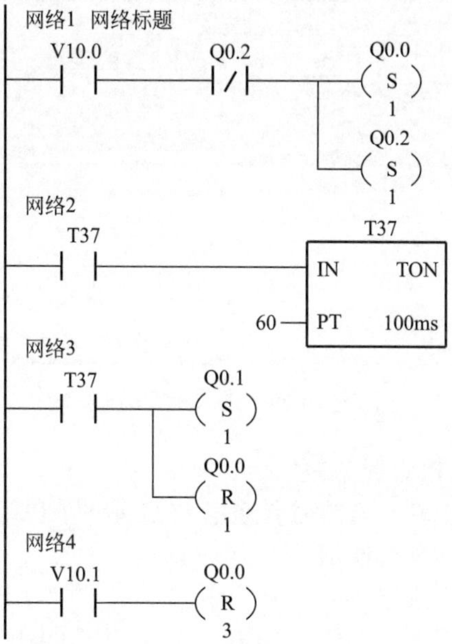

网络1　网络标题
V10.0　Q0.2　Q0.0
S
1
Q0.2
S
1
网络2
T37
T37
IN　TON
60　PT　100ms
网络3
T37　Q0.1
S
1
Q0.0
R
1
网络4
V10.1　Q0.0
R
3

14.4　MPI通信实例

MPI通信是当通信速率要求不高、通信数据量不大时，可以采用的一种简单经济的通信方式。MPI通信可使用PLC S7-200/300/400、操作面板TP/OP及上位机MPI/PFOFIBUS通信卡，如CP5512/CP5611/CP5613等进行数据交换。MPI网络的通信速率为19.2Kbps～12Mbps，通常默认设置为187.5Kbps，只有能够设置为PROFIBUS接口的MPI网络才支持12Mbps的通信速率。MPI网络最多可以连接32个节点，最大通信距离为

50m，但是可以通过中继器来扩展长度。通过 MPI 实现 PLC 之间通信有三种方式：全局数据包通信方式、无组态连接通信方式和组态连接通信方式。

14.4.1 全局数据包通信方式

（1）实例说明

对于 PLC 之间的数据交换，我们只关心数据的发送区和接收区，全局数据包的通信方式是在配置 PLC 硬件的过程中，组态所要通信的 PLC 站之间的发送区和接收区，不需要任何程序处理，这种通信方式只适合 S7-300/400 PLC 之间相互通信。

（2）实例实现

① 建立 MPI 网络

首先打开编程软件 STEP7，建立一个新项目，在此项目下插入两个 PLC 站分别为 SIMATIC 400/CPU412-2DP 和 SIMATIC 300/CPU313C-2DP，并分别插入 CPU 完成硬件组态，配置 MPI 的站号和通信速率，在本例中 MPI 的站号分别设置为 5 号站和 4 号站，通信速率为 187.5Kbps。

② 组态数据的发送和接收区

选中 MPI 网络，再点击菜单“Options”→“Define Global Date”进入组态画面如图 14-29 所示。

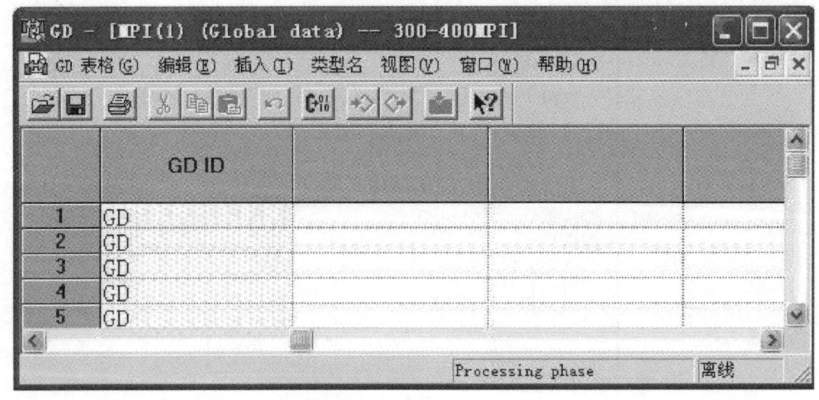

图 14-29　进入组态画面

③ 插入所有需要通信的 PLC 站 CPU

双击 GD ID 右边的 CPU 栏，选择需要通信 PLC 站的 CPU。CPU 栏总共有 15 列，这就意味着最多有 15 个 CPU 能够参与通信。

在每个 CPU 栏底下填上数据的发送区和接收区。例如 CPU412-2DP 的发送区为 DB1.DBB0～DB1.DBB21，可以填写为 DB1.DBB0：22（其中“DB1.DBB0”表示起始地址，“22”表示数据长度）。然后，在菜单“edit”项下选择“Sender”作为发送区。而 CPU313C-2DP 的接收区为 DB1.DBB0～21，可以填写为 DB1.DBB0：22。如图 14-30 所示。编译存盘后，把组态数据分别下载到 CPU 中，这样数据就可以相互交换了。

注意：发送区和接收区的长度必须一致，地址区可以为 DB、M、I、Q 区，S7-300 地址区长度最大为 22 字节，S7-400 地址区长度最大为 54 字节。

④ 通信的诊断

在多个 CPU 通信时，有时通信会中断，可用通过下述方法进行监测：在菜单“View”中点击“Scan Rates”和“GD Status”可以扫描系数和状态字，如图 14-31 所示。

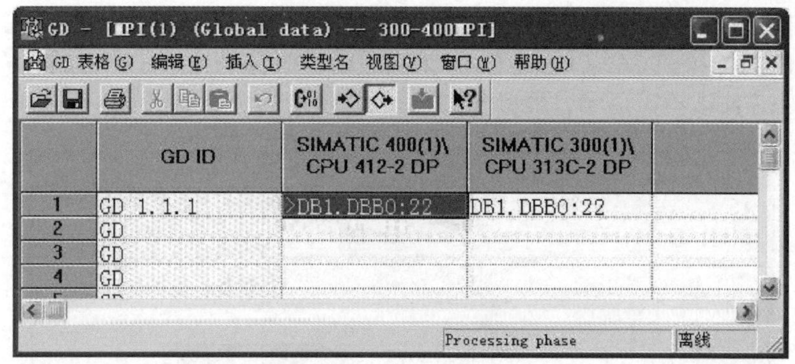

图 14-30　设置组态画面

GD - [MPI(1) (Global data) -- MPI_GD]

GD Table　Edit　Insert　PLC　View　Window　Help

	GD ID	STATION2\ CPU 315-2 DP	STATION1\ CPU 416-2 DP	
1	GST	MD40	MD40	
2	GDS 1.1	MD44	MD44	
3	SR 1.1	225	2	
4	GD 1.1.1	>DB1.DBB20	DB1.DBB20	
5	GD 1.1.2	>MB20	MB20	
6	GD 1.1.3	>QB0:10	QB0:10	
7	GD 1.1.4	>DB1.DBB40	DB1.DBB40	
8	GD 1.1.5	>DB1.DBB41	DB1.DBB41	
9	GDS 2.1	MD48	MD48	
10	SR 2.1	8	44	
11	GD 2.1.1	>DB1.DBB42	DB1.DBB42	

图 14-31　通信诊断

SR：扫描频率系数。图 14-31 中 SR1.1 为 225，表示发送更新时间为 225×CPU 循环时间。范围为 1 ～ 255。通信中断的问题往往是由于设置扫描时间过快，可改大一些。

GDS：每包数据的状态字（双字）。可根据状态字编写相应的错误处理程序，结构如下：

第一位：发送区域长度错误。

第二位：发送区数据块不存在。

第四位：全局数据包丢失。

第五位：全局数据包语法错误。

第六位：全局数据包数据对象丢失。

第七位：发送区与接收区数据对象长度不一致。

第八位：接收区长度错误。

第九位：接收区数据块不存在。

第十二位：发送方重新启动。

第三十二位：接收区接收到新数据。

GST：所有 GDS 相“OR”的结果

⑤ 事件触发的数据传送

如果我们需要控制数据的发送与接收，如在某一事件或某一时刻，接收和发送所需要的数据，这时将用到事件触发的数据传送方式。这种通信方式是通过调用 CPU 的系统功能 SFC60（GD_SND）和 SFC61（GD_RCV）来完成的，而且只支持 S7-400CPU，并且相应设置 CPU 的 SR（扫描频率）为 0，可参考如图 14-32 所示的全局数据的组态画面。

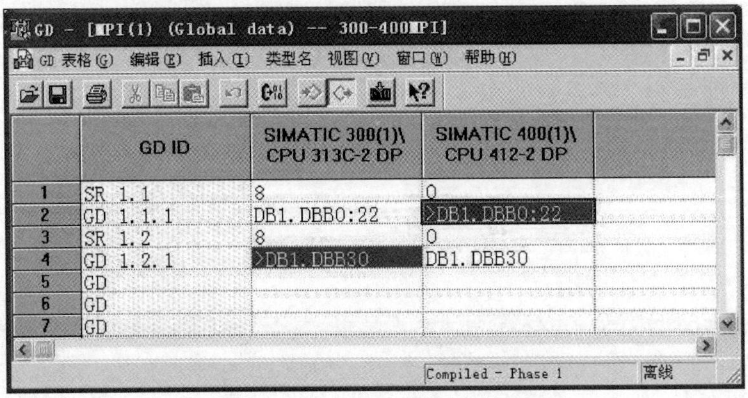
GD - [MPI(1) (Global data) -- 300-400MPI]
GD 表格(G) 编辑(E) 插入(I) 类型名 视图(V) 窗口(W) 帮助(H)
GD ID
SIMATIC 300(1)\ CPU 313C-2 DP
SIMATIC 400(1)\ CPU 412-2 DP
1 SR 1.1 8 0
2 GD 1.1.1 DB1.DBB0:22 >DB1.DBB0:22
3 SR 1.2 8 0
4 GD 1.2.1 >DB1.DBB30 DB1.DBB30
5 GD
6 GD
7 GD
Compiled - Phase 1
离线
图 14-32　全局数据的组态画面

编译存盘后下载到相应的 CPU 中，然后在 S7-400 中调用 SFC60/61 控制接收与发送。具体程序代码为：

```
      A     M     I.1
      FP    M     I.2
      =     M     I.3
      A     M     I.3

      JCN    M1

      CALL    " GD_RCV"
      CIRCLE_ID:=B#16#1            //循环数
      BLOCK_ID:=B#16#1             //数据包数
      RET_VAL:=MW4

M1:   A     M     1.0
      FP    M     1.4
      =     M     1.5
      A     M     1.5
      JCN    M2

      CALL" GD_SND"
      CIRCLE_ID:=B#16#1
      BLOCK_ID:=B#16#2
      RET_VAL:=MW2

M2:   SET
      R     M     1.1
      R     M     1.0
```

14.4.2　无组态连接通信方式

（1）实例说明

无组态的 MPI 通信需要调用系统功能块 SFC65 到 SFC69 来实现，这种通信方式适合于 S7-300、S7-400 和 S7-200 之间的通信。通过调用 SFC 来实现 MPI 通信，又可分为双边通信方式和单边通信方式两种。调用系统功能通信方式不能和全局数据通信方式混合使用。

（2）实例实现

① 双边编程通信方式

双边编程通信方式在通信的双方都需要调用通信块，一方调用发送块，另一方就要调用接收块来接收数据。这种通信方式适用 S7-300/400 之间通信，发送块是 SFC65（X_SEND），接收块是 SFC66（X_RCV）。

实验步骤为：

• 在 STEP7 中创建两个站

STATION1，CPU 为 S7-412-2DP，MPI 站地址为 5；

STATION2，CPU 为 S7-313C-2DP，MPI 站号为 4。

5 号站发送 2 包数据给 4 号站，4 号站判断后放在相应的数据区中。

• 编程

在 S7-412-2DP 的 OB35 中须调用 SFC65，具体程序代码为：

```
CALL      "X_SEND"
  REQ       :=M1.1
  CONT      :=TRUE
  DEST_TD   :=V#16#4
  REO_ID    :=DW#16#1
  SD        :=P#DB1,DBXO,O BYTE1.0
  RET_VAL   :=MW2
  BUSY      :=M1.2

CALL      "X_SEND"
  REQ       :=M1.3
  CONT      :=TRUE
  DEST_ID   :=V#16#4
  REQ_ID    :=DW#16#2
  SD        :=P#DB1.DBX20.0 BYTE 10
  RET_VAL   :=MV4
  BUSY      :=M1.4

CALL      "X_ABORT"
  REQ       :=M1.5
  DEST_ID   :=V#16#4
  RET_VAL   :=MV6
  BUSY      :=M1.6
```

参数说明：

REQ 为发送请求，该参数为 1 时发送。

CONT 为 1 表示发送数据是连续的一个整体。

DEST_ID 表示对方的 MPI 地址。

REQ_ID 表示一包数据的标识符，标识符自己定义。

SD 表示发送区，以指针的格式表示，例子中第一包数据为 DB1 中从 DBX0.0

（DBB0）以后的 10 个字节数据，发送区最大为 76 个字节。

RET_VAL 表示发送的状态

BUSY 为 1 时表示发送中止。

在这个例子中，M1.1，M1.3 为 1 时，CPU412-2DP 将发送标识符为“1”和“2”的两包数据给 4 号站的 CPU313C-2DP。

一个 CPU 究竟可以能和几个 CPU 通信和 CPU 的通信资源有关系，这也决定 SFC 的调用的次数。以上例作说明，M1.1，M1.3 为 1 时，与 4 号站的连接就建立起来了，反之 4 号站发送，5 号站接收同样要建立一个连接，也就是说两个站通信时，若都需要发送和接收数据，则需占用两个动态连接。通信状态可参考图 14-33。

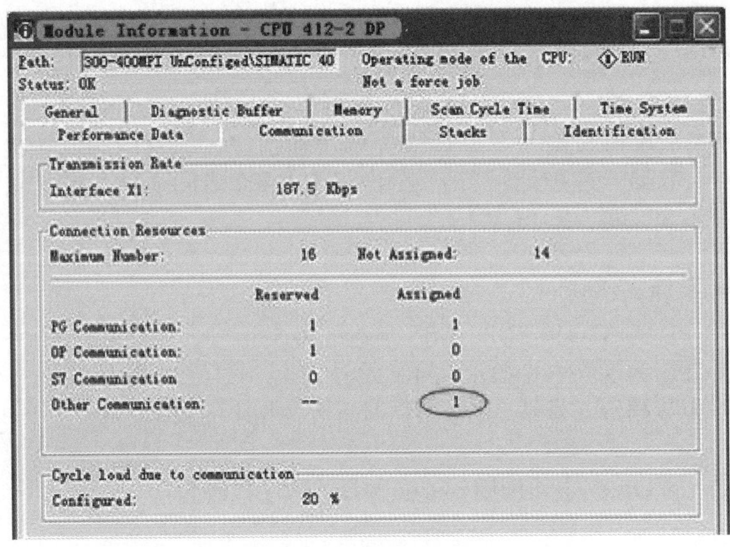

图 14-33 通信状态界面

M1.1，M1.3 为 0 时，此时建立的连接并没有释放，必须调用 SFC69 来释放连接，在上例中 M1.5 为 1 时，与 4 号站建立的连接断开，如图 14-34 所示。

	Reserved	Assigned
PG Communication:	1	1
OP Communication:	1	0
S7 Communication	0	0
Other Communication:	--	0

图 14-34 释放连接

在 S7 313C-2DP 的 OB1 中调用接收块 SFC66，具体程序代码为：

```
      CALL  "X_RCV"
       EN_DT  :=M1.1
       RET_VAL:=MW2
       REQ_ID :=MD4
       NDA    :=M1.2
       RD     :=P#DB1.DBX0.0 BYTE 10
      L     MD    4
      L     DW#16#1
      ==D
      =     M     1.3
      L     MD    4
      L     DW#16#2
      ==D
      =     M     1.4
      A     M     1.3
      JCN   M1
      CALL  "BLKMOV"
       SRCBLK :=P#DB1.DBX0.0 BYTE 10
       RET_VAL:=MW10
       DSTBLK :=P#DB2.DBX0.0 BYTE 10
M1:   A     M     1.4
      JCN   M2
      CALL  "BLKMOV"
       SRCBLK :=P#DB1.DBX0.0 BYTE 10
       RET_VAL:=MW12
       DSTBLK :=P#DB3.DBX0.0 BYTE 10
M2:   NOP   0
```

参数说明：

参数 EN_DT 表示接收使能。

RET_VAL 表示接收状态字。

REQ_ID 为接收数据包的标识符。

NDA 为 1 时表示有新的数据包，为 0 时则表示没有新的数据包。

RD 表示接收区，接收区放在 DB1 中从 DBB0 以后的 10 个字节中。

程序中，接收块只识别数据的标识符，而不管是哪一个 CPU 发送的，接收从 5 号站 CPU412-2DP 发送的两包数据，当标识符为“1”且 M1.3 为 1 时，复制接收区的数据到 DB2 的前 10 个字节中（调用 SFC20），当标识符为“2”时，M1.4 为 1，复制接收区的数据到 DB3 的前 10 个字节中。数据传送状态如图 14-35 所示。

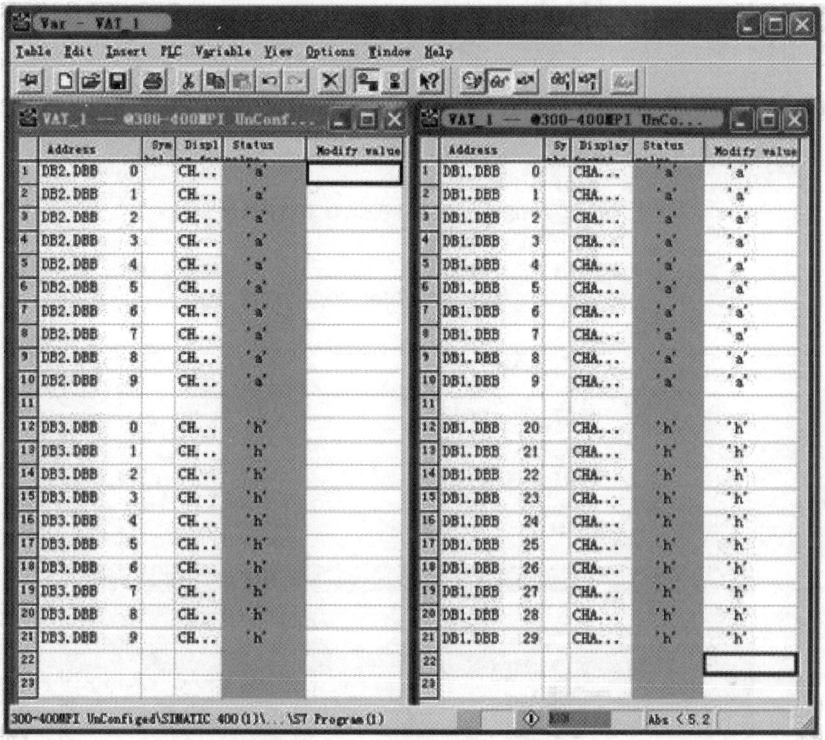

	Address		Sym	Displ	Status	Modify value
1	DB2.DBB	0		CH...	'a'	
2	DB2.DBB	1		CH...	'a'	
3	DB2.DBB	2		CH...	'a'	
4	DB2.DBB	3		CH...	'a'	
5	DB2.DBB	4		CH...	'a'	
6	DB2.DBB	5		CH...	'a'	
7	DB2.DBB	6		CH...	'a'	
8	DB2.DBB	7		CH...	'a'	
9	DB2.DBB	8		CH...	'a'	
10	DB2.DBB	9		CH...	'a'	
11						
12	DB3.DBB	0		CH...	'h'	
13	DB3.DBB	1		CH...	'h'	
14	DB3.DBB	2		CH...	'h'	
15	DB3.DBB	3		CH...	'h'	
16	DB3.DBB	4		CH...	'h'	
17	DB3.DBB	5		CH...	'h'	
18	DB3.DBB	6		CH...	'h'	
19	DB3.DBB	7		CH...	'h'	
20	DB3.DBB	8		CH...	'h'	
21	DB3.DBB	9		CH...	'h'	
22						
23						

	Address		Sy	Display	Status	Modify value
1	DB1.DBB	0		CHA...	'a'	'a'
2	DB1.DBB	1		CHA...	'a'	'a'
3	DB1.DBB	2		CHA...	'a'	'a'
4	DB1.DBB	3		CHA...	'a'	'a'
5	DB1.DBB	4		CHA...	'a'	'a'
6	DB1.DBB	5		CHA...	'a'	'a'
7	DB1.DBB	6		CHA...	'a'	'a'
8	DB1.DBB	7		CHA...	'a'	'a'
9	DB1.DBB	8		CHA...	'a'	'a'
10	DB1.DBB	9		CHA...	'a'	'a'
11						
12	DB1.DBB	20		CHA...	'h'	'h'
13	DB1.DBB	21		CHA...	'h'	'h'
14	DB1.DBB	22		CHA...	'h'	'h'
15	DB1.DBB	23		CHA...	'h'	'h'
16	DB1.DBB	24		CHA...	'h'	'h'
17	DB1.DBB	25		CHA...	'h'	'h'
18	DB1.DBB	26		CHA...	'h'	'h'
19	DB1.DBB	27		CHA...	'h'	'h'
20	DB1.DBB	28		CHA...	'h'	'h'
21	DB1.DBB	29		CHA...	'h'	'h'
22						
23						

图 14-35　数据传送状态

② 单边编程通信方式

与双向通信时两方都需要编写发送和接收块不同，单向通信只在一方编写通信程序，这也是客户机与服务器的关系，编写程序一方的 CPU 作为客户机，没有编写程序一方的 CPU 作为服务器，客户机调用 SFC 通信块对服务器的数据进行读写操作，这种通信方式适合 S7-300/400/200 之间通信，S7-300/400 的 CPU 可以同时作为客户机和服务器，S7-200 只能作服务器。SFC67（X_GET）用来读回服务器指定数据区中的数据并存放到本地的数据区中，SFC68（X_PUT）用来写本地数据区中的数据到服务器中指定的数据区中。

具体实现步骤如下。

• 新建项目

建立两个 S7 站，STATION1，CPU 为 S7 313C-2DP，MPI 地址为 4 作为客户机；STATION2，CPU 为 S7 412-2DP，MPI 地址为 5 作为服务器。

• 编程

CPU421-2DP 的 OB1 中调用 SFC68，把本地数据区的数据 DB2.DBB0 开始的连续 10 个字节发送到 CPU313C-2DP 的 DB1.DBB20 开始的 10 个字节中；调用 SFC67，CPU412-2DP 读出 CPU313C-2DP 的数据 DB1.DBB0 开始的 10 个字节放到本地 DB2.DBB20 开始的 10 个字节中。程序代码如下。

```
CALL  "X_PUT"
 REQ      :=M8.1
 CONT     :=TRUE
 DEST_ID  :=W#16#4
 VAR_ADDR:=P#DB1.DBX20.0 BYTE 10
 SD       :=P#DB2.DBX 0.0 BYTE 10
 RET_VAL  :=MW12
 BUSY     :=M8.2

CALL  "X_GET"
 REQ      :=M8.3
 CONT     :=TRUE
 DEST_ID  :=W#16#4
 VAR_ADDR:=P#DB1.DBX0.0 BYTE 10
 RET_VAL  :=MW14
 BUSY     :=M8.4
 RD       :=P#DB2.DBX 20.0 BYTE 10

CALL  "X_ABORT"
 REQ     :=M8.5
 DEST_ID:=W#16#4
 RET_VAL:=MW16
 BUSY    :=M8.6
```

数据传送状态如图 14-36 所示。

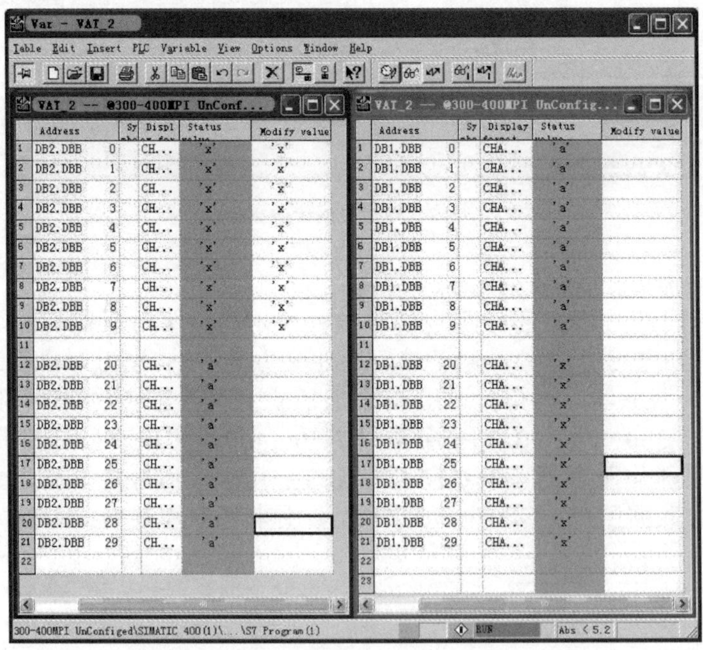

图 14-36 数据传送状态

14.4.3 组态连接通信方式

（1）实例说明

MPI 网络，调用系统功能块进行 PLC 站之间的通信只适合于 S7-300/400，S7-400/400 之间的通信，S7-300/400 通信时，由于 S7-300CPU 中不能调用 SFB12（BSEND），SFB13（BRCV），

SFB14（GET），SFB15（PUT），不能主动发送和接收数据，只能进行单向通信，所以S7-300PLC只能作为一个数据的服务器，S7-400PLC可以作为客户机对S7-300PLC的数据进行读写操作。S7-400/400通信时，S7-400PLC可以调用SFB14，SFB15，既可以作为数据的服务器同时也可以作为客户机进行单向通信，还可以调用SFB12，SFB13，发送和接收数据进行双向通信，在MPI网络上调用系统功能块通信，最大一包数据不能超过160个字节。

（2）实例实现

具体实现步骤如下。

① 新建项目

建立两个S7的PLC站，STATION1其CPU为S7 412-2DP，站地址为5，STATION2，其CPU为S7 313C-2DP，站地址为4。假设S7-400PLC把本地数据DB1中字节0以后的5个字节写到S7-300PLC DB1中字节0以后的5个字节中去，然后再读出S7-300PLC DB1中字节0以后的5个字节中的数据并将其放到S7-400PLC本地数据块DB2中字节0以后的5个字节中去。

② 组态

连接及参数设置在STEP7中点击“Options”“Configure Network”进入网络组态画面，如图14-37所示。

右键点击CPU412-2DP，选择“Insert New Connections”新建连接。在弹出的对话框中选择“S7 connection”连接类型，并选择所需连接的CPU，这里选择CPU313C-2DP。如图14-38所示。

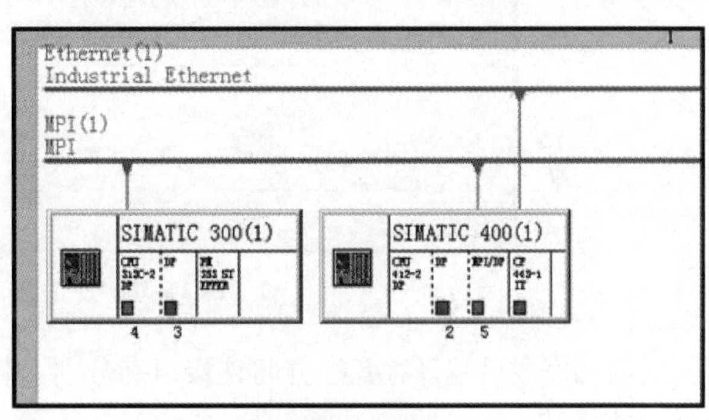

图14-37 网络组态画面

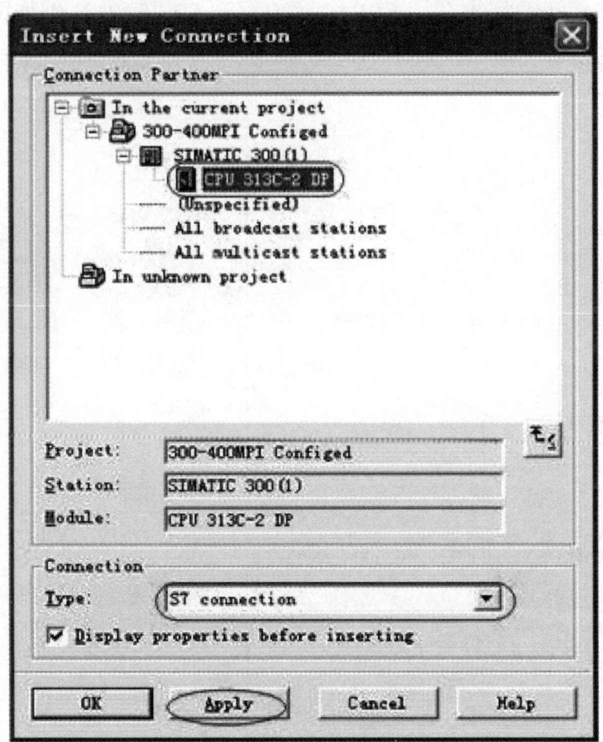

图14-38 建立连接

点击“Apply”按钮建立连接，并查看连接表的详细属性，如图 14-39 所示。

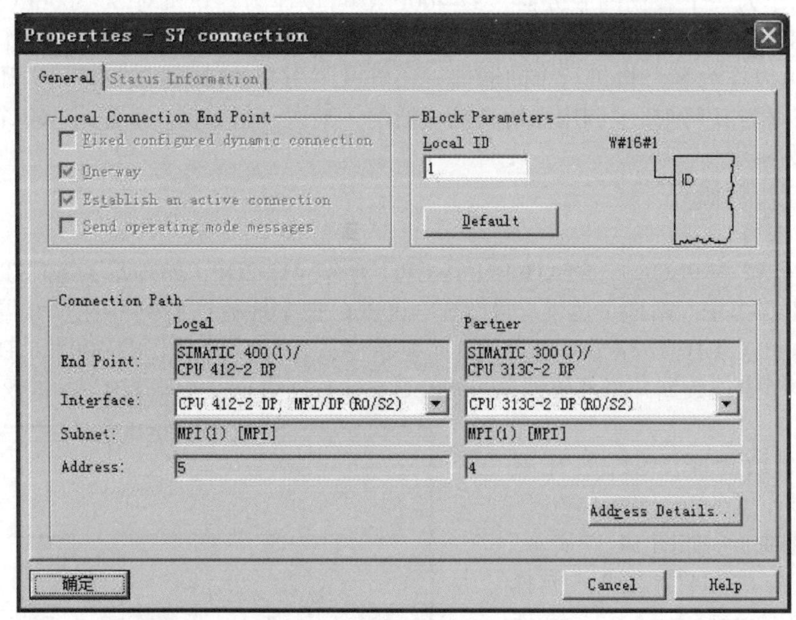

图 14-39　连接表的详细属性

组态完成后编译存盘，并将连接组态分别下载到各自的 CPU。

③ 编程

在 PLC 中调用通信所需的系统功能块，由于是单向通信 S7-300PLC 是数据的服务器，所以只能在 S7-400PLC 侧编程，调用 SFB15 写数据到 S7-300PLC 中如图 14-40 所示。

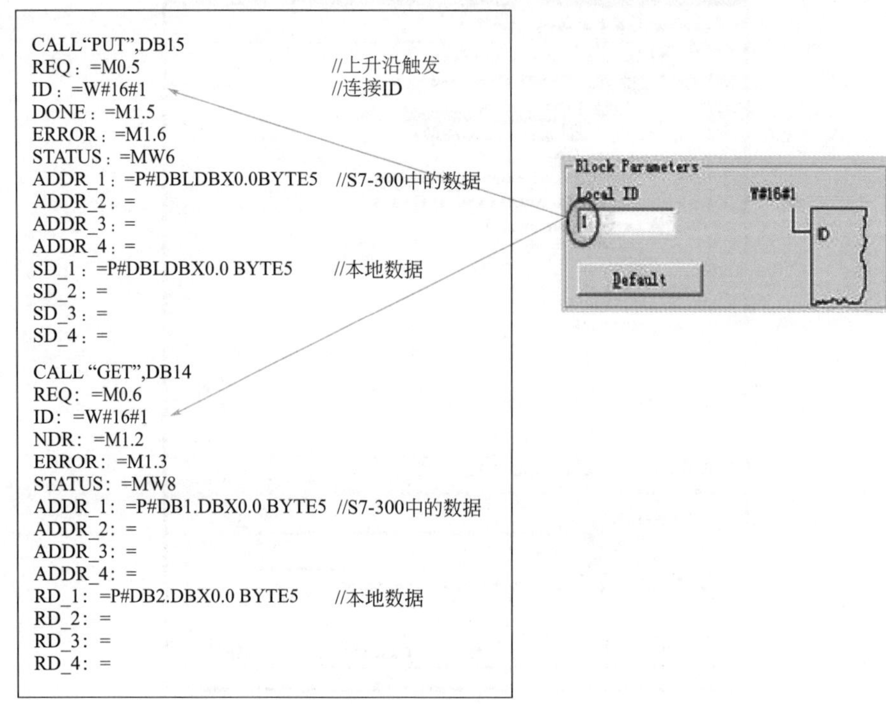

```
CALL“PUT”,DB15
REQ：=M0.5                              //上升沿触发
ID：=W#16#1                             //连接ID
DONE：=M1.5
ERROR：=M1.6
STATUS：=MW6
ADDR_1：=P#DBLDBX0.0BYTE5   //S7-300中的数据
ADDR_2：=
ADDR_3：=
ADDR_4：=
SD_1：=P#DBLDBX0.0 BYTE5        //本地数据
SD_2：=
SD_3：=
SD_4：=

CALL “GET”,DB14
REQ: =M0.6
ID: =W#16#1
NDR: =M1.2
ERROR: =M1.3
STATUS: =MW8
ADDR_1: =P#DB1.DBX0.0 BYTE5  //S7-300中的数据
ADDR_2: =
ADDR_3: =
ADDR_4: =
RD_1: =P#DB2.DBX0.0 BYTE5       //本地数据
RD_2: =
RD_3: =
RD_4: =
```


图 14-40　S7-400PLC 侧编程程序

程序编制好后下载到各自的 CPU 站，并建立变量表测试程序的运行，如图 14-41 所示。

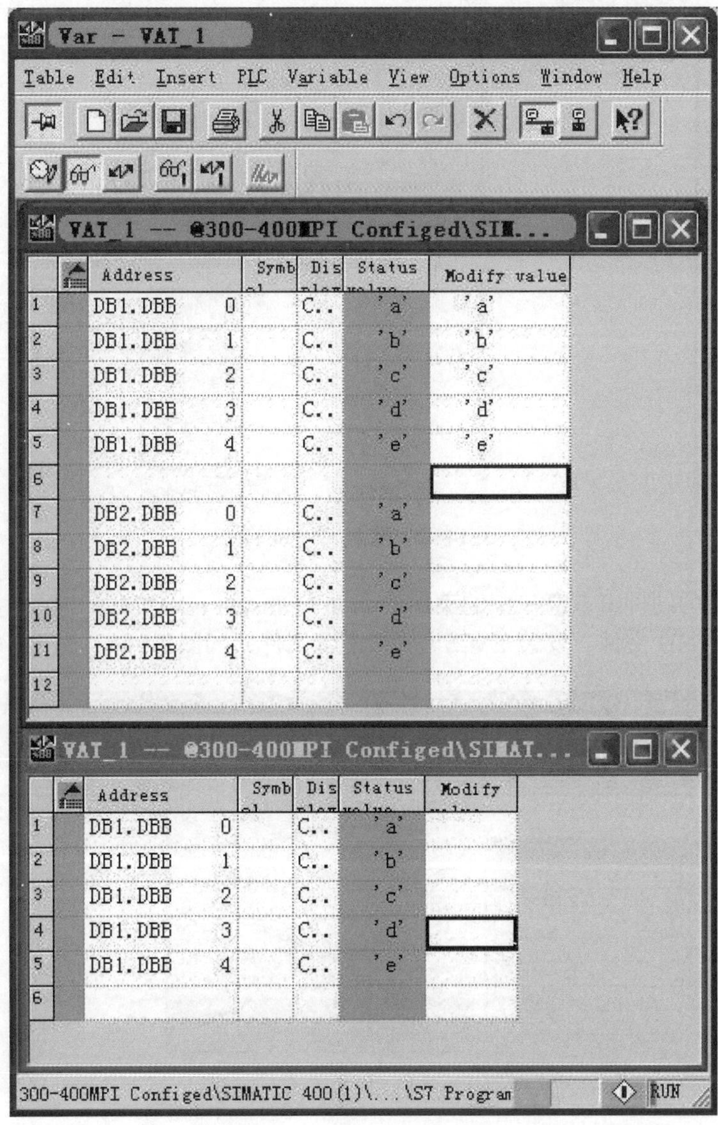

图 14-41　测试程序的运行

14.5　S7-300 和 S7-200 的 Profibus DP 通信实例

（1）实例说明

S7-300 与 S7-200 通过 EM277 进行 PROFIBUS DP 通信，需要在 STEP7 中进行 S7-300 站组态，在 S7-200 系统中不需要对通信进行组态和编程，只需要将要进行通信的数据整理存放在 V 存储区与 S7-300 的组态 EM277 从站时的硬件 I/O 地址相对应。

（2）实例实现

如图 14-42 所示插入一个 S7-300 的站。

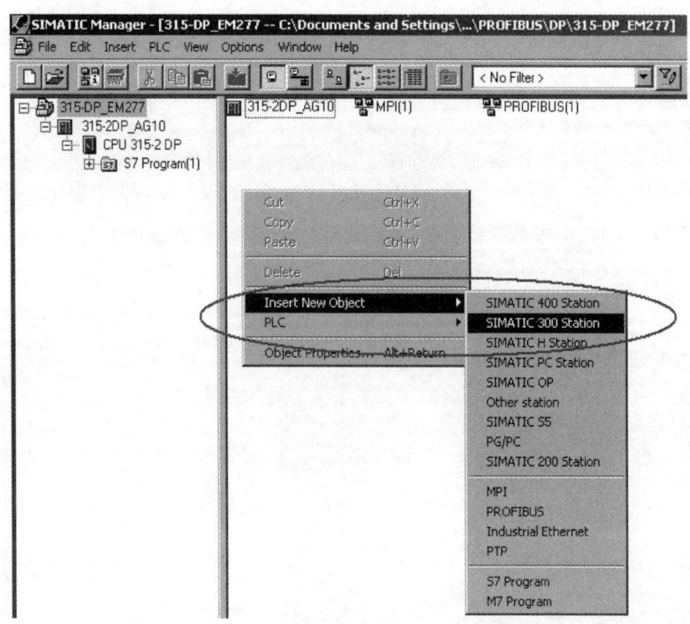

图 14-42　插入 S7-300 的站

选中 STEP7 的硬件组态窗口中的菜单 Option → Install new GSD，从文件夹 SIMATIC 中导入 SIEM089D.GSD 文件，安装 EM277 从站配置文件，如图 14-43，图 14-44 所示。

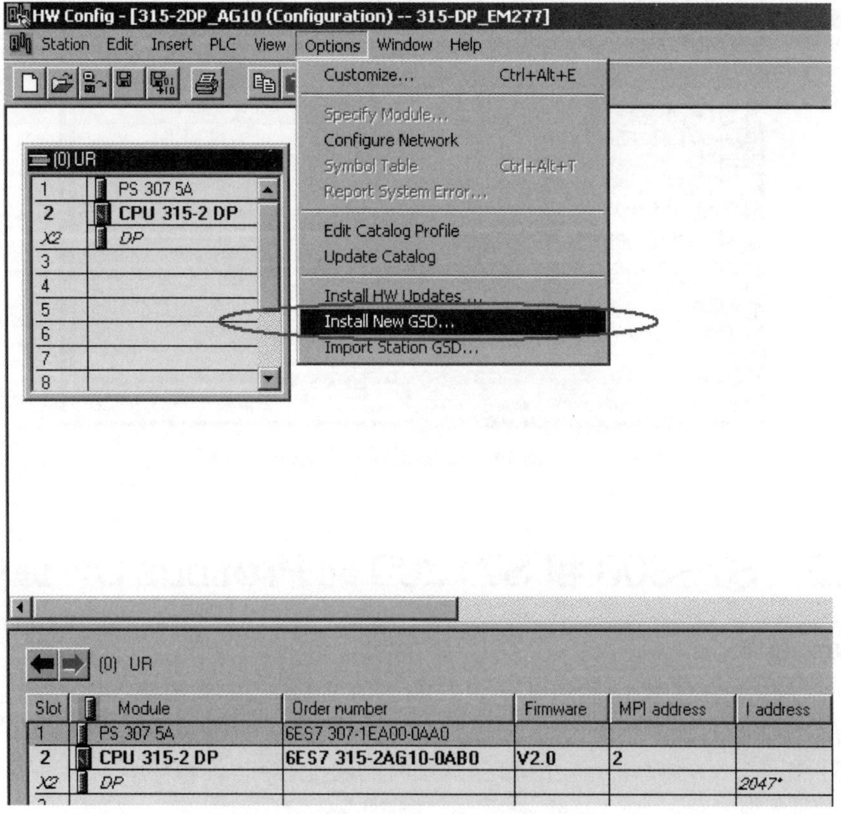

图 14-43　安装 EM277 从站配置文件

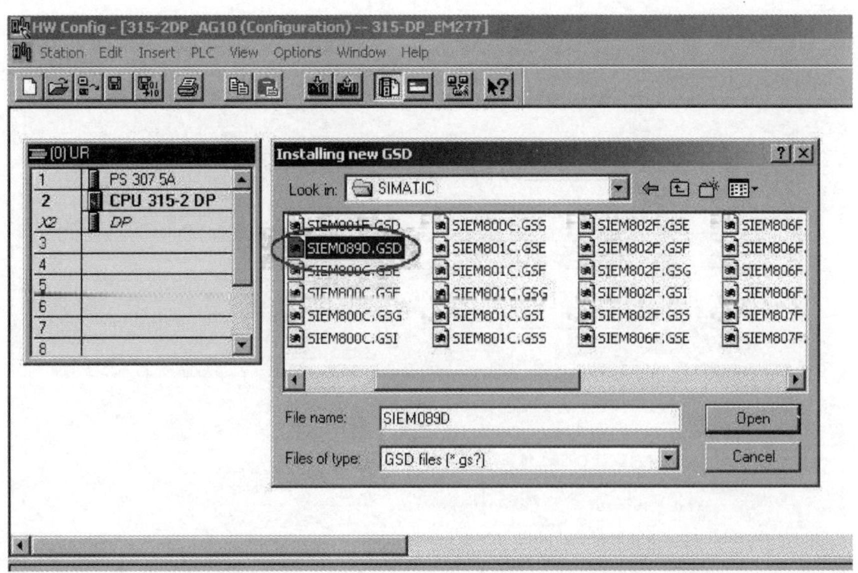

图 14-44　SIMATIC 文件夹中的 EM277 的 GSD 文件

导入 GSD 文件后，在右侧的设备选择列表中找到 EM277 从站，PROFIBUSDP Additional Field Devices PLC SIMATIC EM277，并且根据通信字节数，选择一种通信方式，本例中选择了 8 字节入 /8 字节出的方式，如图 14-45 所示。

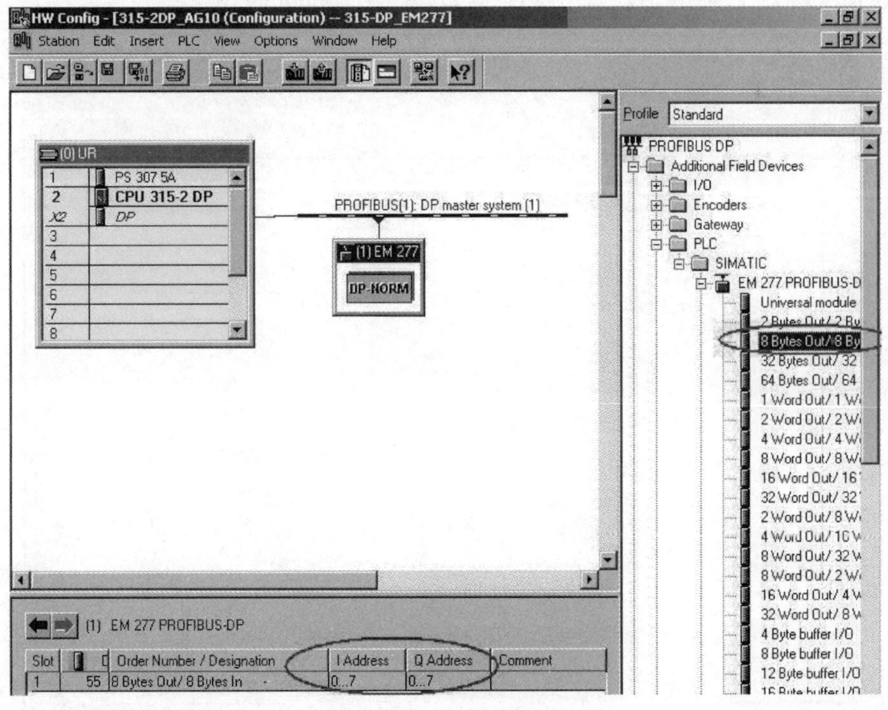

图 14-45　选择通信方式

双击图 14-45 的 EM277 图标，出现“属性—DP 从站”设定对话框，如图 14-46 所示。点击“PROFIBUS…”键，设定 EM277 的地址（注意：设定的地址须和 EM277 的拨码开关一致）。

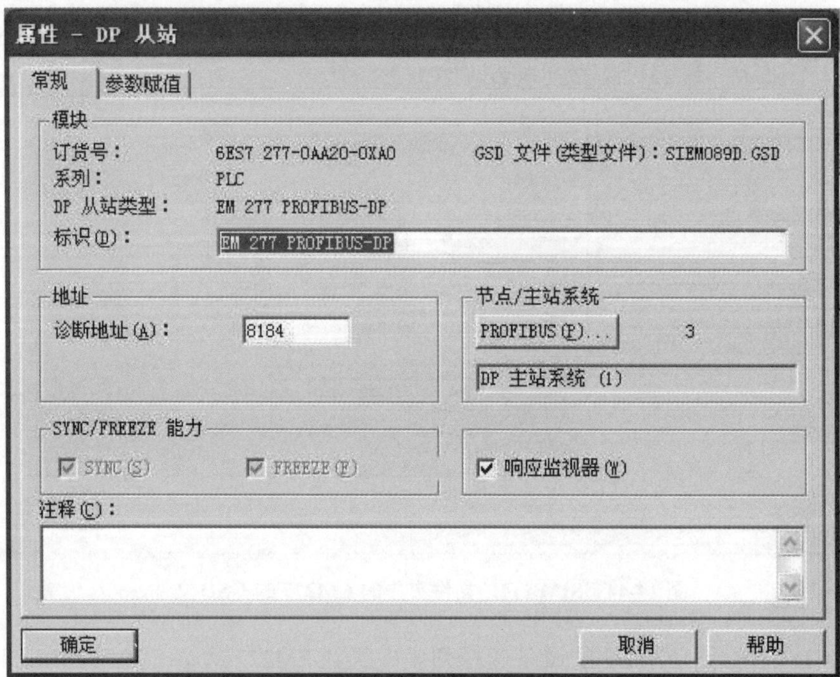

图 14-46 “属性—DP 从站”设定对话框

如图 14-47 所示，打开参数赋值选项（Parameter Assignment）。

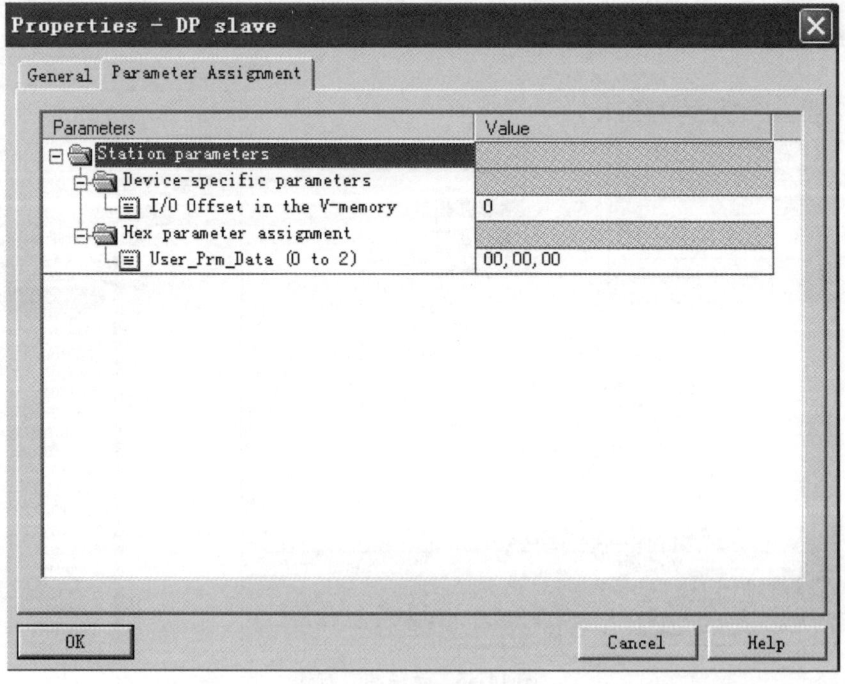

图 14-47 参数赋值选项

填写 EM277 地址对应的 S7-200 中 V 变量区相对于 VB0 的偏移量（I/O offset），该偏移量可以任意填写，只要在 S7-200 中该 VB 变量区没有被 S7-200 的程序使用就可以，如图 14-48 所示。

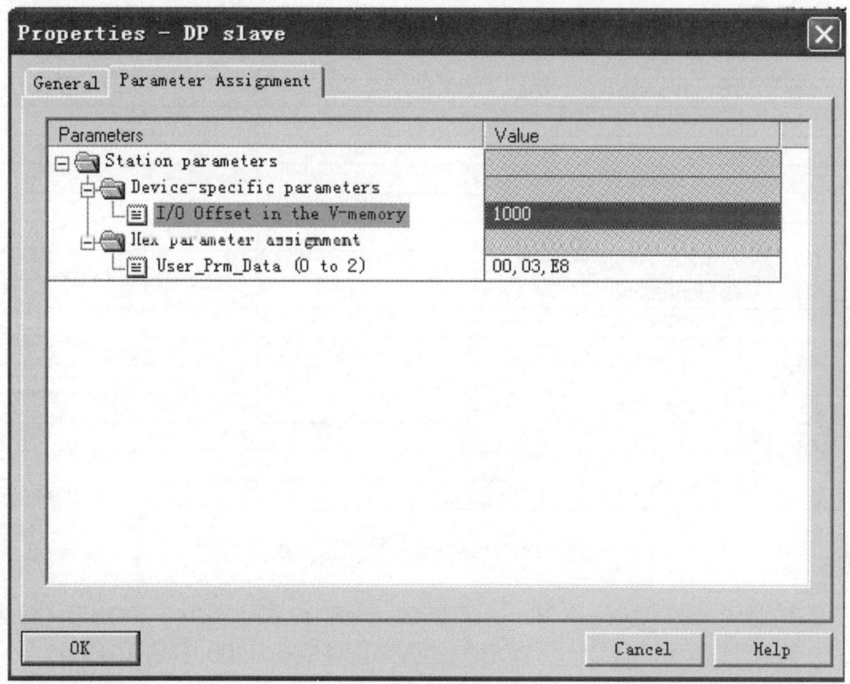

图 14-48　填写偏移量

双击 EM277 的组件，弹出对话框 Properties-DP slave 如图 14-49 所示。在此界面可以修改 EM277 的地址，这里的地址是对应 S7-300 组态时的地址，此地址不能和 S7-300 中其他的组态地址重复，可以使用系统默认地址，也可以自己设置。

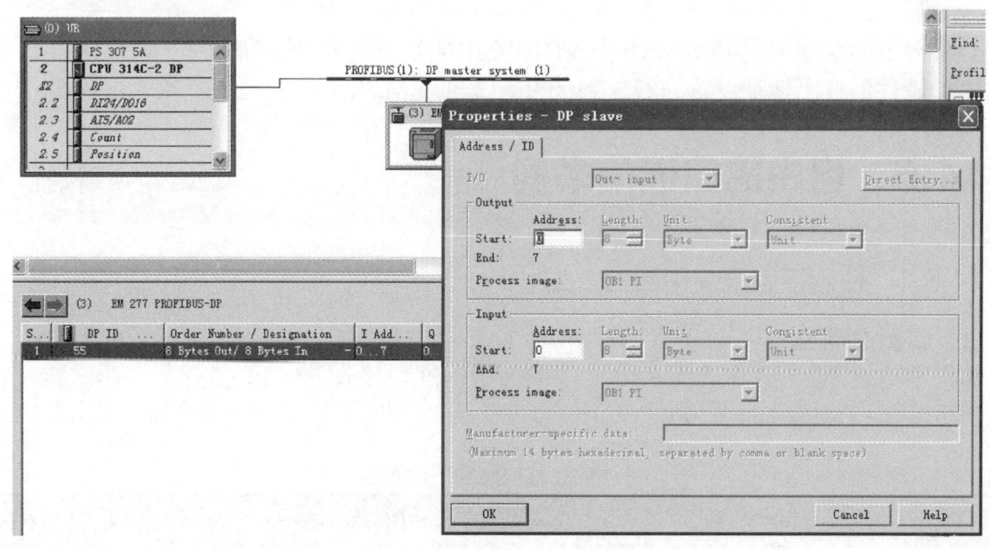

图 14-49　设置 EM277 的地址

图 14-50 是 S7-300 中其他硬件的组态地址。

(0) UR

S...	Module	Order number	Firmware	MPI address	I address	Q address	Comment
1	PS 307 5A	6ES7 307-1EA00-0AA0					
2	CPU 314C-2 DP	6ES7 314-6CG03-0AB0	V2.6	2			
X2	DP				1023*		
2.2	DI24/DO16				124...126	124...125	
2.3	AI5/AO2				752...761	752...755	
2.4	Count				768...783	768...783	
2.5	Position				784...799	784...799	
3							
4	DI16xDC24V	6ES7 321-1BH00-0AA0			8...9		
5	AI2x12Bit	6ES7 331-7KB82-0AB0			272...275		
6							
7							
8							
9							
10							
11							

图 14-50　其他硬件的组态地址

EM277 的地址 0 ～ 7 就是 S7-300 中的 PIB0 ～ PIB7 和 PQB0 ～ PQB7，因为对应 S7-200 中变量的偏移量是 1000，所以 PQB0 ～ PQB7 对应 S7-200 中的 VB1000 ～ VB1007，PIB0 ～ PIB7 对应 S7-200 中的 VB1008 ～ VB1015。所以对 PQB0 ～ PQB7 和 PIB0 ～ PIB7 进行操作时实际就是同时对 s7-200 中的 VB1000 ～ VB1007 和 VB1008 ～ VB1015 进行操作的。

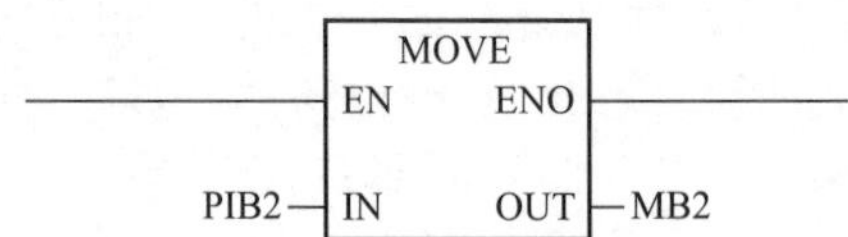

上面指令的意思就是将 S7-200 中 VB1010 中的数据传送到 S7-300 的 MB2 中。最后把 EM277 的硬件的拨码地址设置为和 S7-300 中组态的 EM277 的 DP 地址一致就可以。

14.6　自由端口通信举例

14.6.1　使用接收报文中断的方式

（1）实例说明

本程序功能为上位 PC 机和 PLC 之间的通信，PLC 接收上位 PC 发送的一串字符，直到接收到回车符（16#0A）为止，PLC 又将信息发送回 PC 机。接收缓冲区的数据如表 14-7 所示。

表 14-7　接收缓冲区的数据

VB100	VB101	VB102	VB103	VB104	VB105
接收到的字节数	起始字符	数据字节数	数据区	校验码	结束字符

（2）实例实现

主程序如下。

```
网络1                                   //初始化
LD      SM0.7                           //PLC 工作在RUN 状态
EU
O       SM0.1                           //首次扫描
MOVB    16# 09,SMB30                    //初始化自由通信协议
                                        //选择9600b/s,8 位数据位,无效验
MOVB    16# B0,SMB87                    //初始化RCV 信息控制信息
                                        //RCV 允许,检测信息结束字符
                                        //检测空闲线空闲条件
MOVB    0, SMB88                        //起始符为0
MOVB    16# 0A,SMB89                    //设定结束字符为16# 0A(回车)
MOVB    5,SMW90                         //设置空闲超时为5ms
MOVB    100,SMB94                       //设定最多接收字符为100 个字符
ATCH    INT_0,23                        //接收完成事件连接到中断
ATCH    INT_2,9                         //发送完成事件连接到中断
ENI                                     //中断事件
RCV     VB100,0                         //端口指向接收缓冲区VB100
LDN     SM0.7
EU
R       SM30.0,1                        //设置为PPI 协议(SM30.0= 0)
DTCH    23                              //禁止各种中断
DTCH    9
DTCH    10

中断程序INT_0:

网络1
                                        //接收完成中断
LDB=    SMB86,16# 20                    //接收状态显示接到结束字符
MOVB    10,SMB34                        //连接一个10ms 的时基中断,触发发送
                                        //接收到的信息字符
ATCH    INT_1,10
CRETI
NOT                                     //接收未完成
RCV     VB100,0                         //启动一个新的接收

定时中断程序INT_1:
网络1
LD      SM0.0
DTCH    10                              //断开定时器中断
XMT     VB100,0                         //在端口向用户返回信息
发送完成中断程序INT_2:
网络1
LD      SM0.0
RCV     VB100,0                         //发送完成,允许另一个接收
```

14.6.2 使用接收字符中断的方式

（1）实例说明

用字符中断方式接收数据，以起始字符作为接收报文的开始，对数据字节数和数据区的各字节做异或运算。因为在字符接收中断程序中是根据收到的字符个数来判断接收是否结束，所以没有设置结束字符。除了没有结束字符外，接收数据缓冲区的起始地址为VB100。VD86 是接收缓冲区的指针，VB90 存放 PLC 计算出的异或校验结果，VB99 存

放计算机发送来的数据区字节数。因为没有使用接收指令，在初始化子程序中不需要设置SM87 ~ SM94 等。

（2）实例实现

主程序如下。

```
LD      SM0.7                 //若转换到RUN 模式
EU
O       SM0.1                 //或首次扫描
CALL    SBR_0                 //调用初始化子程序,进入自由端口模式
LDN     SM0.7                 //若转换到TEAM 模式
EU
R       SM30.0,1              //设置为PPI 协议(SM30.0= 0)
DTCH    8                     //禁止各种中断
DTCH    10
//初始化子程序SBR_0
LD      SM0.0
MOVB    16# 05,SMB30          //19200b/s,8 位数据,无奇偶校验,1 位停止位
ATCH    INT_0,8               //出现接收字符中断时执行INT_0
ENI                           //允许中断
//子程序SBR_1,将接收到的字符依次放人接收缓冲区
LD      SM0.0
INCB    VB100                 //接收字节数加1
INCD    VD86                  //接收缓冲区指针加1
MOVB    SMB2,* VD86           //将接收到的字符存入VD86 指向的地址
//接收报文起始字符的中断程序INT_0
LDB< >  SMB2,0                //如不是起始字符0
CRETI                         //中断返回
LD      SM0.0                 //是起始字符0
MOVB    0,VB100               //将接收字节计数器VB100 清零
MOVD    &VB100,VD86           //指针VD86 指向接收缓冲区首地址VB100
CALL    SBR_1                 //将起始字符存入接收缓存区的VB101
ATCH    INT_1,8               //接收字符中断连接到INT_1
//接收报文数据区字节数的中断程序INT_1
LD      SM0.0
CALL    SBR_1                 //存放接收到的报文数据区字节数
MOVB    SMB2,VB99             //将报文数据区字节数存于VB99
MOVB    VB99,VB90             //校验码字节VB90 初始化
ATCH    INT_2,8               //字符中断事件连接到中断程序INT_2
//接收数据区数据的中断程序INT_2
LD .    SM0.0
CALL    SBR_1                 //将收到的数据存入接收缓冲区
XORB    SMB2,VB90             //将数据区的数据逐字节异或,计算校验码
DECB    VB99                  //数据字节计数器减1
LD      SM1.0                 //零标志SM1.0= 1,表示VB99= 0,接收已完成
ATCH    INT_3,8               //字符中断事件连接到中断程序INT_3
//处理校验码的中断程序INT_3,SMB2 中是接收到的校验码
LDB< >  VB90,SMB2             //如果有校验码错误
S       Q1.0,1                //将校验错误指示位Q1.0 置1
ATCH    INT_0,8               //重新启动接收
CRETI                         //中断返回
NOT                           //报文结束且校验正常
R       Q1.0,1                //复位校验错误指示位
CALL    SBR_1                 //将校验码字节存入接收缓存区
```

第 15 章

PLC、变频器和触摸屏的综合应用

15.1 触摸屏

触摸屏是一种最直观的操作设备，只要用手指触摸屏幕上的图形对象，计算机便会执行相应的操作。用户可以用触摸屏上的文字、按钮、图形和数字信息等，来处理或监控不断变化的信息。

触摸屏系统一般包括两个部分：检测装置和控制器。触摸屏检测装置安装在显示器的显示表面，用于检测用户的触摸位置，再将该处的信息传送给触摸屏控制器。控制器的主要作用是接收来自触摸点检测装置的触摸信息，并将它转换成触点坐标，判断出触摸的意义后送给 PLC。它同时能接收 PLC 发来的命令并加以执行，如动态地显示开关量和模拟量等。

工业触摸屏的有两大基本功能，一是数据信息的多种显示（含数字、仪表、曲线等），二是相关参数的输入（或设置）。

15.2 变频器

15.2.1 变频器简介

通常，把电压和频率固定不变的工频交流电变换为电压或频率可变的交流电的装置称作“变频器”。变频器主要采用交 - 直 - 交方式（VVVF 变频或矢量控制变频），先把工频交流电源通过整流器转换成直流电源，然后再将直流电源转换成频率、电压均可控制的交流电源以供给电动机。变频器主要由整流（交流变直流）、滤波、逆变（直流变交流）、制动单元、驱动单元、检测单元微处理单元等组成。

变频器首先把电源的交流电（AC）变换为直流电（DC），然后，把直流电源逆变为频率可调和电压可调的交流电源。变频器输出的波形是模拟正弦波，主要用于三相异步电动机调速用，又叫变频调速器。对于主要用在仪器仪表的检测设备中的波形要求较高的可变频率逆变器，要对波形进行整理，可以输出标准的正弦波，叫变频电源。

15.2.2 各组成部分

变频器可以分为四个主要部分。

① 整流器：它与单相或三相交流电源相连接，产生脉动的直流电压。整流器有两种基本类型：可控和不可控的。

② 中间电路：有以下三种类型：

a. 将整流电压变换成直流电流。

b. 使脉动的直流电压变得稳定或平滑，供逆变器使用。

c. 将整流后固定的直流电压变换成可变的直流电压。

③ 逆变器：将直流变换为所要求频率的交流。另外，一些逆变器还可以将固定的直流电压变换成可变的交流电压。

④ 控制电路：它将信号传送给整流器、中间电路和逆变器，同时它也接收来自这部分的信号。具体被控制的部分取决于各个变频器的设计。

15.3 PLC 的运输带触摸屏控制系统

（1）控制要求

传送带模型如图 15-1 所示，三条运输带系统有两个运行状态：手动状态（I0.0 为 0）和自动状态（I0.0 为 1）。

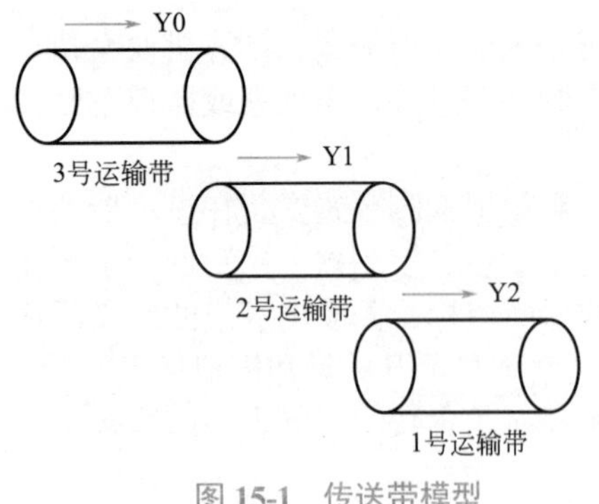

图 15-1 传送带模型

① 手动状态

系统进入手动状态，触摸屏进入手动画面，可单独启动和停止某一运输带。

② 自动状态

系统进入自动状态，触摸屏进入自动画面，点击启动按钮，1 号运输带启动，过 5s 后 2 号运输带启动，过 5s 后 3 号运输带启动；点击停止按钮，3 号运输带立即停止，过 5s 后 2 号运输带停止，过 5s 后 1 号运输带停止。

③ 报警功能

在任意状态，1 号运输带启动以后，按下 I0.7，系统显示报警信息：1 号运输带故障；按下确认按钮，报警信息消失。若故障消失（I0.7）为 0，报警信息不再显示；若故障未消失（I0.7 为 1），过 5 秒报警信息又出现。

（2）外部电路接线图

本设计采用 S7-200CPU，输入端 I0.0 高、低电平控制手动、自动控制切换。I0.7 是警报触发端。输出端 Q0.0、Q0.1、Q0.2 分别控制中间继电器 KA1、KA2、KA3，进而控制三条运输带的启停。外部电路接线图如图 15-2 所示。

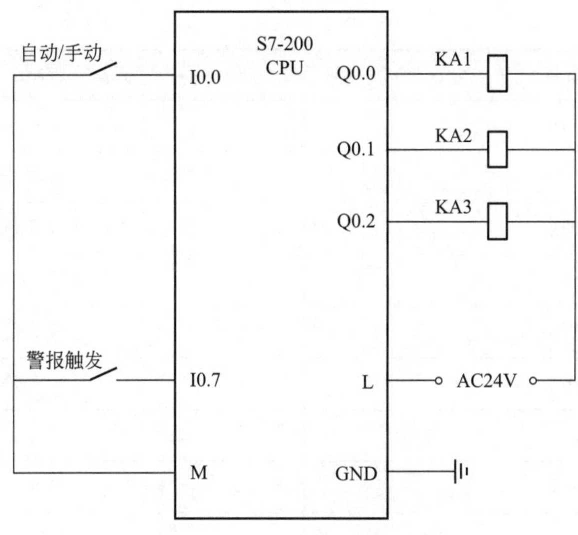

图 15-2 外部 PLC 接线图

（3）主电路设计

KM1、KM2、KM3 分别由 S7-200CPU 的输出端 Q0.0、Q0.1、Q0.2 控制，它们分别控制着三条传送带电机的启停。QS 是急停按钮，FU1、FU2、FU3 为熔断器，FR1、FR2、FR3 是热继电器，用于过载保护。主电路接线图如图 15-3 所示。

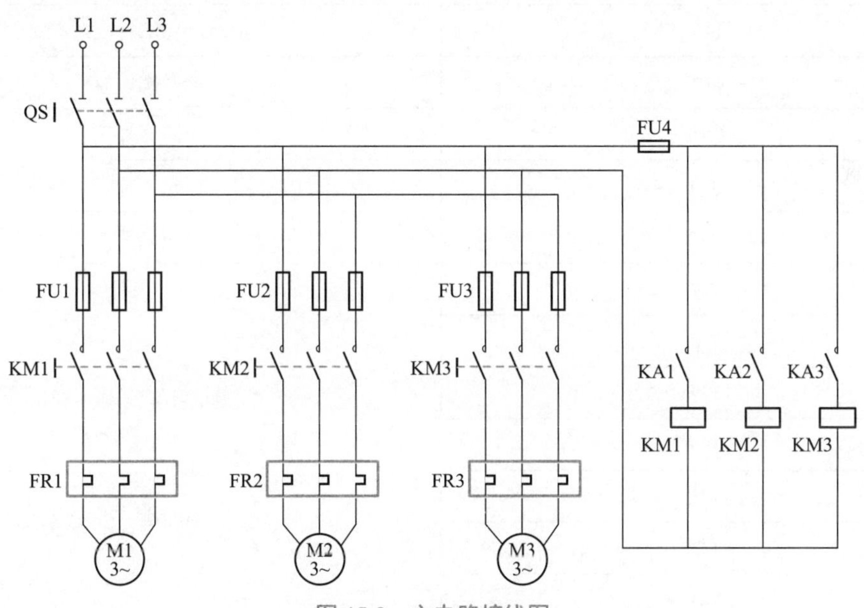

图 15-3 主电路接线图

（4）运输带资源控制及分配表

如表 15-1 所示。

表 15-1 I/O 分配表

软元件	控制说明
VW 2	1 号手动动画

续表

软元件	控制说明
M 0.0	1 号手动启停
M 15.2	1 号运输带故障
VW2	1 号手动动画
VW 8	1 号自动动画
VW 4	2 号手动动画
M 0.1	2 号手动启停
VW 10	2 号自动动画
VW 6	3 号手动动画
M 0.2	3 号手动启停
VW 12	3 号自动动画
MW 14	报警信息
VW 0	广告动画
M 0.3	自动启停
I0.0	自动 / 手动运行切换
I0.7	报警触发
Q0.0	1 号传送带
Q0.1	2 号传送带
Q0.2	3 号传送带
T37	定时器
T38	
T39	
T40	
T41	
T42	
T43	
T44	
T45	
T101	

（5）触摸屏画面组态

触摸屏包括四个画面：主画面、手动画面、自动画面、报警画面。

① 主画面（图15-4）：用于画面切换，包括广告动画、时间日期、系统简介、画面切换按钮等。

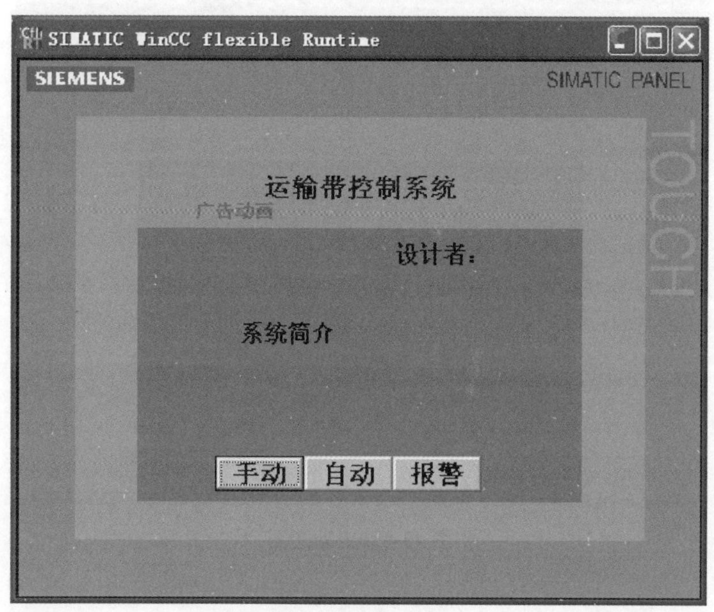

图15-4　主画面

② 手动画面（图15-5）：可单独启停某一设备，三组启停按钮，动画显示电机旋转和返回主画面按钮。

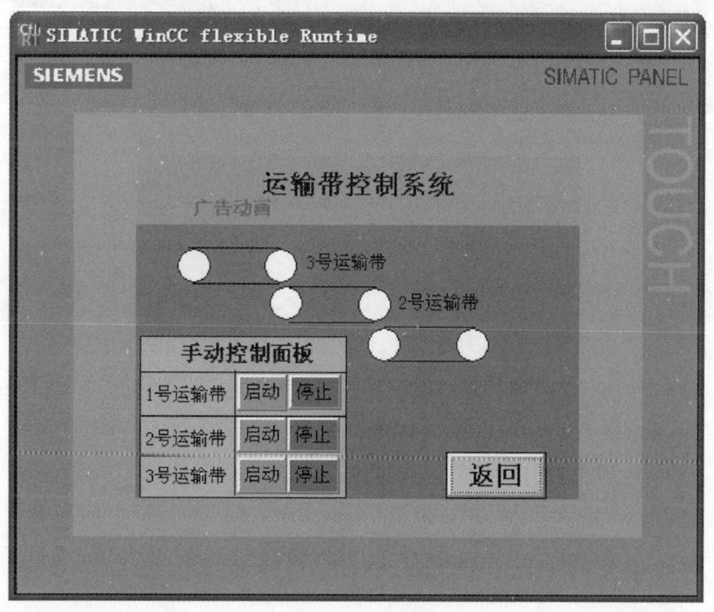

图15-5　手动画面

③ 自动画面（图15-6）：用于系统的整体启停，动画显示电机旋转和返回主画面按钮。

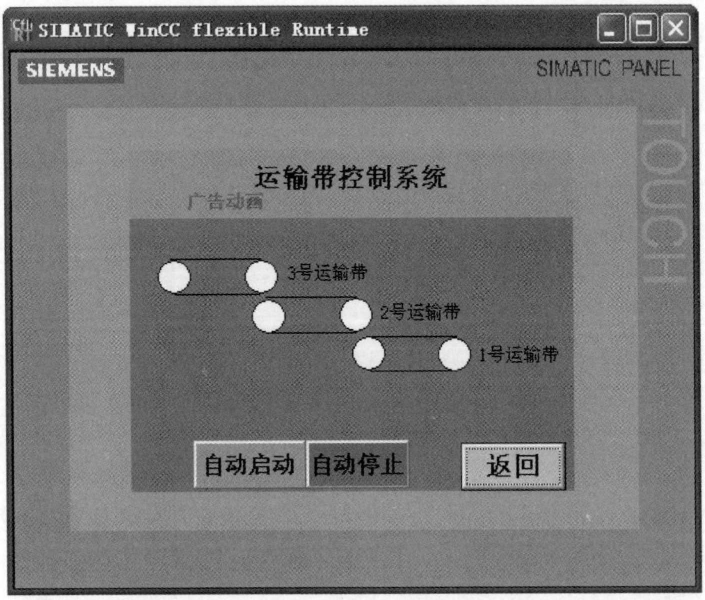

图 15-6 自动画面

④ 报警画面（图 15-7）：显示报警信息并有返回主画面按钮。

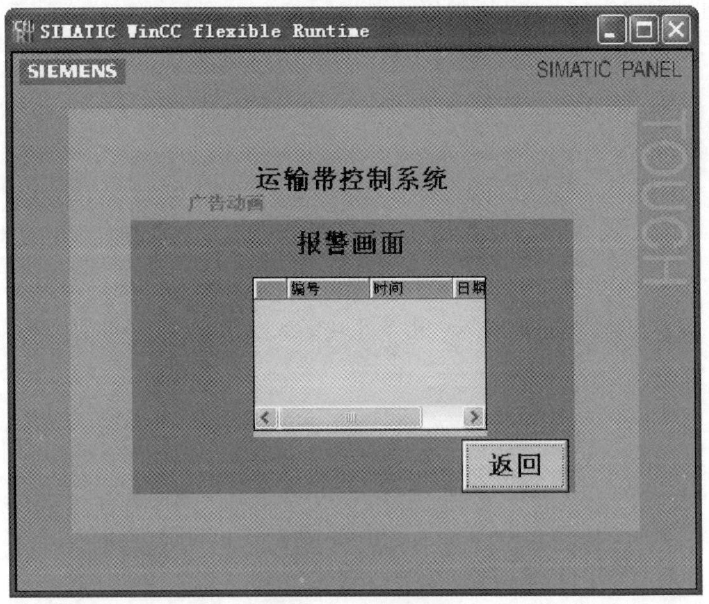

图 15-7 报警画面

此外，报警信息出现时，还可在任意画面显示。如图 15-8 所示。

(6) 运输带控制程序

① 主程序

如图 15-9 所示。

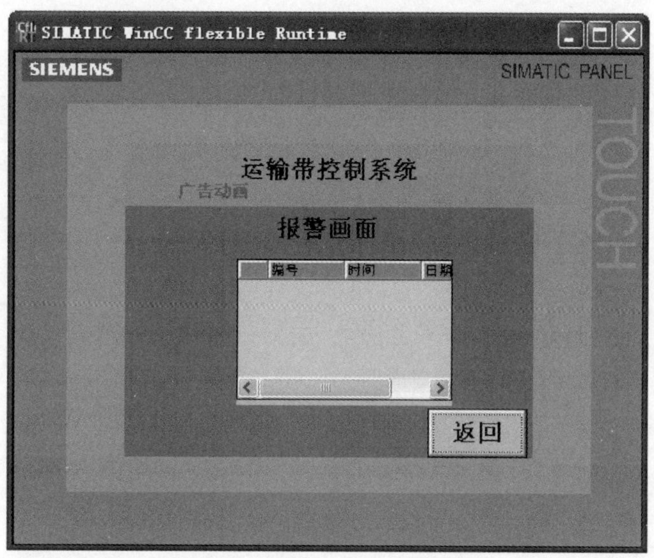

图 15-8　报警信息任意画面显示

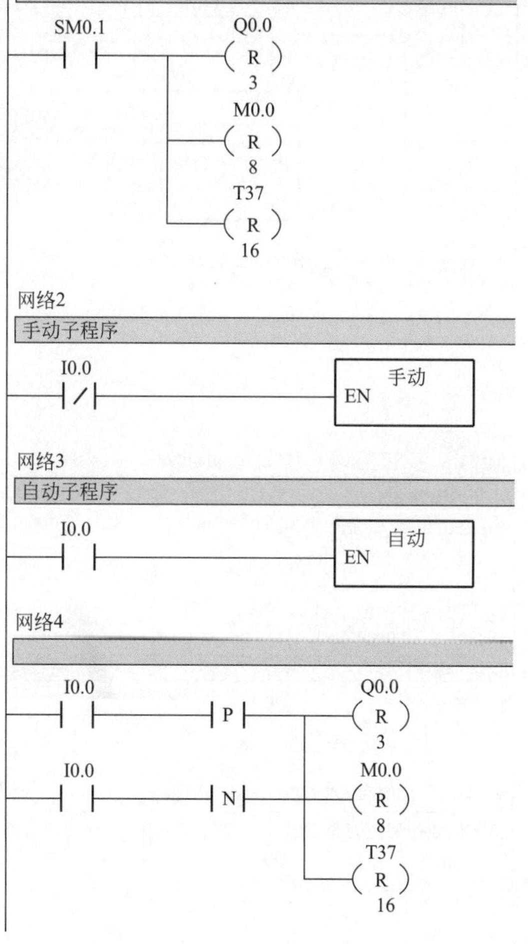

图 15-9

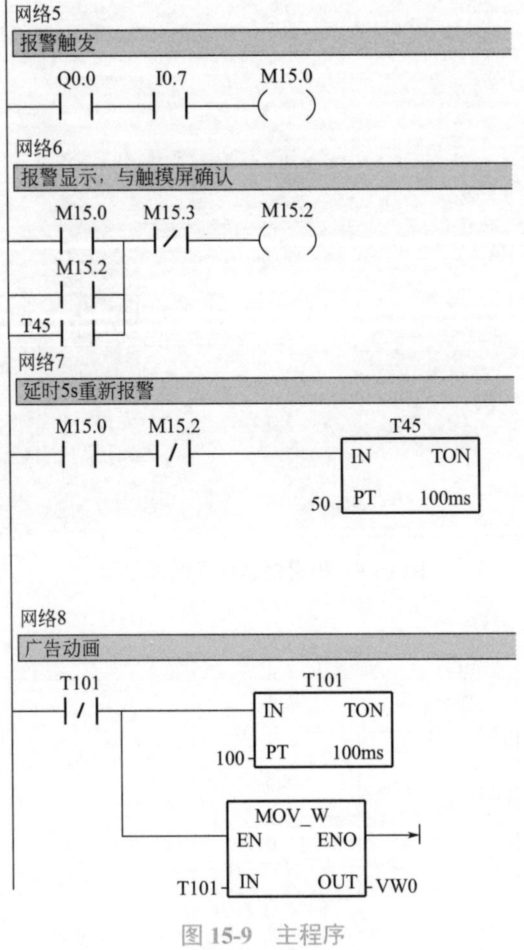

图 15-9　主程序

② 手动启停程序

如图 15-10 所示。

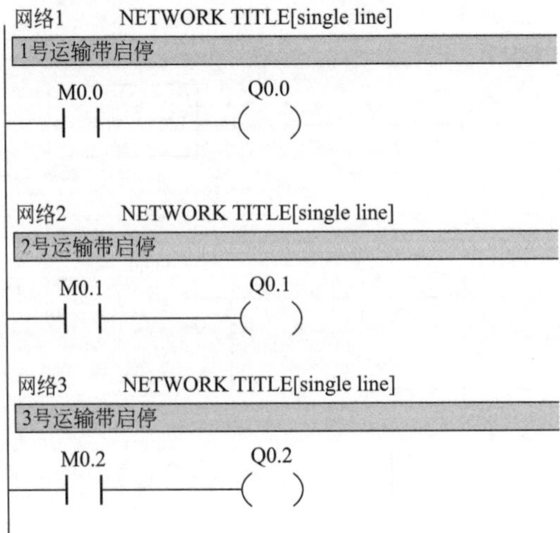

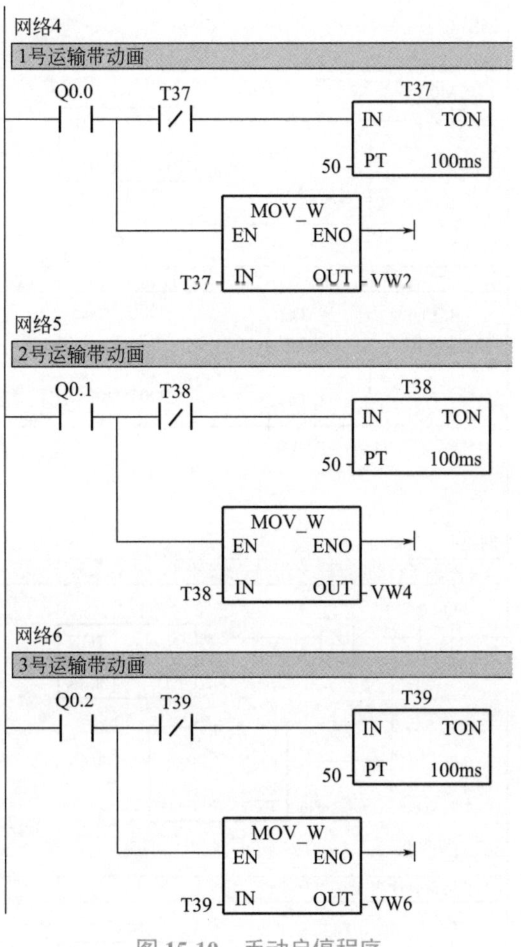

图 15-10 手动启停程序

③ 自动启停程序

如图 15-11 所示。

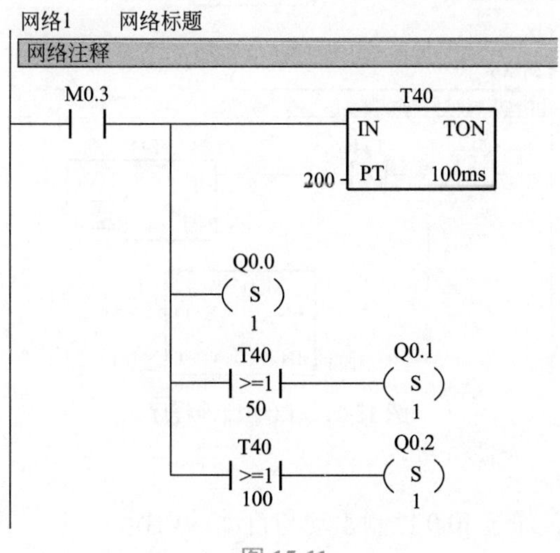

图 15-11

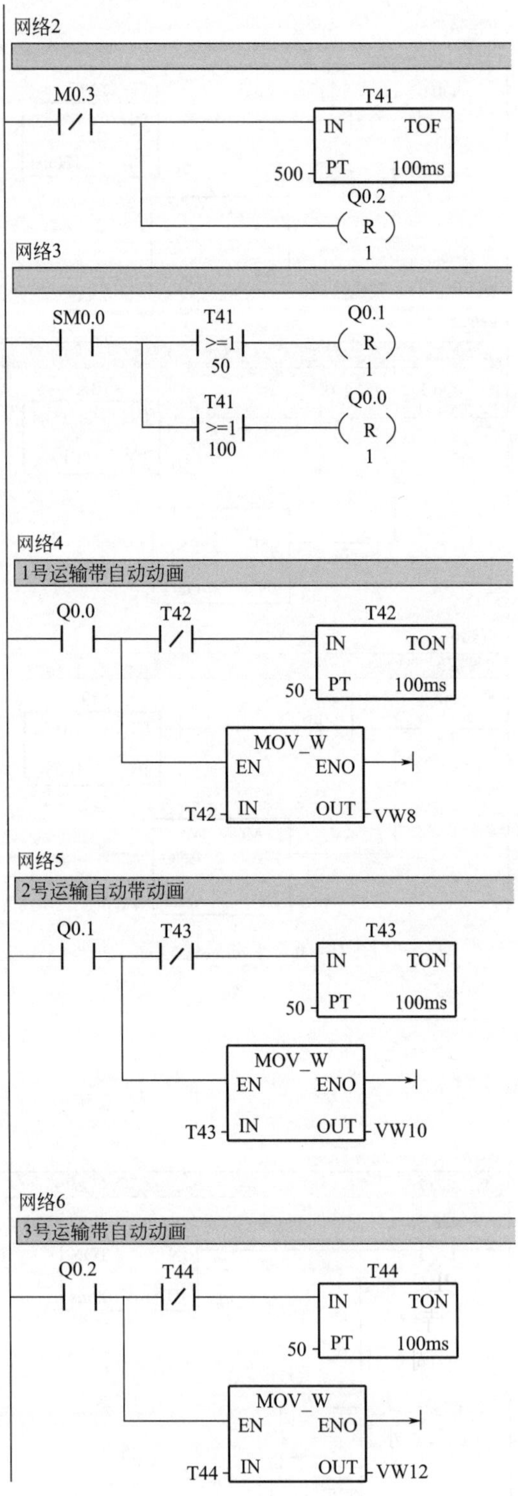

图 15-11　自动启停程序

CPU 上电首先复位，通过 I0.0 控制手动与自动的切换。

① 手动程序：按下 1 号带手动启动按钮（M0.0 置 1），Q0.0 接通，由 Q0.0 控制的 KM1 线圈得电，常开触点闭合，1 号传送带电机运转，按下 1 号带手动停止按钮（M0.0 复位），KM1 失电，常开触点断开，1 号传送带电机停止。2、3 号传送带同理。

② 自动程序：按下自动启动按钮（M0.3 置 1），Q0.0 接通，由 Q0.0 控制的 KM1 线圈得电，常开触点闭合，一号传送带电机运转，同时定时器 T40 开始计时，5S 后 Q0.1（2 号传送带电机）接通，再过 5s 后 Q0.2（3 号传送带电机）接通；按下停止按钮（M0.3 复位），Q0.2 断开，由 Q0.2 控制的 KM3 线圈失电，触点断开，3 号传送带电机停止，同时定时器 T41 开始计时，5s 后 Q0.1（2 号传送带电机）断开，再过 5s 后 Q0.0（1 号传送带电机）断开。

③ 报警触发：当满足 Q0.0 接通（1 号传送带）并且 I0.7 接通（报警触发）时，中间量 M15.0 接通，报警显示（M15.2 置 1），并形成自锁；当按下确认键时，M15.2 复位警报消失，但如果 1 号传送带（Q0.0）和报警触发（I0.7）仍然接通，定时器 T45 就会计时，5s 后报警重新显示（M15.2 置 1）。

④ 广告动画：定时器 T101 接通，把定时器 T101 的值送入广告动画（VW0）中，在触摸屏上组态广告动画的水平移动范围。

⑤ 运输带动画：对应的运输带启动，对应的定时器就开始计时，把定时器的值送入对应的自动动画 VW 中。

15.4　基于触摸屏（台达）、变频器、PLC 的水位控制系统

（1）控制要求

有一水箱可向外部用户供水，用户水量不稳定，水箱进水由水泵泵水。现对水箱中水位进行恒液位控制，并可在 0 ～ 200mm 范围内进行调节，如设定水箱水位在 100mm，则不管水箱的出水量如何，调节进水量，都要求水箱的水位在 100mm 的位置。如出水量少，则要求进水量也要少，如出水量大，则要求控制进水量也大。

（2）控制思路

因为液位高度与水箱底部的水压成正比，采用一个压力传感器来检测水箱底部压力，从而确定液位高度。要控制水位恒定，需用 PID 算法随水位进行自动调节。把压力传感器检测到的水位对应电流信号 4 ～ 20mA 送至 PLC 中，PLC 对设定值和检测偏差进行 PID 运算，将运算结果输出用以调节水泵电机的转速，从而调节进水量。水泵电机的转速可由变频器来进行调速。

（3）元件选型

① PLC 及其模型选型。PLC 可选用 S7-200 CPU224，为了能够接受压力传感器的模拟量信号和调节水泵电机转速，特选择一块 EM235 的模拟量输入输出模块。

② 变频器选型。为了能够调节水泵电机转速从而调节进水量，特选择西门子 G110 的变频器。

③ 触摸屏选型。为了能够对水位进行设定并对其运行状态的监控，特选用台达人机界面 DOP-B07S415 触摸屏。

④ 水箱选用克莱德的设备。

（4）PLC 的 I/O 分配及电路图

① PLC 的 I/O 分配如表 15-2 所示。

表 15-2　I/O 分配

符号	地址	注释
设定值	VD204	范围为 0 ～ 1 的实数
回路增益	VD212	
采样时间	VD216	
积分时间	VD220	
微分时间	VD224	
控制量输出	VD208	范围为 0 ～ 1 的实数
检测值	VD200	范围为 0 ～ 1 的实数
启动	I0.0	
停止	I0.1	
触摸屏液位设定值	VD100	范围为 0 ～ 200 的实数
触摸屏显示液位值	VD110	范围为 0 ～ 200 的实数
水泵电机	Q0.0	

② 电路图

PLC 与压力传感器、变频器的连接电路如图 15-12 所示。

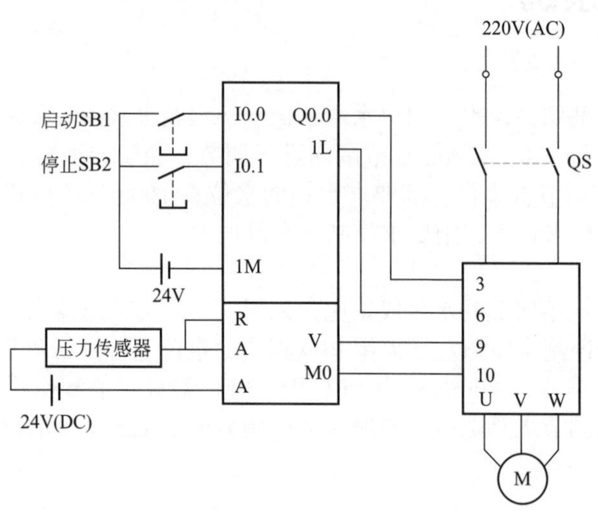

图 15-12　电路图

（5）变频器的参数设置

西门子 G110 变频器参数设置如表 15-3 所示。

表 15-3　G110 变频器参数设置

参数号	参数名称	设定值	说明
P0304	电机额定电压	220V	
P0305	电机额定电流	0.5	单位：A
P0306	电机额定功率	0.75	单位：kW

续表

参数号	参数名称	设定值	说明
P0310	电机额定频率	50	单位：Hz
P0311	电机额定转速	1460	单位：r/min
P0700	选择命令信号源	2	由端子排输入
P1000	选择频率设定值	2	模拟设定值
P1080	最小频率	5	单位：Hz

（6）EM235技术规范

EM235 技术规范如表 15-4 所示。

表 15-4 EM235 技术规范

模拟量输入特性	模拟量输入点数	4
	电压（单极性）信号类型	0～10V，0～5V 0～1V，0～500mV 0～100mV，0～50mV
	电压（双极性）信号类型	±10V，±5V，±2.5V， ±1V，±500mV， ±250mV，±100mV， ±50mV，±25mV，
	电流信号类型	0～20mA
	单极性量程范围	0～32000
	双极性两层范围	-32000～+32000
	分辨率	12 位 A/D 转换器
模拟量输出特性	模拟量输出点数	1
	电压输出	±10
	电流输出	0～20mA
	电压数据范围	-32000～+32000
	电流数据范围	0～32000

（7）PLC控制程序

PLC 控制程序如图 15-13 所示

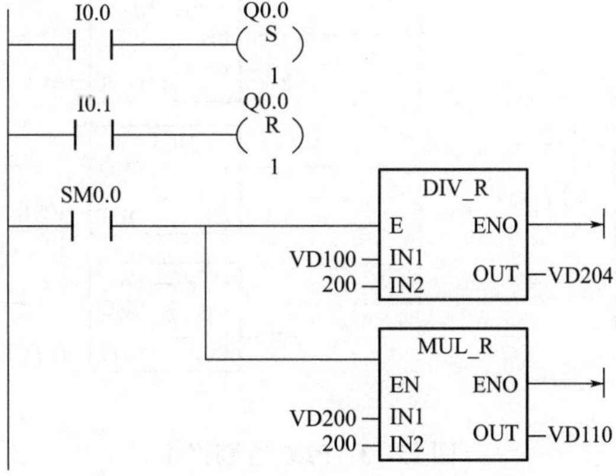

图 15-13

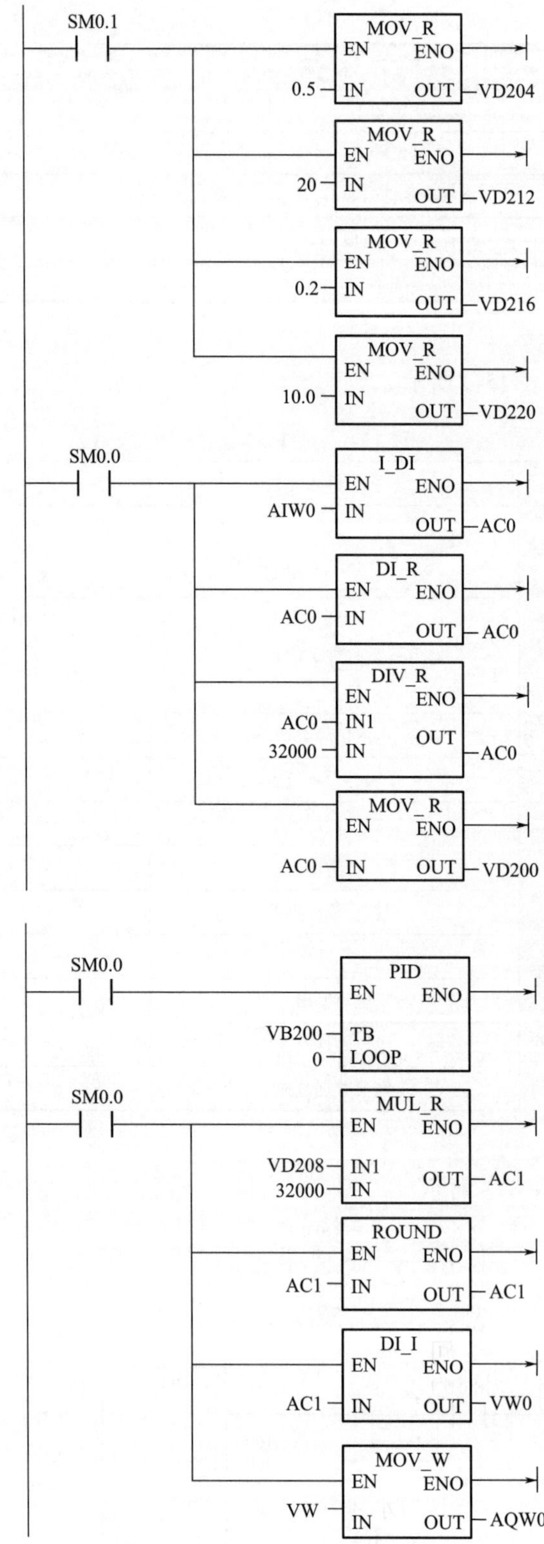

图 15-13 PLC 控制程序

（8）触摸屏监控

水位控制系统画面如图 15-14 所示。

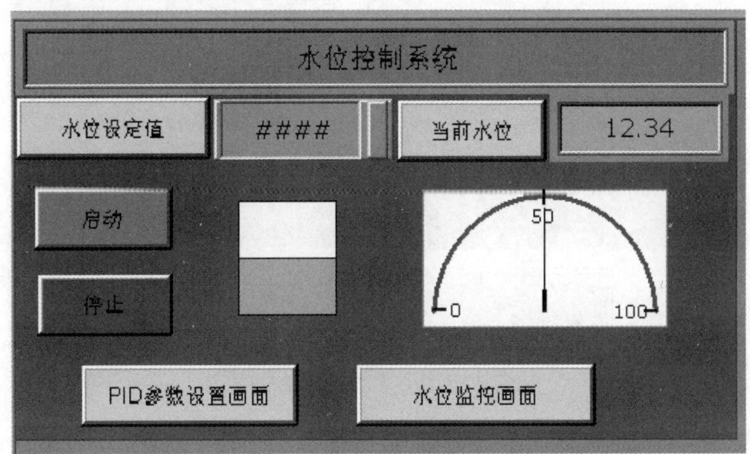

图 15-14　水位控制系统画面

在这个水位控制系统中，能够设定水位值，显示当前的水位值，当前的水位可以通过柱状图、数值和仪表来显示出来。下面的两个按钮是切换画面按钮，按下“PID 参数设置画面”可以切换到图 15-15 所示的 PID 参数设置画面，按下“水位监控画面”可以切换到图 15-16 所示的水位监控画面。

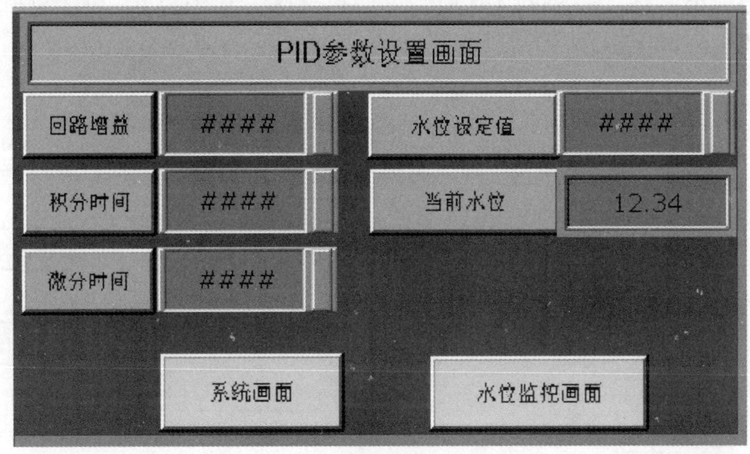

图 15-15　PID 参数设置画面

在 PID 参数设置画面中，可以设置回路增益、积分时间和微分时间三个参数，显示当前的水位和水位的设定值信息，下方的按钮是切换画面按钮，按下“系统画面”可以切换到图 15-14 所示的系统画面，按下“水位监控画面”可以切换到图 15-16 所示的水位监控画面。

水位监控画面可以显示当前的水位设定值和当前水位值信息，同时这两个信息的数值变化，会通过下方的折线图来更加直观地显示出来，按下“系统画面”可以切换到图 15-14 所示的系统画面，按下“PID 参数设置画面”可以切换到图 15-15 所示的 PID 参数设置画面。

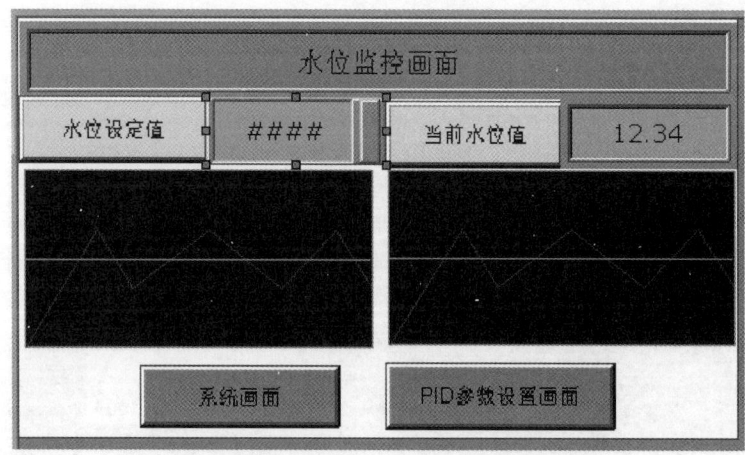

图 15-16 水位监控画面

15.5 PLC 与变频器控制电动机实现的 15 段速控制系统

（1）控制要求

按下电动机启动按钮，电动机启动运行在 5Hz 所对应的转速；延时 10s 后，电动机升速运行在 10Hz 对应的转速，再延时 10s 后，电动机继续升速运行在 20Hz 对应的转速；以后每隔 10s，则速度按图 15-17 依次变化，一个运行周期完后会自动重新运行。按下停止按钮则电动机停止运行。

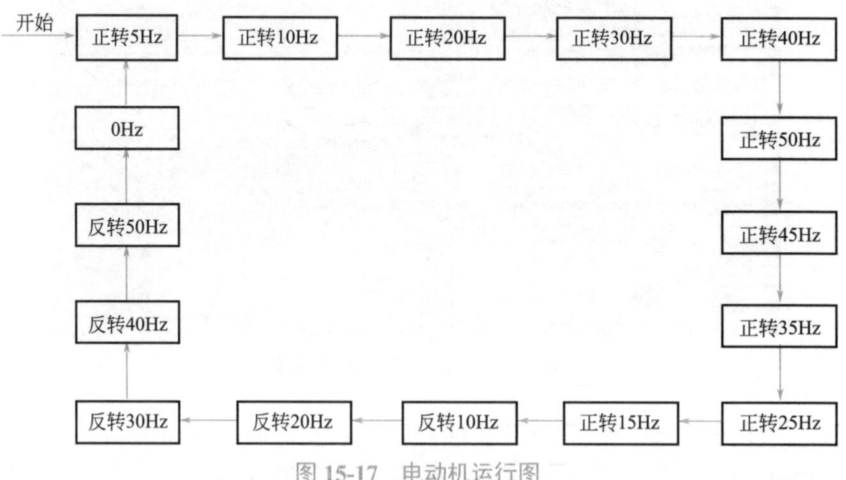

图 15-17 电动机运行图

（2）MM440 变频器的设置

MM440 变频器数字输入端子“5”、“6”、“7”、“8”通过 P0701、P0702、P0703，P0704 参数设为 15 段固定频率控制端，每一频段的频率分别由 P1001 ～ P1015 参数设置。变频器输入端子“16”设为电动机运行、停止控制端，可由 P0705 参数设置。

（3）PLC 的 I/O 分配

PLC 的 I/O 分配表如表 15-5 所示。

表 15-5 I/O 分配表

软元件	控制说明
I0.0	电动机运行按钮 SB1
I0.1	电动机停止按钮 SB2
Q0.0	固定频率设置，接 MM440 数值输入端子“5”
Q0.1	固定频率设置，接 MM440 数值输入端子“6”
Q0.2	固定频率设置，接 MM440 数值输入端子“7”
Q0.3	固定频率设置，接 MM440 数值输入端子“8”
Q0.4	固定频率设置，接 MM440 数值输入端子“16”

PLC 和 MM440 实现的 15 段速控制电路图如图 15-18 所示。

(4) PLC程序设计

PLC 程序应包括以下控制。

① 当按下正转启动按钮 SB1 时，PLC 的 Q0.4 应置位为 ON，允许电动机运行。

② PLC 输出接口状态、变频器输出频率、电动机转速变化如表 15-6 所示。

③ 当按下按钮 SB2 时，PLC 的 Q0.4 应复位为 OFF，电动机停止运行。

④ PLC 控制程序如图 15-19 所示。

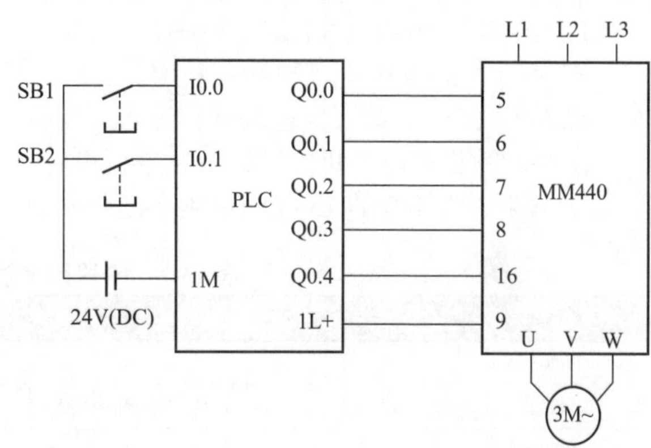

图 15-18 PLC 与变频器实现的 15 段速控制电路

表 15-6 15 段速控制状态表

Q0.4	Q0.3	Q0.2	Q0.1	Q0.0	运行频率
1	0	0	0	1	5
1	0	0	1	0	10
1	0	0	1	1	20
1	0	1	0	0	30
1	0	1	0	1	40
1	0	1	1	0	50
1	0	1	1	1	45
1	1	0	0	0	35
1	1	0	0	1	25
1	1	0	1	0	15
1	1	0	1	1	-10
1	1	1	0	0	-20
1	1	1	0	1	-30
1	1	1	1	0	-40
1	1	1	1	1	-50
0	0	0	0	0	0

(5) 操作步骤

① 按图 15-18 连接电路图，检查接线正确后，接通 PLC 和变频器电源。

② 恢复变频器工厂默认值，P0010 设为 30，P0970 设为 1。按下变频器操作面板上的“P”键，变频器开始复位到工厂默认值。

③ 电动机参数按如下所示设置，电动机参数设置完后，设 P0010 为 0，变频器当前处于准备状态，可正常运行。

P0003 设为 3，访问级为专家级；

P0010 设为 1，快速调试；

P0100 设为 0，功率以 kW 表示，频率为 50Hz；

P0304 设为 230，电动机额定电压；

P0305 设为 1，电动机额定电流；

P0307 设为 0.75，电动机额定功率；

P0310 设为 50. 电动机额定频率；

P0311 设为 1460. 电动机额定转速：

P3900 设为 1，结束快速调试，进入“运行准备就绪”。

这些参数根据电动机的实际参数进行设置。

④ 设置 MM440 的 15 段固定频率控制参数，如表 15-7 所示。

表 15-7　15 段固定频率控制参数表

参数号	出厂值	设置值	说　明
P0003	1	3	设定用户访问级为专家
P0004	1	7	命令和数字 I/O
P0700	2	2	命令源选择“由端子排输入”
P0701	1	17	选择固定频率
P0702	12	17	选择固定频率
P0703	9	17	选择固定频率
P0704	15	17	选择固定频率
P0705	15	1	启动 / 停止
P0004	1	10	设定值通道
P1000	2	3	选择固定频率设定值
P1001	0	5	选择固定频率 1
P1002	5	10	选择固定频率 2
P1003	10	20	选择固定频率 3
P1004	15	30	选择固定频率 4
P1005	20	40	选择固定频率 5
P1006	25	50	选择固定频率 6
P1007	30	45	选择固定频率 7
P1008	35	35	选择固定频率 8
P1009	40	25	选择固定频率 9
P1010	45	15	选择固定频率 10
P1011	50	−10	选择固定频率 11
P1012	55	−20	选择固定频率 12
P1013	60	−30	选择固定频率 13
P1014	65	−40	选择固定频率 14
P1015	65	−50	选择固定频率 15

（6）PLC 程序设计

PLC 控制程序如图 15-19 所示。当按下正转启动按钮 SB1（对应 I0.0）时，PLC 的 Q0.4 置位为 ON，允许电动机运行。PLC 输出接口状态、变频器输出频率、电动机转速变化如表 15-6 所示。当按下按钮 SB2（对应 I0.1）时，PLC 的 Q0.4 复位为 OFF，电动机停止运行。

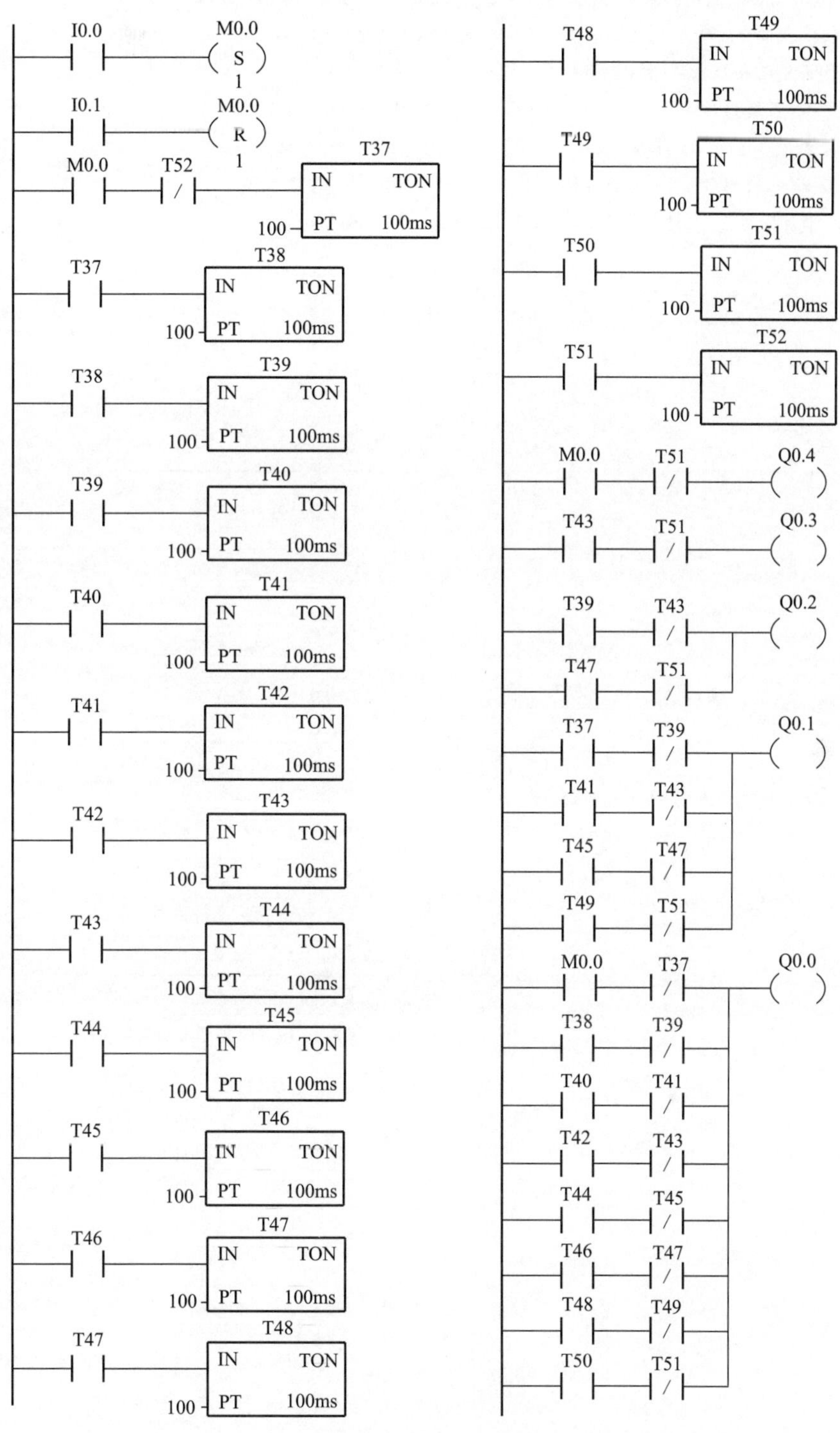

图 15-19　PLC 控制程序

参考文献

[1] 刘振全，韩相争，王汉芝 . 西门子 PLC 从入门到精通 . 北京：化学工业出版社，2018.

[2] 陈浩，刘振全，王汉芝 . 台达 PLC 编程技术及应用案例 . 北京：化学工业出版社，2014.

[3] 杨后川，张瑞，高建设，曾劲松 . 西门子 S7-200PLC 应用 100 例 . 北京：电子工业出版社，2009.

[4] 王阿根 . 西门子 S7-200PLC 编程实例精解 . 北京：电子工业出版社，2011.

[5] 韩相争 . 三菱 FX 系列 PLC 编程速成全图解 [M]. 北京：化学工业出版社，2015.

[6] 杨后川等 . 三菱 PLC 应用 100 例 [M]. 北京：电子工业出版社，2013.

[7] 向晓汉 . 三菱 FX 系列 PLC 完全精通教程 [M]. 北京：化学工业出版社，2012.

[8] 吴启红 . 可编程序控制系统设计技术 [M]. 北京：机械工业出版社，2012.